#수학기본서
#리더공부비법
#한권으로수학마스터
#학원가입소문난문제집

수학리더
기본

수학리더 기본

홈스쿨링 시스템

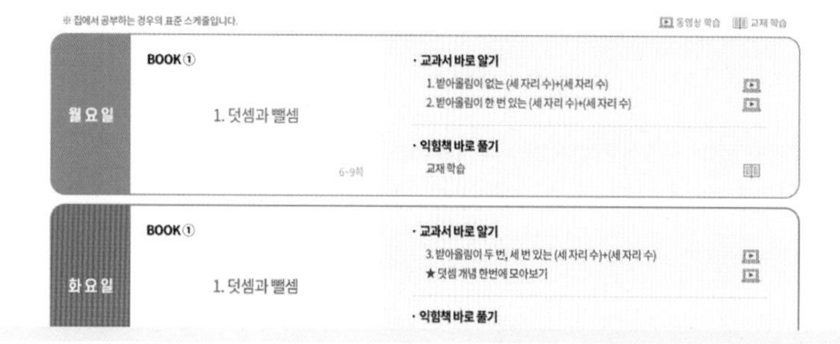

ACA 홈페이지

aca.chunjae.co.kr

⇨ 수학리더 기본 홈스쿨링

천재교육 교재 홈페이지

book.chunjae.co.kr

⇨ 수학리더 기본 홈스쿨링

Chunjae Makes Chunjae

기획총괄	박금옥
편집개발	윤경옥, 박초아, 조은영, 김연정, 김수정, 김유림, 남태희, 임희정, 이혜지, 최민주
디자인총괄	김희정
표지디자인	윤순미, 박민정
내지디자인	박희춘
제작	황성진, 조규영
발행일	2022년 8월 15일 3판 2024년 9월 1일 3쇄
발행인	(주)천재교육
주소	서울시 금천구 가산로9길 54
신고번호	제2001-000018호
고객센터	1577-0902
교재 구입 문의	1522-5566

※ 이 책은 저작권법에 보호받는 저작물이므로 무단복제, 전송은 법으로 금지되어 있습니다.

※ 정답 분실 시에는 천재교육 홈페이지에서 내려받으세요.

※ KC 마크는 이 제품이 공통안전기준에 적합하였음을 의미합니다.

※ 주의

책 모서리에 다칠 수 있으니 주의하시기 바랍니다.

부주의로 인한 사고의 경우 책임지지 않습니다.

8세 미만의 어린이는 부모님의 관리가 필요합니다.

BOOK 1

지피지기 차례

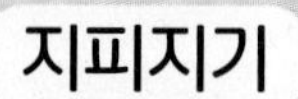

BOOK 1

구성과 특장

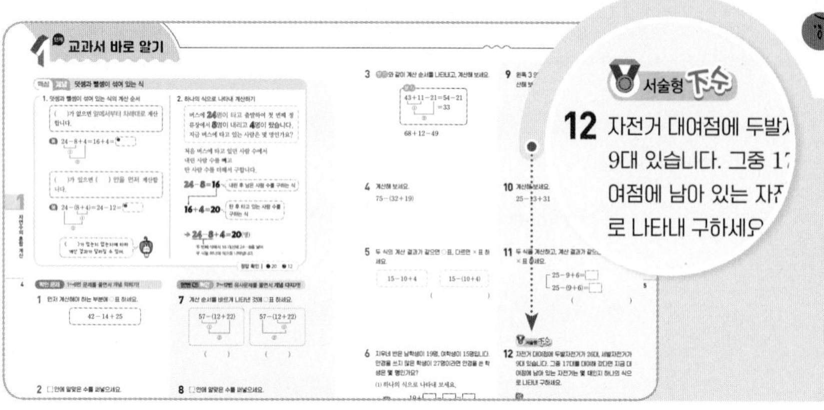

쉬운 문장제 문제를 식을 쓰거나, 단계별로 풀면서 서술형의 기본을 익혀~

교과서 바로 알기

왼쪽 확인 문제를 먼저 풀어 본 후, 개념을 상기하면서 오른쪽 한번 더! 확인 문제를 반복해서 풀어 봐!

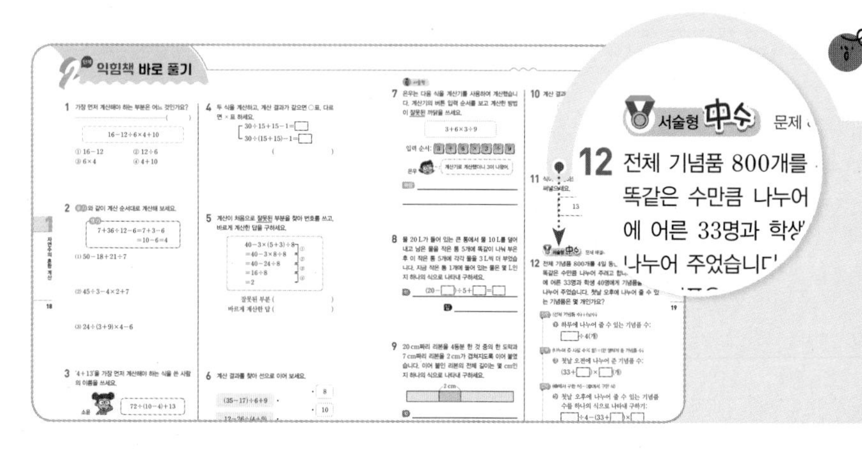

중상 수준의 문제를 단계별로 풀면서 문제 해결력을 키워!

익힘책 바로 풀기

앞에서 배운 교과서 개념과 연계된 익힘책 문제를 풀어 봐!

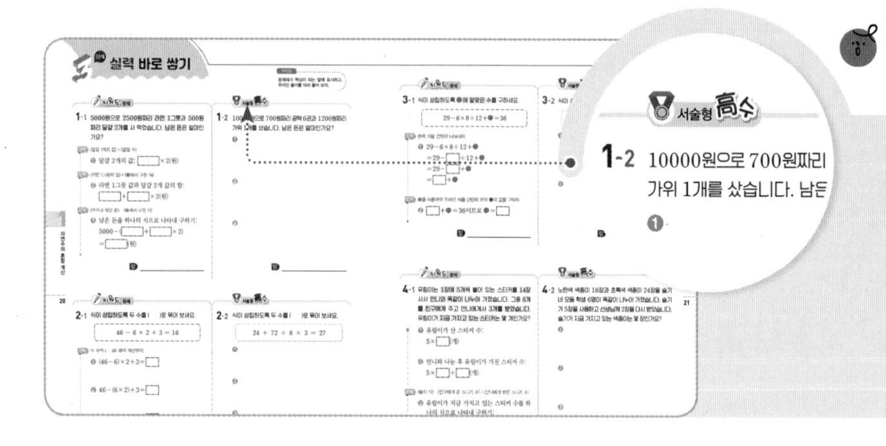

문제에 표시한 핵심 키워드를 보고 문제를 해결한 후, 직접 키워드에 표시하면서 풀어 봐~

실력 바로 쌓기

실력 문제에서 키워드를 찾아내어 단계별로 풀면서 문제 해결력을 키워 봐!

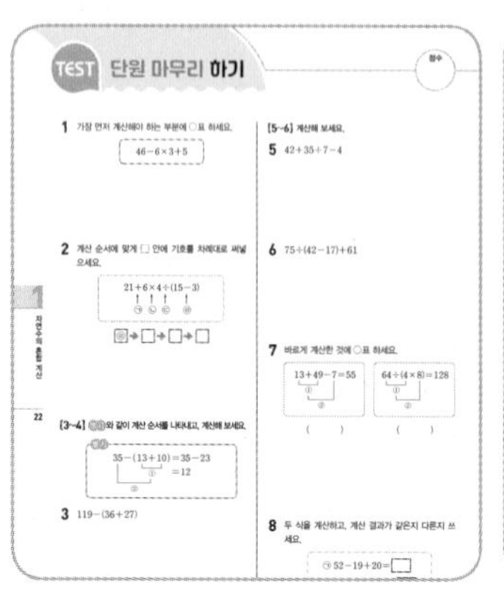

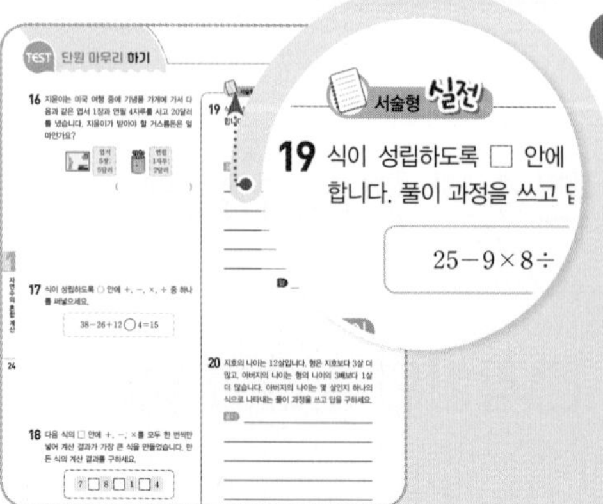

단원을 마무리하면서 실전 서술형 문제를 풀어 봐~

단원 마무리 하기

자주 출제되는 문제를 풀면서 한 단원을 마무리해 봐!

1 자연수의 혼합 계산

스마트폰을 이용하여 QR 코드를 찍으면 개념 학습 영상을 볼 수 있어요.

1단원 학습 계획표

✓ 이 단원의 표준 학습 일수는 **4일**입니다. 계획대로 공부한 후 확인란에 사인을 받으세요.

이 단원에서 배울 내용	쪽수	계획한 날	확인
1단계 **교과서 바로 알기** • 덧셈과 뺄셈이 섞여 있는 식 • 곱셈과 나눗셈이 섞여 있는 식 • 덧셈, 뺄셈, 곱셈이 섞여 있는식	4~9쪽	월 일	확인했어요!
2단계 **익힘책 바로 풀기**	10~13쪽	월 일	확인했어요!
1단계 **교과서 바로 알기** • 덧셈, 뺄셈, 나눗셈이 섞여 있는 식 • 덧셈, 뺄셈, 곱셈, 나눗셈이 섞여 있는 식	14~17쪽	월 일	확인했어요!
2단계 **익힘책 바로 풀기**	18~19쪽		
3단계 **실력 바로 쌓기**	20~21쪽	월 일	확인했어요!
TEST **단원 마무리 하기**	22~24쪽		

단계 교과서 바로 알기

핵심 개념 덧셈과 뺄셈이 섞여 있는 식

1. 덧셈과 뺄셈이 섞여 있는 식의 계산 순서

( )가 없으면 **앞에서부터 차례대로** 계산합니다.

예 $24-8+4=16+4=$ ❶ ☐

(① $24-8$, ② $16+4$)

( )가 있으면 ( ) **안을 먼저** 계산합니다.

예 $24-(8+4)=24-12=$ ❷ ☐

(① $8+4$, ② $24-12$)

( )가 있는지 없는지에 따라 계산 결과가 달라질 수 있어.

2. 하나의 식으로 나타내 계산하기

버스에 **24명이 타고** 출발하여 첫 번째 정류장에서 **8명이 내리고 4명이 탔습니다.** 지금 버스에 타고 있는 사람은 몇 명인가요?

처음 버스에 타고 있던 사람 수에서
내린 사람 수를 빼고
탄 사람 수를 더해서 구합니다.

24−8=16 : 내린 후 남은 사람 수를 구하는 식

16+4=20 : 탄 후 타고 있는 사람 수를 구하는 식

➔ **24−8+4=20**(명)

두 번째 식에서 16 대신에 24−8을 넣어
두 식을 하나의 식으로 나타냅니다.

정답 확인 | ❶ 20 ❷ 12

확인 문제 1~6번 문제를 풀면서 개념 익히기!

1 먼저 계산해야 하는 부분에 ○표 하세요.

$42-14+25$

2 ☐ 안에 알맞은 수를 써넣으세요.

$23+5-9=$ ☐

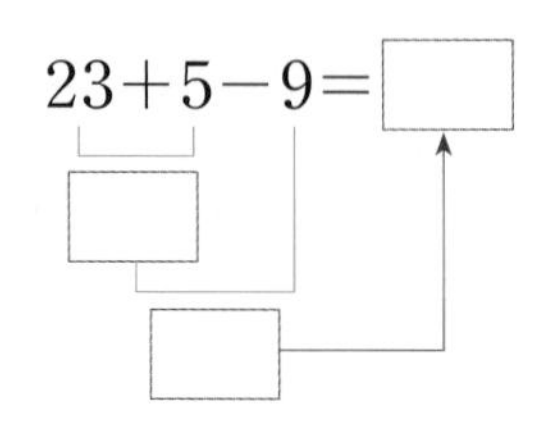

한번 더! 확인 7~12번 유사문제를 풀면서 **개념 다지기!**

7 계산 순서를 바르게 나타낸 것에 ○표 하세요.

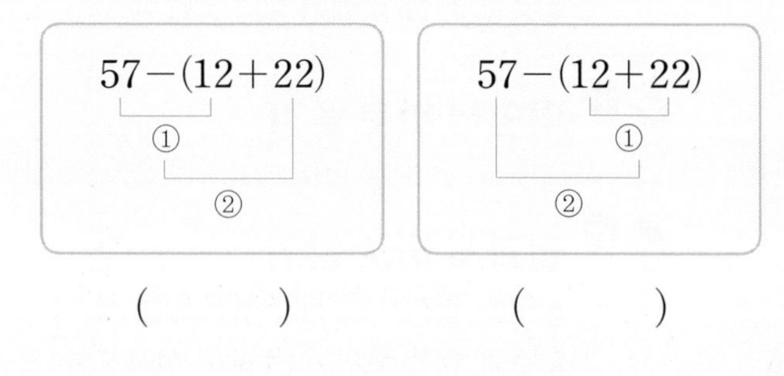

$57-(12+22)$ (① $57-12$, ② 나머지)	$57-(12+22)$ (① $12+22$, ② $57-$)
( )	( )

8 ☐ 안에 알맞은 수를 써넣으세요.

$72-(16+28)=72-$ ☐

$=$ ☐

(① $16+28$, ② $72-$)

3 보기와 같이 계산 순서를 나타내고, 계산해 보세요.

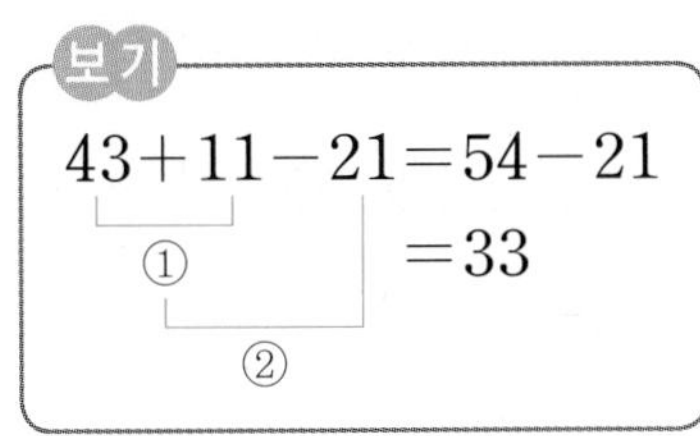

$68+12-49$

4 계산해 보세요.

$75-(32+19)$

5 두 식의 계산 결과가 같으면 ○표, 다르면 ×표 하세요.

$15-10+4$ $\quad$ $15-(10+4)$

( )

6 지우네 반은 남학생이 19명, 여학생이 15명입니다. 안경을 쓰지 않은 학생이 27명이라면 안경을 쓴 학생은 **몇 명**인가요?

(1) 하나의 식으로 나타내 보세요.

식 $19+\square-\square=\square$

(2) 안경을 쓴 학생은 몇 명인가요?

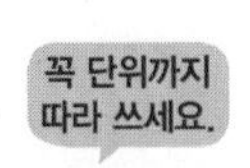

(명)

9 왼쪽 3의 보기와 같이 계산 순서를 나타내고, 계산해 보세요.

$51-(27+8)$

( )가 있으면 ( ) 안을 먼저 계산해.

10 계산해 보세요.

$25-13+31$

11 두 식을 계산하고, 계산 결과가 같으면 ○표, 다르면 ×표 하세요.

$25-9+6=\square$

$25-(9+6)=\square$

( )

12 자전거 대여점에 두발자전거가 26대, 세발자전거가 9대 있습니다. 그중 17대를 대여해 갔다면 지금 대여점에 남아 있는 자전거는 **몇 대**인지 하나의 식으로 나타내 구하세요.

식

답 대

1단계 교과서 바로 알기

핵심 개념 곱셈과 나눗셈이 섞여 있는 식

1. 곱셈과 나눗셈이 섞여 있는 식의 계산 순서

(　　)가 없으면 **앞에서부터 차례대로** 계산합니다.

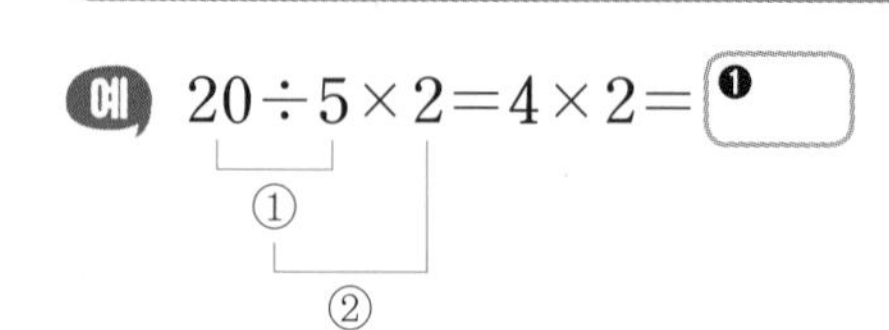

(　　)가 있으면 (　　) **안을 먼저** 계산합니다.

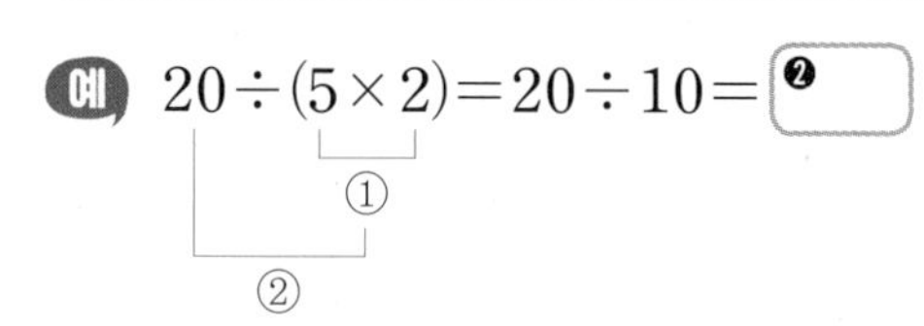

(　　)가 있으면 계산 순서가 달라질 수 있어.

2. 하나의 식으로 나타내 계산하기

어느 문구점에서는 **공책 20권을 5권씩 묶어** 포장하고 각 묶음마다 덤으로 **지우개를 2개씩 넣어서** 판매하려고 합니다. 필요한 지우개는 몇 개인가요?

전체 공책 수를 한 묶음의 공책 수로 나누고 한 묶음에 넣는 지우개 수를 곱해서 구합니다.

20÷5=4 — 포장한 공책의 묶음 수를 구하는 식

4×2=8 — 필요한 지우개 수를 구하는 식

➔ **20÷5×2=8**(개)

두 번째 식에서 4 대신에 20÷5를 넣어 두 식을 하나의 식으로 나타냅니다.

정답 확인 | ❶ 8 ❷ 2

확인 문제 1~6번 문제를 풀면서 개념 익히기!

1 계산 순서를 바르게 나타냈으면 ○표, 그렇지 않으면 ×표 하세요.

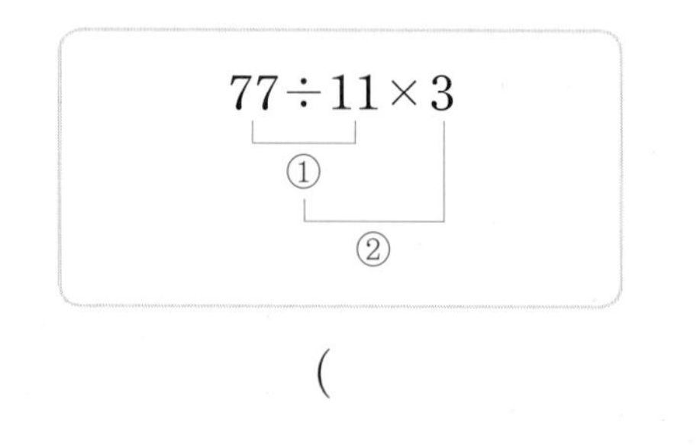

(　　　　　　　　　)

2 □ 안에 알맞은 수를 써넣으세요.

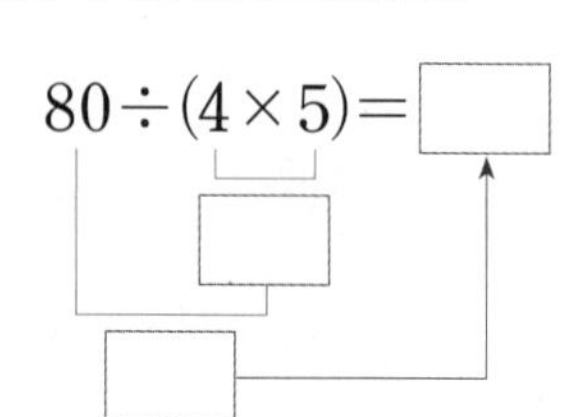

한번 더! 확인 7~12번 유사문제를 풀면서 **개념 다지기!**

7 먼저 계산해야 하는 부분에 ○표 하세요.

54÷(6×3)

8 □ 안에 알맞은 수를 써넣으세요.

42÷7×5=□×5
①
=□
②

3 보기 와 같이 계산 순서를 나타내고, 계산해 보세요.

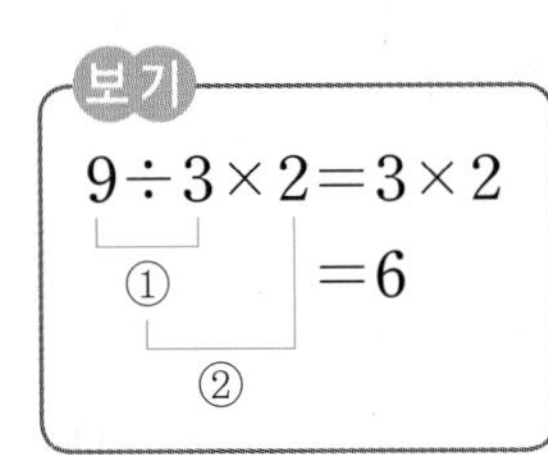

$24 \div 3 \times 7$

4 계산해 보세요.

(1) $28 \times 3 \div 12$

(2) $105 \div (5 \times 7)$

5 크기를 비교하여 ○ 안에 >, =, <를 알맞게 써넣으세요.

$18 \times 2 \div 3$ ○ 10

6 한 판에 25개씩 담겨 있는 상추 모종이 3판 있습니다. 이 모종을 15곳에 똑같이 나누어 심으려면 한 곳에 **몇 개**씩 심어야 하나요?

(1) 하나의 식으로 나타내 보세요.

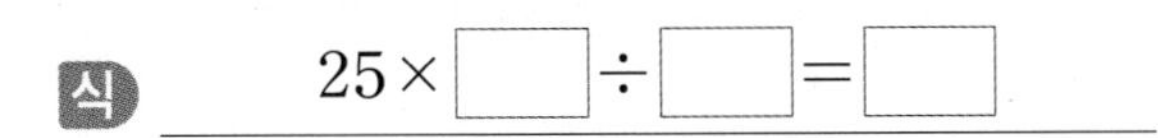

(2) 한 곳에 몇 개씩 심어야 하나요?

(개)

9 왼쪽 3의 보기 와 같이 계산 순서를 나타내고, 계산해 보세요.

$72 \div (3 \times 4)$

10 계산 결과를 찾아 선으로 이어 보세요.

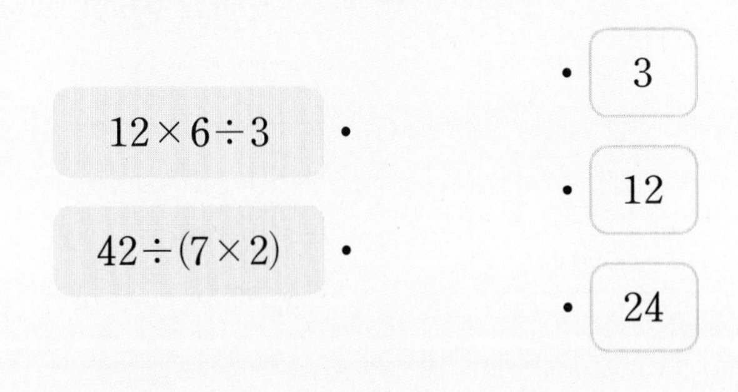

11 더 큰 수를 말한 사람의 이름을 쓰세요.

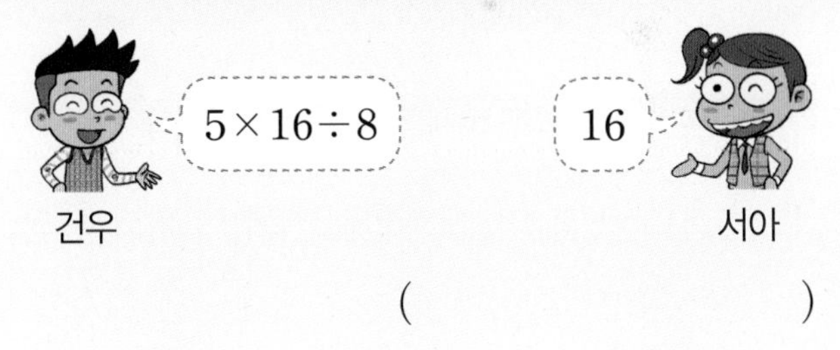

( )

서술형 下수

12 한 판에 30개씩 담겨 있는 달걀 2판을 10명에게 똑같이 나누어 주려고 합니다. 한 사람에게 달걀을 **몇 개**씩 나누어 주어야 하는지 하나의 식으로 나타내 구하세요.

식

답 개

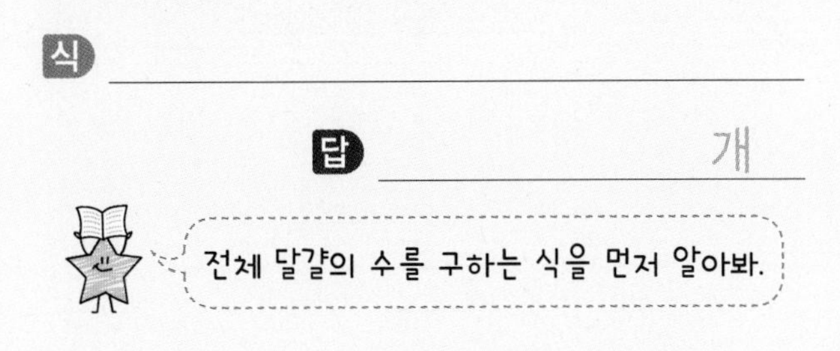

1단계 교과서 바로 알기

핵심 개념 덧셈, 뺄셈, 곱셈이 섞여 있는 식

1. 덧셈, 뺄셈, 곱셈이 섞여 있는 식의 계산 순서

(　　)가 없으면 곱셈을 먼저 계산하고 앞에서부터 차례대로 계산합니다.

예 $50-4\times3+9=50-12+9$
$=38+9$
$=$ ❶ [　　]

①, ②, ③

(　　)가 있으면 (　　) 안을 먼저 계산합니다.

예 $50-4\times(3+9)=50-4\times12$
$=50-48$
$=$ ❷ [　　]

①, ②, ③

(　　) 안을 먼저 계산하고 곱셈을 계산해야 해.

2. 하나의 식으로 나타내 계산하기

지영이는 카드 50장 중에서 4장씩 3묶음을 친구에게 주고 카드 9장을 새로 샀습니다. 지금 지영이가 가지고 있는 카드는 몇 장인가요?

처음에 가지고 있던 카드 수에서
친구에게 준 카드 수를 빼고
새로 산 카드 수를 더해서 구합니다.

➔ $50-4\times3+9=47$(장)

정답 확인 | ❶ 47 ❷ 2

확인 문제 1~6번 문제를 풀면서 개념 익히기!

1 계산 순서에 맞게 □ 안에 1부터 3까지 번호를 써넣으세요.

$84-6\times13+8$

□ □ □

2 □ 안에 알맞은 수를 써넣으세요.

$27-(6+2)\times3=$ □

□ □ □

한번 더! 확인 7~12번 유사문제를 풀면서 개념 다지기!

7 계산 순서에 맞게 기호를 차례대로 쓰세요.

$72+(47-36)\times3$

㉠ ㉡ ㉢

(　　　　　　　　　)

8 □ 안에 알맞은 수를 써넣으세요.

$17+4-3\times2=17+4-$ □
$=$ □ $-$ □
$=$ □

②, ①, ③

3 계산해 보세요.

(1) $67-14\times3+4$

(2) $17+(5-3)\times2$

4 계산 순서에 맞게 계산했으면 ○표, 잘못 계산했으면 ×표 하세요.

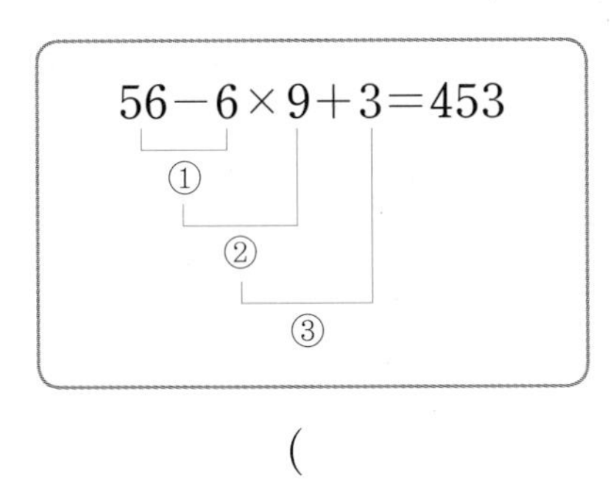

(　　　　　　)

5 두 식의 계산 결과가 같은가요, 다른가요?

$48-2\times19+2$	$48-2\times(19+2)$

(　　　　　　)

6 다음 문제에 알맞은 식에 ○표 하세요.

빨간색 색종이가 33장, 노란색 색종이가 19장 있습니다. 이 색종이를 5장씩 9일 동안 사용하고 나면 몇 장이 남나요?

$33+19-5\times9$ (　　)

$33+19\times5-9$ (　　)

9 계산 순서를 나타내고, 계산해 보세요.

$28-9\times2+6$

10 계산 순서에 맞게 계산했으면 ○표, 잘못 계산했으면 ×표 하세요.

$36+(9-4)\times3$
$=36+5\times3$
$=36+15$
$=51$

(　　　　　　)

11 계산 결과가 더 큰 것의 기호를 쓰세요.

㉠ $3\times(25-17)+16$
㉡ $3\times25-17+16$

(　　　　　　)

서술형 下수

12 윤하는 바나나 20개를 샀습니다. 바나나를 2개씩 친구 6명에게 나누어 준 뒤 5개를 더 샀습니다. 지금 윤하가 가진 바나나는 **몇 개**인지 하나의 식으로 나타내 구하세요.

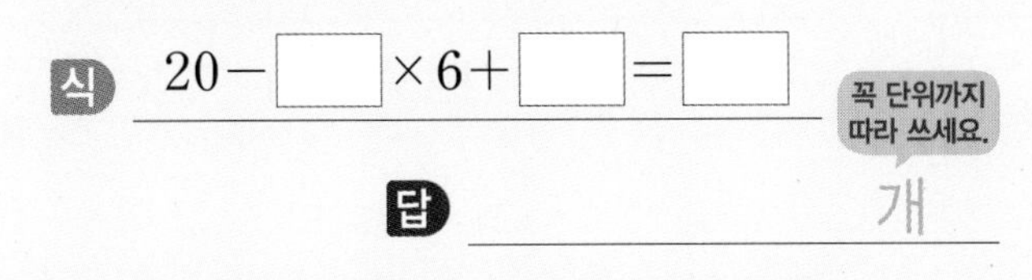

2단계 익힘책 바로 풀기

1 바르게 계산한 것에 ○표 하세요.

$48-(12+4)=40$ (①: $48-12$, ②: $\square+4$)　(　　　)

$48-(12+4)=32$ (①: $12+4$, ②: $48-\square$)　(　　　)

2 계산 순서를 나타내고, 계산해 보세요.

(1) $56+37-63$

(2) $16+(58-42)$

(3) $84\div(7\times4)$

3 계산 순서에 맞게 기호를 차례대로 쓰세요.

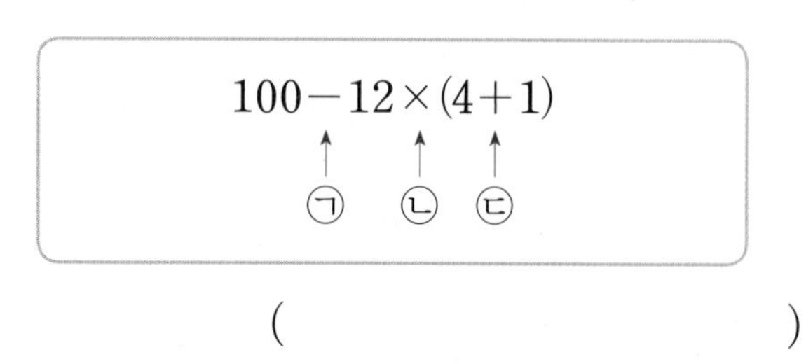

(　　　　　　　　　　)

4 계산해 보세요.

(1) $45\div3\times7$

(2) $15+9\times3-20$

(3) $15\times(25-10)+4$

5 계산 순서를 바르게 말한 사람은 누구인지 쓰고, 그 계산 결과는 얼마인지 구하세요.

$72\div(8\times3)$

소윤: 앞에서부터 차례대로 계산해야 해.

유찬: (　) 안을 먼저 계산해야 해.

(　　　　　　　　), (　　　　　　　　)

6 계산 결과를 찾아 선으로 이어 보세요.

$16\times6\div12$ •	• 8
$54-34+24$ •	• 40
	• 44

7 바르게 계산한 것의 기호를 쓰세요.

㉠ $23-11+6=6$
㉡ $56\div8\times4=28$

(　　　　　　　)

8 주연이는 용돈 5000원으로 1200원짜리 과자 1개를 산 후, 할머니께 용돈 3000원을 받았습니다. 주연이가 지금 가지고 있는 용돈은 얼마인지 하나의 식으로 나타내 구하세요.

식 $\square-1200+\square=\square$

답 ______

서술형

9 잘못 계산한 곳을 찾아 까닭을 쓰고, 바르게 계산해 보세요.

$$60-(5+3)\times7=60-8\times7$$
$$=52\times7$$
$$=364$$

까닭 ______

$60-(5+3)\times7$

10 계산 결과가 더 큰 식에 ○표 하세요.

$63\div(7\times3)$	$73-(26+43)$
(　　)	(　　)

11 현서는 일주일 동안 줄넘기를 몇 번 했는지 하나의 식으로 나타내 구하세요.

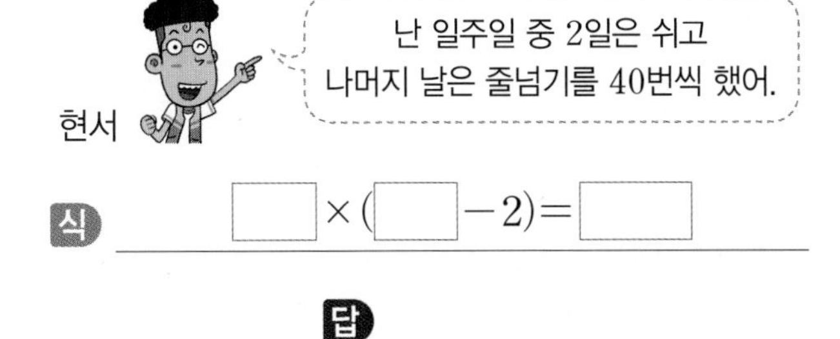

식 $\square\times(\square-2)=\square$

답 ______

서술형 中수 문제 해결의 전략을 보면서 풀어 보자.

12 ●에 들어갈 수 있는 수 중 가장 작은 두 자리 수를 구하세요.

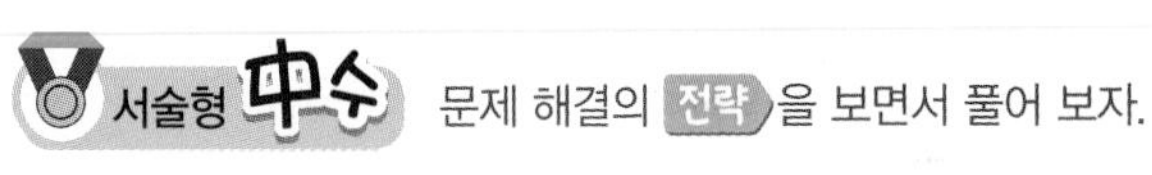
$56-2\times9+3<$●

전략 왼쪽의 혼합 계산을 하자.

❶ $56-2\times9+3=56-\square+3$
$=\square+3$
$=\square$

전략 ❶을 이용하여 주어진 식을 간단히 하여 답을 구하자.

❷ $\square<$●이므로 ●에 들어갈 수 있는 가장 작은 두 자리 수는 $\square$입니다.

답 ______

13 보기와 같이 두 식을 하나의 식으로 나타내 보세요.

보기
$15\times4=60$
$60\div12=5$
→ 식 $15\times4\div12=5$

$12\times4=48$
$48\div8=6$

→ 식 ____________________

14 하나의 식으로 나타내 계산해 보세요.

(1) 50에서 14와 6의 합을 뺀 값

식 ____________________

(2) 81을 3과 9의 곱으로 나눈 몫

식 ____________________

15 식이 성립하도록 ○ 안에 ×, ÷ 중 알맞은 것을 써넣으세요.

(1) 16 ○ $4\times5=20$

(2) $80\div(4$ ○ $2)=10$

16 현우가 마트에서 물건을 사고 받은 영수증입니다. 5000원을 냈다면 거스름돈은 얼마인가요?

	상품명	수량	금액(원)
01	오전에주스(통)	1	2800
02	새우짱(봉지)	1	1500

( )

서술형

17 두 식을 계산 순서에 맞게 계산해 보고, 그 결과를 계산 순서와 관련하여 비교해 쓰세요.

• $41-19+13=$ □
• $41-(19+13)=$ □

비교 ____________________

18 ○ 안에 +, −, ×, ÷ 중 알맞은 것을 써넣어 식을 완성하고 풀어 보세요.

서진이네 반 학생 32명은 11명씩 2팀을 만들어 축구를 하고 남은 학생은 다른 반 학생 8명과 함께 응원을 했습니다. 응원을 한 학생은 몇 명인가요?

식 32 ○ 11 ○ 2 ○ 8 = □

답 ____________________

19 두 식의 계산 결과의 차를 구하세요.

- $20-14+11$
- $11+14-18$

(　　　　　　　　)

[20~21] 주어진 식을 이용해서 풀 수 있는 문제를 완성하고 풀어 보세요.

20 $54-19+8$

문제 서연이는 연필 54자루를 가지고 있습니다.

답

21 $75\div(5\times3)$

문제 빵을 한 판에 5개씩 3줄로 구우려고 합니다.

답

22 식이 성립하도록 □ 안에 알맞은 수를 써넣으세요.

(1) $12+\square\times7=54$

(2) $40\div(5\times\square)=2$

23 로봇 한 대가 하루에 편지를 50통 배달할 수 있습니다. 로봇 4대가 편지 600통을 배달하려면 적어도 며칠이 걸리는지 하나의 식으로 나타내 구하세요.

식

답

24 현수네 친척 모임에 어른 14명, 어린이 9명이 참석하였습니다. 4인용 테이블 5개가 있다면 앉지 못하는 사람은 몇 명인가요?

전략 (어른 수)+(어린이 수)

❶ 참석한 사람 수: □+□(명)

전략 (테이블 하나에 앉을 수 있는 사람 수)×(테이블 수)

❷ 앉을 수 있는 사람 수: 4×□(명)

전략 (❶에서 구한 식)−(❷에서 구한 식)

❸ 앉지 못하는 사람 수를 하나의 식으로 나타내 구하기:

□+□−4×□=□(명)

답

BOOK❷ 2~5쪽

1단계 교과서 바로 알기

핵심 개념 덧셈, 뺄셈, 나눗셈이 섞여 있는 식

1. 덧셈, 뺄셈, 나눗셈이 섞여 있는 식의 계산 순서

(　　)가 없으면 **나눗셈을 먼저 계산하고 앞에서부터 차례대로** 계산합니다.

예 $24\div2+4-3=12+4-3$
$=16-3$
$=$ ❶

(①: $24\div2$, ②: $+4$, ③: -3)

(　　)가 있으면 (　　) **안을 먼저** 계산합니다.

예 $24\div(2+4)-3=24\div6-3$
$=4-3$
$=$ ❷

(①: $2+4$, ②: $24\div$, ③: -3)

(　) 안을 먼저 계산하고 나눗셈을 계산해야 해.

2. 하나의 식으로 나타내 계산하기

재호는 구슬 **24**개를 동생과 반으로 나눠 구슬치기를 했습니다. 재호가 **4개를 따고 3개를 잃었다면** 재호에게 남은 구슬은 몇 개인가요?

재호가 동생과 나눠 가진 구슬 수에
딴 구슬 수를 더하고
잃은 구슬 수를 빼서 구합니다.

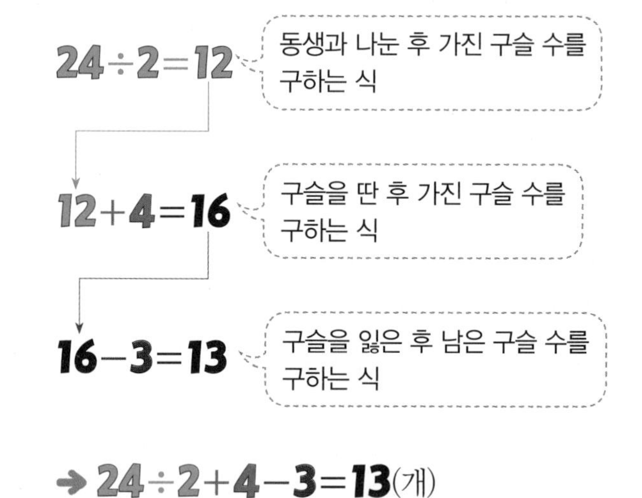

→ $24\div2+4-3=13$(개)

정답 확인 | ❶ 13 ❷ 1

확인 문제 1~5번 문제를 풀면서 개념 익히기!

1 계산 순서를 바르게 나타낸 것에 ○표 하세요.

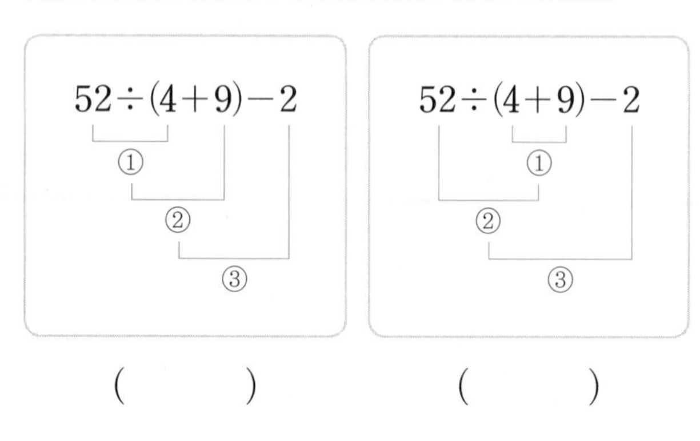

(　　　)　　(　　　)

한번 더! 확인 6~10번 유사문제를 풀면서 개념 다지기!

6 가장 먼저 계산해야 하는 부분의 기호를 쓰세요.

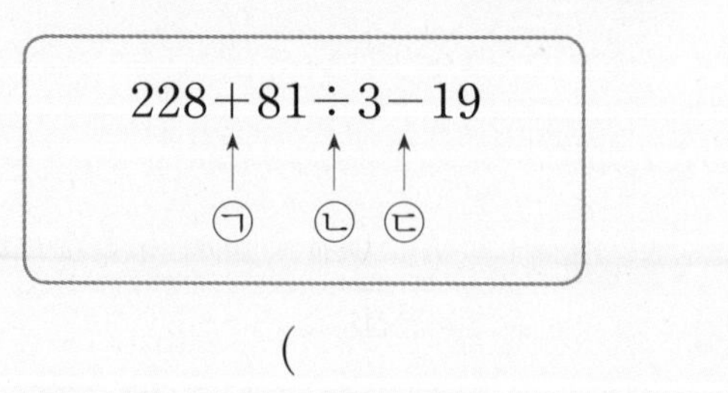

(　　　　　　)

2 □ 안에 알맞은 수를 써넣으세요.

$26-55\div11+10=\square$

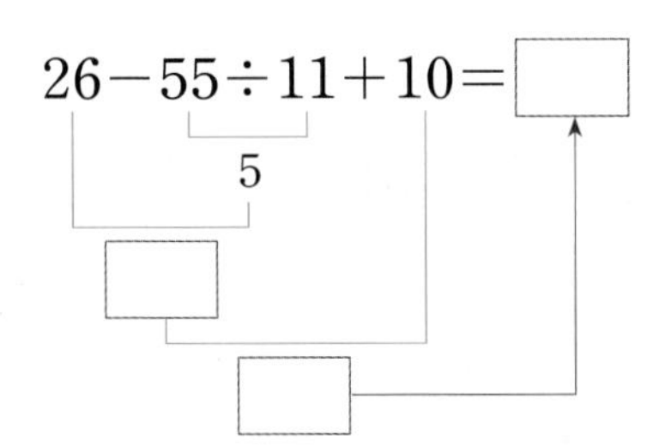

3 계산 결과를 찾아 ○표 하세요.

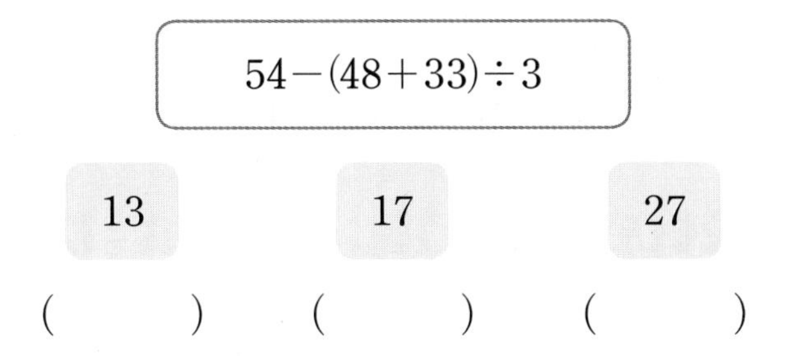

$54-(48+33)\div3$

13 ( ) 17 ( ) 27 ( )

4 크기를 비교하여 ○ 안에 >, =, <를 알맞게 써넣으세요.

$36-28\div4+2 \bigcirc 4$

5 선생님께서 풍선을 14개 가지고 있었는데 10개를 더 산 다음 지호네 모둠 4명에게 똑같이 나누어 주셨습니다. 지호가 받은 풍선 중에서 2개가 터졌다면 지호에게 남은 풍선은 **몇 개**인가요?

(1) 지호가 받은 풍선의 수를 알아보는 식을 쓰세요.

식 $(14+\square)\div4=\square$

전체 풍선의 수 / 나누어 가진 사람 수

(2) 지호에게 남은 풍선은 몇 개인지 하나의 식으로 나타내 답을 구하세요.

식 $(14+\square)\div4-\square=\square$

꼭 단위까지 따라 쓰세요.

답 ______ 개

7 □ 안에 알맞은 수를 써넣으세요.

$(26+13)\div3-8=\square\div3-8$

$=\square-8$

$=\square$

①, ②, ③

8 계산해 보세요.

(1) $21+72\div3-26$

(2) $42\div(6+8)-1$

9 계산 결과가 더 큰 식에 ○표 하세요.

$12+48-36\div6$	$12+(48-36)\div6$
( )	( )

서술형 下수

10 칫솔 1개와 비누 1개의 무게의 합은 치약 1개의 무게보다 **몇 g** 더 무거운지 하나의 식으로 나타내 구하세요.

	칫솔 1개	비누 2개	치약 1개
무게	28 g	800 g	300 g

식 $28+\square\div2-\square=\square$

답 ______ g

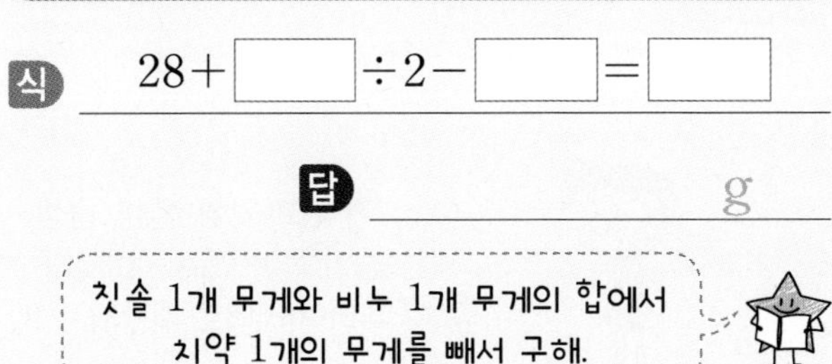

핵심 개념 덧셈, 뺄셈, 곱셈, 나눗셈이 섞여 있는 식

1. 덧셈, 뺄셈, 곱셈, 나눗셈이 섞여 있는 식의 계산 순서

(　　)가 없으면 곱셈과 나눗셈, 덧셈과 뺄셈 순서로 계산합니다.

예 $80-20+10\times3\div5=80-20+30\div5$
$=80-20+6$
$=60+6$
$=$ ❶

(계산 순서: ① 10×3, ② $\div5$, ③ $80-20$, ④ $+$)

(　　)가 있으면 (　　) 안을 먼저 계산합니다.

예 $80-(20+10)\times3\div5=80-30\times3\div5$
$=80-90\div5$
$=80-18$
$=$ ❷

(계산 순서: ① $(20+10)$, ② $\times3$, ③ $\div5$, ④ $80-$)

(　　) 안을 먼저 계산한 후, 곱셈과 나눗셈의 계산은 앞에서부터 차례대로 계산하면 돼.

2. 하나의 식으로 나타내 계산하기

진웅이는 용돈 **5000**원을 가지고 **4**권에 **2000**원 하는 공책 한 권과 **400**원짜리 연필 **3**자루를 샀습니다. 남은 돈은 얼마인가요?

진웅이의 용돈에서 공책 한 권 값과 연필 3자루 값의 합을 빼서 구합니다.

공책 한 권의 값: $2000\div4=500$

연필 3자루의 값: $400\times3=1200$

남은 돈을 구하는 식: $5000-(500+1200)=3300$

→ $5000-(2000\div4+400\times3)$
$=3300$(원)

(남은 돈)
=(진웅이의 용돈)
−(공책 한 권의 값+연필 3자루의 값)

정답 확인 | ❶ 66 ❷ 62

확인 문제 1~4번 문제를 풀면서 개념 익히기!

1 서아가 식을 보고 한 말이 옳으면 ○표, 틀리면 ×표 하세요.

$90-15\times4\div6+14$

(　　)가 없고 덧셈, 뺄셈, 곱셈, 나눗셈이 섞여 있는 식이니까 앞에서부터 차례대로 계산해야 해.

(　　　　　　　　)

한번 더! 확인 5~8번 유사문제를 풀면서 개념 다지기!

5 계산 순서에 맞게 □ 안에 기호를 차례대로 써넣으세요.

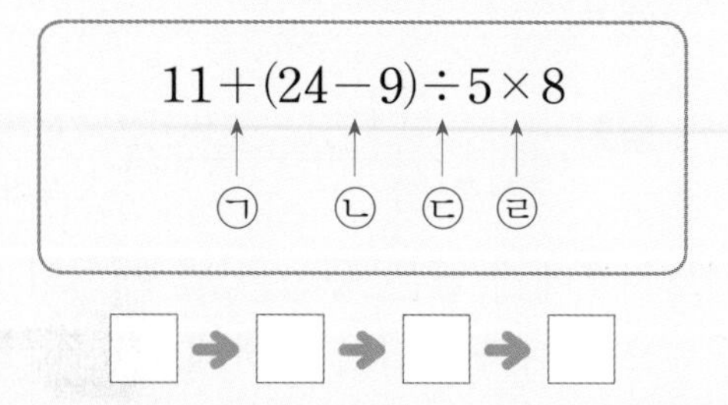

□ → □ → □ → □

2 계산 순서를 나타내고, 계산해 보세요.

$12+5\times(43-31)\div3$

3 계산 결과를 찾아 선으로 이어 보세요.

$61+32\div4-7\times9$ •

$56-(6+8)\div2\times7$ •

• 6

• 7

• 8

4 다음 문제에 알맞은 식에 ○표 하세요.

공책은 1권에 450원이고, 지우개는 10개에 3000원입니다. 은서가 공책 2권과 지우개 1개를 사는 데 1000원짜리 지폐 1장을 내고 나머지는 동전으로 냈습니다. 동전으로 얼마를 냈나요?

$450\times2+3000\div10-1000$ (　　)

$450+3000-1000$ (　　)

6 계산해 보세요.

(1) $10+2\times3\div6-8$

(2) $14+27\div9\times(32-15)$

7 계산 결과가 더 작은 식에 ○표 하세요.

$43+5\times(25-9)\div8$ (　　)

$12\times3-48\div8+31$ (　　)

서술형 下수

8 소연이는 10000원으로 커피 2잔과 쿠키 1개를 사서 부모님께 드리려고 합니다. 남는 돈은 얼마인지 하나의 식으로 나타내 구하세요.

식 $10000-(\square\times2+6000\div\square)$

$=\square$

꼭 단위까지 따라 쓰세요.

답 원

가지고 있는 돈에서 커피 2잔 값과 쿠키 1개 값의 합을 빼면 돼.

1 자연수의 혼합 계산

2단계 익힘책 바로 풀기

1 가장 먼저 계산해야 하는 부분은 어느 것인가요? ( )

$16-12\div6\times4+10$

① $16-12$　② $12\div6$
③ 6×4　④ $4+10$

2 보기와 같이 계산 순서대로 계산해 보세요.

보기
$7+36\div12-6=7+3-6$
$=10-6=4$

(1) $50-18+21\div7$

(2) $45\div3-4\times2+7$

(3) $24\div(3+9)\times4-6$

3 '4+13'을 가장 먼저 계산해야 하는 식을 쓴 사람의 이름을 쓰세요.

소윤　$72\div(10-4)+13$

서준　$3\times(4+13)-10\div5$

( )

4 두 식을 계산하고, 계산 결과가 같으면 ○표, 다르면 ×표 하세요.

$30\div15+15-1=\square$
$30\div(15+15)-1=\square$

( )

5 계산이 처음으로 잘못된 부분을 찾아 번호를 쓰고, 바르게 계산한 답을 구하세요.

$40-3\times(5+3)\div8$
① $=40-3\times8\div8$
② $=40-24\div8$
③ $=16\div8$
④ $=2$

잘못된 부분 ( )
바르게 계산한 답 ( )

6 계산 결과를 찾아 선으로 이어 보세요.

$(35-17)\div6+9$ •　　• 8
$12-26\div(4+9)$ •　　• 10
　　　　　　　　　　• 12

1 자연수의 혼합 계산

서술형

7 은우는 다음 식을 계산기를 사용하여 계산했습니다. 계산기의 버튼 입력 순서를 보고 계산한 방법이 잘못된 까닭을 쓰세요.

입력 순서: 3 + 6 × 3 ÷ 9

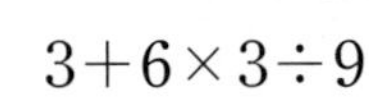

까닭 ______________________

8 물 20 L가 들어 있는 큰 통에서 물 10 L를 덜어 내고 남은 물을 작은 통 5개에 똑같이 나눠 부은 후 이 작은 통 5개에 각각 물을 3 L씩 더 부었습니다. 지금 작은 통 1개에 들어 있는 물은 몇 L인지 하나의 식으로 나타내 구하세요.

식 $(20-\square)\div5+\square=\square$

답 ______________________

9 20 cm짜리 리본을 4등분 한 것 중의 한 도막과 7 cm짜리 리본을 2 cm가 겹쳐지도록 이어 붙였습니다. 이어 붙인 리본의 전체 길이는 몇 cm인지 하나의 식으로 나타내 구하세요.

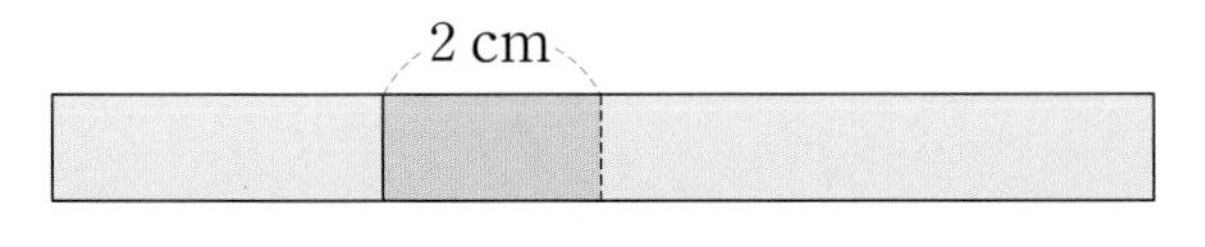

식 ______________________

답 ______________________

10 계산 결과가 더 작은 것의 기호를 쓰세요.

㉠ $11+4\times2-16\div8$
㉡ $30\div(8-2)\times2$

(　　　　　　)

11 식이 성립하도록 ○ 안에 ×, ÷ 중 알맞은 것을 써넣으세요.

$13+28$ ○ $4-15=5$

서술형 中수 문제 해결의 전략을 보면서 풀어 보자.

12 전체 기념품 800개를 4일 동안 관람객에게 매일 똑같은 수만큼 나누어 주려고 합니다. 첫날 오전에 어른 33명과 어린이 40명에게 기념품을 2개씩 나누어 주었습니다. 첫날 오후에 나누어 줄 수 있는 기념품은 몇 개인가요?

전략 (전체 기념품 수)÷(날수)

❶ 하루에 나누어 줄 수 있는 기념품 수:
$\square\div4$(개)

전략 (나누어 준 사람 수의 합)×(한 명에게 준 기념품 수)

❷ 첫날 오전에 나누어 준 기념품 수:
$(33+\square)\times\square$(개)

전략 (❶에서 구한 식)−(❷에서 구한 식)

❸ 첫날 오후에 나누어 줄 수 있는 기념품 수를 하나의 식으로 나타내 구하기:
$\square\div4-(33+\square)\times\square$
$=\square$(개)

답 ______________________

BOOK❷ 5~7쪽

3단계 실력 바로 쌓기

가이드
문제에서 핵심이 되는 말에 표시하고,
주어진 풀이를 따라 풀어 보자.

키워드 문제

1-1 5000원으로 2500원짜리 라면 1그릇과 500원짜리 달걀 2개를 사 먹었습니다. 남은 돈은 얼마인가요?

전략 (달걀 1개의 값)×(달걀 수)

❶ 달걀 2개의 값: ☐×2(원)

전략 (라면 1그릇의 값)+(❶에서 구한 식)

❷ 라면 1그릇 값과 달걀 2개 값의 합:
☐+☐×2(원)

전략 (가지고 있던 돈)−(❷에서 구한 식)

❸ 남은 돈을 하나의 식으로 나타내 구하기:
5000−(☐+☐×2)
=☐(원)

답 ______

서술형 高수

1-2 10000원으로 700원짜리 공책 6권과 1200원짜리 가위 1개를 샀습니다. 남은 돈은 얼마인가요?

❶

❷

❸

답 ______

키워드 문제

2-1 식이 성립하도록 두 수를 (   )로 묶어 보세요.

$$46 - 6 \times 2 + 3 = 16$$

전략 두 수씩 (   )로 묶어 계산하자.

❶ $(46-6)\times2+3=$☐

❷ $46-(6\times2)+3=$☐

❸ $46-6\times(2+3)=$☐

답 $46 - 6 \times 2 + 3 = 16$

서술형 高수

2-2 식이 성립하도록 두 수를 (   )로 묶어 보세요.

$$24 + 72 \div 8 \times 3 = 27$$

❶

❷

❸

답 $24 + 72 \div 8 \times 3 = 27$

키워드 문제

3-1 식이 성립하도록 ●에 알맞은 수를 구하세요.

$29-6\times8\div12+●=36$

전략 왼쪽 식을 간단히 나타내자.

❶ $29-6\times8\div12+●$
$=29-\square\div12+●$
$=29-\square+●$
$=\square+●$

전략 ❶을 이용하여 주어진 식을 간단히 하여 ●의 값을 구하자.

❷ $\square+●=36$이므로 ●$=\square$

답 ____________

서술형 高수

3-2 식이 성립하도록 □ 안에 알맞은 수를 구하세요.

$\square-(27\div9+4)\times5=25$

❶

❷

답 ____________

키워드 문제

4-1 유림이는 1장에 5개씩 붙어 있는 스티커를 14장 사서 언니와 똑같이 나누어 가졌습니다. 그중 8개를 친구에게 주고 언니에게서 3개를 받았습니다. 유림이가 지금 가지고 있는 스티커는 몇 개인가요?

❶ 유림이가 산 스티커 수:
$5\times\square$(개)

❷ 언니와 나눈 후 유림이가 가진 스티커 수:
$5\times\square\div\square$(개)

전략 (❷의 식)−(친구에게 준 스티커 수)+(언니에게 받은 스티커 수)

❸ 유림이가 지금 가지고 있는 스티커 수를 하나의 식으로 나타내 구하기:
$5\times\square\div\square-8+\square=\square$(개)

답 ____________

4-2 노란색 색종이 18장과 초록색 색종이 24장을 슬기네 모둠 학생 6명이 똑같이 나누어 가졌습니다. 슬기가 5장을 사용하고 선생님께 2장을 다시 받았습니다. 슬기가 지금 가지고 있는 색종이는 몇 장인가요?

❶

❷

❸

답 ____________

점수

1 가장 먼저 계산해야 하는 부분에 ○표 하세요.

$46-6\times3+5$

2 계산 순서에 맞게 □ 안에 기호를 차례대로 써넣으세요.

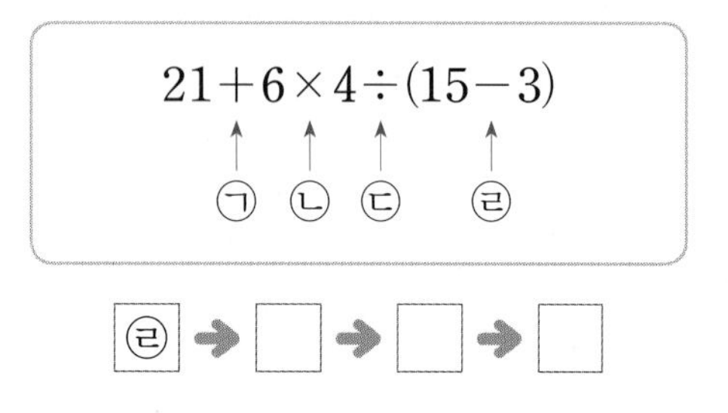

㉣ → □ → □ → □

[3~4] 보기 와 같이 계산 순서를 나타내고, 계산해 보세요.

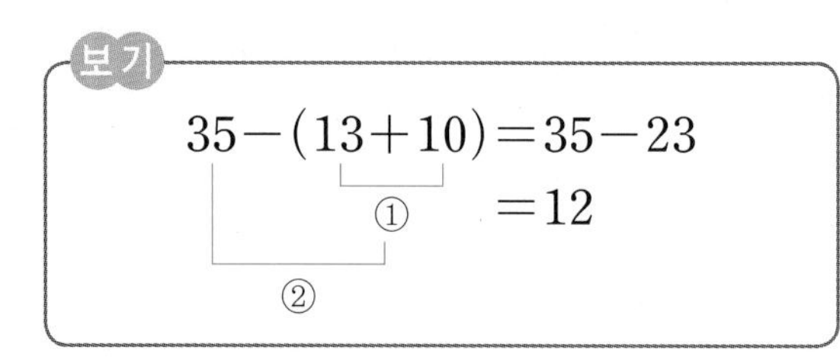

3 $119-(36+27)$

4 $192\div(4\times2)$

[5~6] 계산해 보세요.

5 $42+35\div7-4$

6 $75\div(42-17)+61$

7 바르게 계산한 것에 ○표 하세요.

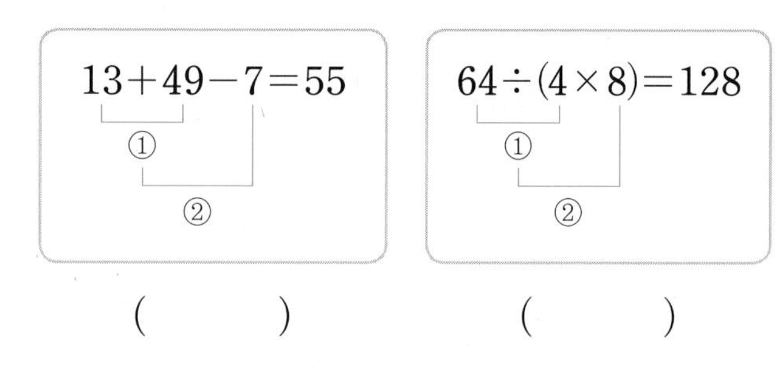

(   )   (   )

8 두 식을 계산하고, 계산 결과가 같은지 다른지 쓰세요.

㉠ $52-19+20=$ □

㉡ $52-(19+20)=$ □

→ 두 식 ㉠과 ㉡의 계산 결과는 ____________.

9 계산 결과를 찾아 선으로 이어 보세요.

$16+(14-6)\times 3$		20
$6+64\div(4-2)$		38
		40

10 계산에서 잘못된 부분을 찾아 바르게 계산해 보세요.

$35+29-25\times 2$
$=64-25\times 2$
$=39\times 2$
$=78$

→ $35+29-25\times 2$

11 문제에 알맞은 식에 색칠하고, 답을 구하세요.

문제
한 사람이 한 시간에 종이꽃을 5개씩 만들 수 있다고 합니다. 7명이 종이꽃 70개를 만들려면 몇 시간이 걸리나요?

$70\div5\times7$	$70\div(5\times7)$

(　　　　　　　)

12 크기를 비교하여 ○ 안에 >, =, <를 알맞게 써 넣으세요.

$100-9\times(5+4)$ ○ 20

13 정수네 반 남학생은 17명이고 여학생은 11명입니다. 정수네 반에서 빵을 좋아하는 학생이 9명이라면 빵을 좋아하지 않는 학생은 몇 명인지 하나의 식으로 나타내 구하세요.

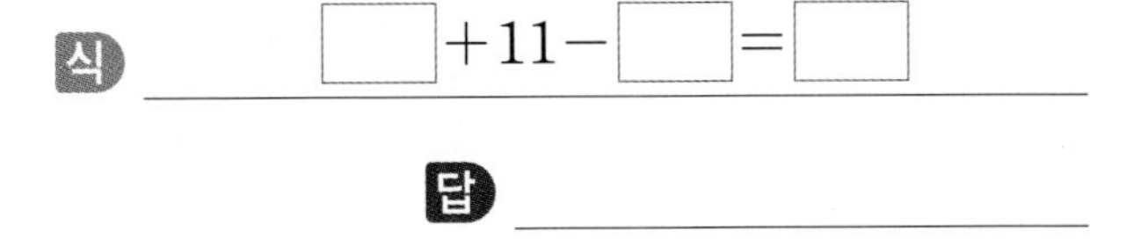

14 하나의 식으로 나타내 계산해 보세요.

90과 18의 차를 6으로 나눈 몫에 5와 2의 곱을 더한 수

15 식이 성립하도록 두 수를 (　)로 묶어 보세요.

$42 - 14 \div 7 \times 2 = 8$

16 지윤이는 미국 여행 중에 기념품 가게에 가서 다음과 같은 엽서 1장과 연필 4자루를 사고 20달러를 냈습니다. 지윤이가 받아야 할 거스름돈은 얼마인가요?

엽서 5장: 5달러

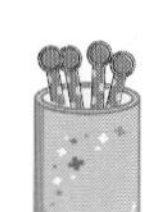

연필 1자루: 2달러

( )

17 식이 성립하도록 ◯ 안에 +, −, ×, ÷ 중 하나를 써넣으세요.

$38-26+12 \bigcirc 4=15$

18 다음 4장의 수 카드 사이의 □ 안에 +, −, ×를 모두 한 번씩만 넣어 계산 결과가 가장 큰 식을 만들었습니다. 만든 식의 계산 결과를 구하세요.

7 □ 8 □ 1 □ 4

( )

서술형 실전

19 식이 성립하도록 □ 안에 알맞은 수를 구하려고 합니다. 풀이 과정을 쓰고 답을 구하세요.

$25-9\times8\div6+\square=20$

풀이

답

20 지호의 나이는 12살입니다. 형은 지호보다 3살 더 많고, 아버지의 나이는 형의 나이의 3배보다 1살 더 많습니다. 아버지의 나이는 몇 살인지 하나의 식으로 나타내는 풀이 과정을 쓰고 답을 구하세요.

풀이

답

2 약수와 배수

스마트폰을 이용하여 QR 코드를 찍으면
개념 학습 영상을 볼 수 있어요.

2단원 학습 계획표

✔ 이 단원의 표준 학습 일수는 **5일**입니다. 계획대로 공부한 후 확인란에 사인을 받으세요.

이 단원에서 배울 내용	쪽수	계획한 날	확인
1단계 **교과서 바로 알기** • 약수 • 배수 • 약수와 배수의 관계	26~31쪽	월 일	확인했어요!
2단계 **익힘책 바로 풀기**	32~35쪽	월 일	확인했어요!
1단계 **교과서 바로 알기** • 공약수와 최대공약수 • 최대공약수를 구하는 방법	36~39쪽	월 일	확인했어요!
2단계 **익힘책 바로 풀기**	40~41쪽		
1단계 **교과서 바로 알기** • 공배수와 최소공배수 • 최소공배수를 구하는 방법	42~45쪽	월 일	확인했어요!
2단계 **익힘책 바로 풀기**	46~47쪽		
3단계 **실력 바로 쌓기**	48~49쪽	월 일	확인했어요!
TEST **단원 마무리 하기**	50~52쪽		

1단계 교과서 바로 알기

핵심 개념 약수

예 6의 약수 구하기

$6 \div 1 = 6$	$6 \div 2 = 3$	$6 \div 3 = 2$
$6 \div 4 = 1 \cdots 2$	$6 \div 5 = 1 \cdots 1$	$6 \div 6 = 1$

➔ 6을 나누어떨어지게 하는 수는 1, 2, 3, ❶☐ 입니다.

6을 나누어떨어지게 하는 수를 **6의 약수**라고 합니다. 1, 2, 3, 6은 6의 ❷☐ 입니다.

약수: 어떤 수를 나누어떨어지게 하는 수

약수를 구할 때에는 나눗셈식을 이용해 나누어떨어지게 하는 수를 찾으면 돼.

참고 약수의 특징
- ●의 약수에는 1과 ●가 항상 포함됩니다.
- 1은 모든 자연수의 약수입니다.
- 어떤 수의 약수 중에서 가장 큰 수는 어떤 수 자신입니다.

정답 확인 | ❶ 6 ❷ 약수

확인 문제 1~6번 문제를 풀면서 개념 익히기!

1 연필 4자루를 남김없이 똑같이 나누어 가질 수 있는 사람 수를 모두 찾아 ○표 하세요.

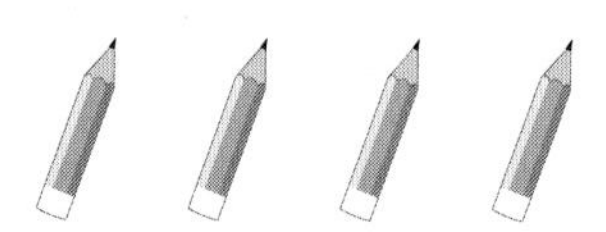

1명 2명 3명 4명

2 다음을 보고 8의 약수를 모두 구하세요.

$8 \div 1 = 8$	$8 \div 2 = 4$
$8 \div 3 = 2 \cdots 2$	$8 \div 4 = 2$
$8 \div 5 = 1 \cdots 3$	$8 \div 6 = 1 \cdots 2$
$8 \div 7 = 1 \cdots 1$	$8 \div 8 = 1$

( )

한번 더! 확인 7~12번 유사문제를 풀면서 개념 다지기!

7 구슬 9개를 남김없이 똑같이 나누어 가질 수 있는 사람 수를 모두 찾아 ○표 하세요.

1명 3명 6명 9명

8 ☐ 안에 알맞은 수를 써넣고, 5의 약수를 모두 구하세요.

$5 \div 1 = 5$	$5 \div 2 = 2 \cdots 1$
$5 \div 3 = \square \cdots \square$	$5 \div 4 = \square \cdots \square$
$5 \div 5 = \square$	

( )

3 10의 약수를 모두 찾아 ○표 하세요.

1	2	3	4	5
6	7	8	9	10

4 약수를 모두 구하세요.

(1) 15의 약수

( )

(2) 16의 약수

( )

5 왼쪽 수가 오른쪽 수의 약수인 것에 ○표 하세요.

5	30

( )

3	16

( )

6 20의 약수는 모두 **몇** 개인가요?

(1) 20의 약수를 모두 구하세요.

( )

(2) 20의 약수는 모두 몇 개인가요? 꼭 단위까지 따라 쓰세요.

(개)

9 12의 약수를 모두 찾아 ○표 하세요.

1	2	3	4	5	6
7	8	9	10	11	12

10 약수를 모두 구하세요.

(1) 7의 약수

( )

(2) 28의 약수

( )

11 왼쪽 수가 오른쪽 수의 약수인 것에 ○표 하세요.

5	17

( )

1	15

( )

서술형 下수

12 35의 약수는 모두 **몇** 개인가요?

풀이

35의 약수를 모두 구하면 □, □, □, □

이므로 35의 약수는 모두 □개입니다.

답 ________ 개

1단계 교과서 바로 알기

핵심 개념 배수

예 3의 배수 구하기

3을 1배 한 수는 3입니다. ➔ $3\times1=3$
3을 2배 한 수는 6입니다. ➔ $3\times2=6$
3을 3배 한 수는 9입니다. ➔ $3\times3=9$
3을 4배 한 수는 12입니다. ➔ $3\times4=$ ❶ □

3을 1배, 2배, 3배, … 한 수를 **3의 배수**라고 합니다. 3, 6, 9, 12, ...는 3의 ❷ □ 입니다.

배수: 어떤 수를 1배, 2배, 3배, ... 한 수

참고 배수의 특징
- ●의 배수에는 ●가 항상 포함됩니다.
- 어떤 수의 배수는 무수히 많습니다.
- 어떤 수의 배수 중에서 가장 작은 수는 어떤 수 자신입니다.
- 모든 자연수는 1의 배수입니다.

정답 확인 | ❶ 12 ❷ 배수

확인 문제 1~6번 문제를 풀면서 개념 익히기!

1 □ 안에 알맞은 말을 써넣으세요.

8을 1배, 2배, 3배, ... 한 수 8, 16, 24, ...는 8의 □ 입니다.

2 □ 안에 알맞은 수를 써넣으세요.

4를 1배 한 수 ➔ $4\times1=4$
4를 2배 한 수 ➔ $4\times2=8$
4를 3배 한 수 ➔ $4\times3=$ □
4를 4배 한 수 ➔ $4\times4=$ □

➔ 4의 배수: 4, □, □, □, ...

한번 더! 확인 7~12번 유사문제를 풀면서 개념 다지기!

7 알맞은 말에 ○표 하세요.

5, 10, 15, 20, 25, ...는 5의 (약수 , 배수) 입니다.

8 □ 안에 알맞은 수를 써넣으세요.

9를 1배 한 수 ➔ $9\times1=9$
9를 2배 한 수 ➔ $9\times2=18$
9를 3배 한 수 ➔ $9\times3=$ □
9를 4배 한 수 ➔ $9\times4=$ □

➔ 9의 배수: 9, □, □, □, ...

3 빈 곳에 7의 배수를 알맞게 써넣으세요.

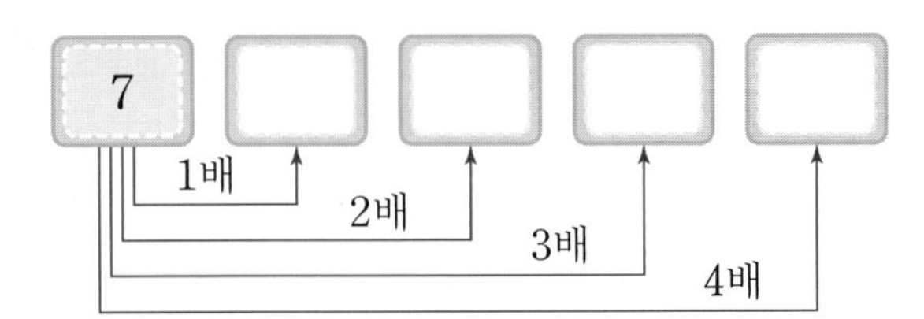

4 다음 수의 배수를 가장 작은 수부터 순서대로 4개 쓰세요.

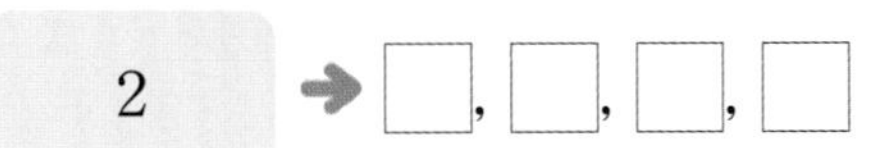

5 수 배열표를 보고 5의 배수에 모두 ○표 하세요.

1	2	3	4	(5)	6	7	8	9	(10)
11	12	13	14	(15)	16	17	18	19	20
21	22	23	24	25	26	27	28	29	30
31	32	33	34	35	36	37	38	39	40

6 다음 중 3의 배수는 모두 **몇 개**인가요?

13	16	18
22	27	28

(1) 3의 배수를 모두 찾아 ○표 하세요.

(2) 3의 배수는 모두 몇 개인가요? 꼭 단위까지 따라 쓰세요.

(개)

9 빈 곳에 10의 배수를 알맞게 써넣으세요.

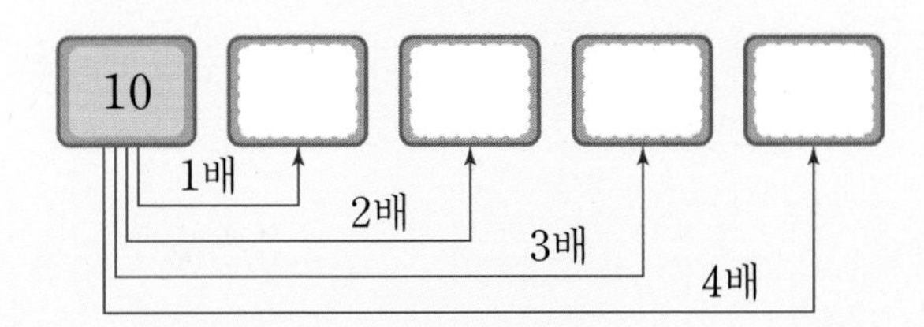

10 배수를 가장 작은 수부터 순서대로 5개 쓰세요.

6의 배수

➜ ______________________

11 수 배열표를 보고 7의 배수에 모두 ○표 하세요.

31	32	33	34	(35)	36	37	38	39	40
41	(42)	43	44	45	46	47	48	(49)	50
51	52	53	54	55	56	57	58	59	60
61	62	63	64	65	66	67	68	69	70

12 현서가 뽑은 공은 모두 **몇 개**인가요?

나는 8의 배수가 쓰여 있는 공을 모두 뽑았어.

풀이

공에 쓰여 있는 수 중에서 8의 배수를 모두 찾으면 ☐, ☐, ☐이므로 현서가 뽑은 공은 모두 ☐개입니다.

답 ______________ 개

1단계 교과서 바로 알기

핵심 개념 약수와 배수의 관계

예 6을 두 수의 곱으로 나타내 약수와 배수의 관계 알아보기

$6=1\times6$　　$6=2\times$ ❶ ☐

→ **6**은 1, 2, 3, 6의 **배수**
　 1, 2, 3, 6은 6의 **약수**

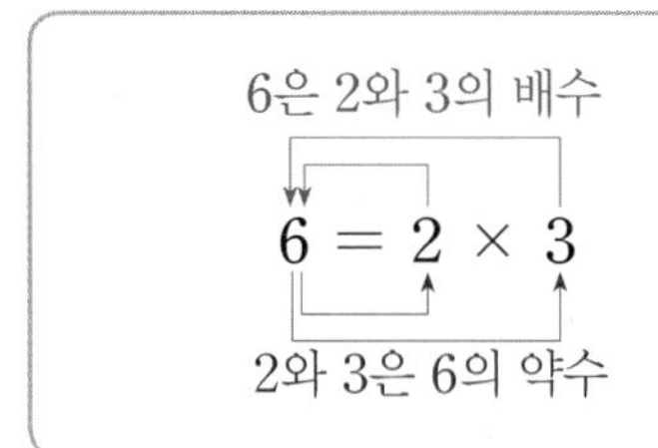

큰 수를 작은 수와 어떤 자연수의 곱으로 나타낼 수 있으면 두 수는 약수와 배수의 관계야.

예 12를 여러 수의 곱으로 나타내 약수와 배수의 관계 알아보기

$12=1\times12$　　$12=2\times6$
$12=3\times4$　　$12=2\times2\times3$

→ **12**는 1, 2, 3, 4, 6, 12의 ❷ ☐
　 1, 2, 3, 4, 6, 12는 12의 **약수**

1은 모든 수의 약수이고
$12=2\times2\times3$에서
2, 3, $2\times2=4$, $2\times3=6$, $2\times2\times3=12$는
모두 12를 나누어떨어지게 하므로
12의 약수야.

정답 확인 | ❶ 3　❷ 배수

확인 문제 1~6번 문제를 풀면서 **개념 익히기!**

1 식을 보고 ☐ 안에 알맞은 수를 써넣으세요.

$9=1\times9$　　$9=3\times3$

(1) 9는 ☐, ☐, ☐의 배수입니다.

(2) ☐, ☐, ☐은/는 9의 약수입니다.

2 18을 여러 수의 곱으로 나타내고, 물음에 답하세요.

$18=1\times18$　　$18=2\times$☐
$18=3\times6$　　$18=2\times3\times$☐

(1) 18은 어떤 수의 배수인지 모두 쓰세요.

(　　　　　　　　　　　　)

(2) 18의 약수를 모두 쓰세요.

(　　　　　　　　　　　　)

한번 더! 확인 7~12번 유사문제를 풀면서 **개념 다지기!**

7 식을 보고 ☐ 안에 알맞은 수를 써넣으세요.

$8=1\times8$　　$8=2\times4$

(1) 8은 ☐, ☐, ☐, ☐의 배수입니다.

(2) ☐, ☐, ☐, ☐은/는 8의 약수입니다.

8 20을 여러 수의 곱으로 나타내고, 물음에 답하세요.

$20=1\times20$　　$20=$☐$\times5$
$20=2\times10$　　$20=$☐$\times2\times5$

(1) 20은 어떤 수의 배수인지 모두 쓰세요.

(　　　　　　　　　　　　)

(2) 20의 약수를 모두 쓰세요.

(　　　　　　　　　　　　)

3 □ 안에 '약수', '배수'를 알맞게 써넣으세요.

$28=4\times7$

(1) 28은 4와 7의 □입니다.

(2) 4와 7은 28의 □입니다.

4 두 수가 약수와 배수의 관계이면 ○표, 아니면 ×표 하세요.

5	34

(　　　　　　　)

5 두 수가 약수와 배수의 관계가 되도록 빈 곳에 들어갈 수 있는 수를 찾아 ○표 하세요.

15	

(4 , 5 , 6)

6 10을 두 수의 곱으로 나타내고, 약수와 배수의 관계를 쓰세요.

(1) 10을 두 수의 곱으로 나타내 보세요.

$10=\square\times\square$, $10=\square\times\square$

(2) 약수와 배수의 관계를 쓰세요.

10은 ________ 의 배수이고, ________ 은/는 10의 약수입니다.

9 □ 안에 '약수', '배수'를 알맞게 써넣으세요.

$24=3\times8$

(1) 24는 3과 8의 □입니다.

(2) 3과 8은 24의 □입니다.

10 소윤이의 말을 읽고 맞으면 ○표, 틀리면 ×표 하세요.

(　　　　　　　)

11 두 수가 약수와 배수의 관계가 되도록 빈 곳에 들어갈 수 있는 수를 찾아 ○표 하세요.

	8

(20 , 28 , 32)

12 21을 두 수의 곱으로 나타내고, 약수와 배수의 관계를 쓰세요.

21= ________

21= ________

21은 ________ 의 배수이고, ________ 은/는 21의 약수입니다.

2단계 익힘책 바로 풀기

1 □ 안에 알맞은 수를 써넣고, 18의 약수를 모두 구하세요.

18÷□=18	18÷□=9
18÷□=6	18÷□=3
18÷□=2	18÷□=1

18의 약수 ➔ ____________________

2 약수를 모두 구하세요.

(1) 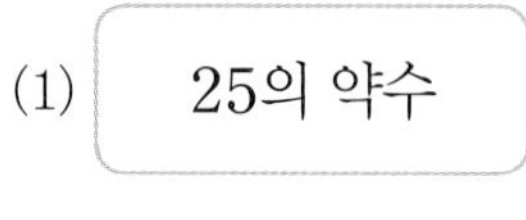

➔ ____________________

(2) 42의 약수

➔ ____________________

3 배수를 가장 작은 수부터 순서대로 5개 쓰세요.

(1) 3의 배수

➔ ____________________

(2) 5의 배수

➔ ____________________

4 어떤 수의 배수를 가장 작은 수부터 순서대로 쓴 것입니다. ㉠과 ㉡에 알맞은 수를 각각 구하세요.

7, 14, 21, ㉠, ㉡, 42, ...

㉠ (　　　　　　　　)
㉡ (　　　　　　　　)

5 수 배열표를 보고 8의 배수에 모두 ○표 하세요.

51	52	53	54	55	56	57	58	59	60
61	62	63	64	65	66	67	68	69	70
71	72	73	74	75	76	77	78	79	80
81	82	83	84	85	86	87	88	89	90

6 20을 여러 수의 곱으로 나타낸 것을 보고 물음에 답하세요.

$20=1\times20$　　$20=2\times10$
$20=4\times5$　　$20=2\times2\times5$

(1) 20의 약수를 모두 쓰세요.

(　　　　　　　　　　　　)

(2) 20은 어떤 수의 배수인지 모두 쓰세요.

(　　　　　　　　　　　　)

7 16의 약수가 아닌 수를 모두 고르세요. ( )

① 2 ② 3 ③ 4
④ 6 ⑤ 8

8 약수는 모두 몇 개인지 구하세요.

(1) 10의 약수

( )

(2) 18의 약수

( )

9 왼쪽 수가 오른쪽 수의 약수가 되는 것을 모두 찾아 약수에 ○표 하세요.

7	28

8	30

10	20

11	31

10 모든 약수를 바르게 구한 것을 찾아 기호를 쓰세요.

㉠ 15의 약수: 1, 3, 15
㉡ 21의 약수: 1, 3, 7, 21

( )

11 두 수가 약수와 배수의 관계가 되도록 빈칸에 알맞은 수를 써넣으세요.

54	

12 다음 중 6의 배수는 모두 몇 개인가요?

28 36 42 56 84

( )

서술형 中수 문제 해결의 전략을 보면서 풀어 보자.

13 약수가 가장 많은 수를 찾아 쓰세요.

34 19 16

전략 주어진 수의 약수를 각각 모두 구하자.

❶ 34의 약수: 1, 2, □, □ ➔ □개
19의 약수: □, □ ➔ □개
16의 약수: 1, □, 4, □, □ ➔ □개

전략 약수의 개수를 비교하여 가장 많은 수를 쓰자.

❷ 약수가 가장 많은 수: □

답 ______

2 약수와 배수

14 18의 약수를 모두 쓴 것입니다. ●에 알맞은 수를 구하세요.

1 2 3 6 ● 18

( )

15 두 수가 약수와 배수의 관계인 것은 어느 것인가요? ( )

① (9, 2) ② (4, 15) ③ (7, 35)
④ (10, 25) ⑤ (6, 16)

16 10부터 30까지의 수 중에서 7의 배수를 모두 찾아 수직선에 나타내 보세요.

17 모든 자연수의 약수가 되는 수를 쓰세요.

( )

18 바르게 설명한 사람은 누구인가요?

( )

19 곱셈식을 보고 설명한 것 중 옳은 것을 모두 찾아 기호를 쓰세요.

$5 \times 3 = 15$

㉠ 5는 3의 약수입니다.
㉡ 15는 5의 배수입니다.
㉢ 15는 3의 약수입니다.
㉣ 5와 15는 약수와 배수의 관계입니다.

( )

서술형

20 4는 280의 약수입니다. 그 이유를 쓰세요.

21 보기 에서 약수와 배수의 관계인 수를 모두 찾아 쓰세요.

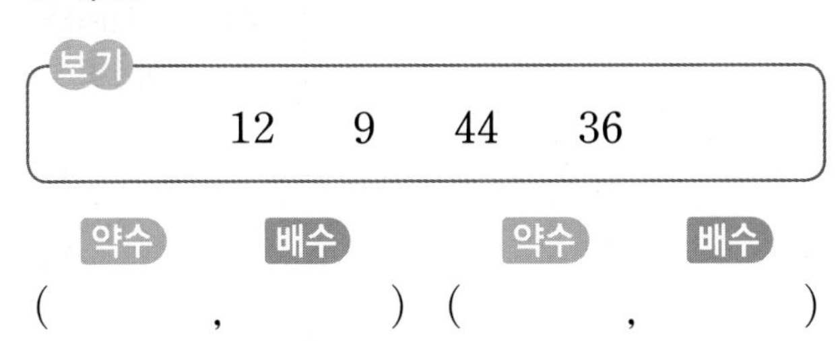

약수 배수 약수 배수
(,) (,)

22 지안이의 말을 읽고 답을 구하세요.

( )

23 다음에서 설명하는 수를 구하세요.

18의 약수 중에서 가장 큰 수

( )

24 25보다 크고 40보다 작은 4의 배수를 모두 구하세요.

( )

25 46을 어떤 수로 나누었더니 나누어떨어졌습니다. 어떤 수가 될 수 있는 자연수는 모두 몇 개인가요?

( )

26 터미널에서 공항으로 가는 버스가 9분 간격으로 출발합니다. 첫차가 10시에 출발한다면 세 번째로 출발하는 버스는 몇 시 몇 분인가요?

( )

서술형 中수 문제 해결의 전략 을 보면서 풀어 보자.

27 어떤 수의 배수를 가장 작은 수부터 순서대로 쓴 것입니다. 12번째의 수를 구하세요.

9, 18, 27, 36, ...

전략 어떤 수의 배수 중에서 가장 작은 수는 어떤 수 자신이다.

❶ 가장 작은 수가 ☐이므로 ☐의 배수를 순서대로 쓴 것입니다.

전략 어떤 수를 12배 하여 12번째의 수를 구하자.

❷ 12번째의 수: ☐ $\times$ 12 = ☐

답 ____________

2 약수와 배수

BOOK❷ 12~13쪽

단계 교과서 바로 알기

핵심 개념 공약수와 최대공약수

1. 공약수와 최대공약수 알아보기

예 12와 16의 공통된 약수 찾기
→ 12의 약수도 되고 16의 약수도 되는 수

- 12의 약수 → 1, 2, 3, 4, 6, ❶
- 16의 약수 → 1, 2, 4, 8, 16
- 12와 16의 공통된 약수 → 1, 2, 4

1, 2, 4는 12와 16의 **공약수**입니다.

- 12와 16의 공통된 약수 중 가장 큰 수 → 4

4는 12와 16의 **최대공약수**입니다.

두 수의 **공약수**: 두 수의 **공통된 약수**
두 수의 **최대공약수**: 두 수의 **공약수** 중에서 **가장 큰** 수

2. 공약수와 최대공약수의 관계

예 16과 28의 공약수와 최대공약수의 관계

- 16의 약수 → 1, 2, 4, 8, 16
- 28의 약수 → 1, 2, 4, 7, 14, ❷
- 16과 28의 공약수 → 1, 2, 4
- 16과 28의 최대공약수 → 4
- 최대공약수 4의 약수 → 1, 2, 4

같음.

두 수의 **공약수**는 두 수의 **최대공약수의 약수**와 같습니다.

두 수의 공약수를 구할 때에는
① 최대공약수를 구한 후
② 최대공약수의 약수를 구하면 편리해.

정답 확인 | ❶ 12 ❷ 28

확인 문제 1~6번 문제를 풀면서 개념 익히기!

1 14와 28의 공약수와 최대공약수를 모두 구하세요.

- 14의 약수: 1, 2, 7, 14
- 28의 약수: 1, 2, 4, 7, 14, 28

- 14와 28의 공약수 → ______
- 14와 28의 최대공약수 → ______

2 □ 안에 알맞은 수를 써넣으세요.

어떤 두 수의 공약수는 1과 5뿐이야.

그럼 이 두 수의 최대공약수는 □(이)네.

한번 더! 확인 7~12번 유사문제를 풀면서 개념 다지기!

7 15와 18의 약수를 각각 모두 구하고, 두 수의 공약수와 최대공약수를 모두 구하세요.

- 15의 약수 → ______
- 18의 약수 → ______
- 15와 18의 공약수 → ______
- 15와 18의 최대공약수 → ______

8 다음은 어떤 두 수의 공약수를 모두 쓴 것입니다. 이 두 수의 최대공약수를 구하세요.

1 3 9

( )

3 18과 30의 공약수와 최대공약수의 관계를 알아보세요.

- 18과 30의 공약수 ➔ 1, 2, 3, 6
- 18과 30의 최대공약수 ➔ 6

(1) 18과 30의 최대공약수의 약수

➔ □, □, □, □

(2) 18과 30의 공약수와 18과 30의 최대공약수의 약수는 같은가요, 다른가요?

( )

4 다음 중 10과 20의 공약수를 모두 찾아 ○표 하세요.

1 2 4 6 10

5 27과 45의 공약수 중에서 가장 큰 수를 구하세요.

( )

6 어떤 두 수의 최대공약수가 21일 때 두 수의 공약수를 모두 구하세요.

(1) 최대공약수 21의 약수를 모두 구하세요.

( )

(2) 두 수의 공약수를 모두 구하세요.

( )

9 16과 24의 공약수와 최대공약수의 관계를 알아보세요.

- 16과 24의 공약수 ➔ 1, 2, 4, 8
- 16과 24의 최대공약수 ➔ 8

(1) 16과 24의 최대공약수의 약수를 모두 구하세요.

( )

(2) 16과 24의 공약수는 두 수의 최대공약수의 약수와 (같습니다 , 다릅니다).

10 8과 12의 공약수를 모두 구하세요.

( )

11 32와 36의 공약수 중에서 가장 큰 수를 구하세요.

( )

서술형 下수

12 어떤 두 수의 최대공약수가 22일 때 두 수의 공약수를 모두 구하세요.

풀이

두 수의 공약수는 최대공약수의 (약수 , 배수)와 같습니다.

최대공약수 22의 약수는 1, 2, □, □이므로 두 수의 공약수는 □, □, □, □입니다.

답 ____________

핵심 개념 최대공약수를 구하는 방법

예 15와 21의 최대공약수 구하기

방법 1 두 수의 곱으로 나타내 구하기

곱셈식에 공통으로 들어 있는 수 중에서 가장 큰 수를 찾습니다.

$15=\mathbf{3}\times5 \qquad 21=\mathbf{3}\times7$

➜ 15와 21의 **최대공약수**: **3**

방법 2 공통으로 나눌 수 있는 수로 나누어 구하기

공통으로 나눌 수 있는 수 중 가장 큰 수를 찾습니다.

15와 21의 공약수 → **3**) 15 21
　　　　　　　　　　　5　7 → 5와 7의 공약수는 1뿐입니다.

➜ 15와 21의 **최대공약수**: ❶ [ ]

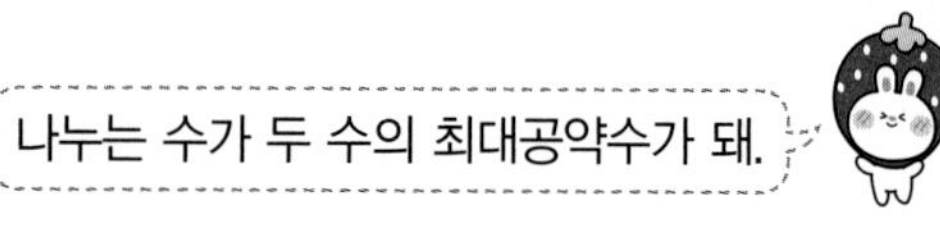

예 12와 42의 최대공약수 구하기

방법 1 여러 수의 곱으로 나타내 구하기

곱셈식에 공통으로 들어 있는 수 중에서 가장 큰 수를 찾습니다.

$12=2\times\mathbf{2}\times\mathbf{3} \qquad 42=\mathbf{2}\times\mathbf{3}\times7$

공통된 곱셈식

➜ 12와 42의 **최대공약수**: $\mathbf{2}\times\mathbf{3}=\mathbf{6}$

방법 2 공통으로 나눌 수 있는 수로 나누어 구하기

공통으로 나눌 수 있는 수 중 가장 큰 수를 찾습니다.

12와 42의 공약수 → **2**) 12 42
6과 21의 공약수 → **3**) 6 21
　　　　　　　　　　　2　7

➜ 12와 42의 **최대공약수**: $\mathbf{2}\times\mathbf{3}=$ ❷ [ ]

정답 확인 | ❶ 3 ❷ 6

확인 문제 1~5번 문제를 풀면서 개념 익히기!

1 곱셈식을 이용하여 27과 36의 최대공약수를 구하세요.

$27=3\times9 \qquad 36=4\times9$

27과 36의 최대공약수: [ ]

2 27과 45의 최대공약수를 바르게 구했으면 ○표, 잘못 구했으면 ×표 하세요.

9) 27 45
　　3　5

최대공약수: $9\times3\times5=135$

(　　　　　　　)

한번 더! 확인 6~10번 유사문제를 풀면서 개념 다지기!

6 32와 44의 최대공약수를 구하려고 합니다. □ 안에 알맞은 수를 써넣으세요.

$32=4\times\square$

$44=\square\times11$

32와 44의 최대공약수: [ ]

7 14와 49의 최대공약수를 구하려고 합니다. □ 안에 알맞은 수를 써넣으세요.

□) 14 49
　　2　7

최대공약수: [ ]

3 곱셈식을 이용하여 12와 18의 최대공약수를 구하세요.

$12=2\times2\times3$ $18=2\times3\times3$

12와 18의 최대공약수: □×□=□

4 보기와 같은 방법으로 최대공약수를 구하세요.

$3\overline{)9\ \ 18}$
$3\overline{)3\ \ \ 6}$
1 2

최대공약수: $3\times3=9$

$\overline{)15\ \ 45}$

최대공약수: ____________

5 35와 55의 최대공약수를 2가지 방법으로 구하세요.

방법 1 두 수의 곱으로 나타내 구하기

35= ____________

55= ____________

➔ 최대공약수: □

방법 2 공통으로 나눌 수 있는 수로 나누어 구하기

$\overline{)35\ \ 55}$

➔ 최대공약수: □

8 두 수 ㉮와 ㉯의 최대공약수를 구하세요.

㉮$=2\times3\times5$
㉯$=2\times2\times5\times7$

㉮와 ㉯의 최대공약수: □×□=□

9 두 수의 최대공약수를 구하세요.

$\overline{)12\ \ 30}$

➔ 최대공약수: □

10 24와 42의 최대공약수를 2가지 방법으로 구하세요.

방법 1 여러 수의 곱으로 나타내 구하기

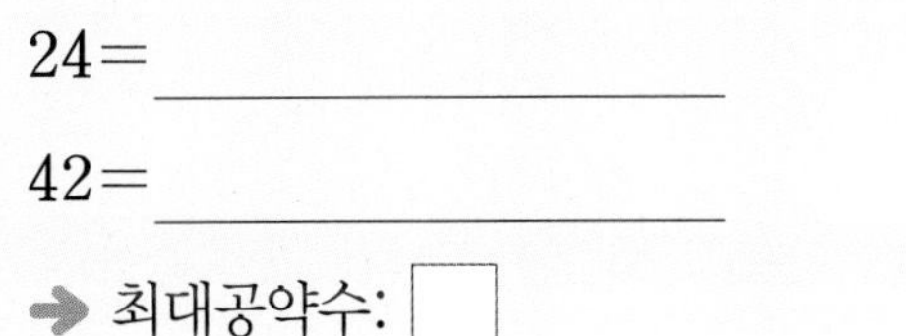

24= ____________

42= ____________

➔ 최대공약수: □

방법 2 공통으로 나눌 수 있는 수로 나누어 구하기

$\overline{)24\ \ 42}$

➔ 최대공약수: □

2단계 익힘책 바로 풀기

1 빈칸에 알맞은 수를 모두 써넣으세요.

21의 약수	
35의 약수	
21과 35의 공약수	
21과 35의 최대공약수	

2 10과 25의 최대공약수를 구하기 위한 두 수의 곱셈식을 쓰고, 최대공약수를 구하세요.

$10=2\times\square$ $25=\square\times\square$

최대공약수: $\square$

3 60과 70의 최대공약수를 구하려고 합니다. □ 안에 알맞은 수를 써넣으세요.

$$\begin{array}{r|rr} 2 & 60 & 70 \\ \hline \square & \square & 35 \\ \hline & \square & \square \end{array}$$

➔ 최대공약수: $2\times\square=\square$

4 두 수의 최대공약수를 구하세요.

$$\begin{array}{r|rr} & 45 & 60 \\ \hline \end{array}$$

최대공약수: $\square$

5 16과 20의 공약수와 최대공약수의 관계를 알아보세요.

(1) 16과 20의 공약수를 모두 구하세요.

( )

(2) 16과 20의 최대공약수와 최대공약수의 약수를 각각 구하세요.

최대공약수 ( )

최대공약수의 약수 ( )

(3) 16과 20의 공약수와 최대공약수는 어떤 관계가 있는지 쓰세요.

____

____

6 28과 42의 최대공약수를 2가지 방법으로 구하세요.

방법 1 여러 수의 곱으로 나타내 구하기

28= ______________

42= ______________

➔ 최대공약수: $\square$

방법 2 공통으로 나눌 수 있는 수로 나누어 구하기

$$\begin{array}{r|rr} & 28 & 42 \\ \hline \end{array}$$

➔ 최대공약수: $\square$

7 두 수의 최대공약수를 구하고, 최대공약수를 이용하여 두 수의 공약수를 모두 구하세요.

수	최대공약수	공약수
42, 66		

8 어떤 두 수의 최대공약수가 다음과 같을 때 이 두 수의 공약수를 모두 구하세요.

10

( )

9 잘못 말한 사람의 이름을 쓰세요.

24와 28의 공약수 중에서 가장 작은 수는 1이야.

24와 28의 공약수 중에서 가장 큰 수는 2야.

지안

서준

( )

10 두 수의 최대공약수가 더 큰 것의 기호를 쓰세요.

㉠ 14, 21 ㉡ 12, 32

( )

11 다음은 어떤 두 수의 공약수를 모두 쓴 것입니다. 이 두 수의 최대공약수를 구하세요.

1, 28, 4, 7, 2, 14

( )

12 24와 36을 어떤 수로 나누면 두 수 모두 나누어떨어집니다. 어떤 수 중에서 가장 큰 수를 구하세요.

( )

문제 해결의 전략을 보면서 풀어 보자.

13 쿠키 40개와 초콜릿 50개가 있습니다. 이 쿠키와 초콜릿을 남김없이 최대한 많은 사람에게 똑같이 나누어 주려고 합니다. 나누어 줄 수 있는 사람은 몇 명인가요?

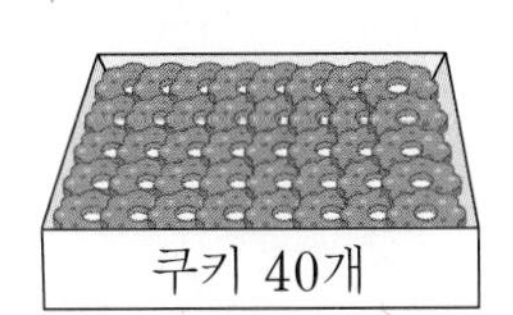

쿠키 40개

초콜릿 50개

전략 '최대한 많은~'은 최대공약수를 구한다.

❶ 40과 50의 최대공약수 구하기

2) 40 50

□) □ 25

□ □

➜ 최대공약수: 2 × □ = □

❷ 똑같이 나누어 줄 때 나누어 줄 사람 수:

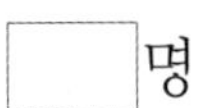

□명

답 ____________

BOOK❷ 14~15쪽

2 약수와 배수

1단계 교과서 바로 알기

핵심 개념 공배수와 최소공배수

1. 공배수와 최소공배수 알아보기

예 8과 12의 공통된 배수 찾기
└ 8의 배수도 되고 12의 배수도 되는 수

- 8의 배수 ➔ 8, 16, 24, 32, 40, 48, 56, ...
- 12의 배수 ➔ 12, 24, 36, 48, 60, ...
- 8과 12의 공통된 배수 ➔ ❶ [ ], 48, ...

24, 48, ...은 8과 12의 **공배수**입니다.

- 8과 12의 공통된 배수 중 가장 작은 수 ➔ 24

24는 8과 12의 **최소공배수**입니다.

두 수의 **공배수**: 두 수의 **공통된 배수**
두 수의 **최소공배수**: 두 수의 **공배수** 중에서 **가장 작은 수**

2. 공배수와 최소공배수의 관계

예 6과 9의 공배수와 최소공배수의 관계

- 6의 배수 ➔ 6, 12, 18, 24, 30, 36, 42, ...
- 9의 배수 ➔ 9, 18, 27, 36, 45, ...
- 6과 9의 공배수 ➔ 18, 36, ...
- 6과 9의 최소공배수 ➔ ❷ [ ]
- 최소공배수 18의 배수 ➔ 18, 36, ...

같음.

두 수의 **공배수**는 두 수의 **최소공배수의 배수**와 같습니다.

두 수의 공배수를 구할 때에는
① 최소공배수를 구한 후
② 최소공배수의 배수를 구하면 편리해.

정답 확인 | ❶ 24 ❷ 18

확인 문제 1~5번 문제를 풀면서 개념 익히기!

1 4와 6의 공배수와 최소공배수를 구하세요. (단, 공배수는 가장 작은 수부터 순서대로 2개만 구하세요.)

- 4의 배수 ➔ 4, 8, 12, 16, 20, 24, 28, ...
- 6의 배수 ➔ 6, 12, 18, 24, 30, ...

- 4와 6의 공배수 ➔ ______
- 4와 6의 최소공배수 ➔ ______

2 9와 15의 공배수는 어느 것인가요? ····· (   )

① 27 ② 30 ③ 36
④ 45 ⑤ 60

한번 더! 확인 6~10번 유사문제를 풀면서 개념 다지기!

6 9와 12의 공배수와 최소공배수를 구하세요. (단, 공배수는 가장 작은 수부터 순서대로 2개만 구하세요.)

- 9의 배수 ➔ 9, 18, 27, 36, 45, 54, 63, 72, ...
- 12의 배수 ➔ 12, 24, 36, 48, 60, 72, 84, 96, ...

- 9와 12의 공배수 ➔ ______
- 9와 12의 최소공배수 ➔ ______

7 8의 배수도 되고 10의 배수도 되는 수는 어느 것인가요? ········· (   )

① 20 ② 30 ③ 40
④ 50 ⑤ 60

3 10과 15의 공배수와 최소공배수의 관계를 알아보세요.

> • 10과 15의 공배수 ➔ 30, 60, 90, ...
> • 10과 15의 최소공배수 ➔ 30

(1) 10과 15의 최소공배수의 배수

➔ 30, ☐, ☐, ...

(2) 10과 15의 공배수와 10과 15의 최소공배수의 배수는 같은가요, 다른가요?

( )

4 36과 54의 공배수 중에서 가장 작은 수를 구하세요.

( )

5 10부터 50까지의 수 중에서 4와 5의 공배수를 모두 구하세요.

(1) ☐ 안에 알맞은 수를 써넣으세요.

4의 배수: 12, 16, ☐, 24, 28, 32, ☐, ☐, 44, 48

5의 배수: 10, 15, ☐, 25, 30, 35, 40, 45, 50

(2) 10부터 50까지의 수 중에서 4와 5의 공배수를 모두 구하세요.

( )

8 14와 21의 공배수와 최소공배수의 관계를 알아보세요.

> • 14와 21의 공배수 ➔ 42, 84, 126, ...
> • 14와 21의 최소공배수 ➔ 42

(1) 14와 21의 최소공배수의 배수를 가장 작은 수부터 순서대로 3개 구하세요.

( )

(2) 14와 21의 최소공배수의 배수는 두 수의 공배수와 (같습니다 , 다릅니다).

9 28과 42의 공배수 중에서 가장 작은 수를 구하세요.

( )

서술형 下수

10 10부터 50까지의 수 중에서 8과 12의 공배수를 모두 구하세요.

풀이

10부터 50까지의 수 중에서

8의 배수는 16, 24, ☐, ☐, ☐이고,

12의 배수는 12, ☐, ☐, ☐입니다.

따라서 10부터 50까지의 수 중에서

8과 12의 공배수는 ☐, ☐입니다.

답 ______________________

핵심 개념 최소공배수를 구하는 방법

예 6과 9의 최소공배수 구하기

방법 1 두 수의 곱으로 나타내 구하기

곱셈식에 공통으로 들어 있는 수를 한 번만 곱하고 남은 수를 곱합니다.

$6=2\times3$ $9=3\times3$

➔ 6과 9의 **최소공배수**: $3\times2\times3=$ ❶

방법 2 공통으로 나눌 수 있는 수로 나누어 구하기

공통으로 나눌 수 있는 수를 한 번만 곱하고 남은 수를 곱합니다.

3) 6 9
　 2 3 → 2와 3의 공약수는 1뿐입니다.

➔ 6과 9의 **최소공배수**: $3\times2\times3=18$

공통인 수는 한 번만 곱하면 돼.

예 8과 12의 최소공배수 구하기

방법 1 여러 수의 곱으로 나타내 구하기

곱셈식에 공통으로 들어 있는 수를 한 번만 곱하고 남은 수를 곱합니다.

$8=2\times2\times2$ $12=2\times2\times3$

➔ 8과 12의 **최소공배수**:

$2\times2\times2\times3=$ ❷

방법 2 공통으로 나눌 수 있는 수로 나누어 구하기

공통으로 나눌 수 있는 수 중 가장 큰 수를 한 번만 곱하고 남은 수를 곱합니다.

2) 8 12
2) 4 6
　 2 3

➔ 8과 12의 **최소공배수**: $2\times2\times2\times3=24$

정답 확인 | ❶ 18 ❷ 24

확인 문제 1~5번 문제를 풀면서 **개념 익히기!**

1 곱셈식을 이용하여 16과 20의 최소공배수를 구하세요.

$16=4\times4$ $20=4\times5$

최소공배수: $4\times\square\times\square=\square$

2 18과 48의 최소공배수를 구하려고 합니다. □ 안에 알맞은 수를 써넣으세요.

2) 18 48
3) 9 24
　 3 8

최소공배수: $2\times3\times\square\times\square=\square$

한번 더! 확인 6~10번 유사문제를 풀면서 **개념 다지기!**

6 12와 30의 최소공배수를 구하려고 합니다. □ 안에 알맞은 수를 써넣으세요.

$12=2\times\square$
$30=5\times\square$

최소공배수: $\square\times2\times5=\square$

7 22와 33의 최소공배수를 구하려고 합니다. □ 안에 알맞은 수를 써넣으세요.

11) 22 33
　　 2 3

최소공배수: $\square\times2\times\square=\square$

3 곱셈식을 이용하여 8과 20의 최소공배수를 구하세요.

$8=2\times2\times2$　　$20=2\times2\times5$

최소공배수: $2\times2\times\square\times\square=\square$

4 두 수의 최소공배수를 구하세요.

) 54　18

최소공배수: $\square$

5 10과 35의 최소공배수를 2가지 방법으로 구하세요.

방법 1 두 수의 곱으로 나타내 구하기

10= ______________

35= ______________

➔ 최소공배수: $\square$

방법 2 공통으로 나눌 수 있는 수로 나누어 구하기

) 10　35

➔ 최소공배수: $\square$

8 $\square$ 안에 알맞은 수를 써넣고, 30과 42의 최소공배수를 구하세요.

$30=2\times3\times\square$　　$42=2\times3\times\square$

(　　　　　　　　)

9 두 수의 최소공배수를 구하세요.

) 27　63

최소공배수: $\square$

10 12와 20의 최소공배수를 2가지 방법으로 구하세요.

방법 1 여러 수의 곱으로 나타내 구하기

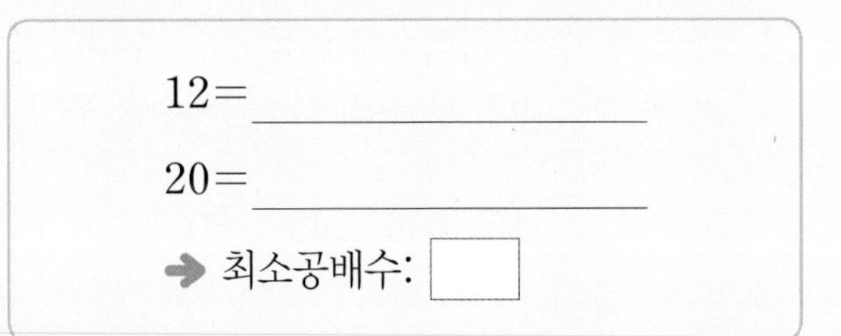

12= ______________

20= ______________

➔ 최소공배수: $\square$

방법 2 공통으로 나눌 수 있는 수로 나누어 구하기

) 12　20

➔ 최소공배수: $\square$

2 약수와 배수

2단계 익힘책 바로 풀기

1 6과 8의 최소공배수를 구하세요.

- 6의 배수 ➔ 6, 12, 18, 24, 30, 36, 42, 48, ...
- 8의 배수 ➔ 8, 16, 24, 32, 40, 48, 56, 64, ...

(　　　　　　　　)

2 알맞은 말에 ○표 하세요.

6과 14의 공배수: 42, 84, 126, ...
6과 14의 최소공배수: 42
42의 배수: 42, 84, 126, ...

6과 14의 공배수는 6과 14의 최소공배수의 배수와 (같습니다 , 다릅니다).

3 어떤 두 수의 공배수를 가장 작은 수부터 순서대로 쓴 것입니다. 두 수의 최소공배수를 구하세요.

15,　30,　45,　60, ...

(　　　　　　　　)

4 3과 5의 공배수와 최소공배수를 구하세요. (단, 공배수는 가장 작은 수부터 순서대로 3개만 구하세요.)

공배수 (　　　　　　　　)
최소공배수 (　　　　　　　　)

5 두 수 ㉠과 ㉡의 최소공배수를 구하는 곱셈식을 쓰세요.

㉠$=2\times5$　　㉡$=5\times7$

식 ______________________

6 두 수의 최소공배수를 구하세요.

) 18　24

최소공배수: □

7 어떤 두 수의 최소공배수가 28일 때 두 수의 공배수가 아닌 수는 어느 것인가요? ·········· (　　　)

① 28　② 52　③ 84
④ 112　⑤ 140

8 두 수 ㉮와 ㉯의 최대공약수와 최소공배수를 각각 구하세요.

㉮$=2\times2\times5$
㉯$=2\times5\times7$

최대공약수 (　　　　　　　　)
최소공배수 (　　　　　　　　)

9 두 수의 최대공약수와 최소공배수를 각각 구하세요.

16, 28

최대공약수 (   )
최소공배수 (   )

10 두 수의 최소공배수를 구하고, 최소공배수를 이용하여 두 수의 공배수를 가장 작은 수부터 순서대로 3개 구하세요.

수	최소공배수	공배수
9, 15		

11 두 수의 최소공배수가 더 작은 것의 기호를 쓰세요.

㉠ 25, 30　　㉡ 12, 32

(   )

12 4와 7의 공배수 중에서 60보다 작은 수를 모두 구하세요.

(   )

13 영민이는 4일마다, 지웅이는 6일마다 축구를 합니다. 영민이와 지웅이가 오늘 함께 축구를 했다면 두 사람은 며칠마다 함께 축구를 하게 되나요?

(   )

서술형 中수 문제 해결의 전략을 보면서 풀어 보자.

14 버스 차고지에서 5번 버스와 7번 버스가 다음과 같이 출발합니다. 첫차가 오전 5시 50분에 동시에 출발하였다면 다음번에 두 버스가 동시에 출발하는 시각을 구하세요.

5번 버스	7번 버스
15분마다 출발	20분마다 출발

전략 '동시에 ~'는 최소공배수를 구한다.

❶ 15와 20의 최소공배수 구하기

□) 15　20
　　□　□

➔ 최소공배수: □×□×□
=□

❷ 몇 분마다 동시에 출발하는지 구하기: □분

❸ 다음번에 두 버스가 동시에 출발하는 시각: 오전 □시 □분

답 ____________

3단계 실력 바로 쌓기

가이드
문제에서 핵심이 되는 말에 표시하고,
주어진 풀이를 따라 풀어 보자.

키워드 문제

1-1 56과 80을 어떤 수로 나누면 두 수 모두 나누어떨어집니다. 어떤 수가 될 수 있는 자연수를 모두 구하세요.

❶ 어떤 수는 56과 80의 (공약수 , 공배수) 입니다.

전략 두 수의 공약수를 모두 구하자.

❷ 어떤 수가 될 수 있는 자연수 모두 구하기: □, □, □, □

답 ______

서술형 高수

1-2 36과 84를 어떤 수로 나누면 두 수 모두 나누어떨어집니다. 어떤 수가 될 수 있는 자연수를 모두 구하세요.

❶

❷

답 ______

키워드 문제

2-1 8의 배수 중에서 50에 가장 가까운 수를 구하세요.

전략 50보다 작으면서(크면서) 50에 가장 가까운 8의 배수 찾기

❶ 50보다 작으면서 50에 가장 가까운 8의 배수: □

❷ 50보다 크면서 50에 가장 가까운 8의 배수: □

전략 50과의 차가 더 작은 수를 찾자.

❸ 위 ❶과 ❷에서 구한 수 중 50에 더 가까운 수: □

답 ______

서술형 高수

2-2 12의 배수 중에서 100에 가장 가까운 수를 구하세요.

❶

❷

❸

100보다 작은 경우와 100보다 큰 경우를 각각 알아봐.

답 ______

키워드 문제

3-1 가로가 12 cm, 세로가 9 cm인 직사각형 모양의 타일을 겹치지 않게 빈틈없이 이어 붙여 가장 작은 정사각형을 만들려고 합니다. 정사각형의 한 변의 길이는 몇 cm가 되나요?

❶ 만들 수 있는 가장 작은 정사각형의 한 변의 길이를 구해야 하므로 12와 9의 (최대공약수 , 최소공배수)를 구합니다.

전략 최소공배수를 이용하여 정사각형의 한 변의 길이를 구하자.

❷ 정사각형의 한 변의 길이: ☐ cm

답 ____________

정사각형은 네 변의 길이가 모두 같아.

서술형 高수

3-2 가로가 18 cm, 세로가 8 cm인 직사각형 모양의 종이를 겹치지 않게 빈틈없이 이어 붙여 가장 작은 정사각형을 만들려고 합니다. 정사각형의 한 변의 길이는 몇 cm가 되나요?

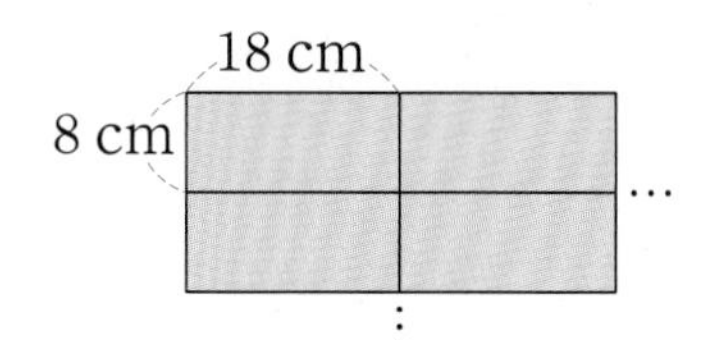

❶

❷

답 ____________

키워드 문제

4-1 연필 42자루와 볼펜 54자루를 최대한 많은 학생에게 남김없이 똑같이 나누어 주려고 합니다. 한 학생이 받을 수 있는 연필과 볼펜은 각각 몇 자루인가요?

❶ 최대한 많은 학생에게 남김없이 똑같이 나누어 주어야 하므로 42와 54의 (최대공약수 , 최소공배수)를 구합니다.

❷ 나누어 줄 수 있는 학생 수: ☐명

전략 (각각 전체 물건 수)÷(❷에서 답한 수)

❸ 한 학생이 받을 수 있는 연필과 볼펜 수 구하기

연필: 42÷☐=☐(자루)

볼펜: 54÷☐=☐(자루)

답 연필: ____________, 볼펜: ____________

서술형 高수

4-2 오렌지 45개와 키위 72개를 최대한 많은 바구니에 남김없이 똑같이 나누어 담으려고 합니다. 바구니 1개에 담을 수 있는 오렌지와 키위는 각각 몇 개인가요?

❶

❷

❸

답 오렌지: ____________, 키위: ____________

BOOK❷ 18~21쪽

TEST 단원 마무리 하기

점수

1 □ 안에 알맞은 수를 써넣고, 22의 약수를 모두 구하세요.

$22 \div \square = 22$ $22 \div \square = 11$
$22 \div \square = 2$ $22 \div \square = 1$

( )

2 배수를 가장 작은 수부터 순서대로 5개 쓰세요.

4의 배수

➜ ____________________

3 약수를 모두 구하세요.

9의 약수

➜ ____________________

4 곱셈식을 이용하여 4와 42의 최소공배수를 구하세요.

$4 = 2 \times 2$
$42 = 2 \times 3 \times 7$

최소공배수: $\square \times \square \times \square \times 7 = \square$

5 수 배열표를 보고 5의 배수에 모두 ○표, 9의 배수에 모두 △표 하세요.

1	2	3	4	5	6	7	8	9	10
11	12	13	14	15	16	17	18	19	20
21	22	23	24	25	26	27	28	29	30
31	32	33	34	35	36	37	38	39	40
41	42	43	44	45	46	47	48	49	50

6 두 수의 최대공약수를 구하세요.

) 36 45

➜ 최대공약수: □

7 공책이 14권 있습니다. 이 공책을 남김없이 똑같이 나누어 가질 수 있는 사람 수를 모두 찾아 ○표 하세요.

공책을 남김없이 나누어 가져야 해.

2명	3명	4명	5명
6명	7명	8명	9명
10명	11명	12명	13명

8 두 수가 약수와 배수의 관계인 것을 모두 고르세요. ··············· (　　　　)

① (6, 20)　② (9, 36)　③ (14, 35)
④ (12, 48)　⑤ (16, 52)

9 다음 중 15보다 크고 40보다 작은 8의 배수를 모두 찾아 ○표 하세요.

20　16　48　24　36

10 56의 약수 중에서 가장 작은 수와 가장 큰 수를 각각 구하세요.

가장 작은 수 (　　　　)
가장 큰 수 (　　　　)

11 두 수의 최대공약수와 최소공배수를 각각 구하세요.

12, 32

최대공약수 (　　　　)
최소공배수 (　　　　)

12 두 수가 약수와 배수의 관계인 것을 모두 찾아 이어 보세요.

6　9　5

30　40　54

13 바르게 설명한 것을 찾아 기호를 쓰세요.

㉠ 8의 약수는 2와 4뿐입니다.
㉡ 10과 16의 공약수 중에서 가장 큰 수는 4입니다.
㉢ 18과 24의 공약수는 두 수를 모두 나누어 떨어지게 합니다.

(　　　　)

14 어떤 두 수의 최소공배수가 18일 때 두 수의 공배수를 가장 작은 수부터 순서대로 3개 쓰세요.

(　　　　)

15 왼쪽 수가 오른쪽 수의 배수라고 할 때 □ 안에 들어갈 수 있는 수를 모두 구하세요.

20	□

(　　　　)

16 약수의 수가 가장 많은 수를 찾아 쓰고, 그 수의 약수는 몇 개인지 차례로 쓰세요.

9　24　32

(　　　　　　　), (　　　　　　　)

17 안전 검사를 ㉮ 기계는 6개월마다, ㉯ 기계는 9개월마다 실시합니다. 이번 달에 두 기계를 검사했다면 다음번에 두 기계를 같은 달에 검사하는 때는 몇 개월 뒤인가요?

(　　　　　　　)

18 다음과 같은 규칙에 따라 가와 나 줄에 각각 바둑돌 20개를 놓을 때 ㉠과 같이 같은 자리에 흰 바둑돌이 놓이는 경우는 모두 몇 번인가요?

가 ● ○ ● ○ ● ○ ● ○ ● ○ …
나 ● ● ○ ● ● ○ ● ● ○ ● …
㉠

(　　　　　　　)

서술형 실전

19 사과 56개와 귤 72개를 최대한 많은 사람에게 남김없이 똑같이 나누어 주려고 합니다. 한 사람이 귤을 몇 개 받을 수 있는지 풀이 과정을 쓰고 답을 구하세요.

풀이

답

20 8의 배수도 되고 12의 배수도 되는 수 중에서 가장 큰 두 자리 수를 구하려고 합니다. 풀이 과정을 쓰고 답을 구하세요.

풀이

답

3 규칙과 대응

스마트폰을 이용하여 QR 코드를 찍으면 개념 학습 영상을 볼 수 있어요.

3단원 학습 계획표

✔ 이 단원의 표준 학습 일수는 **3일**입니다. 계획대로 공부한 후 확인란에 사인을 받으세요.

이 단원에서 배울 내용	쪽수	계획한 날	확인
1단계 **교과서 바로 알기** • 두 양 사이의 관계(1) • 두 양 사이의 관계(2)	54~57쪽	월 일	확인했어요!
2단계 **익힘책 바로 풀기**	58~59쪽		
1단계 **교과서 바로 알기** • 대응 관계를 식으로 나타내기 • 생활 속에서 대응 관계를 찾아 식으로 나타내기	60~63쪽	월 일	확인했어요!
2단계 **익힘책 바로 풀기**	64~65쪽		
3단계 **실력 바로 쌓기**	66~67쪽	월 일	확인했어요!
TEST **단원 마무리 하기**	68~70쪽		

1단계 교과서 바로 알기

핵심 개념 두 양 사이의 관계(1)

• 원의 수와 삼각형의 수 사이의 대응 관계

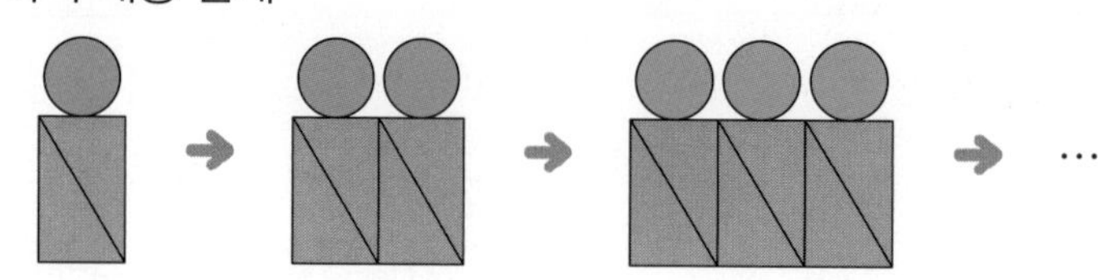

1. 원의 수와 삼각형의 수가 어떻게 변하는지 알아보기

원의 수가 1개씩 늘어날 때, 삼각형의 수는 ❶ ☐ 개씩 늘어납니다.

2. 원의 수와 삼각형의 수가 어떻게 변하는지 표로 나타내기

원의 수(개)	1	2	3	4	5	…
삼각형의 수(개)	2	4	6	8	10	…

3. 원이 10개일 때 필요한 삼각형의 수 알아보기

원 1개에 삼각형이 2개씩 필요하므로 원이 10개이면 삼각형은 ❷ ☐ 개 필요합니다.

4. 원의 수와 삼각형의 수 사이의 대응 관계 쓰기

➔ 삼각형의 수는 원의 수의 2배입니다.
➔ 원의 수에 2를 곱하면 삼각형의 수가 됩니다.
➔ 삼각형의 수를 원의 수로 나누면 2가 됩니다.

한 양이 변할 때 다른 양이 그에 따라 일정하게 변하는 관계가 대응 관계야.

정답 확인 | ❶ 2 ❷ 20

확인 문제 1~4번 문제를 풀면서 개념 익히기!

1 도형의 배열을 보고 다음에 이어질 알맞은 모양을 그려 보세요.

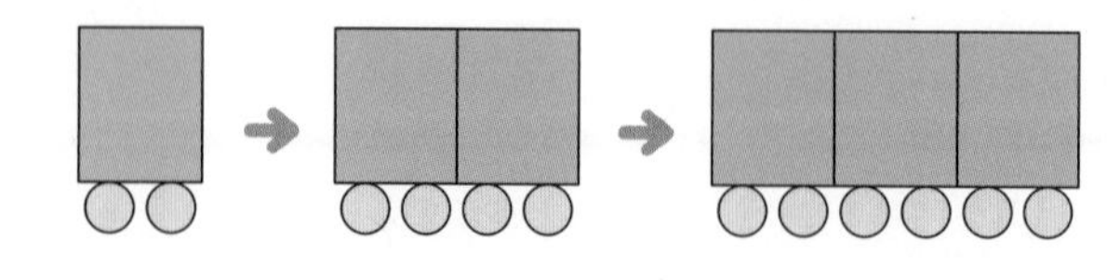

한번 더! 확인 5~8번 유사문제를 풀면서 개념 다지기!

5 도형의 배열을 보고 다음에 이어질 알맞은 모양을 그려 보세요.

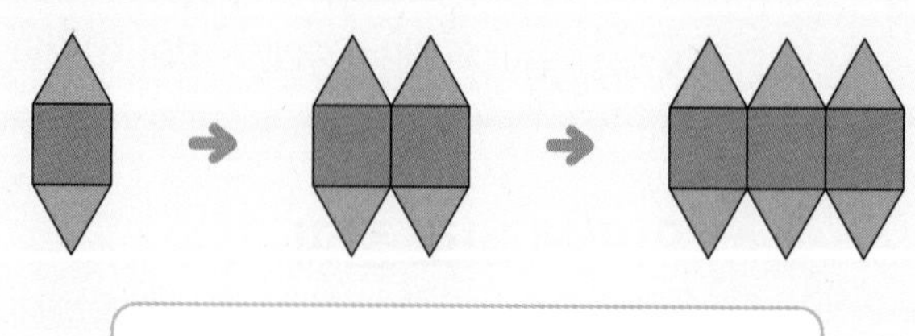

[2~3] 도형의 배열을 보고 물음에 답하세요.

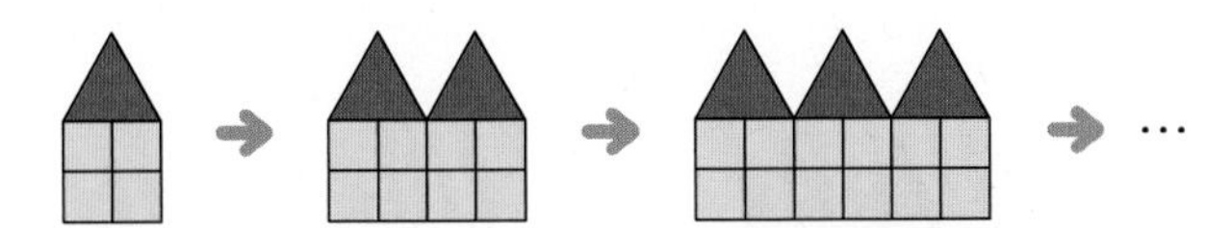

2 삼각형의 수와 사각형의 수가 어떻게 변하는지 표를 완성해 보세요.

삼각형의 수(개)	1	2	3	4	5	…
사각형의 수(개)	4	8	12			…

3 삼각형의 수와 사각형의 수 사이의 대응 관계를 바르게 말한 것의 기호를 쓰세요.

㉠ 삼각형의 수에 4를 곱하면 사각형의 수와 같습니다.
㉡ 사각형의 수에 4를 더하면 삼각형의 수와 같습니다.

(　　　　　)

4 개미의 수와 개미 다리의 수 사이의 대응 관계를 쓰세요.

(1) 개미의 수가 1씩 늘어날 때마다 개미 다리의 수는 **몇씩** 늘어날까요?

꼭 단위까지 따라 쓰세요.

(　　　　씩)

(2) □ 안에 알맞은 수를 써넣으세요.

개미 다리의 수는 개미의 수의 □배입니다.

[6~7] 도형의 배열을 보고 물음에 답하세요.

6 빨간색 원의 수와 보라색 삼각형의 수가 어떻게 변하는지 표를 완성해 보세요.

빨간색 원의 수(개)	1	2	3	4	5	…
보라색 삼각형의 수(개)	3	6				…

7 빨간색 원의 수와 보라색 삼각형의 수 사이의 대응 관계를 바르게 말한 것에 ○표 하세요.

빨간색 원의 수에 3을 곱하면 보라색 삼각형의 수와 같습니다. (　　)

보라색 삼각형의 수는 빨간색 원의 수를 3으로 나눈 수와 같습니다. (　　)

8 문어의 수와 문어 다리의 수 사이의 대응 관계를 쓰세요.

1단계 **교과서 바로 알기**

핵심 개념 두 양 사이의 관계(2)

• 마름모의 수와 삼각형의 수 사이의 대응 관계

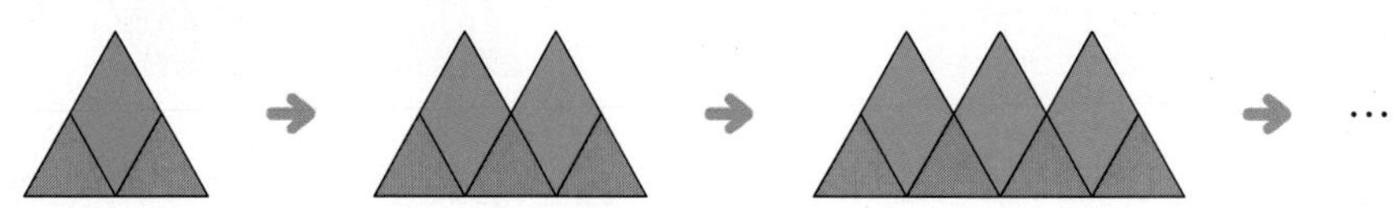

1. 마름모의 수와 삼각형의 수가 어떻게 변하는지 알아보기

마름모의 수에 ❶ [ ]을 더하면 삼각형의 수와 같습니다.

2. 마름모의 수와 삼각형의 수가 어떻게 변하는지 표로 나타내기

마름모의 수(개)	1	2	3	4	5	6	…
삼각형의 수(개)	2	3	4	5	6	7	…

3. 마름모가 10개일 때 필요한 삼각형의 수 알아보기

삼각형의 수는 마름모의 수보다 항상 1개 많으므로 마름모가 10개이면 삼각형은 ❷ [ ]개 필요합니다.

4. 마름모의 수와 삼각형의 수 사이의 대응 관계 쓰기

➔ 마름모의 수에 1을 더하면 삼각형의 수와 같습니다.

➔ 삼각형의 수에서 1을 빼면 마름모의 수와 같습니다.

정답 확인 | ❶ 1 ❷ 11

확인 문제 1~4번 문제를 풀면서 개념 익히기!

1 도형의 배열을 보고 다음에 이어질 알맞은 모양을 그려 보세요.

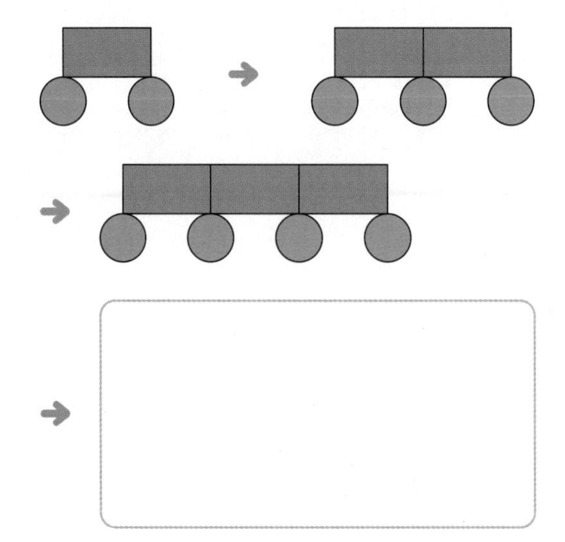

한번 더! 확인 5~8번 유사문제를 풀면서 개념 다지기!

5 도형의 배열을 보고 다음에 이어질 알맞은 모양을 그려 보세요.

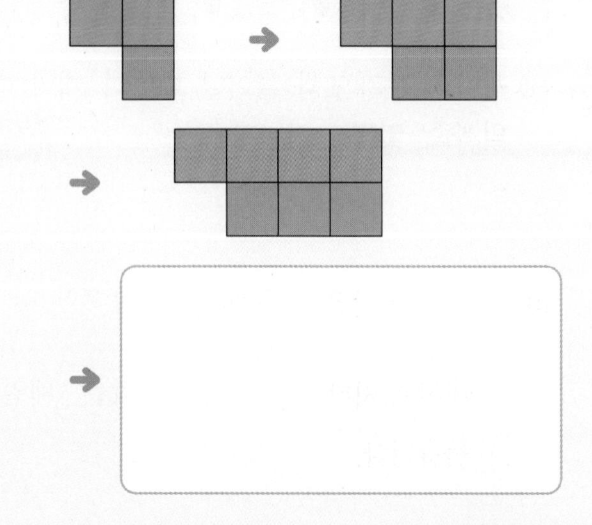

[2~3] 의자의 수와 팔걸이의 수 사이의 대응 관계를 알아보려고 합니다. 물음에 답하세요.

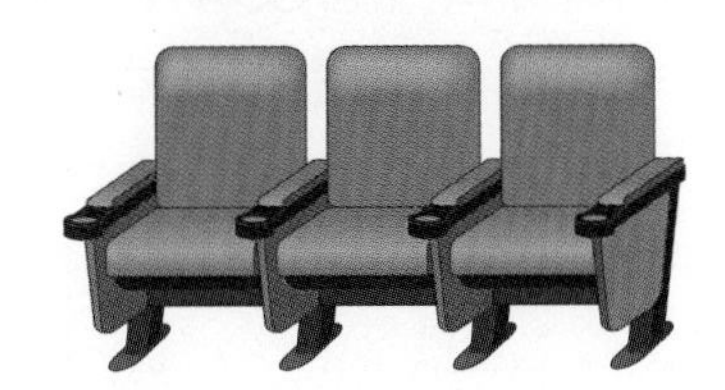

2 의자의 수와 팔걸이의 수가 어떻게 변하는지 표를 완성해 보세요.

의자의 수(개)	1	2	3	4	…
팔걸이의 수(개)	2	3			…

3 의자의 수와 팔걸이의 수 사이의 대응 관계를 쓰려고 합니다. □ 안에 '팔걸이' 또는 '의자'를 알맞게 써넣으세요.

(1) □의 수는 □의 수보다 1만큼 더 큽니다.

(2) □의 수는 □의 수보다 1만큼 더 작습니다.

4 같은 날 서울의 시각과 방콕의 시각 사이의 대응 관계를 쓰세요.

서울의 시각	오전 4시	오전 5시	오전 6시	오전 7시
방콕의 시각	오전 2시	오전 3시	오전 4시	오전 5시

(1) 방콕의 시각과 서울의 시각은 **몇 시간** 차이가 날까요?

꼭 단위까지 따라 쓰세요.

(시간)

(2) □ 안에 알맞은 수를 써넣으세요.

방콕의 시각은 서울의 시각보다 □시간 늦습니다.

[6~7] 끈을 자른 횟수와 도막의 수 사이의 대응 관계를 알아보려고 합니다. 물음에 답하세요.

1번

2번

⋮

6 끈을 자른 횟수와 도막의 수가 어떻게 변하는지 표를 완성해 보세요.

자른 횟수(번)	1	2	3	4	…
도막의 수(개)	2	3			…

7 끈을 자른 횟수와 도막의 수 사이의 대응 관계를 쓰려고 합니다. □ 안에 '자른 횟수' 또는 '도막의 수'를 알맞게 써넣으세요.

(1) □에 1을 더하면 □가 됩니다.

(2) □에서 □를 빼면 1이 됩니다.

8 승재의 나이와 누나의 나이 사이의 대응 관계를 쓰세요.

승재의 나이(살)	12	13	14	15
누나의 나이(살)	15	16	17	18

승재와 누나의 나이 차는 ______ 살입니다.

따라서 승재의 나이와 누나의 나이 사이의 대응 관계를 쓰면 승재의 나이는 누나의 나이보다

______

[1~3] 도형의 배열을 보고 물음에 답하세요.

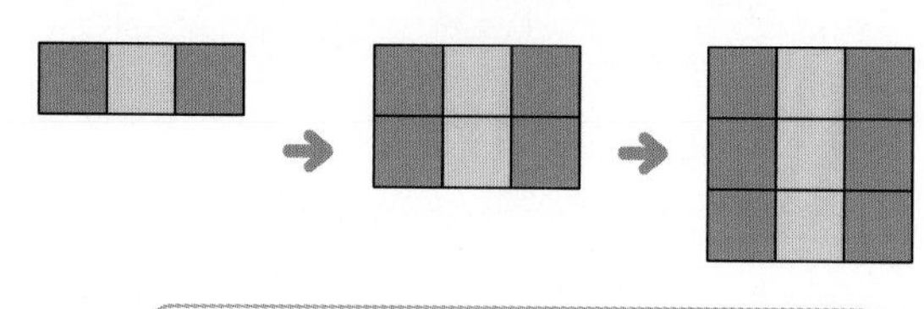

1 위의 빈 곳에 다음에 이어질 알맞은 모양을 그려 보세요.

2 노란색 사각형의 수와 파란색 사각형의 수 사이의 대응 관계를 생각하며 □ 안에 알맞은 수를 써넣으세요.

노란색 사각형이 8개일 때 파란색 사각형은 □개 필요합니다.

3 노란색 사각형의 수와 파란색 사각형의 수 사이의 대응 관계를 바르게 말한 사람의 이름을 쓰세요.

노란색 사각형의 수에 2를 더하면 파란색 사각형의 수와 같아.

파란색 사각형의 수를 2로 나누면 노란색 사각형의 수와 같아.

현서

서아

(　　　　　　　　　)

[4~5] 색종이의 수와 누름 못의 수 사이의 대응 관계를 알아보려고 합니다. 물음에 답하세요.

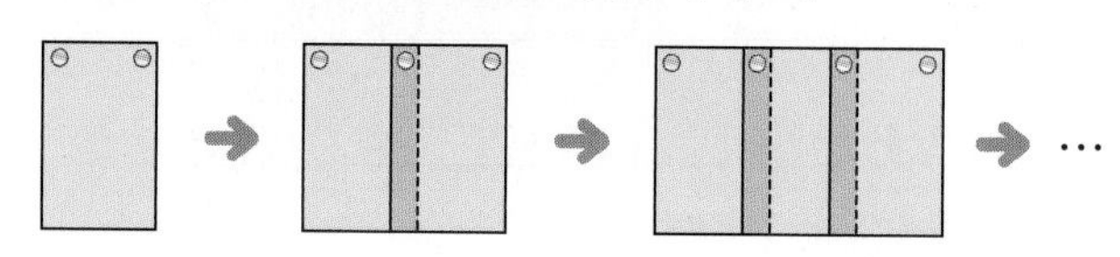

4 색종이의 수와 누름 못의 수가 어떻게 변하는지 표를 완성해 보세요.

색종이의 수(장)	1	2	3	4	…
누름 못의 수(개)	2				…

서술형

5 색종이의 수와 누름 못의 수 사이의 대응 관계를 쓰세요.

6 공연 시각표를 보고 시작 시각과 종료 시각 사이의 대응 관계를 바르게 설명한 것의 기호를 쓰세요.

회	시작 시각	종료 시각
1	9 : 00	9 : 40
2	9 : 50	10 : 30
3	10 : 40	11 : 20

㉠ 시작 시각에 1시간 40분을 더하면 종료 시각입니다.

㉡ 종료 시각에서 40분을 빼면 시작 시각입니다.

(　　　　　　　　　)

[7~8] 세발자전거의 수와 바퀴의 수 사이의 대응 관계를 알아보려고 합니다. 물음에 답하세요.

7 세발자전거의 수와 바퀴의 수가 어떻게 변하는지 표를 완성해 보세요.

세발자전거의 수(대)	1	2	3	4	…
바퀴의 수(개)	3				…

서술형

8 세발자전거의 수와 바퀴의 수 사이의 대응 관계를 쓰세요.

[9~10] 철봉 기둥의 수와 철봉 대의 수 사이의 대응 관계를 알아보려고 합니다. 물음에 답하세요.

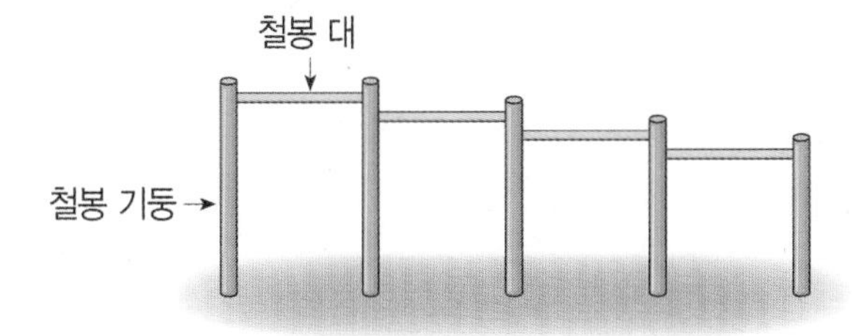

9 철봉 기둥의 수와 철봉 대의 수가 어떻게 변하는지 표를 완성해 보세요.

철봉 기둥의 수(개)	2	3	4	5	6	…
철봉 대의 수(개)	1					…

서술형

10 철봉 기둥의 수와 철봉 대의 수 사이의 대응 관계를 쓰세요.

11 한 양이 일정하게 커질 때 다른 한 양은 일정하게 작아지는 대응 관계를 가진 것을 모두 고르세요.

㉠ 서울에서 대구까지 갈 때 이동한 거리와 남은 거리
㉡ 탁자의 수와 탁자 다리의 수
㉢ 10000원으로 물건을 살 때 물건의 가격과 거스름돈

(　　　　　　　　)

서술형 中수 문제 해결의 전략을 보면서 풀어 보자.

12 초콜릿이 한 상자에 5개씩 들어 있습니다. 상자가 8개일 때 초콜릿은 몇 개인지 구하세요.

전략 상자의 수가 1씩 늘어날 때마다 초콜릿의 수는 몇씩 늘어나는지 알아보자.

❶ 상자의 수와 초콜릿의 수가 어떻게 변하는지 표를 완성해 보세요.

상자의 수(개)	1	2	3	4	…
초콜릿의 수(개)	5				…

❷ 상자의 수와 초콜릿의 수 사이의 대응 관계를 쓰면 초콜릿의 수는 □의 수의 □배입니다.

전략 상자의 수와 초콜릿의 수 사이의 대응 관계를 이용하여 상자가 8개일 때 초콜릿의 수를 구하자.

❸ 초콜릿의 수는 상자의 수의 □배이므로 상자가 8개일 때 초콜릿은 □개입니다.

 답

BOOK❷ 22~23쪽

1단계 교과서 바로 알기

핵심 개념 대응 관계를 식으로 나타내기

• 자전거의 수와 바퀴의 수 사이의 대응 관계

1. 표를 이용하여 알아보기

자전거의 수(대)	바퀴의 수(개)
1	2
2	4
5	❶
10	20
⋮	⋮

바퀴의 수는 자전거의 수의 2배야.

2. 식으로 나타내기

• 자전거의 수 × 2 = 바퀴의 수

• 바퀴의 수 ÷ 2 = 자전거의 수

3. 기호를 사용하여 식으로 나타내기

두 양 사이의 **대응 관계를 식으로** 간단하게 나타낼 때는 각 양을 ○, □, △, ☆ 등과 같은 **기호로 표현**할 수 있습니다.

자전거의 수를 ○, 바퀴의 수를 ☆이라고 할 때, 두 양 사이의 대응 관계를 식으로 나타내 봅니다.

○×2=☆

또는 ☆÷❷=○

정답 확인 | ❶ 10 ❷ 2

확인 문제 1~5번 문제를 풀면서 개념 익히기!

[1~2] 고장 난 수도꼭지에서 1초에 5방울의 물이 떨어집니다. 물음에 답하세요.

1 시간과 물방울의 수 사이의 대응 관계를 표를 이용하여 알아보세요.

시간(초)	1	2	5	10	⋯
물방울의 수(방울)	5				⋯

2 주어진 카드를 사용하여 두 양 사이의 대응 관계를 식으로 나타내 보세요.

시간 / 물방울의 수 / × / = / 5

식 시간 × ☐ ☐ ☐

한번 더! 확인 6~10번 유사문제를 풀면서 개념 다지기!

[6~7] 1초에 20 m를 달리는 치타가 있습니다. 물음에 답하세요.

6 달린 시간과 달린 거리 사이의 대응 관계를 표를 이용하여 알아보세요.

달린 시간(초)	1	2		10	⋯
달린 거리(m)	20		80		⋯

7 주어진 카드를 사용하여 두 양 사이의 대응 관계를 식으로 나타내 보세요.

달린 시간 / 달린 거리 / ÷ / = / 20

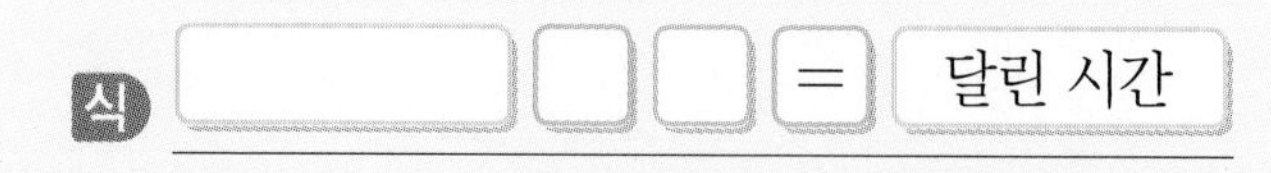

식 ☐ ☐ ☐ = 달린 시간

3 잠자리의 수와 날개의 수 사이의 대응 관계를 나타낸 식을 보고 기호를 사용하여 나타내 보세요.

잠자리의 수 | × | 4 | = | 날개의 수

잠자리의 수를 □, 날개의 수를 □(이)라고 할 때, 두 양 사이의 대응 관계를 식으로 나타내면 □입니다.

[4~5] 오른쪽 그림과 같이 구멍이 4개인 단추가 있습니다. 물음에 답하세요.

4 단추의 수와 구멍의 수 사이의 대응 관계를 표를 이용하여 알아보세요.

단추의 수(개)	1	2	3	4	…
구멍의 수(개)	4				…

5 단추의 수를 △, 구멍의 수를 ◇라고 할 때, 두 양 사이의 대응 관계를 식으로 나타내 보세요.

(1) 구멍의 수는 단추의 수의 **몇 배**인가요?

꼭 단위까지 따라 쓰세요.

(배)

(2) 기호를 사용하여 두 양 사이의 대응 관계를 식으로 나타내 보세요.

식 □×□=◇

8 통나무를 자른 횟수와 도막의 수 사이의 대응 관계를 나타낸 식을 보고 기호를 사용하여 나타내 보세요.

자른 횟수 | + | 1 | = | 도막의 수

자른 횟수를 □, 도막의 수를 □(이)라고 할 때, 두 양 사이의 대응 관계를 식으로 나타내면 □입니다.

[9~10] 2023년에 주희의 나이는 12살입니다. 물음에 답하세요.

9 연도와 주희의 나이 사이의 대응 관계를 표를 이용하여 알아보세요.

연도(년)	2023	2024	2025	2026	…
주희의 나이(살)	12				…

서술형 下수

10 연도를 ○, 주희의 나이를 ☆이라고 할 때, 두 양 사이의 대응 관계를 식으로 나타내 보세요.

풀이

연도와 주희의 나이 사이에는 항상

2023−□=□만큼

차이가 납니다.

식

1단계 교과서 바로 알기

핵심 개념 생활 속에서 대응 관계를 찾아 식으로 나타내기

• 자동 벨트 수와 차단봉 수 사이의 대응 관계

주변에서 볼 수 있는 다양한 대응 관계를 찾아 식으로 표현해 봐.

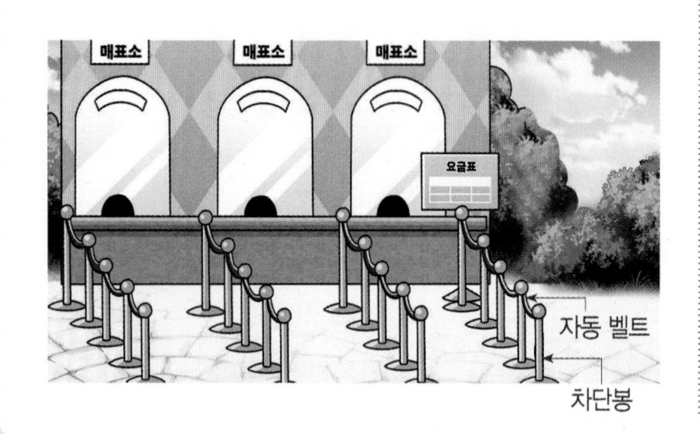

서로 대응하는 두 양	자동 벨트의 수
	차단봉의 수
대응 관계	• 차단봉의 수는 자동 벨트의 수보다 ❶(　　)개 더 많습니다. • 자동 벨트의 수에 1을 더하면 차단봉의 수입니다.
대응 관계를 식으로 나타내기	자동 벨트의 수를 □, 차단봉의 수를 ○라고 하면 □+1=❷(　　)입니다.

정답 확인 | ❶ 1 ❷ ○

확인 문제 1~5번 문제를 풀면서 개념 익히기!

[1~2] 어느 놀이공원의 입장료 안내판입니다. 물음에 답하세요.

입장료

어른	청소년	어린이
₩ 800	₩ 600	₩ 500

1 입장할 어린이의 수와 대응하는 양에 ○표 하세요.

어른의 수	어린이의 입장료
(　　　)	(　　　)

2 1의 두 양 사이의 대응 관계를 식으로 나타내 보세요.

식 1 (어린이의 수)×500=

식 2 (어린이의 입장료)÷500=

한번 더! 확인 6~10번 유사문제를 풀면서 개념 다지기!

[6~7] 사진을 보고 물음에 답하세요.

코끼리 한 마리의 귀 2개

6 서로 대응하는 두 양끼리 쓴 것에 ○표 하세요.

코끼리의 수	코끼리 귀의 수	(　　　)
코끼리의 수	토끼의 수	(　　　)

7 6의 두 양 사이의 대응 관계를 식으로 나타내 보세요.

식 1 (코끼리의 수)×2=

식 2 (코끼리 귀의 수)÷2=

[3~4] 그림을 보고 물음에 답하세요.

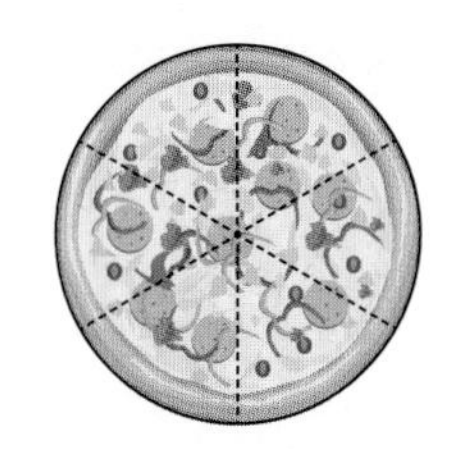

3 그림에서 대응 관계를 찾아 각각 기호로 나타내 보세요.

서로 대응하는 두 양	
피자의 수	기호
	△
	기호

4 3에서 나타낸 기호로 두 양 사이의 대응 관계를 식으로 나타내 보세요.

식 ____________________

5 우유 100 mL에는 단백질 5 g이 들어 있습니다. 우유의 양과 단백질의 양 사이의 대응 관계를 식으로 나타내 보세요.

(1) 우유의 양과 단백질의 양 사이의 대응 관계를 표를 이용하여 알아보세요.

우유의 양 (mL)	100	200	300	400	…
단백질의 양 (g)	5				…

(2) 기호를 사용하여 두 양 사이의 대응 관계를 식으로 나타내 보세요.

우유의 양을 ☐ mL, 단백질의 양을 ☐ g이라고 할 때, 두 양 사이의 대응 관계를 식으로 나타내면 ☐ 입니다.

[8~9] 그림을 보고 물음에 답하세요.

8 그림에서 대응 관계를 찾아 각각 기호로 나타내 보세요.

서로 대응하는 두 양	
달걀판의 수	기호
	□
	기호

9 8에서 나타낸 기호로 두 양 사이의 대응 관계를 식으로 나타내 보세요.

식 ____________________

서술형 下수

10 형 저금통에는 3000원, 동생 저금통에는 2000원이 들어 있습니다. 형과 동생은 이번 주부터 월요일마다 각자 1000원씩 저금통에 넣기로 하였습니다. 형과 동생이 저금한 돈 사이의 대응 관계를 표를 이용하여 알아보고, 기호를 사용하여 식으로 나타내 보세요.

형이 저금한 돈(원)	3000	4000	5000	…
동생이 저금한 돈(원)	2000			…

풀이

형이 저금한 돈을 ☐ 원, 동생이 저금한 돈을 ☐ 원이라고 할 때, 두 양 사이의 대응 관계를 식으로 나타내면 ☐ 입니다.

식 ____________________

2단계 익힘책 바로 풀기

[1~3] 크레파스 한 통에는 크레파스가 12자루씩 들어 있습니다. 물음에 답하세요.

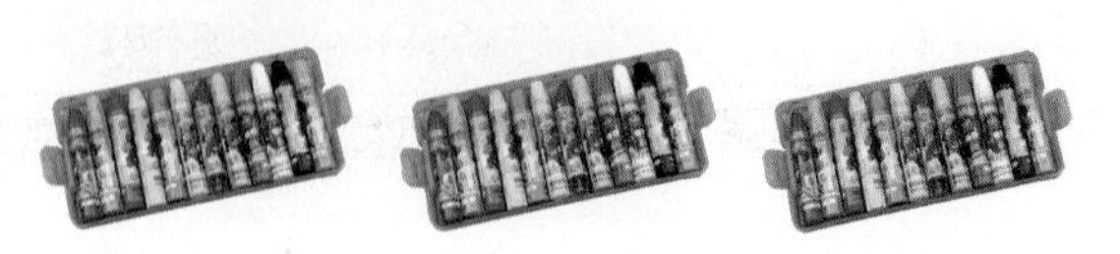

1 그림에서 서로 대응하는 두 양을 찾아 쓰세요.

크레파스 통의 수	

2 1에서 찾은 두 양 사이의 대응 관계를 쓰세요.

____

____

3 2에서 찾은 두 양 사이의 대응 관계를 식으로 나타내 보세요.

크레파스 통의 수를 □, [　　　　] 을/를 △라고 할 때, 두 양 사이의 대응 관계를 식으로 나타내면 [　　　　]입니다.

4 상자에 넣은 수와 나오는 수를 나타낸 그림입니다. '넣은 수'와 '나오는 수' 사이의 대응 관계를 '넣은 수', '나오는 수'를 사용하여 식으로 나타내 보세요.

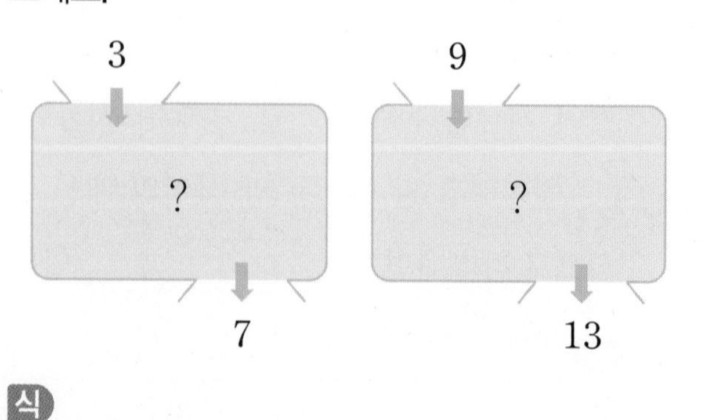

식 ______________________

[5~6] 은우와 유찬이가 대응 관계 만들기 놀이를 하고 있습니다. 유찬이가 만든 대응 관계를 식으로 나타내 보세요.

5 어떤 대응 관계가 있는지 표를 이용하여 알아보세요.

은우가 말한 수	5	6	7	9	…
유찬이가 답한 수	17				…

6 유찬이가 만든 대응 관계를 식으로 나타내 보세요.

식 ______________________

7 정육각형의 수를 □, 정육각형의 변의 수를 ○라고 할 때, 두 양 사이의 대응 관계를 식으로 바르게 나타낸 것을 모두 찾아 기호를 쓰세요.

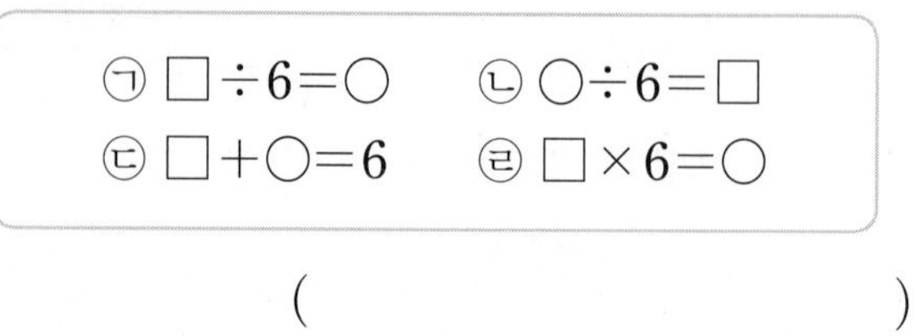

㉠ □÷6=○　　㉡ ○÷6=□
㉢ □+○=6　　㉣ □×6=○

(　　　　　　　　)

3 규칙과 대응

8 한 시간에 50 km를 이동하는 자동차가 있습니다. 자동차가 이동한 거리를 ◇ km, 걸린 시간을 ○ 시간이라고 할 때, 두 양 사이의 대응 관계를 식으로 나타내 보세요.

식 ______________________

9 일정한 양의 물이 나오는 샤워기가 있습니다. 샤워기를 사용한 시간과 나온 물의 양 사이의 대응 관계를 표를 이용하여 알아보고, 기호를 사용하여 식으로 나타내 보세요.

샤워기를 사용한 시간(초)	2	7	8		…
나온 물의 양(L)	24			180	…

샤워기를 사용한 시간을 □초, 나온 물의 양을 □L라고 할 때, 두 양 사이의 대응 관계를 식으로 나타내면 □입니다.

서술형

10 보기 와 같이 □와 △를 사용하여 두 양 사이의 대응 관계가 △×4=□가 되는 상황을 쓰세요.

보기
강아지 다리의 수를 □, 강아지의 수를 △라고 할 때, 강아지 다리의 수는 강아지의 수의 4배입니다.

____

____

____

[11~12] **11월의 어느 날 서울과 런던의 시각 사이의 대응 관계를 나타낸 표입니다. 물음에 답하세요.**

서울의 시각	오전 11시	낮 12시	오후 1시	오후 2시	…
런던의 시각	오전 2시	오전 3시	오전 4시	오전 5시	…

11 서울의 시각을 ○, 런던의 시각을 ☆이라고 할 때, 두 양 사이의 대응 관계를 식으로 나타내 보세요.

식 ______________________

12 서울의 시각이 오후 7시일 때 런던의 시각을 구하세요.

(　　　　　　　　)

문제 해결의 전략을 보면서 풀어 보자.

13 추의 무게와 늘어난 용수철의 길이 사이의 대응 관계를 나타낸 표입니다. 추의 무게가 210 g일 때 늘어난 용수철의 길이는 몇 cm인지 구하세요.

추의 무게 (g)	0	30	60	90	…
늘어난 용수철의 길이 (cm)	0	3	6	9	…

전략 추의 무게를 ♡ g, 늘어난 용수철의 길이를 □ cm라 하자.

❶ 두 양 사이의 대응 관계를 기호를 사용하여 식으로 나타내면
□÷10=□입니다.

❷ 추의 무게가 210 g일 때
(늘어난 용수철의 길이)
=210÷□=□ (cm)

 ______________________

BOOK❷ 24~25쪽

단계 실력 바로 쌓기

가이드
문제에서 핵심이 되는 말에 표시하고, 주어진 풀이를 따라 풀어 보자.

키워드 문제

1-1 수 카드의 수와 삼각형 조각의 수 사이의 대응 관계를 식으로 나타내 보세요.

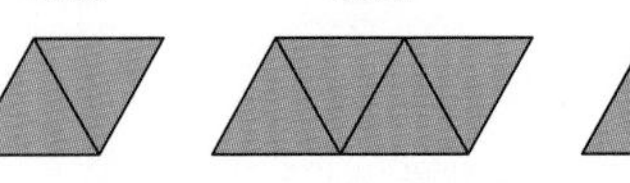

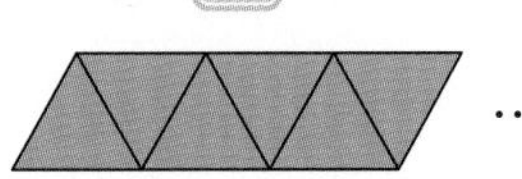

1 2 3 …

전략 수 카드의 수가 1씩 커질 때 삼각형 조각의 수는 몇씩 커지는지 알아보자.

❶ 표를 완성해 보세요.

수 카드의 수	1	2	3	4	…
삼각형 조각의 수(개)	2				…

❷ 수 카드의 수와 삼각형 조각의 수 사이의 대응 관계를 식으로 나타내 보세요.

(수 카드의 수)×☐=(　　　　)

식 ____________________

서술형 高手

1-2 수 카드의 수와 사각형 조각의 수 사이의 대응 관계를 식으로 나타내 보세요.

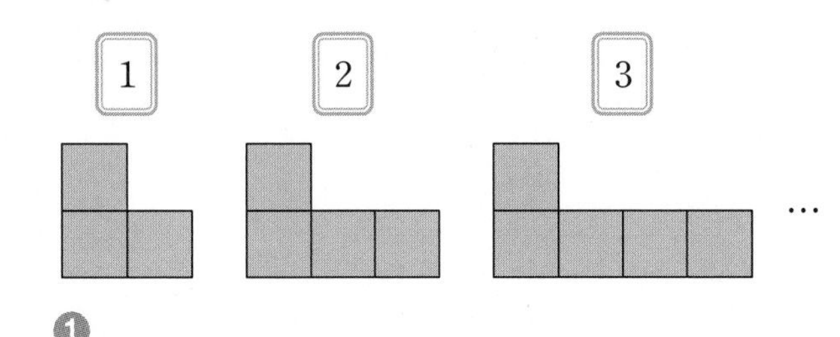

❶

❷

식 ____________________

키워드 문제

2-1 지안이네 반에서 식빵으로 케이크 만들기를 하고 있습니다. 식빵 3장으로 케이크를 1개 만들려고 합니다. 식빵이 30장 있을 때 만들 수 있는 케이크의 수를 구하세요.

❶ 식빵의 수와 케이크의 수 사이의 대응 관계를 식으로 나타내기:

(식빵의 수)÷☐=(　　　　)

전략 ❶에서 만든 식을 이용하여 만들 수 있는 케이크의 수를 구하자.

❷ (식빵이 30장 있을 때 만들 수 있는 케이크의 수)=30÷☐=☐(개)

답 ____________________

서술형 高手

2-2 소윤이는 머핀 만들기를 하고 있습니다. 딸기 5개로 머핀 1개를 만들려고 합니다. 딸기가 50개 있을 때 만들 수 있는 머핀의 수를 구하세요.

❶

❷

답 ____________________

키워드 문제

3-1 연도와 현우의 나이 사이의 대응 관계를 나타낸 표입니다. 2040년에 현우는 몇 살인지 구하세요.

연도(년)	2023	2025	2030	2033	…
현우의 나이(살)	12	14	19	22	…

전략 연도와 현우의 나이의 차를 이용하여 구하자.

❶ 연도와 현우의 나이 사이의 대응 관계를 식으로 나타내기:
(연도)－☐＝(☐)

❷ 2040년의 현우의 나이: ☐살

답 ____________

서술형 高수

3-2 어느 박물관의 입장객 수와 입장료 사이의 대응 관계를 나타낸 표입니다. 입장료가 5400원일 때 입장객 수는 몇 명인지 구하세요.

입장객 수(명)	2	9	3	8	…
입장료(원)	1800	8100	2700	7200	…

❶

❷

답 ____________

키워드 문제

4-1 나무 막대를 다음과 같이 자르려고 합니다. 나무 막대를 한 번 자르는 데 7초가 걸린다면 쉬지 않고 6도막으로 자르는 데 걸리는 시간은 몇 초인지 구하세요.

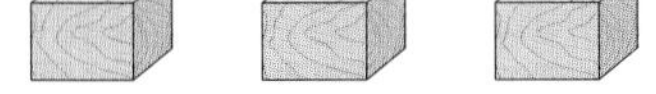
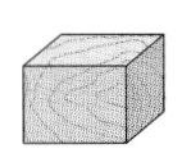
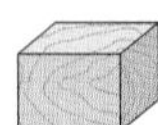
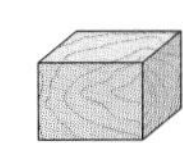
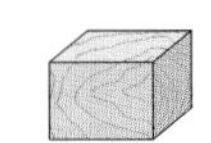
…

전략 나무 막대를 한 번 자를 때 생기는 도막의 수를 이용하여 알아보자.

❶ 나무 막대를 자른 횟수와 도막의 수 사이의 대응 관계를 식으로 나타내기:
(도막의 수)－☐＝(☐)

❷ 나무 막대를 6도막으로 자를 때 자른 횟수:
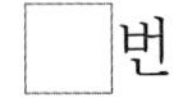
☐번

전략 (걸리는 시간)＝(자른 횟수)×7

❸ (나무 막대를 6도막으로 자르는 데 걸리는 시간)＝☐×7＝☐(초)

답 ____________

서술형 高수

4-2 굵기가 일정한 철근을 다음과 같이 자르려고 합니다. 철근을 한 번 자르는 데 3분이 걸린다면 쉬지 않고 9도막으로 자르는 데 걸리는 시간은 몇 분인지 구하세요.

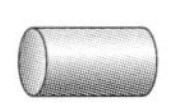

…

❶

❷

❸

답 ____________

TEST 단원 마무리 하기

점수

[1~4] 도형의 배열을 보고 물음에 답하세요.

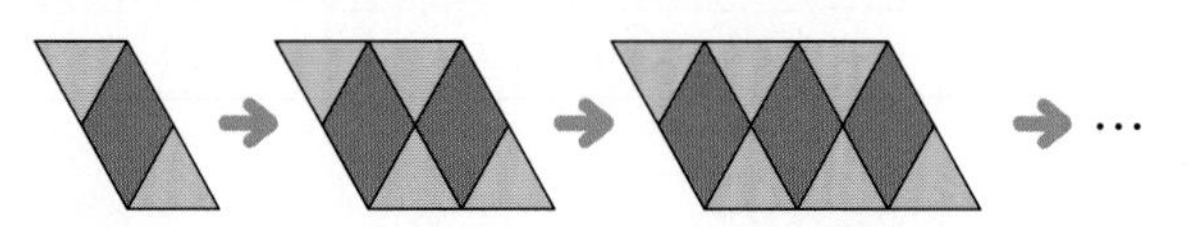

1 마름모의 수와 삼각형의 수가 어떻게 변하는지 표를 완성해 보세요.

마름모의 수(개)	1	2	3	4	…
삼각형의 수(개)	2				…

2 마름모가 4개일 때 알맞은 모양을 그려 보세요.

3 마름모가 10개일 때 삼각형은 몇 개 필요한가요?

(　　　　　　)

4 마름모의 수와 삼각형의 수 사이의 대응 관계를 바르게 설명한 것에 ○표 하세요.

마름모의 수에 2를 곱하면 삼각형의 수와 같습니다. (　　　)

마름모의 수에 2를 더하면 삼각형의 수와 같습니다. (　　　)

[5~6] 윤희의 나이와 성주의 나이 사이에는 어떤 대응 관계가 있는지 알아보려고 합니다. 물음에 답하세요.

윤희의 나이(살)	10	11	12	13	…
성주의 나이(살)	12	13	14	15	…

5 윤희와 성주의 나이 사이의 대응 관계를 완성해 보세요.

성주의 나이는 윤희의 나이보다 □살 많습니다.

6 윤희의 나이를 △, 성주의 나이를 ◇라고 할 때, △와 ◇ 사이의 대응 관계를 식으로 바르게 나타낸 것에 ○표 하세요.

△+2=◇	△−2=◇
(　　　)	(　　　)

[7~8] 선풍기의 날개는 4개입니다. 물음에 답하세요.

7 선풍기의 수와 날개의 수 사이의 대응 관계를 카드를 사용하여 식으로 나타내 보세요.

+ | − | × | ÷ | = | 선풍기의 수

1 | 2 | 3 | 4 | 날개의 수

식

8 선풍기의 수를 ○, 날개의 수를 ☆이라고 할 때, 두 양 사이의 대응 관계를 식으로 나타내 보세요.

식

9 두 양 □와 △ 사이의 대응 관계를 나타낸 식과 표입니다. ㉠~㉤ 중에서 잘못 들어간 것을 찾아 기호를 쓰세요.

□+9=△

□	11	13	15	17	19
△	㉠ 20	㉡ 21	㉢ 24	㉣ 26	㉤ 28

( )

10 팔각형의 수를 ○, 변의 수를 ☆이라고 할 때, 두 양 사이의 대응 관계를 식으로 나타내 보세요.

식 ____________________

11 ⊙와 ◇ 사이의 대응 관계를 나타낸 식입니다. + 기호를 사용하여 식으로 나타내 보세요.

⊙−10=◇

식 ____________________

[12~13] 초콜릿의 수와 열량 사이의 대응 관계를 알아보려고 합니다. 물음에 답하세요.

12 초콜릿의 수와 열량 사이의 대응 관계를 표를 이용하여 알아보세요.

초콜릿의 수(개)	1		15	50	…
열량(kcal)	55	550	825		…

13 초콜릿의 수가 ◇일 때 열량을 기호로 나타내 보고, 그 기호를 사용하여 두 양 사이의 대응 관계를 식으로 나타내 보세요.

열량 기호: __________ (kcal)

식 ____________________

[14~15] 그림과 같이 꼬치를 만들었습니다. 물음에 답하세요.

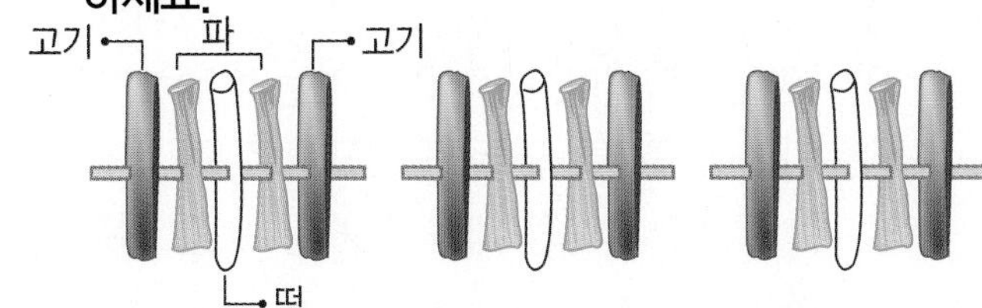

14 그림에서 대응 관계를 찾아 각각 기호로 나타내 보세요.

<table>
<tr><th colspan="2">서로 대응하는 두 양</th></tr>
<tr><td rowspan="2"></td><td>기호</td></tr>
<tr><td></td></tr>
<tr><td rowspan="2"></td><td>기호</td></tr>
<tr><td></td></tr>
</table>

15 **14**에서 찾은 대응 관계를 식으로 나타내 보세요.

식 ____________________

16 수민이는 하루에 국어 문제집을 5장씩, 수학 문제집을 7장씩 풉니다. 문제집을 푼 날수와 푼 문제집의 장수 사이의 대응 관계를 식으로 나타내 보세요.

(1) 수민이가 하루에 푼 문제집은 모두 몇 장인가요?

( )

(2) 문제집을 푼 날수를 □, 푼 문제집의 장수를 ♡라고 할 때, □와 ♡ 사이의 대응 관계를 식으로 나타내 보세요.

식 ____________________

17 미술 시간에 색종이를 사용하여 같은 크기의 종이꽃을 만들었습니다. 종이꽃을 만들기 위해 사용한 색종이의 수를 ○, 만든 종이꽃의 수를 ☆이라고 할 때, 두 양 사이의 대응 관계를 표를 이용하여 찾고 식으로 나타내 보세요.

색종이의 수(장)	70		56	28	…
종이꽃의 수(개)	10	5		4	…

식 ____________________

18 오른쪽 그림을 보고 두 양 사이의 대응 관계를 잘못 이야기한 친구의 이름을 쓰세요.

- 진수: 대응 관계를 알면 세발자전거의 수가 많아져도 바퀴의 수를 쉽게 알 수 있습니다.
- 주희: 대응 관계를 나타내는 식 ○×3=△에서 ○는 세발자전거의 수, △는 풍선의 수를 나타냅니다.
- 서진: 세발자전거의 수를 ◇, 풍선의 수를 ⊙라고 할 때, 두 양 사이의 대응 관계를 ⊙÷5=◇로 나타낼 수 있습니다.

(　　　　　　　　)

서술형 실전

19 미술관의 입장객 수와 입장료 사이의 대응 관계를 나타낸 표입니다. 미술관의 입장객이 15명일 때 입장료는 얼마인지 풀이 과정을 쓰고 답을 구하세요.

입장객 수(명)	1	2	3	4	…
입장료(원)	2000	4000	6000	8000	…

풀이 ____________________

답 ____________________

20 같은 날 서울의 시각과 베트남 하노이의 시각 사이의 대응 관계를 나타낸 표입니다. 서울이 오후 11시일 때 하노이는 오후 몇 시인지 풀이 과정을 쓰고 답을 구하세요.

서울의 시각	오후 3시	오후 4시	오후 5시	오후 6시	…
하노이의 시각	오후 1시	오후 2시	오후 3시	오후 4시	…

풀이 ____________________

답 ____________________

4 약분과 통분

스마트폰을 이용하여 QR 코드를 찍으면
개념 학습 영상을 볼 수 있어요.

4단원 학습 계획표

✓ 이 단원의 표준 학습 일수는 **5일**입니다. 계획대로 공부한 후 확인란에 사인을 받으세요.

이 단원에서 배울 내용	쪽수	계획한 날	확인
1단계 **교과서 바로 알기** • 크기가 같은 분수 알아보기 • 크기가 같은 분수 만들기	72~75쪽	월 일	확인했어요!
2단계 **익힘책 바로 풀기**	76~77쪽		
1단계 **교과서 바로 알기** • 약분 • 통분	78~81쪽	월 일	확인했어요!
2단계 **익힘책 바로 풀기**	82~83쪽		
1단계 **교과서 바로 알기** • 두 분수의 크기 비교 • 세 분수의 크기 비교 • 분수와 소수의 크기 비교	84~89쪽	월 일	확인했어요!
2단계 **익힘책 바로 풀기**	90~91쪽	월 일	
3단계 **실력 바로 쌓기**	92~93쪽	월 일	확인했어요!
TEST **단원 마무리 하기**	94~96쪽		

1단계 교과서 바로 알기

핵심 개념 크기가 같은 분수 알아보기

1. 분모가 다른 두 분수의 크기 비교하기

예 $\frac{1}{4}$과 $\frac{2}{8}$의 크기 비교하기

색칠된 부분의 크기가 같음.

$\frac{1}{4}$ 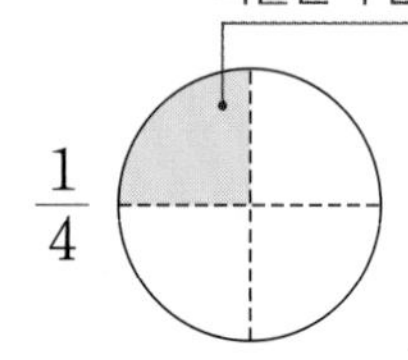 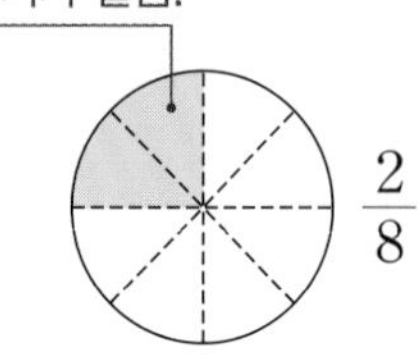 $\frac{2}{8}$

➔ 색칠된 부분의 크기가 같으므로

$\frac{1}{4}$과 $\frac{❶\square}{8}$는 크기가 같은 분수입니다.

두 분수의 분모가 4와 8로 다르지만
두 분수에 해당하는 양은 같아.

2. 분모가 다른 세 분수의 크기 비교하기

예 $\frac{3}{12}$, $\frac{2}{8}$, $\frac{1}{4}$의 크기 비교하기

$\frac{3}{12}$ 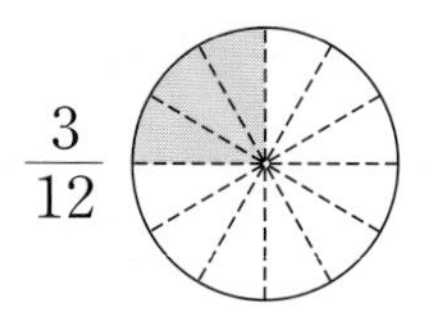 $\frac{2}{8}$ $\frac{1}{4}$ 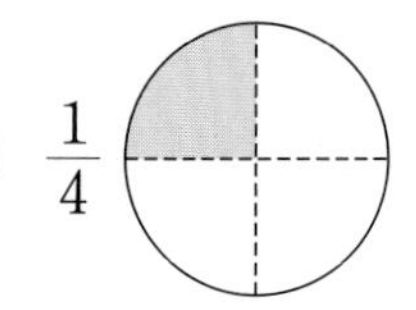

(1) 색칠된 부분의 크기가 같으므로

$\frac{3}{12}$과 $\frac{2}{8}$는 크기가 같은 분수입니다.

(2) 색칠된 부분의 크기가 같으므로

$\frac{3}{12}$과 $\frac{❷\square}{4}$은 크기가 같은 분수입니다.

➔ $\frac{3}{12}$, $\frac{2}{8}$, $\frac{1}{4}$은 크기가 같은 분수입니다.

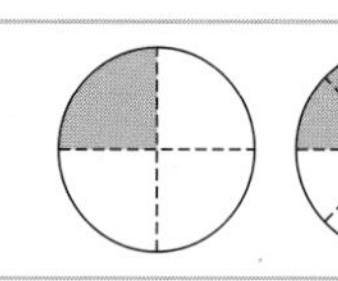 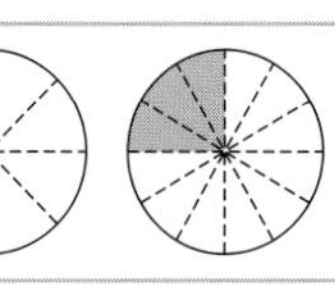 ➔ $\frac{1}{4}$, $\frac{2}{8}$, $\frac{3}{12}$, …은 크기가 같은 분수입니다.

정답 확인 | ❶ 2 ❷ 1

확인 문제 1~5번 문제를 풀면서 개념 익히기!

1 그림을 보고 알맞은 말에 ○표 하세요.

$\frac{3}{4}$ 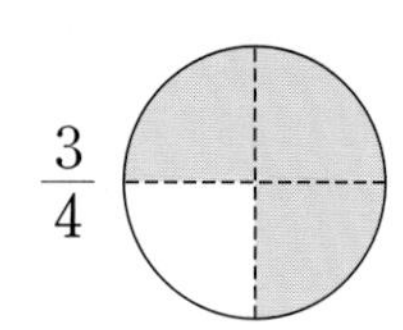 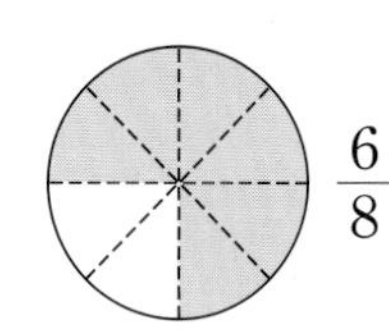 $\frac{6}{8}$

$\frac{3}{4}$과 $\frac{6}{8}$의 크기는 (같습니다 , 다릅니다).

2 그림을 보고 □ 안에 알맞은 수를 써넣으세요.

12의 $\frac{1}{3}$ 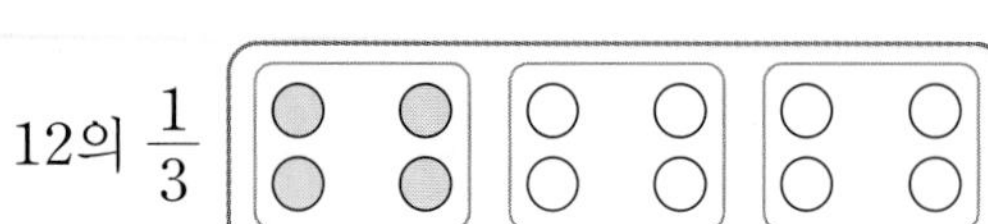 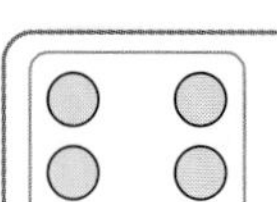 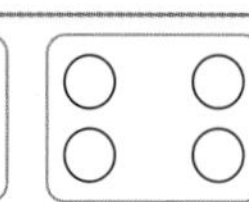

12의 $\frac{2}{6}$ 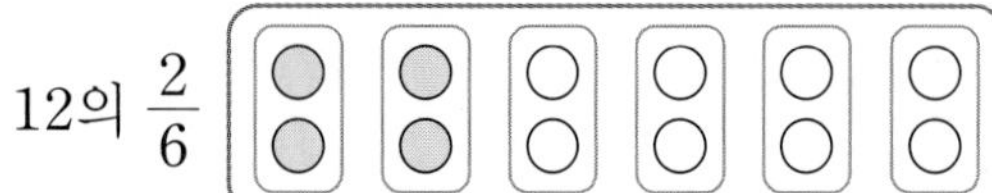 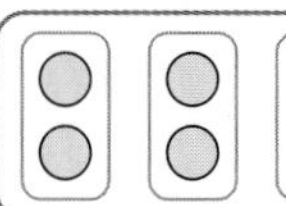

$\frac{1}{3}=\frac{\square}{6}$

한번 더! 확인 6~10번 유사문제를 풀면서 개념 다지기!

6 분수만큼 색칠하고, 크기를 비교하여 ○ 안에 >, =, <를 알맞게 써넣으세요.

$\frac{2}{5}$ 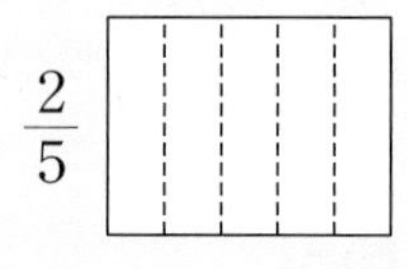 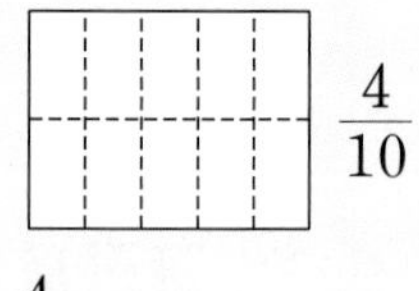 $\frac{4}{10}$

$\frac{2}{5}$ ○ $\frac{4}{10}$

7 그림을 보고 □ 안에 알맞은 수를 써넣으세요.

16의 $\frac{1}{8}$  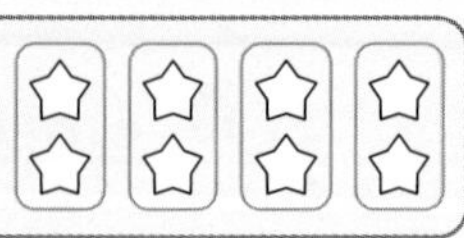

16의 $\frac{2}{16}$ 

$\frac{1}{8}=\frac{\square}{16}$ 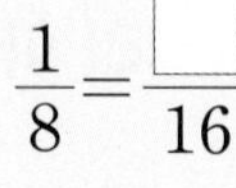

3 $\frac{1}{3}$, $\frac{2}{6}$, $\frac{4}{12}$의 크기를 비교하려고 합니다. 물음에 답하세요.

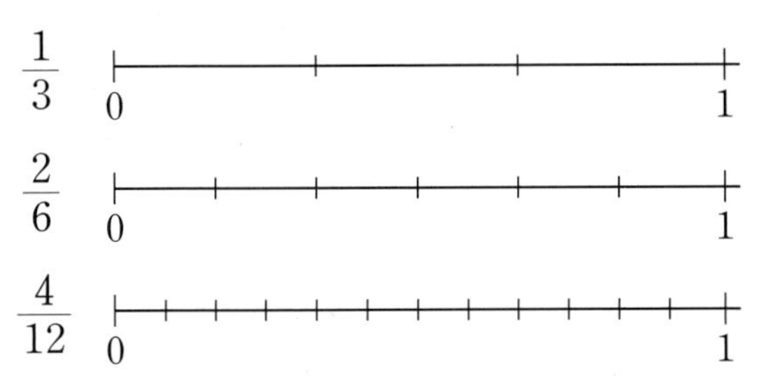

(1) 분수만큼 각각 수직선에 나타내 보세요.

(2) 세 분수 $\frac{1}{3}$, $\frac{2}{6}$, $\frac{4}{12}$의 크기는 같을까요, 다를까요?

( )

4 세 분수는 크기가 같은 분수입니다. □ 안에 알맞은 수를 써넣고, 분수만큼 색칠해 보세요.

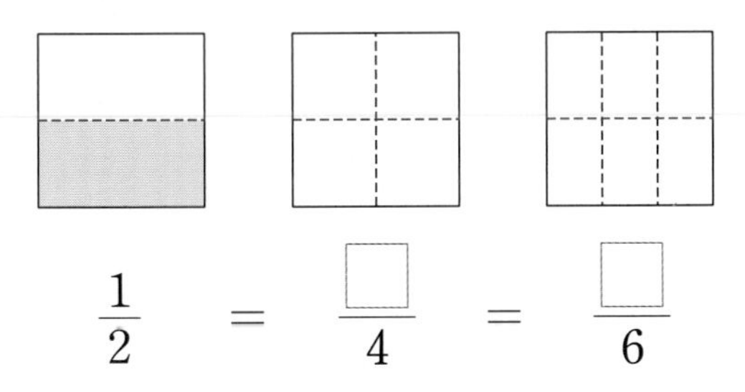

$\frac{1}{2}$ = $\frac{\square}{4}$ = $\frac{\square}{6}$

5 오른쪽에서 $\frac{3}{5}$과 크기가 같은 분수를 찾아 쓰세요.

$\frac{6}{8}$, $\frac{6}{10}$

(1) $\frac{6}{8}$, $\frac{6}{10}$만큼 각각 그림에 색칠해 보세요.

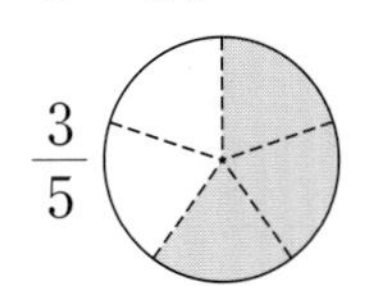

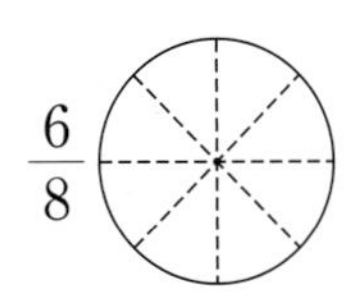

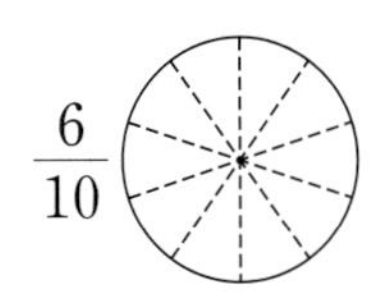

(2) $\frac{3}{5}$과 크기가 같은 분수를 찾아 쓰세요.

( )

8 $\frac{1}{5}$, $\frac{2}{10}$, $\frac{3}{15}$의 크기를 비교하려고 합니다. 물음에 답하세요.

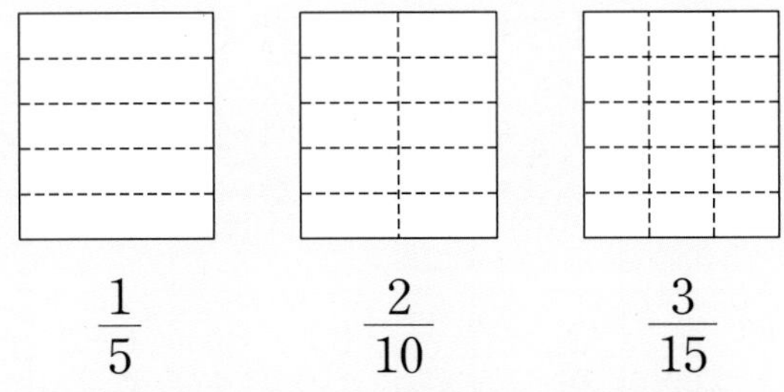

$\frac{1}{5}$ $\frac{2}{10}$ $\frac{3}{15}$

(1) 분수만큼 아래부터 각각 색칠해 보세요.

(2) 그림을 보고 알맞은 말에 ○표 하세요.

$\frac{1}{5}$, $\frac{2}{10}$, $\frac{3}{15}$의 크기는
(같습니다 , 다릅니다).

9 세 분수는 크기가 같은 분수입니다. □ 안에 알맞은 수를 써넣고, 분수만큼 색칠해 보세요.

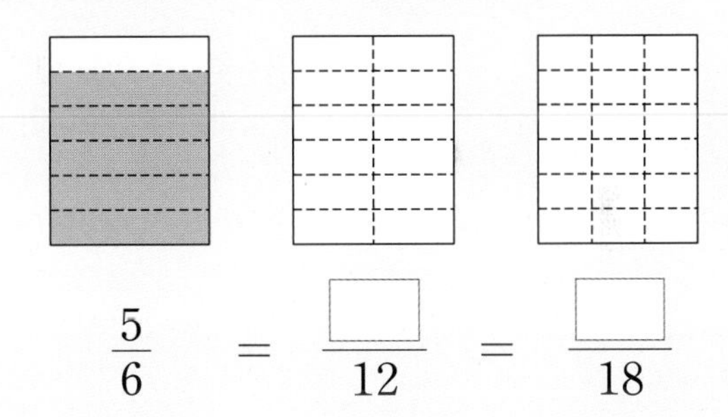

$\frac{5}{6}$ = $\frac{\square}{12}$ = $\frac{\square}{18}$

서술형 下수

10 $\frac{2}{4}$와 크기가 같은 분수를 찾아 쓰세요.

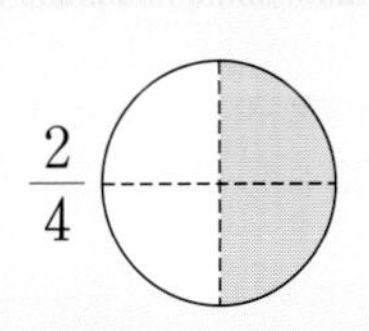

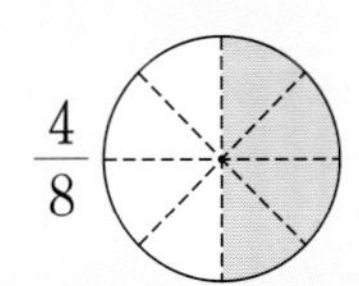

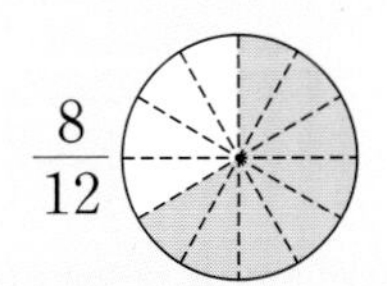

풀이

색칠된 부분의 크기를 비교해 보면 $\frac{2}{4}$와 □의 크기가 같습니다.

답 

4 약분과 통분

1단계 교과서 바로 알기

핵심 개념 크기가 같은 분수 만들기

1. 곱셈을 이용하여 크기가 같은 분수 만들기

예 $\frac{2}{3}$와 크기가 같은 분수 만들기

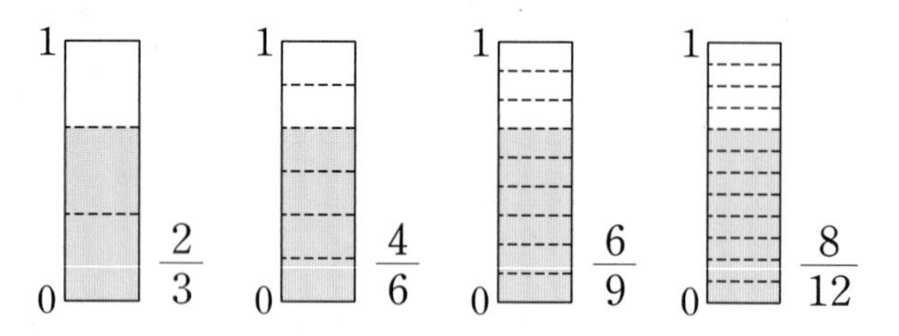

$$\frac{2}{3}=\frac{2\times2}{3\times2}=\frac{2\times3}{3\times3}=\frac{2\times❶\square}{3\times4}$$

분모와 분자에 각각 0이 아닌 같은 수를 곱하면 크기가 같은 분수가 됩니다.

$$\frac{2}{3}=\frac{4}{6}=\frac{6}{9}=\frac{8}{12}$$

(×2, ×3, ×4)

크기가 같은 분수를 만들 때 0이 아닌 수를 곱하거나 나누어야 해.

2. 나눗셈을 이용하여 크기가 같은 분수 만들기

예 $\frac{6}{18}$과 크기가 같은 분수 만들기

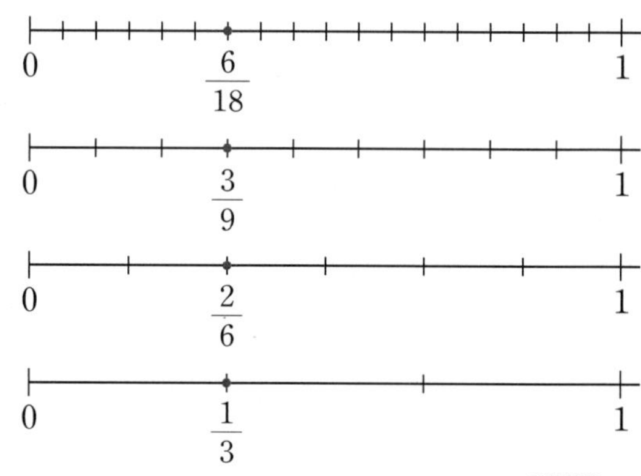

$$\frac{6}{18}=\frac{6\div2}{18\div2}=\frac{6\div3}{18\div3}=\frac{6\div❷\square}{18\div6}$$

분모와 분자를 각각 0이 아닌 같은 수로 나누면 크기가 같은 분수가 됩니다.

$$\frac{6}{18}=\frac{3}{9}=\frac{2}{6}=\frac{1}{3}$$

(÷2, ÷3, ÷6)

정답 확인 | ❶ 4 ❷ 6

확인 문제 1~6번 문제를 풀면서 개념 익히기!

[1~2] $\frac{3}{4}$과 크기가 같은 분수를 만들어 보세요.

1 분수만큼 색칠하고, 분수로 나타내 보세요.

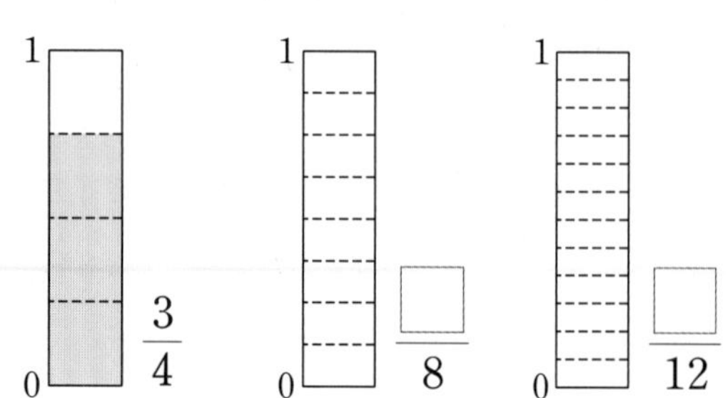

2 위 **1**의 그림을 보고 □ 안에 알맞은 수를 써넣으세요.

$$\frac{3}{4}=\frac{3\times\square}{4\times2}=\frac{\square}{8},\ \frac{3}{4}=\frac{3\times\square}{4\times3}=\frac{\square}{12}$$

한번 더! 확인 7~12번 유사문제를 풀면서 **개념 다지기!**

[7~8] $\frac{4}{5}$와 크기가 같은 분수를 만들어 보세요.

7 분수만큼 색칠하고, 분수로 나타내 보세요.

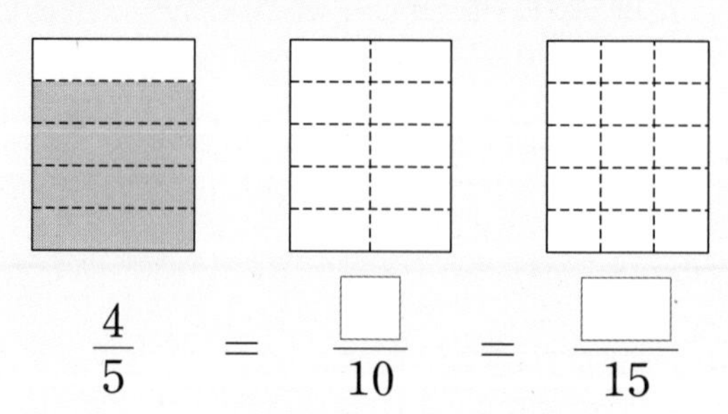

8 위 **7**의 그림을 보고 □ 안에 알맞은 수를 써넣으세요.

$$\frac{4}{5}=\frac{4\times\square}{5\times2}=\frac{\square}{10},\ \frac{4}{5}=\frac{4\times\square}{5\times3}=\frac{\square}{15}$$

3 수직선을 보고 크기가 같은 분수가 되도록 □ 안에 알맞은 수를 써넣으세요.

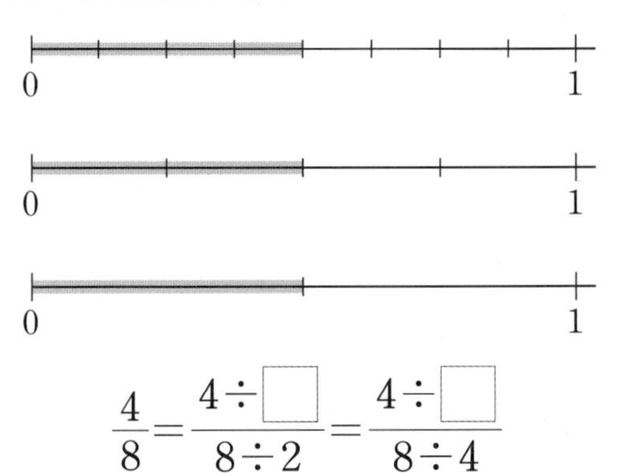

$$\frac{4}{8}=\frac{4\div\square}{8\div2}=\frac{4\div\square}{8\div4}$$

4 $\frac{2}{5}$와 크기가 같은 분수를 만들려고 합니다. 바르게 만든 것을 찾아 기호를 쓰세요.

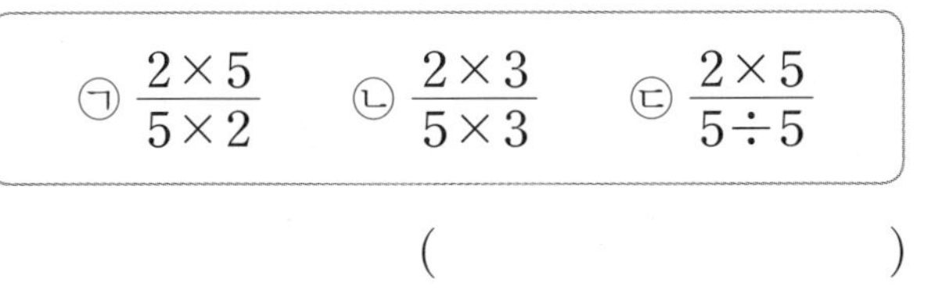

㉠ $\frac{2\times5}{5\times2}$	㉡ $\frac{2\times3}{5\times3}$	㉢ $\frac{2\times5}{5\div5}$

(　　　　　　)

5 □ 안에 알맞은 수를 써넣어 크기가 같은 분수를 만들어 보세요.

$$\frac{4}{7}=\frac{\square}{14}=\frac{12}{\square}=\frac{\square}{28}$$

6 $\frac{1}{3}$과 크기가 같은 분수를 2개 만들어 보세요.

(1) $\frac{1}{3}$의 분모와 분자에 각각 0이 아닌 같은 수를 곱해 보세요.

• $\frac{1\times\square}{3\times\square}=\frac{\square}{\square}$　• $\frac{1\times\square}{3\times\square}=\frac{\square}{\square}$

(2) 위 (1)을 보고 $\frac{1}{3}$과 크기가 같은 분수를 2개 쓰세요.

(　　　　　　)

9 그림을 보고 크기가 같은 분수가 되도록 □ 안에 알맞은 수를 써넣으세요.

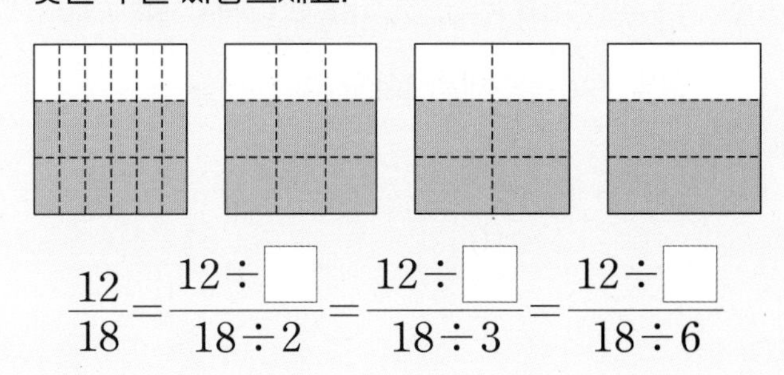

$$\frac{12}{18}=\frac{12\div\square}{18\div2}=\frac{12\div\square}{18\div3}=\frac{12\div\square}{18\div6}$$

10 $\frac{3}{4}$과 크기가 같은 분수를 잘못 만든 사람을 찾아 ×표 하세요.

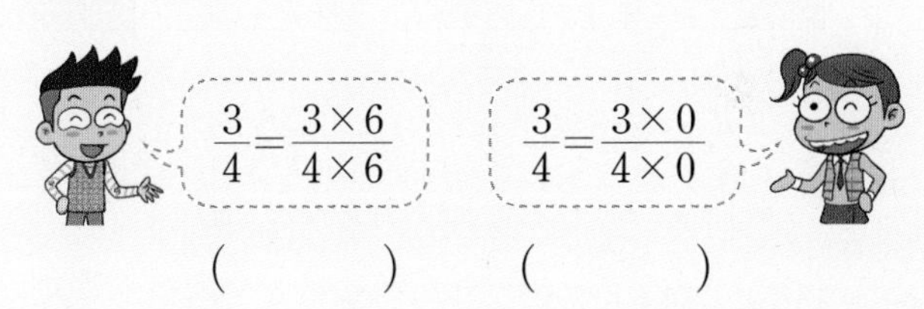

(　　)　(　　)

11 □ 안에 알맞은 수를 써넣어 크기가 같은 분수를 만들어 보세요.

$$\frac{18}{24}=\frac{\square}{12}=\frac{6}{\square}=\frac{\square}{4}$$

12 $\frac{12}{20}$와 크기가 같은 분수를 2개 만들어 보세요.

풀이

분모와 분자를 각각 0이 아닌 같은 수로 나누기:

• $\frac{12\div\square}{20\div\square}=\frac{\square}{\square}$　• $\frac{12\div\square}{20\div\square}=\frac{\square}{\square}$

→ $\frac{12}{20}$와 크기가 같은 분수 2개는 □, □ 입니다.

답 ____________

4 약분과 통분

2단계 익힘책 바로 풀기

1 $\frac{10}{12}$과 크기가 같은 분수를 만들려고 합니다. □ 안에 알맞은 수를 써넣으세요.

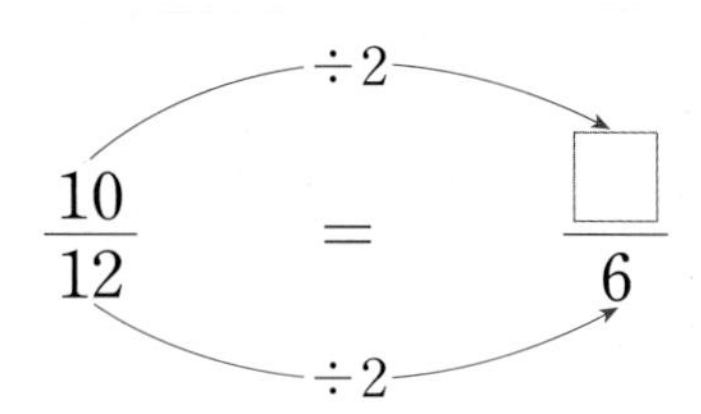

2 그림을 보고 □ 안에 알맞은 수를 써넣으세요.

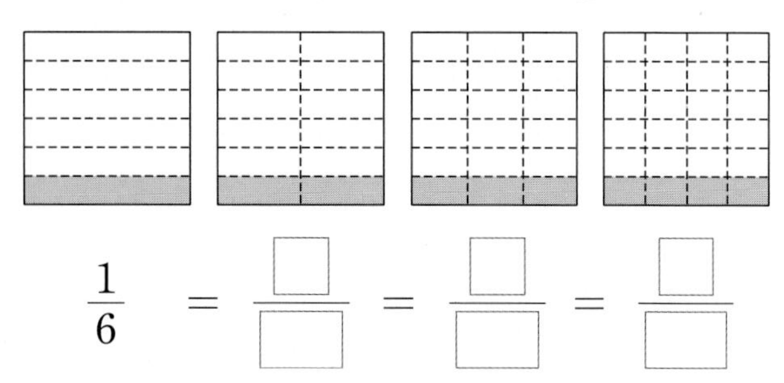

$\frac{1}{6} = \frac{□}{□} = \frac{□}{□} = \frac{□}{□}$

3 분수만큼 수직선에 나타내고, 크기가 같은 분수를 □ 안에 써넣으세요.

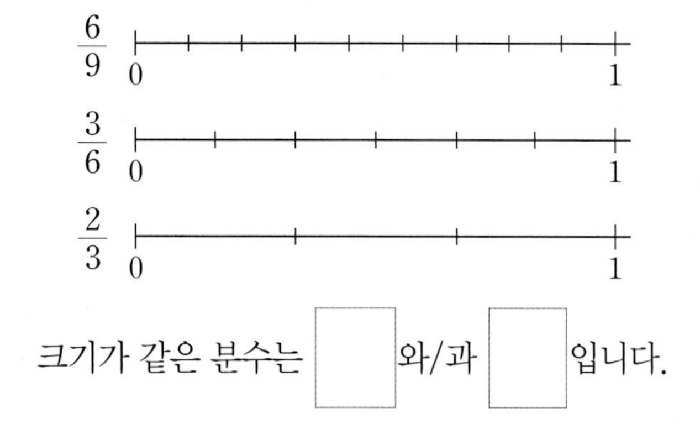

크기가 같은 분수는 □ 와/과 □ 입니다.

4 $\frac{14}{36}$와 크기가 같은 분수를 만들려고 합니다. 잘못 만든 것을 찾아 기호를 쓰세요.

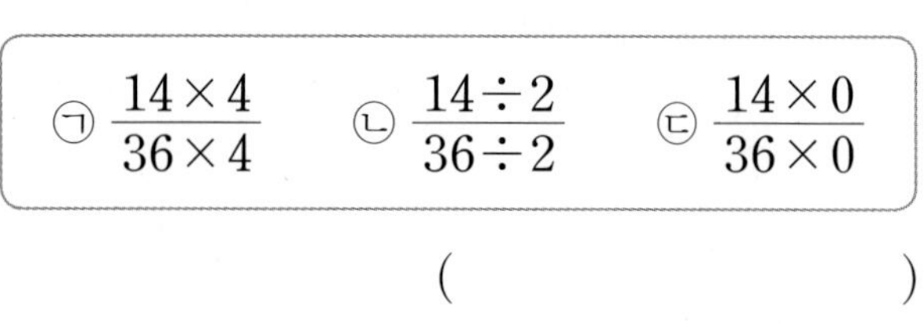

㉠ $\frac{14\times4}{36\times4}$ ㉡ $\frac{14\div2}{36\div2}$ ㉢ $\frac{14\times0}{36\times0}$

(　　　　　　)

5 □ 안에 알맞은 수를 써넣으세요.

(1) $\frac{3}{8} = \frac{15}{□}$　(2) $\frac{30}{54} = \frac{□}{9}$

6 주어진 방법을 이용하여 크기가 같은 분수를 3개씩 만들어 보세요.

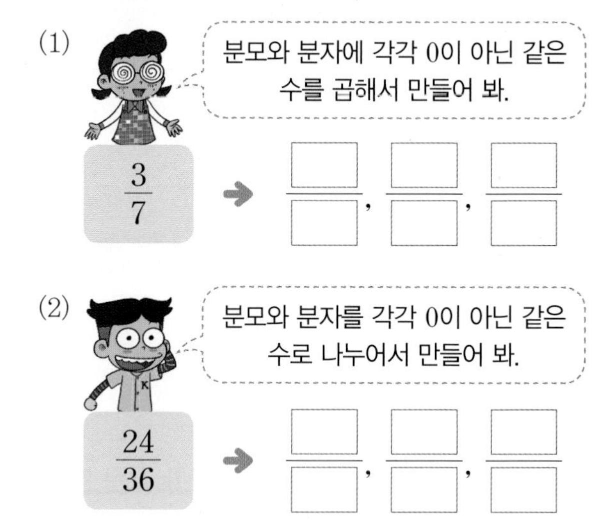

(1) $\frac{3}{7}$ → $\frac{□}{□}$, $\frac{□}{□}$, $\frac{□}{□}$

(2) $\frac{24}{36}$ → $\frac{□}{□}$, $\frac{□}{□}$, $\frac{□}{□}$

7 분수만큼 그림에 색칠하여 나타내고, 바르게 설명한 것을 찾아 기호를 쓰세요.

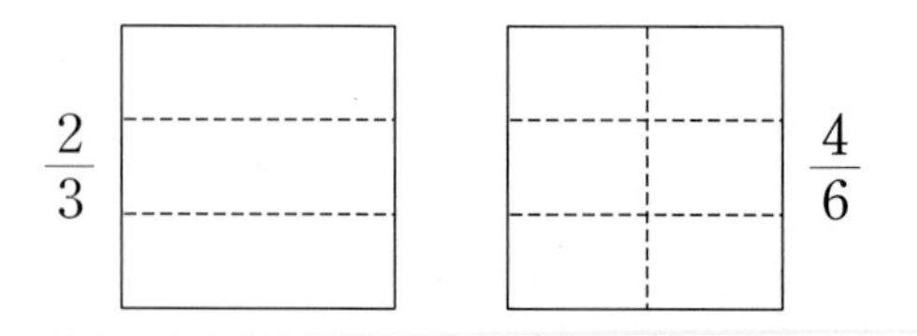

$\frac{2}{3}$　　$\frac{4}{6}$

㉠ $\frac{2}{3}$가 $\frac{4}{6}$보다 크기가 큽니다.
㉡ $\frac{2}{3}$와 $\frac{4}{6}$는 크기가 같습니다.
㉢ $\frac{2}{3}$가 $\frac{4}{6}$보다 크기가 작습니다.

(　　　　　　)

8 크기가 같은 분수에 대해 잘못 말한 사람은 누구인가요?

균성: 분모와 분자에 어떤 수든지 각각 같은 수를 곱하면 크기가 같은 분수를 만들 수 있어.

민혁: $\frac{6}{21}$과 $\frac{2}{7}$는 크기가 같아. $\frac{6}{21}$의 분모와 분자를 각각 3으로 나누어 보면 알아.

( )

9 모양과 크기가 같은 컵에 음료가 담겨 있습니다. 그림을 보고 같은 양이 담긴 음료를 찾아 쓰세요.

(,)

10 세 분수는 크기가 같은 분수입니다. □ 안에 알맞은 분수를 써넣고, 분수만큼 색칠해 보세요.

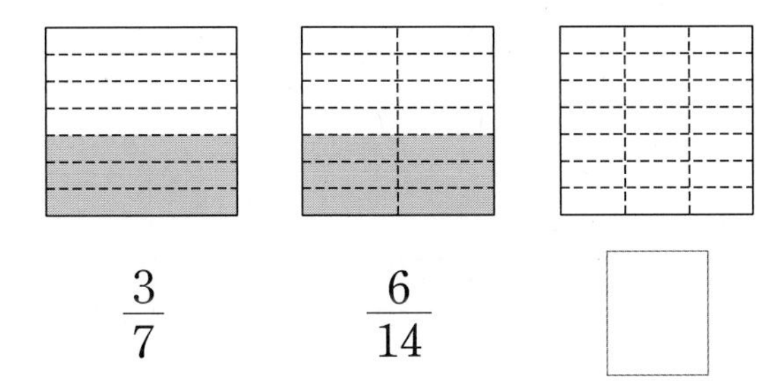

$\frac{3}{7}$ $\frac{6}{14}$ □

11 크기가 같은 분수를 찾아 이어 보세요.

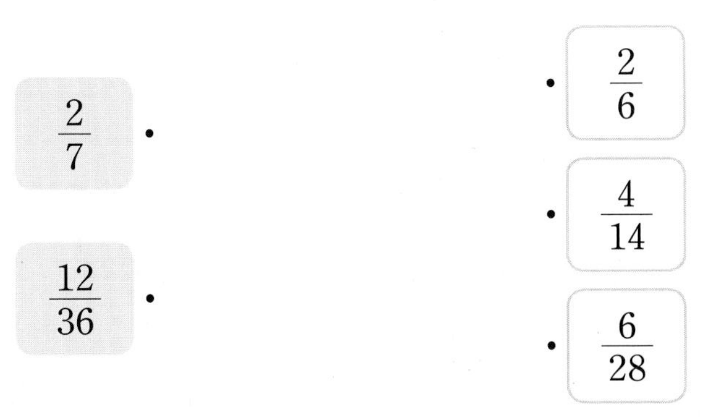

12 그림을 보고 □ 안에 알맞은 분수를 써넣으세요.

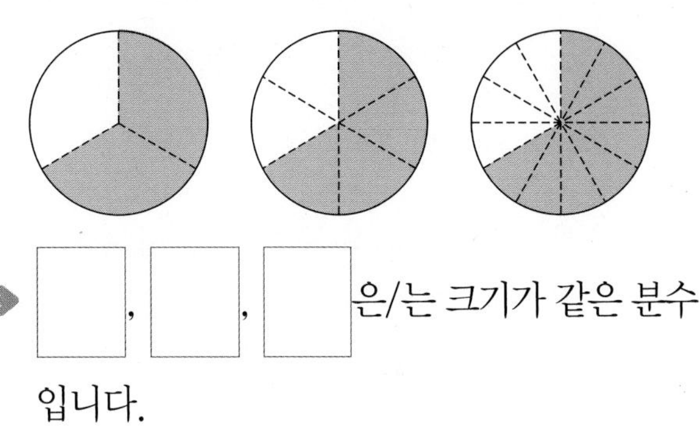

➔ □, □, □은/는 크기가 같은 분수입니다.

13 $\frac{2}{5}$와 크기가 같은 분수 중에서 분모와 분자의 합이 20보다 크고 30보다 작은 분수를 모두 쓰세요.

( )

서술형 中수 문제 해결의 전략을 보면서 풀어 보자.

14 크기가 같은 피자를 서준이는 $\frac{1}{4}$만큼 먹었고 은우는 12조각으로 똑같이 나누었습니다. 은우가 서준이와 같은 양을 먹으려면 몇 조각을 먹어야 하는지 구하세요.

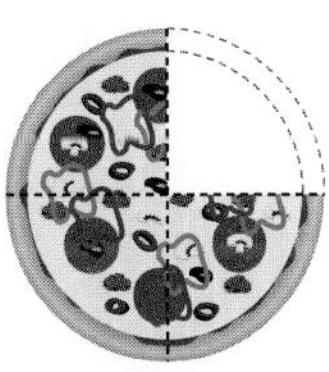
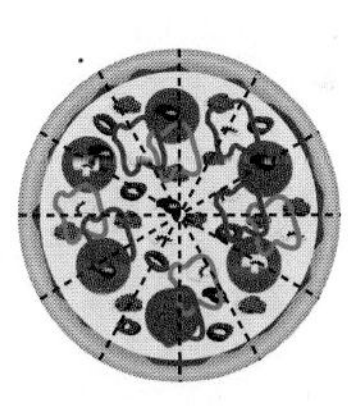

전략 $\frac{1}{4}$과 크기가 같은 분수 중 분모가 12인 분수를 만들자.

❶ 분모가 12인 분수 만들기:

$$\frac{1}{4}=\frac{1\times\square}{4\times\square}=\frac{\square}{\square}$$

❷ 피자를 $\frac{\square}{\square}$만큼 먹어야 하므로 □ 조각 중에서 □조각을 먹어야 합니다.

답

BOOK❷ 30~31쪽

1단계 교과서 바로 알기

핵심 개념 약분

1. 약분 알아보기

분모와 분자를 공약수로 나누어 간단한 분수로 만드는 것을 **약분**한다고 합니다.

예 $\frac{8}{20}$을 약분하기

(1) 분모와 분자를 공약수 2로 나눕니다.

$\frac{8}{20}=\frac{8\div2}{20\div2}=\frac{4}{10}$ ➔ $\frac{\cancel{8}^{4}}{\cancel{20}_{10}}=\frac{4}{10}$ (공약수 2로 나눈 결과)

(2) 분모와 분자를 공약수 4로 나눕니다.

$\frac{8}{20}=\frac{8\div4}{20\div4}=\frac{2}{5}$ ➔ $\frac{\cancel{8}^{2}}{\cancel{20}_{5}}=\frac{❶}{5}$ (공약수 4로 나눈 결과)

2. 기약분수 알아보기

분모와 분자의 공약수가 1뿐인 분수를 **기약분수**라고 합니다.

예 $\frac{18}{27}$을 기약분수로 나타내기

(1) 공약수를 이용하여 나타내기

$\frac{\cancel{18}^{6}}{\cancel{27}_{9}}=\frac{\cancel{6}^{2}}{\cancel{9}_{3}}=\frac{2}{3}$ (기약분수)

(2) 최대공약수를 이용하여 나타내기

18과 27의 최대공약수: ❷

$\frac{18}{27}=\frac{18\div9}{27\div9}=\frac{2}{3}$ ➔ $\frac{\cancel{18}^{2}}{\cancel{27}_{3}}=\frac{2}{3}$ (기약분수)

정답 확인 | ❶ 2 ❷ 9

확인 문제 1~6번 문제를 풀면서 개념 익히기!

1 $\frac{16}{24}$을 약분하고 가장 간단한 분수에 ○표 하세요.

$\frac{16}{24}=\frac{16\div\square}{24\div2}=\frac{\square}{\square}$ (　　)

$\frac{16}{24}=\frac{16\div\square}{24\div4}=\frac{\square}{\square}$ (　　)

$\frac{16}{24}=\frac{16\div\square}{24\div8}=\frac{\square}{\square}$ (　　)

2 $\frac{1}{6}$, $\frac{2}{5}$와 같이 분모와 분자의 공약수가 1뿐인 분수를 무엇이라고 하나요?

(　　　　　　)

한번 더! 확인 7~12번 유사문제를 풀면서 개념 다지기!

7 $\frac{12}{30}$를 약분하고, 가장 간단한 분수에 ○표 하세요.

$\frac{12}{30}=\frac{12\div\square}{30\div2}=\frac{\square}{\square}$ (　　)

$\frac{12}{30}=\frac{12\div\square}{30\div3}=\frac{\square}{\square}$ (　　)

$\frac{12}{30}=\frac{12\div\square}{30\div6}=\frac{\square}{\square}$ (　　)

8 주어진 분수가 기약분수이면 ○표, 아니면 ×표 하세요.

(1) $\frac{5}{9}$ (　　)

(2) $\frac{2}{8}$ (　　)

3 분수를 약분해 보세요.

(1) $\dfrac{10}{25}=\dfrac{2}{\square}$ (2) $\dfrac{16}{64}=\dfrac{\square}{16}$

4 분수를 기약분수로 나타내려고 합니다. □ 안에 알맞은 수를 써넣으세요.

(1) $\dfrac{21}{49}=\dfrac{21\div\square}{49\div\square}=\dfrac{\square}{\square}$

(2) $\dfrac{27}{30}=\dfrac{27\div\square}{30\div\square}=\dfrac{\square}{\square}$

5 기약분수를 찾아 기호를 쓰세요.

㉠ $\dfrac{6}{8}$	㉡ $\dfrac{4}{7}$	㉢ $\dfrac{10}{15}$

(　　　　　　)

6 $\dfrac{20}{30}$을 약분하려고 합니다. 다음에서 분모와 분자를 나눌 수 있는 수를 찾아 쓰세요.

4	5	6

(1) 약분할 때 분모와 분자를 나눌 수 있는 수는 (공약수 , 공배수)입니다.

(2) 주어진 수 중에서 $\dfrac{20}{30}$의 분모와 분자를 나눌 수 있는 수를 찾아 쓰세요.

(　　　　　　)

9 현서가 말한 분수를 약분해 보세요.

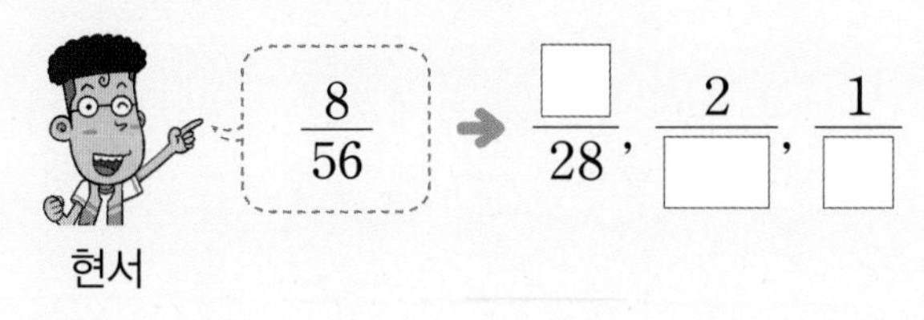

10 분수를 기약분수로 나타내어 선을 따라간 빈칸에 써넣으세요.

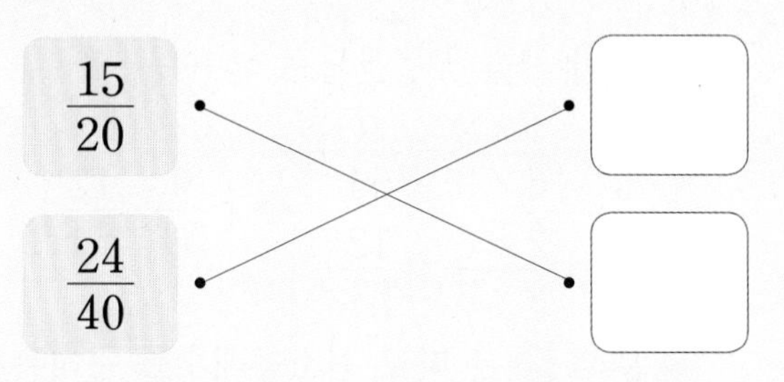

11 기약분수가 아닌 것을 찾아 쓰세요.

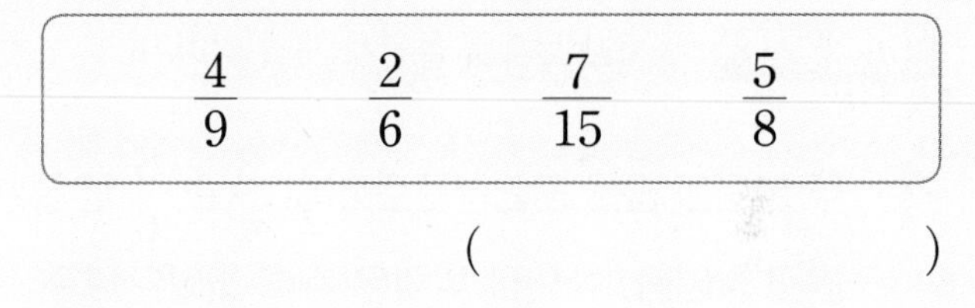

(　　　　　　)

서술형 下수

12 $\dfrac{40}{48}$을 약분하려고 합니다. 다음에서 분모와 분자를 나눌 수 있는 수를 찾아 쓰세요.

3	6	8

풀이

40과 48의 공약수를 모두 구하면

________________입니다.

따라서 주어진 수 중에서 $\dfrac{40}{48}$의 분모와 분자를 나눌 수 있는 수를 찾아 쓰면 □입니다.

답 

핵심 개념 통분

분수의 분모를 같게 하는 것을 **통분**한다고 하고, 통분한 분모를 **공통분모**라고 합니다.

예 $\frac{1}{6}$과 $\frac{2}{9}$를 통분하기

방법 1 두 분모의 곱을 공통분모로 하여 통분하기

① 두 분모의 곱을 구합니다.

6과 9의 곱: ❶ □

② 구한 곱을 공통분모로 하여 통분합니다.

$\frac{1}{6}=\frac{1\times9}{6\times9}=\frac{9}{54}$, $\frac{2}{9}=\frac{2\times6}{9\times6}=\frac{12}{54}$ → $\left(\frac{9}{54}, \frac{12}{54}\right)$

→ **방법 1**은 따로 최소공배수를 구하는 과정을 거칠 필요가 없어서 간단하지만 분모가 클수록 수가 복잡해집니다.

방법 2 두 분모의 최소공배수를 공통분모로 하여 통분하기

① 두 분모의 최소공배수를 구합니다.

6과 9의 최소공배수: ❷ □

② 구한 최소공배수를 공통분모로 하여 통분합니다.

$\frac{1}{6}=\frac{1\times3}{6\times3}=\frac{3}{18}$, $\frac{2}{9}=\frac{2\times2}{9\times2}=\frac{4}{18}$ → $\left(\frac{3}{18}, \frac{4}{18}\right)$

→ **방법 2**는 최소공배수를 구하는 과정을 더 거쳐야 해서 번거롭게 느껴질 수도 있지만 분모가 큰 경우 복잡한 곱셈을 줄여 줍니다.

분모가 작을 때는 두 분모의 곱을 공통분모로 하고, 분모가 클 때는 두 분모의 최소공배수를 공통분모로 하여 통분하는 것이 편리해.

정답 확인 | ❶ 54 ❷ 18

확인 문제 1~6번 문제를 풀면서 개념 익히기!

1 두 분모의 곱을 공통분모로 하여 $\frac{3}{4}$과 $\frac{5}{6}$를 통분하려고 합니다. □ 안에 알맞은 수를 써넣으세요.

$\frac{3}{4}=\frac{3\times6}{4\times6}=\frac{\square}{24}$, $\frac{5}{6}=\frac{5\times\square}{6\times4}=\frac{\square}{24}$ → $\left(\frac{\square}{24}, \frac{\square}{24}\right)$

2 두 분모의 최소공배수를 공통분모로 하여 $\frac{1}{6}$과 $\frac{7}{15}$을 통분하려고 합니다. □ 안에 알맞은 수를 써넣으세요.

$\frac{1}{6}=\frac{1\times\square}{6\times5}=\frac{\square}{30}$, $\frac{7}{15}=\frac{7\times\square}{15\times2}=\frac{\square}{30}$ → $\left(\frac{\square}{30}, \frac{\square}{30}\right)$

한번 더! 확인 7~12번 유사문제를 풀면서 **개념 다지기!**

7 두 분모의 곱을 공통분모로 하여 $\frac{5}{8}$와 $\frac{7}{12}$을 통분하려고 합니다. □ 안에 알맞은 수를 써넣으세요.

$\frac{5}{8}=\frac{5\times12}{8\times12}=\frac{\square}{96}$, $\frac{7}{12}=\frac{7\times\square}{12\times8}=\frac{\square}{96}$ → $\left(\frac{\square}{96}, \frac{\square}{96}\right)$

8 두 분모의 최소공배수를 공통분모로 하여 $\frac{5}{12}$와 $\frac{5}{18}$를 통분하려고 합니다. □ 안에 알맞은 수를 써넣으세요.

$\frac{5}{12}=\frac{5\times\square}{12\times3}=\frac{\square}{36}$, $\frac{5}{18}=\frac{5\times2}{18\times\square}=\frac{10}{\square}$ → $\left(\frac{\square}{36}, \frac{10}{\square}\right)$

3 $\frac{7}{9}$과 $\frac{2}{15}$를 통분하려고 합니다. 공통분모가 될 수 있는 수 중에서 가장 작은 수를 쓰세요.

(　　　　　　　)

4 $\left(\frac{3}{4}, \frac{7}{10}\right)$을 두 분모의 곱을 공통분모로 하여 바르게 통분한 것에 ○표 하세요.

$\left(\frac{12}{20}, \frac{14}{20}\right)$　　　$\left(\frac{30}{40}, \frac{28}{40}\right)$

(　　)　　　(　　)

5 두 분모의 최소공배수를 공통분모로 하여 통분해 보세요.

$\left(\frac{5}{16}, \frac{9}{40}\right)$ → (　　　　,　　　　)

6 티셔츠와 바지의 무게를 두 분모의 최소공배수를 공통분모로 하여 통분해 보세요.

티셔츠의 무게	바지의 무게
$\frac{2}{5}$ kg	$\frac{7}{15}$ kg

(1) 두 분모의 최소공배수를 구하세요.

(　　　　　　　)

(2) 티셔츠와 바지의 무게를 두 분모의 최소공배수를 공통분모로 하여 통분해 보세요.

꼭 단위까지 따라 쓰세요.

티셔츠 (　　　　kg　)

바지 (　　　　kg　)

9 $\frac{3}{10}$과 $\frac{13}{20}$을 통분하려고 합니다. 공통분모가 될 수 있는 수 중에서 가장 작은 수를 쓰세요.

(　　　　　　　)

10 두 분모의 곱을 공통분모로 하여 통분해 보세요.

$\left(\frac{4}{7}, \frac{7}{12}\right)$ → (　　　　,　　　　)

11 두 분모의 최소공배수를 공통분모로 하여 통분해 보세요.

$\left(\frac{4}{9}, \frac{11}{21}\right)$ → (　　　　,　　　　)

서술형 下수

12 민희와 재준이가 먹은 케이크의 양입니다. 두 사람이 먹은 케이크의 양을 두 분모의 곱을 공통분모로 하여 통분해 보세요.

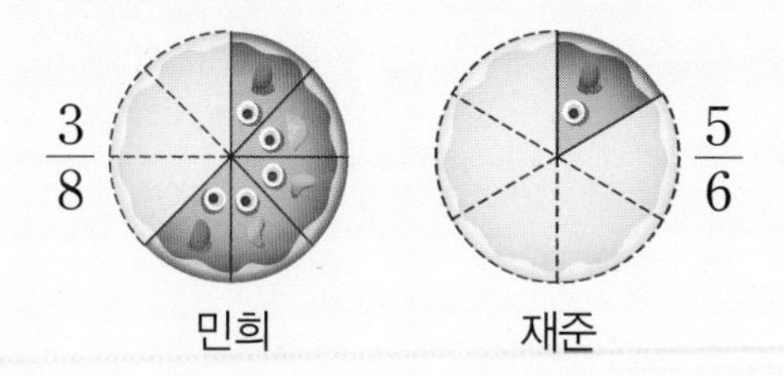

풀이

8과 6의 곱: □

→ 민희: $\frac{3}{8} = \frac{3\times\square}{8\times\square} = \frac{\square}{\square}$

재준: $\frac{5}{6} = \frac{5\times\square}{6\times\square} = \frac{\square}{\square}$

답 민희: ________, 재준: ________

4 약분과 통분

1 분수를 기약분수로 나타내려고 합니다. □ 안에 알맞은 수를 써넣으세요.

$$\frac{27}{36}=\frac{27\div\square}{36\div\square}=\frac{\square}{\square}$$

2 $\frac{7}{8}$과 $\frac{1}{12}$을 통분하고 공통분모를 알아보려고 합니다. □ 안에 알맞은 수를 써넣으세요.

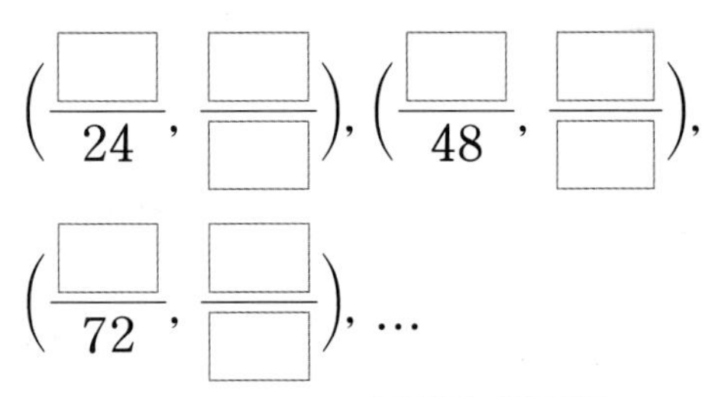

$$\left(\frac{\square}{24}, \frac{\square}{\square}\right), \left(\frac{\square}{48}, \frac{\square}{\square}\right),$$
$$\left(\frac{\square}{72}, \frac{\square}{\square}\right), \dots$$

➔ 이때 공통분모는 24, □, □, ...입니다.

3 $\frac{30}{45}$을 약분하려고 합니다. 1을 제외하고 분모와 분자를 나눌 수 있는 수를 모두 쓰세요.

(　　　　　　　　)

4 약분한 분수를 3개씩 쓰세요.

(1) $\frac{20}{50}$ ➔ (　　　　　　　　)

(2) $\frac{16}{48}$ ➔ (　　　　　　　　)

5 기약분수를 모두 찾아 ○표 하세요.

$\frac{5}{10}$　　$\frac{4}{9}$　　$\frac{14}{36}$　　$\frac{17}{25}$

6 두 분수를 통분한 것을 찾아 이어 보세요.

$\left(\frac{8}{9}, \frac{1}{3}\right)$ •　　　　• $\left(\frac{24}{27}, \frac{9}{27}\right)$

　　　　　　　　　• $\left(\frac{7}{28}, \frac{2}{28}\right)$

$\left(\frac{3}{4}, \frac{5}{14}\right)$ •　　　　• $\left(\frac{42}{56}, \frac{20}{56}\right)$

7 $\frac{5}{8}$와 $\frac{11}{20}$을 두 가지 방법으로 통분해 보세요.

두 분모의 곱을 공통분모로 하여 통분해 봐.

$\left(\frac{5}{8}, \frac{11}{20}\right)$ ➔ (　　　　,　　　　)

두 분모의 최소공배수를 공통분모로 하여 통분해 봐.

$\left(\frac{5}{8}, \frac{11}{20}\right)$ ➔ (　　　　,　　　　)

8 기약분수로 나타냈을 때 $\frac{4}{5}$가 되는 진분수를 3개 쓰세요. (단, $\frac{4}{5}$는 제외합니다.)

( )

9 호윤이는 매일 $\frac{15}{20}$ L씩 물을 마십니다. 호윤이가 매일 마시는 물은 몇 L인지 기약분수로 나타내 보세요.

( )

10 □ 안에 알맞은 수를 구하세요.

$\left(\frac{2}{\square}, \frac{4}{15}\right)$를 통분하면 $\left(\frac{10}{45}, \frac{12}{45}\right)$입니다.

( )

11 진분수 $\frac{\square}{8}$가 기약분수라고 할 때, □ 안에 들어갈 수 있는 수를 모두 쓰세요.

( )

12 두 분수를 통분하려고 합니다. 공통분모가 될 수 있는 수 중에서 100보다 작은 수를 모두 찾아 쓰세요.

$\left(\frac{5}{6}, \frac{4}{9}\right)$

( )

13 $\left(\frac{20}{40}, \frac{28}{40}\right)$은 어떤 두 분수를 통분한 것입니다. 통분하기 전 분수로 바른 것을 찾아 기호를 쓰세요.

㉠ $\left(\frac{1}{4}, \frac{7}{10}\right)$　㉡ $\left(\frac{4}{8}, \frac{3}{4}\right)$　㉢ $\left(\frac{1}{2}, \frac{14}{20}\right)$

( )

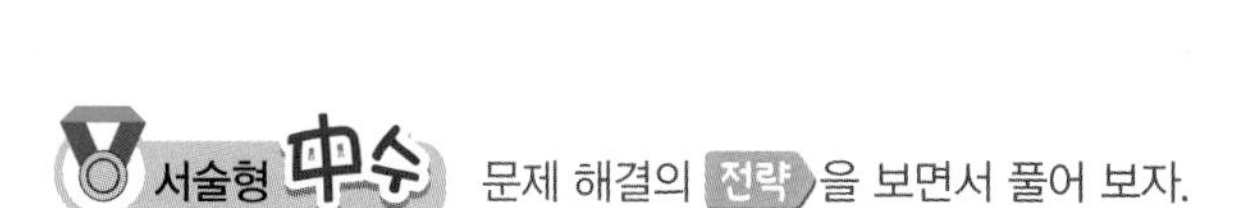

14 $\frac{5}{7}$와 $\frac{5}{6}$ 사이에 있는 분수 중에서 분모가 42인 분수를 모두 구하세요.

전략 $\frac{5}{7}$와 $\frac{5}{6}$를 두 분모의 곱으로 통분해 보자.

❶ 42를 공통분모로 하여 통분하기:

$\left(\frac{5}{7}, \frac{5}{6}\right) \rightarrow \left(\frac{\square}{42}, \frac{\square}{42}\right)$

❷ 위 ❶에서 통분한 두 분수 사이에 있는 분수 중에서 분모가 42인 분수:

답

4 약분과 통분

BOOK❷ 31~33쪽

단계 교과서 바로 알기

핵심 개념 두 분수의 크기 비교

예 $\frac{3}{4}$과 $\frac{5}{6}$의 크기 비교하기

방법 1 그림을 그려 비교하기

$\frac{3}{4}$ = $\frac{9}{12}$

$\frac{5}{6}$ = $\frac{10}{12}$

$\left(\frac{3}{4}, \frac{5}{6}\right) \rightarrow \left(\frac{9}{12}, \frac{10}{12}\right)$

$\rightarrow \frac{9}{12} < \frac{10}{12}$이므로 $\frac{3}{4}$ ❶ ◯ $\frac{5}{6}$입니다.

방법 2 분수를 통분하여 비교하기

분모가 다른 두 분수를 통분한 후 분자의 크기를 비교합니다.

(1) 두 분모의 곱을 공통분모로 하여 통분한 후 비교하기

$\left(\frac{3}{4}, \frac{5}{6}\right) \rightarrow \left(\frac{18}{24}, \frac{20}{24}\right) \rightarrow \frac{3}{4} < \frac{5}{6}$

(2) 두 분모의 최소공배수를 공통분모로 하여 통분한 후 비교하기

$\left(\frac{3}{4}, \frac{5}{6}\right) \rightarrow \left(\frac{9}{12}, \frac{❷\square}{12}\right) \rightarrow \frac{3}{4} < \frac{5}{6}$

두 분모의 곱 또는 최소공배수를 공통분모로 하여 통분한 후 크기를 비교해.

정답 확인 | ❶ < ❷ 10

확인 문제 1~5번 문제를 풀면서 개념 익히기!

1 그림을 보고 $\frac{3}{5}$과 $\frac{1}{2}$의 크기를 비교하여 빈 곳에 알맞게 써넣으세요.

$\frac{3}{5}$ =

$\frac{1}{2}$ =

$\left(\frac{3}{5}, \frac{1}{2}\right) \rightarrow \left(\frac{\square}{10}, \frac{\square}{10}\right) \rightarrow \frac{3}{5} \bigcirc \frac{1}{2}$

2 $\frac{1}{6}$과 $\frac{2}{9}$의 크기를 두 분모의 최소공배수를 공통분모로 하여 통분한 후 비교해 보세요.

$\left(\frac{1}{6}, \frac{2}{9}\right) \rightarrow \left(\frac{\square}{\square}, \frac{\square}{\square}\right) \rightarrow \frac{1}{6} \bigcirc \frac{2}{9}$

한번 더! 확인 6~10번 유사문제를 풀면서 **개념 다지기!**

6 분수만큼 색칠하고, $\frac{2}{3}$와 $\frac{3}{4}$의 크기를 비교하여 빈 곳에 알맞게 써넣으세요.

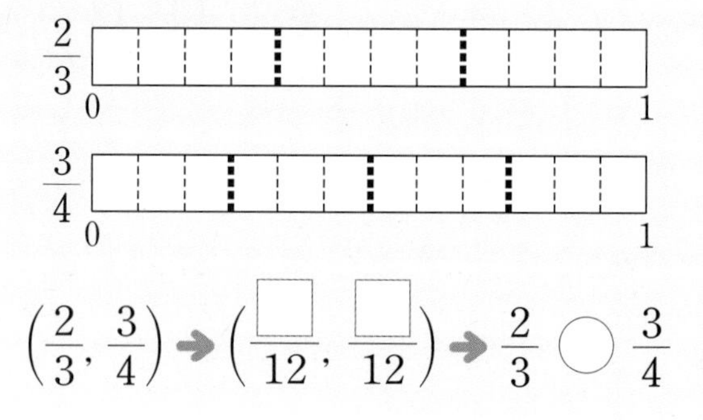

$\left(\frac{2}{3}, \frac{3}{4}\right) \rightarrow \left(\frac{\square}{12}, \frac{\square}{12}\right) \rightarrow \frac{2}{3} \bigcirc \frac{3}{4}$

7 $\frac{5}{8}$와 $\frac{4}{5}$의 크기를 두 분모의 곱을 공통분모로 하여 통분한 후 비교해 보세요.

$\left(\frac{5}{8}, \frac{4}{5}\right) \rightarrow \left(\frac{\square}{\square}, \frac{\square}{\square}\right) \rightarrow \frac{5}{8} \bigcirc \frac{4}{5}$

3 분수의 크기를 비교하여 ○ 안에 >, =, <를 알맞게 써넣으세요.

(1) $\frac{3}{11}$ ○ $\frac{4}{9}$

(2) $\frac{5}{8}$ ○ $\frac{11}{12}$

분모가 다른 두 분수의 크기를 비교하려면 통분을 해야 해.

4 두 분수의 크기를 비교하여 더 큰 분수를 위의 □ 안에 써넣으세요.

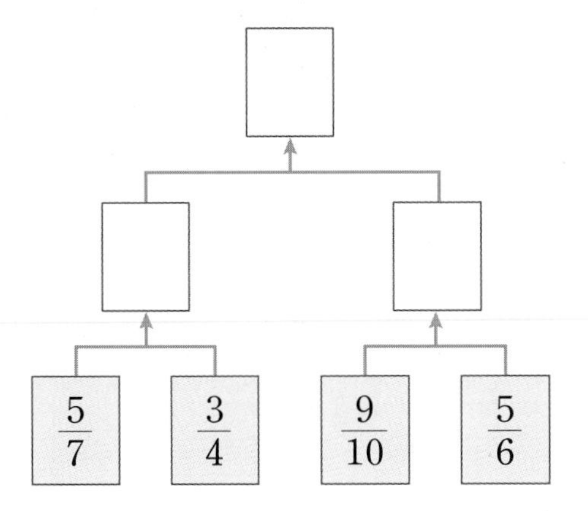

5 냉장고에 사과주스는 $\frac{5}{7}$ L, 포도주스는 $\frac{4}{5}$ L 있습니다. 사과주스와 포도주스 중에서 더 많은 것은 어느 것인가요?

(1) 두 분수를 통분해 보세요.

$\left(\frac{5}{7}, \frac{4}{5}\right)$ ➔ (　　　　,　　　　)

(2) 사과주스와 포도주스 중에서 더 많은 것은 어느 것인가요?

(　　　　　　　　)

8 더 큰 분수에 ○표 하세요.

(1)

(　　　) (　　　)

(2)

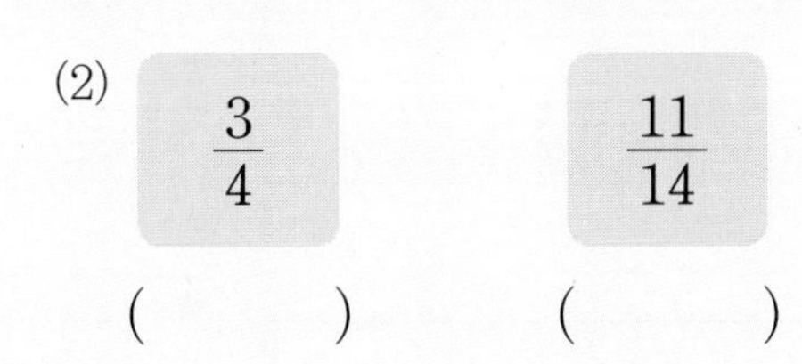

(　　　) (　　　)

9 두 분수의 크기를 비교하여 더 작은 분수를 위의 □ 안에 써넣으세요.

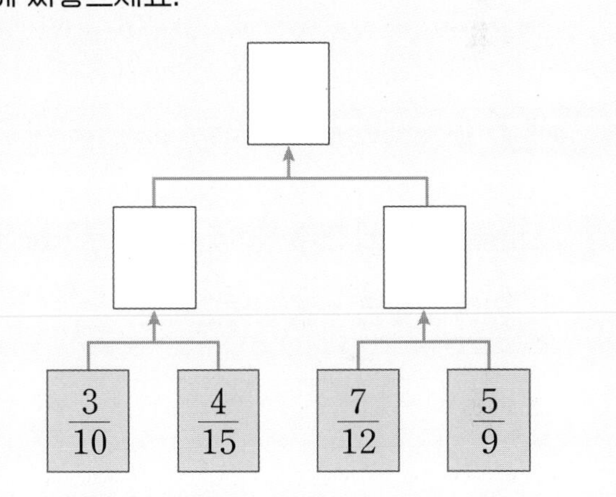

10 준하는 책을 어제는 $\frac{1}{2}$시간 동안, 오늘은 $\frac{2}{3}$시간 동안 읽었습니다. 어제와 오늘 중에서 책을 더 오래 읽은 날은 언제인가요?

풀이

두 분수를 통분하기: $\left(\frac{1}{2}, \frac{2}{3}\right) \rightarrow \left(\frac{3}{6}, \square\right)$

➔ $\frac{3}{6} <$ □ 이므로 책을 더 오래 읽은 날은 □ 입니다.

답 ____________

핵심 개념 세 분수의 크기 비교

예 $\frac{2}{3}$, $\frac{3}{5}$, $\frac{11}{15}$의 크기 비교하기

방법 1 그림을 이용하여 동시에 크기 비교하기

0 ~ 1 $\frac{2}{3}=\frac{10}{15}$

0 ~ 1 $\frac{3}{5}=\frac{9}{15}$

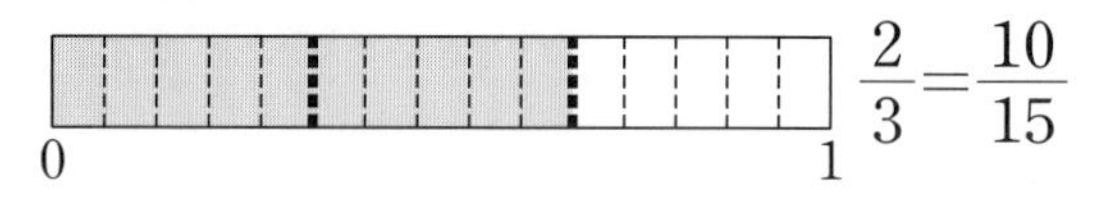

0 ~ 1 $\frac{❶}{15}$

분수 막대의 색칠한 부분의 길이를 동시에 비교하면 $\frac{11}{15}>\frac{2}{3}>\frac{3}{5}$입니다.

방법 2 두 분수끼리 통분하여 크기 비교하기

분모가 다른 세 분수를 두 분수끼리 통분하여 순서대로 크기를 비교합니다.

$\left(\frac{2}{3}, \frac{3}{5}\right) \to \left(\frac{10}{15}, \frac{9}{15}\right) \to \frac{2}{3}>\frac{3}{5}$

$\left(\frac{3}{5}, \frac{11}{15}\right) \to \left(\frac{9}{15}, \frac{11}{15}\right) \to \frac{3}{5}<\frac{11}{15}$

$\left(\frac{2}{3}, \frac{11}{15}\right) \to \left(\frac{10}{15}, \frac{11}{15}\right) \to \frac{2}{3}$ ❷ ○ $\frac{11}{15}$

➜ $\frac{11}{15}>\frac{2}{3}>\frac{3}{5}$

먼저 두 분수끼리 통분한 후 크기를 비교해 봐~.

정답 확인 | ❶ 11 ❷ <

확인 문제 1~5번 문제를 풀면서 개념 익히기!

1 그림을 보고 세 분수 $\frac{1}{2}$, $\frac{2}{3}$, $\frac{3}{4}$의 크기를 비교하여 □ 안에 알맞은 수를 써넣으세요.

$\frac{1}{2}$ 0 ~ 1 $\frac{□}{12}$

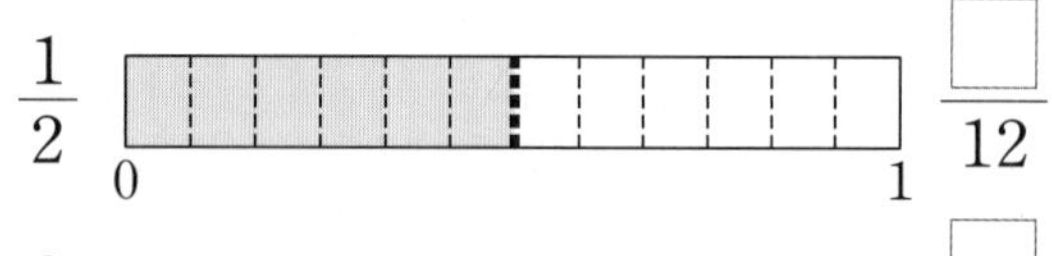

$\frac{2}{3}$ 0 ~ 1 $\frac{□}{12}$

$\frac{3}{4}$ 0 ~ 1 $\frac{□}{12}$

색칠한 부분의 길이를 비교하여 작은 분수부터 순서대로 쓰면 $\frac{1}{2}$, □, □입니다.

2 다음을 보고 가장 큰 분수에 ○표 하세요.

$\left(\frac{1}{3}, \frac{2}{5}\right) \to \left(\frac{5}{15}, \frac{6}{15}\right) \to \frac{1}{3}<\frac{2}{5}$

$\left(\frac{2}{5}, \frac{4}{9}\right) \to \left(\frac{18}{45}, \frac{20}{45}\right) \to \frac{2}{5}<\frac{4}{9}$

($\frac{1}{3}$, $\frac{2}{5}$, $\frac{4}{9}$)

한번 더! 확인 6~10번 유사문제를 풀면서 **개념 다지기!**

6 분수만큼 색칠하고, 세 분수 $\frac{3}{4}$, $\frac{4}{5}$, $\frac{7}{10}$의 크기를 비교하여 □ 안에 알맞은 수를 써넣으세요.

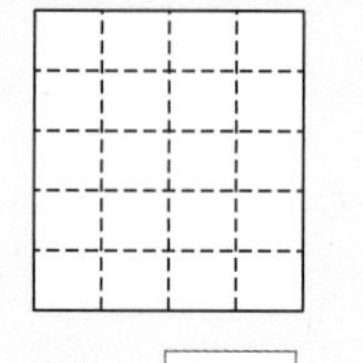
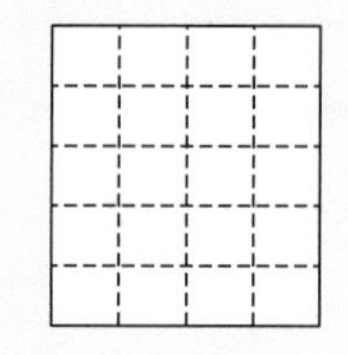
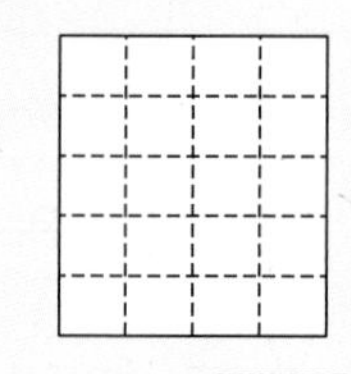

$\frac{3}{4}=\frac{□}{20}$ $\frac{4}{5}=\frac{□}{20}$ $\frac{7}{10}=\frac{□}{20}$

색칠한 부분의 넓이를 비교하여 큰 분수부터 순서대로 쓰면 $\frac{4}{5}$, □, □입니다.

7 다음을 보고 가장 작은 분수에 ○표 하세요.

$\left(\frac{5}{6}, \frac{7}{10}\right) \to \left(\frac{25}{30}, \frac{21}{30}\right) \to \frac{5}{6}>\frac{7}{10}$

$\left(\frac{7}{10}, \frac{3}{5}\right) \to \left(\frac{7}{10}, \frac{6}{10}\right) \to \frac{7}{10}>\frac{3}{5}$

($\frac{5}{6}$, $\frac{7}{10}$, $\frac{3}{5}$)

3 세 분수 $\frac{7}{8}$, $\frac{3}{4}$, $\frac{2}{3}$ 중 가장 작은 분수를 알아보려고 합니다. 빈 곳에 알맞게 써넣으세요.

$\left(\frac{7}{8}, \frac{3}{4}\right) \rightarrow \left(\frac{7}{8}, \frac{\square}{8}\right) \rightarrow \frac{7}{8} \bigcirc \frac{3}{4}$

$\left(\frac{2}{3}, \frac{7}{8}\right) \rightarrow \left(\frac{\square}{24}, \frac{\square}{24}\right) \rightarrow \frac{2}{3} \bigcirc \frac{7}{8}$

$\left(\frac{2}{3}, \frac{3}{4}\right) \rightarrow \left(\frac{\square}{12}, \frac{\square}{12}\right) \rightarrow \frac{2}{3} \bigcirc \frac{3}{4}$

가장 작은 분수는 □입니다.

4 세 분수의 크기를 비교하여 □ 안에 알맞은 분수를 써넣으세요.

$\left(\frac{1}{2}, \frac{5}{9}, \frac{7}{18}\right) \rightarrow \square < \square < \square$

5 동화책, 위인전, 만화책의 무게를 재어 보았더니 각각 $\frac{1}{3}$ kg, $\frac{4}{9}$ kg, $\frac{3}{7}$ kg이었습니다. 가장 가벼운 것은 어느 책인가요?

(1) 두 분수씩 크기를 비교해 보세요.

$\left(\frac{1}{3}, \frac{4}{9}\right) \rightarrow \left(\frac{\square}{9}, \frac{4}{9}\right) \rightarrow \frac{1}{3} \bigcirc \frac{4}{9}$

$\left(\frac{4}{9}, \frac{3}{7}\right) \rightarrow \left(\frac{\square}{63}, \frac{\square}{63}\right) \rightarrow \frac{4}{9} \bigcirc \frac{3}{7}$

$\left(\frac{1}{3}, \frac{3}{7}\right) \rightarrow \left(\frac{\square}{21}, \frac{\square}{21}\right) \rightarrow \frac{1}{3} \bigcirc \frac{3}{7}$

(2) 가장 가벼운 것은 어느 책인가요?

( )

8 세 분수 $\frac{1}{2}$, $\frac{1}{3}$, $\frac{4}{7}$ 중 가장 큰 분수를 알아보려고 합니다. 빈 곳에 알맞게 써넣으세요.

$\left(\frac{1}{2}, \frac{1}{3}\right) \rightarrow \left(\frac{\square}{6}, \frac{\square}{6}\right) \rightarrow \frac{1}{2} \bigcirc \frac{1}{3}$

$\left(\frac{1}{3}, \frac{4}{7}\right) \rightarrow \left(\frac{\square}{21}, \frac{\square}{21}\right) \rightarrow \frac{1}{3} \bigcirc \frac{4}{7}$

$\left(\frac{1}{2}, \frac{4}{7}\right) \rightarrow \left(\frac{\square}{14}, \frac{\square}{14}\right) \rightarrow \frac{1}{2} \bigcirc \frac{4}{7}$

가장 큰 분수는 □입니다.

9 세 분수의 크기를 비교하여 □ 안에 알맞은 분수를 써넣으세요.

$\left(\frac{3}{5}, \frac{5}{7}, \frac{7}{10}\right) \rightarrow \square > \square > \square$

서술형 下수

10 민지, 현주, 정미의 키를 재었더니 각각 다음과 같았습니다. 키가 가장 큰 사람은 누구인가요?

민지: $1\frac{2}{3}$ m 현주: $1\frac{1}{4}$ m 정미: $1\frac{3}{8}$ m

풀이

$\left(1\frac{2}{3}, 1\frac{1}{4}\right) \rightarrow \left(1\frac{8}{12}, \square\right) \rightarrow 1\frac{2}{3} \bigcirc 1\frac{1}{4}$

$\left(1\frac{1}{4}, 1\frac{3}{8}\right) \rightarrow \left(\square, 1\frac{3}{8}\right) \rightarrow 1\frac{1}{4} \bigcirc 1\frac{3}{8}$

$\left(1\frac{2}{3}, 1\frac{3}{8}\right) \rightarrow \left(1\frac{16}{24}, \square\right) \rightarrow 1\frac{2}{3} \bigcirc 1\frac{3}{8}$

따라서 키가 가장 큰 사람은 □입니다.

답 ______

1 단계 **교과서 바로 알기**

핵심 개념 분수와 소수의 크기 비교

1. 분수와 소수의 관계 알아보기

$0, \frac{1}{10}, \frac{2}{10}, \frac{3}{10}, \frac{4}{10}, \frac{5}{10}, \frac{6}{10}, \frac{7}{10}, \frac{8}{10}, \frac{9}{10}, 1$

$0, 0.1, 0.2, 0.3, 0.4, 0.5, 0.6, 0.7, 0.8, 0.9, 1$

분수를 소수로 나타낼 때는 분모를 10, 100, 1000, ...으로 고친 다음 소수 한 자리 수, 소수 두 자리 수, 소수 세 자리 수, ...로 나타냅니다.

2. 분수를 약분하거나 소수로 나타내 크기 비교하기

예 $\frac{12}{20}$와 $\frac{24}{30}$의 크기 비교하기

(1) 두 분수를 약분하여 크기 비교하기

$\left(\frac{12}{20}, \frac{24}{30}\right) \rightarrow \left(\frac{3}{5}, \frac{4}{5}\right) \rightarrow \frac{12}{20} < \frac{24}{30}$

(2) 두 분수를 소수로 나타내 크기 비교하기

$\left(\frac{12}{20}, \frac{24}{30}\right) \rightarrow \left(\frac{6}{10}, \frac{8}{10}\right)$

$\rightarrow 0.6 <$ ❶ ☐ $\rightarrow \frac{12}{20} < \frac{24}{30}$

3. 분수와 소수의 크기 비교하기

예 $\frac{3}{5}$과 0.7의 크기 비교하기

(1) 분수를 소수로 나타내 크기 비교하기

$\frac{3}{5} = \frac{6}{10} =$ ❷ ☐ → $\frac{3}{5} < 0.7$

분모를 10으로 나타내기

(2) 소수를 분수로 나타내 크기 비교하기

$\frac{3}{5} = \frac{6}{10}$ → $\frac{3}{5} < 0.7$ ← $0.7 = \frac{7}{10}$

분모가 10이 되도록 통분하기

[분수와 소수의 크기 비교]

(1) **분수를 소수로 나타내 소수끼리 크기를** 비교합니다.

(2) **소수를 분수로 나타내 분수끼리 크기를** 비교합니다.

정답 확인 | ❶ 0.8 ❷ 0.6

확인 문제 1~6번 문제를 풀면서 개념 익히기!

1 ☐ 안에 알맞은 분수나 소수를 써넣으세요.

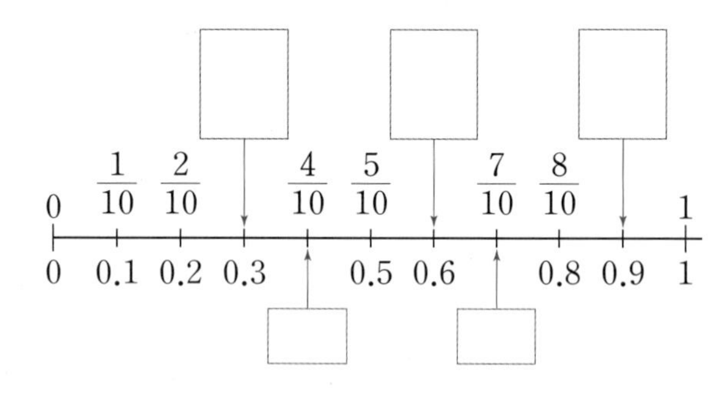

2 분수를 분모가 10인 분수로 고치고, 소수로 나타내 보세요.

$\frac{1}{2} = \frac{1 \times \square}{2 \times \square} = \frac{\square}{\square} = \square$

한번 더! 확인 7~12번 유사문제를 풀면서 **개념 다지기!**

7 ☐ 안에 알맞은 분수나 소수를 써넣으세요.

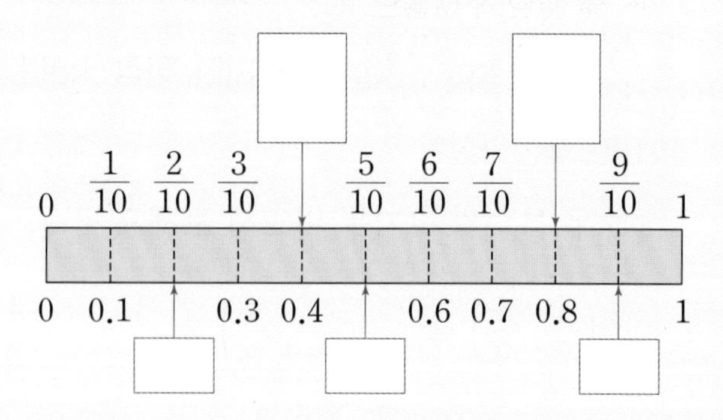

8 분수를 분모가 10인 분수로 고치고, 소수로 나타내 보세요.

$\frac{2}{5} = \frac{2 \times \square}{5 \times \square} = \frac{\square}{\square} = \square$

3 $\frac{16}{20}$과 $\frac{6}{30}$의 크기를 비교해 보세요.

(1) 약분하여 크기를 비교해 보세요.

$\left(\frac{16}{20}, \frac{6}{30}\right) \rightarrow \left(\frac{4}{5}, \frac{\square}{5}\right)$

$\rightarrow \frac{4}{5} \bigcirc \frac{\square}{5} \rightarrow \frac{16}{20} \bigcirc \frac{6}{30}$

(2) 소수로 나타내 크기를 비교해 보세요.

$\left(\frac{16}{20}, \frac{6}{30}\right) \rightarrow \left(\frac{8}{10}, \frac{\square}{10}\right)$

$\rightarrow 0.8 \bigcirc \square \rightarrow \frac{16}{20} \bigcirc \frac{6}{30}$

4 $\frac{3}{4}$과 0.82의 크기를 비교해 보세요.

$\frac{3}{4} = \frac{3 \times \square}{4 \times 25} = \frac{\square}{100} = \square$이므로

$\frac{3}{4} \bigcirc$ 0.82입니다.

5 분수와 소수의 크기를 비교하여 ○ 안에 >, =, <를 알맞게 써넣으세요.

(1) $\frac{1}{4} \bigcirc 0.3$　　(2) $0.8 \bigcirc \frac{18}{20}$

6 쿠키를 만드는 데 밀가루를 준서는 $\frac{12}{40}$ kg, 현주는 0.4 kg 사용했습니다. 밀가루를 더 많이 사용한 사람은 누구인가요?

(1) $\frac{12}{40} = \frac{\square}{10} = \square \rightarrow \frac{12}{40} \bigcirc 0.4$

(2) 밀가루를 더 많이 사용한 사람은 누구인가요?

(　　　　　　)

9 $\frac{16}{40}$과 $\frac{18}{30}$의 크기를 비교해 보세요.

(1) 약분하여 크기를 비교해 보세요.

$\left(\frac{16}{40}, \frac{18}{30}\right) \rightarrow \left(\frac{\square}{5}, \frac{3}{5}\right)$

$\rightarrow \frac{\square}{5} \bigcirc \frac{3}{5} \rightarrow \frac{16}{40} \bigcirc \frac{18}{30}$

(2) 소수로 나타내 크기를 비교해 보세요.

$\left(\frac{16}{40}, \frac{18}{30}\right) \rightarrow \left(\frac{\square}{10}, \frac{6}{10}\right)$

$\rightarrow \square \bigcirc 0.6 \rightarrow \frac{16}{40} \bigcirc \frac{18}{30}$

10 0.39와 $\frac{2}{5}$의 크기를 비교해 보세요.

$0.39 = \frac{\square}{100}$이고 $\frac{2}{5} = \frac{\square}{100}$이므로

$0.39 \bigcirc \frac{2}{5}$입니다.

11 크기를 바르게 비교한 것의 기호를 쓰세요.

㉠ $\frac{7}{20} > 0.7$　　㉡ $0.53 < \frac{14}{25}$

(　　　　　　)

서술형 下수

12 케이크를 만드는 데 크림을 원주는 $\frac{10}{50}$ kg, 광석이는 0.3 kg 사용했습니다. 크림을 더 적게 사용한 사람은 누구인가요?

풀이

$\frac{10}{50} = \frac{\square}{10} = \square \rightarrow \frac{10}{50} \bigcirc 0.3$

→ 크림을 더 적게 사용한 사람은 □입니다.

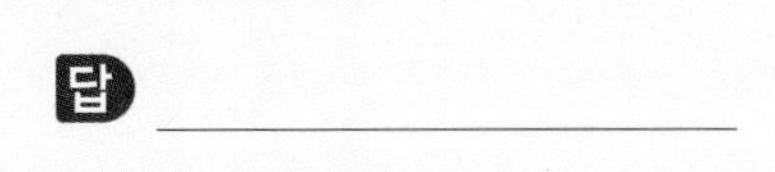

답 ____________

익힘책 바로 풀기

1 두 분수를 통분하여 크기를 비교해 보세요.

$\left(\frac{3}{8}, \frac{4}{7}\right) \rightarrow \left(\frac{21}{56}, \frac{\square}{56}\right)$

$\rightarrow \frac{21}{56} \bigcirc \frac{\square}{56} \rightarrow \frac{3}{8} \bigcirc \frac{4}{7}$

2 $\frac{9}{20}$와 0.55의 크기를 두 가지 방법으로 비교해 보세요.

분수를 소수로 나타내 크기를 비교해 보자.

$\frac{9}{20} = \frac{\square}{100} = \square$ → $\frac{9}{20} \bigcirc 0.55$

소수를 분수로 나타내 크기를 비교해 보자.

$\frac{9}{20} \bigcirc 0.55$ ← $0.55 = \frac{\square}{100} = \frac{\square}{20}$

3 분수는 소수로, 소수는 기약분수로 나타내 보세요.

(1) $\frac{3}{4}$ → (   )

(2) 0.28 → (   )

[4~5] 세 분수의 크기를 비교하려고 합니다. 물음에 답하세요.

$\frac{4}{5}$ $\frac{5}{6}$ $\frac{6}{7}$

4 분수만큼 각각 색칠하고, 알맞은 말에 ○표 하세요.

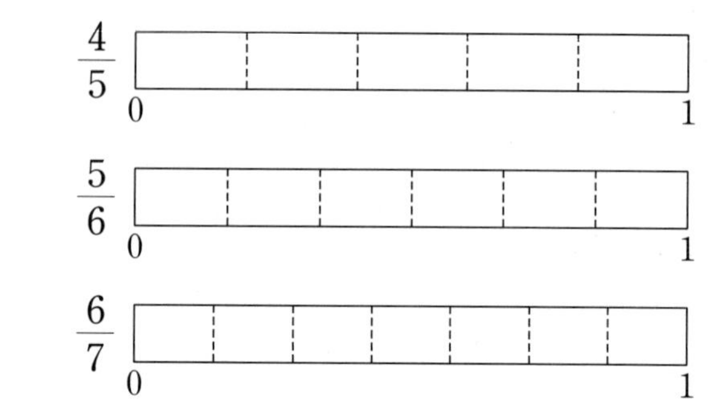

→ 분자가 분모보다 1만큼 더 작은 분수는 분모가 클수록 더 (큽니다 , 작습니다).

5 세 분수 $\frac{4}{5}, \frac{5}{6}, \frac{6}{7}$을 큰 분수부터 순서대로 쓰세요.

(   )

6 두 수의 크기를 비교하여 ○ 안에 >, =, <를 알맞게 써넣으세요.

(1) $\frac{3}{4} \bigcirc \frac{7}{12}$ (2) $\frac{1}{5} \bigcirc 0.1$

7 세 분수 $\frac{1}{2}, \frac{2}{3}, \frac{7}{15}$의 크기를 비교하려고 합니다. ○ 안에 >, =, <를 알맞게 써넣고, 세 분수를 큰 수부터 순서대로 쓰세요.

$\frac{1}{2} \bigcirc \frac{2}{3}$ $\frac{2}{3} \bigcirc \frac{7}{15}$ $\frac{1}{2} \bigcirc \frac{7}{15}$

(   )

8 두 수의 크기를 바르게 비교한 것의 기호를 쓰세요.

㉠ $0.79>\frac{4}{5}$ ㉡ $1\frac{7}{25}<1.3$

( )

9 책상의 무게는 $4\frac{1}{4}$ kg, 의자의 무게는 4.2 kg입니다. 책상과 의자 중 어느 것이 더 가벼운가요?

( )

10 집에서 가장 먼 곳은 어디인가요?

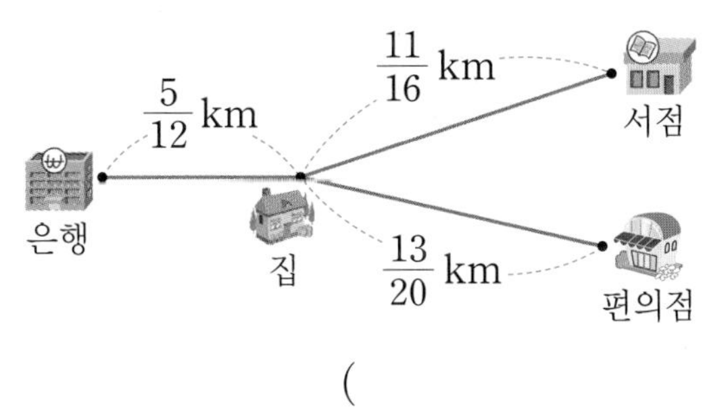

( )

11 $\frac{5}{9}$보다 작은 것을 찾아 기호를 쓰세요.

㉠ $\frac{2}{3}$ ㉡ $\frac{7}{15}$ ㉢ 0.6

( )

12 크기를 비교하여 큰 수부터 순서대로 기호를 쓰세요.

㉠ 1.85 ㉡ $1\frac{4}{5}$ ㉢ 1.1

( )

13 $\frac{7}{9}$보다 크고 $\frac{11}{12}$보다 작은 분수 중 분모가 36인 분수를 모두 구하세요.

( )

서술형 中수 문제 해결의 전략을 보면서 풀어 보자.

14 수 카드 중에서 2장을 뽑아 한 번씩만 사용하여 진분수를 만들려고 합니다. 만들 수 있는 진분수 중 가장 작은 수를 소수로 나타내 보세요.

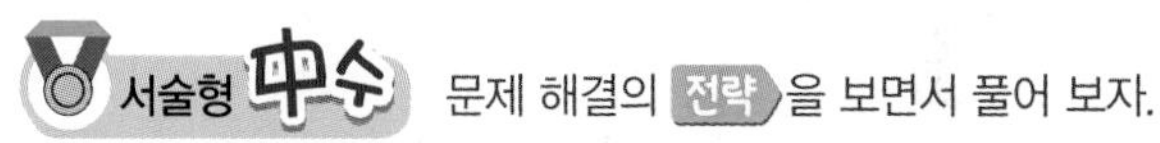

전략 큰 수를 분모에, 작은 수를 분자에 놓자.

❶ 만들 수 있는 진분수:

$\frac{1}{2}$, $\frac{1}{3}$, □, □, □, □

전략 분모가 같은 분수는 분자가 작을수록 크기가 작고, 분자가 1인 분수는 분모가 클수록 크기가 작다.

❷ 위 ❶에서 구한 진분수 중 가장 작은 수:

❸ 위 ❷의 진분수를 소수로 나타내기:

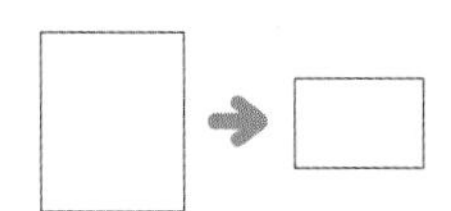

답 ____________

BOOK❷ 34~35쪽

3단계 실력 바로 쌓기

가이드
문제에서 핵심이 되는 말에 표시하고, 주어진 풀이를 따라 풀어 보자.

키워드 문제

1-1 분모가 54인 분수 중에서 약분하면 $\frac{5}{6}$가 되는 분수를 구하세요.

전략 분모가 54에서 6이 되도록 약분하자.

① 분모가 54에서 6이 되려면 □로 나누어야 합니다.

$\rightarrow \frac{■}{54}=\frac{■\div□}{54\div□}=\frac{5}{6} \rightarrow ■=□$

② 분모가 54인 분수 중에서 약분하면 $\frac{5}{6}$가 되는

분수: □

답 ____________

서술형 高수

1-2 분모가 60인 분수 중에서 약분하면 $\frac{3}{4}$이 되는 분수를 구하세요.

①

②

답 ____________

키워드 문제

2-1 ■가 될 수 있는 자연수를 모두 구하세요.

$\frac{■}{15}<\frac{1}{5}$

전략 공통분모가 15가 되도록 통분하자.

① $\left(\frac{■}{15}, \frac{1}{5}\right) \rightarrow \left(\frac{■}{15}, \frac{□}{15}\right)$

전략 분자를 비교하자.

② $\frac{■}{15}<\frac{□}{15}$이므로 ■<□입니다.

→ ■가 될 수 있는 자연수:

답 ____________

서술형 高수

2-2 □ 안에 들어갈 수 있는 자연수를 모두 구하세요.

$\frac{□}{40}<\frac{1}{10}$

①

②

답 ____________

키워드 문제

3-1 $\frac{3}{5}$과 크기가 같은 분수 중에서 분모와 분자의 합이 40인 분수를 구하세요.

전략 분모와 분자에 각각 0이 아닌 같은 수를 곱하자.

❶ $\frac{3}{5}$과 크기가 같은 분수:

$\frac{3}{5}=\frac{6}{10}=\frac{9}{\square}=\frac{12}{\square}=\frac{15}{\square}=\cdots$

❷ 분모와 분자의 합이 40인 분수: $\frac{\square}{\square}$

답 ______________

서술형 高수

3-2 $\frac{5}{8}$와 크기가 같은 분수 중에서 분모와 분자의 합이 52인 분수를 구하세요.

❶

❷

답 ______________

키워드 문제

4-1 수 카드 두 장을 사용하여 만들 수 있는 진분수 중 21을 공통분모로 하여 통분할 수 있는 진분수를 모두 쓰세요.

2 3 5 7

전략 배수가 21인 수를 찾자.

❶ 21을 공통분모로 하여 통분할 수 있으려면 분모에 사용할 수 카드는 3 또는 $\square$이어야 합니다.

❷ 분모가 3인 진분수: $\frac{\square}{3}$

분모가 7인 진분수: $\frac{\square}{7}$, $\frac{\square}{7}$, $\frac{\square}{7}$

❸ 21을 공통분모로 하여 통분할 수 있는 진분수는 $\frac{\square}{3}$, $\frac{\square}{7}$, $\frac{\square}{7}$, $\frac{\square}{7}$입니다.

답 ______________

서술형 高수

4-2 수 카드 두 장을 사용하여 만들 수 있는 진분수 중 35를 공통분모로 하여 통분할 수 있는 진분수를 모두 쓰세요.

4 5 7 8

❶

❷

❸

답 ______________

BOOK❷ 36~39쪽

TEST 단원 마무리 하기

점수

1 두 분모의 곱을 공통분모로 하여 통분해 보세요.

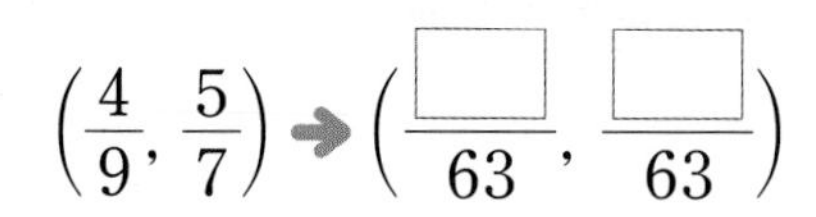

$\left(\frac{4}{9}, \frac{5}{7}\right) \rightarrow \left(\frac{\square}{63}, \frac{\square}{63}\right)$

2 분수만큼 수직선에 나타내고, ○ 안에 >, =, <를 알맞게 써넣으세요.

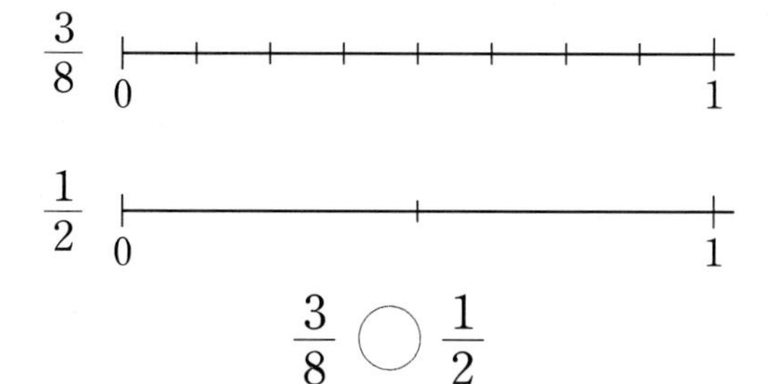

$\frac{3}{8}$ ○ $\frac{1}{2}$

3 소수를 분수로 나타내고, 크기를 비교해 보세요.

$\frac{3}{5}$ ○ 0.4

$0.4=\frac{\square}{10}=\frac{\square}{5}$

4 기약분수로 나타내 보세요.

(1) 

$\frac{30}{45}$ → (　　　　　　)

(2) 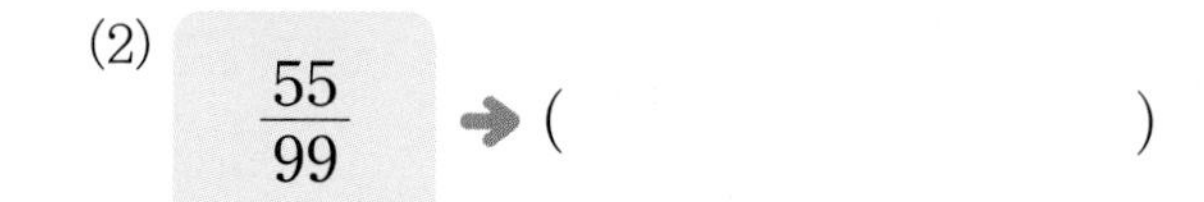

$\frac{55}{99}$ → (　　　　　　)

5 분수만큼 색칠하고, 크기가 같은 분수끼리 짝 지어 보세요.

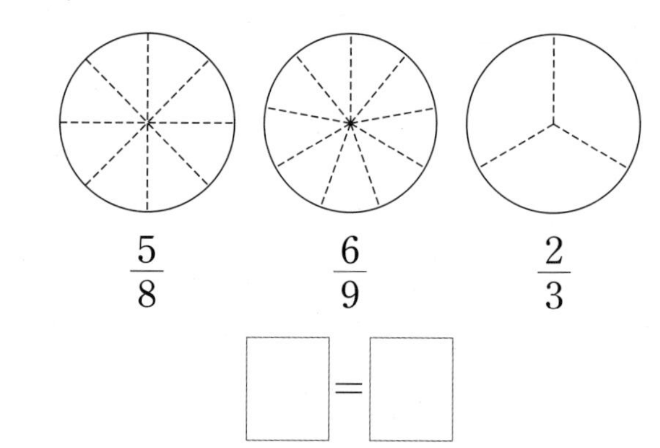

$\frac{5}{8}$　　$\frac{6}{9}$　　$\frac{2}{3}$

□ = □

6 두 수의 크기를 비교하여 ○ 안에 >, =, <를 알맞게 써넣으세요.

(1) $\frac{11}{14}$ ○ $\frac{16}{21}$　　(2) $\frac{32}{40}$ ○ 0.9

7 $\frac{5}{7}$와 크기가 같은 분수를 모두 찾아 ○표 하세요.

$\frac{10}{14}$　　$\frac{15}{28}$　　$\frac{26}{35}$　　$\frac{30}{42}$

8 크기가 같은 분수를 찾아 이어 보세요.

$\frac{12}{32}$　　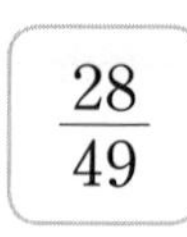 $\frac{28}{49}$

$\frac{3}{14}$　　$\frac{3}{8}$　　$\frac{4}{7}$

9 분모가 72인 분수 중 약분하면 $\frac{5}{18}$가 되는 분수를 구하세요.

( )

10 지안이와 같은 방법으로 통분해 보세요.

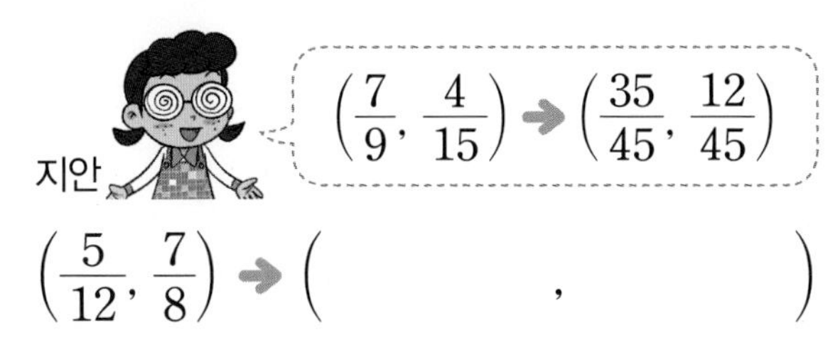

$\left(\frac{5}{12}, \frac{7}{8}\right) \rightarrow$ (,)

11 가장 큰 분수를 찾아 쓰세요.

$\frac{5}{12}$ $\frac{2}{5}$ $\frac{4}{9}$

( )

12 사과의 무게는 $\frac{3}{15}$ kg이고 감의 무게는 0.18 kg입니다. 사과와 감 중에서 더 무거운 것은 어느 것인가요?

( )

13 집에서 우체국, 학교, 문구점까지의 거리입니다. 집에서 가장 먼 곳은 어디인가요?

우체국	학교	문구점
$\frac{3}{8}$ km	$\frac{11}{20}$ km	$\frac{13}{24}$ km

( )

14 갈림길에서 더 큰 수를 찾아 길을 따라갈 때 만나는 동물에 ○표 하세요.

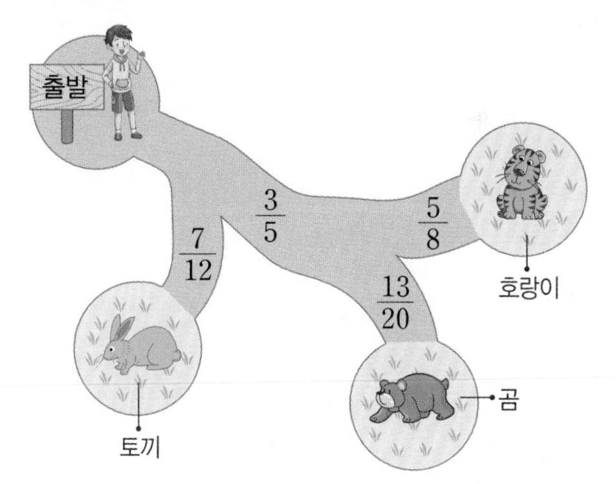

15 보기를 보고 잘못 설명한 사람을 찾아 이름을 쓰세요.

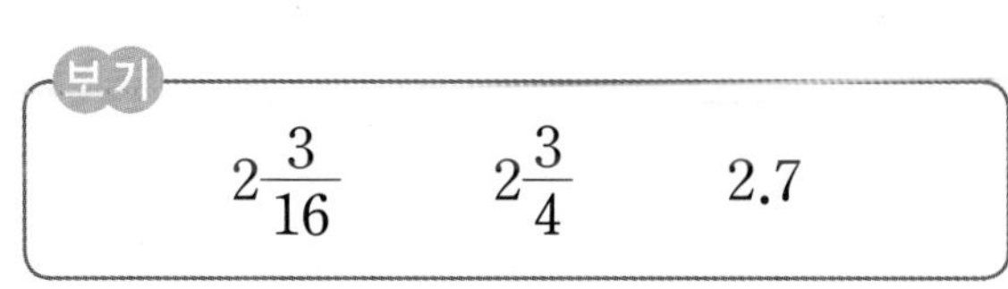

천수: 세 수 중에서 가장 큰 수는 $2\frac{3}{4}$이야.

태환: $2\frac{3}{4}$을 소수로 나타내면 2.75야.

윤정: $2\frac{3}{16}$이 2.7보다 커.

( )

16 $\frac{11}{30}$보다 크고 $\frac{5}{12}$보다 작은 분수 중에서 분모가 60인 분수를 모두 구하세요.

(　　　　　　　　　　)

17 두 분수를 통분하려고 합니다. 공통분모가 될 수 있는 수 중에서 200보다 작은 수는 모두 몇 개인가요?

$$\left(\frac{7}{9}, \frac{8}{15}\right)$$

(　　　　　　　　　　)

18 현서가 말하는 분수를 모두 쓰세요.

$\frac{7}{10}$과 크기가 같은 분수 중에서 분모와 분자의 합이 50보다 크고 100보다 작은 분수야.

(　　　　　　　　　　)

19 $\frac{30}{60}$과 크기가 같은 분수 중에서 분모와 분자의 차가 5인 분수는 얼마인지 풀이 과정을 쓰고 답을 구하세요.

풀이

답

20 □ 안에 들어갈 수 있는 자연수는 모두 몇 개인지 풀이 과정을 쓰고 답을 구하세요.

$$\frac{\square}{40} < 0.15$$

풀이

답

분수의 덧셈과 뺄셈

스마트폰을 이용하여 QR 코드를 찍으면 개념 학습 영상을 볼 수 있어요.

5단원 학습 계획표

✔ 이 단원의 표준 학습 일수는 **5일**입니다. 계획대로 공부한 후 확인란에 사인을 받으세요.

이 단원에서 배울 내용	쪽수	계획한 날	확인
1단계 **교과서 바로 알기** • 받아올림이 없는 진분수의 덧셈 • 받아올림이 있는 진분수의 덧셈 • 대분수의 덧셈	98~103쪽	월 일	확인했어요!
2단계 **익힘책 바로 풀기**	104~107쪽	월 일	확인했어요!
1단계 **교과서 바로 알기** • 진분수의 뺄셈 • 받아내림이 없는 대분수의 뺄셈 • 받아내림이 있는 대분수의 뺄셈	108~113쪽	월 일	확인했어요!
2단계 **익힘책 바로 풀기**	114~117쪽	월 일	확인했어요!
3단계 **실력 바로 쌓기**	118~119쪽	월 일	확인했어요!
TEST **단원 마무리 하기**	120~122쪽		

1단계 교과서 바로 알기

핵심 개념 받아올림이 없는 진분수의 덧셈

1. $\frac{1}{3}+\frac{1}{4}$을 그림을 이용하여 통분하고 계산하기

$\frac{1}{3}=\frac{4}{12}$ + $\frac{1}{4}=\frac{3}{12}$ → $\frac{❶}{12}$

$\frac{1}{3}+\frac{1}{4}=\frac{4}{12}+\frac{3}{12}=\frac{7}{12}$

분모가 다른 분수를 더할 때는 두 분수를 통분하여 분모를 같게 한 뒤 분자끼리 더해.

2. $\frac{3}{4}+\frac{1}{6}$을 두 가지 방법으로 계산하기

방법 1 두 분모의 곱을 공통분모로 하여 통분한 뒤 계산하기

$\frac{3}{4}+\frac{1}{6}=\frac{3\times6}{4\times6}+\frac{1\times4}{6\times4}$

$=\frac{18}{24}+\frac{4}{24}=\frac{22}{24}=\frac{11}{❷}$

→ 공통분모를 구하기 쉽습니다.

방법 2 두 분모의 최소공배수를 공통분모로 하여 통분한 뒤 계산하기

$\frac{3}{4}+\frac{1}{6}=\frac{3\times3}{4\times3}+\frac{1\times2}{6\times2}$

$=\frac{9}{12}+\frac{2}{12}=\frac{11}{12}$

→ 계산 결과를 약분할 필요가 없으므로 계산이 간편합니다.

정답 확인 | ❶ 7 ❷ 12

확인 문제 1~6번 문제를 풀면서 개념 익히기!

1 $\frac{1}{2}$과 $\frac{1}{3}$을 각각 그림에 색칠하고, □ 안에 알맞은 수를 써넣어 $\frac{1}{2}+\frac{1}{3}$을 계산해 보세요.

$\frac{1}{2}=\frac{□}{6}$ + $\frac{1}{3}=\frac{□}{6}$

$\frac{1}{2}+\frac{1}{3}=\frac{□}{6}+\frac{□}{6}=\frac{□}{6}$

2 □ 안에 알맞은 수를 써넣으세요.

$\frac{1}{9}+\frac{5}{12}=\frac{1\times12}{9\times12}+\frac{5\times□}{12\times9}$

$=\frac{12}{108}+\frac{□}{108}=\frac{□}{108}=\frac{□}{36}$

한번 더! 확인 7~12번 유사문제를 풀면서 개념 다지기!

7 $\frac{1}{2}$과 $\frac{2}{5}$를 각각 그림에 색칠하고, □ 안에 알맞은 수를 써넣어 $\frac{1}{2}+\frac{2}{5}$를 계산해 보세요.

$\frac{1}{2}=\frac{□}{10}$ + $\frac{2}{5}=\frac{□}{10}$

$\frac{1}{2}+\frac{2}{5}=\frac{□}{10}+\frac{□}{10}=\frac{□}{10}$

8 □ 안에 알맞은 수를 써넣으세요.

$\frac{1}{3}+\frac{4}{15}=\frac{1\times15}{3\times15}+\frac{4\times□}{15\times3}$

$=\frac{15}{45}+\frac{□}{45}=\frac{□}{45}=\frac{□}{5}$

3 보기 와 같은 방법으로 계산해 보세요.

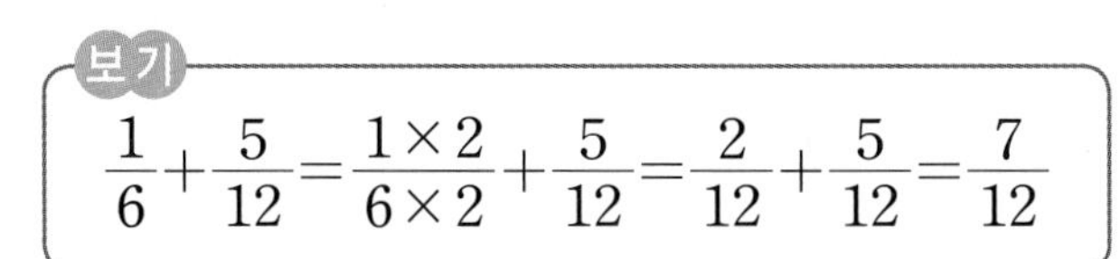

보기

$\frac{1}{6}+\frac{5}{12}=\frac{1\times2}{6\times2}+\frac{5}{12}=\frac{2}{12}+\frac{5}{12}=\frac{7}{12}$

$\frac{3}{4}+\frac{1}{8}$ ______

4 계산해 보세요.

$\frac{3}{4}+\frac{1}{10}$

5 빈칸에 알맞은 분수를 써넣으세요.

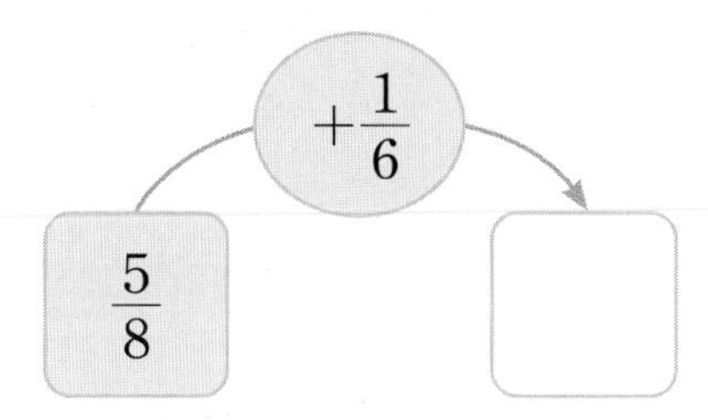

6 우유를 진아는 $\frac{4}{9}$컵 마셨고, 미연이는 $\frac{1}{6}$컵 마셨습니다. 두 사람이 마신 우유의 양은 모두 **몇 컵**인지 구하세요.

(1) 알맞은 식을 완성해 보세요.

식 $\frac{4}{9}+\square=\square$

(2) 두 사람이 마신 우유의 양은 모두 몇 컵인가요?

꼭 단위까지 따라 쓰세요.

(컵)

9 두 분모의 최소공배수를 공통분모로 하여 통분한 뒤 계산해 보세요.

$\frac{5}{12}+\frac{5}{18}$ ______

먼저 12와 18의 최소공배수를 구해 봐~.

10 계산해 보세요.

$\frac{2}{5}+\frac{1}{3}$

11 두 분수의 합을 구하세요.

$\frac{1}{8}$ $\frac{5}{12}$

( )

12 어머니께서 대파를 $\frac{2}{3}$kg, 마늘을 $\frac{1}{9}$kg 사 오셨습니다. 어머니께서 사 오신 대파와 마늘은 모두 **몇 kg**인가요?

식 ______

답 ______ kg

핵심 개념 받아올림이 있는 진분수의 덧셈

1. $\frac{1}{2}+\frac{3}{4}$을 그림을 이용하여 통분하고 계산하기

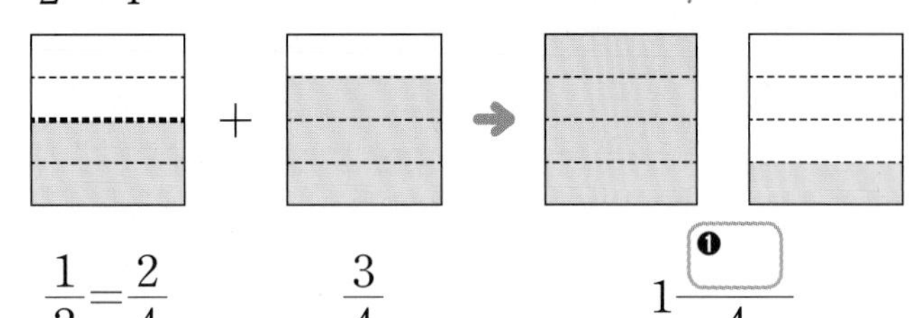

$\frac{1}{2}=\frac{2}{4}$ $\quad \frac{3}{4}$ $\quad 1\frac{❶\square}{4}$

$\frac{1}{2}+\frac{3}{4}=\frac{2}{4}+\frac{3}{4}=\frac{5}{4}=1\frac{1}{4}$

계산 결과가 가분수이면 대분수로 고쳐 나타냅니다.

2. $\frac{5}{6}+\frac{2}{9}$를 두 가지 방법으로 계산하기

방법 1 두 분모의 곱을 **공통분모로 하여** 통분한 뒤 계산하기

$$\frac{5}{6}+\frac{2}{9}=\frac{5\times9}{6\times9}+\frac{2\times6}{9\times6}=\frac{45}{54}+\frac{12}{54}$$
$$=\frac{57}{54}=1\frac{3}{54}=1\frac{1}{18}$$

방법 2 두 분모의 최소공배수를 **공통분모로 하여** 통분한 뒤 계산하기

$$\frac{5}{6}+\frac{2}{9}=\frac{5\times3}{6\times3}+\frac{2\times2}{9\times2}=\frac{15}{18}+\frac{4}{18}$$
$$=\frac{❷\square}{18}=1\frac{1}{18}$$

정답 확인 | ❶ 1 ❷ 19

확인 문제 1~6번 문제를 풀면서 개념 익히기!

1 그림에 색칠하고, □ 안에 알맞은 수를 써넣으세요.

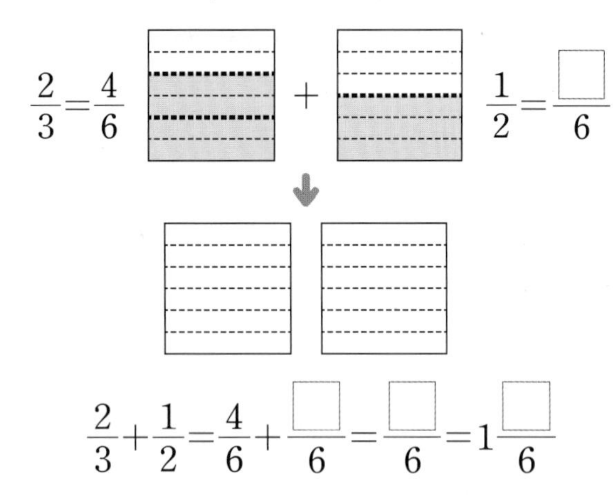

$\frac{2}{3}=\frac{4}{6}$ $\quad \frac{1}{2}=\frac{\square}{6}$

$$\frac{2}{3}+\frac{1}{2}=\frac{4}{6}+\frac{\square}{6}=\frac{\square}{6}=1\frac{\square}{6}$$

2 □ 안에 알맞은 수를 써넣으세요.

$$\frac{6}{7}+\frac{2}{3}=\frac{6\times3}{7\times3}+\frac{2\times\square}{3\times7}=\frac{18}{21}+\frac{\square}{21}$$
$$=\frac{\square}{21}=\square$$

한번 더! 확인 7~12번 유사문제를 풀면서 **개념 다지기!**

7 그림에 색칠하고, □ 안에 알맞은 수를 써넣으세요.

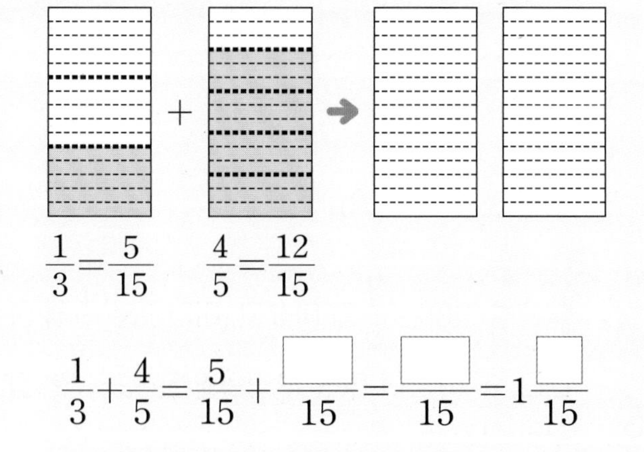

$\frac{1}{3}=\frac{5}{15}$ $\quad \frac{4}{5}=\frac{12}{15}$

$$\frac{1}{3}+\frac{4}{5}=\frac{5}{15}+\frac{\square}{15}=\frac{\square}{15}=1\frac{\square}{15}$$

8 □ 안에 알맞은 수를 써넣으세요.

$$\frac{1}{2}+\frac{9}{13}=\frac{1\times13}{2\times13}+\frac{9\times\square}{13\times2}=\frac{13}{26}+\frac{\square}{26}$$
$$=\frac{\square}{26}=\square$$

3 보기 와 같은 방법으로 계산해 보세요.

보기

$$\frac{1}{5}+\frac{9}{10}=\frac{1\times2}{5\times2}+\frac{9}{10}=\frac{2}{10}+\frac{9}{10}$$
$$=\frac{11}{10}=1\frac{1}{10}$$

$\frac{5}{8}+\frac{1}{2}$ ______________________

4 계산해 보세요.

$\frac{5}{9}+\frac{7}{15}$

5 두 분수의 합을 빈칸에 써넣으세요.

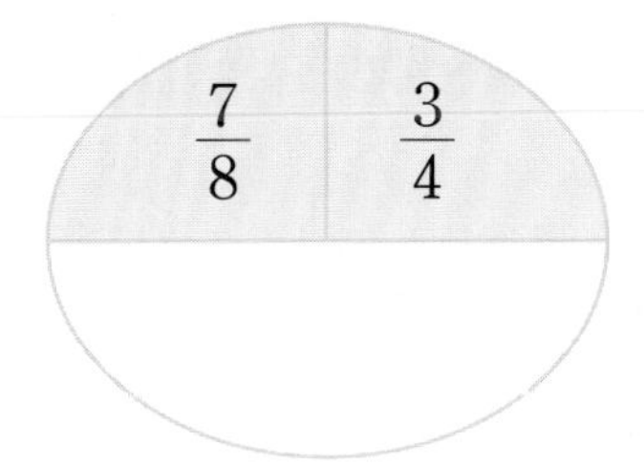

6 된장 $\frac{5}{6}$ kg과 고추장 $\frac{4}{9}$ kg을 섞어 쌈장을 만들었습니다. 쌈장은 **몇 kg**인지 구하세요.

(1) 알맞은 식을 완성해 보세요.

식 $\frac{5}{6}+\square=\square$

(2) 쌈장은 몇 kg인가요?

(kg)

9 서아가 푼 방법으로 계산해 보세요.

$$\frac{8}{9}+\frac{1}{3}=\frac{8}{9}+\frac{1\times3}{3\times3}=\frac{8}{9}+\frac{3}{9}=\frac{11}{9}=1\frac{2}{9}$$

$\frac{5}{7}+\frac{9}{14}$ ______________________

10 계산해 보세요.

$\frac{5}{6}+\frac{5}{8}$

11 두 분수의 합을 빈칸에 써넣으세요.

$\frac{4}{7}$	$\frac{8}{9}$

서술형 下수

12 흰색 페인트 $\frac{11}{12}$ L와 빨간색 페인트 $\frac{3}{8}$ L를 섞어 분홍색 페인트를 만들었습니다. 분홍색 페인트는 **몇 L**인가요?

 ______________________

답 ______________ L

5 분수의 덧셈과 뺄셈

핵심 개념 대분수의 덧셈

1. $1\frac{2}{3}+1\frac{3}{4}$을 그림을 이용하여 통분하고 계산하기

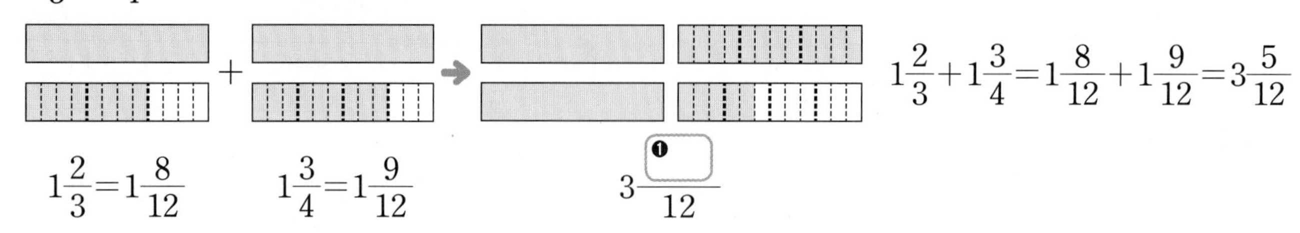

$1\frac{2}{3}+1\frac{3}{4}=1\frac{8}{12}+1\frac{9}{12}=3\frac{5}{12}$

$1\frac{2}{3}=1\frac{8}{12}$ $1\frac{3}{4}=1\frac{9}{12}$ $3\frac{❶\square}{12}$

2. $1\frac{1}{4}+1\frac{5}{6}$를 두 가지 방법으로 계산하기

방법 1 자연수는 자연수끼리, 분수는 분수끼리 더해서 계산하기

$1\frac{1}{4}+1\frac{5}{6}=1\frac{3}{12}+1\frac{10}{12}$

$=(1+1)+\left(\frac{3}{12}+\frac{10}{12}\right)$

$=2+\frac{13}{12}=2+1\frac{1}{12}=3\frac{1}{12}$

진분수끼리의 합이 가분수이면 대분수로 고치기

방법 2 대분수를 가분수로 나타내 계산하기

$1\frac{1}{4}+1\frac{5}{6}=\frac{5}{4}+\frac{11}{6}=\frac{15}{12}+\frac{22}{12}$

$=\frac{37}{12}=❷\square\frac{1}{12}$

가분수 ➔ 대분수

계산 결과가 가분수이면 대분수로 나타내.

정답 확인 | ❶ 5 ❷ 3

확인 문제 1~6번 문제를 풀면서 개념 익히기!

1 그림에 색칠하고, $1\frac{2}{5}+1\frac{1}{2}$을 계산해 보세요.

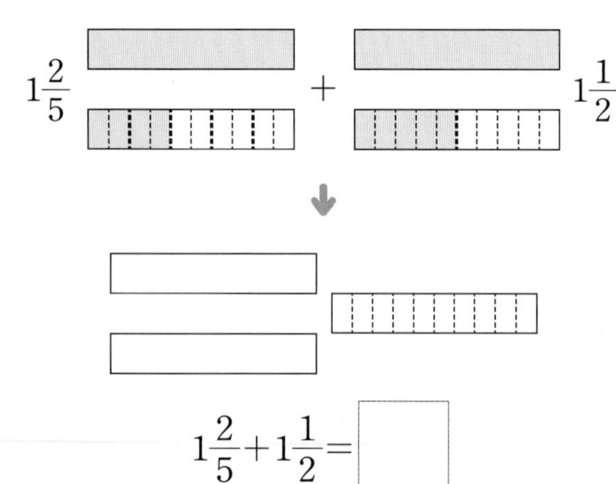

$1\frac{2}{5}+1\frac{1}{2}=\square$

2 계산해 보세요.

$2\frac{2}{3}+2\frac{1}{4}$

한번 더! 확인 7~12번 유사문제를 풀면서 개념 다지기!

7 그림에 색칠하고, $1\frac{1}{3}+1\frac{3}{5}$을 계산해 보세요.

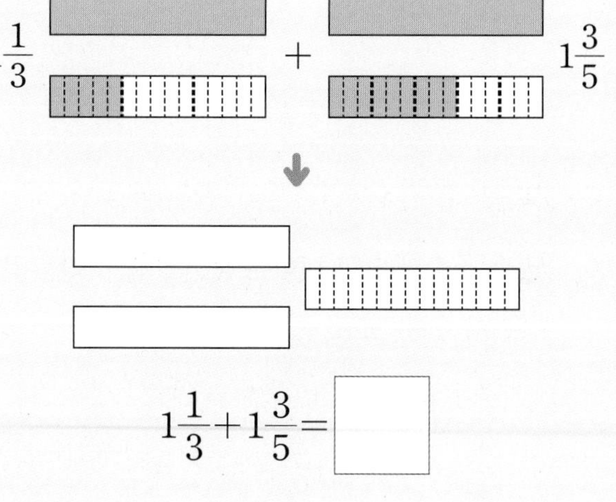

$1\frac{1}{3}+1\frac{3}{5}=\square$

8 계산해 보세요.

$2\frac{2}{15}+1\frac{9}{10}$

3 보기 와 같은 방법으로 계산해 보세요.

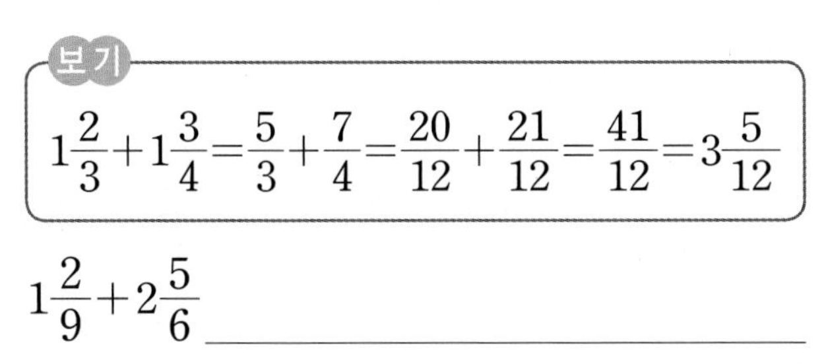

보기

$1\frac{2}{3}+1\frac{3}{4}=\frac{5}{3}+\frac{7}{4}=\frac{20}{12}+\frac{21}{12}=\frac{41}{12}=3\frac{5}{12}$

$1\frac{2}{9}+2\frac{5}{6}$ ______________________

4 빈칸에 알맞은 분수를 써넣으세요.

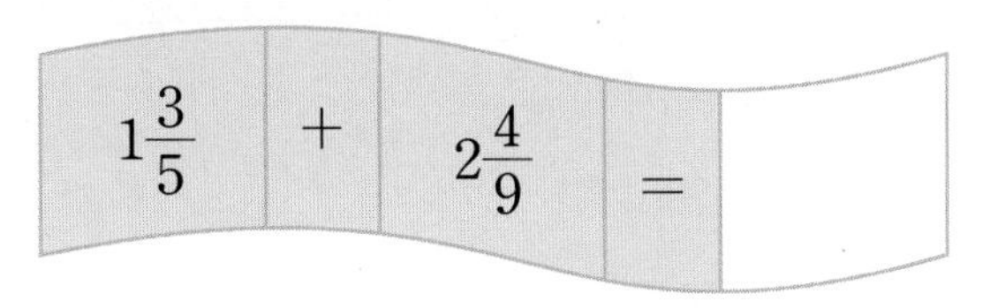

5 □ 안에 알맞은 분수를 써넣으세요.

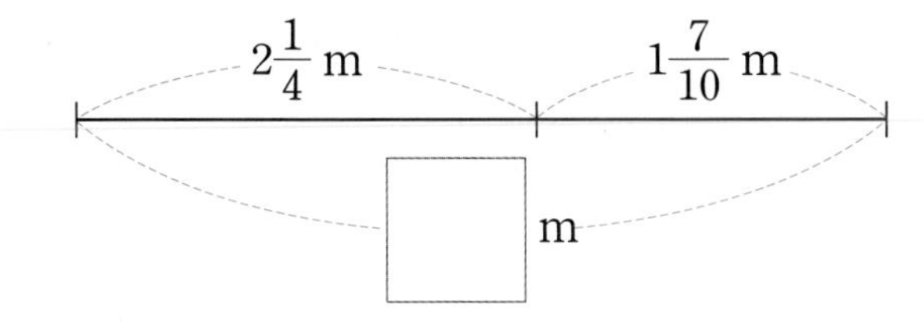

6 복숭아를 민수는 $1\frac{7}{8}$ kg, 현아는 $3\frac{1}{4}$ kg 땄습니다. 민수와 현아가 딴 복숭아는 모두 **몇 kg**인지 구하세요.

(1) 알맞은 식을 완성해 보세요.

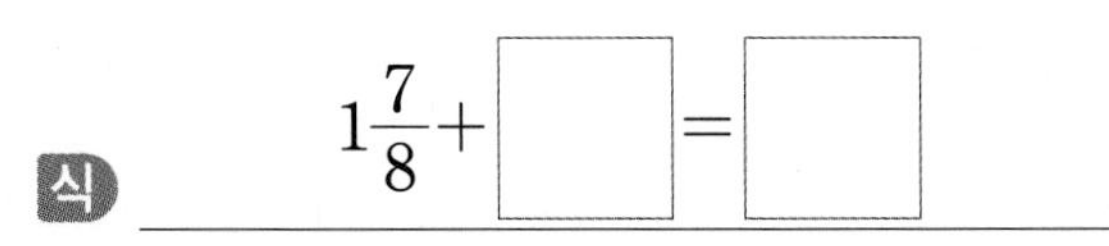

식 $1\frac{7}{8}+$ □ $=$ □

(2) 민수와 현아가 딴 복숭아는 모두 몇 kg인가요?

꼭 단위까지 따라 쓰세요.

(kg)

9 건우가 말한 방법으로 계산해 보세요.

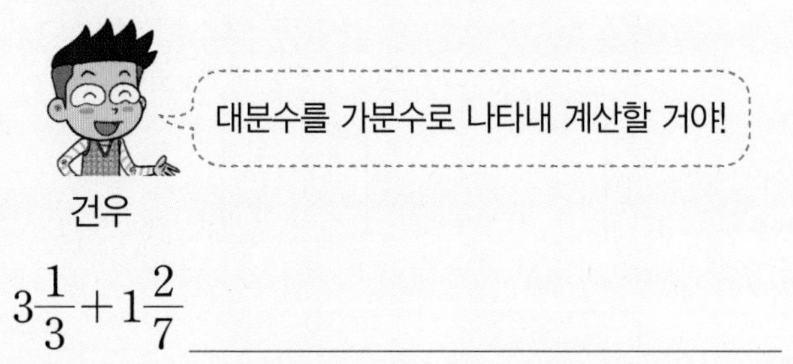

$3\frac{1}{3}+1\frac{2}{7}$ ______________________

10 두 분수의 합을 구하세요.

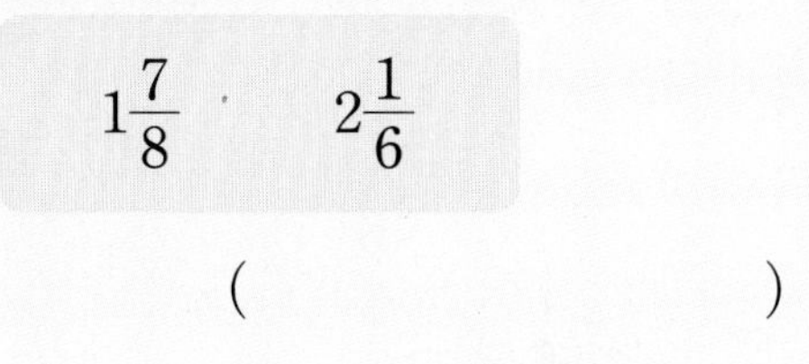

( )

11 □ 안에 알맞은 분수를 구하세요.

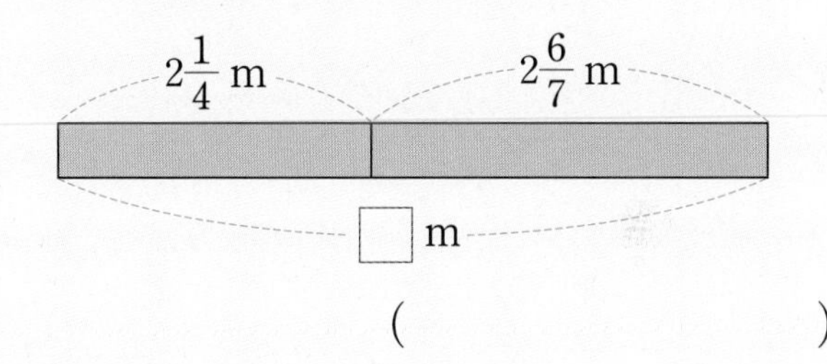

( )

서술형 下수

12 철사를 혜지는 $1\frac{4}{5}$ m, 다영이는 $1\frac{3}{4}$ m 사용하였습니다. 혜지와 다영이가 사용한 철사는 모두 **몇 m**인가요?

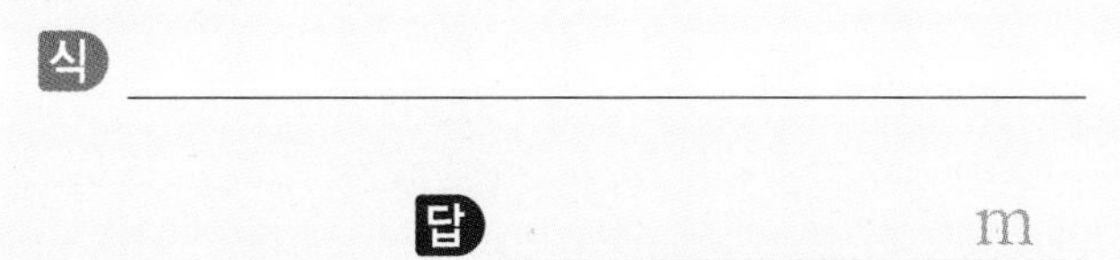

식 ______________________

답 ______________ m

5 분수의 덧셈과 뺄셈

2단계 익힘책 바로 풀기

1 그림을 보고 □ 안에 알맞은 분수를 써넣으세요.

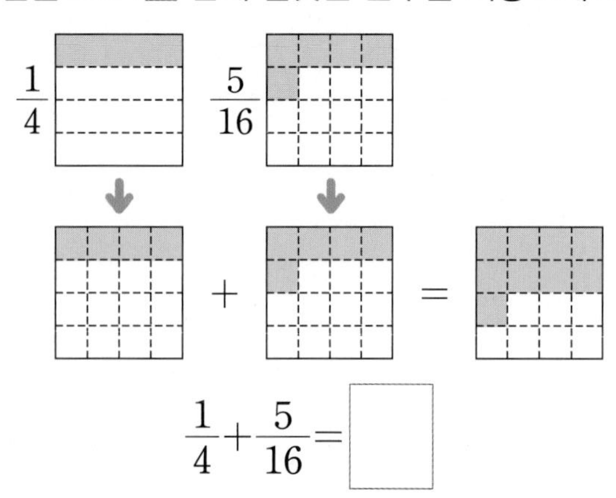

$\frac{1}{4}+\frac{5}{16}=\square$

2 계산해 보세요.

(1) $\frac{2}{5}+\frac{3}{7}$

(2) $\frac{1}{6}+\frac{13}{15}$

3 보기 와 같은 방법으로 계산해 보세요.

보기

$\frac{5}{12}+\frac{2}{15}=\frac{25}{60}+\frac{8}{60}=\frac{33}{60}=\frac{11}{20}$

$\frac{1}{10}+\frac{5}{6}$ ______

4 빈칸에 알맞은 분수를 써넣으세요.

$\frac{11}{14}$ → $+\frac{1}{6}$ → □

5 다음이 나타내는 수를 구하세요.

$\frac{3}{5}$보다 $\frac{7}{8}$만큼 더 큰 수

(   )

6 건우와 지안이가 가지고 있는 카드에 쓰여 있는 분수의 합을 구하세요.

(   )

7 $1\frac{3}{5}+1\frac{1}{4}$을 두 가지 방법으로 계산해 보세요.

방법 1 자연수는 자연수끼리, 분수는 분수끼리 더해서 계산하기

$1\frac{3}{5}+1\frac{1}{4}$

방법 2 대분수를 가분수로 나타내 계산하기

$1\frac{3}{5}+1\frac{1}{4}$

8 윤후가 단원평가에서 계산한 문제입니다. 잘못 계산한 부분을 찾아 바르게 계산해 보세요.

> 1. 계산해 보세요.
>
> $\frac{5}{8}+\frac{5}{12}=\frac{15}{24}+\frac{10}{24}=\frac{25}{48}$

$\frac{5}{8}+\frac{5}{12}$ ______________________

9 □ 안에 알맞은 분수를 써넣으세요.

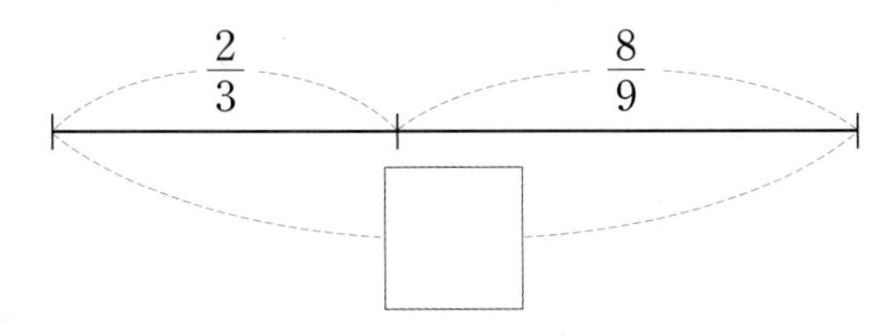

10 계산 결과를 찾아 이어 보세요.

$2\frac{7}{8}+1\frac{11}{12}$ • $1\frac{3}{4}+1\frac{9}{10}$ •

• $2\frac{13}{20}$ • $3\frac{13}{20}$ • $4\frac{19}{24}$

11 바르게 계산한 것의 기호를 쓰세요.

> ㉠ $\frac{7}{10}+\frac{8}{15}=\frac{17}{30}$
>
> ㉡ $2\frac{1}{4}+3\frac{2}{5}=5\frac{13}{20}$

(　　　　　　)

12 계산 결과가 1보다 큰 것에 ○표 하세요.

$\frac{2}{3}+\frac{2}{9}$	$\frac{1}{3}+\frac{13}{18}$
(　　　)	(　　　)

13 두 막대의 길이의 합은 몇 m인가요?

$3\frac{2}{15}$ m

$2\frac{1}{6}$ m

(　　　　　　)

서술형 中수 문제 해결의 전략을 보면서 풀어 보자.

14 주스를 하율이는 $\frac{3}{7}$ L 마셨고 진영이는 하율이보다 $\frac{5}{14}$ L 더 마셨습니다. 두 사람이 마신 주스는 모두 몇 L인가요?

전략 하율이가 마신 주스의 양에 $\frac{5}{14}$ L를 더하자.

❶ (진영이가 마신 주스의 양)

$=\frac{3}{7}+\frac{5}{14}=\square$ (L)

전략 하율이가 마신 주스의 양과 진영이가 마신 주스의 양을 더하자.

❷ (하율이와 진영이가 마신 주스의 양)

$=\frac{3}{7}+\square=\square$ (L)

답 

15 더 큰 수를 말한 사람의 이름을 쓰세요.

(　　　　　　　　)

16 밤을 승우는 $\frac{1}{3}$ kg, 하린이는 $\frac{4}{9}$ kg 주웠습니다. 승우와 하린이가 주운 밤은 모두 몇 kg인가요?

식 ______________________

답 ______________

17 민주네 집에서 약국을 거쳐 우체국까지 가는 거리는 몇 km인가요?

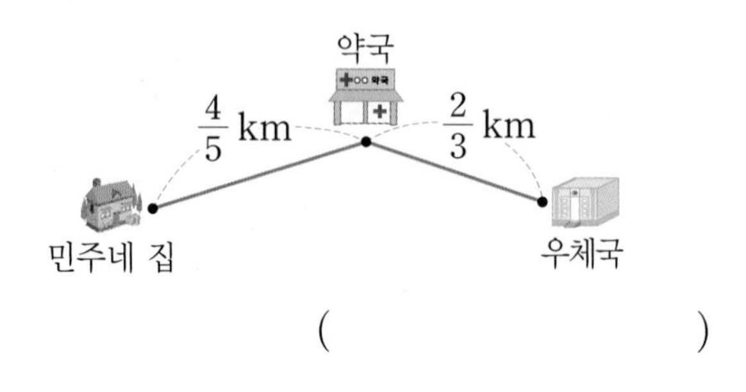

(　　　　　　　　)

18 빈칸에 알맞은 분수를 써넣으세요.

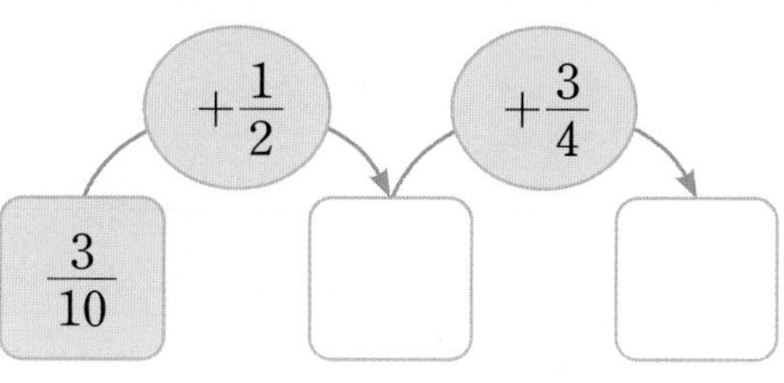

19 현주는 빵 반죽을 만들기 위해 밀가루에 물 $2\frac{5}{8}$컵을 넣었는데 물이 부족하여 $1\frac{7}{12}$컵을 더 넣었습니다. 현주가 넣은 물은 모두 몇 컵인가요?

식 ______________________

답 ______________

20 □ 안에 알맞은 분수를 구하세요.

$$\square-\frac{5}{6}=\frac{3}{4}$$

(　　　　　　　　)

21 가장 큰 수와 가장 작은 수의 합을 구하세요.

$2\frac{3}{7}$　　$3\frac{1}{4}$　　$1\frac{8}{9}$

(　　　　　　　　)

22 크기를 비교하여 ○ 안에 >, =, <를 알맞게 써넣으세요.

$$1\frac{1}{6}+3\frac{5}{8} \bigcirc 2\frac{4}{5}+2\frac{3}{10}$$

23 끈을 두 도막으로 잘랐더니 한 도막은 $1\frac{3}{8}$ m이고, 다른 한 도막은 $1\frac{9}{20}$ m였습니다. 자르기 전 끈의 길이는 몇 m인가요?

24 계산 결과가 큰 것부터 차례로 기호를 쓰세요.

㉠ $\frac{2}{3}+\frac{1}{4}$ ㉡ $\frac{1}{6}+\frac{5}{12}$ ㉢ $\frac{1}{2}+\frac{3}{5}$

( )

25 민지 어머니께서 배, 귤, 사과를 사 오셨습니다. 민지 어머니께서 사 오신 세 과일의 무게는 모두 몇 kg인가요?

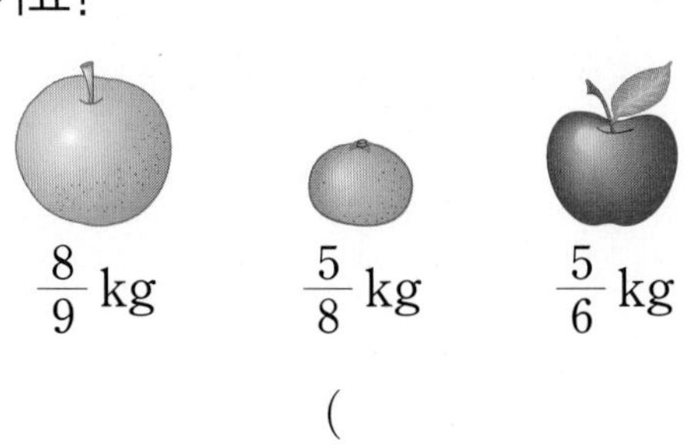

( )

26 □ 안에 들어갈 수 있는 가장 큰 자연수를 구하세요.

$$\frac{1}{2}+\frac{1}{3}>\frac{\square}{6}$$

( )

서술형 中수 문제 해결의 전략을 보면서 풀어 보자.

27 유나와 수호가 가지고 있는 수 카드입니다. 유나와 수호는 각자 가지고 있는 수 카드를 한 번씩만 사용하여 가장 작은 대분수를 만들려고 합니다. 두 사람이 만들 수 있는 가장 작은 대분수의 합을 구하세요.

유나			수호		
1	5	6	3	7	8

전략 대분수의 자연수 부분에 가장 작은 수를 놓고 남은 두 수로 진분수를 만들어 가장 작은 대분수를 각자 만들자.

❶ 유나가 만들 수 있는 가장 작은 대분수:

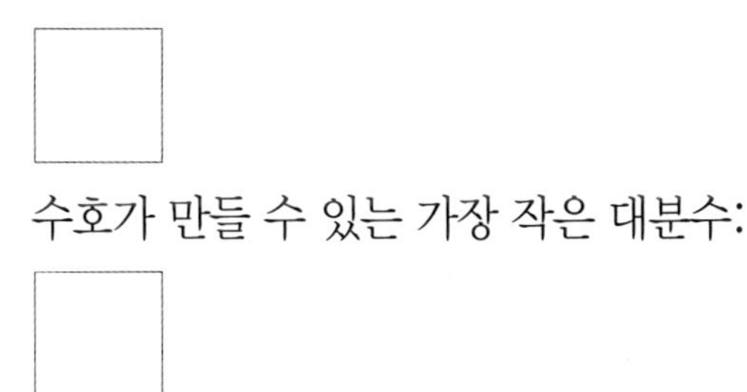

수호가 만들 수 있는 가장 작은 대분수:

전략 ❶에서 구한 두 대분수를 더하자.

❷ 만들 수 있는 가장 작은 대분수의 합:

□ + □ = □

답

BOOK❷ 40~42쪽

핵심 개념 진분수의 뺄셈

1. $\frac{1}{3}-\frac{1}{4}$을 그림을 이용하여 통분하고 계산하기

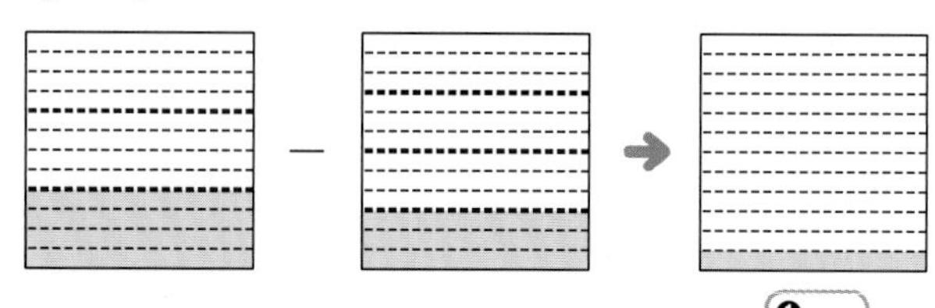

$\frac{1}{3}=\frac{4}{12}$ $\frac{1}{4}=\frac{3}{12}$ $\frac{❶}{12}$

$\frac{1}{3}-\frac{1}{4}=\frac{4}{12}-\frac{3}{12}=\frac{1}{12}$

분모가 다른 분수를 뺄 때는 두 분수를 통분하여 분모를 같게 한 뒤 분자끼리 빼.

2. $\frac{5}{8}-\frac{1}{6}$을 두 가지 방법으로 계산하기

방법 1 두 분모의 곱을 공통분모로 하여 통분한 뒤 계산하기

$\frac{5}{8}-\frac{1}{6}=\frac{5\times6}{8\times6}-\frac{1\times8}{6\times8}$
$=\frac{30}{48}-\frac{8}{48}=\frac{22}{48}=\frac{❷}{24}$

방법 2 두 분모의 최소공배수를 공통분모로 하여 통분한 뒤 계산하기

$\frac{5}{8}-\frac{1}{6}=\frac{5\times3}{8\times3}-\frac{1\times4}{6\times4}$
$=\frac{15}{24}-\frac{4}{24}=\frac{11}{24}$

정답 확인 | ❶ 1 ❷ 11

확인 문제 1~6번 문제를 풀면서 개념 익히기!

1 그림에 분수만큼 색칠하고, □ 안에 알맞은 수를 써넣어 $\frac{3}{5}-\frac{1}{2}$을 계산해 보세요.

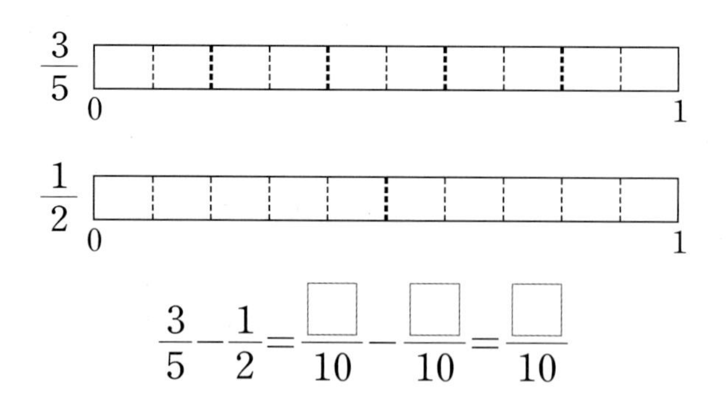

$\frac{3}{5}-\frac{1}{2}=\frac{\square}{10}-\frac{\square}{10}=\frac{\square}{10}$

2 □ 안에 알맞은 수를 써넣으세요.

$\frac{7}{10}-\frac{3}{8}=\frac{7\times8}{10\times8}-\frac{3\times\square}{8\times10}$
$=\frac{\square}{80}-\frac{\square}{80}=\frac{\square}{80}=\frac{\square}{40}$

한번 더! 확인 7~12번 유사문제를 풀면서 개념 다지기!

7 수직선의 □ 안에 알맞은 수를 써넣어 $\frac{2}{3}-\frac{1}{4}$을 계산해 보세요.

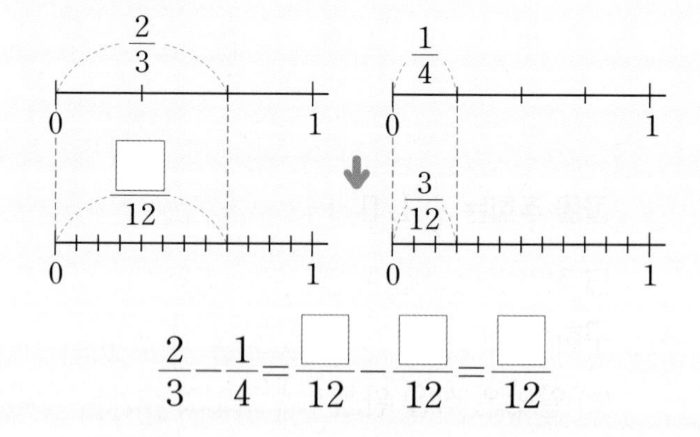

$\frac{2}{3}-\frac{1}{4}=\frac{\square}{12}-\frac{\square}{12}=\frac{\square}{12}$

8 □ 안에 알맞은 수를 써넣으세요.

$\frac{7}{10}-\frac{3}{8}=\frac{7\times4}{10\times4}-\frac{3\times\square}{8\times5}$
$=\frac{\square}{40}-\frac{\square}{40}=\frac{\square}{40}$

3 계산해 보세요.

(1) $\frac{3}{5}-\frac{2}{7}$

(2) $\frac{5}{6}-\frac{3}{14}$

4 빈칸에 알맞은 분수를 써넣으세요.

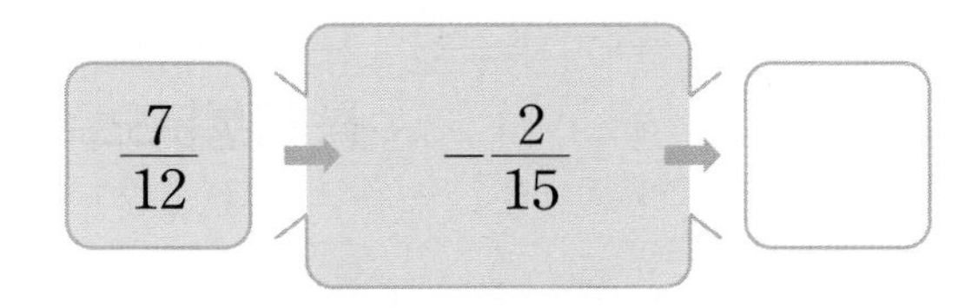

5 크기를 비교하여 ○ 안에 >, =, <를 알맞게 써넣으세요.

$$\frac{5}{12}-\frac{1}{9} \bigcirc \frac{13}{36}$$

6 물을 주희는 $\frac{1}{2}$ L 마셨고, 영민이는 주희보다 $\frac{1}{5}$ L 더 적게 마셨습니다. 영민이는 물을 **몇 L** 마셨는지 구하세요.

(1) 알맞은 식을 완성해 보세요.

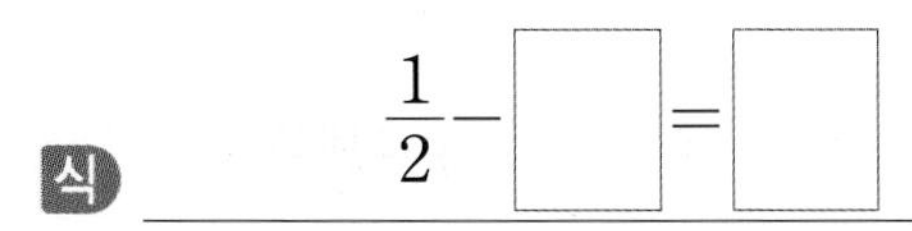

식 $\frac{1}{2}-\square=\square$

(2) 영민이는 물을 몇 L 마셨나요?

(L)

9 계산해 보세요.

(1) $\frac{3}{4}-\frac{5}{11}$

(2) $\frac{4}{15}-\frac{1}{6}$

10 다음이 나타내는 수를 구하세요.

$\frac{5}{6}$보다 $\frac{4}{9}$만큼 더 작은 수

( )

11 크기를 비교하여 ○ 안에 >, =, <를 알맞게 써넣으세요.

$$\frac{2}{5}-\frac{1}{6} \bigcirc \frac{1}{30}$$

12 빨간색 리본은 $\frac{3}{7}$ m이고 초록색 리본은 빨간색 리본보다 $\frac{2}{9}$ m 더 짧습니다. 초록색 리본은 **몇 m**인가요?

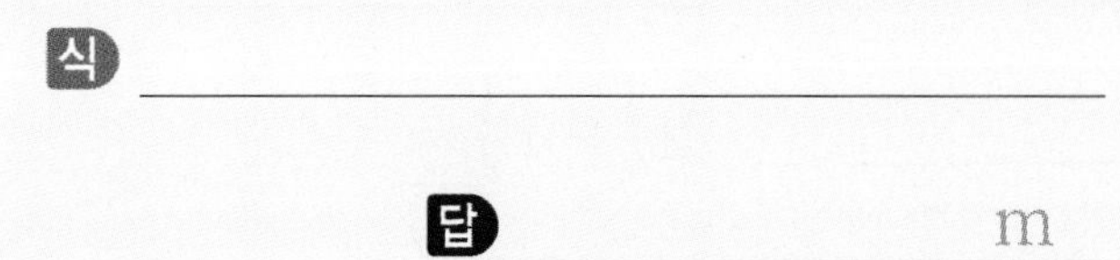

식 ____________________

답 ____________ m

1단계 교과서 바로 알기

핵심 개념 받아내림이 없는 대분수의 뺄셈

1. $2\frac{3}{4}-1\frac{3}{8}$을 그림을 이용하여 통분하고 계산하기

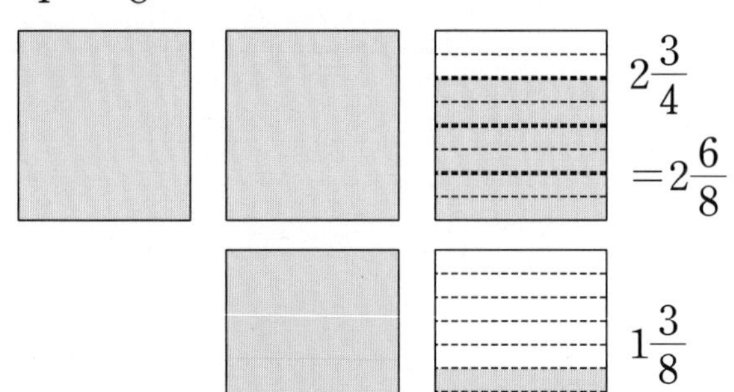

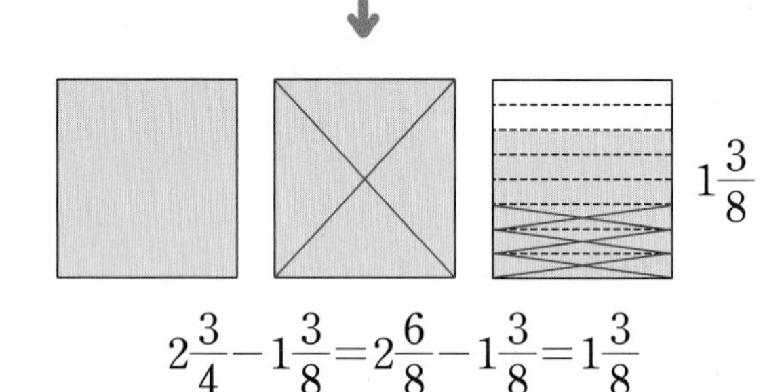

$2\frac{3}{4}-1\frac{3}{8}=2\frac{6}{8}-1\frac{3}{8}=1\frac{3}{8}$

2. $3\frac{2}{3}-1\frac{4}{7}$를 두 가지 방법으로 계산하기

방법 1 자연수는 자연수끼리, 분수는 분수끼리 빼서 계산하기

$3\frac{2}{3}-1\frac{4}{7}=3\frac{14}{21}-1\frac{12}{21}$

$=(3-1)+\left(\frac{14}{21}-\frac{12}{21}\right)$

$=$ ❶ $\square\frac{2}{21}$

방법 2 대분수를 가분수로 나타내 계산하기

$3\frac{2}{3}-1\frac{4}{7}=\frac{11}{3}-\frac{11}{7}=\frac{77}{21}-\frac{33}{21}$

$=\frac{44}{21}=2\frac{❷\square}{21}$

가분수 ➔ 대분수

정답 확인 | ❶ 2 ❷ 2

확인 문제 1~6번 문제를 풀면서 개념 익히기!

1 $2\frac{1}{3}$과 $1\frac{1}{4}$을 각각 그림에 색칠하고, $2\frac{1}{3}-1\frac{1}{4}$을 계산해 보세요.

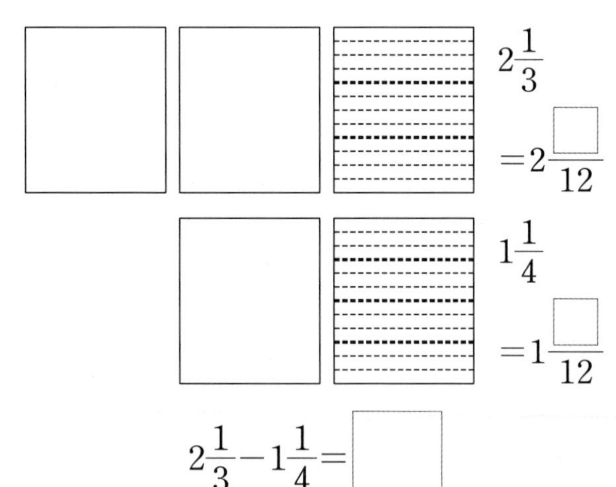

$2\frac{1}{3}-1\frac{1}{4}=\square$

2 계산해 보세요.

$4\frac{7}{10}-2\frac{2}{5}$

한번 더! 확인 7~12번 유사문제를 풀면서 개념 다지기!

7 그림에 $2\frac{3}{4}$만큼 색칠되어 있습니다. $1\frac{1}{6}$만큼 ×로 지우고, $2\frac{3}{4}-1\frac{1}{6}$을 계산해 보세요.

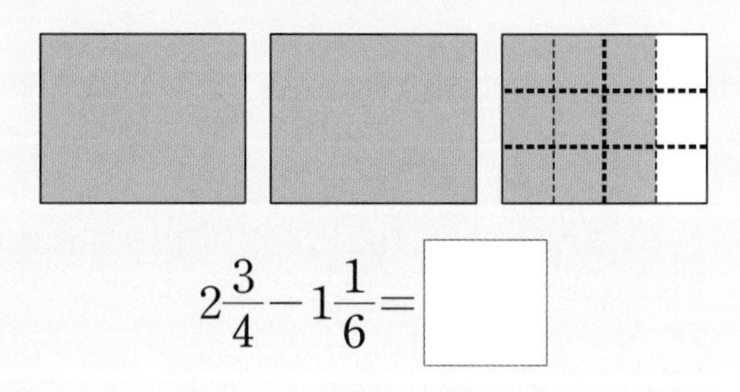

$2\frac{3}{4}-1\frac{1}{6}=\square$

8 계산해 보세요.

$4\frac{5}{6}-3\frac{2}{9}$

3 $4\frac{5}{8}-1\frac{1}{4}$을 가분수로 나타내 계산하려고 합니다.
□ 안에 알맞은 수를 써넣으세요.

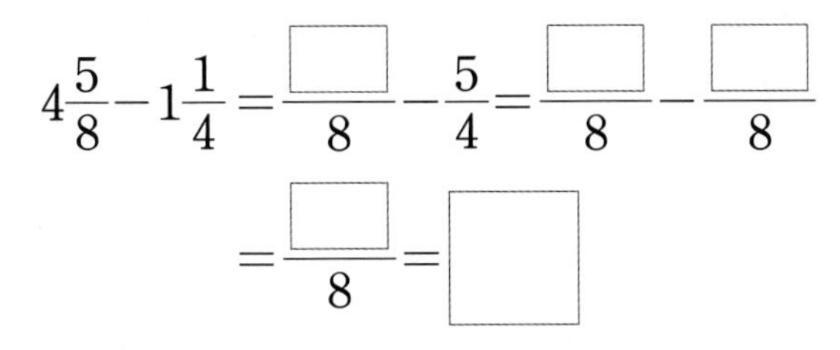

$$4\frac{5}{8}-1\frac{1}{4}=\frac{\square}{8}-\frac{5}{4}=\frac{\square}{8}-\frac{\square}{8}$$
$$=\frac{\square}{8}=\square$$

4 빈칸에 알맞은 분수를 써넣으세요.

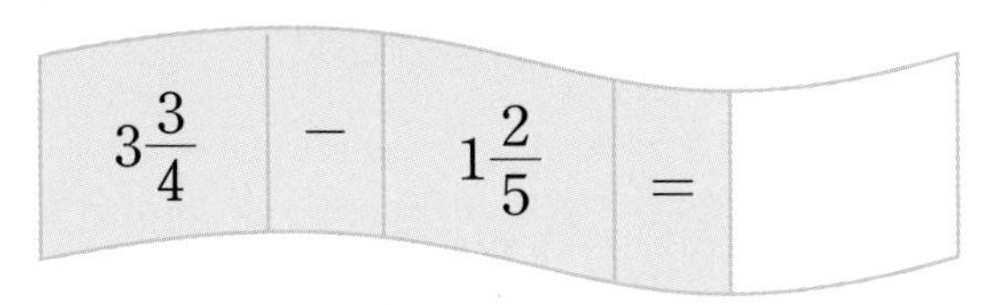

$3\frac{3}{4}$ − $1\frac{2}{5}$ = □

5 잘못 계산한 부분을 찾아 바르게 계산해 보세요.

$$3\frac{4}{5}-1\frac{1}{3}=\frac{19}{5}-\frac{4}{3}=\frac{57}{15}-\frac{20}{15}$$
$$=\frac{37}{15}=1\frac{22}{15}$$

$3\frac{4}{5}-1\frac{1}{3}$ ______________________

6 냉장고에 보리차 $2\frac{7}{10}$ L와 생수 $1\frac{1}{5}$ L가 있습니다. 보리차는 생수보다 **몇 L** 더 많은지 구하세요.

(1) 알맞은 식을 완성해 보세요.

식 $2\frac{7}{10}-\square=\square$

(2) 보리차는 생수보다 몇 L 더 많은가요?

꼭 단위까지 따라 쓰세요.

(L)

9 보기 와 같은 방법으로 계산해 보세요.

보기
$$3\frac{3}{4}-2\frac{7}{10}=\frac{15}{4}-\frac{27}{10}=\frac{75}{20}-\frac{54}{20}$$
$$=\frac{21}{20}=1\frac{1}{20}$$

$3\frac{7}{15}-1\frac{1}{5}$ ______________________

10 두 분수의 차를 구하세요.

$2\frac{13}{25}$ $1\frac{3}{10}$

( )

11 잘못 계산한 부분을 찾아 바르게 계산해 보세요.

$$4\frac{5}{6}-2\frac{3}{4}=\frac{29}{6}-\frac{11}{4}=\frac{58}{12}-\frac{33}{12}$$
$$=\frac{25}{12}=1\frac{13}{12}$$

$4\frac{5}{6}-2\frac{3}{4}$ ______________________

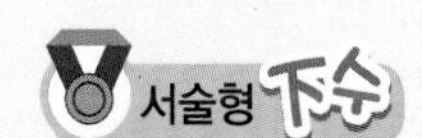

12 어느 음식점에서 설탕 $3\frac{5}{12}$ kg과 소금 $2\frac{3}{8}$ kg을 사용하였습니다. 설탕은 소금보다 **몇 kg** 더 많이 사용했나요?

식 ______________________

답 ______________ kg

핵심 개념 받아내림이 있는 대분수의 뺄셈

1. $2\frac{1}{6}-1\frac{1}{2}$을 그림을 이용하여 통분하고 계산하기

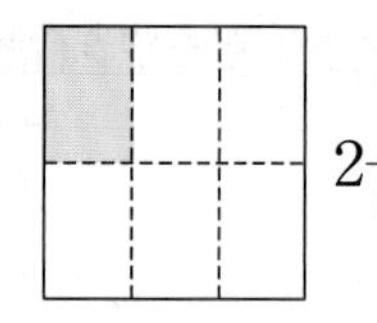

$2\frac{1}{6}$

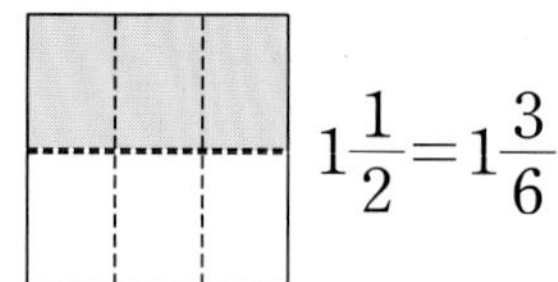

$1\frac{1}{2}=1\frac{3}{6}$

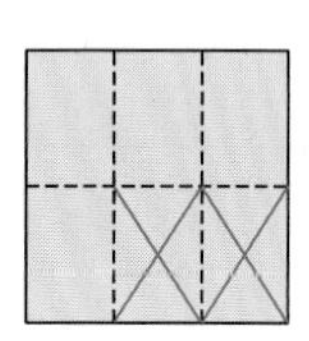
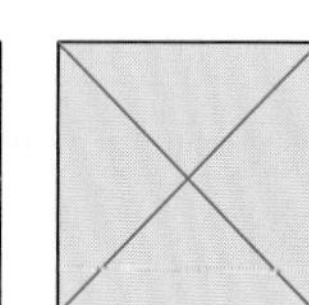
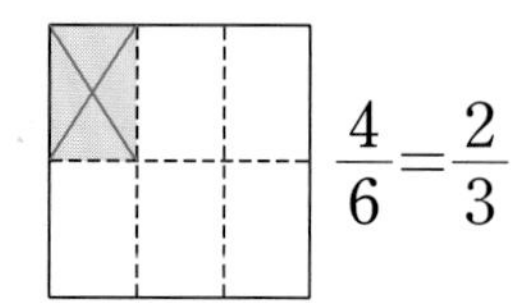

$\frac{4}{6}=\frac{2}{3}$

$2\frac{1}{6}-1\frac{1}{2}=2\frac{1}{6}-1\frac{3}{6}$

$=\frac{4}{6}=\frac{❶\square}{3}$

2. $3\frac{1}{4}-1\frac{3}{5}$을 두 가지 방법으로 계산하기

방법 1 자연수는 자연수끼리, 분수는 분수끼리 빼서 계산하기

$3\frac{1}{4}-1\frac{3}{5}=3\frac{5}{20}-1\frac{12}{20}=2\frac{25}{20}-1\frac{12}{20}$

자연수 부분에서 1을 받아내림하여 가분수로 바꾸기

$=(2-1)+\left(\frac{25}{20}-\frac{12}{20}\right)=1\frac{13}{20}$

빼지는 수의 분수 부분이 빼는 수의 분수 부분보다 작으므로 자연수 부분에서 1을 받아내림하여 계산해!

방법 2 대분수를 가분수로 나타내 계산하기

$3\frac{1}{4}-1\frac{3}{5}=\frac{13}{4}-\frac{8}{5}=\frac{65}{20}-\frac{32}{20}$

$=\frac{33}{20}=1\frac{❷\square}{20}$

정답 확인 | ❶ 2 ❷ 13

확인 문제 1~5번 문제를 풀면서 개념 익히기!

1 $2\frac{1}{5}$과 $1\frac{2}{3}$를 각각 그림에 색칠하고, $2\frac{1}{5}-1\frac{2}{3}$를 계산해 보세요.

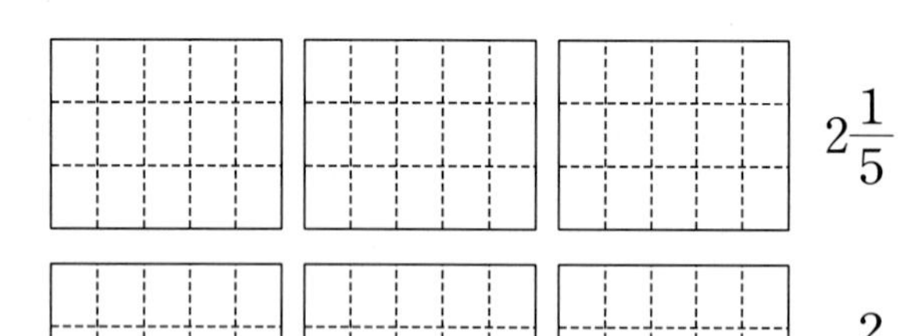

$2\frac{1}{5}$, $1\frac{2}{3}$

$2\frac{1}{5}-1\frac{2}{3}=\frac{\square}{5}-\frac{5}{3}$

$=\frac{\square}{15}-\frac{\square}{15}$

$=\square$

한번 더! 확인 6~10번 유사문제를 풀면서 개념 다지기!

6 그림에 $2\frac{4}{9}$만큼 색칠되어 있습니다. $1\frac{1}{2}$만큼 $\times$로 지우고, $2\frac{4}{9}-1\frac{1}{2}$을 계산해 보세요.

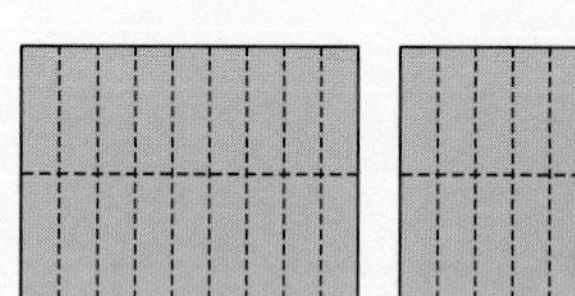
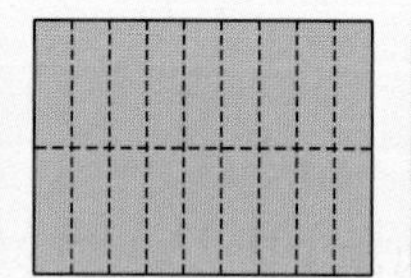
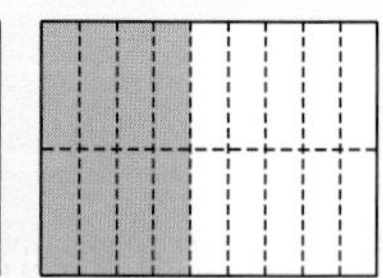

$2\frac{4}{9}-1\frac{1}{2}=2\frac{8}{18}-1\frac{\square}{18}$

$=1\frac{26}{18}-1\frac{\square}{18}$

$=(1-1)+\left(\frac{\square}{18}-\frac{\square}{18}\right)$

$=\square$

정답과 해설 27 쪽

2 계산해 보세요.

(1) $6\frac{4}{7}-4\frac{5}{6}$

(2) $3\frac{1}{5}-1\frac{9}{10}$

3 두 분모의 최소공배수를 공통분모로 하여 통분한 뒤 계산해 보세요.

$$4\frac{1}{9}-2\frac{5}{6}=4\frac{\square}{18}-2\frac{\square}{18}$$
$$=3\frac{\square}{18}-2\frac{\square}{18}=\square$$

4 $7\frac{1}{6}-4\frac{3}{8}$의 계산 결과를 바르게 나타낸 것의 기호를 쓰세요.

㉠ $3\frac{19}{24}$　　㉡ $2\frac{19}{24}$

(　　　　　　　　)

5 윤철이가 찰흙 $2\frac{1}{4}$ kg 중에서 $1\frac{5}{6}$ kg을 사용했습니다. 사용하고 남은 찰흙은 몇 **kg**인지 구하세요.

(1) 알맞은 식을 완성해 보세요.

식 $2\frac{1}{4}-\square=\square$

(2) 사용하고 남은 찰흙은 몇 kg인가요?

(　　　　　　kg　)

7 계산해 보세요.

(1) $5\frac{3}{4}-\frac{9}{10}$

(2) $3\frac{3}{8}-2\frac{5}{12}$

8 보기 와 같은 방법으로 계산해 보세요.

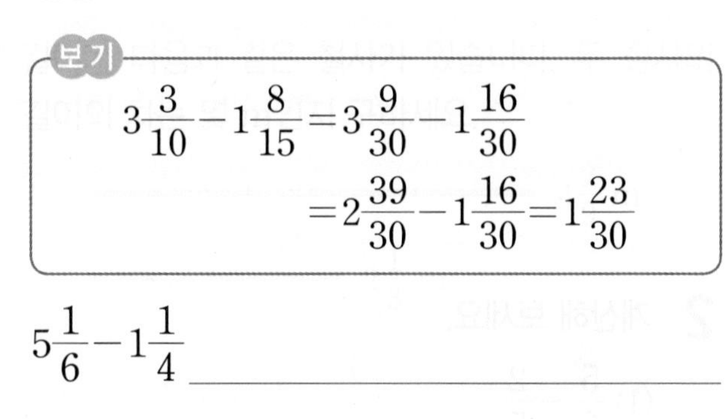

보기

$$3\frac{3}{10}-1\frac{8}{15}=3\frac{9}{30}-1\frac{16}{30}$$
$$=2\frac{39}{30}-1\frac{16}{30}=1\frac{23}{30}$$

$5\frac{1}{6}-1\frac{1}{4}$ ________________

9 계산을 바르게 한 친구의 이름을 쓰세요.

경원: $2\frac{1}{4}-1\frac{5}{8}=1\frac{5}{8}$

진주: $5\frac{1}{3}-1\frac{5}{7}=3\frac{13}{21}$

(　　　　　　　　)

서술형 下수

10 은하네 가족은 식혜 $3\frac{2}{7}$ L를 만든 후 옆집에 $1\frac{2}{5}$ L를 나누어 주었습니다. 나누어 주고 남은 식혜는 몇 **L**인가요?

식 ________________

답 ____________ L

5 분수의 덧셈과 뺄셈

2단계 익힘책 바로 풀기

[1~2] 오른쪽 정육각형의 둘레를 구하려고 합니다. 지안이와 서준이의 방법에 맞게 □ 안에 알맞은 수를 써넣으세요.

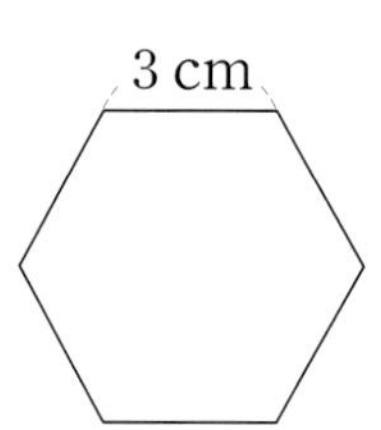

1

정육각형의 각 변의 길이를 모두 더하여 둘레를 구할 수 있어.

$3+3+\square+\square+\square+\square=\square$ (cm)

2

정다각형의 둘레는 (한 변의 길이)×(변의 수)로 구할 수 있어.

$3\times\square=\square$ (cm)

[3~4] 정다각형의 둘레를 구하세요.

3

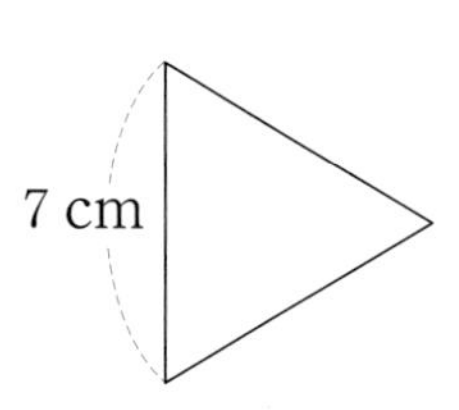

(   )

4

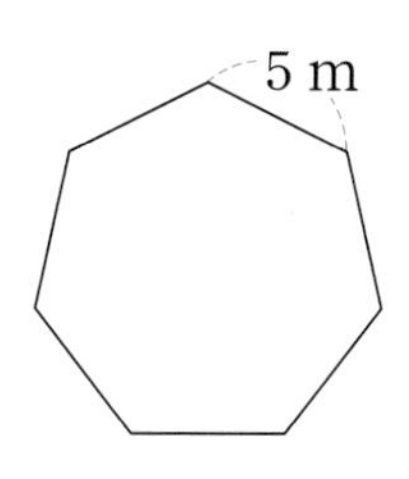

(   )

5 사다리꼴의 둘레는 몇 cm인가요?

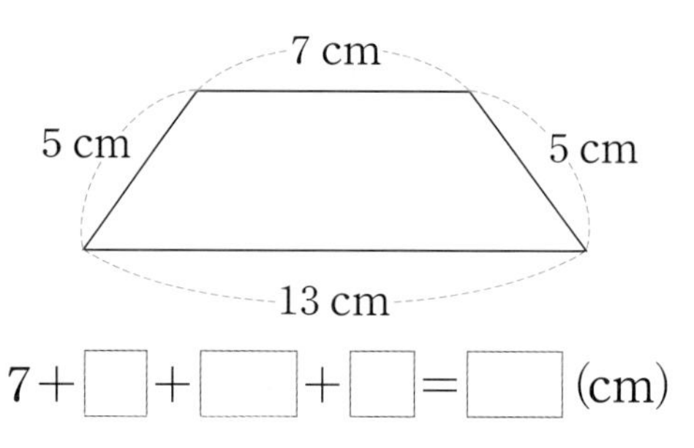

$7+\square+\square+\square=\square$ (cm)

6 직사각형의 둘레는 몇 cm인가요?

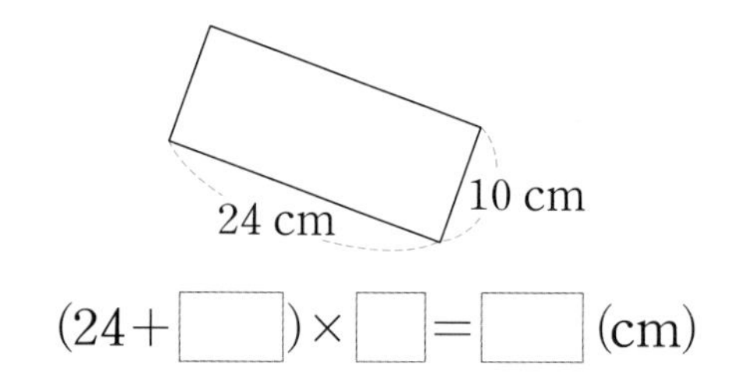

$(24+\square)\times\square=\square$ (cm)

7 칠교판 조각으로 만든 정사각형 모양입니다. 만든 정사각형의 둘레는 몇 cm인가요?

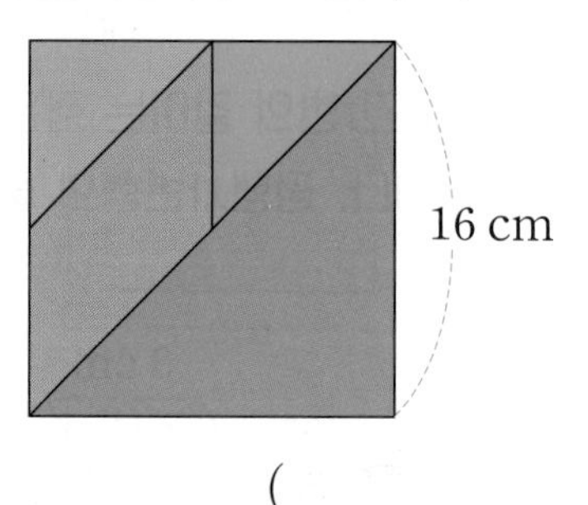

(   )

8 마름모의 둘레는 몇 cm인가요?

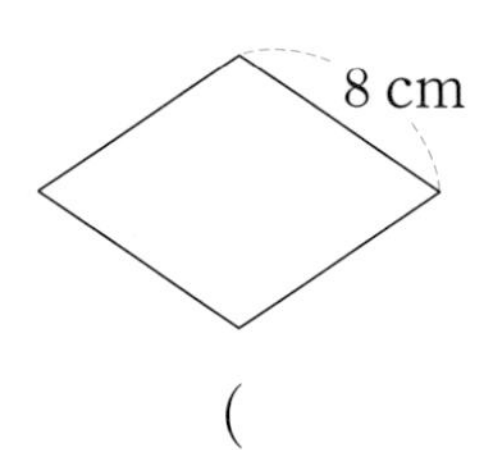

(   )

2 계산해 보세요.

(1) $6\frac{4}{7}-4\frac{5}{6}$

(2) $3\frac{1}{5}-1\frac{9}{10}$

3 두 분모의 최소공배수를 공통분모로 하여 통분한 뒤 계산해 보세요.

$$4\frac{1}{9}-2\frac{5}{6}=4\frac{\square}{18}-2\frac{\square}{18}$$
$$=3\frac{\square}{18}-2\frac{\square}{18}=\square$$

4 $7\frac{1}{6}-4\frac{3}{8}$의 계산 결과를 바르게 나타낸 것의 기호를 쓰세요.

㉠ $3\frac{19}{24}$　　㉡ $2\frac{19}{24}$

(　　　　　　　　)

5 윤철이가 찰흙 $2\frac{1}{4}$ kg 중에서 $1\frac{5}{6}$ kg을 사용했습니다. 사용하고 남은 찰흙은 **몇 kg**인지 구하세요.

(1) 알맞은 식을 완성해 보세요.

식 $2\frac{1}{4}-\square=\square$

(2) 사용하고 남은 찰흙은 몇 kg인가요?

꼭 단위까지 따라 쓰세요.

(　　　　　　kg)

7 계산해 보세요.

(1) $5\frac{3}{4}-\frac{9}{10}$

(2) $3\frac{3}{8}-2\frac{5}{12}$

8 보기 와 같은 방법으로 계산해 보세요.

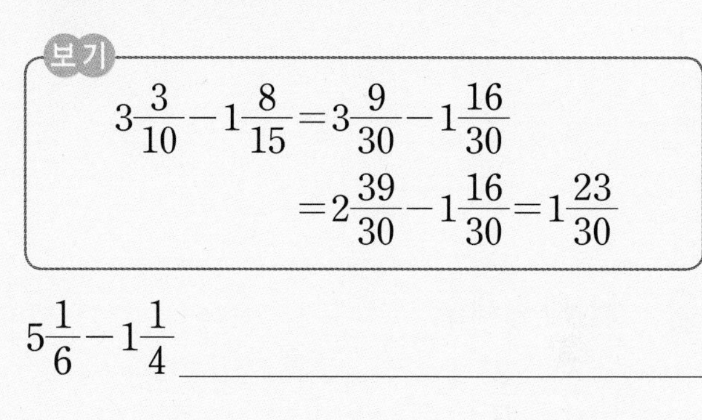
보기

$$3\frac{3}{10}-1\frac{8}{15}=3\frac{9}{30}-1\frac{16}{30}$$
$$=2\frac{39}{30}-1\frac{16}{30}=1\frac{23}{30}$$

$5\frac{1}{6}-1\frac{1}{4}$ ______________________

9 계산을 바르게 한 친구의 이름을 쓰세요.

경원: $2\frac{1}{4}-1\frac{5}{8}=1\frac{5}{8}$

진주: $5\frac{1}{3}-1\frac{5}{7}=3\frac{13}{21}$

(　　　　　　　　)

서술형 下수

10 은하네 가족은 식혜 $3\frac{2}{7}$ L를 만든 후 옆집에 $1\frac{2}{5}$ L를 나누어 주었습니다. 나누어 주고 남은 식혜는 **몇 L**인가요?

식 ______________________

답 ______________ L

1 다음 그림에 $\frac{3}{4}$만큼 색칠하고, $\frac{1}{3}$만큼 ×로 지워 $\frac{3}{4}-\frac{1}{3}$을 계산해 보세요.

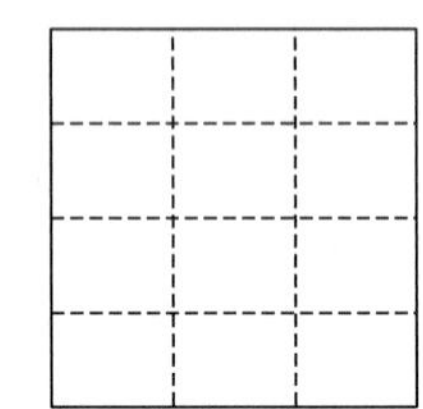

$\frac{3}{4}-\frac{1}{3}=\square$

2 계산해 보세요.

(1) $\frac{5}{6}-\frac{2}{5}$

(2) $\frac{7}{12}-\frac{3}{8}$

3 빈칸에 알맞은 분수를 써넣으세요.

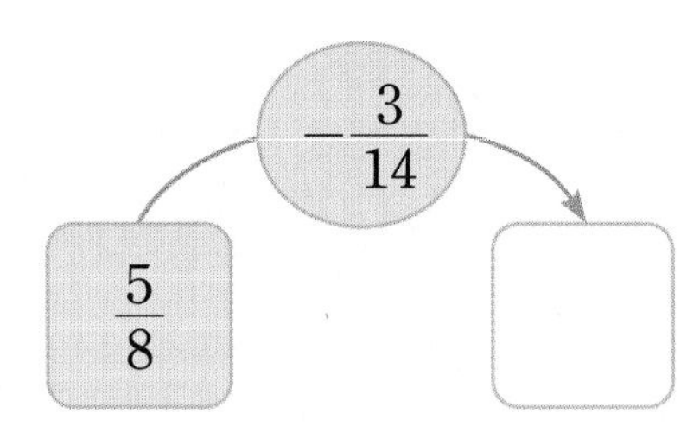

4 대분수를 가분수로 나타내 계산해 보세요.

$3\frac{1}{2}-1\frac{4}{7}$ ________________

5 □ 안에 알맞은 분수를 써넣으세요.

$2\frac{3}{5}$보다 $1\frac{1}{4}$만큼 더 작은 수는 $\square$입니다.

6 두 분수의 차를 구하세요.

$3\frac{11}{16}$ $\quad$ $2\frac{3}{4}$

(　　　　　　　　)

서술형

7 $3\frac{5}{6}-2\frac{4}{9}$를 서로 다른 방법으로 계산한 것입니다. 어떤 방법으로 계산했는지 설명해 보세요.

방법 1 $3\frac{5}{6}-2\frac{4}{9}=3\frac{15}{18}-2\frac{8}{18}$
$=(3-2)+\left(\frac{15}{18}-\frac{8}{18}\right)$
$=1\frac{7}{18}$

____

____

방법 2 $3\frac{5}{6}-2\frac{4}{9}=\frac{23}{6}-\frac{22}{9}=\frac{69}{18}-\frac{44}{18}$
$=\frac{25}{18}=1\frac{7}{18}$

____

____

8 계산 결과를 찾아 이어 보세요.

$\frac{7}{10}-\frac{1}{2}$	$\frac{3}{4}-\frac{1}{6}$	$\frac{2}{3}-\frac{4}{7}$
$\frac{1}{5}$	$\frac{2}{21}$	$\frac{7}{12}$

9 잘못 계산한 부분을 찾아 바르게 계산해 보세요.

$$3\frac{5}{8}-1\frac{1}{6}=\frac{29}{8}-\frac{7}{6}=\frac{87}{24}-\frac{28}{24}$$
$$=\frac{59}{24}=1\frac{35}{24}$$

$3\frac{5}{8}-1\frac{1}{6}$ ____________________

10 바르게 계산한 사람의 이름을 쓰세요.

$\frac{9}{10}-\frac{3}{8}=\frac{21}{40}$

서준

$2\frac{3}{5}-1\frac{3}{4}=1\frac{7}{20}$

은우

(　　　　　　　　)

11 □ 안에 알맞은 분수를 써넣으세요.

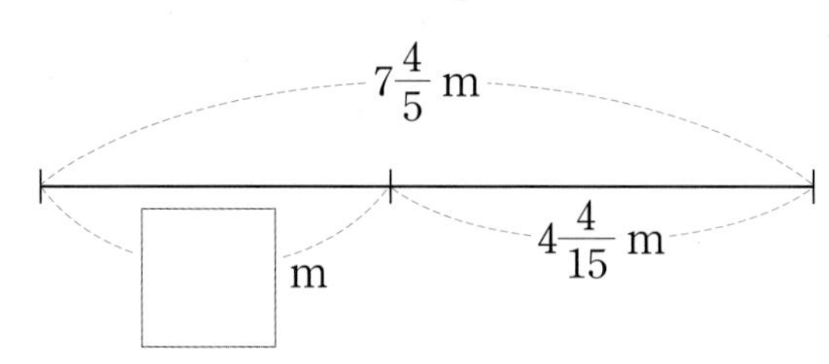

12 길이가 다음과 같은 철사가 있습니다. 두 철사의 길이의 차는 몇 m인지 구하세요.

(　　　　　　　　)

서술형 中수 문제 해결의 전략을 보면서 풀어 보자.

13 보라는 딸기 $4\frac{2}{3}$ kg 중에서 $1\frac{4}{9}$ kg을 이모 댁에 드리고 나서 $1\frac{5}{6}$ kg으로 딸기잼을 만들었습니다. 보라가 딸기잼을 만들고 남은 딸기는 몇 kg인가요?

전체 딸기의 양에서 이모 댁에 드린 딸기의 양을 빼자.

❶ (이모 댁에 드리고 남은 딸기의 양)

$=4\frac{2}{3}-\square=\square$ (kg)

❶에서 구한 값에서 딸기잼을 만드는 데 사용한 딸기의 양을 빼자.

❷ (딸기잼을 만들고 남은 딸기의 양)

$=\square-1\frac{5}{6}=\square$ (kg)

5 분수의 덧셈과 뺄셈

14 계산 결과가 대분수인 것에 ○표 하세요.

$4\frac{7}{12}-3\frac{3}{10}$　　　$3\frac{1}{8}-2\frac{2}{3}$

(　　　)　　　(　　　)

15 떡이 담긴 접시의 무게는 $\frac{5}{6}$ kg입니다. 빈 접시의 무게가 $\frac{4}{15}$ kg일 때 떡은 몇 kg인가요?

____

답 ______________

16 크기를 비교하여 ○ 안에 >, =, <를 알맞게 써넣으세요.

$5\frac{5}{12}-2\frac{11}{18}$ ○ $2\frac{31}{36}$

17 □ 안에 알맞은 분수를 구하세요.

$3\frac{2}{7}+\square=6\frac{4}{5}$

(　　　　　)

18 같은 양의 물이 담긴 두 비커에 소금의 양을 다르게 하여 소금물을 만들었습니다. ㉮ 비커에는 소금을 $\frac{7}{12}$ 컵 넣었고, ㉯ 비커에는 ㉮ 비커보다 $\frac{2}{5}$ 컵 더 적게 소금을 넣었습니다. ㉯ 비커에 넣은 소금은 몇 컵인가요?

____

답 ______________

19 가장 큰 수와 가장 작은 수의 차를 구하세요.

$\frac{1}{3}$　$\frac{1}{5}$　$\frac{1}{30}$

(　　　　　)

20 나타내는 수가 더 큰 것의 기호를 쓰세요.

㉠ $\frac{9}{10}$보다 $\frac{1}{6}$만큼 더 작은 수
㉡ $2\frac{1}{5}$보다 $1\frac{1}{3}$만큼 더 작은 수

(　　　　　)

21 들이가 $4\frac{5}{9}$ L인 수조에 물이 $2\frac{1}{4}$ L 들어 있습니다. 수조를 가득 채우려면 물을 몇 L 더 부어야 하나요?

( )

22 미술 시간에 선물 상자를 꾸미는 데 예은이는 색종이를 $6\frac{5}{8}$장 사용했고, 수지는 $4\frac{5}{12}$장 사용했습니다. 누가 색종이를 몇 장 더 많이 사용했나요?

( ), ( )

23 빈칸에 알맞은 분수를 써넣으세요.

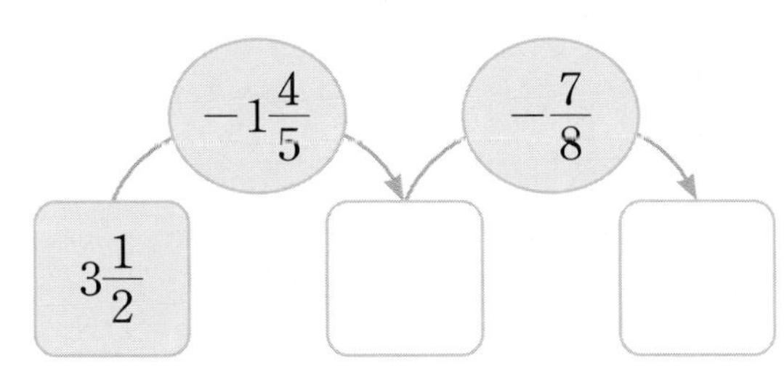

24 □ 안에 들어갈 수 있는 가장 작은 자연수를 구하세요.

$5\frac{1}{5}-2\frac{2}{7}<\square$

( )

25 ㉠에 알맞은 분수를 구하세요.

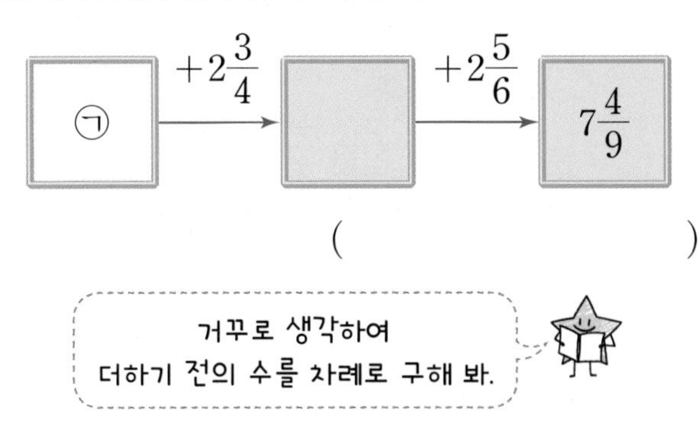

( )

거꾸로 생각하여
더하기 전의 수를 차례로 구해 봐.

서술형 中수 문제 해결의 전략을 보면서 풀어 보자.

26 학교에서 도서관까지 바로 가는 길은 학교에서 문구점을 거쳐 도서관까지 가는 길보다 몇 km 더 가까운가요?

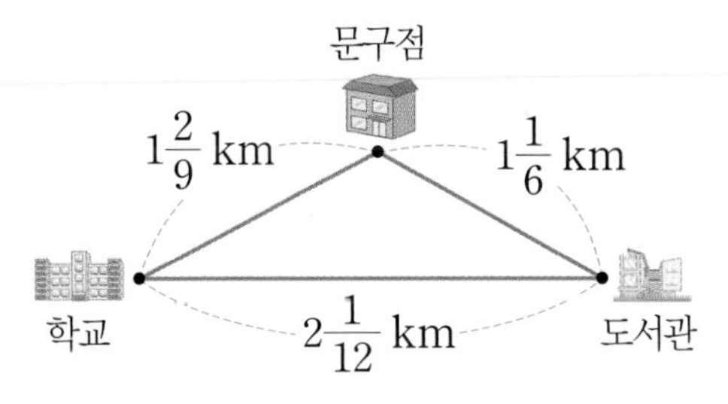

전략 학교에서 문구점까지의 거리와 문구점에서 도서관까지의 거리를 더하자.

❶ (학교～문구점)+(문구점～도서관)

$=1\frac{2}{9}+1\frac{1}{6}=\square$ (km)

전략 ❶에서 구한 거리와 학교에서 도서관까지의 거리의 차를 구하자.

❷ (학교～문구점～도서관)−(학교～도서관)

$=\square-2\frac{1}{12}=\square$ (km)

답 ____________

BOOK❷ 43～45쪽

3단계 실력 바로 쌓기

가이드
문제에서 핵심이 되는 말에 표시하고, 주어진 풀이를 따라 풀어 보자.

키워드 문제

1-1 두 분수를 골라 합을 구하려고 합니다. 합이 가장 클 때의 값을 구하세요.

$2\frac{7}{8}$ $4\frac{5}{12}$ $3\frac{3}{10}$

❶ 합이 가장 크려면 가장 (큰 , 작은) 수와 두 번째로 (큰 , 작은) 수를 더해야 합니다.

전략 세 분수의 크기를 비교하여 합이 가장 큰 식을 만들고 계산해 보자.

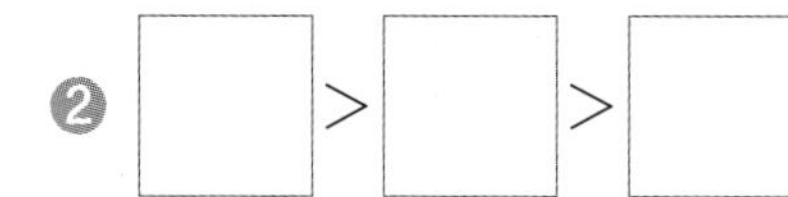

❷ □ > □ > □

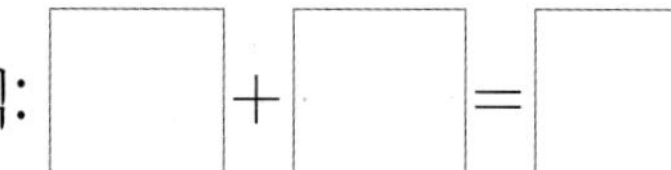

합이 가장 큰 식: □ + □ = □

답 ____________

서술형 高수

1-2 두 분수를 골라 합을 구하려고 합니다. 합이 가장 작을 때의 값을 구하세요.

$1\frac{1}{2}$ $\frac{11}{12}$ $\frac{7}{8}$

❶

❷

답 ____________

키워드 문제

2-1 3장의 수 카드를 한 번씩만 사용하여 대분수를 만들려고 합니다. 만들 수 있는 가장 큰 대분수와 가장 작은 대분수의 차를 구하세요.

7 8 9

전략 자연수 부분에 가장 큰 수를 놓고 남은 두 수로 진분수를 만들자.

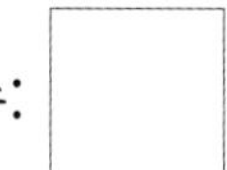

❶ 가장 큰 대분수: □

전략 자연수 부분에 가장 작은 수를 놓고 남은 두 수로 진분수를 만들자.

❷ 가장 작은 대분수: □

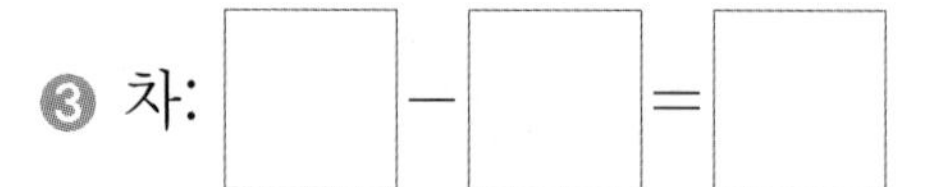

❸ 차: □ − □ = □

답 ____________

서술형 高수

2-2 3장의 수 카드를 한 번씩만 사용하여 대분수를 만들려고 합니다. 만들 수 있는 가장 큰 대분수와 가장 작은 대분수의 합을 구하세요.

3 5 7

❶

❷

❸

답 ____________

키워드 문제

3-1 정후는 버스를 $\frac{2}{5}$시간, 지하철을 $\frac{3}{10}$시간 동안 탔습니다. 정후가 버스와 지하철을 탄 시간은 모두 몇 분인지 구하세요.

전략 버스를 탄 시간과 지하철을 탄 시간을 더하자.

❶ (버스와 지하철을 탄 시간)

$=\frac{2}{5}+\frac{3}{10}=\square$(시간)

전략 1시간=60분이므로 $\frac{1}{60}$시간=1분 ➔ $\frac{■}{60}$시간=■분

❷ $\frac{7}{10}$시간$=\frac{\square}{60}$시간이므로 정후가 버스와 지하철을 탄 시간은 모두 $\square$분입니다.

답 ______

서술형 高수

3-2 지수는 수학 공부를 $\frac{11}{15}$시간, 영어 공부를 $1\frac{1}{6}$시간 동안 하였습니다. 지수가 수학과 영어 공부를 한 시간은 모두 몇 시간 몇 분인지 구하세요.

❶

❷

답 ______

키워드 문제

4-1 어떤 수에서 $\frac{1}{7}$을 빼야 할 것을 잘못하여 더했더니 $\frac{4}{5}$가 되었습니다. 바르게 계산한 값은 얼마인지 구하세요.

❶ 어떤 수를 ■라 하고 잘못 계산한 식 세우기:

$■+\square=\square$

전략 ❶의 식을 뺄셈식으로 나타내 ■의 값을 구하자.

❷ $■=\square-\square=\square$

전략 ■에서 $\frac{1}{7}$을 빼자.

❸ 바르게 계산한 값: $\square-\frac{1}{7}=\square$

답 ______

서술형 高수

4-2 어떤 수에 $\frac{2}{7}$를 더해야 할 것을 잘못하여 뺐더니 $\frac{8}{21}$이 되었습니다. 바르게 계산한 값은 얼마인지 구하세요.

❶

❷

❸

답 ______

TEST 단원 마무리 하기

점수

1 $\frac{3}{4}+\frac{1}{10}$을 두 가지 방법으로 계산하려고 합니다. 물음에 답하세요.

(1) 두 분모의 곱을 공통분모로 하여 통분한 뒤 계산해 보세요.

$$\frac{3}{4}+\frac{1}{10}=\frac{3\times\square}{4\times10}+\frac{1\times\square}{10\times4}=\frac{\square}{40}+\frac{\square}{40}=\frac{\square}{40}=\frac{\square}{20}$$

(2) 두 분모의 최소공배수를 공통분모로 하여 통분한 뒤 계산해 보세요.

$$\frac{3}{4}+\frac{1}{10}=\frac{3\times\square}{4\times5}+\frac{1\times\square}{10\times2}=\frac{\square}{20}+\frac{\square}{20}=\frac{\square}{20}$$

2 그림에 $3\frac{3}{5}$만큼 색칠되어 있습니다. $1\frac{1}{4}$만큼 ×로 지우고, $3\frac{3}{5}-1\frac{1}{4}$을 계산해 보세요.

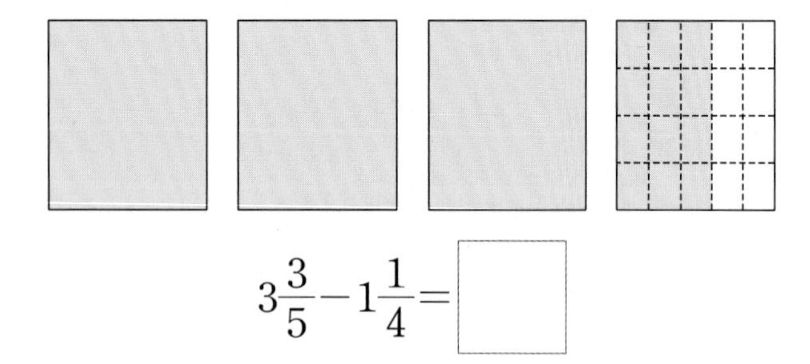

$3\frac{3}{5}-1\frac{1}{4}=\square$

3 계산해 보세요.

(1) $4\frac{5}{6}-3\frac{3}{5}$

(2) $1\frac{7}{10}+1\frac{5}{14}$

4 보기 와 같은 방법으로 계산해 보세요.

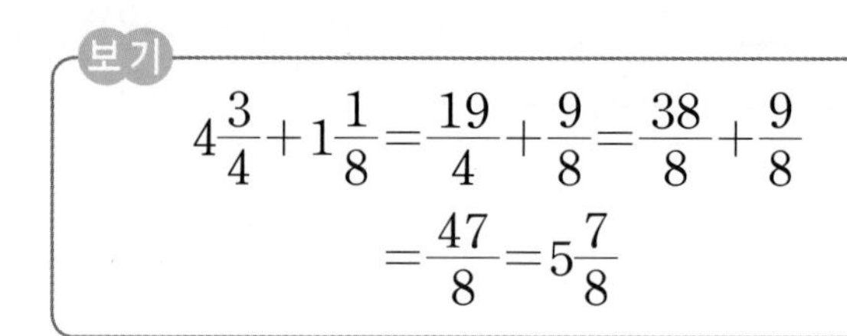

보기

$$4\frac{3}{4}+1\frac{1}{8}=\frac{19}{4}+\frac{9}{8}=\frac{38}{8}+\frac{9}{8}=\frac{47}{8}=5\frac{7}{8}$$

$2\frac{5}{14}+1\frac{2}{7}$ ______________________

5 빈칸에 알맞은 분수를 써넣으세요.

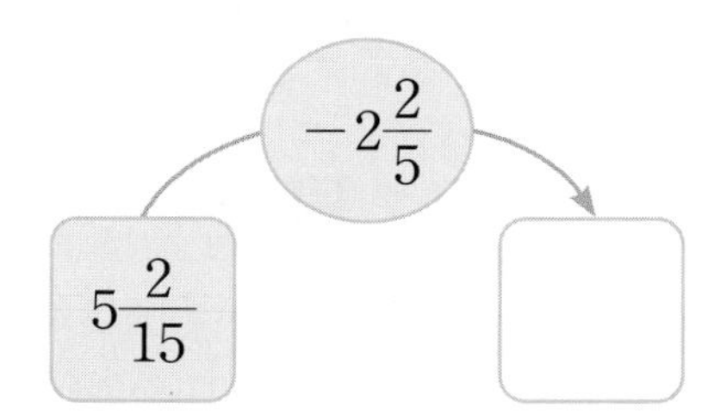

6 다음이 나타내는 수를 구하세요.

$\frac{5}{14}$보다 $\frac{5}{6}$만큼 더 큰 수

(　　　　　　　　)

7 잘못 계산한 부분을 찾아 바르게 계산해 보세요.

$$2\frac{1}{4}-1\frac{4}{5}=\frac{9}{4}-\frac{9}{5}=\frac{45}{20}-\frac{9}{20}=\frac{36}{20}=\frac{9}{5}=1\frac{4}{5}$$

$2\frac{1}{4}-1\frac{4}{5}$ ______________________

8 가장 큰 분수와 가장 작은 분수의 차를 구하세요.

$5\frac{7}{8}$　　$6\frac{7}{9}$　　$1\frac{1}{6}$

(　　　　　　　)

9 계산 결과가 1보다 작은 것의 기호를 쓰세요.

㉠ $\frac{1}{2}+\frac{9}{16}$　　㉡ $\frac{5}{7}+\frac{1}{6}$

(　　　　　　　)

10 두 색 테이프의 길이의 차는 몇 cm인가요?

$11\frac{3}{8}$ cm

$6\frac{5}{12}$ cm

(　　　　　　　)

11 쌀 $\frac{10}{21}$ kg과 보리 $\frac{5}{14}$ kg을 섞어 밥을 지었습니다. 밥을 짓는 데 사용한 쌀과 보리는 몇 kg인가요?

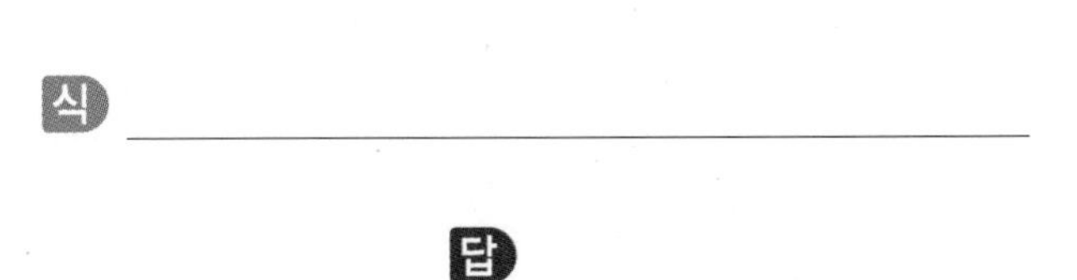

식 ______________________

답 ______________

12 직사각형의 가로와 세로의 합은 $7\frac{1}{6}$ cm입니다. 이 직사각형의 세로는 몇 cm인가요?

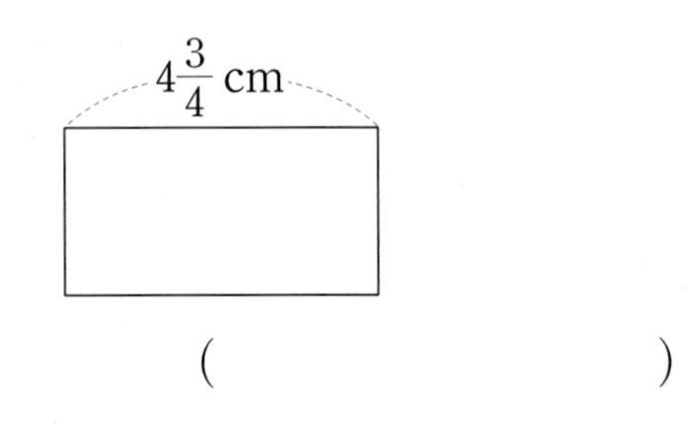

(　　　　　　　)

13 집에서 우체국을 거쳐 은행까지 가는 거리는 몇 km인가요?

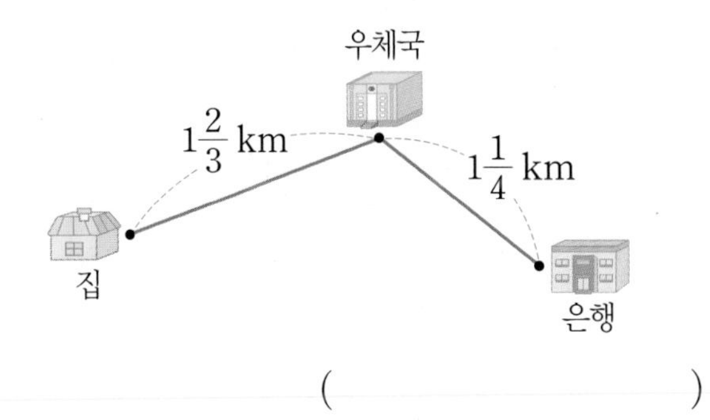

(　　　　　　　)

14 현지는 텃밭에서 상추에 물을 $\frac{11}{15}$ L 주고, 깻잎에 물을 $\frac{7}{12}$ L 주었습니다. 상추와 깻잎 중에서 어느 것에 물을 몇 L 더 많이 주었나요?

(　　　　　　　), (　　　　　　　)

15 계산 결과를 비교하여 ○ 안에 $>$, $=$, $<$를 알맞게 써넣으세요.

$6\frac{3}{8}-3\frac{7}{12}$ ○ $1\frac{1}{2}+1\frac{5}{6}$

16 빈칸에 알맞은 분수를 써넣으세요.

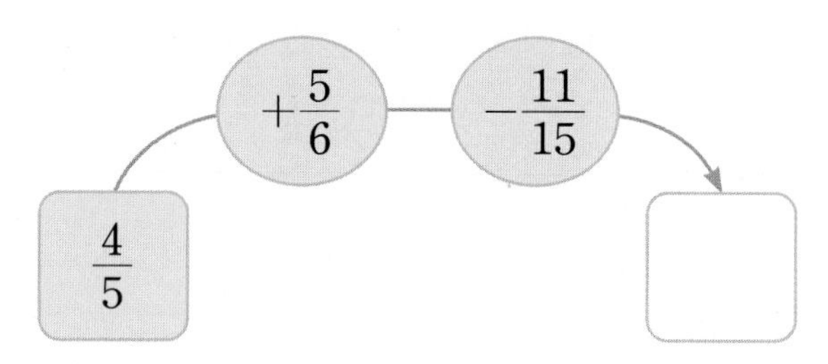

17 다음 중에서 두 분수를 골라 차가 가장 큰 뺄셈식을 만들고 계산해 보세요.

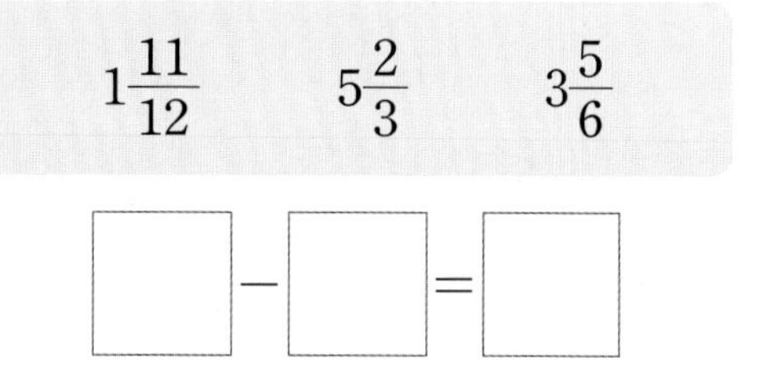

18 삼각형의 세 변의 길이의 합은 몇 cm인가요?

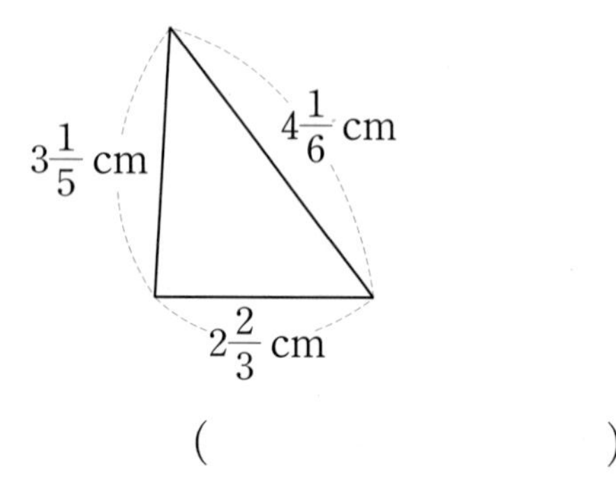

(　　　　　　　　)

서술형 실전

19 수진이는 우유를 오전에 $2\frac{3}{4}$컵, 오후에 $2\frac{1}{3}$컵 마셨고, 영철이는 하루 동안 우유를 $4\frac{5}{12}$컵 마셨습니다. 누가 하루 동안 우유를 더 많이 마셨는지 풀이 과정을 쓰고 답을 구하세요.

풀이 ____________________

답 ____________________

20 흑설탕을 가득 담은 통의 무게가 $4\frac{3}{8}$ kg입니다. 흑설탕의 절반을 덜어 내고 무게를 재었더니 $2\frac{5}{12}$ kg이었습니다. 빈 통의 무게는 몇 kg인지 풀이 과정을 쓰고 답을 구하세요.

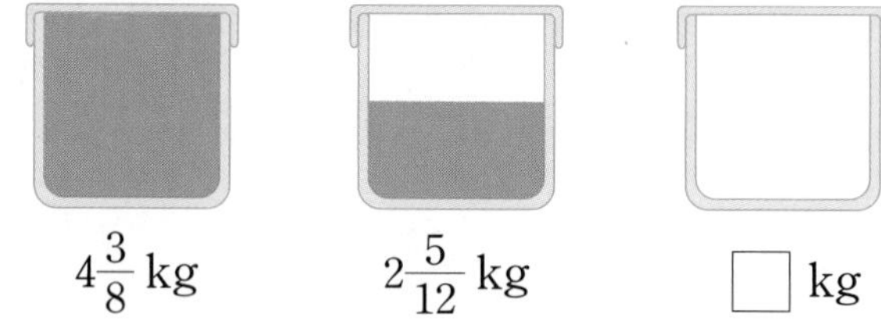

풀이 ____________________

답 ____________________

다각형의 둘레와 넓이

스마트폰을 이용하여 QR 코드를 찍으면 개념 학습 영상을 볼 수 있어요.

6단원 학습 계획표

✓ 이 단원의 표준 학습 일수는 **7일**입니다. 계획대로 공부한 후 확인란에 사인을 받으세요.

이 단원에서 배울 내용	쪽수	계획한 날	확인
1단계 **교과서 바로 알기** • 정다각형의 둘레 • 사각형의 둘레	124~127쪽	월 일	확인했어요!
2단계 **익힘책 바로 풀기**	128~129쪽		
1단계 **교과서 바로 알기** • $1\,\mathrm{cm}^2$ • 직사각형의 넓이 • $1\,\mathrm{cm}^2$보다 더 큰 넓이의 단위	130~135쪽	월 일	확인했어요!
2단계 **익힘책 바로 풀기**	136~137쪽	월 일	확인했어요!
1단계 **교과서 바로 알기** • 평행사변형의 넓이 • 삼각형의 넓이	138~141쪽	월 일	확인했어요!
2단계 **익힘책 바로 풀기**	142~143쪽		
1단계 **교과서 바로 알기** • 마름모의 넓이 • 사다리꼴의 넓이 • 여러 가지 도형의 둘레와 넓이	144~149쪽	월 일	확인했어요!
2단계 **익힘책 바로 풀기**	150~151쪽	월 일	확인했어요!
3단계 **실력 바로 쌓기**	152~153쪽	월 일	확인했어요!
TEST **단원 마무리 하기**	154~156쪽		

1단계 교과서 바로 알기

핵심 개념 정다각형의 둘레

- 정다각형의 둘레를 구하는 방법

방법 1 각 변의 길이를 모두 더합니다.

방법 2 한 변의 길이에 변의 수를 곱합니다.

정다각형의 각 변의 길이는 모두 같아. 정다각형의 한 변의 길이에 변의 수를 곱하면 둘레를 좀 더 쉽게 구할 수 있어.

(정다각형의 둘레)
=(한 변의 길이)×(변의 수)

1. 정삼각형의 둘레

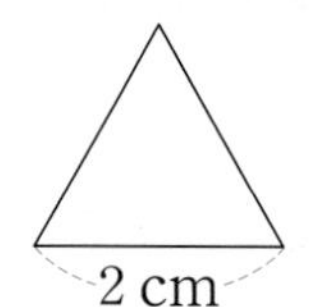

세 변의 길이가 모두 같으므로

방법 1 $2+2+2=6$ (cm)

방법 2 $2\times3=$ ❶ □ (cm)

2. 정사각형의 둘레

네 변의 길이가 모두 같으므로

방법 1 $2+2+2+2=8$ (cm)

방법 2 $2\times4=$ ❷ □ (cm)

정답 확인 | ❶ 6 ❷ 8

확인 문제 1~5번 문제를 풀면서 개념 익히기!

1 정삼각형의 둘레를 구하려고 합니다. □ 안에 알맞은 수를 써넣으세요.

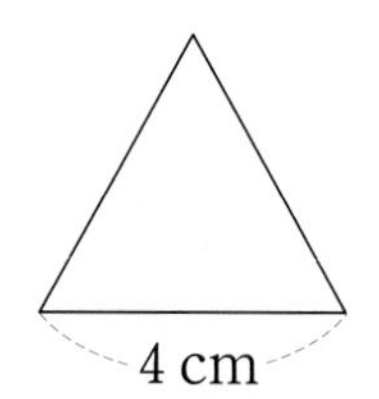

방법 1 $4+4+4=$ □ (cm)

방법 2 $4\times$ □ $=$ □ (cm)

2 정오각형의 둘레를 구하려고 합니다. □ 안에 알맞은 수를 써넣으세요.

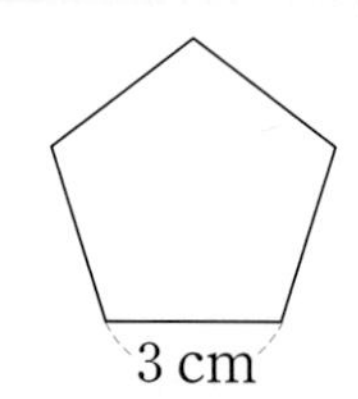

방법 1 $3+3+3+3+3=$ □ (cm)

방법 2 $3\times$ □ $=$ □ (cm)

한번 더! 확인 6~10번 유사문제를 풀면서 개념 다지기!

6 정삼각형의 둘레를 구하려고 합니다. □ 안에 알맞은 수를 써넣으세요.

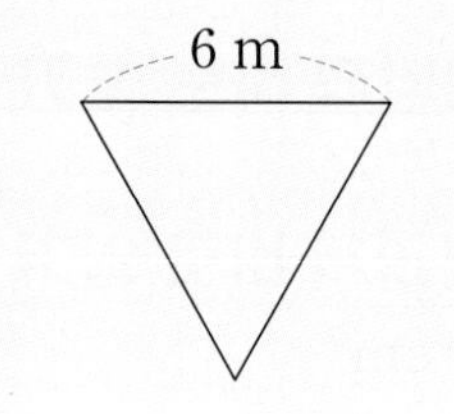

방법 1 $6+6+6=$ □ (m)

방법 2 □ $\times3=$ □ (m)

7 정오각형의 둘레를 구하려고 합니다. □ 안에 알맞은 수를 써넣으세요.

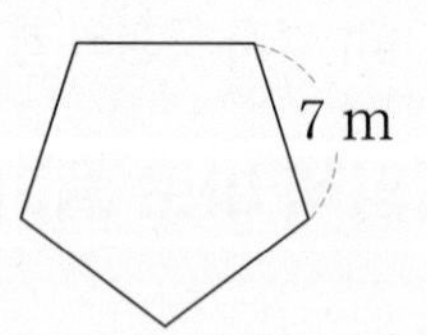

방법 1 $7+7+7+7+7=$ □ (m)

방법 2 □ $\times5=$ □ (m)

3 정사각형의 둘레는 **몇 cm**인가요?

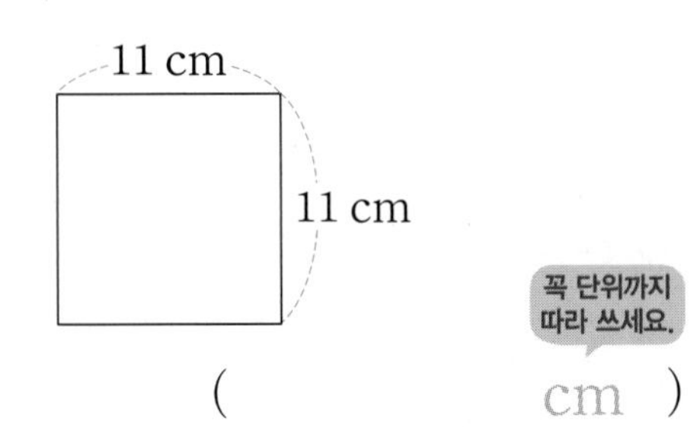

(cm)

4 모양 조각을 이어 붙여 만든 정육각형의 둘레는 **몇 cm**인가요?

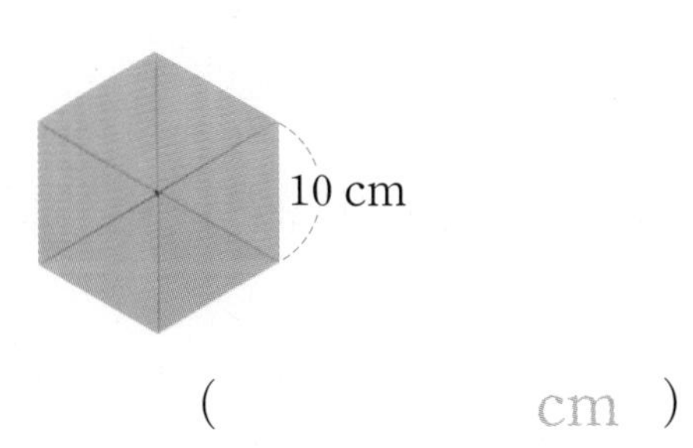

(cm)

5 그림과 같은 정다각형의 둘레가 35 cm일 때 한 변의 길이는 **몇 cm**인가요?

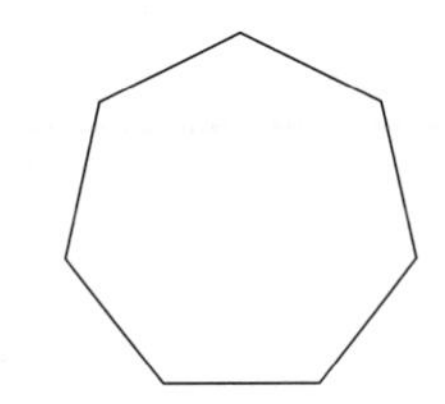

(1) 변의 수를 세어 보세요.

(개)

(2) 정다각형의 한 변의 길이는 몇 cm인가요?

(cm)

8 정사각형의 둘레는 **몇 m**인가요?

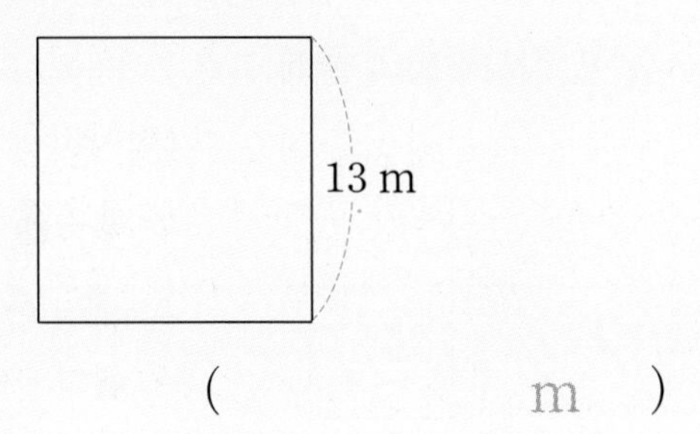

(m)

9 모양 조각을 이어 붙여 만든 정육각형의 둘레는 **몇 cm**인가요?

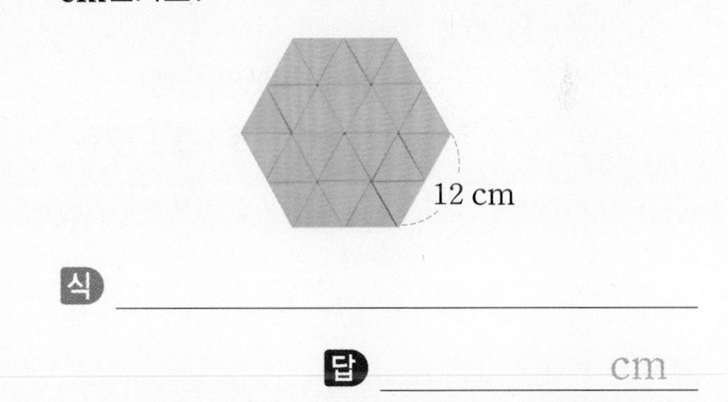

식 ____________________

답 ________ cm

10 그림과 같은 정다각형의 둘레가 56 m일 때 한 변의 길이는 **몇 m**인가요?

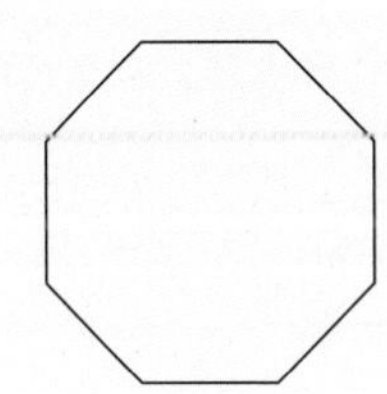

풀이

변의 수를 세어 보면 ☐개입니다.

➔ (정다각형의 한 변의 길이)

$=56\div\square=\square$ (m)

 ________ m

1단계 교과서 바로 알기

핵심 개념 사각형의 둘레

1. 직사각형의 둘레

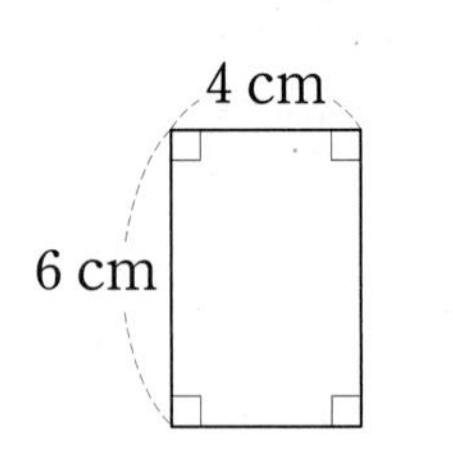

(직사각형의 둘레)
$=4+6+4+6$
$=(4+6)\times 2$
$=$ ❶ ☐ (cm)

(직사각형의 둘레)=(가로)×2+(세로)×2
=(가로+세로)×2

2. 평행사변형의 둘레

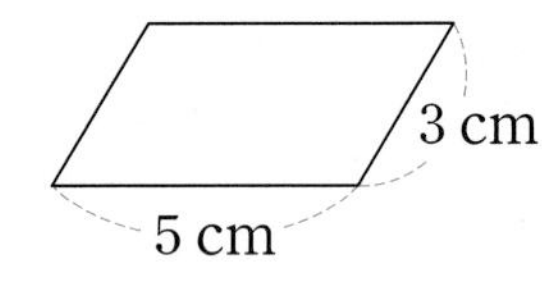

(평행사변형의 둘레)
$=5+3+5+3$
$=(5+3)\times 2$
$=16$ (cm)

(평행사변형의 둘레)
=(한 변의 길이)×2+(다른 한 변의 길이)×2
=(한 변의 길이+다른 한 변의 길이)×2

3. 마름모의 둘레

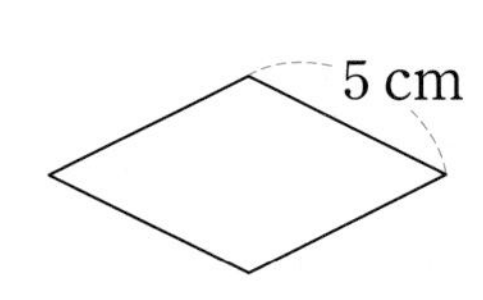

(마름모의 둘레)
$=5+5+5+5$
$=5\times 4=$ ❷ ☐ (cm)

(마름모의 둘레)=(한 변의 길이)×4

정답 확인 | ❶ 20 ❷ 20

확인 문제 1~5번 문제를 풀면서 개념 익히기!

1 직사각형의 둘레를 구하려고 합니다. ☐ 안에 알맞은 수를 써넣으세요.

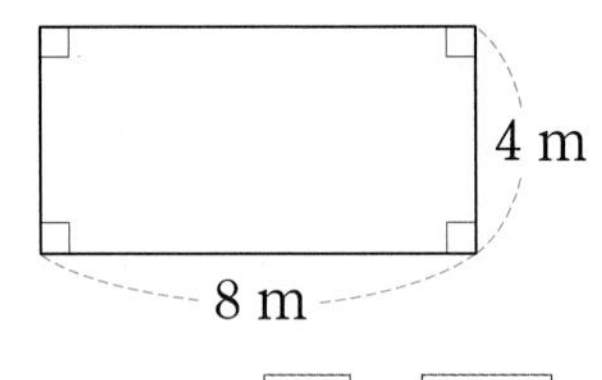

$8\times 2+4\times$ ☐ $=$ ☐ (m)

2 평행사변형의 둘레를 구하려고 합니다. ☐ 안에 알맞은 수를 써넣으세요.

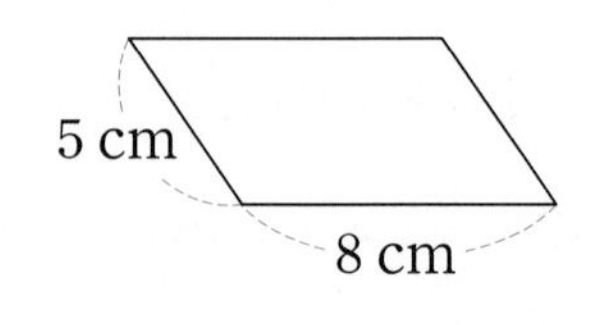

$8\times 2+5\times$ ☐ $=$ ☐ (cm)

한번 더! 확인 6~10번 유사문제를 풀면서 개념 다지기!

6 직사각형의 둘레를 구하려고 합니다. ☐ 안에 알맞은 수를 써넣으세요.

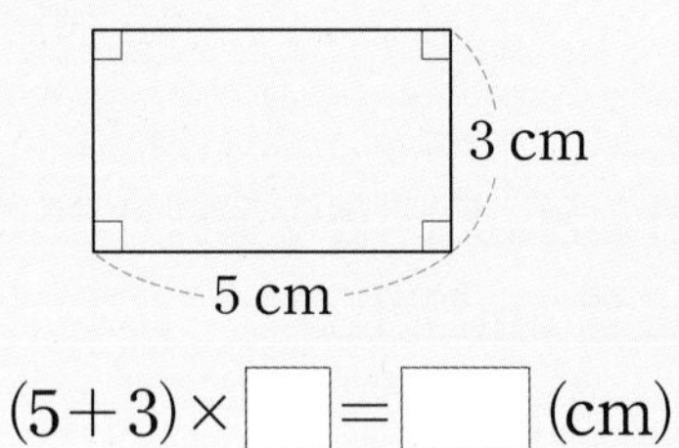

$(5+3)\times$ ☐ $=$ ☐ (cm)

7 평행사변형의 둘레를 구하려고 합니다. ☐ 안에 알맞은 수를 써넣으세요.

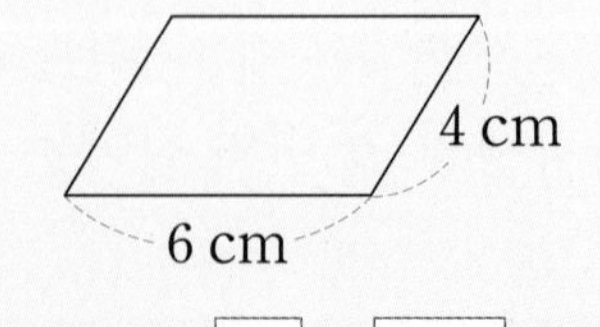

$(6+4)\times$ ☐ $=$ ☐ (cm)

3 마름모의 둘레는 **몇 cm**인가요?

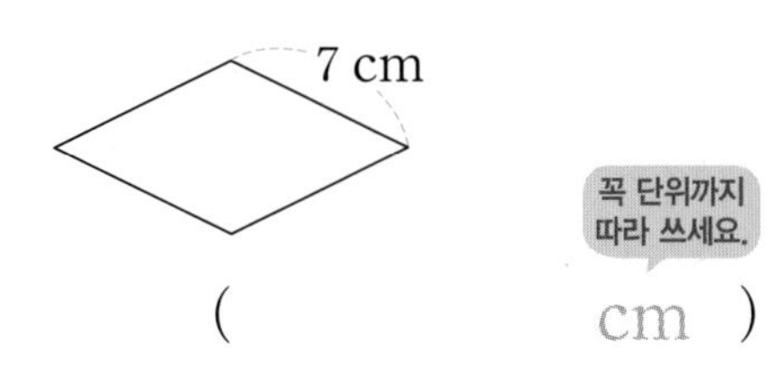

꼭 단위까지 따라 쓰세요.

(cm)

4 직사각형의 둘레는 **몇 cm**인가요?

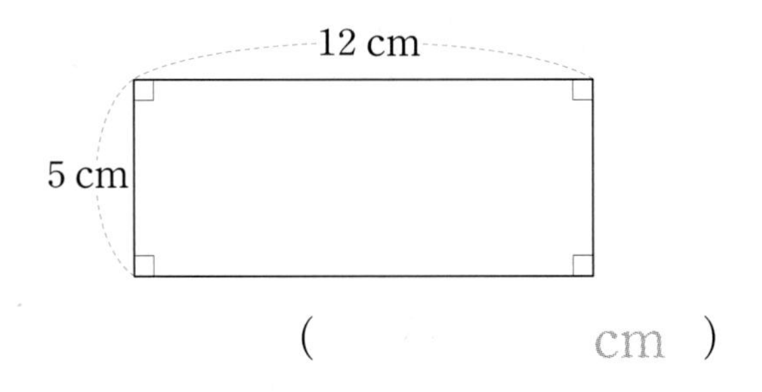

(cm)

5 평행사변형의 긴 변의 길이는 짧은 변의 길이보다 2 cm 더 깁니다. 평행사변형의 둘레는 **몇 cm**인가요?

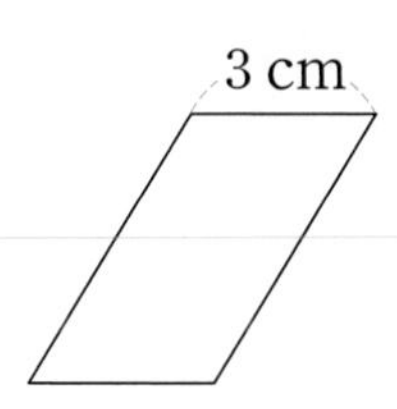

(1) 긴 변의 길이는 몇 cm인가요?

(cm)

(2) 평행사변형의 둘레는 몇 cm인가요?

(cm)

8 마름모의 둘레는 **몇 m**인가요?

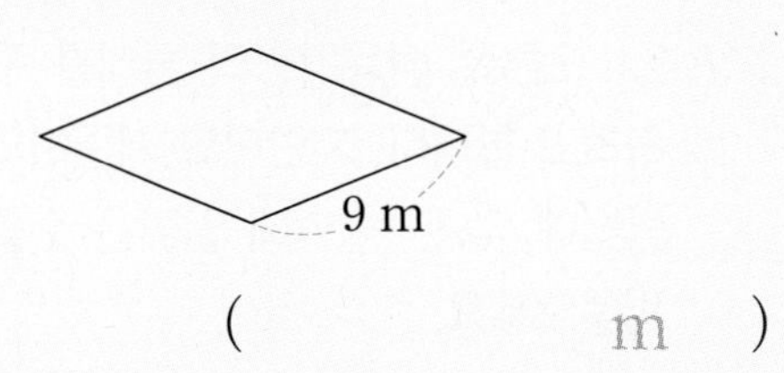

(m)

9 초콜릿의 둘레는 **몇 cm**인가요?

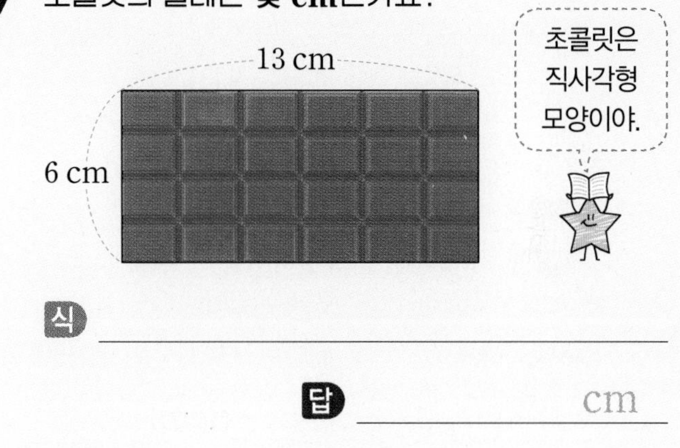

식

답 cm

10 평행사변형의 짧은 변의 길이는 긴 변의 길이보다 3 cm 더 짧습니다. 평행사변형의 둘레는 **몇 cm**인가요?

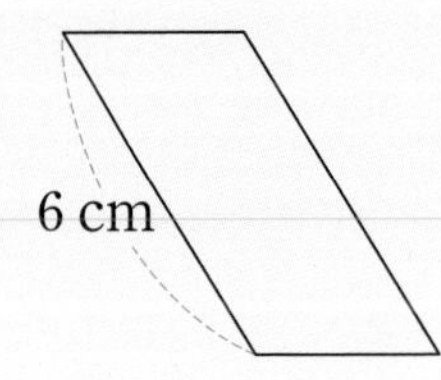

풀이

(평행사변형의 짧은 변의 길이)

$=6-\square=\square$ (cm)

➜ (평행사변형의 둘레)

$=(6+\square)\times 2=\square$ (cm)

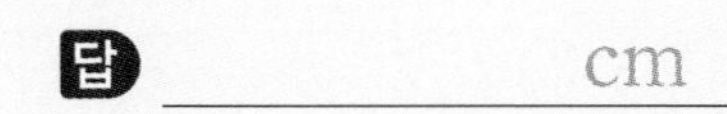

답 cm

[1~2] 오른쪽 정육각형의 둘레를 구하려고 합니다. 지안이와 서준이의 방법에 맞게 □ 안에 알맞은 수를 써넣으세요.

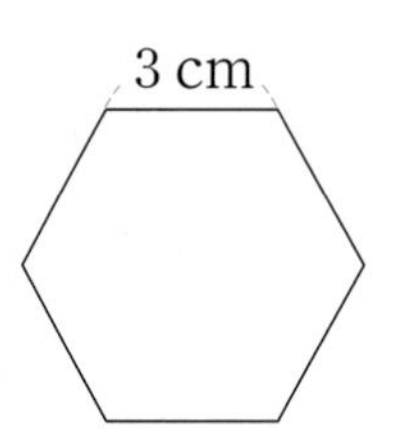

1

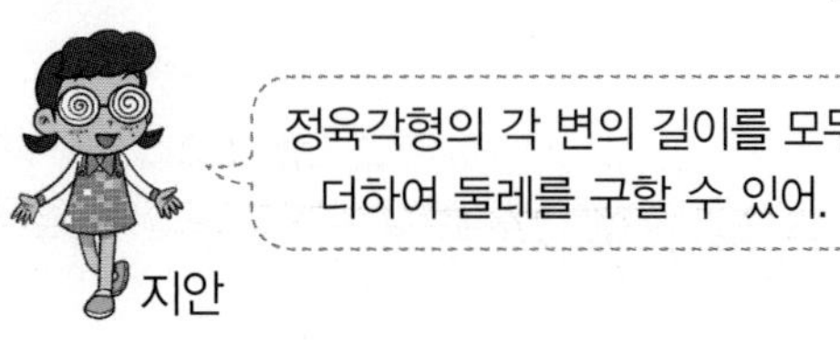

$3+3+\square+\square+\square+\square=\square$ (cm)

2

정다각형의 둘레는 (한 변의 길이)×(변의 수)로 구할 수 있어.

$3\times\square=\square$ (cm)

[3~4] 정다각형의 둘레를 구하세요.

3

7 cm

( )

4

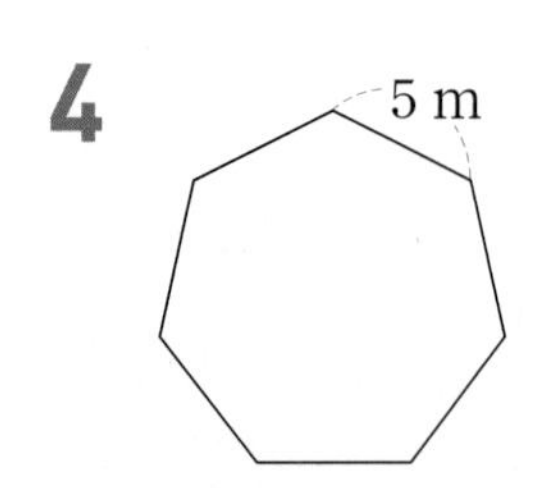

( )

5 사다리꼴의 둘레는 몇 cm인가요?

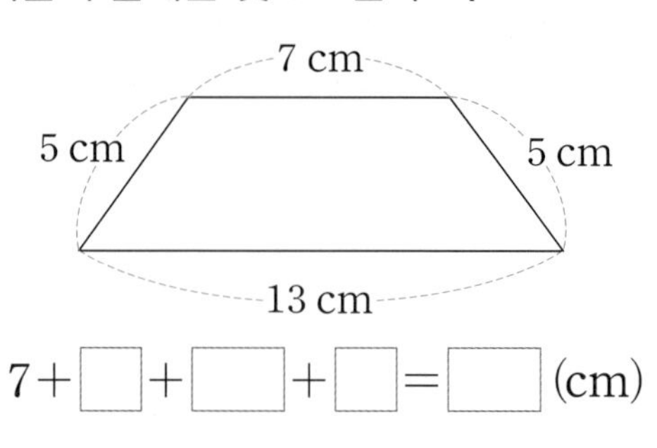

$7+\square+\square+\square=\square$ (cm)

6 직사각형의 둘레는 몇 cm인가요?

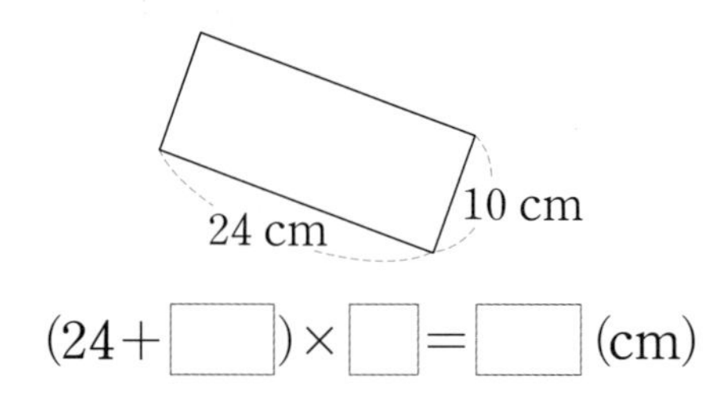

$(24+\square)\times\square=\square$ (cm)

7 칠교판 조각으로 만든 정사각형 모양입니다. 만든 정사각형의 둘레는 몇 cm인가요?

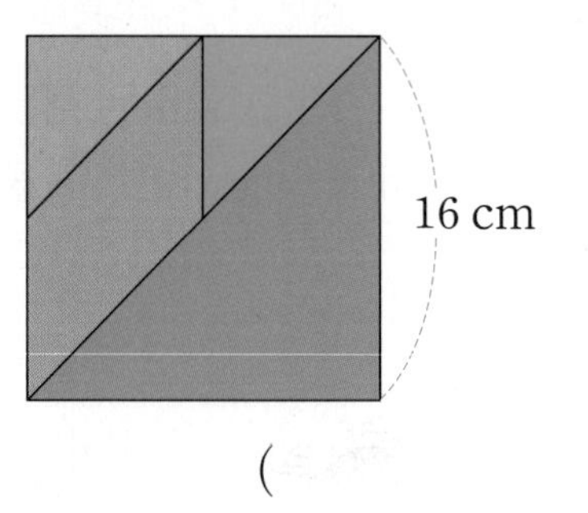

( )

8 마름모의 둘레는 몇 cm인가요?

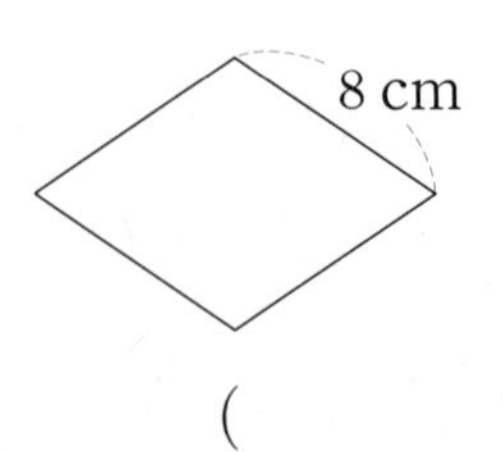

( )

9 평행사변형의 둘레는 몇 cm인가요?

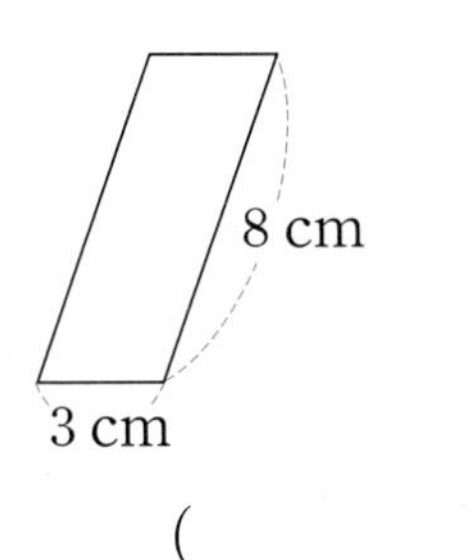

( )

10 한 변의 길이가 12 cm인 마름모의 둘레는 몇 cm 인가요?

( )

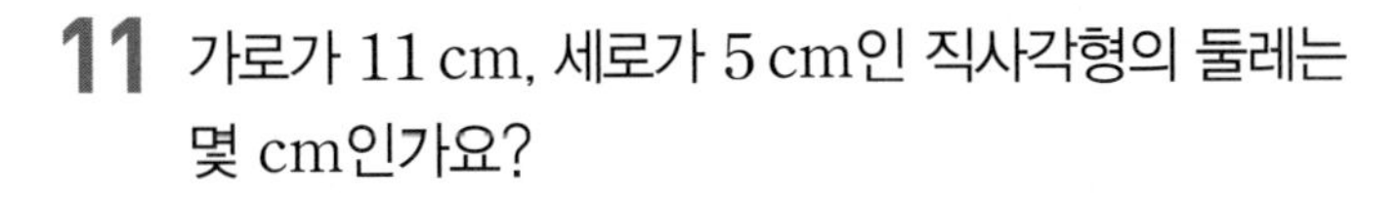

11 가로가 11 cm, 세로가 5 cm인 직사각형의 둘레는 몇 cm인가요?

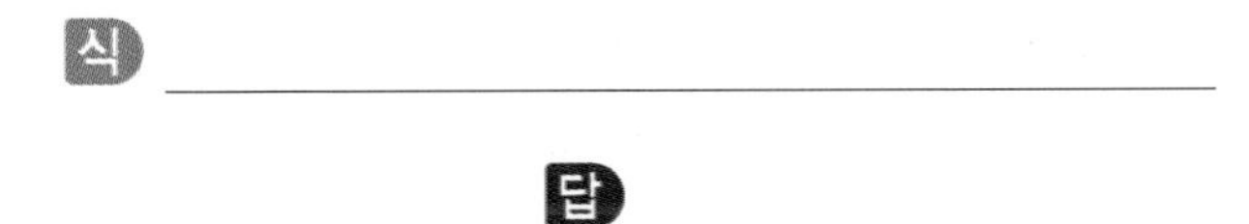

식 ____________________

답 ____________________

12 둘레가 36 cm인 정사각형입니다. □ 안에 알맞은 수를 써넣으세요.

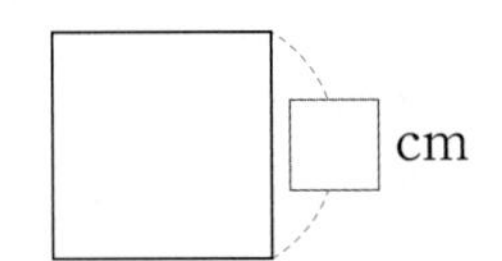

13 정다각형의 둘레가 40 cm일 때 □ 안에 알맞은 수를 써넣으세요.

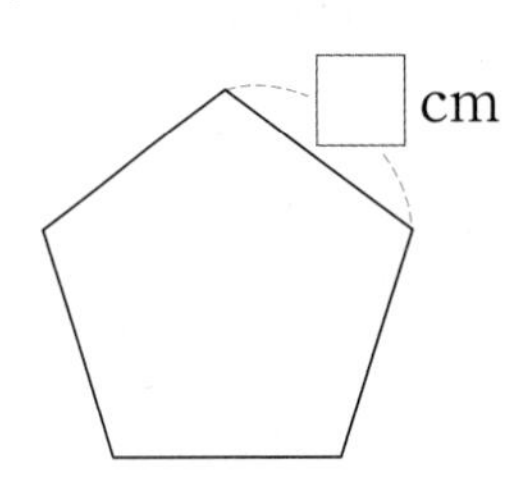

14 둘레가 더 긴 도형의 기호를 쓰세요.

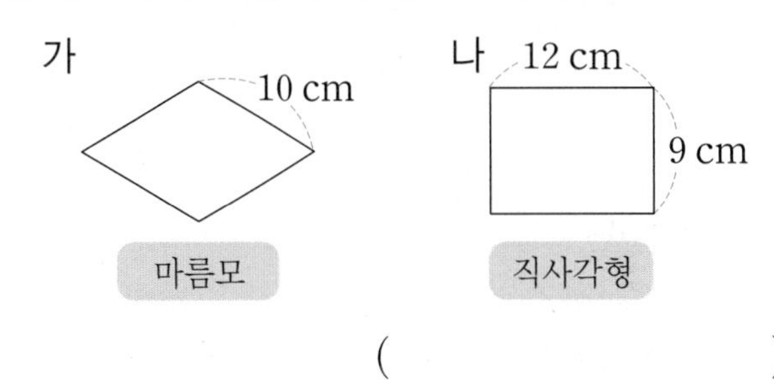

( )

다각형의 둘레와 넓이

서술형 中수 문제 해결의 전략을 보면서 풀어 보자.

15 그림과 같은 평행사변형의 둘레가 22 cm일 때 변 ㄷㄹ의 길이는 몇 cm인지 구하세요.

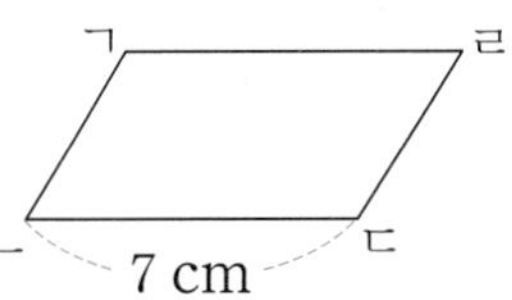

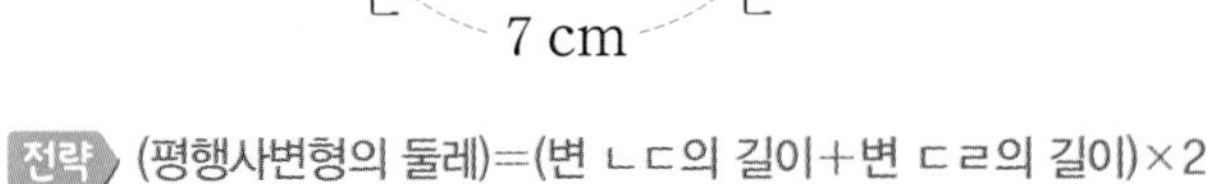

전략 (평행사변형의 둘레)=(변 ㄴㄷ의 길이+변 ㄷㄹ의 길이)×2

❶ (변 ㄴㄷ의 길이와 변 ㄷㄹ의 길이의 합)

$=22\div\square=\square$ (cm)

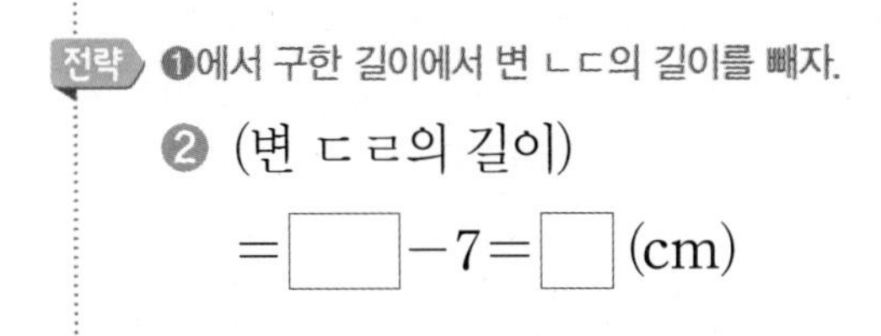

전략 ❶에서 구한 길이에서 변 ㄴㄷ의 길이를 빼자.

❷ (변 ㄷㄹ의 길이)

$=\square-7=\square$ (cm)

답 ____________________

BOOK❷ 50~51쪽

교과서 바로 알기

핵심 개념 $1\,cm^2$

1. 모양이 다른 사각형의 넓이 비교하기

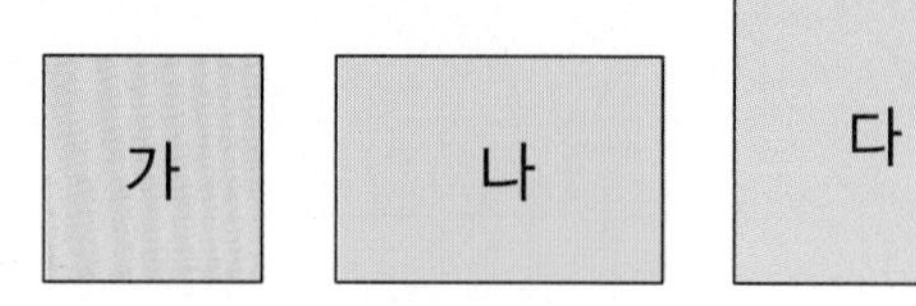

- 가와 나 비교: 직접 대어 비교하기 ➔ 가<나
- 나와 다 비교: 직접 대어 비교할 수 없을 때에는 일부분을 잘라 비교하기 ➔ 나< ❶

직접 대어 비교하면 어느 것이 얼마나 더 넓은지 정확하게 비교하기 어려워.

- □, ▭, ○, ...와 같은 여러 가지 모양을 단위로 하여 도형을 덮어 보고 그 수를 세어 비교하기 ➔ ① 넓이의 단위에 따라 센 수가 달라지고 ② 완전히 덮을 수 없으면 넓이를 구할 수 없습니다.

2. $1\,cm^2$ 알아보기

넓이를 나타낼 때 한 변의 길이가 $1\,cm$인 정사각형의 넓이를 단위로 사용할 수 있습니다. 이 정사각형의 넓이를 **$1\,cm^2$**라 쓰고, **1 제곱센티미터**라고 읽습니다.

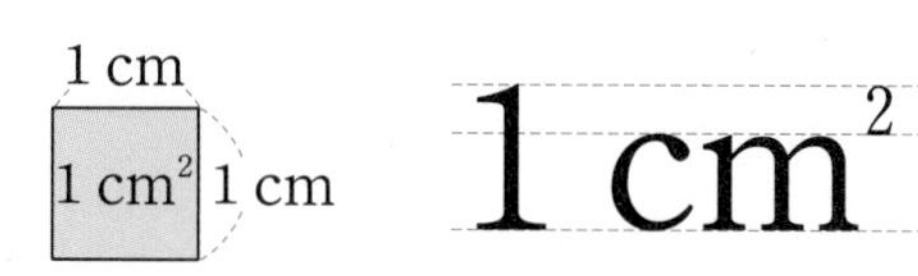

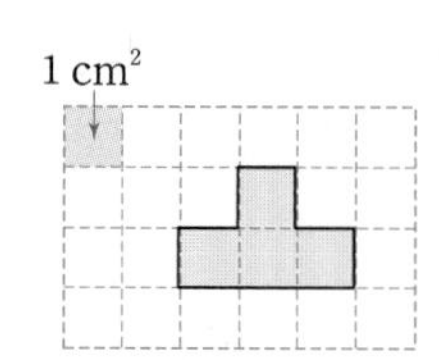

➔ 도형의 넓이는 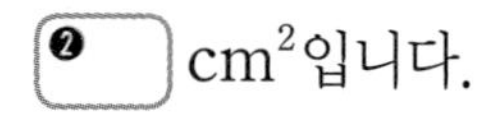 1cm²가 4개이므로 ❷ cm^2입니다.

넓이를 구한 결과에는 단위의 수와 단위를 모두 써야 해.

정답 확인 | ❶ 다 ❷ 4

확인 문제 1~5번 문제를 풀면서 개념 익히기!

1 맞으면 ○표, 틀리면 ×표 하세요.

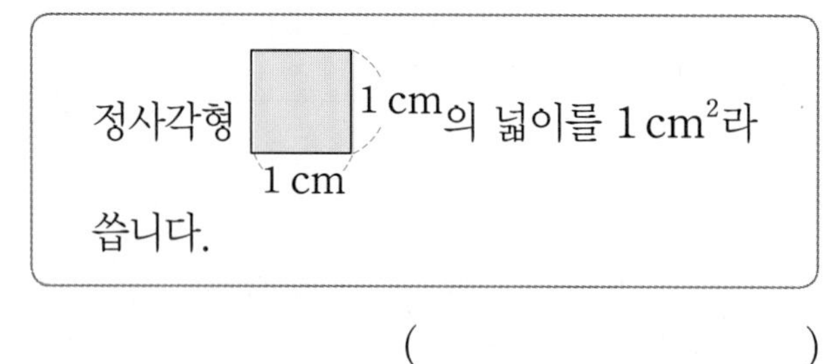

(　　　　　　)

2 주어진 넓이를 쓰고 읽어 보세요.

$3\,cm^2$

쓰기

읽기 (　　　　　　)

한번 더! 확인 6~10번 유사문제를 풀면서 개념 다지기!

6 맞으면 ○표, 틀리면 ×표 하세요.

한 변의 길이가 $1\,m$인 정사각형의 넓이를 $1\,cm^2$라 씁니다.

(　　　　　　)

7 주어진 넓이를 쓰고 읽어 보세요.

$5\,cm^2$

쓰기

읽기 (　　　　　　)

3 도형의 넓이는 **몇 cm²**인가요?

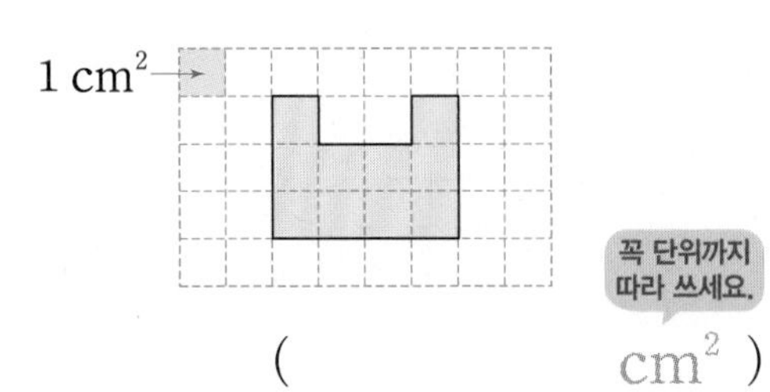

꼭 단위까지 따라 쓰세요.

(cm²)

4 넓이가 8 cm²인 도형의 기호를 쓰세요.

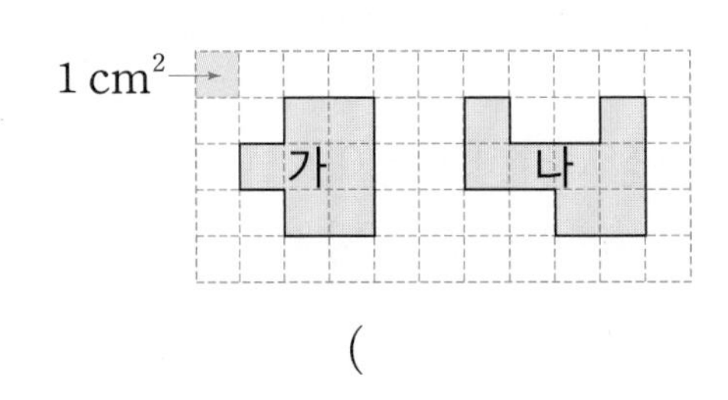

( )

5 넓이가 넓은 도형부터 차례로 기호를 쓰세요.

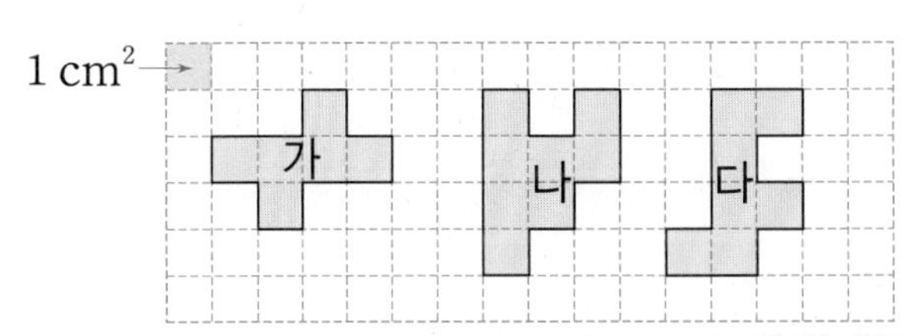

(1) 가, 나, 다의 넓이는 각각 몇 cm²인가요?

가 (cm²)
나 (cm²)
다 (cm²)

(2) 넓이가 넓은 도형부터 차례로 기호를 쓰세요.

( )

8 도형의 넓이는 **몇 cm²**인가요?

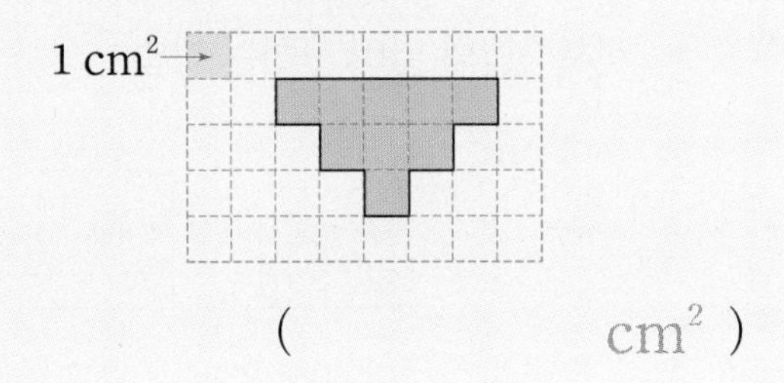

(cm²)

9 넓이가 9 cm²인 도형의 기호를 쓰세요.

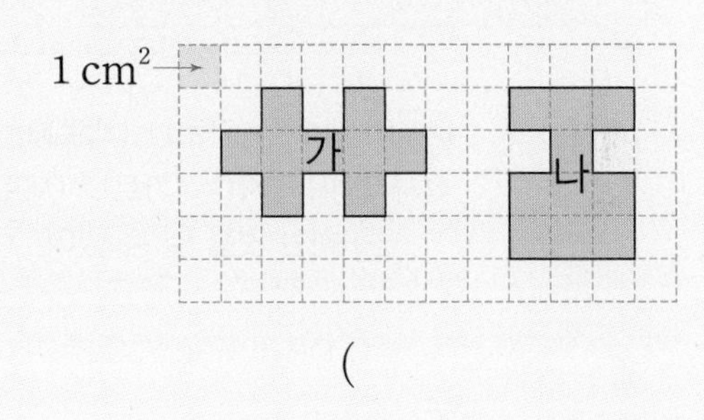

( )

서술형 下수

10 넓이가 넓은 도형부터 차례로 기호를 쓰세요.

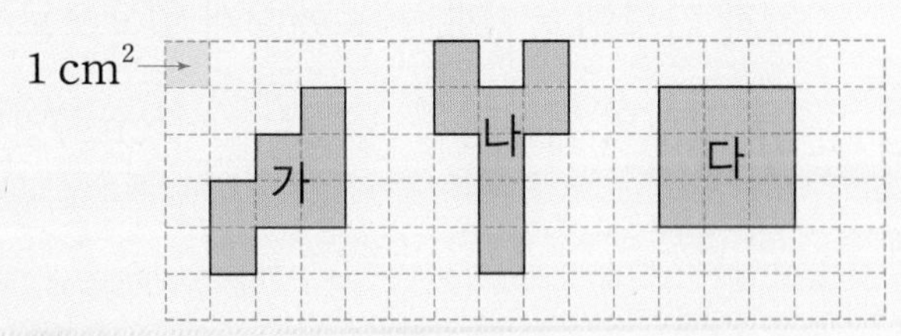

풀이

(가의 넓이)=□cm²

(나의 넓이)=□cm²

(다의 넓이)=□cm²

➔ 넓이가 넓은 도형부터 차례로 기호를 쓰면 다, □, □입니다.

답 ______________________

핵심 개념 직사각형의 넓이

• 직사각형의 넓이 구하는 방법

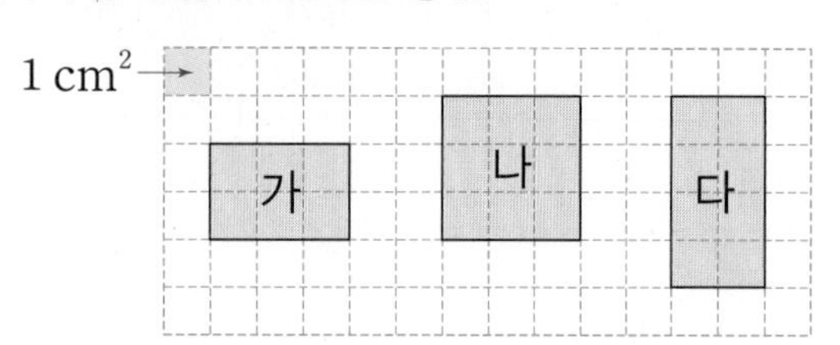

직사각형	1cm²의 개수 (개)	가로 (cm)	세로 (cm)	넓이 (cm²)
가	6	= 3	× 2	= 6
나	9	❶	3	9
다	8	2	❷	8

같음.

(1cm²의 개수)=(가로)×(세로)이니까 직사각형의 넓이는 (가로)×(세로)로 구하는 것을 알 수 있어.

1. 직사각형의 넓이

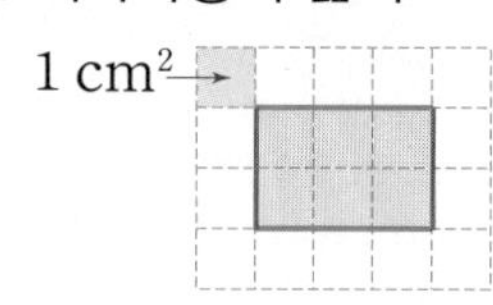

1cm²가 가로에 3개, 세로에 2개 있으므로

(직사각형의 넓이)$=$**3**$\times$**2**$=6$ (cm²)

(직사각형의 넓이)=(가로)×(세로)

2. 정사각형의 넓이

정사각형은 네 변의 길이가 같은 직사각형이므로 가로와 세로의 길이가 같습니다.

(정사각형의 넓이)
=(한 변의 길이)×(한 변의 길이)

정답 확인 | ❶ 3 ❷ 4

확인 문제 1~5번 문제를 풀면서 **개념 익히기!**

1 □ 안에 알맞은 수를 써넣으세요.

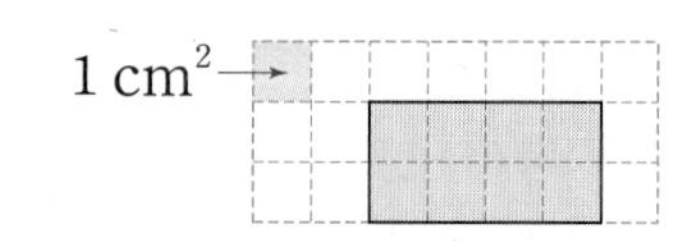

1cm²가 가로에 □개, 세로에 2개 있으므로

직사각형의 넓이는 □$\times 2=$□(cm²)입니다.

2 직사각형의 넓이를 구하려고 합니다. □ 안에 알맞은 수를 써넣으세요.

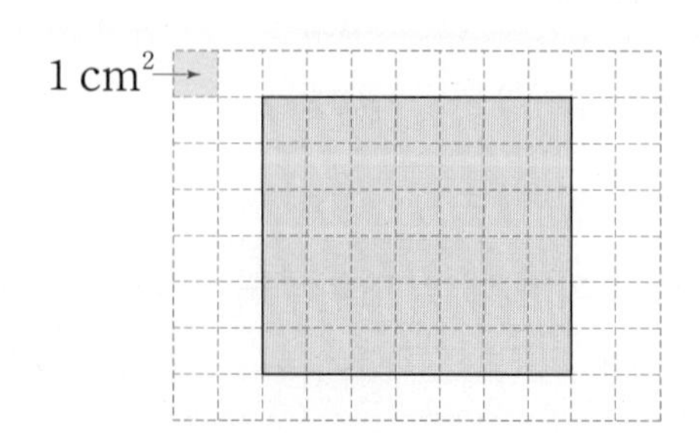

(직사각형의 넓이)$=7\times$□$=$□(cm²)

한번 더! 확인 6~10번 유사문제를 풀면서 **개념 다지기!**

6 □ 안에 알맞은 수를 써넣으세요.

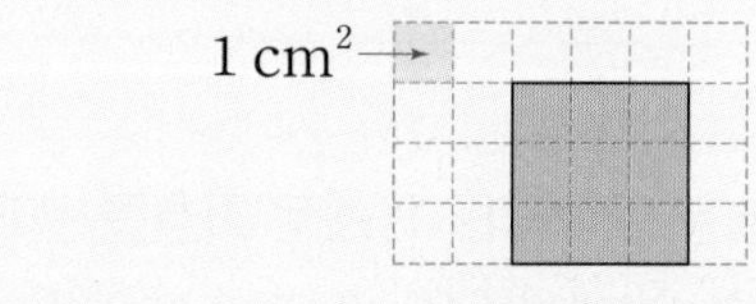

1cm²가 가로에 □개, 세로에 3개 있으므로

정사각형의 넓이는 □$\times 3=$□(cm²)입니다.

7 직사각형의 넓이를 구하려고 합니다. □ 안에 알맞은 수를 써넣으세요.

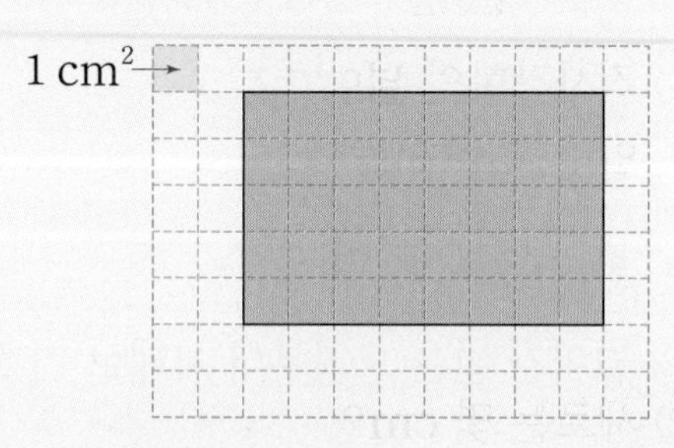

(직사각형의 넓이)$=8\times$□$=$□(cm²)

3 정사각형의 넓이를 구하려고 합니다. □ 안에 알맞은 수를 써넣으세요.

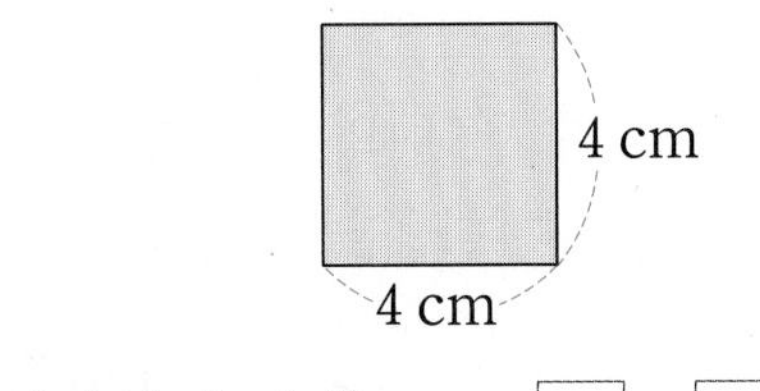

(정사각형의 넓이)$=4\times$□$=$□(cm^2)

4 직사각형의 넓이는 **몇 cm^2**인가요?

(1)

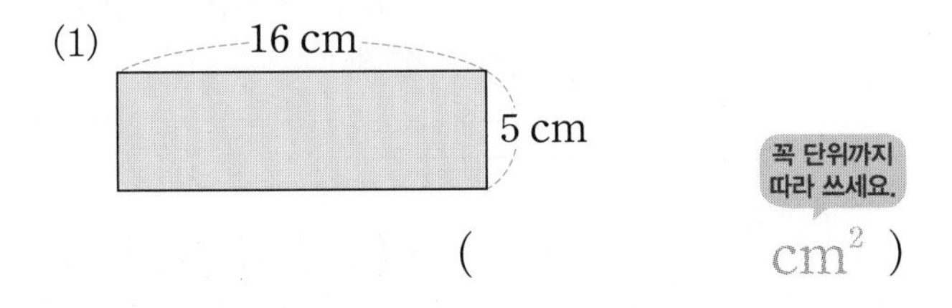

(cm^2)

(2)

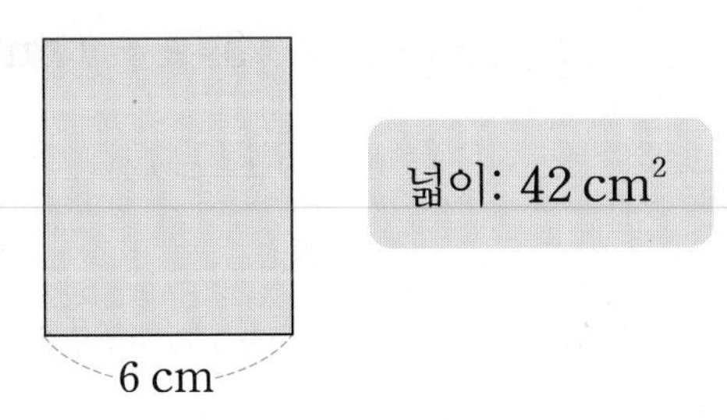

(cm^2)

5 직사각형의 넓이가 다음과 같을 때 세로는 **몇 cm**인가요?

넓이: $42\ cm^2$

6 cm

(1) 직사각형의 넓이 구하는 식입니다. □ 안에 알맞은 수를 써넣으세요.

식 □$\times$(세로)$=$□

(2) 세로는 몇 cm인가요?

(cm)

8 정사각형의 넓이를 구하려고 합니다. □ 안에 알맞은 수를 써넣으세요.

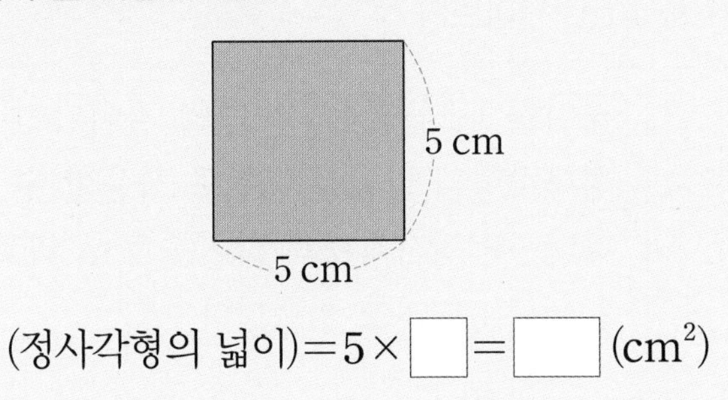

(정사각형의 넓이)$=5\times$□$=$□(cm^2)

9 직사각형의 넓이는 **몇 cm^2**인가요?

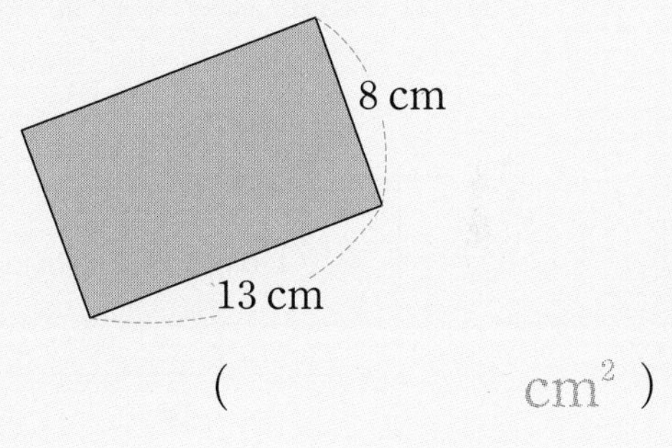

(cm^2)

서술형 下수

10 직사각형의 넓이가 다음과 같을 때 가로는 **몇 cm**인가요?

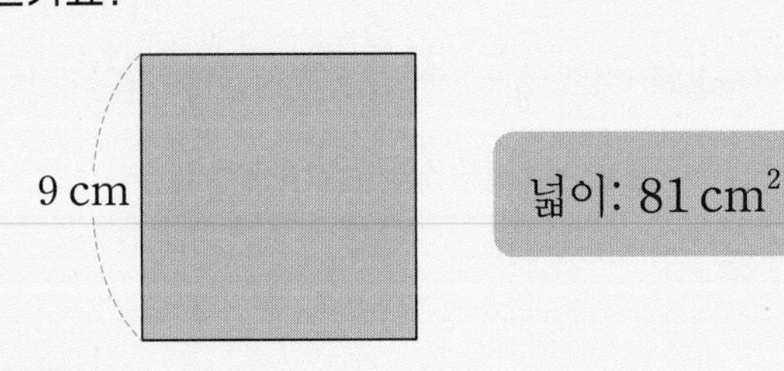

넓이: $81\ cm^2$

풀이

(직사각형의 넓이)

$=$(가로)$\times$□$=$□(cm^2)

➔ (가로)$=$□$\div 9=$□(cm)

답 cm

6 다각형의 둘레와 넓이

핵심 개념 $1\,cm^2$보다 더 큰 넓이의 단위

1. $1\,m^2$ 알아보기

넓이를 나타낼 때 한 변의 길이가 1 m인 정사각형의 넓이를 단위로 사용할 수 있습니다. 이 정사각형의 넓이를 **1** m^2라 쓰고, **1 제곱미터**라고 읽습니다.

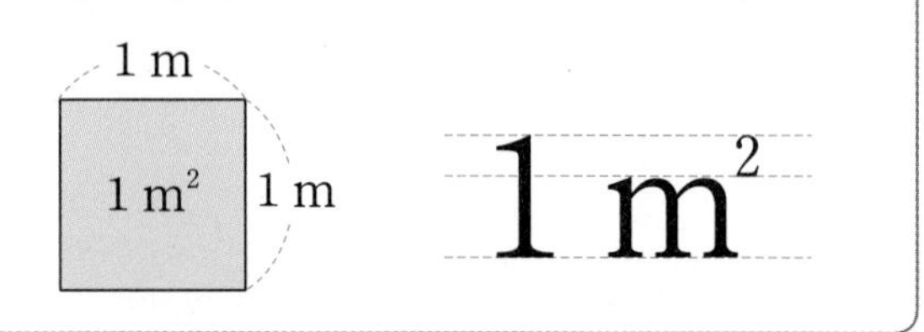

• $1\,m^2$와 $1\,cm^2$ 사이의 관계

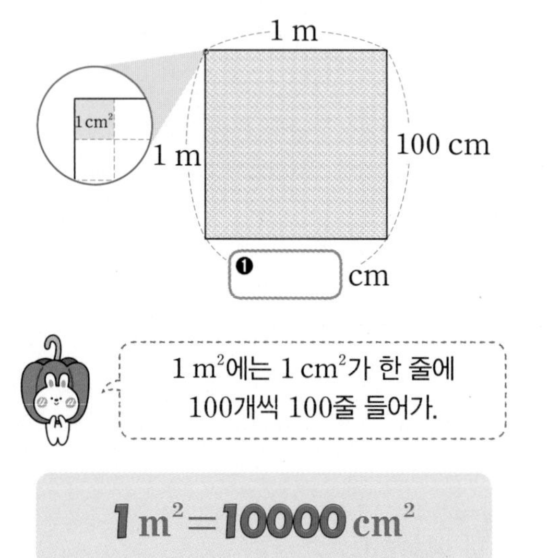

$$1\,m^2=10000\,cm^2$$

2. $1\,km^2$ 알아보기

넓이를 나타낼 때 한 변의 길이가 1 km인 정사각형의 넓이를 단위로 사용할 수 있습니다. 이 정사각형의 넓이를 **1** km^2라 쓰고, **1 제곱킬로미터**라고 읽습니다.

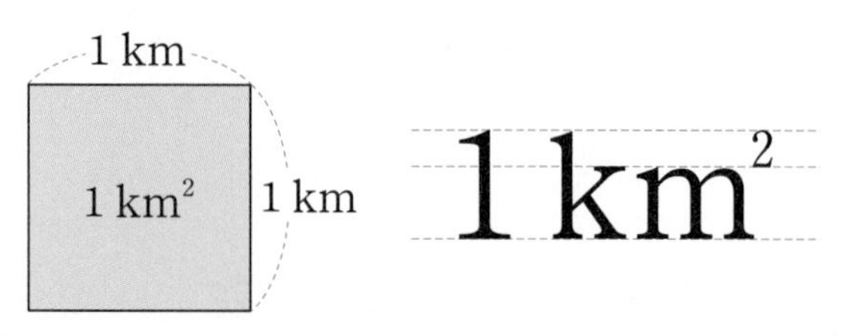

• $1\,km^2$와 $1\,m^2$ 사이의 관계

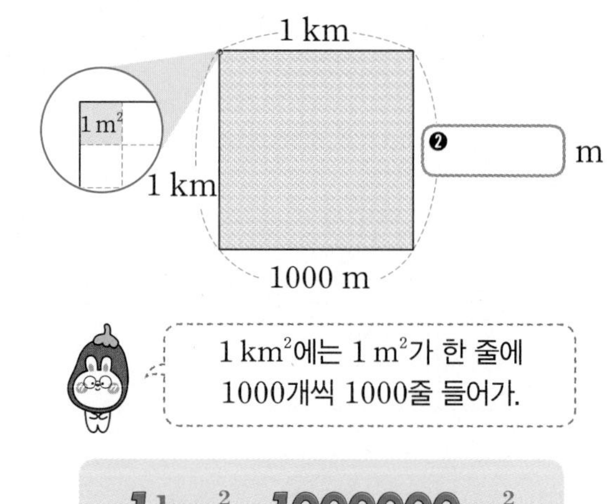

$$1\,km^2=1000000\,m^2$$

정답 확인 | ❶ 100 ❷ 1000

확인 문제 1~6번 문제를 풀면서 개념 익히기!

1 정사각형의 넓이를 쓰고 읽어 보세요.

1 m

쓰기

읽기 (   )

2 알맞은 단위에 ○표 하세요.

교실 옆 복도 바닥의 넓이는 16 (m^2 , km^2) 입니다.

한번 더! 확인 7~12번 유사문제를 풀면서 **개념 다지기!**

7 정사각형의 넓이를 쓰고 읽어 보세요.

1 km

쓰기

읽기 (   )

8 알맞은 단위에 ○표 하세요.

부산광역시의 넓이는 769 (m^2 , km^2)입니다.

3 □ 안에 알맞은 수를 써넣으세요.

(1) $1\ m^2=$ □ cm^2

(2) $5\ m^2=$ □ cm^2

4 □ 안에 알맞은 수를 써넣으세요.

(1) $1\ km^2=$ □ m^2

(2) $8\ km^2=$ □ m^2

5 직사각형의 넓이는 몇 $\mathbf{m^2}$인가요?

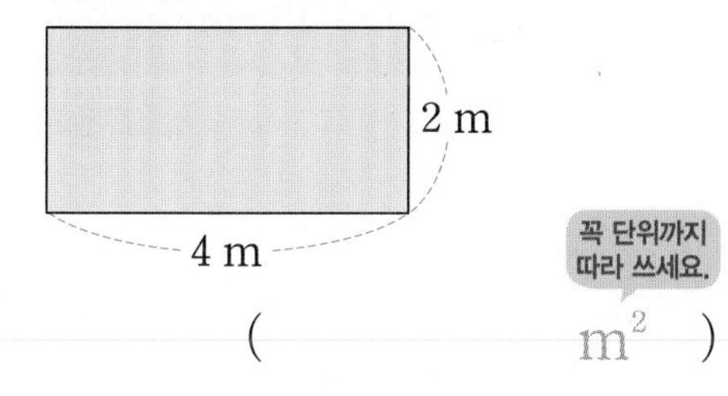

(m^2)

6 직사각형의 넓이는 몇 $\mathbf{km^2}$인가요?

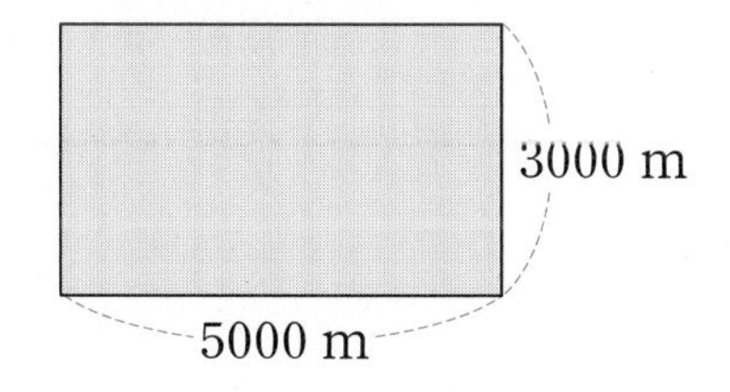

(1) 직사각형의 넓이는 몇 m^2인가요?

(m^2)

(2) 직사각형의 넓이는 몇 km^2인가요?

(km^2)

9 □ 안에 알맞은 수를 써넣으세요.

(1) $20000\ cm^2=$ □ m^2

(2) $90000\ cm^2=$ □ m^2

10 □ 안에 알맞은 수를 써넣으세요.

(1) $3000000\ m^2=$ □ km^2

(2) $7000000\ m^2=$ □ km^2

11 정사각형의 넓이는 몇 $\mathbf{m^2}$인가요?

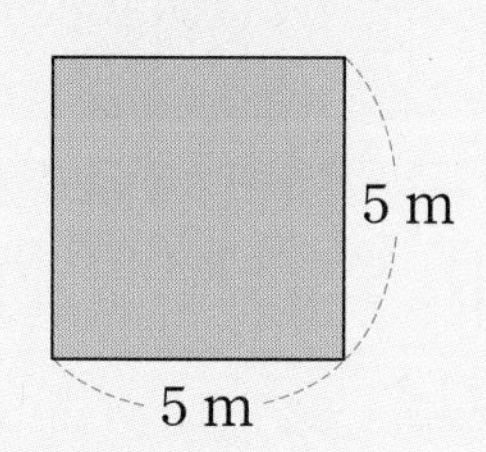

식 ____________________

답 ____________ m^2

12 정사각형의 넓이는 몇 $\mathbf{km^2}$인가요?

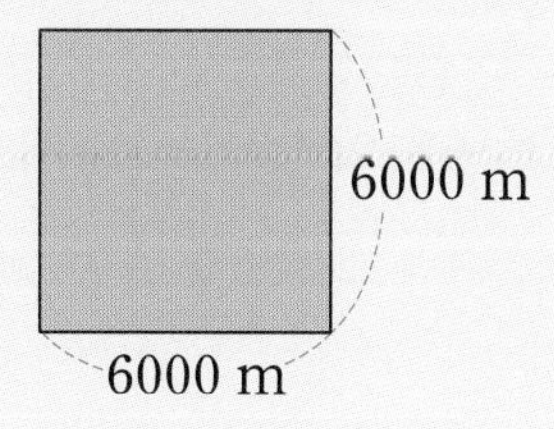

풀이

(정사각형의 넓이)

$=6000\times$ □ $=$ □ (m^2)

이것을 km^2로 나타내면 □ km^2입니다.

답 ____________ km^2

6 다각형의 둘레와 넓이

1 □ 안에 알맞은 수를 써넣으세요.

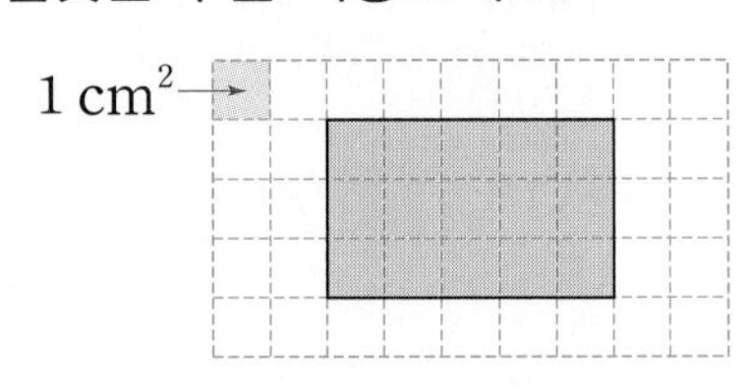

$1\,cm^2$의 개수: □개

도형의 넓이: □ cm^2

2 □ 안에 알맞은 수를 써넣으세요.

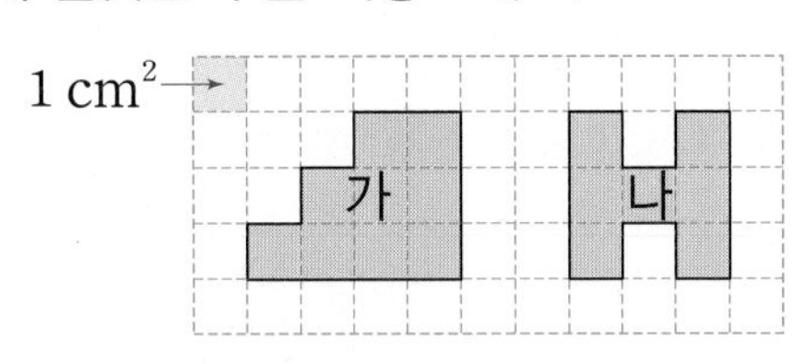

도형 가는 도형 나보다 넓이가 □ cm^2 더 넓습니다.

3 보기에서 알맞은 단위를 골라 □ 안에 써넣으세요.

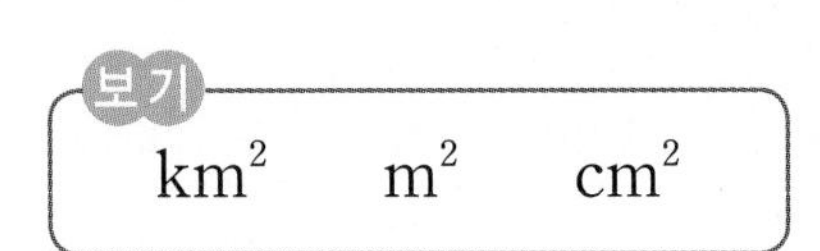

서울특별시의 넓이는 605 □ 입니다.

4 □ 안에 알맞은 수를 써넣으세요.

(1) $40000\,cm^2 = □\,m^2$

(2) $20\,m^2 = □\,cm^2$

5 넓이가 $8\,cm^2$인 도형을 찾아 기호를 쓰세요.

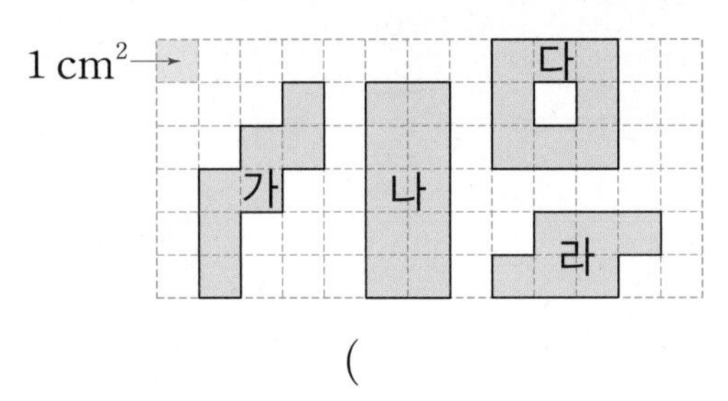

(　　　　　　)

6 직사각형의 넓이는 몇 cm^2인가요?

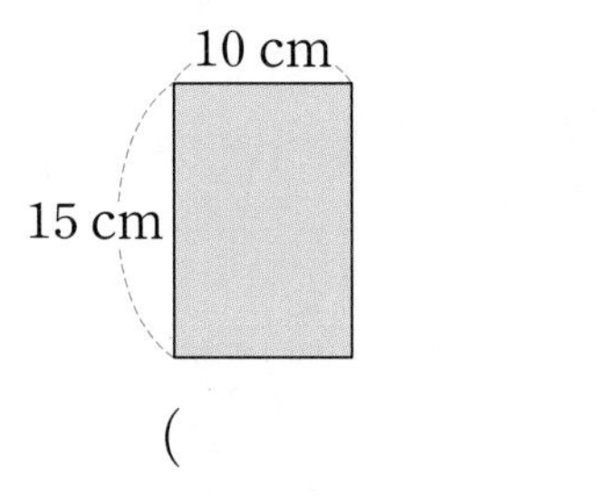

(　　　　　　)

7 정사각형의 넓이는 몇 cm^2인가요?

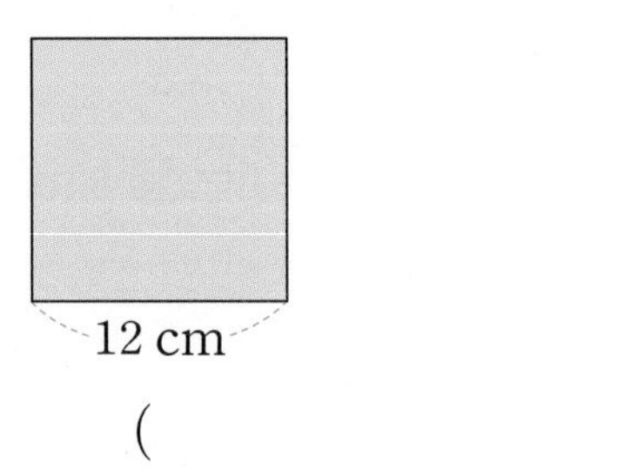

(　　　　　　)

8 넓이를 비교하여 ○ 안에 >, =, <를 알맞게 써넣으세요.

$10000000\,m^2$ ○ $9\,km^2$

9 시루떡의 넓이는 몇 cm^2인가요?

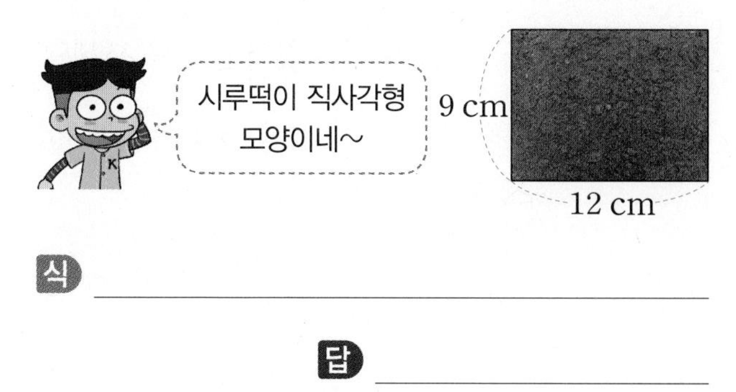

식 ______

답 ______

10 직사각형 안에 $1\ km^2$가 몇 개 들어가는지 □ 안에 알맞은 수를 써넣으세요.

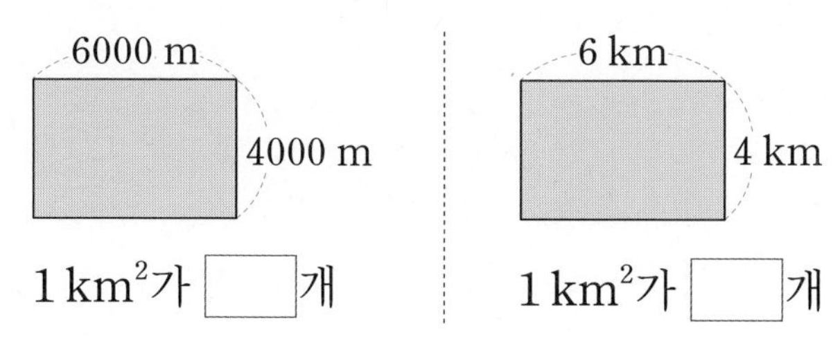

11 직사각형의 넓이가 다음과 같을 때 □ 안에 알맞은 수를 써넣으세요.

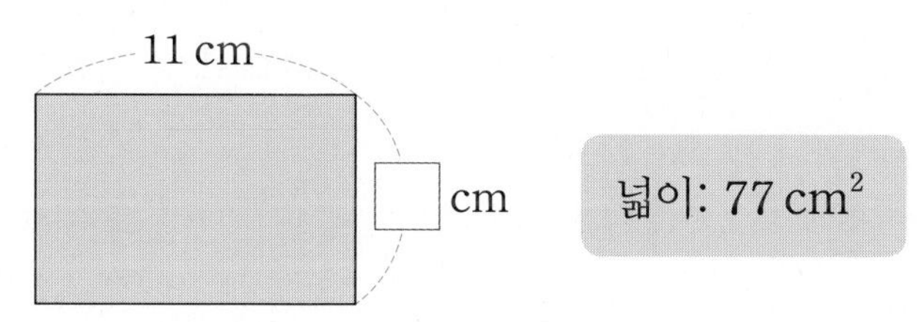

12 넓이가 넓은 것부터 차례로 기호를 쓰세요.

㉠ $5\ km^2$
㉡ $7000000\ m^2$
㉢ $8000000\ cm^2$

(　　　　　　　　)

[13~14] 정사각형과 직사각형의 넓이를 구하세요.

13

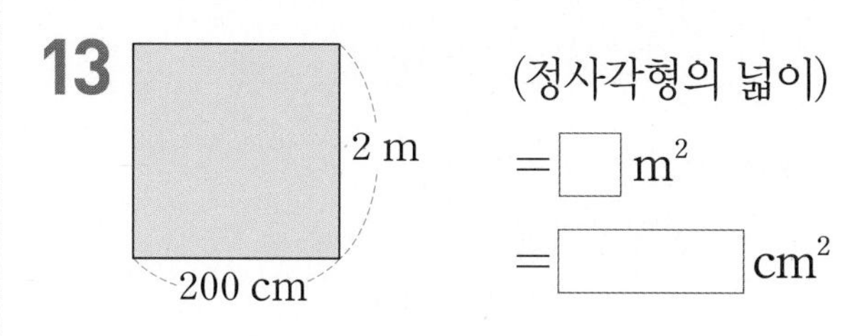

14

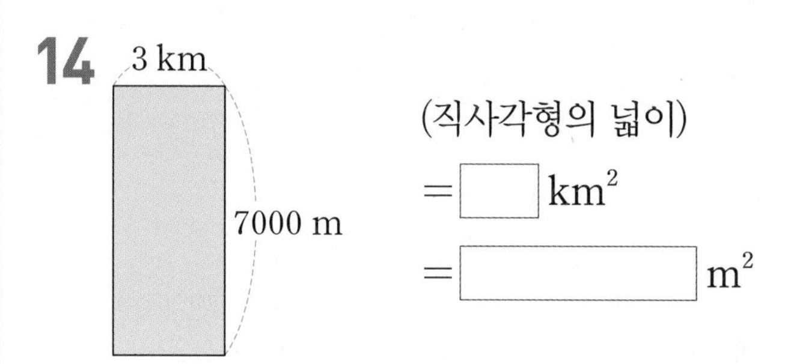

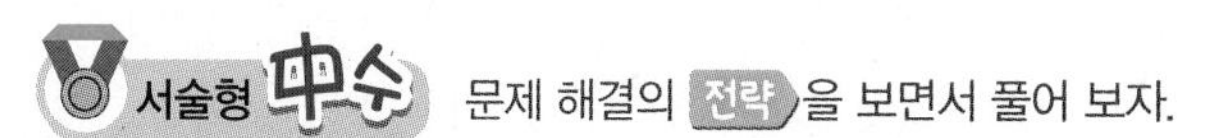

15 직사각형의 둘레가 20 cm일 때 넓이는 몇 cm^2인지 구하세요.

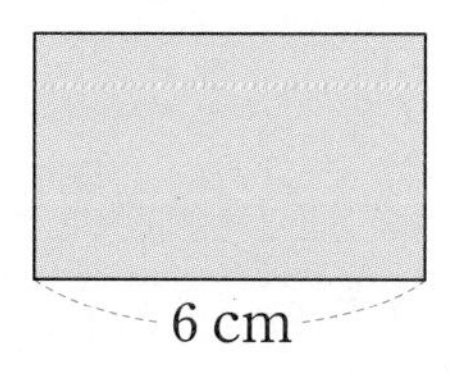

전략 (직사각형의 둘레)=(가로+세로)×2

❶ 직사각형의 세로를 ■ cm라 하면
(6+■)×2=□, 6+■=□,
■=□이므로 세로는 □ cm입니다.

전략 (직사각형의 넓이)=(가로)×(세로)

❷ (직사각형의 넓이)
=6×□=□ (cm^2)

답 ______

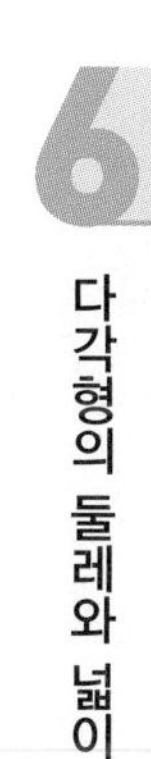

1단계 교과서 바로 알기

핵심 개념 평행사변형의 넓이

1. 평행사변형의 밑변과 높이

(1) 밑변: 평행사변형에서 평행한 두 변

(2) 높이: 두 밑변 사이의 거리

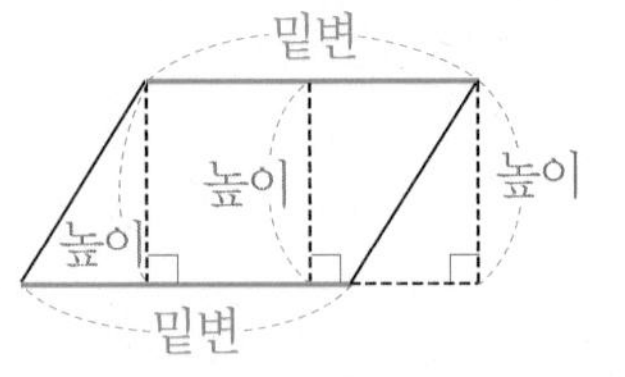

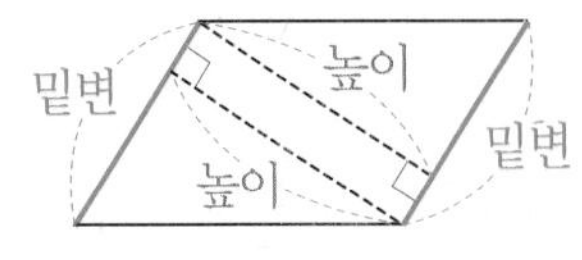

높이는 밑변에 따라 다양하게 정해져.

2. 평행사변형의 넓이 구하기

방법 1 1cm²를 이용하여 넓이 구하기

합하면 $1\,cm^2$ 3개의 넓이와 같음.

$1\,cm^2$

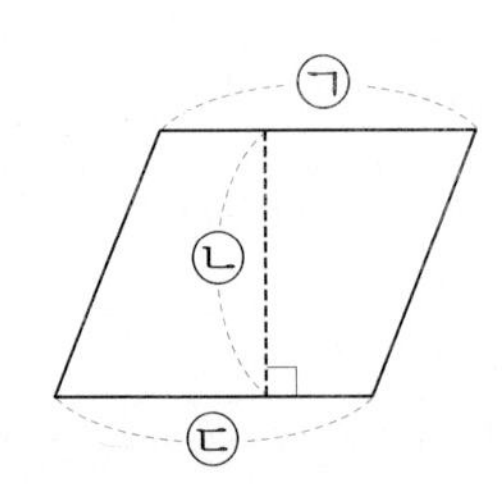

• 1cm²: 9개

• ( 2개)=(1cm² 3개)

(평행사변형의 넓이)=(1cm²의 개수)

=❶ (cm^2)

방법 2 평행사변형을 직사각형으로 바꾸어 넓이 구하기

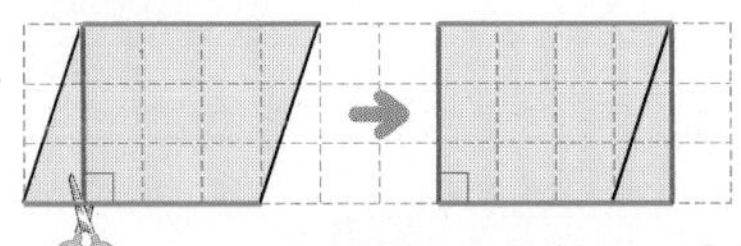

평행사변형의 밑변은 직사각형의 가로, 높이는 직사각형의 세로가 됨.

(평행사변형의 넓이)=(만들어진 직사각형의 넓이)

(평행사변형의 넓이)
=(밑변의 길이)×(높이)

3. 평행사변형의 넓이 비교하기

$1\,cm^2$

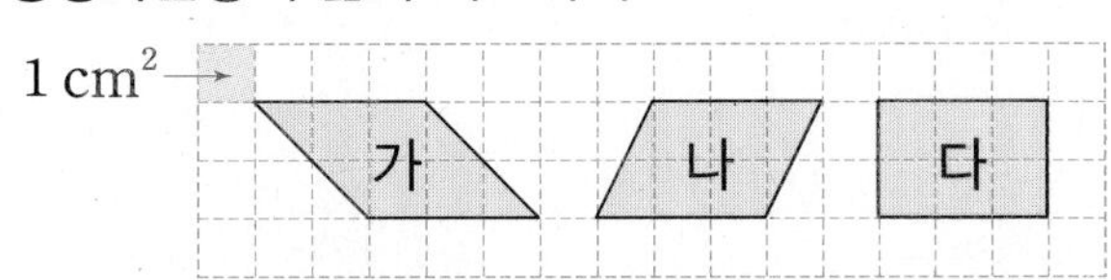

가, 나, 다 모두 밑변의 길이는 3 cm, 높이는 2 cm로 같으므로 넓이는 모두

$3\times2=$❷ (cm^2)로 같습니다.

정답 확인 | ❶ 12 ❷ 6

확인 문제 1~5번 문제를 풀면서 개념 익히기!

1 평행사변형을 보고 □ 안에 알맞은 기호를 써넣으세요.

㉠ ㉡ ㉢

밑변: ㉠, □

높이: □

2 평행사변형에서 1cm²를 모두 찾아 색칠하고, 평행사변형의 넓이를 구하세요.

$1\,cm^2$

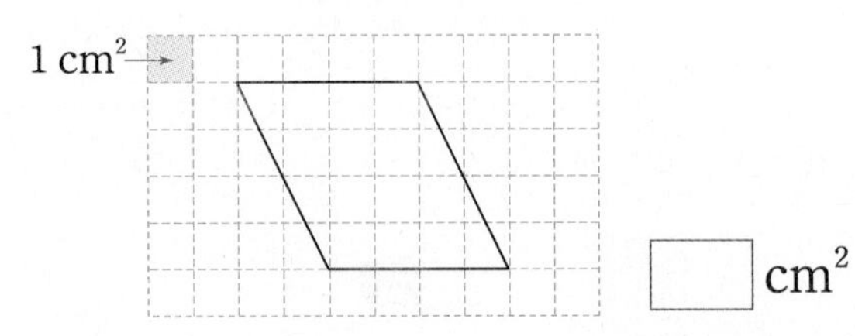

□ cm^2

한번 더! 확인 6~10번 유사문제를 풀면서 **개념 다지기!**

6 평행사변형에서 높이에 △표 하세요.

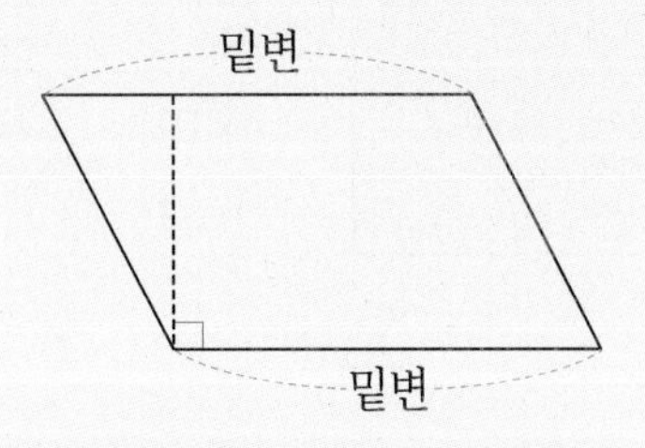

7 평행사변형에서 1cm²를 모두 찾아 색칠하고, 평행사변형의 넓이를 구하세요.

$1\,cm^2$

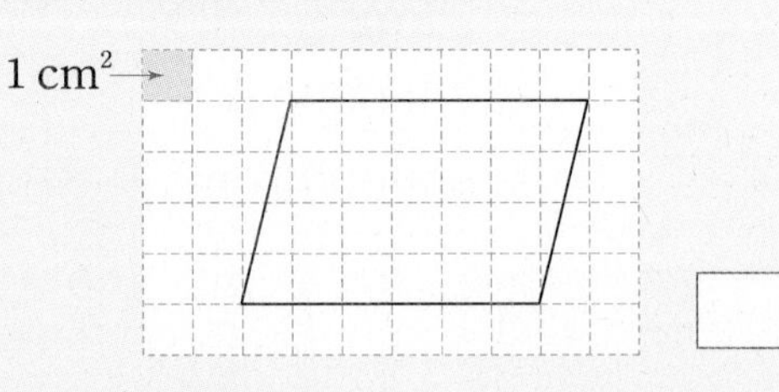

□ cm^2

3 평행사변형의 넓이를 구하려고 합니다. □ 안에 알맞은 수를 써넣으세요.

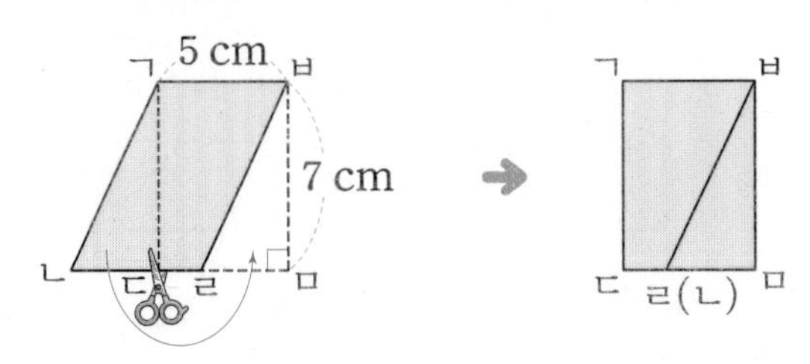

(평행사변형 ㄱㄴㄹㅂ의 넓이)
=(직사각형 ㄱㄷㅁㅂ의 넓이)
$=5\times$ □ = □ (cm^2)

4 평행사변형의 넓이는 몇 cm^2인가요?

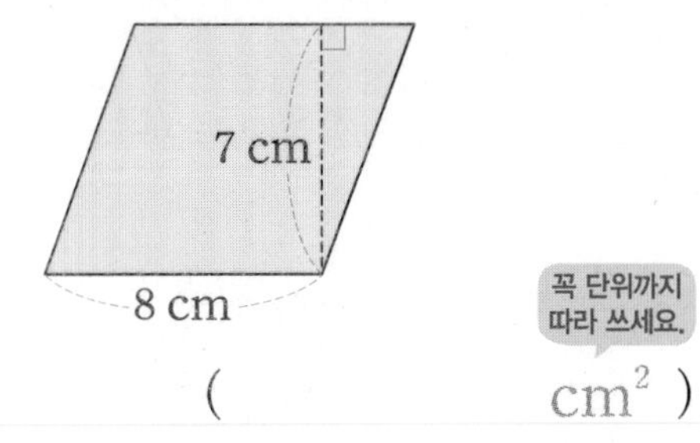

(cm^2)

5 밑변의 길이가 11 m인 평행사변형의 높이는 몇 m인가요?

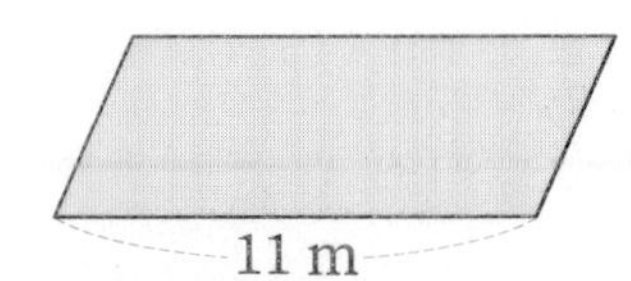

넓이: 44 m^2

(1) 평행사변형의 넓이 구하는 식입니다. □ 안에 알맞은 수를 써넣으세요.

식 □ ×(높이)= □

(2) 평행사변형의 높이는 몇 m인가요?

(m)

8 평행사변형의 넓이는 몇 cm^2인가요?

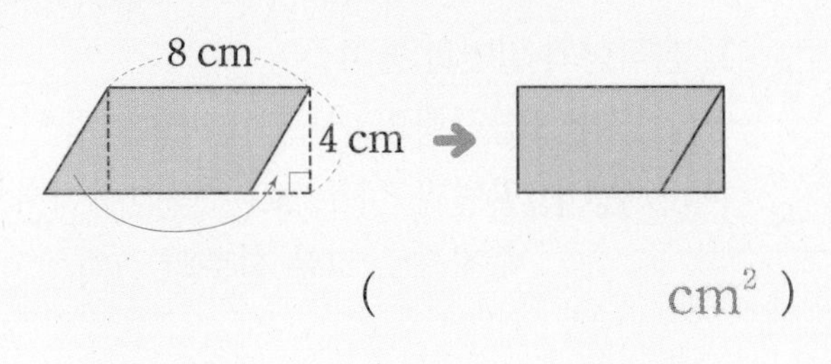

(cm^2)

평행사변형의 밑변은 직사각형의 가로, 높이는 직사각형의 세로가 되었네.

9 쑥 절편의 넓이는 몇 cm^2인가요?

식

답 cm^2

서술형 下수

10 밑변의 길이가 5 m인 평행사변형의 높이는 몇 m인가요?

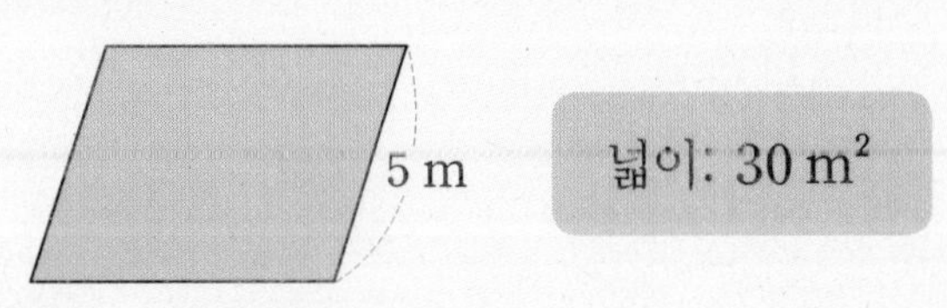

넓이: 30 m^2

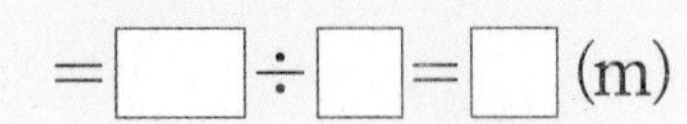

풀이

평행사변형의 밑변의 길이는 5 m, 넓이는 30 m^2이므로 □ ×(높이)= □ (m^2)입니다.
➜ (평행사변형의 높이)
= □ ÷ □ = □ (m)

답 m

핵심 개념 삼각형의 넓이

1. 삼각형의 밑변과 높이

(1) **밑변**: 삼각형의 어느 한 변

(2) **높이**: 밑변과 마주 보는 꼭짓점에서 밑변에 수직으로 그은 선분의 길이

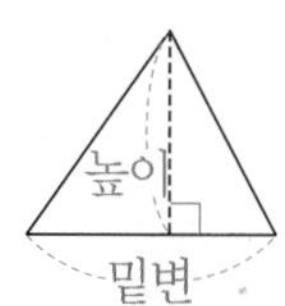

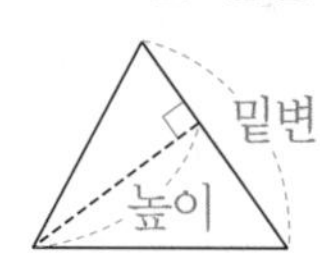

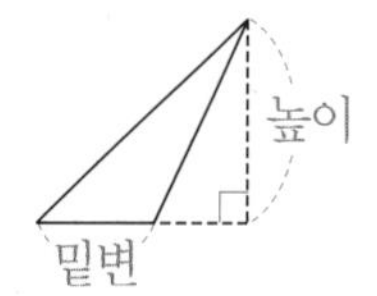

높이는 밑변에 따라 정해지고 다양하게 표시할 수 있어.

2. 삼각형의 넓이 구하기

방법 1 삼각형 2개를 이용하여 넓이 구하기

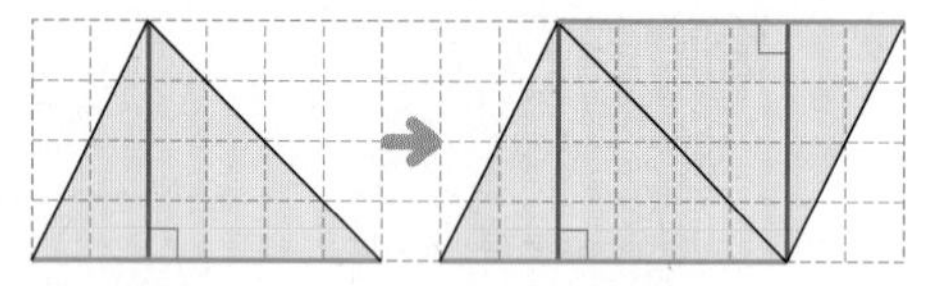

(삼각형의 넓이)
=(만들어진 평행사변형의 넓이)÷2
=(밑변의 길이)×(높이)÷ ❶

방법 2 삼각형을 잘라서 넓이 구하기

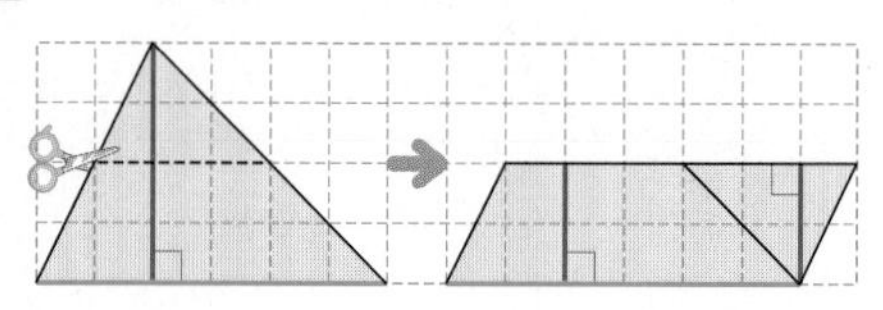

(삼각형의 넓이)
=(만들어진 평행사변형의 넓이)
=(밑변의 길이)×(삼각형의 높이)의 반 → (평행사변형의 높이)
=(밑변의 길이)×(높이)÷2

(삼각형의 넓이)
=(밑변의 길이)×(높이)÷2

3. 삼각형의 넓이 비교하기

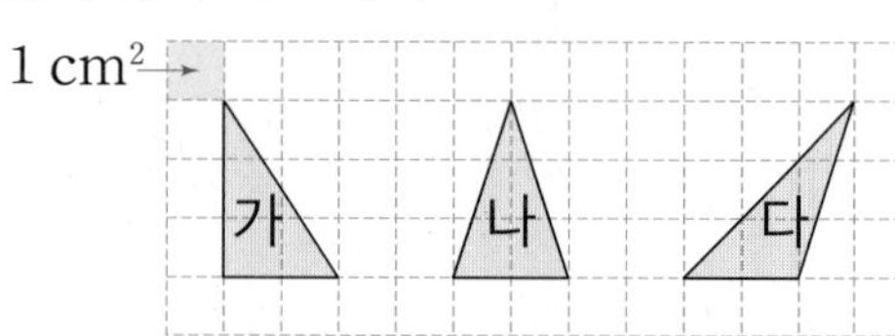

가, 나, 다 모두 밑변의 길이는 2 cm, 높이는 3 cm로 같으므로 넓이는 모두
$2\times3\div2=$ ❷ (cm^2)로 같습니다.

정답 확인 | ❶ 2 ❷ 3

확인 문제 1~4번 문제를 풀면서 개념 익히기!

1 똑같은 삼각형 2개를 이용하여 삼각형의 넓이를 구하려고 합니다. □ 안에 알맞은 수를 써넣으세요.

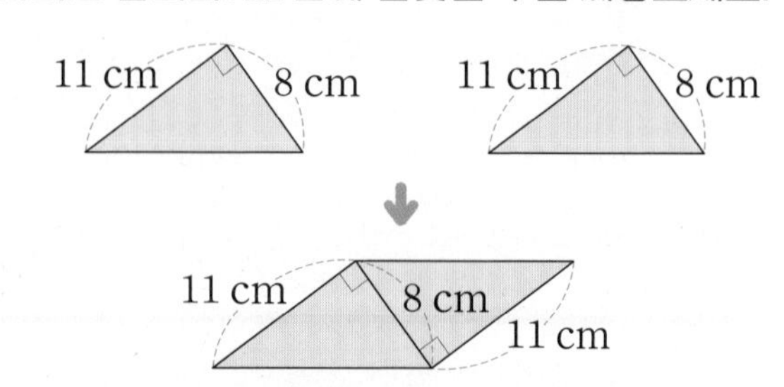

(삼각형의 넓이)
=(평행사변형의 넓이)÷2
$=11\times$□$\div$□
=□ (cm^2)

한번 더! 확인 5~8번 유사문제를 풀면서 **개념 다지기!**

5 삼각형의 높이를 반으로 잘라 삼각형의 넓이를 구하려고 합니다. □ 안에 알맞은 수를 써넣으세요.

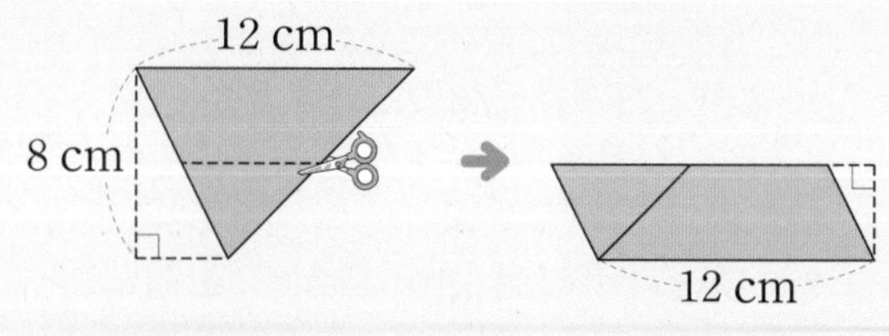

(삼각형의 넓이)
=(평행사변형의 넓이)
=(밑변의 길이)×(삼각형의 높이)의 반

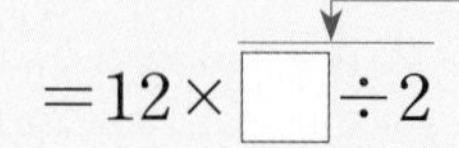

$=12\times$□$\div2$
=□ (cm^2)

2 왼쪽 삼각형에 밑변과 높이를 나타낸 것을 보고 오른쪽 삼각형에 높이를 표시해 보세요.

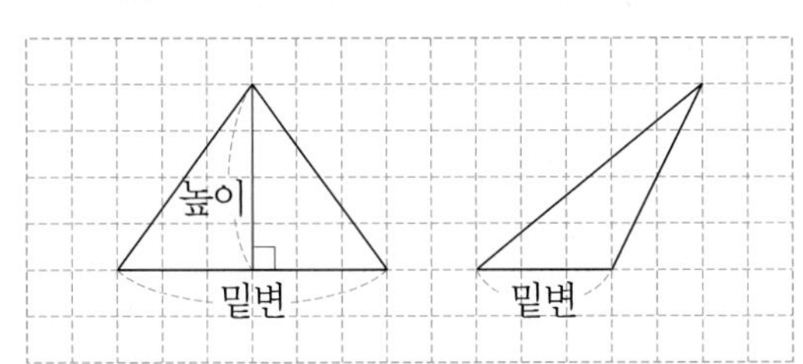

3 삼각형의 넓이는 **몇 $\mathbf{cm^2}$**인가요?

(1)

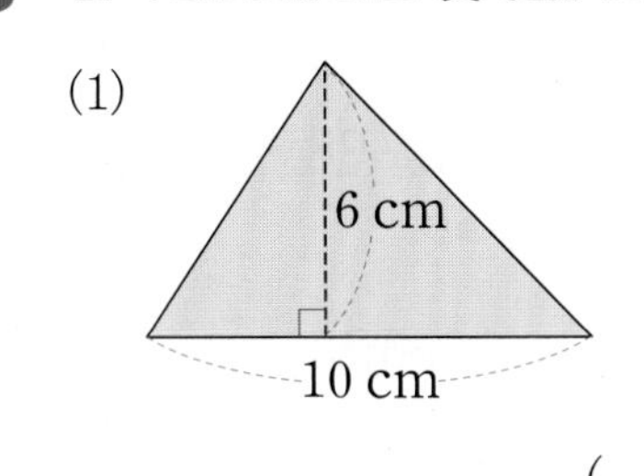

꼭 단위까지 따라 쓰세요.

(cm^2)

(2)

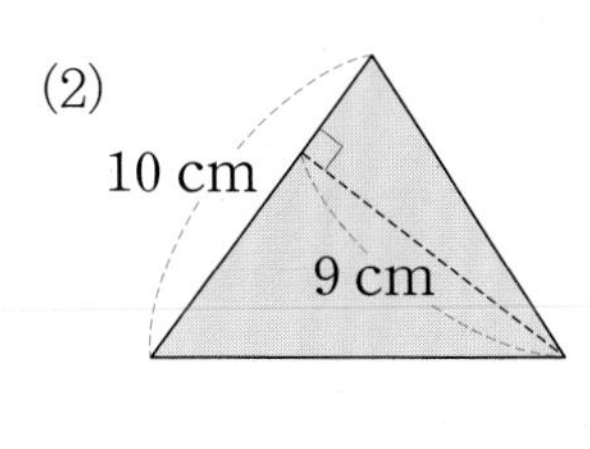

(cm^2)

4 밑변의 길이와 높이를 자로 재어 삼각형의 넓이를 구하세요.

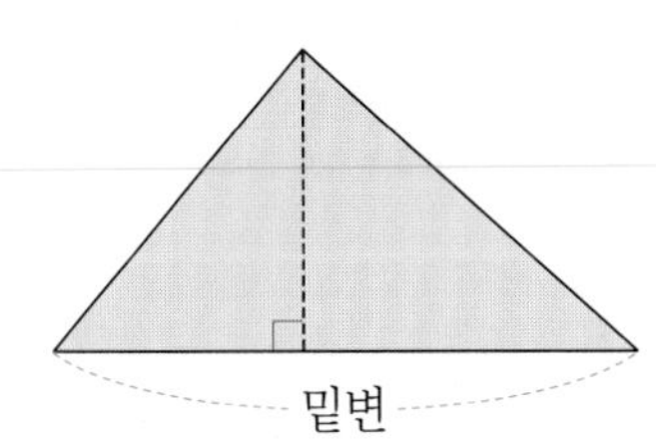

(1) 밑변의 길이와 높이는 각각 몇 cm인가요?

밑변의 길이 (cm)

높이 (cm)

(2) 삼각형의 넓이는 몇 cm^2인가요?

(cm^2)

6 삼각형의 높이를 표시해 보세요.

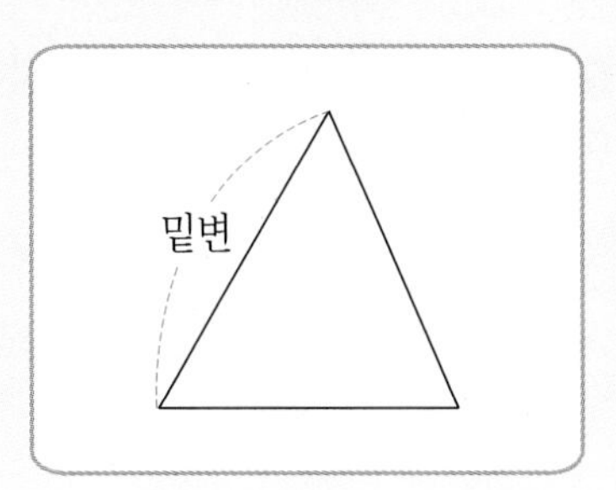

7 삼각형의 넓이는 **몇 $\mathbf{m^2}$**인가요?

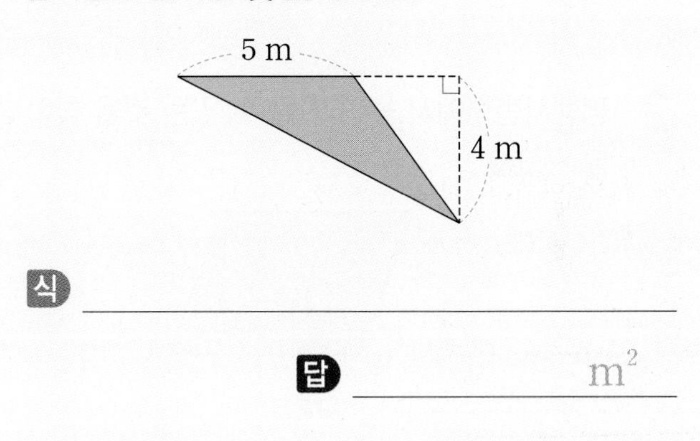

식 ____________________

답 ______ m^2

서술형 下수

8 밑변의 길이와 높이를 자로 재어 삼각형의 넓이를 구하세요.

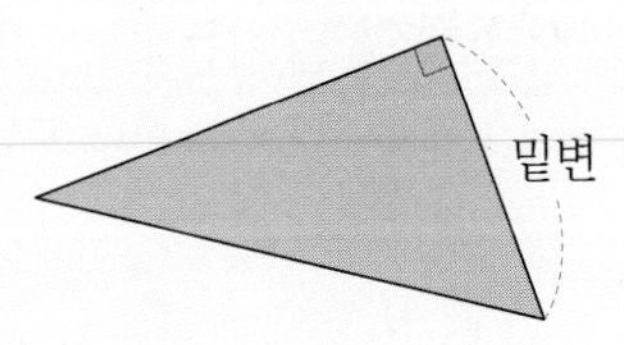

풀이

밑변의 길이는 □ cm, 높이는 □ cm이므로

(삼각형의 넓이) $=$ □ $\times$ □ $\div 2$

$=$ □ (cm^2)

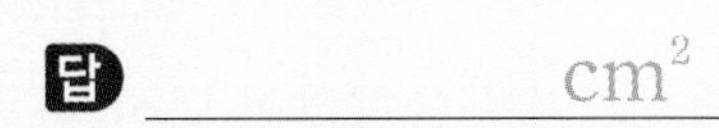

답 ______ cm^2

2단계 익힘책 바로 풀기

1 삼각형에서 밑변과 높이를 표시한 것이 맞으면 ○표, 틀리면 ×표 하세요.

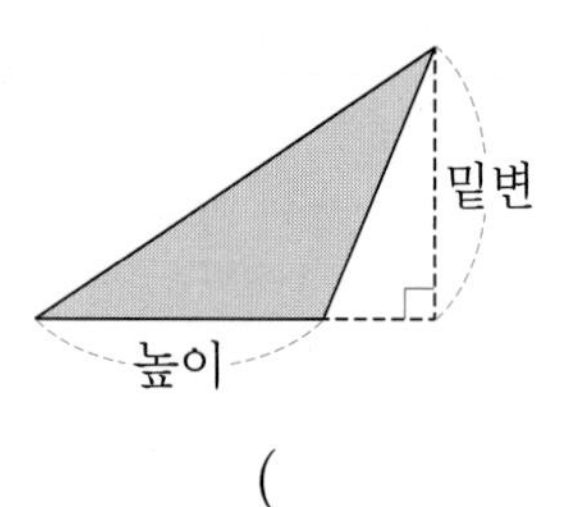

(　　　　　　　　)

2 평행사변형에서 높이가 될 수 있는 것을 찾아 기호를 쓰세요.

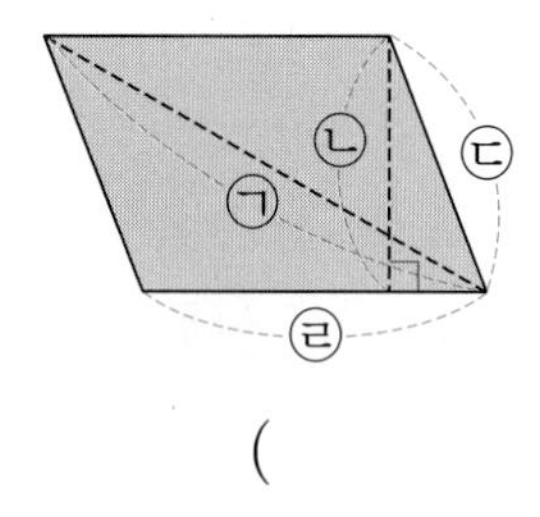

(　　　　　　　　)

3 1cm²를 이용하여 평행사변형의 넓이를 구하세요.

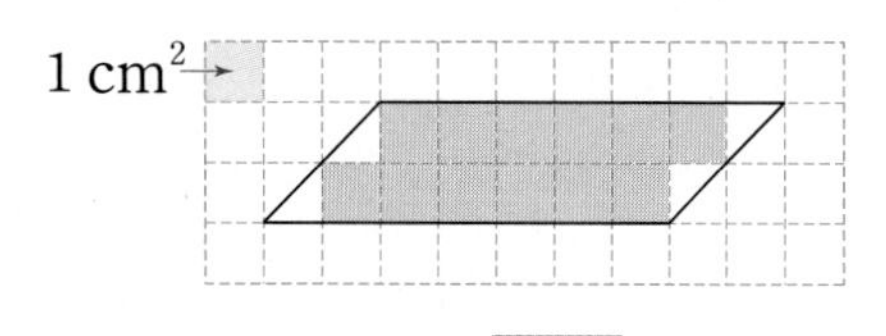

평행사변형의 넓이는 ☐ cm^2입니다.

4 1cm²를 이용하여 삼각형의 넓이를 구하세요.

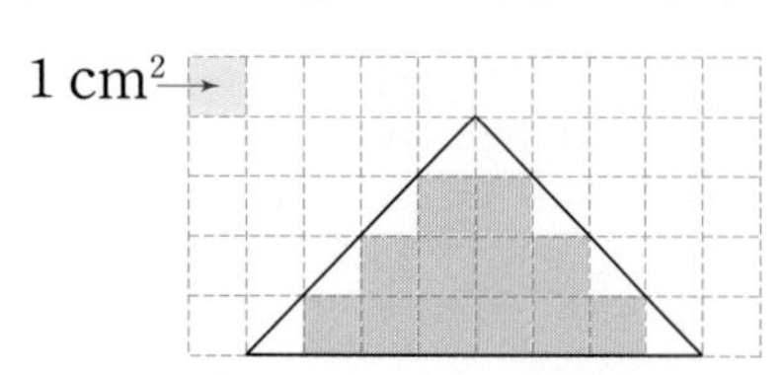

삼각형의 넓이는 ☐ cm^2입니다.

5 평행사변형을 잘라서 직사각형을 만들었습니다. 평행사변형의 넓이는 몇 cm^2인가요?

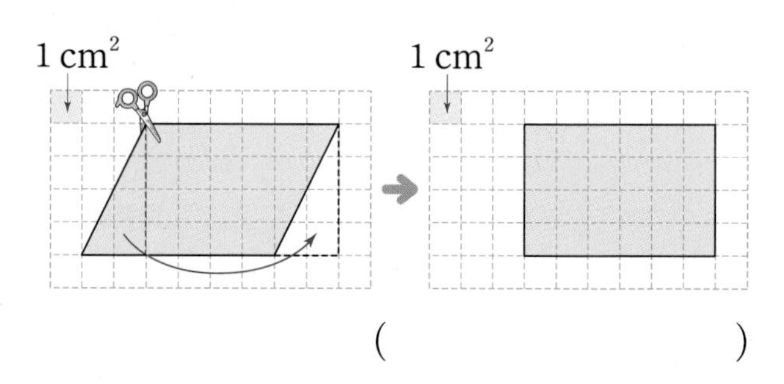

(　　　　　　　　)

6 삼각형을 잘라서 평행사변형을 만들었습니다. 삼각형의 넓이는 몇 cm^2인가요?

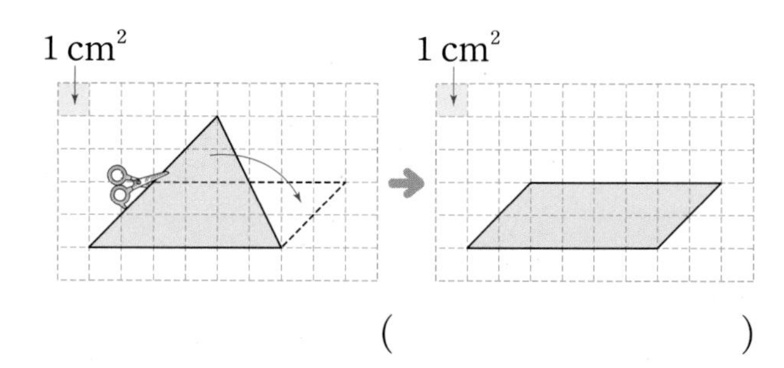

(　　　　　　　　)

7 평행사변형의 넓이는 몇 cm^2인가요?

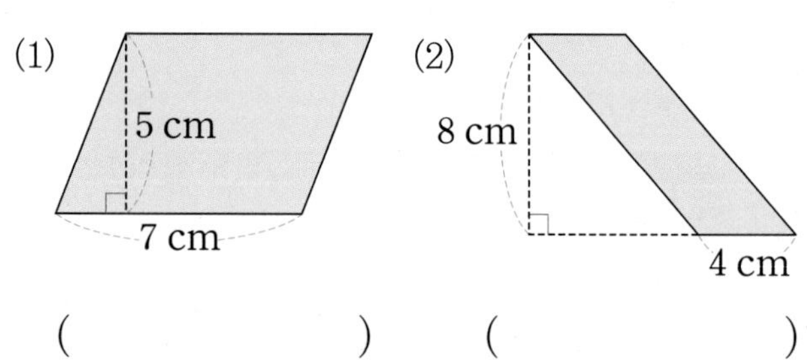

(1) (　　　　　　)　(2) (　　　　　　)

8 삼각형의 넓이는 몇 cm^2인가요?

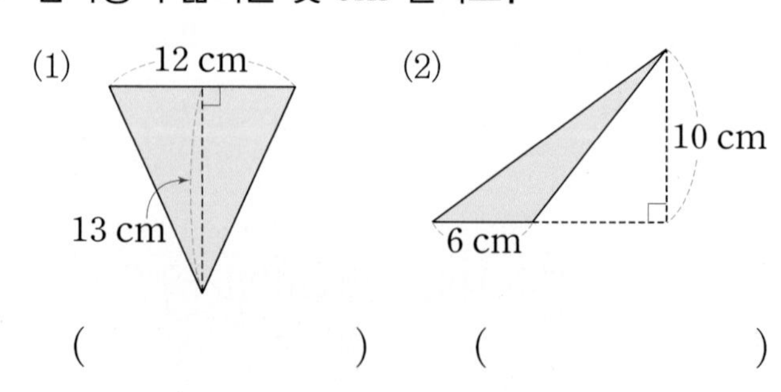

(1) (　　　　　　)　(2) (　　　　　　)

9 평행사변형의 넓이가 다른 하나를 찾아 기호를 쓰세요.

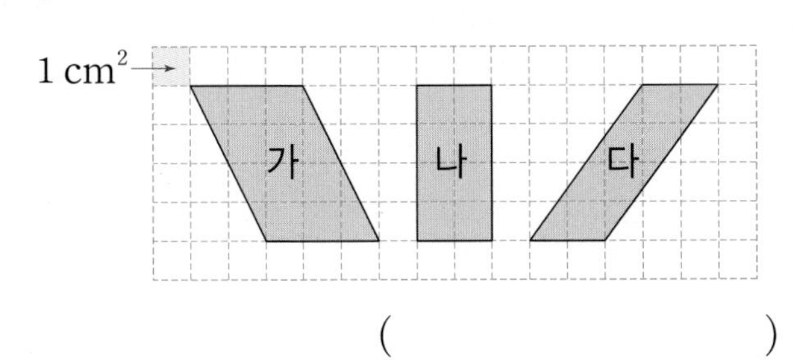

( )

10 영석이 어머니께서 만들어 주신 샌드위치입니다. 샌드위치의 한쪽 면인 색칠한 삼각형의 넓이는 몇 cm^2인가요?

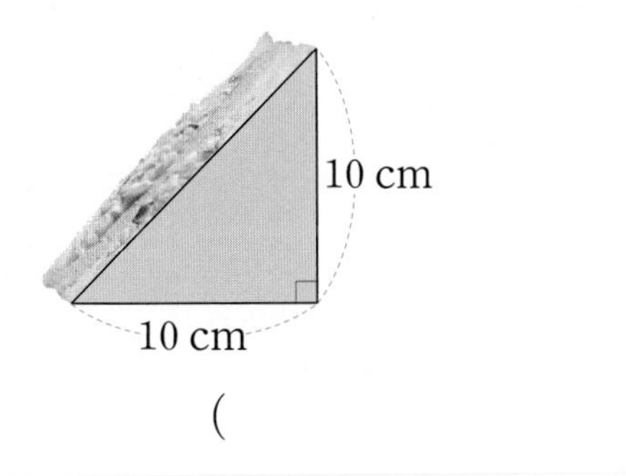

( )

11 밑변의 길이가 9 m이고 높이가 7 m인 평행사변형의 넓이는 몇 m^2인가요?

식 ______________________

답 ______________

12 평행사변형의 넓이는 72 cm^2입니다. □ 안에 알맞은 수를 써넣으세요.

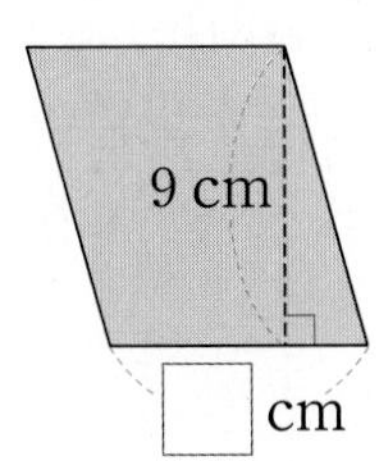

13 넓이가 12 cm^2인 평행사변형을 그려 보세요.

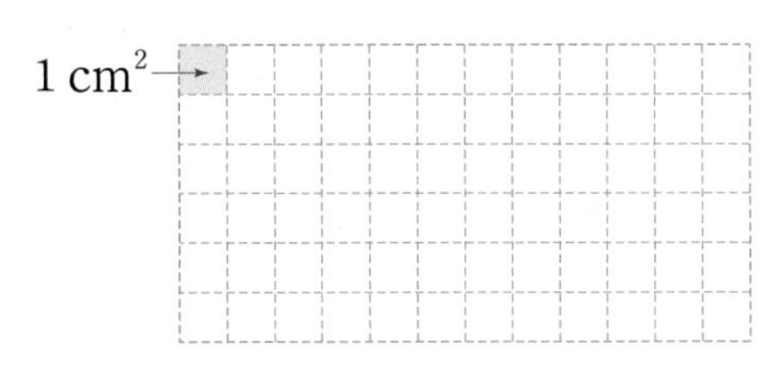

14 모눈종이에 주어진 삼각형과 넓이가 같고 모양이 다른 삼각형을 1개 그려 보세요.

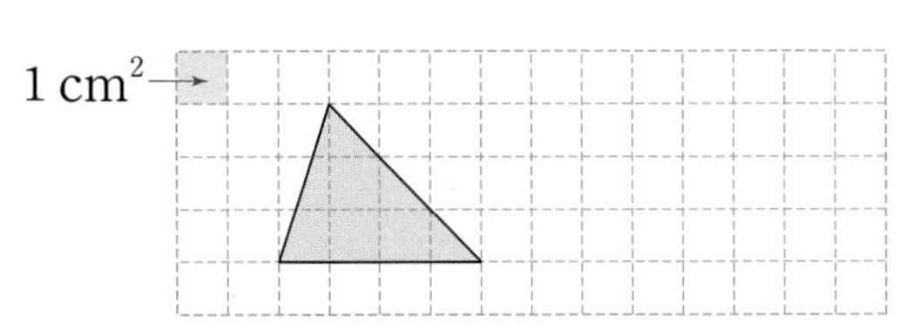

서술형 中수 문제 해결의 전략을 보면서 풀어 보자.

15 오른쪽 삼각형의 넓이는 36 cm^2입니다. 밑변의 길이는 몇 cm인가요?

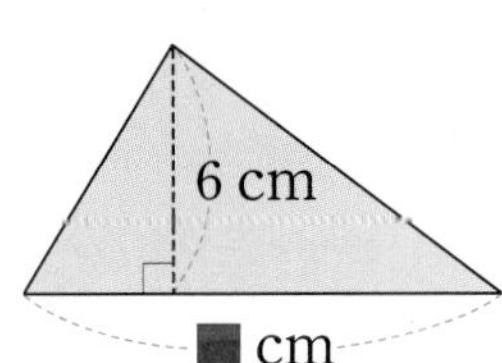

전략 (삼각형의 넓이)=(밑변의 길이)×(높이)÷2

❶ 밑변의 길이를 ■ cm라 하여 삼각형의 넓이 구하는 식을 쓰면

■×□÷2=36입니다.

전략 ❶에서 구한 식을 이용하여 ■를 구하자.

❷ ■×□÷2=36, ■×6=□,

■=□이므로 밑변의 길이는

□ cm입니다.

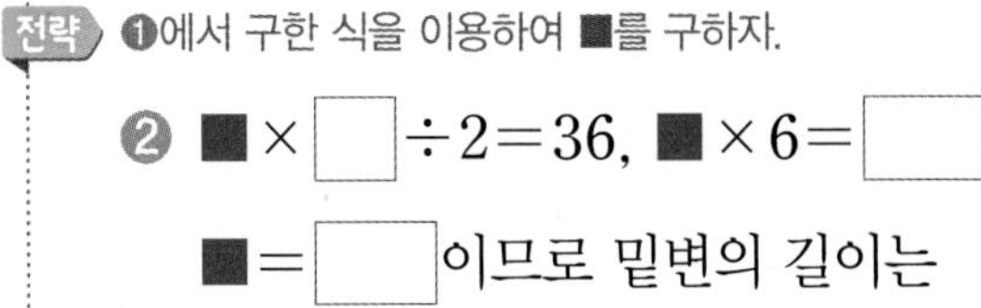

답 ______________

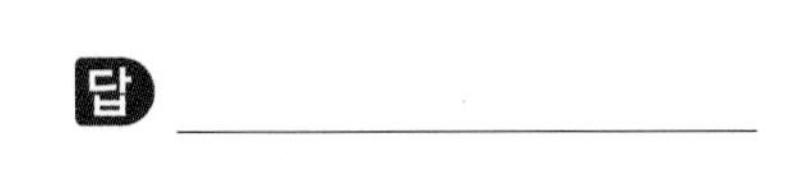

1단계 교과서 바로 알기

핵심 개념 마름모의 넓이

1. 삼각형으로 잘라서 마름모의 넓이 구하기

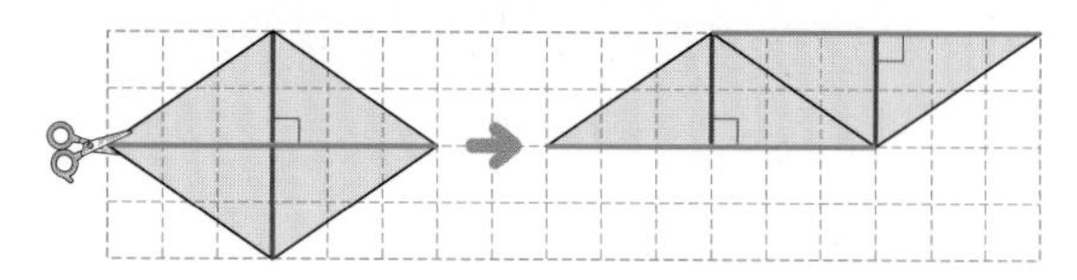

평행사변형의 밑변의 길이는 마름모의 한 대각선의 길이와 같고, 높이는 다른 대각선의 길이의 반과 같아.

(마름모의 넓이)
=(만들어진 평행사변형의 넓이)
=(밑변의 길이)×(평행사변형의 높이)
=(한 대각선의 길이)
×(다른 대각선의 길이)÷ ❶ □

2. 직사각형을 이용하여 마름모의 넓이 구하기

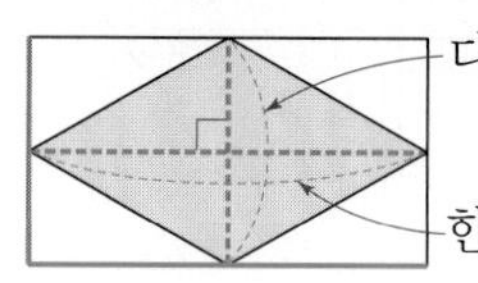

직사각형의 넓이는 마름모의 넓이의 2배야.

(마름모의 넓이)
=(직사각형의 넓이)÷ ❷ □
=(직사각형의 가로)×(직사각형의 세로)÷2
=(한 대각선의 길이)×(다른 대각선의 길이)÷2

(마름모의 넓이)
=(한 대각선의 길이)
×(다른 대각선의 길이)÷2

정답 확인 | ❶ 2 ❷ 2

확인 문제 1~5번 문제를 풀면서 개념 익히기!

1 마름모의 대각선을 모두 표시해 보세요.

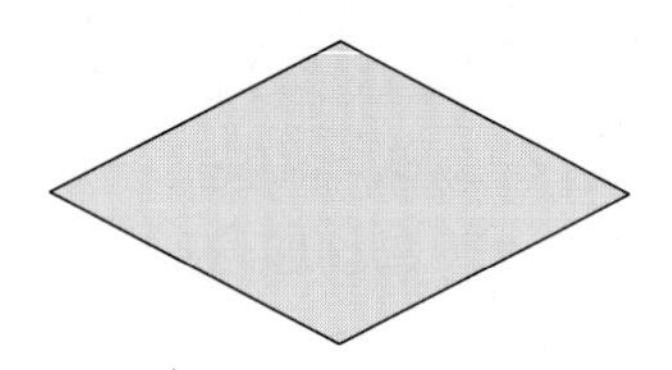

2 마름모의 넓이를 구하려고 합니다. □ 안에 알맞은 수를 써넣으세요.

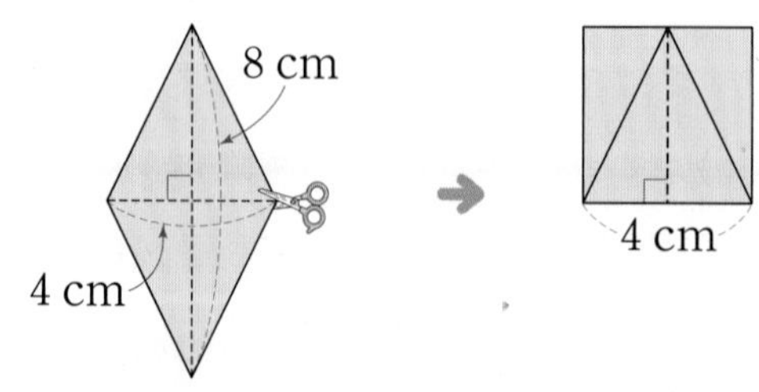

(마름모의 넓이)=(직사각형의 넓이)
=(가로)×(세로)
=4×□÷□=□ (cm^2)

한번 더! 확인 6~10번 유사문제를 풀면서 개념 다지기!

6 오른쪽 마름모의 두 대각선의 길이를 자로 재어 보세요.

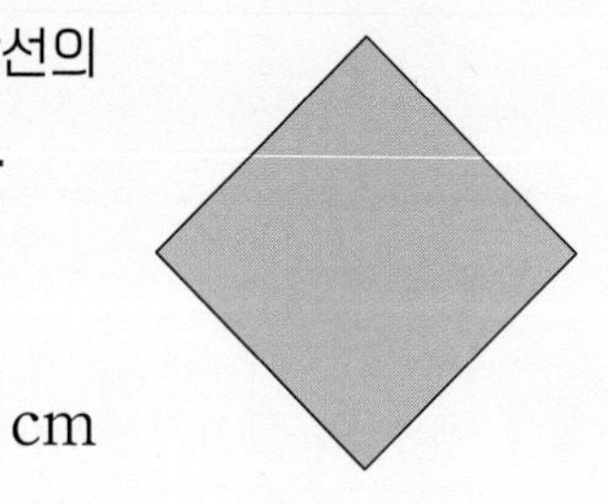

□ cm, □ cm

7 마름모의 넓이를 구하려고 합니다. □ 안에 알맞은 수를 써넣으세요.

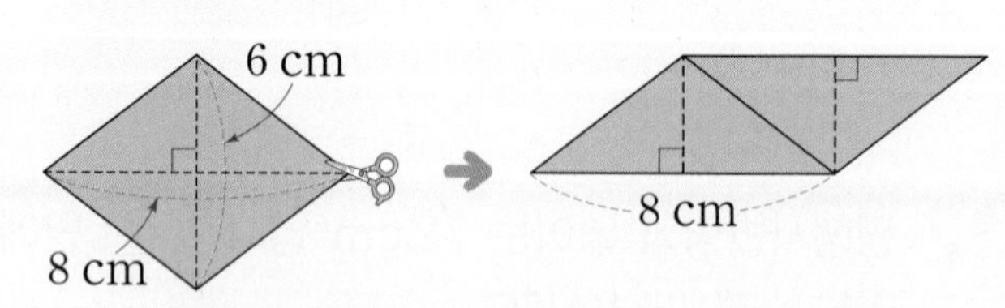

(마름모의 넓이)
=(평행사변형의 넓이)
=(밑변의 길이)×(평행사변형의 높이)
=8×□÷□=□ (cm^2)

3 마름모의 넓이를 구하려고 합니다. □ 안에 알맞은 수를 써넣으세요.

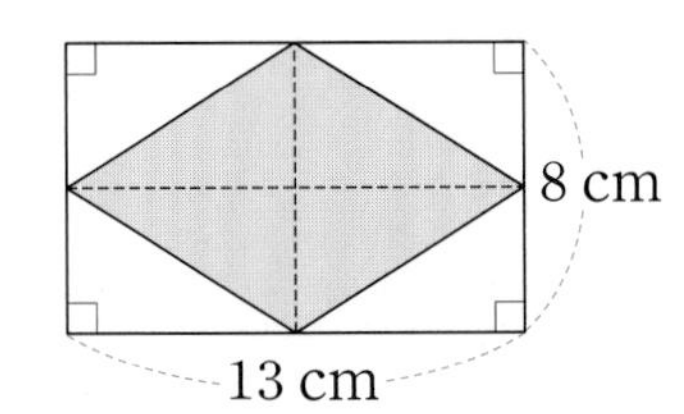

(마름모의 넓이)$=$(직사각형의 넓이)$\div$□

$=13\times$□$\div$□

$=$□(cm^2)

4 마름모의 넓이를 구하세요.

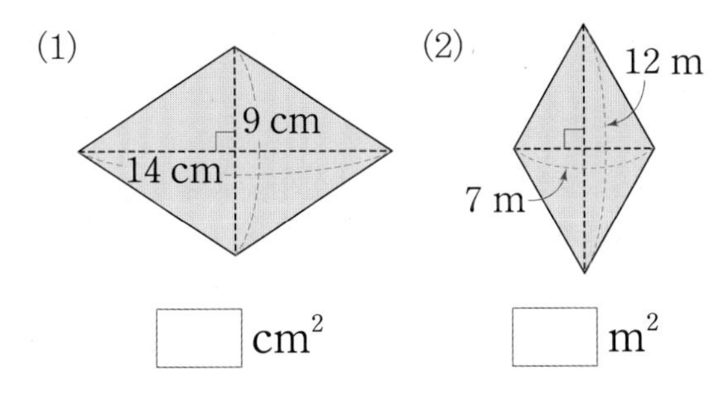

(1) □ cm^2 (2) □ m^2

5 오른쪽 색칠한 부분의 넓이는 40 m^2입니다. 마름모 ㄱㄴㄷㄹ의 넓이는 **몇 m^2**인가요?

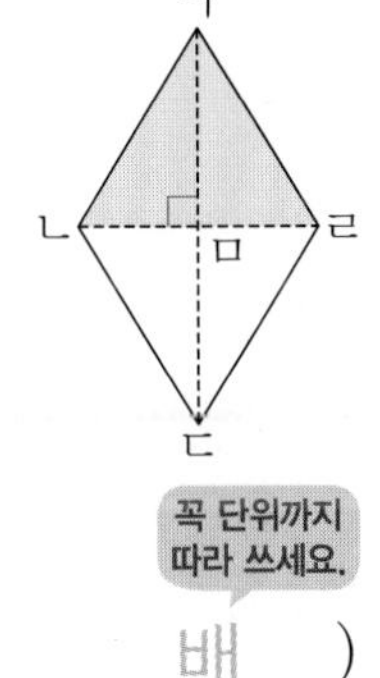

(1) 마름모 ㄱㄴㄷㄹ의 넓이는 삼각형 ㄱㄴㄹ의 넓이의 몇 배인가요?

(배)

(2) 마름모 ㄱㄴㄷㄹ의 넓이는 몇 m^2인가요?

(m^2)

8 마름모의 넓이를 구하려고 합니다. □ 안에 알맞은 수를 써넣으세요.

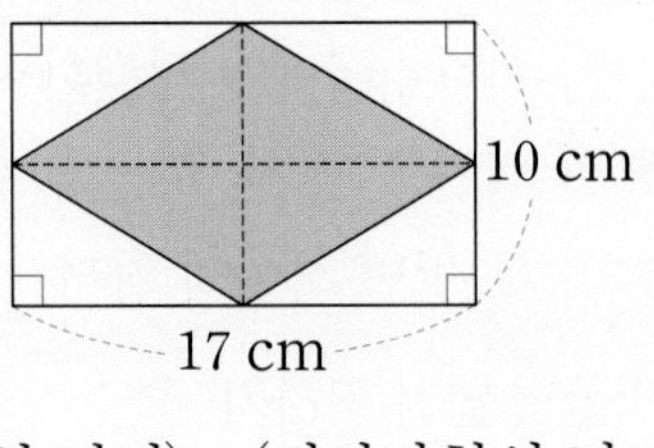

(마름모의 넓이)$=$(직사각형의 넓이)$\div$□

$=17\times$□$\div$□

$=$□(cm^2)

9 마름모 모양인 연의 넓이는 **몇 cm^2**인가요?

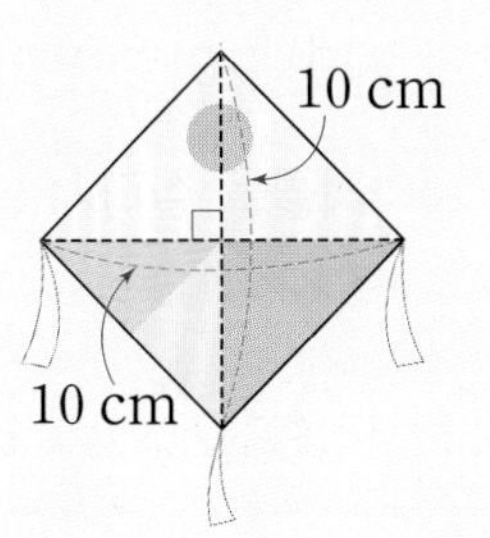

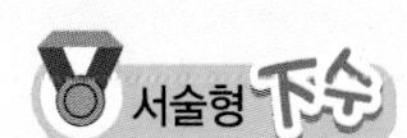

식

답 cm^2

서술형 下수

10 마름모 모양의 땅에 꽃밭을 꾸몄습니다. 꾸민 꽃밭의 넓이가 18 m^2일 때 전체 땅의 넓이는 **몇 m^2**인가요?

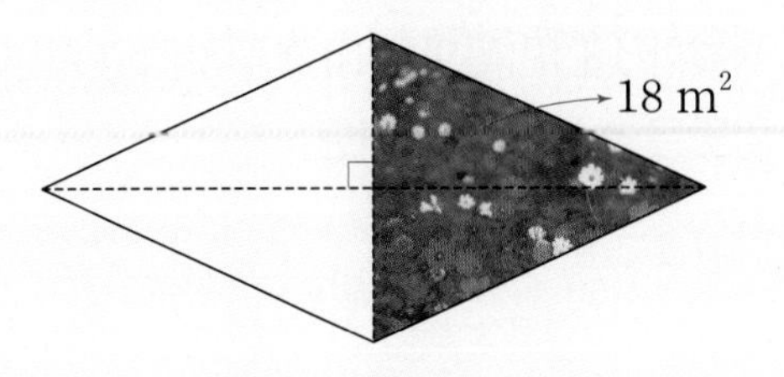

풀이

마름모 모양의 땅의 넓이는 꾸민 삼각형 모양의 꽃밭 넓이의 □배입니다.

➜ (전체 땅의 넓이)$=18\times$□$=$□(m^2)

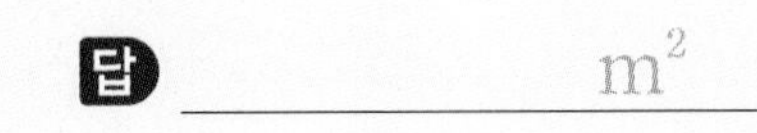

답 m^2

1 단계 **교과서 바로 알기**

핵심 개념 사다리꼴의 넓이

1. 사다리꼴의 밑변과 높이

(1) **밑변**: 사다리꼴에서 평행한 두 변

➔ 한 밑변을 **윗변**, 다른 밑변을 **아랫변**이라고 합니다.

(2) **높이**: 두 밑변 사이의 거리

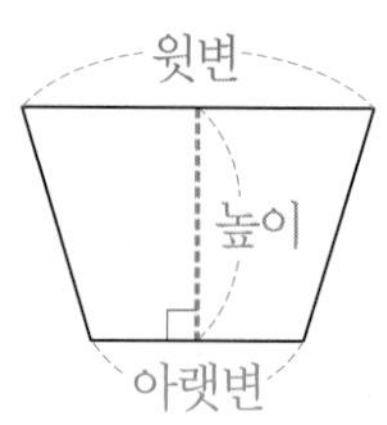

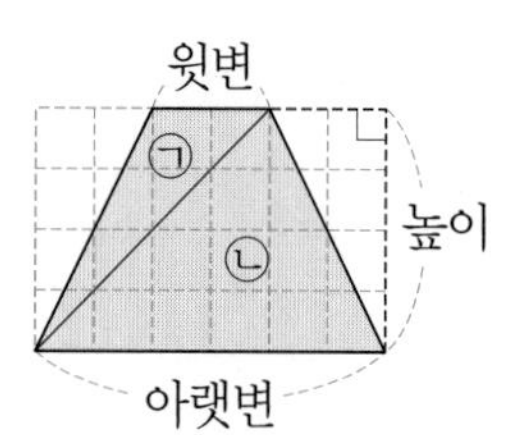

2. 사다리꼴의 넓이 구하기

방법 1 사다리꼴 2개를 이용하여 넓이 구하기

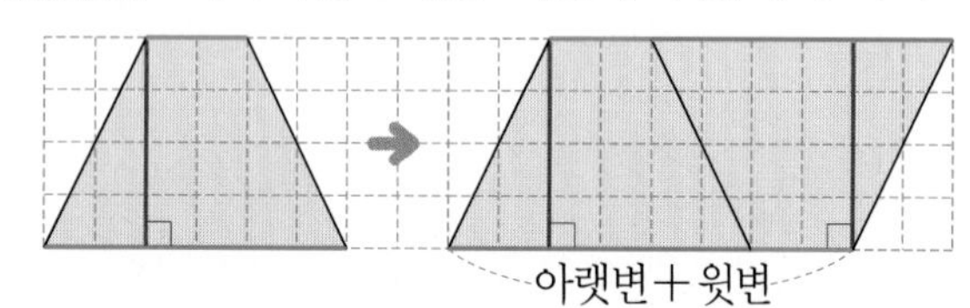

(사다리꼴의 넓이)

＝(만들어진 평행사변형의 넓이)÷ ❶ □

＝(윗변의 길이＋아랫변의 길이)×(높이)÷2

방법 2 사다리꼴을 잘라서 넓이 구하기

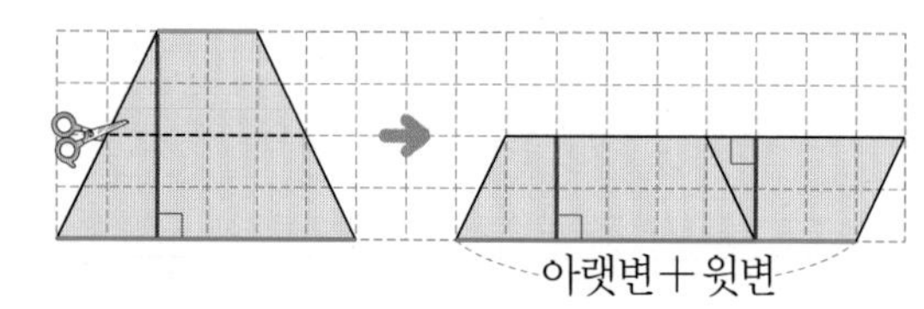

(사다리꼴의 넓이)

＝(만들어진 평행사변형의 넓이)

＝(밑변의 길이)×(사다리꼴의 높이)의 반

＝(윗변의 길이＋아랫변의 길이)×(높이)÷2

방법 3 삼각형으로 나누어 넓이 구하기

윗변
㉠
㉡
높이
아랫변

삼각형 ㉠의 밑변은 사다리꼴의 윗변이고,
삼각형 ㉡의 밑변은 사다리꼴의 아랫변이야.

(사다리꼴의 넓이)

＝(삼각형 ㉠의 넓이)＋(삼각형 ㉡의 넓이)

＝(윗변의 길이)×(높이)÷2

＋(아랫변의 길이)×(높이)÷ ❷ □

(사다리꼴의 넓이)
＝(윗변의 길이＋아랫변의 길이)
×(높이)÷2

정답 확인 | ❶ 2 ❷ 2

확인 문제 1~4번 문제를 풀면서 개념 익히기!

1 색칠한 사다리꼴의 넓이를 구하려고 합니다. □ 안에 알맞은 수를 써넣으세요.

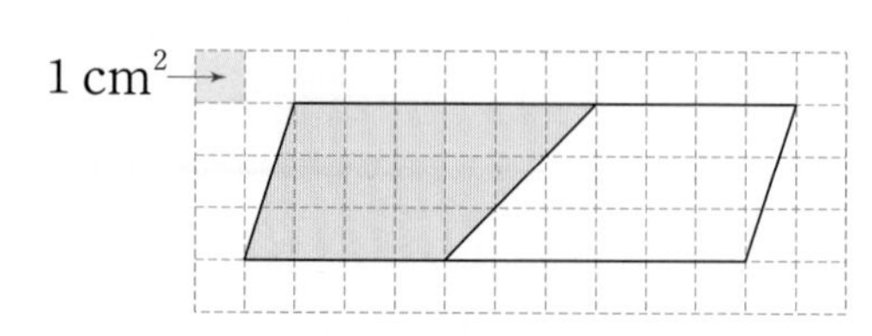

(사다리꼴의 넓이)

＝(평행사변형의 넓이)÷2

＝(4＋□)×□÷2

＝□ (cm²)

한번 더! 확인 5~8번 유사문제를 풀면서 **개념 다지기!**

5 색칠한 사다리꼴의 넓이를 구하려고 합니다. □ 안에 알맞은 수를 써넣으세요.

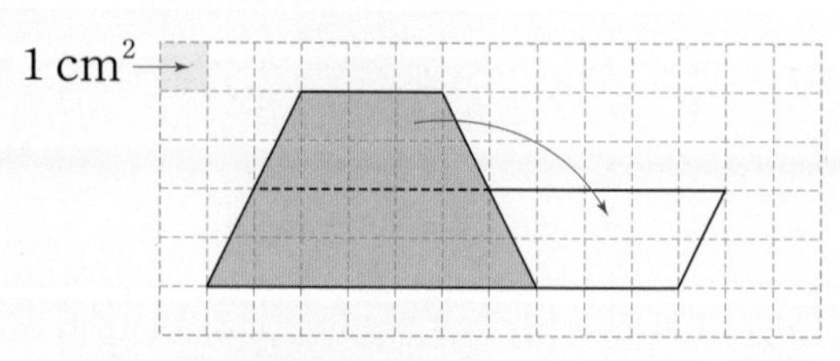

(사다리꼴의 넓이)

＝(평행사변형의 밑변의 길이)

×(사다리꼴의 높이)의 반

＝(7＋3)×4÷□＝□ (cm²)

2 사다리꼴의 넓이를 2개의 삼각형으로 나누어 구하세요.

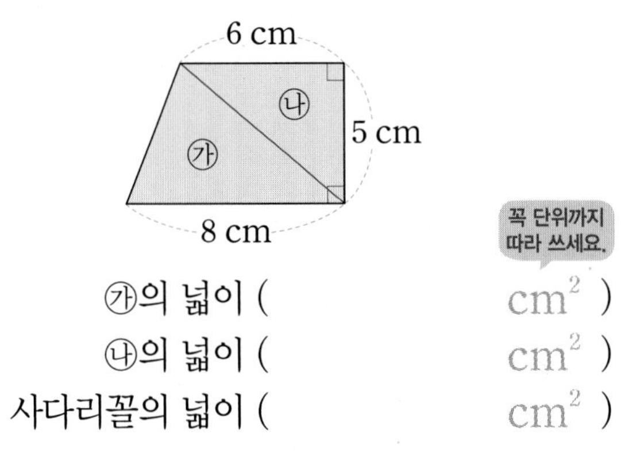

꼭 단위까지 따라 쓰세요.

㉮의 넓이 (cm²)

㉯의 넓이 (cm²)

사다리꼴의 넓이 (cm²)

3 사다리꼴의 넓이를 구하려고 합니다. □ 안에 알맞은 수를 써넣으세요.

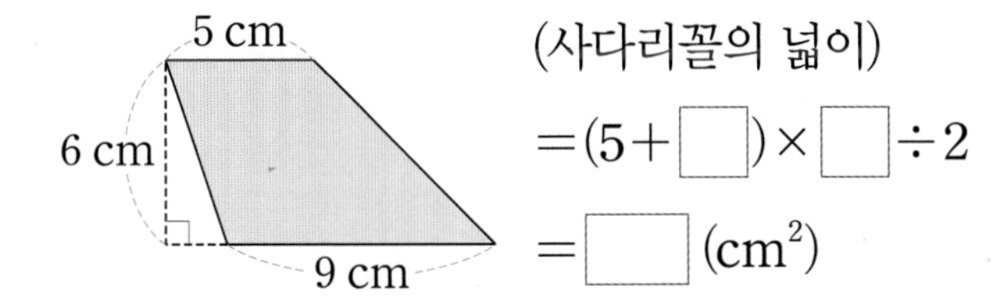

(사다리꼴의 넓이)

$=(5+\square)\times\square\div2$

$=\square\ (cm^2)$

4 사다리꼴의 아랫변의 길이는 윗변의 길이보다 3 m 더 깁니다. 사다리꼴의 넓이는 **몇 m^2**인가요?

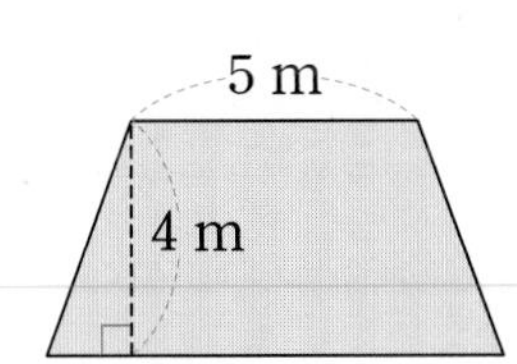

(1) 사다리꼴의 아랫변의 길이는 몇 m인가요?

(m)

(2) 사다리꼴의 넓이는 몇 m^2인가요?

식

답 m^2

6 사다리꼴의 넓이를 2개의 삼각형으로 나누어 구하세요.

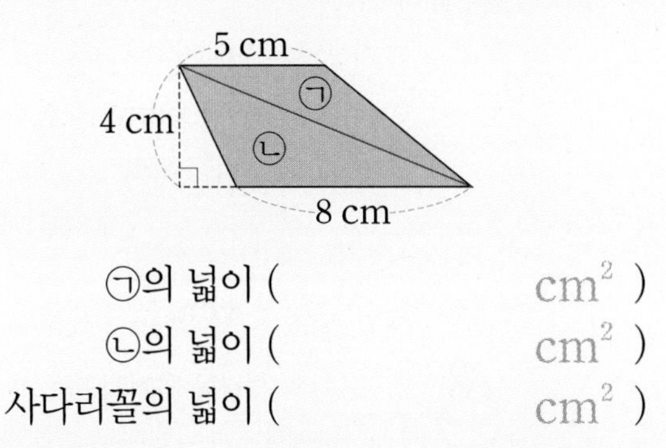

㉠의 넓이 (cm²)

㉡의 넓이 (cm²)

사다리꼴의 넓이 (cm²)

7 사다리꼴의 넓이를 구하려고 합니다. □ 안에 알맞은 수를 써넣으세요.

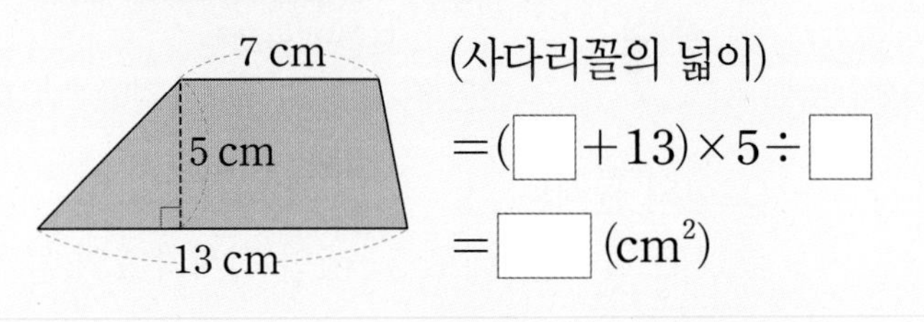

(사다리꼴의 넓이)

$=(\square+13)\times5\div\square$

$=\square\ (cm^2)$

서술형 下수

8 오른쪽 사다리에서 색칠된 사다리꼴의 윗변의 길이는 아랫변의 길이보다 6 cm 짧습니다. 색칠된 사다리꼴의 넓이는 **몇 cm^2**인가요?

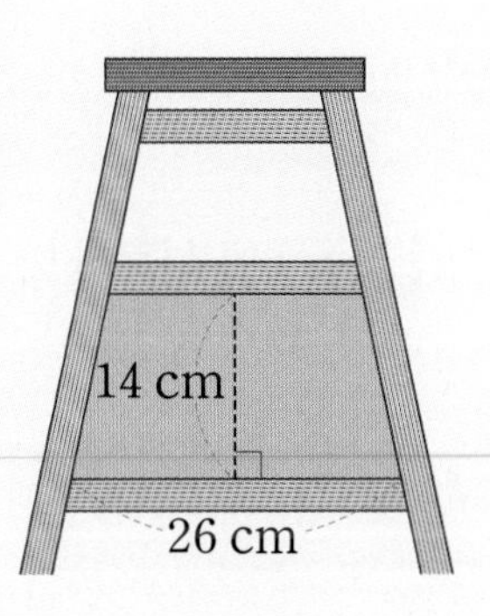

풀이

색칠된 사다리꼴의 윗변의 길이는

$\square-6=\square$ (cm)입니다.

➜ (색칠된 사다리꼴의 넓이)

$=(\square+26)\times\square\div2=\square\ (cm^2)$

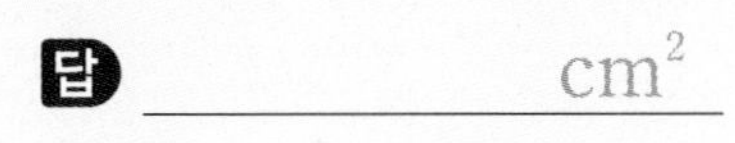

답 cm^2

1단계 교과서 바로 알기

핵심 개념 여러 가지 도형의 둘레와 넓이

1. 도형의 둘레

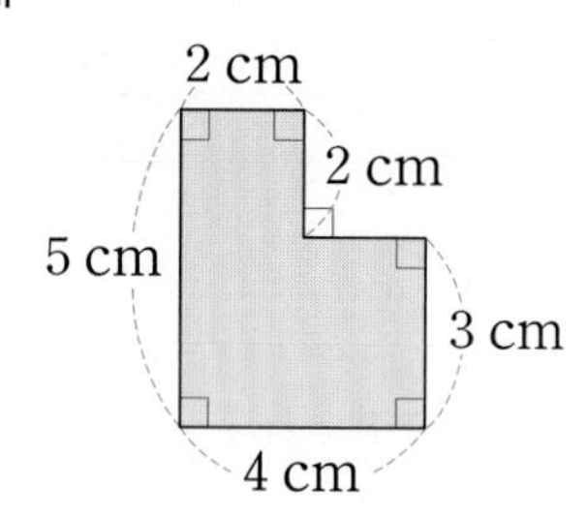

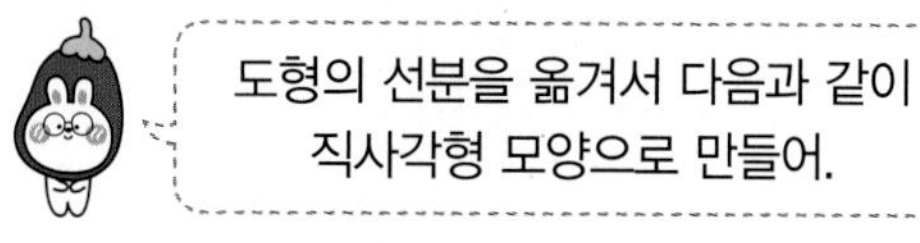

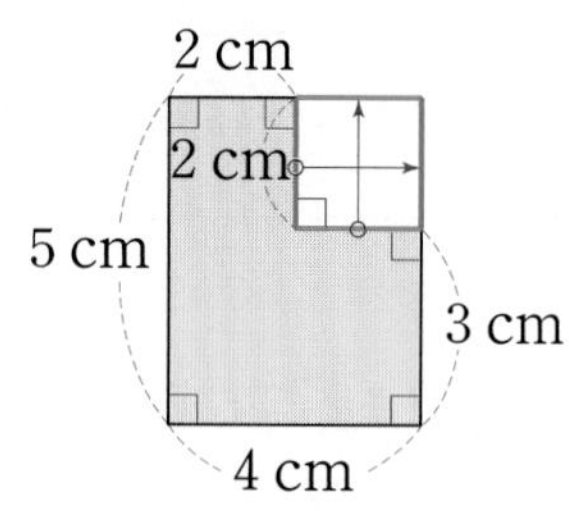

(도형의 둘레)

=(가로 4 cm, 세로 5 cm인 직사각형의 둘레)

$=4+5+4+5$

$=(4+5)\times 2=$ ❶ ☐ (cm)

2. 도형의 넓이

방법 1 직사각형으로 나누어 넓이 구하기

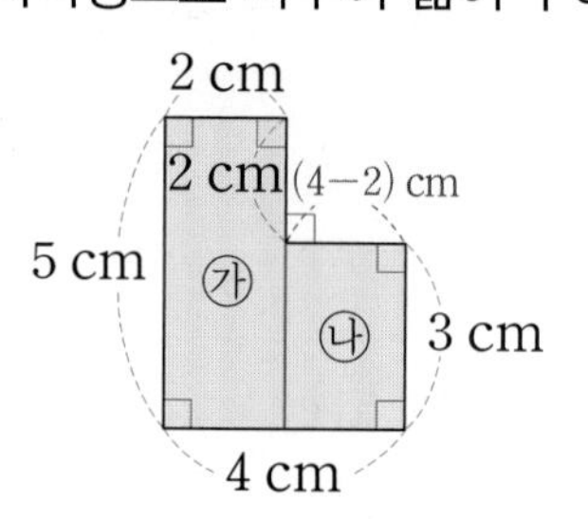

(도형의 넓이)=(㉮의 넓이)+(㉯의 넓이)

$=2\times 5+2\times 3$

$=10+6=16\ (cm^2)$

방법 2 (큰 직사각형의 넓이) −(작은 직사각형의 넓이)로 구하기

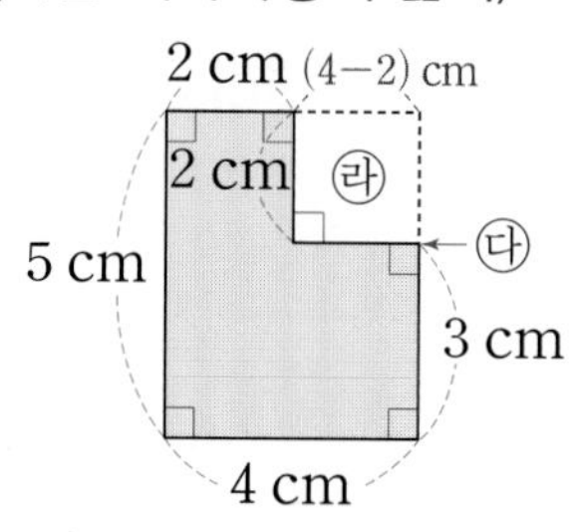

(도형의 넓이)=(㉰의 넓이)−(㉱의 넓이)

$=4\times 5-2\times 2$

$=20-4=$ ❷ ☐ (cm^2)

정답 확인 | ❶ 18 ❷ 16

확인 문제 1~4번 문제를 풀면서 개념 익히기!

1 도형의 선분을 옮겨서 직사각형을 만들 수 있습니다. 도형의 둘레는 몇 cm인가요?

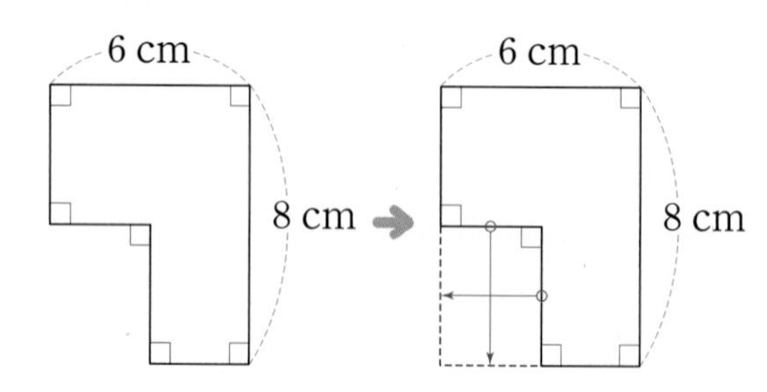

(도형의 둘레)

=(가로 6 cm, 세로 8 cm인 직사각형의 둘레)

$=(6+$ ☐ $)\times$ ☐ $=$ ☐ (cm)

한번 더! 확인 5~8번 유사문제를 풀면서 개념 다지기!

5 도형의 선분을 옮겨서 직사각형을 만들 수 있습니다. 도형의 둘레는 몇 cm인가요?

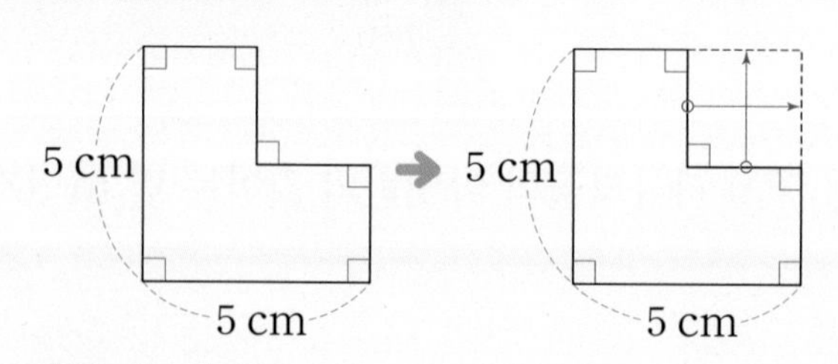

(도형의 둘레)

=(한 변의 길이가 5 cm인 정사각형의 둘레)

$=5\times$ ☐ $=$ ☐ (cm)

2 도형의 넓이를 구하려고 합니다. □ 안에 알맞은 수를 써넣으세요.

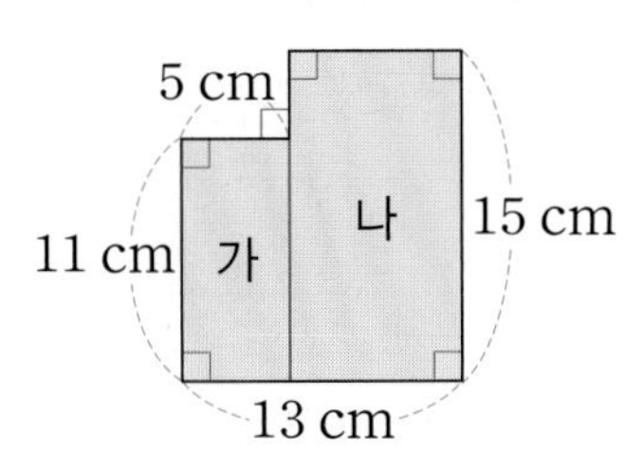

① (가의 넓이)$=\square\times 11=\square$ (cm^2)

② (나의 넓이)$=(13-\square)\times 15$

$=\square$ (cm^2)

③ (가의 넓이)$+$(나의 넓이)

$=\square+\square=\square$ (cm^2)

3 도형의 둘레는 **몇 m**인가요?

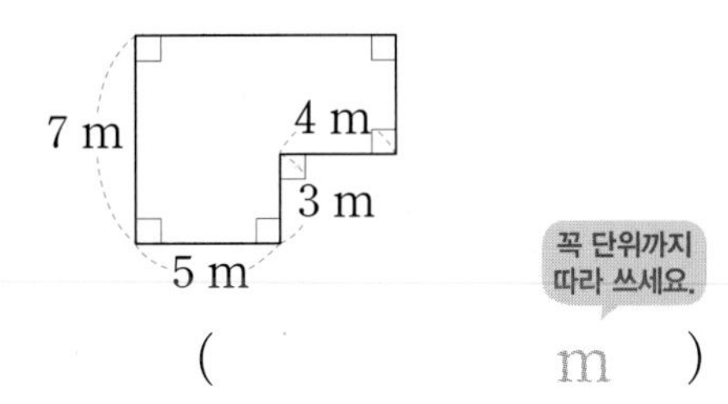

(m)

4 색칠한 부분의 넓이는 **몇 cm^2**인지 구하세요.

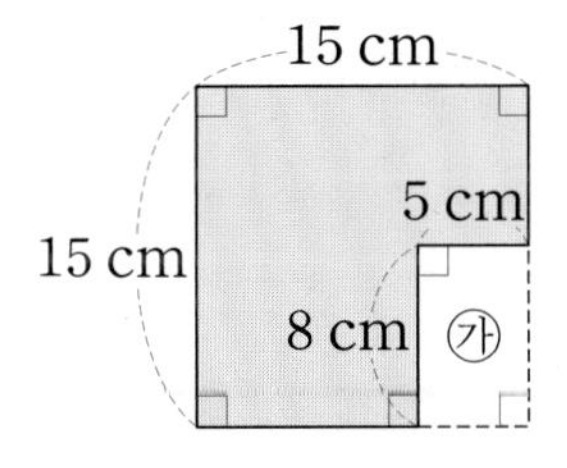

(1) 큰 정사각형의 넓이는 몇 cm^2인가요?

(cm^2)

(2) ㉮의 넓이는 몇 cm^2인가요?

(cm^2)

(3) 색칠한 부분의 넓이는 몇 cm^2인가요?

(cm^2)

6 도형의 넓이를 구하려고 합니다. □ 안에 알맞은 수를 써넣으세요.

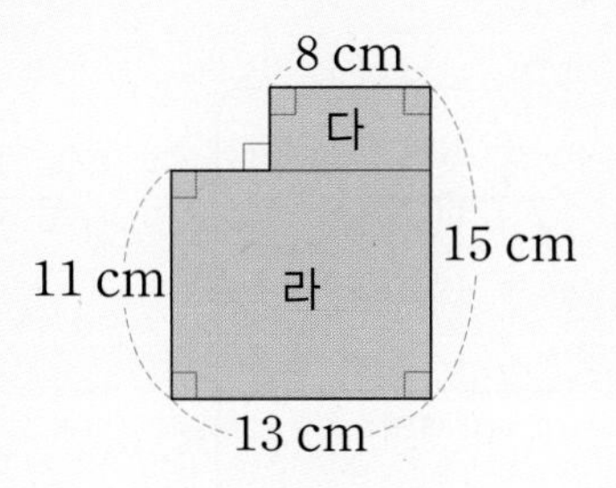

① (다의 넓이)$=8\times(15-\square)$

$=\square$ (cm^2)

② (라의 넓이)$=13\times\square=\square$ (cm^2)

③ (다의 넓이)$+$(라의 넓이)

$=\square+\square=\square$ (cm^2)

7 도형의 둘레는 **몇 m**인가요?

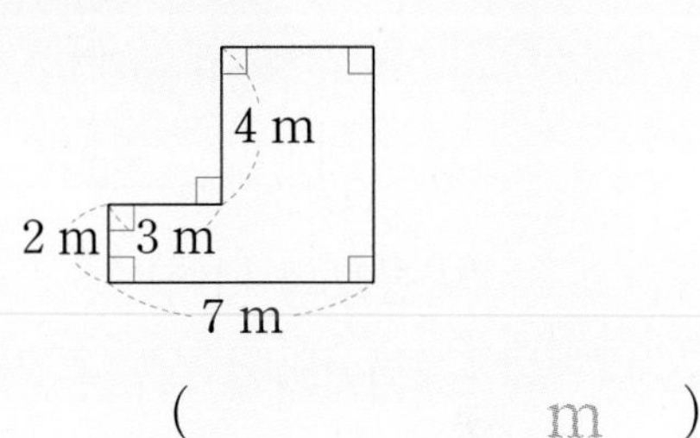

(m)

8 색칠한 부분의 넓이는 **몇 cm^2**인지 구하세요.

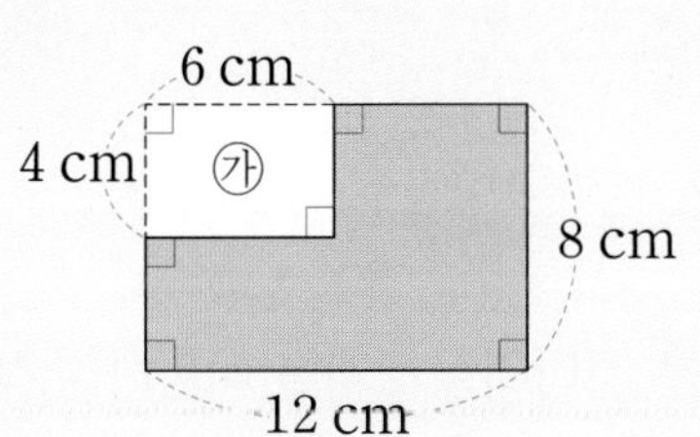

풀이

(큰 직사각형의 넓이)$=12\times\square=\square$ (cm^2)

(㉮의 넓이)$=6\times\square=\square$ (cm^2)

➜ (색칠한 부분의 넓이)

$=$(큰 직사각형의 넓이)$-$(㉮의 넓이)

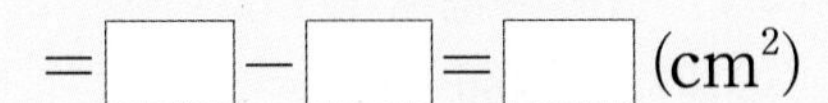

$=\square-\square=\square$ (cm^2)

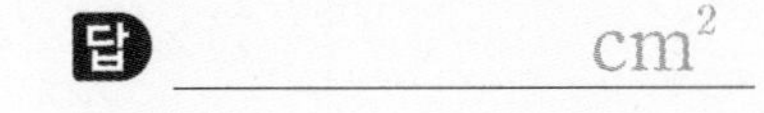

답 cm^2

1 보기 와 같이 사다리꼴의 높이를 표시해 보세요.

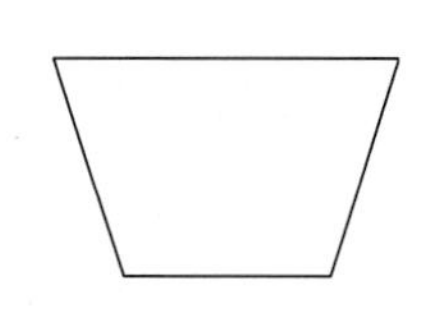

2 마름모의 넓이를 구하려고 합니다. □ 안에 알맞은 수를 써넣으세요.

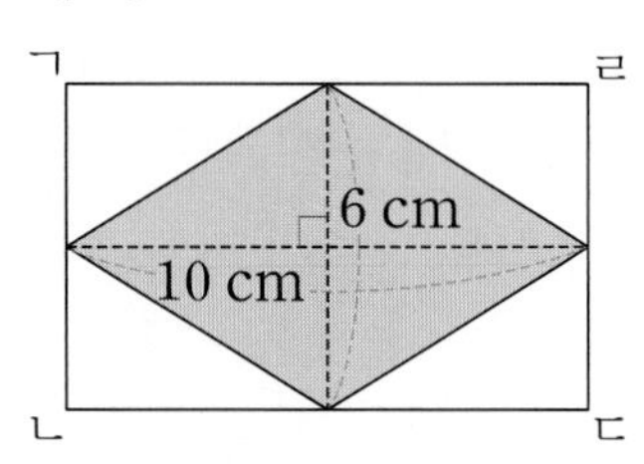

(마름모의 넓이)

=(직사각형 ㄱㄴㄷㄹ의 넓이)÷□

=10×□÷□=□(cm²)

3 똑같은 사다리꼴 2개를 이용하여 색칠한 사다리꼴의 넓이를 구하려고 합니다. □ 안에 알맞은 수를 써넣으세요.

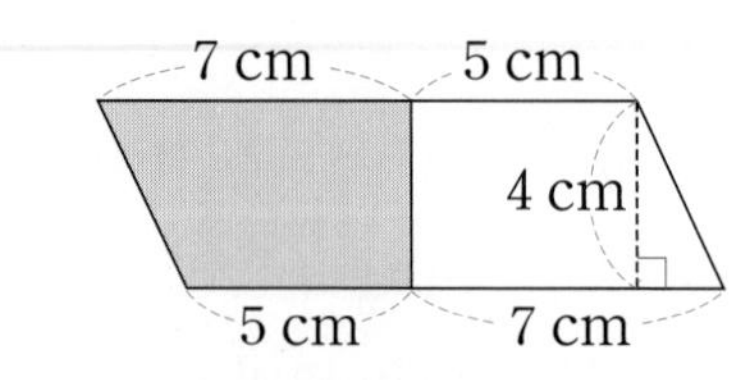

(색칠한 사다리꼴의 넓이)

=(평행사변형의 넓이)÷2

=(□+7)×□÷2=□(cm²)

4 사다리꼴의 넓이를 구하세요.

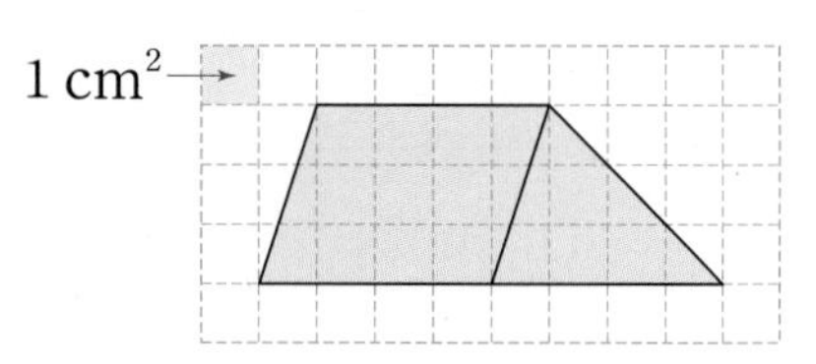

(사다리꼴의 넓이)

=(평행사변형의 넓이)+(삼각형의 넓이)

=4×□+□×3÷2=□(cm²)

5 오른쪽 마름모의 넓이는 몇 cm²인가요?

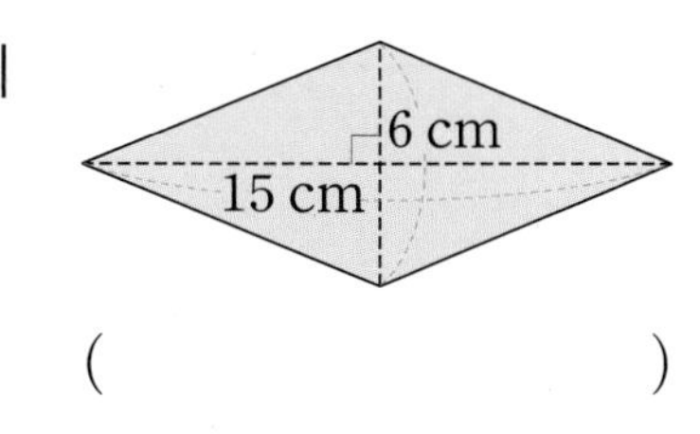

(　　　　　　　)

6 오른쪽 사다리꼴의 넓이는 몇 cm²인가요?

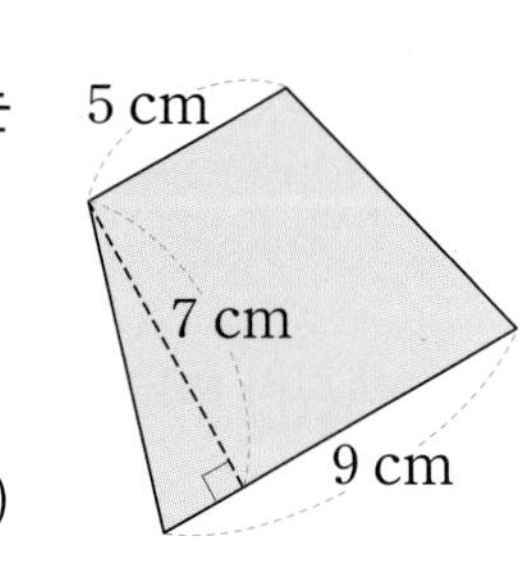

(　　　　　　　)

서술형

7 사다리꼴 가, 나, 다의 넓이는 모두 같습니다. 그 까닭을 쓰세요.

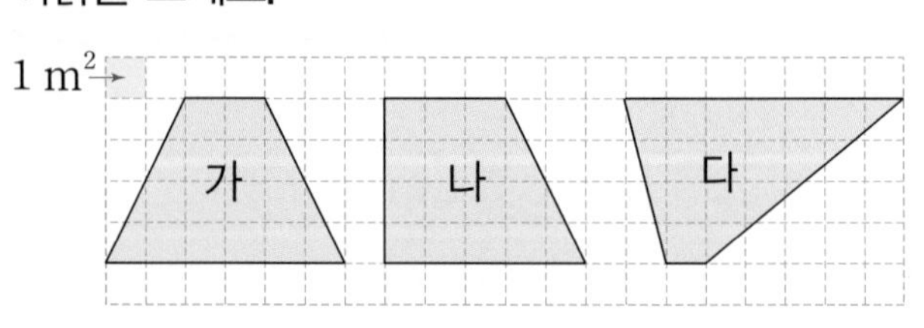

까닭 ______________________

____

8 기사가 들고 있는 마름모 모양 방패의 넓이는 몇 cm^2인가요?

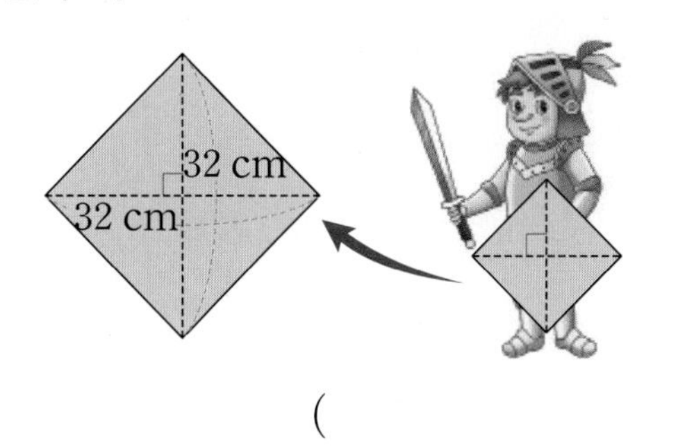

(   )

9 한 대각선의 길이가 20 cm, 다른 대각선의 길이가 8 cm인 마름모의 넓이는 몇 cm^2인가요?

식 ____________________

답 ____________________

10 윗변의 길이와 아랫변의 길이의 합이 14 cm이고, 높이가 10 cm인 사다리꼴의 넓이는 몇 cm^2인가요?

식 ____________________

답 ____________________

11 도형의 둘레는 몇 m인가요?

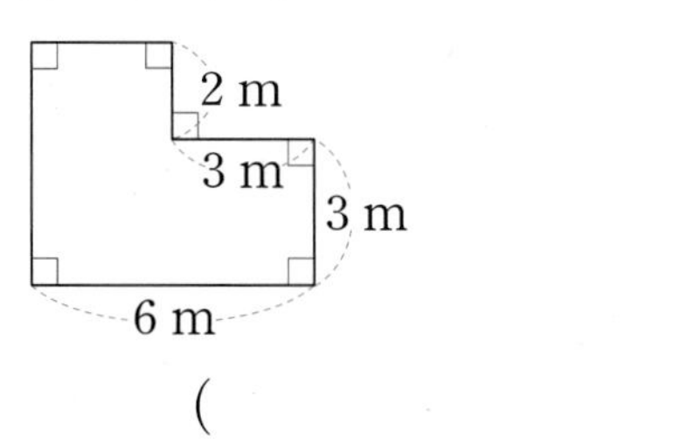

(   )

12 넓이가 24 cm^2인 마름모입니다. □ 안에 알맞은 수를 써넣으세요.

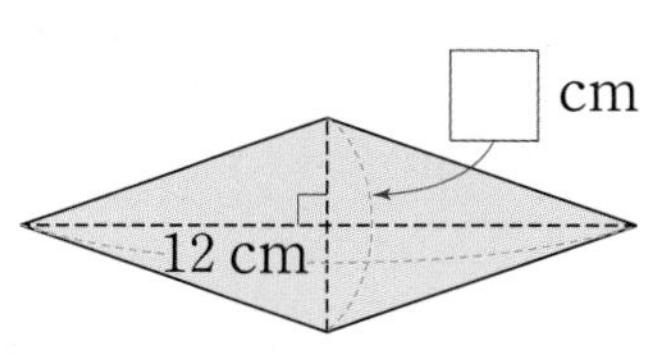

13 오른쪽 도형의 넓이는 몇 cm^2인가요?

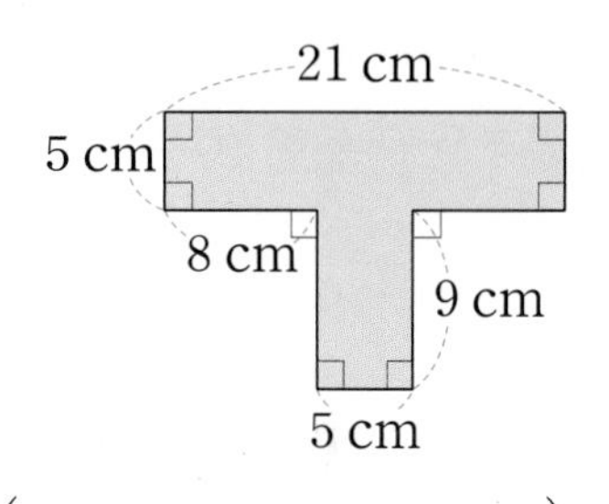

(   )

서술형 中수 문제 해결의 전략을 보면서 풀어 보자.

14 오른쪽 도형은 넓이가 52 m^2인 사다리꼴입니다. ■에 알맞은 수를 구하세요.

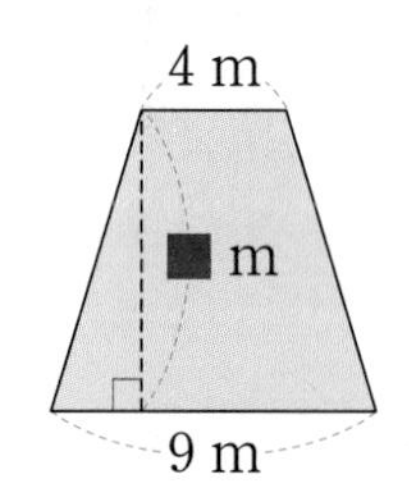

전략 (사다리꼴 넓이)=(윗변의 길이+아랫변의 길이)×(높이)÷2

❶ ■를 사용하여 사다리꼴의 넓이 구하는 식을 쓰면 (4+□)×■÷2=□입니다.

전략 ❶의 식을 이용하여 ■를 구하자.

❷ (4+□)×■÷2=□,

13×■=□, ■=□

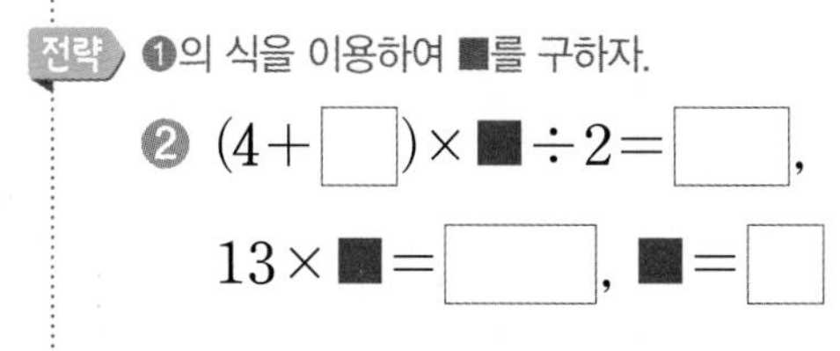

답 ____________________

단계 실력 바로 쌓기

가이드

문제에서 핵심이 되는 말에 표시하고, 주어진 풀이를 따라 풀어 보자.

키워드 문제

1-1 직사각형의 둘레가 24 cm일 때 세로는 몇 cm인가요?

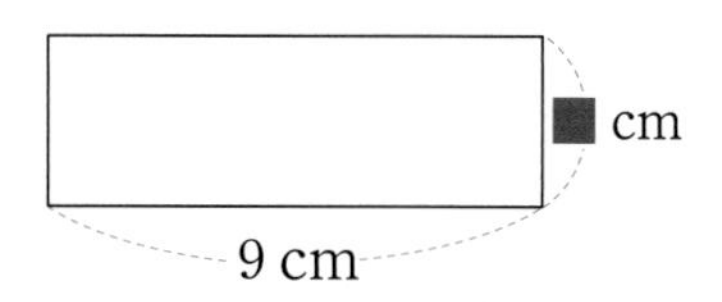

전략 (직사각형의 둘레)=(가로+세로)×2

❶ ■를 사용하여 직사각형의 둘레 구하는 식을 쓰면 (9+■)×□=□입니다.

❷ (9+■)×□=□, 9+■=□, ■=□이므로 세로는 □ cm입니다.

답 ______

서술형 高수

1-2 직사각형의 둘레가 30 cm일 때 세로는 몇 cm인가요?

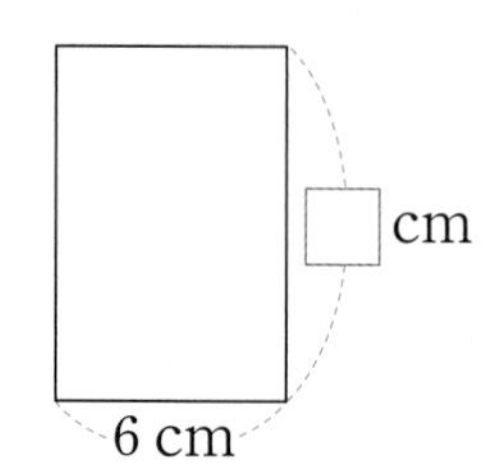

❶

❷

답 ______

키워드 문제

2-1 모눈종이에 넓이가 12 cm^2인 마름모를 1개 그려 보세요.

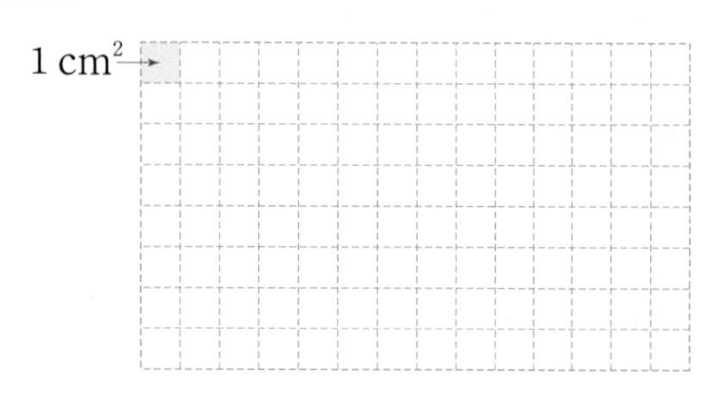

전략 (가로)×(세로)=24가 되는 직사각형을 그려 보자.

❶ 마름모 넓이의 2배가 되는 직사각형을 그려 보세요.

전략 마름모의 넓이는 ❶에서 그린 직사각형의 넓이의 반이다.

❷ 위 ❶에서 그린 직사각형의 네 변의 가운데 점을 이어 마름모를 그려 보세요.

서술형 高수

2-2 모눈종이에 넓이가 20 cm^2인 마름모를 1개 그려 보세요.

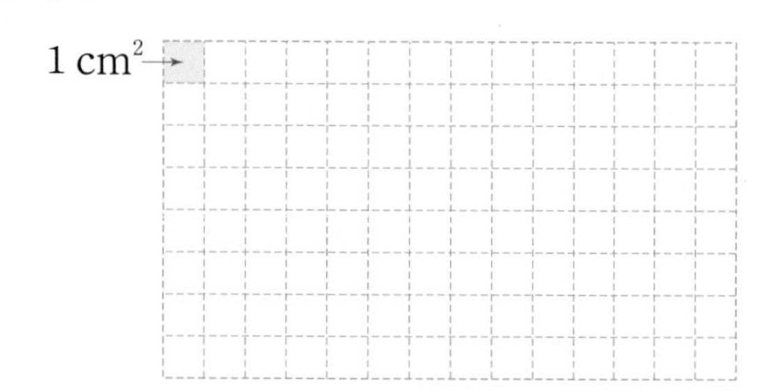

❶

❷

먼저 넓이가 마름모 넓이의 2배인 직사각형을 그리고, 네 변의 가운데 점을 이어 봐.

키워드 문제

3-1 평행사변형과 사다리꼴의 넓이가 같을 때, ■에 알맞은 수를 구하세요.

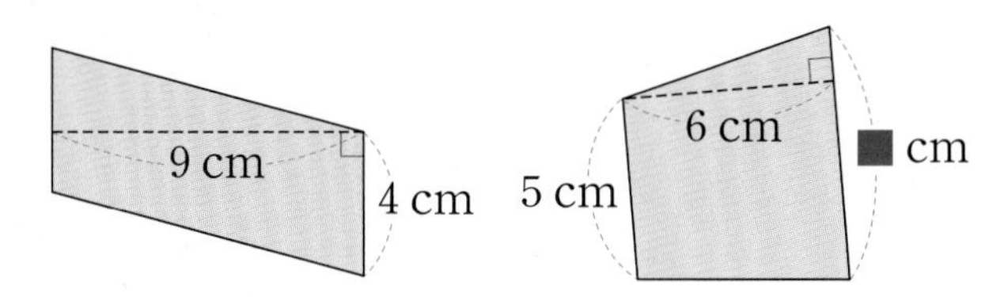

전략 (평행사변형의 넓이)=(밑변의 길이)×(높이)

❶ (평행사변형의 넓이)

$=4\times\square=\square\,(\text{cm}^2)$

❷ (사다리꼴의 넓이)$=\square\,\text{cm}^2$

❸ 사다리꼴의 넓이 구하는 식을 쓰면

$(5+■)\times\square\div2=\square$,

$(5+■)\times\square=\square$,

$5+■=\square$, $■=\square$

 답 ______

서술형 高수

3-2 직사각형과 삼각형의 넓이가 같을 때, ■에 알맞은 수를 구하세요.

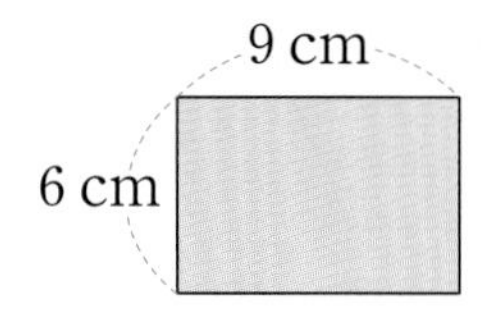

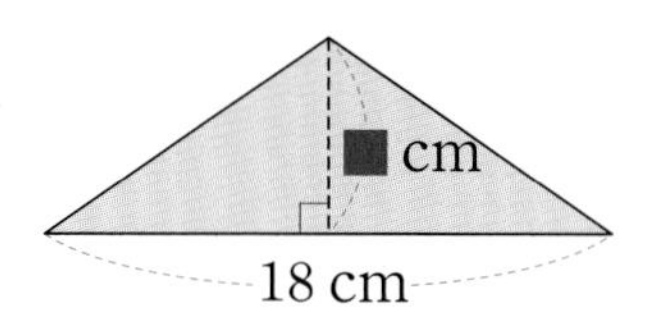

❶

❷

❸

답 ______

키워드 문제

4-1 다각형의 넓이는 몇 cm^2인가요?

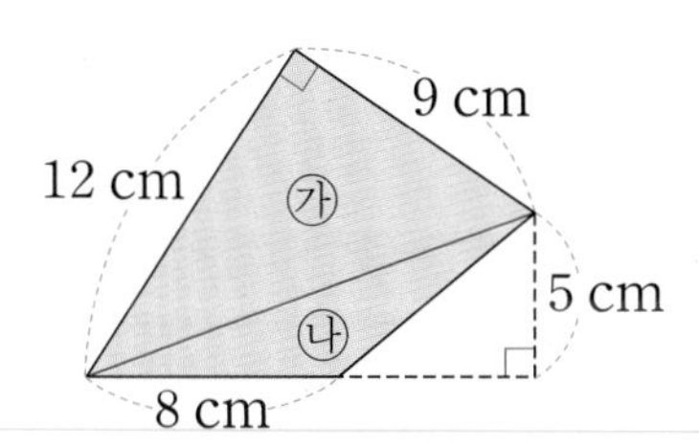

전략 (삼각형의 넓이)=(밑변의 길이)×(높이)÷2

❶ (㉮의 넓이)$=12\times\square\div2=\square\,(\text{cm}^2)$

(㉯의 넓이)$=8\times\square\div2=\square\,(\text{cm}^2)$

전략 (다각형의 넓이)=(㉮의 넓이)+(㉯의 넓이)

❷ ㉮+㉯$=\square+\square=\square\,(\text{cm}^2)$

답 ______

서술형 高수

4-2 다각형의 넓이는 몇 cm^2인가요?

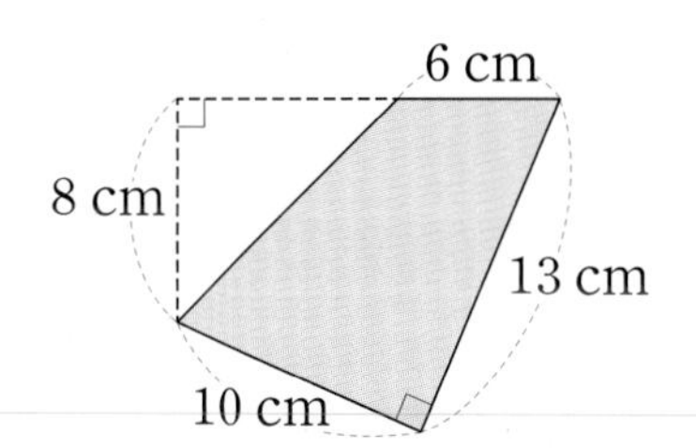

❶

❷

답 ______

6 다각형의 둘레와 넓이

BOOK❷ 60~63쪽

TEST 단원 마무리 하기

점수

1 평행사변형의 □ 안에 알맞은 말을 써넣으세요.

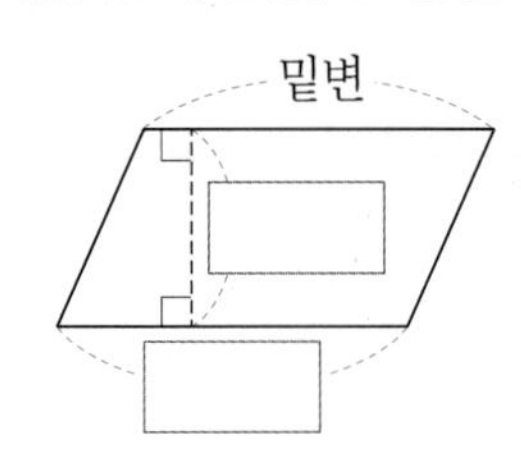

2 정사각형의 둘레를 구하려고 합니다. □ 안에 알맞은 수를 써넣으세요.

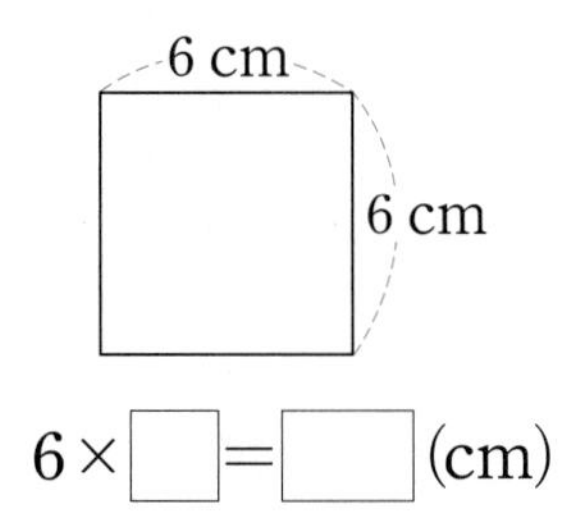

$6 \times \square = \square$ (cm)

3 도형 가와 나의 넓이는 각각 몇 cm^2인가요?

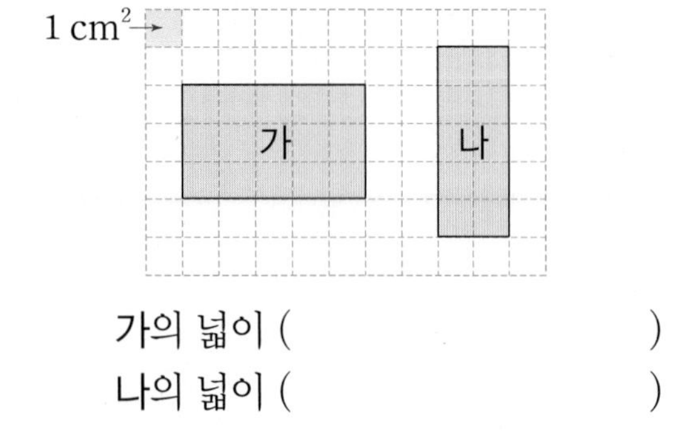

가의 넓이 (　　　　　)

나의 넓이 (　　　　　)

4 마름모의 둘레는 몇 cm인가요?

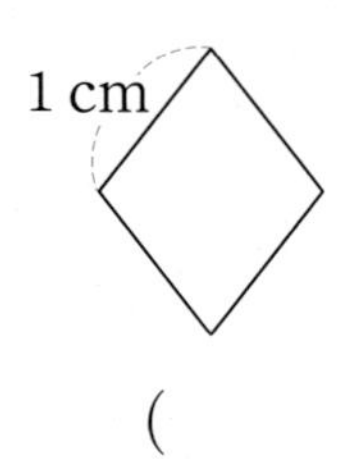

(　　　　　)

5 정사각형 모양 탁자의 윗면의 넓이를 구하려고 합니다. cm^2와 m^2 중에서 □ 안에 알맞은 넓이의 단위를 써넣으세요.

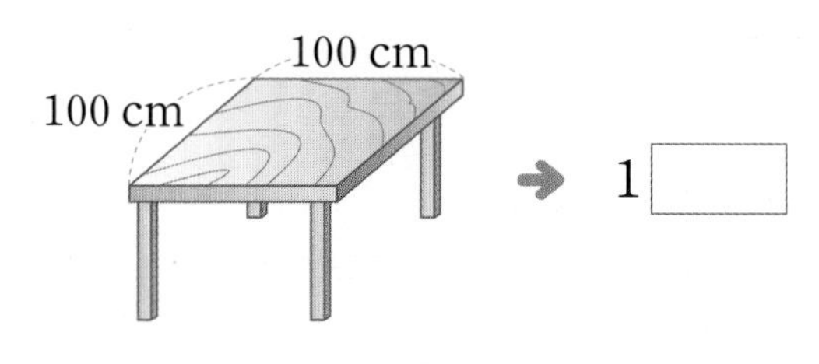

6 삼각형에서 변 ㄱㄴ을 밑변이라고 할 때 높이를 표시해 보세요.

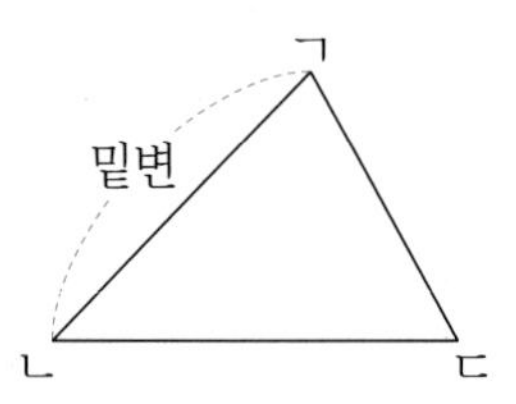

7 직사각형의 넓이는 몇 cm^2인가요?

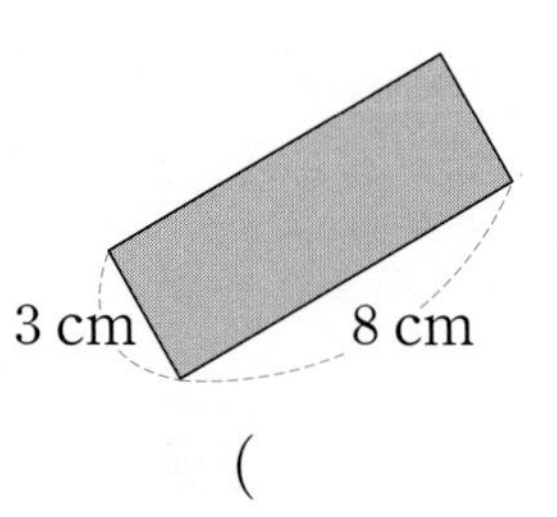

(　　　　　)

8 평행사변형의 넓이는 몇 m^2인가요?

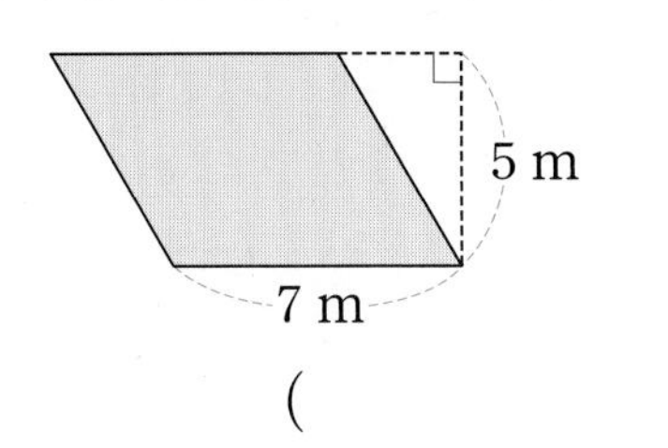

( )

9 삼각형의 넓이는 몇 cm^2인가요?

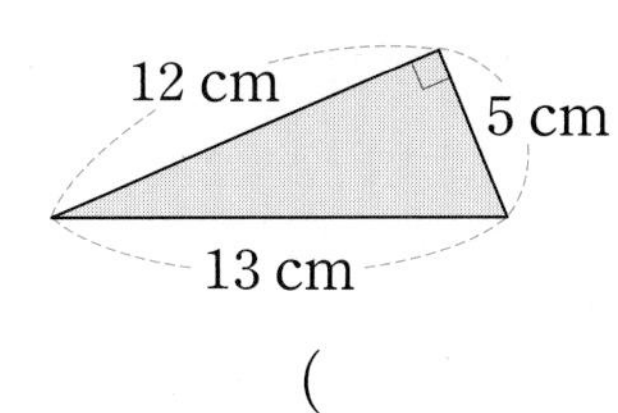

( )

10 마름모의 넓이는 몇 cm^2인가요?

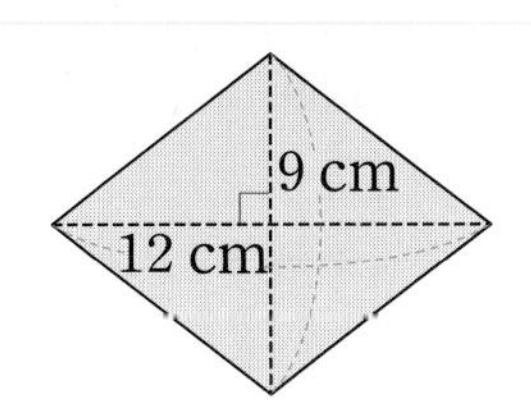

식

답

11 사다리꼴의 넓이는 몇 cm^2인가요?

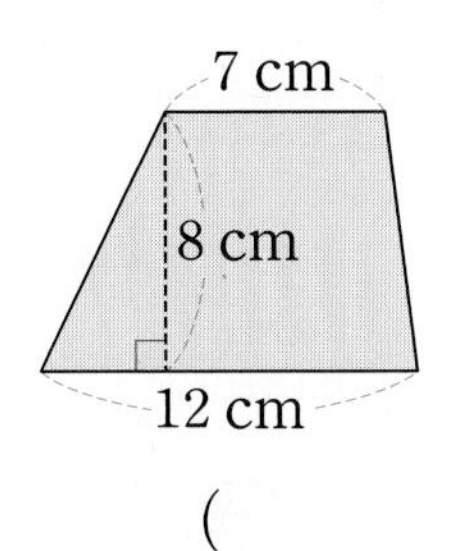

( )

12 가로가 6 cm, 세로가 8 cm인 직사각형의 둘레는 몇 cm인가요?

( )

13 텃밭의 넓이는 몇 m^2인가요?

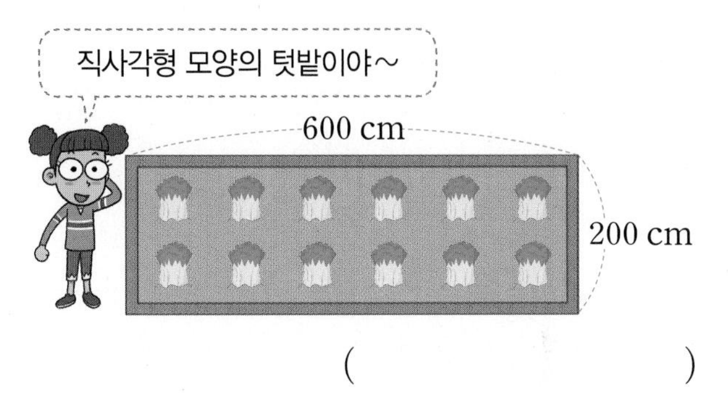

( )

14 한 변의 길이가 3000 m인 정사각형 모양의 땅이 있습니다. 이 땅의 넓이는 몇 km^2인가요?

( )

15 삼각형의 넓이가 다른 하나를 찾아 기호를 쓰고, 그 까닭을 쓰세요.

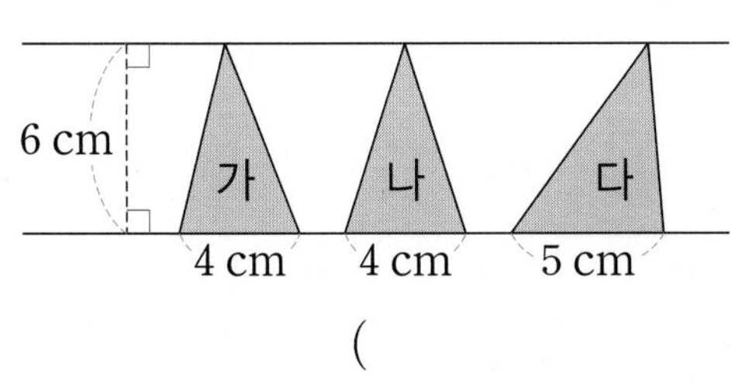

( )

까닭

16 평행사변형의 넓이가 $91\ \text{cm}^2$일 때 □ 안에 알맞은 수를 써넣으세요.

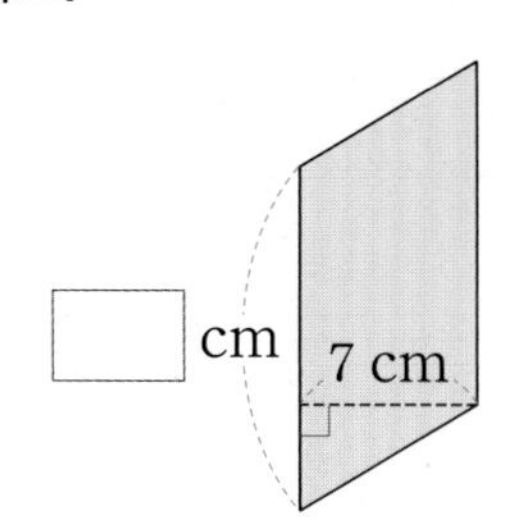

17 둘레가 같은 평행사변형과 마름모입니다. □ 안에 알맞은 수를 써넣으세요.

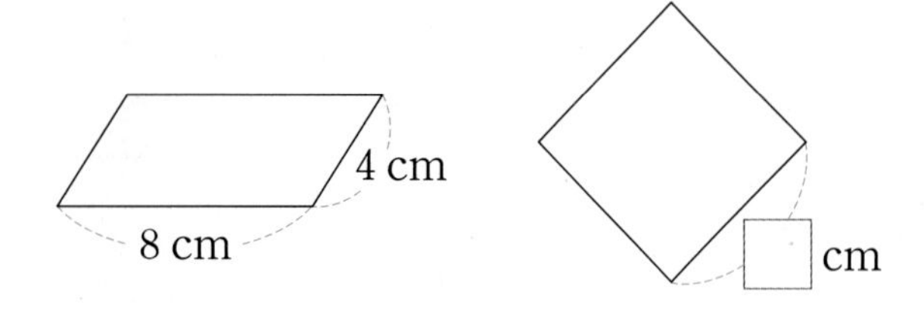

18 색칠한 부분을 겹치지 않게 이어 붙이면 오른쪽과 같은 직사각형이 만들어집니다. 색칠한 부분의 넓이는 몇 cm^2인가요?

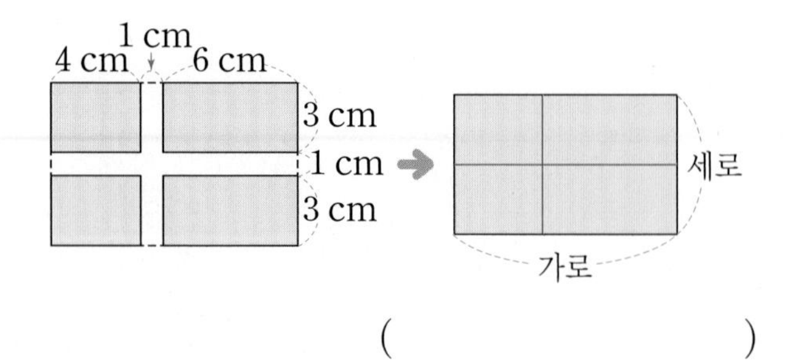

(　　　　　　　　)

서술형 실전

19 직사각형의 둘레가 $16\ \text{cm}$일 때 넓이는 몇 cm^2인지 풀이 과정을 쓰고 답을 구하세요.

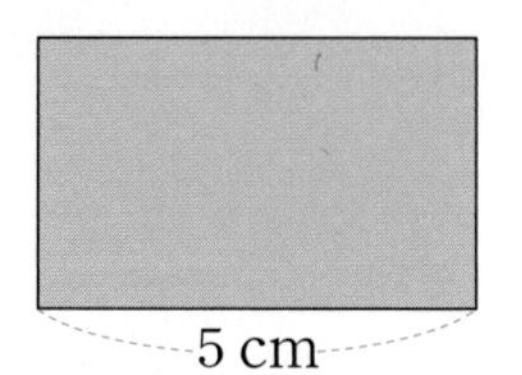

풀이

답

20 직사각형의 넓이에서 삼각형의 넓이를 빼어 색칠한 부분의 넓이를 구하려고 합니다. 색칠한 부분의 넓이는 몇 cm^2인지 풀이 과정을 쓰고 답을 구하세요.

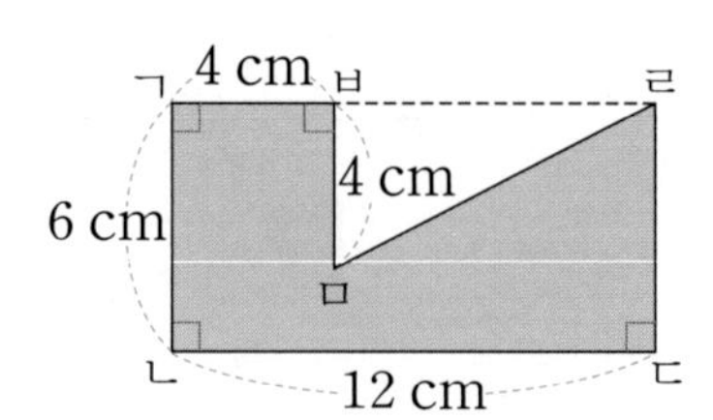

풀이

답

BOOK **2**

백전백승 **차례**

1 단원 · 익힘책 다시 풀기

개념 확인: BOOK① 4쪽

① 덧셈과 뺄셈이 섞여 있는 식

[1~2] 보기와 같이 계산 순서를 나타내고, 계산해 보세요.

보기

$21-8+61=13+61$
$=74$

(① $21-8$, ② $13+61$)

1 $56+41-68$

2 $69-(33+15)$

3 바르게 계산한 것에 ○표 하세요.

$32-17+11=4$ (① $17+11$, ② $32-28$) (　　　)

$40+(23-6)=57$ (① $23-6$, ② $40+17$) (　　　)

4 크기를 비교하여 ○ 안에 $>$, $=$, $<$를 알맞게 써넣으세요.

$54-(28+12)$ ○ 35

5 차고지에 지선 버스 21대와 간선 버스 19대가 있습니다. 잠시 후 이 중에서 17대가 운행하러 나갔다면 차고지에 남아 있는 버스는 몇 대인지 하나의 식으로 나타내 구하세요.

식 □+□−□=□

답 ____________

6 식이 성립하도록 ○ 안에 $+$, $-$ 중 알맞은 것을 써넣으세요.

27 ○ $(33-25)+11=30$

7 윤서의 용돈 기입장입니다. 3월 20일에 남은 돈은 얼마인지 하나의 식으로 나타내 구하세요.

날짜	들어온 돈	나간 돈	남은 돈
3월 11일	•	•	4500원
3월 17일	•	1600원	
3월 20일	2700원	•	

식 ____________

답 

개념 확인: BOOK❶ 6쪽

2 곱셈과 나눗셈이 섞여 있는 식

8 계산해 보세요.

$21 \times 4 \div 7$

(   )

9 잘못 계산한 곳을 찾아 바르게 계산해 보세요.

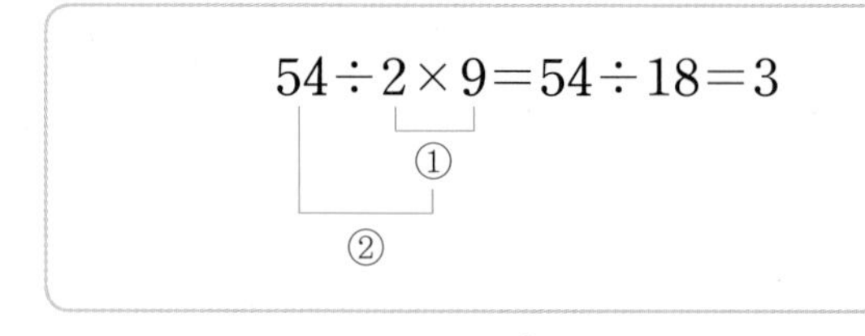

↓

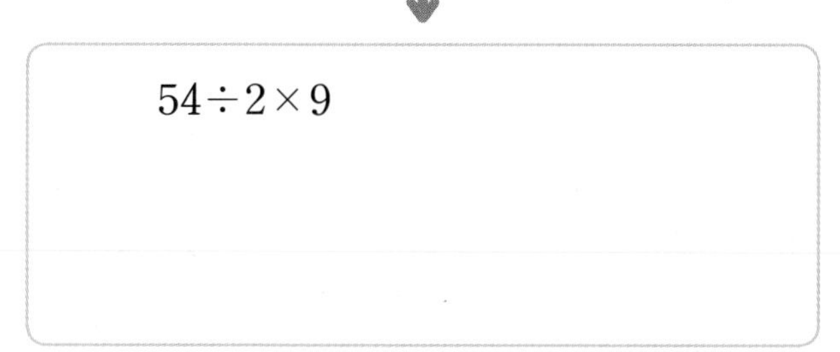

10 계산 결과를 찾아 선으로 이어 보세요.

$72 \div 3 \times 4$ •	• 6
$72 \div (3 \times 4)$ •	• 96

11 다음을 하나의 식으로 나타내 계산해 보세요.

84를 7과 2의 곱으로 나눈 몫

식 ____________________

12 계산 결과가 더 큰 식에 ○표 하세요.

$48 \div 8 \times 6$ (   )

$64 \div (8 \times 2)$ (   )

13 태극기의 가로는 세로를 2로 나눈 값의 3배입니다. 태극기의 가로는 몇 cm인지 하나의 식으로 나타내 구하세요.

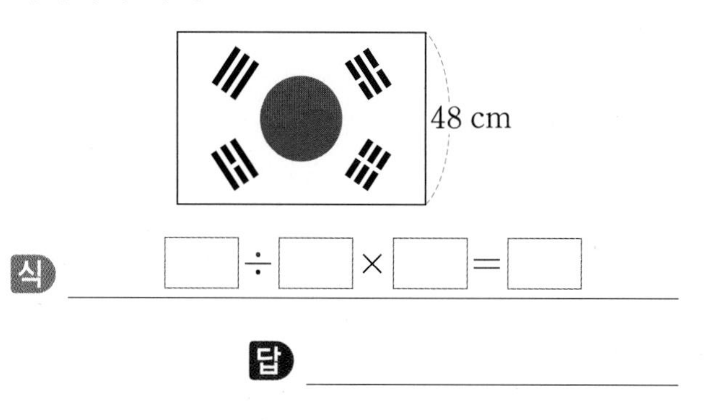

식  $\square \div \square \times \square = \square$

답 ____________________

서술형 中수 문제 해결의 전략을 보면서 풀어 보자.

14 마카롱 128개를 한 상자에 8개씩 2줄로 담아 포장하려고 합니다. 마카롱을 모두 담아 포장하려면 상자는 몇 개 필요한가요?

전략 (한 줄에 놓는 마카롱 수)×(줄 수)

❶ 한 상자에 담는 마카롱 수:

$8 \times \square$(개)

전략 (전체 마카롱 수)÷(❶에서 구한 식)

❷ 필요한 상자의 수를 하나의 식으로 나타내 구하기:

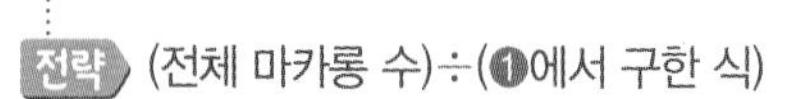 $\square \div (8 \times \square) = \square$(개)

답 

1 자연수의 혼합 계산

개념 확인: BOOK① 8쪽

3 덧셈, 뺄셈, 곱셈이 섞여 있는 식

1 계산 순서에 맞게 기호를 차례대로 쓰세요.

$56-8\times4+10$

㉠ ㉡ ㉢

( )

[2~3] 계산해 보세요.

2 $35+6\times4-21$

3 $100+(21-15)\times8$

4 계산이 처음으로 잘못된 부분을 찾아 ○표 하세요.

$101-15\times(2+4)$ ( )

$=101-15\times6$ ( )

$=86\times6$ ( )

$=516$

5 ㉠−㉡을 구하세요.

㉠ 50 ㉡ $18+3\times7-30$

( )

6 보기와 같이 두 식을 하나의 식으로 나타내 보세요.

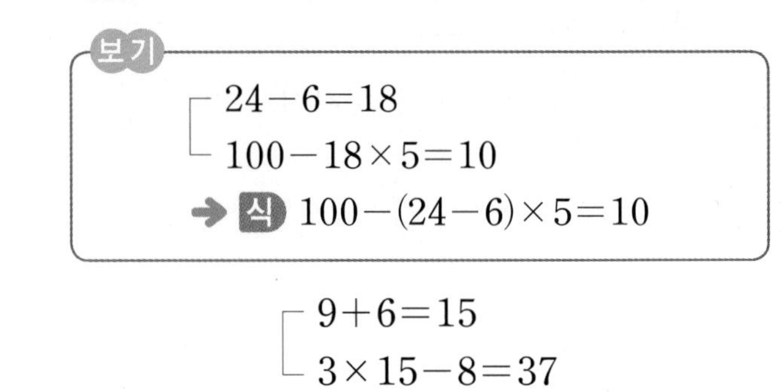

보기

$24-6=18$

$100-18\times5=10$

➔ 식 $100-(24-6)\times5=10$

$9+6=15$

$3\times15-8=37$

식 __________

7 계산 결과를 찾아 선으로 이어 보세요.

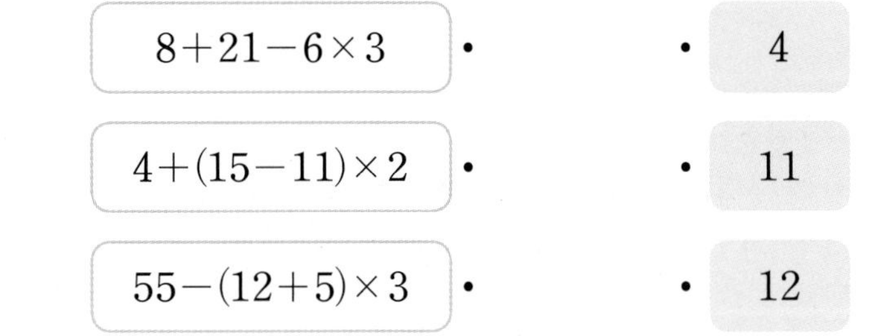

$8+21-6\times3$	4
$4+(15-11)\times2$	11
$55-(12+5)\times3$	12

8 주차장에 자동차가 14대씩 6줄로 주차되어 있습니다. 잠시 후 18대가 밖으로 나가고, 9대가 들어왔습니다. 지금 주차장에 있는 자동차는 몇 대인지 하나의 식으로 나타내 구하세요.

식 __________

답 __________

서술형

9 식 $2000-400\times3+500$에 알맞은 문제를 완성하고 풀어 보세요.

문제 영호는 2000원을 가지고 있었는데 400원짜리 공책 3권을 산 후

답

10 식이 성립하도록 □ 안에 알맞은 수를 써넣으세요.

$\square-(4+19)\times3=13$

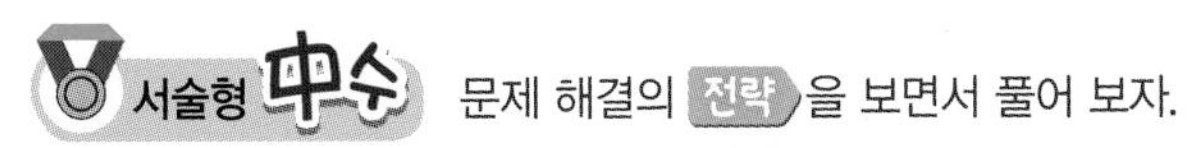

서술형 中수 문제 해결의 전략을 보면서 풀어 보자.

11 수영이는 노란색 꿀떡 15개와 초록색 꿀떡 25개를 샀고, 지아는 수영이가 가진 꿀떡의 2배보다 16개 더 적게 샀습니다. 지아가 산 꿀떡은 몇 개인가요?

전략 (노란색 꿀떡 수)+(초록색 꿀떡 수)

❶ 수영이가 산 꿀떡 수: $15+\square$(개)

전략 (❶에서 구한 식)×2

❷ 수영이가 산 꿀떡 수의 2배:
$(15+\square)\times\square$(개)

전략 (❷에서 구한 식)−16

❸ 지아가 산 꿀떡 수를 하나의 식으로 나타내 구하기:
$(15+\square)\times\square-\square=\square$(개)

답

개념 확인: BOOK❶ 14쪽

4 덧셈, 뺄셈, 나눗셈이 섞여 있는 식

12 가장 먼저 계산해야 하는 부분에 ○표 하고, 계산해 보세요.

$34-25\div(3+2)=\square$

13 보기 와 같이 계산 순서를 나타내고, 계산해 보세요.

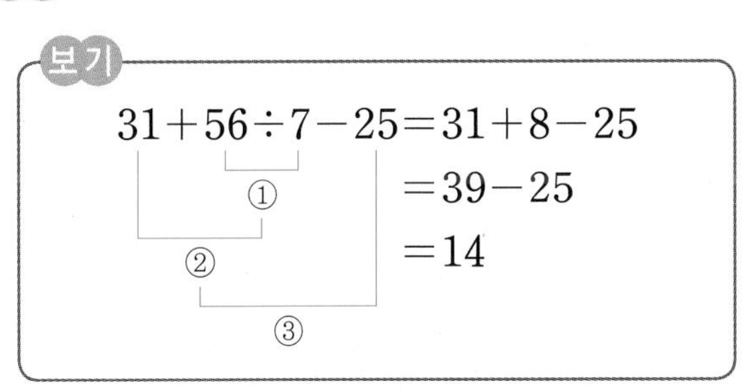

$7+60\div(12-8)$

14 계산 결과를 바르게 말한 사람의 이름을 쓰세요.

$85-(60+72)\div12$

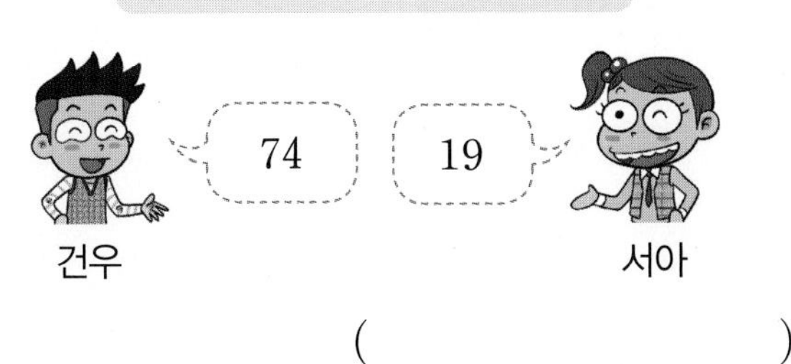

(　　　　　　　　)

15 잘못 계산한 곳을 찾아 바르게 계산해 보세요.

$$180-72\div(24+12)=180-72\div36$$
$$=108\div36$$
$$=3$$

$$180-72\div(24+12)$$

16 계산 결과가 더 큰 것의 기호를 쓰세요.

㉠ $54+27\div9-2$
㉡ $30+55\div(11-6)$

( )

17 초콜릿 1개는 500원, 젤리 5개는 750원, 사탕 1개는 300원입니다. 초콜릿 1개와 젤리 1개의 값은 사탕 1개의 값보다 얼마나 더 비싼지 하나의 식으로 나타내 구하세요.

식 □ $+750\div$ □ $-$ □ $=$ □

답 ______

18 □ 안에 들어갈 수 있는 자연수 중에서 가장 큰 수를 구하세요.

$$90\div2-8+13>\square$$

( )

19 예준이 어머니께서 주스 1400 mL와 400 mL를 만들어 가족 6명에게 똑같이 나누어 주었습니다. 예준이가 받은 주스 중 200 mL를 마셨다면 예준이에게 남은 주스는 몇 mL인지 하나의 식으로 나타내 구하세요.

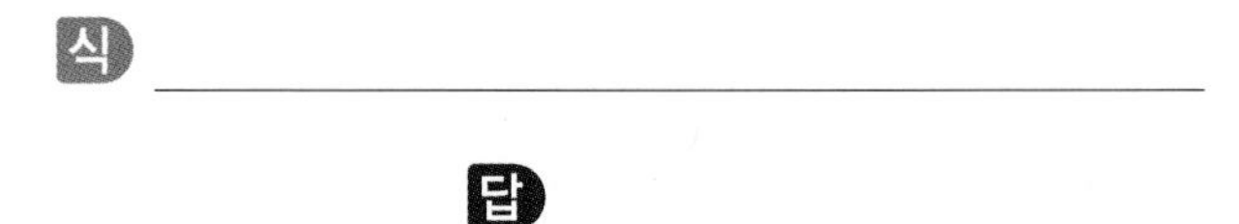

식 ______

답 ______

20 식이 성립하도록 ○ 안에 $+$, $-$, $\times$, $\div$ 중 하나를 써넣으세요.

$$48\div(6\bigcirc2)+16=32$$

(1) ○ 안에 $+$, $-$, $\times$, $\div$를 차례대로 써넣어 계산해 보세요.

$48\div(6\bigcirc2)+16=\square$

$48\div(6\bigcirc2)+16=\square$

$48\div(6\bigcirc2)+16=\square$

$48\div(6\bigcirc2)+16=\square$

(2) 식이 성립하도록 ○ 안에 $+$, $-$, $\times$, $\div$ 중 하나를 써넣으세요.

▶ 정답과 해설 37쪽

개념 확인: BOOK❶ 16쪽

5 덧셈, 뺄셈, 곱셈, 나눗셈이 섞여 있는 식

21 계산이 처음으로 잘못된 부분은 어느 것인가요?

( )

$91-(21+14)\times3\div7$ ①
$=91-35\times3\div7$ ②
$=56\times3\div7$ ③
$=168\div7$ ④
$=24$

[22~23] 계산해 보세요.

22 $84-39\div3\times4$

23 $75\div(3+12)\times6-25$

24 ( )가 없을 때와 있을 때의 계산입니다. 각각 계산해 보고 알맞은 말에 ○표 하세요.

$29+14-12\times2\div4=\square$

$29+(14-12)\times2\div4=\square$

두 식의 계산 결과는 (같습니다 , 다릅니다).

25 주어진 식을 계산하면 한라산의 높이가 나옵니다. 한라산의 높이는 몇 m인가요?

◀ 한라산 높이:
$(640+110)\div3\times8-50$ (m)

( )

서술형 中수 문제 해결의 전략을 보면서 풀어 보자.

26 서준이가 사려고 한 공책의 가격은 얼마인가요?

엄마: 서준아, 용돈 3000원으로 연필과 공책을 샀니?

서준: 2자루에 800원 하는 연필만 5자루 샀어요.

엄마: 왜?

서준: 연필을 사고 남은 돈으로 공책을 사려고 했더니 500원이 부족했거든요.

전략 산 연필은 2자루에 800원 하는 연필 5자루이다.

❶ 산 연필의 가격: $800\div\square\times\square$(원)

전략 (용돈)−(❶에서 구한 식)

❷ 연필을 사고 남은 돈:
$\square-800\div\square\times\square$(원)

전략 (❷에서 구한 식)+(부족한 돈)

❸ 공책의 가격을 하나의 식으로 나타내 구하기:

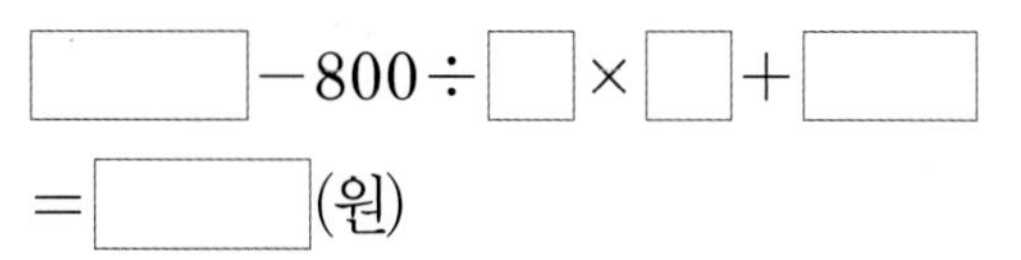
$\square-800\div\square\times\square+\square$
$=\square$(원)

답 

나를 따라 해

연습 1 두 사람의 대화를 읽고 민희의 물음에 대한 답을 구하려고 합니다. 하나의 식으로 나타내는 풀이 과정을 쓰고 답을 구하세요.

> 선우: 한 명이 종이학을 한 시간에 24개씩 접을 수 있어.
> 민희: 그래? 그럼 9명이 함께 648개를 접으려면 몇 시간이 걸리지?

풀이 ❶ 9명이 한 시간에 접을 수 있는 종이학 수: $\square \times 9$(개)

❷ 걸리는 시간을 하나의 식으로 나타내 구하기:

$648 \div (\square \times 9) = \square$(시간)

답 ____________

내가 써 볼게

가이드 | 문제에서 핵심이 되는 말에 표시하고, 위의 풀이를 따라 풀어 보자.

실전 1-1 어느 공장에서 한 명이 한 시간에 선풍기를 5대씩 조립한다고 합니다. 24명이 함께 선풍기 720대를 조립하려면 몇 시간이 걸리는지 하나의 식으로 나타내는 풀이 과정을 쓰고 답을 구하세요.

풀이

❶

❷

답 ____________

실전 1-2 수제 피자 가게에서 한 명이 피자를 한 시간에 17판씩 만든다고 합니다. 5명이 함께 340판의 피자를 만들려면 몇 시간이 걸리는지 하나의 식으로 나타내는 풀이 과정을 쓰고 답을 구하세요.

풀이

❶

❷

답 ____________

나를 따라 해

연습 2 진하네 염전에 소금이 각각 86 kg과 38 kg 쌓여 있습니다. 이 소금을 진하네 부모님이 한 번에 15 kg씩 7번을 옮겼습니다. 염전에 남은 소금은 몇 kg인지 하나의 식으로 나타내는 풀이 과정을 쓰고 답을 구하세요.

풀이 ❶ 염전에 쌓여 있던 소금의 무게: □ + □ (kg)

❷ 7번 옮긴 소금의 무게: □ × 7 (kg)

❸ 염전에 남은 소금의 무게를 하나의 식으로 나타내 구하기:

□ + □ − □ × 7 = □ (kg)

답 ____________

내가 써 볼게

가이드 | 문제에서 핵심이 되는 말에 표시하고, 위의 풀이를 따라 풀어 보자.

실전 2-1 통 두 개에 간장이 각각 35 L와 18 L 들어 있습니다. 이 간장을 한 병에 2 L씩 21병에 담았습니다. 통에 남은 간장은 몇 L인지 하나의 식으로 나타내는 풀이 과정을 쓰고 답을 구하세요.

풀이

❶

❷

❸

답 ____________

실전 2-2 포대 두 개에 쌀이 각각 80 kg과 70 kg 담겨 있습니다. 이 쌀을 한 봉지에 15 kg씩 8봉지에 담았습니다. 포대에 남은 쌀은 몇 kg인지 하나의 식으로 나타내는 풀이 과정을 쓰고 답을 구하세요.

풀이

❶

❷

❸

답 ____________

나를 따라 해

연습 3 가격이 다음과 같은 막대 사탕 2개와 도넛 4개의 값은 얼마인지 하나의 식으로 나타내는 풀이 과정을 쓰고 답을 구하세요.

막대 사탕 1개
550원

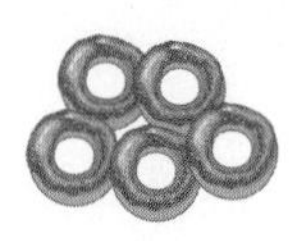

도넛 5개
6000원

풀이 ❶ 막대 사탕 2개의 값: $\square\times 2$(원)

❷ 도넛 4개의 값: $6000\div\square\times 4$(원)

❸ 막대 사탕 2개와 도넛 4개의 값을 하나의 식으로 나타내 구하기:

$\square\times 2+6000\div\square\times 4=\square$(원)

답 ______________

내가 써 볼게

가이드 | 문제에서 핵심이 되는 말에 표시하고, 위의 풀이를 따라 풀어 보자.

실전 3-1 참외 1개의 무게는 650 g이고, 사과 4개의 무게는 1920 g입니다. 참외 4개와 사과 5개의 무게의 합은 몇 g인지 하나의 식으로 나타내는 풀이 과정을 쓰고 답을 구하세요. (단, 같은 과일끼리의 무게는 각각 같습니다.)

풀이
❶

❷

❸

답 ______________

실전 3-2 달걀 1개의 무게는 65 g이고, 메추리알 30개의 무게는 360 g입니다. 달걀 3개의 무게는 메추리알 12개의 무게보다 몇 g 더 무거운지 하나의 식으로 나타내는 풀이 과정을 쓰고 답을 구하세요. (단, 같은 종류끼리의 무게는 각각 같습니다.)

풀이
❶

❷

❸

답 ______________

▶ 정답과 해설 39쪽

나를 따라 해

연습 4 수 카드 [1], [3], [6]을 한 번씩 모두 사용하여 아래와 같은 식을 만들려고 합니다. 계산 결과가 가장 클 때의 값은 얼마인지 풀이 과정을 쓰고 답을 구하세요.

$36 \div (㉠ \times ㉡) + ㉢$

풀이 ❶ 36을 나누는 수 ㉠×㉡이 (클수록 , 작을수록) 계산 결과가 커지므로

㉠과 ㉡은 1과 [ ]입니다.

❷ ㉢= [ ]이므로 계산 결과가 가장 클 때의 값을 구하면

36÷([ ]×[ ])+[ ]=[ ]입니다.

답 ____________

내가 써 볼게

가이드 | 문제에서 핵심이 되는 말에 표시하고, 위의 풀이를 따라 풀어 보자.

실전 4-1 수 카드 [2], [3], [8]을 한 번씩 모두 사용하여 아래와 같은 식을 만들려고 합니다. 계산 결과가 가장 클 때의 값은 얼마인지 풀이 과정을 쓰고 답을 구하세요.

$72 \div (㉠ \times ㉡) + ㉢$

풀이

❶

❷

답 ____________

실전 4-2 수 카드 [3], [4], [7]을 한 번씩 모두 사용하여 아래와 같은 식을 만들려고 합니다. 계산 결과가 가장 작을 때의 값은 얼마인지 풀이 과정을 쓰고 답을 구하세요.

$60 \div (㉠ - ㉡) + ㉢$

풀이

❶

❷

답 ____________

개념 확인: BOOK❶ 26쪽

① 약수

1 약수를 모두 구하세요.

40

(　　　　　　　　　　　　　　　　　　)

2 36의 약수가 아닌 수는 어느 것인가요? ……… (　　　)

① 4　② 6　③ 12
④ 16　⑤ 18

3 지안이가 말한 수의 약수는 모두 몇 개인가요?

(　　　　　　　　)

4 약수의 수가 나머지와 다른 하나는 어느 것인가요?

5　9　11

(　　　　　　　　)

개념 확인: BOOK❶ 28쪽

② 배수

5 배수를 작은 수부터 순서대로 5개 쓰세요.

15의 배수

➔ ______________________

6 13의 배수가 아닌 것을 모두 찾아 기호를 쓰세요.

㉠ 13　㉡ 26　㉢ 52
㉣ 55　㉤ 39　㉥ 48

(　　　　　　　　　　　　)

서술형 中수 문제 해결의 전략을 보면서 풀어 보자.

7 어떤 수의 배수를 작은 수부터 순서대로 쓴 것입니다. 10번째 수를 구하세요.

3, 6, 9, 12, ...

전략 어떤 수의 배수인지 구하자.

❶ 주어진 수들은 □의 배수를 순서대로 쓴 것입니다.

전략 어떤 수의 배수 중 ■번째 수는 어떤 수의 ■배인 수이다.

❷ 10번째 수: □ × □ = □

답 ______________

개념 확인: BOOK❶ 30쪽

3 약수와 배수의 관계

8 □ 안에 '약수', '배수'를 알맞게 써넣으세요.

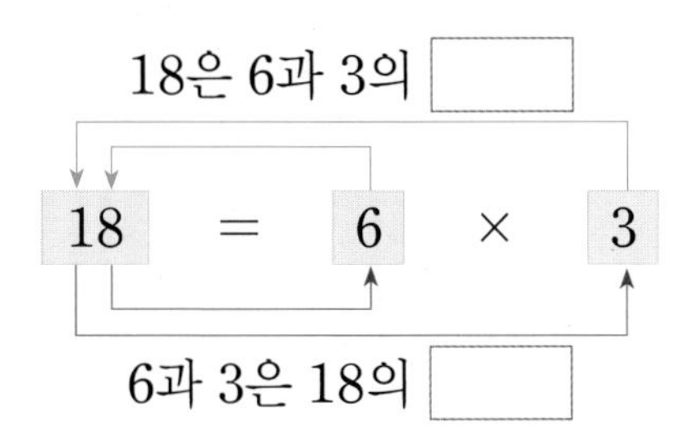

9 다음 곱셈식에 대한 설명 중 옳은 것은 어느 것인가요? ··························· (　　　)

$72=8\times9$

① 72는 8의 약수입니다.
② 72는 9의 약수입니다.
③ 9는 72의 배수입니다.
④ 8은 72의 약수입니다.
⑤ 8과 9는 서로 약수와 배수의 관계입니다.

10 약수와 배수의 관계인 두 수를 가지고 있는 사람의 이름을 쓰세요.

(　　　　　　)

11 두 수가 약수와 배수의 관계가 되도록 빈 곳에 들어갈 수 있는 수를 모두 찾아 ○표 하세요.

16	

(1 , 16 , 24 , 48)

12 보기 에서 약수와 배수의 관계인 수를 모두 찾아 쓰세요.

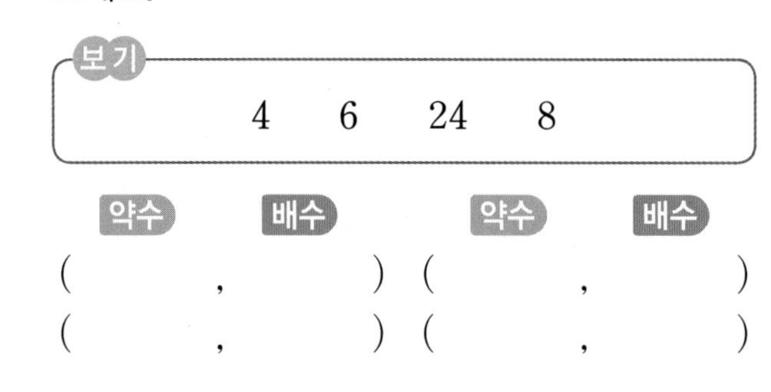

(　　　,　　　) (　　　,　　　)
(　　　,　　　) (　　　,　　　)

13 45를 서로 다른 두 수의 곱으로 나타내고, 약수와 배수의 관계를 쓰세요.

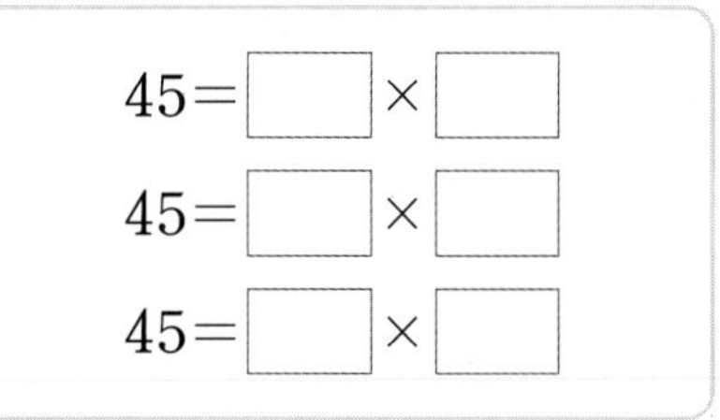

45는 ______________ 의 배수이고, ______________ 은/는 45의 약수입니다.

14 왼쪽 수는 오른쪽 수의 배수입니다. □ 안에 들어갈 수 있는 자연수를 모두 구하세요.

(32, □)

➔ ______________

개념 확인: BOOK❶ 36쪽

4 공약수와 최대공약수

1 12와 28의 공약수와 최대공약수를 모두 구하세요.

- 12의 약수: 1, 2, 3, 4, 6, 12
- 28의 약수: 1, 2, 4, 7, 14, 28

공약수 (　　　　　　　　　　)
최대공약수 (　　　　　　　　　　)

2 35와 56의 약수를 각각 모두 구하고, 35와 56의 공약수를 모두 구하세요.

35의 약수 ➜ ____________
56의 약수 ➜ ____________

(　　　　　　　　　　)

3 12와 18의 공약수가 아닌 것은 어느 것인가요? ·········· (　　　)

① 1　② 2　③ 3
④ 4　⑤ 6

4 16의 약수이면서 24의 약수인 수를 모두 구하세요.

(　　　　　　　　　　)

5 어떤 두 수의 최대공약수가 54일 때 두 수의 공약수를 모두 쓰세요.

➜ ____________

6 공약수와 최대공약수에 대한 설명으로 잘못된 것을 모두 찾아 기호를 쓰세요.

㉠ 두 수의 공통된 약수를 공약수라고 합니다.
㉡ 두 수의 공약수는 무수히 많습니다.
㉢ 두 수의 최대공약수는 1개입니다.
㉣ 최대공약수는 공약수 중에서 가장 작은 수입니다.

(　　　　　　　　　　)

7 21과 35를 어떤 수로 나누면 두 수 모두 나누어 떨어집니다. 어떤 수를 모두 구하세요.

(　　　　　　　　　　)

8 지우개 20개와 풀 30개를 학생들에게 똑같이 나누어 주려고 합니다. 몇 명의 학생들에게 똑같이 나누어 줄 수 있나요? (단, 1명일 경우는 제외합니다.)

(　　　　　　　　　　)

▶ 정답과 해설 40쪽

개념 확인: BOOK❶ 38쪽

5 최대공약수를 구하는 방법

9 □ 안에 알맞은 수를 써넣고, 54와 36의 최대공약수를 구하세요.

$54=2\times3\times3\times\square$

$36=2\times2\times3\times\square$

(　　　　　　　)

10 60과 75의 최대공약수를 구하려고 합니다. □ 안에 알맞은 수를 써넣으세요.

3) 60　75
□) 20　□
　　□　□

➔ 최대공약수: □

11 24와 30의 최대공약수를 2가지 방법으로 구하세요.

방법 1 여러 수의 곱으로 나타내 구하기

24=＿＿＿＿＿＿

30=＿＿＿＿＿＿

➔ 최대공약수: □

방법 2 공통으로 나눌 수 있는 수로 나누어 구하기

) 24　30

➔ 최대공약수: □

12 두 수의 최대공약수를 구하고, 최대공약수를 이용하여 두 수의 공약수를 모두 구하세요.

8, 20

최대공약수 (　　　　　　)
공약수 (　　　　　　)

13 □ 안에 알맞은 수를 써넣으세요.

6) 42　□
　　7　10

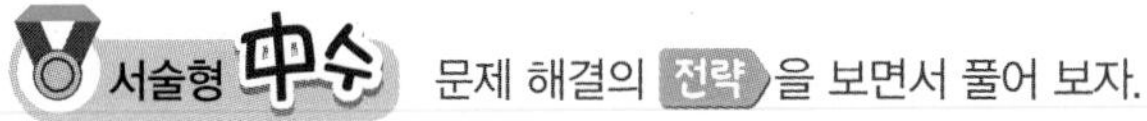

14 다음과 같은 크기의 목장에 가장자리를 따라 같은 간격으로 말뚝을 설치하려고 합니다. 네 모퉁이에는 반드시 말뚝을 설치하고, 말뚝 사이의 간격은 가장 길게 하려고 한다면 말뚝 사이의 간격은 몇 m로 해야 하나요?

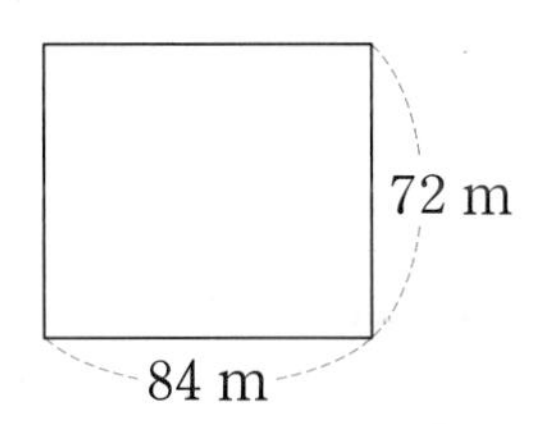

❶ 말뚝 사이의 간격을 가장 길게 하려면 84와 72의 (최대공약수 , 최소공배수)를 구해야 합니다.

전략 위 ❶에서 답한 것의 값을 구하자.

❷ 말뚝 사이의 간격: □ m

답 

개념 확인: BOOK❶ 42쪽

6 공배수와 최소공배수

1 □ 안에 알맞은 수를 써넣으세요. (단, 공배수는 작은 수부터 순서대로 씁니다.)

- 8의 배수
  ➜ 8, □, 24, 32, 40, □, …
- 12의 배수
  ➜ 12, □, 36, 48, …

공배수: □, □, …

최소공배수: □

2 12와 16의 공배수와 최소공배수를 구하세요.
(단, 공배수는 작은 수부터 순서대로 3개만 씁니다.)

공배수 (　　　　　　　　　　)

최소공배수 (　　　　　　　　　　)

3 빈칸에 알맞게 써넣고 2와 7의 공배수와 최소공배수의 관계를 설명해 보세요.

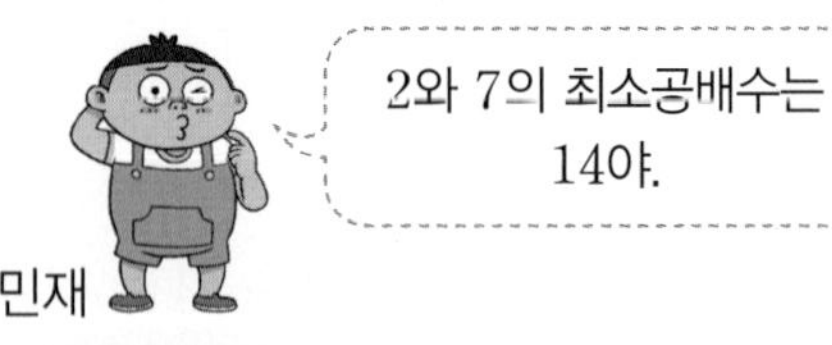

2와 7의 공배수	14, 28, 42, …
2와 7의 최소공배수의 배수	

설명 ______________________________

____

4 설명이 옳은 것을 찾아 기호를 쓰세요.

㉠ 8과 16의 최소공배수는 8입니다.
㉡ 5와 10의 공배수는 10, 20, 30, …입니다.

(　　　　　　　　　　)

5 두 수의 공배수가 될 수 있는 것을 찾아 이어 보세요.

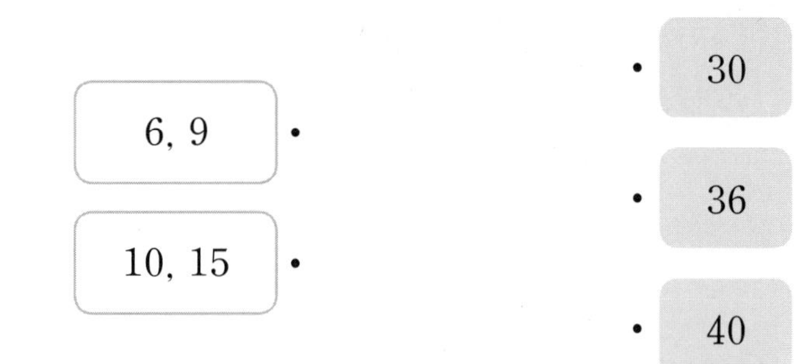

6 어떤 두 수의 최소공배수가 24일 때 두 수의 공배수가 <u>아닌</u> 것을 찾아 쓰세요.

24　　48　　64　　72　　96

(　　　　　　　　　　)

7 1부터 100까지의 수 중에서 3의 배수이면서 5의 배수인 수는 모두 몇 개인가요?

(　　　　　　　　　　)

개념 확인: BOOK❶ 44쪽

7 최소공배수를 구하는 방법

8 곱셈식을 이용하여 14와 35의 최소공배수를 구하세요.

$14=2\times7 \qquad 35=5\times7$

(　　　　　　　　)

9 30과 15의 최소공배수를 구하려고 합니다. □ 안에 알맞은 수를 써넣으세요.

$$\begin{array}{r|rr} 3 & 30 & 15 \\ \hline \square & 10 & \square \\ \hline & \square & \square \end{array}$$

➔ 최소공배수: $3\times\square\times\square\times\square=\square$

10 18과 36의 최소공배수를 2가지 방법으로 구하세요.

방법 1

➔ 최소공배수: □

방법 2

➔ 최소공배수: □

11 ㉠과 ㉡의 최소공배수를 구하세요.

㉠ 20
㉡ 40에 가장 가까운 6의 배수

(　　　　　　　　)

12 두 수 18과 ☆의 최대공약수는 6이고, 최소공배수는 144입니다. ☆에 알맞은 수를 구하세요.

$$\begin{array}{r|rr} 6 & 18 & ☆ \\ \hline & 3 & ● \end{array}$$

(　　　　　　　　)

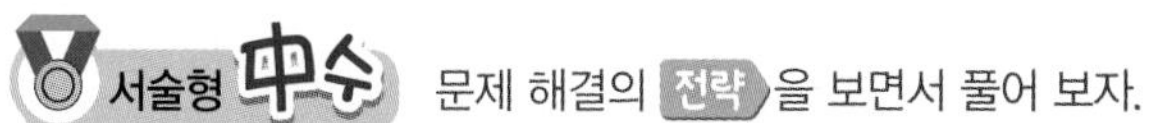

서술형 中수 문제 해결의 전략을 보면서 풀어 보자.

13 오늘은 4월 1일입니다. 현서와 유찬이가 오늘 수영장에 갔다면 다음번에 같은 날 수영장에 가는 날은 몇 월 며칠인가요?

난 6일마다 수영장에 가.

난 8일마다 수영장에 가.

현서　　　유찬

❶ 같은 날 수영장에 가는 날이 며칠마다인지 구하려면 6과 8의 (최대공약수 , 최소공배수)를 구해야 합니다.

❷ 같은 날 수영장에 가는 날: □일 마다

전략 (오늘 날짜)+❷에서 답한 날수

❸ 다음번에 같은 날 수영장에 가는 날:
4월 1일+□일=□월 □일

답 ________________

2 단원 서술형 바로 쓰기

나를 따라 해

연습 1 다음 두 수 중에서 약수의 수가 더 많은 수는 어느 것인지 풀이 과정을 쓰고 답을 구하세요.

16　　21

풀이 ❶ 16의 약수를 모두 쓰면 [　　　　] 이므로 [　] 개입니다.

❷ 21의 약수를 모두 쓰면 [　　　　] 이므로 [　] 개입니다.

❸ 16의 약수가 21의 약수보다 [　] 개 더 많으므로

약수의 수가 더 많은 수는 [　] 입니다.

답 ____________

내가 써 볼게

가이드 | 문제에서 핵심이 되는 말에 표시하고, 위의 풀이를 따라 풀어 보자.

실전 1-1 다음 두 수 중에서 약수의 수가 더 많은 수는 어느 것인지 풀이 과정을 쓰고 답을 구하세요.

10　　18

풀이

❶

❷

❸

답 ____________

실전 1-2 다음 두 수 중에서 약수의 수가 더 많은 수는 어느 것인지 풀이 과정을 쓰고 답을 구하세요.

12　　22

풀이

❶

❷

❸

답 ____________

나를 따라 해

연습 2 재호는 9월 한 달 동안 9의 배수인 날마다 도서관에 가기로 했습니다. 재호가 9월 한 달 동안 도서관에 가는 날은 모두 며칠인지 풀이 과정을 쓰고 답을 구하세요.

풀이 ❶ 9의 배수를 작은 수부터 순서대로 쓰면 ☐, ☐, ☐, ...입니다.

❷ 9월은 ☐일까지 있으므로 도서관에 가는 날을 모두 쓰면

☐일, ☐일, ☐일입니다.

➔ ☐일

답 ____________

내가 써 볼게

가이드 | 문제에서 핵심이 되는 말에 표시하고, 위의 풀이를 따라 풀어 보자.

실전 2-1 서우는 7월 한 달 동안 6의 배수인 날마다 줄넘기를 하기로 했습니다. 서우가 7월 한 달 동안 줄넘기를 하는 날은 모두 며칠인지 풀이 과정을 쓰고 답을 구하세요.

풀이

❶

❷

답 ____________

실전 2-2 지후는 4월 한 달 동안 11의 배수인 날마다 봉사활동을 하기로 했습니다. 지후가 4월 한 달 동안 봉사활동을 하는 날은 모두 며칠인지 풀이 과정을 쓰고 답을 구하세요.

풀이

❶

❷

답 ____________

나를 따라 해

연습 3 어느 기차역에서 부산행 기차는 10분마다, 목포행 기차는 25분마다 출발합니다. 오전 9시 30분에 부산행과 목포행 기차가 동시에 출발하였다면 다음번에 동시에 출발하는 시각은 오전 몇 시 몇 분인지 풀이 과정을 쓰고 답을 구하세요.

풀이
❶ 10과 25의 최소공배수: ☐

❷ 부산행 기차와 목포행 기차는 ☐분마다 동시에 출발합니다.

❸ 다음번에 동시에 출발하는 시각은

오전 9시 30분+☐분=오전 ☐시 ☐분입니다.

답 ________________

내가 써 볼게

가이드 | 문제에서 핵심이 되는 말에 표시하고, 위의 풀이를 따라 풀어 보자.

실전 3-1 어느 버스터미널에서 속초행 버스는 6분마다, 강릉행 버스는 15분마다 출발합니다. 오전 10시 45분에 속초행과 강릉행 버스가 동시에 출발하였다면 다음번에 동시에 출발하는 시각은 오전 몇 시 몇 분인지 풀이 과정을 쓰고 답을 구하세요.

풀이
❶

❷

❸

답 ________________

실전 3-2 놀이공원에서 청룡열차는 8분마다, 회전목마는 10분마다 운행합니다. 오후 1시 50분에 청룡열차와 회전목마가 동시에 운행했다면 다음번에 동시에 운행하는 시각은 오후 몇 시 몇 분인지 풀이 과정을 쓰고 답을 구하세요.

풀이
❶

❷

❸

답 ________________

나를 따라 해

연습 4 오른쪽과 같은 직사각형 모양의 바닥에 크기가 같은 정사각형 모양의 타일을 겹치지 않게 빈틈없이 붙이려고 합니다. 타일을 가장 적게 사용하려고 할 때, 바닥에 붙일 타일은 모두 몇 개인지 풀이 과정을 쓰고 답을 구하세요.

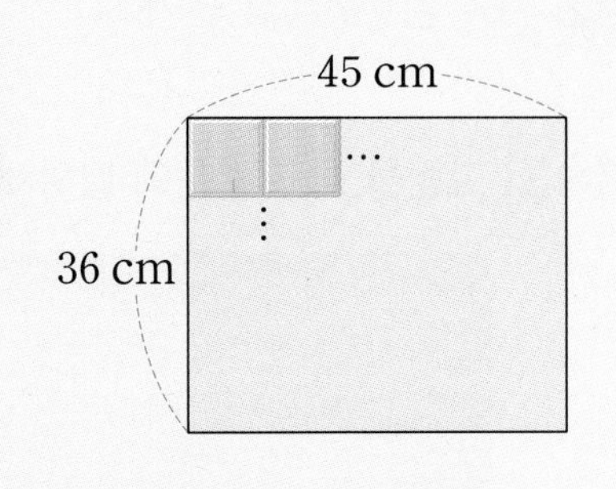

풀이 ❶ 45와 36의 최대공약수: □

❷ 바닥에 붙일 타일의 한 변의 길이는 □(cm)입니다.

❸ 타일을 가로에 $45 \div □ = □$(개), 세로에 $36 \div □ = □$(개) 붙일 수 있으므로 붙일 타일은 모두 식 ________(개)입니다.

답 ________

내가 써 볼게

가이드 | 문제에서 핵심이 되는 말에 표시하고, 위의 풀이를 따라 풀어 보자.

실전 4-1 다음과 같은 직사각형 모양의 바닥에 크기가 같은 정사각형 모양의 타일을 겹치지 않게 빈틈없이 붙이려고 합니다. 타일을 가장 적게 사용하려고 할 때, 바닥에 붙일 타일은 모두 몇 개인지 풀이 과정을 쓰고 답을 구하세요.

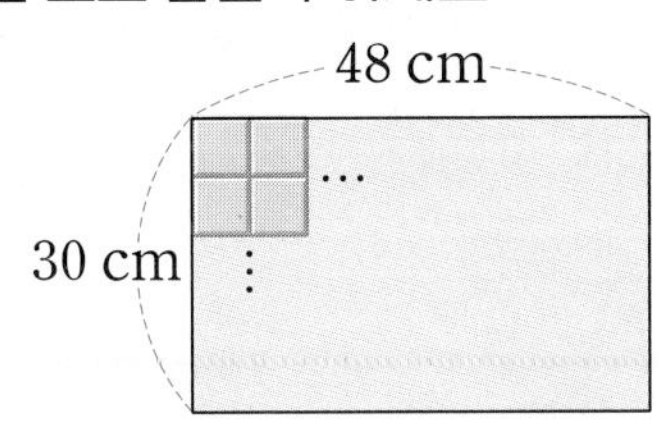

풀이

❶

❷

❸

답 ________

실전 4-2 다음과 같은 직사각형 모양의 바닥에 크기가 같은 정사각형 모양의 타일을 겹치지 않게 빈틈없이 붙이려고 합니다. 타일을 가장 적게 사용하려고 할 때, 바닥에 붙일 타일은 모두 몇 개인지 풀이 과정을 쓰고 답을 구하세요.

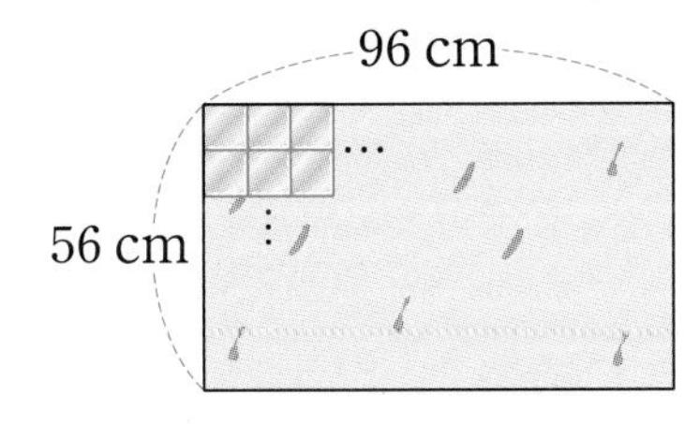

풀이

❶

❷

❸

답 ________

개념 확인: BOOK❶ 54쪽

① 두 양 사이의 관계 (1)

[1~3] 그림을 보고 물음에 답하세요.

1 탁자의 수와 의자의 수 사이의 대응 관계를 표를 이용하여 알아보세요.

탁자의 수(개)	1	2	3	4	…
의자의 수(개)	3				…

2 탁자가 6개일 때 의자는 몇 개인가요?

(　　　　　　　)

서술형

3 탁자의 수와 의자의 수 사이의 대응 관계를 쓰세요.

____

____

[4~6] 서아가 상을 차리고 있습니다. 물음에 답하세요.

4 숟가락의 수와 젓가락의 수 사이의 대응 관계를 표를 이용하여 알아보세요.

숟가락의 수(개)	1	2	3	4	…
젓가락의 수(개)	2				…

서술형

5 숟가락의 수와 젓가락의 수 사이의 대응 관계를 쓰세요.

____

____

서술형 中수 문제 해결의 전략을 보면서 풀어 보자.

6 서아는 함께 식사할 사람 수에 딱 맞게 숟가락과 젓가락을 준비했습니다. 서아가 준비한 젓가락은 모두 몇 개인가요?

전략 (식사할 사람 수)=(준비한 숟가락의 수)

❶ 서아가 준비한 숟가락의 수: □개

전략 숟가락의 수와 젓가락의 수 사이의 대응 관계를 이용하여 구하자.

❷ 서아가 준비한 젓가락의 수: □개

답 ______________

개념 확인: BOOK❶ 56쪽

2 두 양 사이의 관계 (2)

[7~9] 친구들이 색종이로 고리 만들기 놀이를 하고 있습니다. 물음에 답하세요.

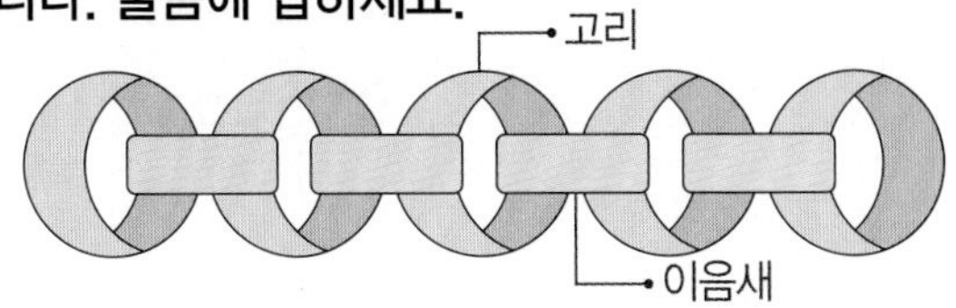

7 고리의 수와 이음새의 수 사이의 대응 관계를 표를 이용하여 알아보세요.

고리의 수(개)	2	3	4	5	…
이음새의 수(개)	1	2			…

8 고리가 10개일 때 이음새는 몇 개인가요?

( )

9 고리의 수와 이음새의 수 사이의 대응 관계를 잘못 설명한 사람은 누구인가요?

고리의 수는 이음새의 수의 2배야.

고리의 수는 이음새의 수보다 1만큼 더 커.

이음새의 수는 고리의 수보다 1만큼 더 작아.

( )

[10~11] 도형의 배열을 보고 물음에 답하세요.

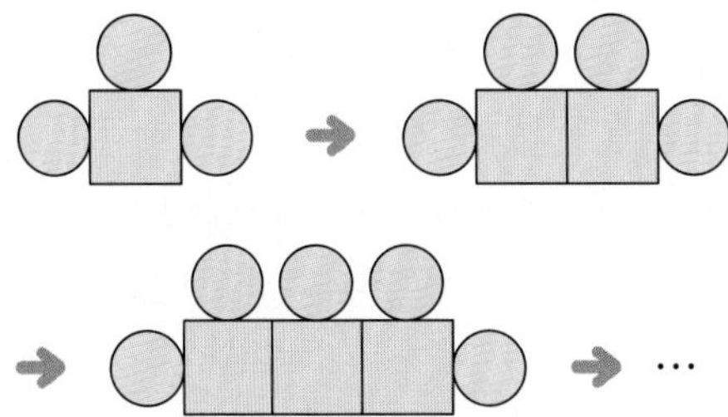

10 사각형의 수와 원의 수 사이의 대응 관계를 표를 이용하여 알아보세요.

사각형의 수(개)	1	2	3	4	…
원의 수(개)	3	4			…

서술형

11 사각형의 수와 원의 수 사이의 대응 관계를 쓰세요.

[12~13] 지우와 정수가 대응 관계 만들기 놀이를 하고 있습니다. 물음에 답하세요.

지우가 말한 수	7	9	13	15	…
정수가 답한 수	1	3	7	9	…

12 □ 안에 알맞은 수를 써넣으세요.

지우가 말한 수에서 □을/를 빼면 정수가 답한 수와 같습니다.

13 지우가 33을 말하면 정수가 답해야 하는 수를 구하세요.

( )

개념 확인: BOOK❶ 60쪽

③ 대응 관계를 식으로 나타내기

1 세발자전거의 수와 바퀴의 수 사이의 대응 관계를 나타낸 표입니다. 세발자전거의 수와 바퀴의 수 사이의 대응 관계를 식으로 나타내 보세요.

세발자전거의 수(대)	1	2	3	4	…
바퀴의 수(개)	3	6	9	12	…

식 (세발자전거의 수)×□=(바퀴의 수)

2 비둘기의 수와 비둘기 다리의 수 사이의 대응 관계를 나타낸 표입니다. 비둘기의 수를 □, 다리의 수를 △라고 할 때, □와 △ 사이의 대응 관계를 식으로 나타내 보세요.

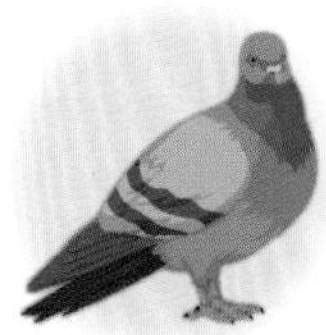

비둘기의 수(마리)	1	2	3	4	…
다리의 수(개)	2	4	6	8	…

식 ____________________

3 표를 보고 ◎와 △ 사이의 대응 관계를 2개의 식으로 나타내 보세요.

◎	2	3	4	5	6	…
△	6	7	8	9	10	…

식 1 ____________________

식 2 ____________________

4 □와 △ 사이의 대응 관계를 나타낸 표입니다. 표의 빈칸에 알맞은 수를 써넣고 두 양 사이의 대응 관계를 식으로 나타내 보세요.

□	1	2	3		5	…
△	7	8	9	10		…

식 ____________________

서술형 中수 문제 해결의 전략을 보면서 풀어 보자.

5 가래떡을 다음과 같이 자르려고 합니다. 가래떡을 한 번 자르는 데 5초가 걸린다면 가래떡을 5도막으로 자르는 데 걸리는 시간은 몇 초인가요?

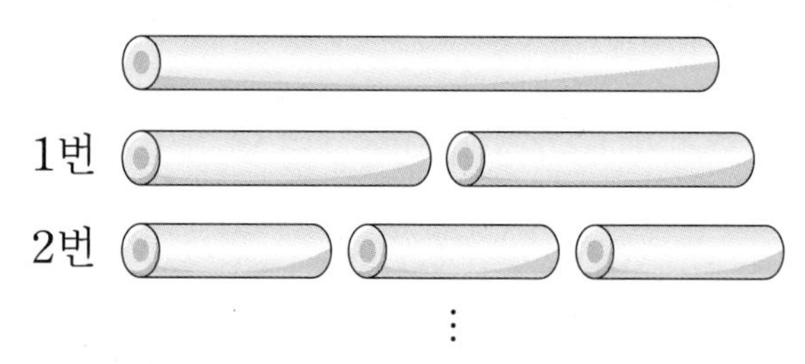

❶ 가래떡을 자른 횟수와 가래떡 도막의 수 사이의 대응 관계를 식으로 나타내기:
(도막의 수)−□=(자른 횟수)

전략 ❶에서 구한 식을 이용하여 구하자.

❷ 가래떡을 5도막으로 자르려면
5−□=□(번) 잘라야 합니다.

전략 (자른 횟수)×(한 번 자르는 데 걸리는 시간)

❸ (가래떡을 5도막으로 자르는 데 걸리는 시간)
=□×5=□(초)

답 ____________________

개념 확인: BOOK❶ 62쪽

4 생활 속에서 대응 관계를 찾아 식으로 나타내기

[6~7] 그림을 보고 대응 관계를 찾아 식으로 나타내려고 합니다. 물음에 답하세요.

6 그림에서 대응 관계를 찾아 쓰세요.

	서로 대응하는 두 양	
①	김밥 조각의 수	
	대응 관계	
②	서로 대응하는 두 양	
	접시의 수	
	대응 관계	

7 6에서 찾은 대응 관계를 식으로 나타내 보세요.

①	김밥 조각의 수를 ○, ☐을/를 △라고 할 때, 두 양 사이의 대응 관계를 식으로 나타내면 ☐입니다.
②	접시의 수를 ♡, ☐을/를 ◇라고 할 때, 두 양 사이의 대응 관계를 식으로 나타내면 ☐입니다.

[8~9] 팔린 반지의 수와 판매 금액 사이의 대응 관계를 나타낸 표입니다. 물음에 답하세요.

반지의 수(개)	2	5		8	⋯
판매 금액 (만 원)	4	10	20		⋯

8 위의 표를 완성해 보세요.

9 대응 관계를 기호를 사용하여 식으로 나타내 보세요.

반지의 수를 기호로 ________, 판매 금액을 기호로 ________(이)라고 할 때, 두 양 사이의 대응 관계를 식으로 나타내면 ________________입니다.

10 편의점에서 라면 할인 행사를 하고 있습니다. 팔린 라면의 수와 판매 금액 사이의 대응 관계를 식으로 나타내 보세요.

1개에 800원인 라면을 100원씩 할인해서 판매하고 있어.

(1) 라면 1개의 판매 금액을 구하세요.

( )

(2) 팔린 라면의 수를 △, 판매 금액을 ○라고 할 때, △와 ○ 사이의 대응 관계를 식으로 나타내 보세요.

식 ________________

3 단원 · 서술형 바로 쓰기

나를 따라 해

연습 1 그림과 같은 방법으로 6층 높이의 탑을 만들려면 통나무는 몇 개 필요한지 탑의 층수와 통나무의 수 사이의 대응 관계를 식으로 나타내어 구하려고 합니다. 풀이 과정을 쓰고 답을 구하세요.

풀이 ❶ 탑의 층수에 □를 곱하면 통나무의 수와 같습니다.

❷ 두 양 사이의 대응 관계를 식으로 나타내면

(탑의 층수)×□=(통나무의 수)입니다.

❸ 6층 높이의 탑을 만들려면 6×□=□(개)의 통나무가 필요합니다.

답 ____________

내가 써 볼게

가이드 | 문제에서 핵심이 되는 말에 표시하고, 위의 풀이를 따라 풀어 보자.

실전 1-1 그림과 같은 방법으로 6층 높이의 탑을 만들려면 통나무는 몇 개 필요한지 탑의 층수와 통나무의 수 사이의 대응 관계를 식으로 나타내어 구하려고 합니다. 풀이 과정을 쓰고 답을 구하세요.

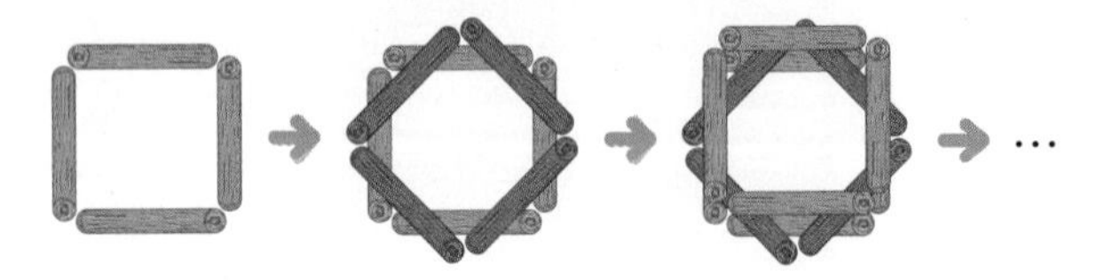

풀이

❶

❷

❸

답 ____________

실전 1-2 젠가 놀이를 하고 있습니다. 8층 높이까지 쌓으려면 젠가 조각은 몇 개 필요한지 쌓은 층수와 젠가 조각의 수 사이의 대응 관계를 식으로 나타내어 구하려고 합니다. 풀이 과정을 쓰고 답을 구하세요.

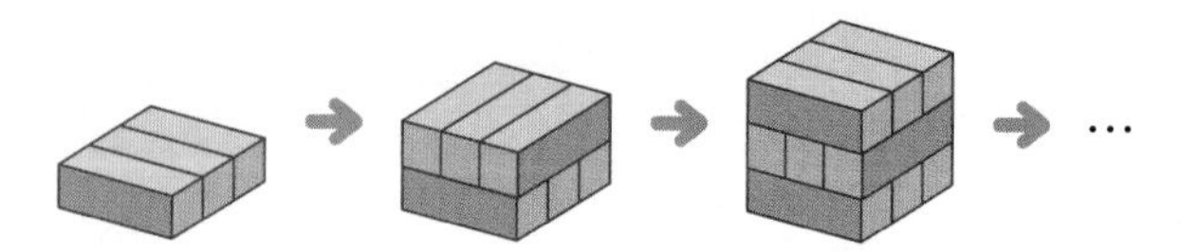

풀이

❶

❷

❸

답 ____________

나를 따라 해

연습 2 컬링은 각각 4명의 선수로 구성된 두 팀이 얼음판에서 둥글고 납작한 돌을 미끄러뜨려 과녁에 넣음으로써 득점을 하는 경기입니다. 선수의 수와 경기의 수 사이의 대응 관계를 기호를 사용하여 식으로 나타내려고 합니다. 풀이 과정을 쓰고 답을 구하세요.

풀이 ❶ (한 경기에 참여하는 선수의 수)$=4\times$ ☐ $=$ ☐(명)

❷ (경기의 수)$\times$ ☐ $=$(선수의 수)

❸ 선수의 수를 △, 경기의 수를 ☐(이)라고 할 때,

두 양 사이의 대응 관계를 식으로 나타내면

☐ 입니다.

답 ____________

내가 써 볼게

가이드 | 문제에서 핵심이 되는 말에 표시하고, 위의 풀이를 따라 풀어 보자.

실전 2-1 축구는 한 팀당 11명의 선수로 한 경기에 두 팀이 겨루는 운동입니다. 선수의 수와 경기의 수 사이의 대응 관계를 기호를 사용하여 식으로 나타내려고 합니다. 풀이 과정을 쓰고 답을 구하세요.

풀이

❶

❷

❸

답 ____________

실전 2-2 농구는 한 팀당 5명의 선수로 한 경기에 두 팀이 겨루는 운동입니다. 선수의 수와 경기의 수 사이의 대응 관계를 기호를 사용하여 식으로 나타내려고 합니다. 풀이 과정을 쓰고 답을 구하세요.

풀이

❶

❷

❸

답 ____________

나를 따라 해

연습 3 길이가 30 cm인 리본을 한 도막의 길이가 6 cm가 되도록 모두 자르려고 합니다. 리본을 모두 몇 번 잘라야 하는지 자른 횟수와 도막의 수 사이의 대응 관계를 이용하여 구하려고 합니다. 풀이 과정을 쓰고 답을 구하세요.

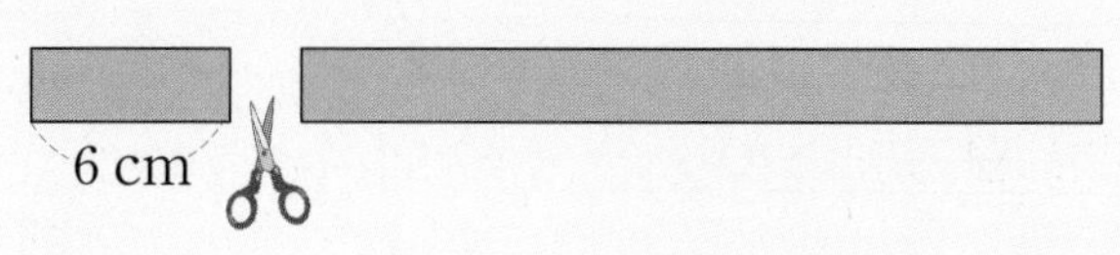

풀이 ❶ 자른 횟수와 도막의 수 사이의 대응 관계를 식으로 나타내면

(자른 횟수)=(☐의 수)−☐입니다.

❷ (도막의 수)=(전체 리본의 길이)÷(리본 한 도막의 길이)

$=30\div6=$☐(도막)

❸ 모두 ☐$-1=$☐(번) 잘라야 합니다.

답 ____________

내가 써 볼게

가이드 | 문제에서 핵심이 되는 말에 표시하고, 위의 풀이를 따라 풀어 보자.

실전 3-1 길이가 40 cm인 리본을 한 도막의 길이가 5 cm가 되도록 모두 자르려고 합니다. 리본을 모두 몇 번 잘라야 하는지 자른 횟수와 도막의 수 사이의 대응 관계를 이용하여 구하려고 합니다. 풀이 과정을 쓰고 답을 구하세요.

5 cm

풀이

❶

❷

❸

답 ____________

실전 3-2 길이가 24 cm인 리본을 한 도막의 길이가 4 cm가 되도록 모두 자르려고 합니다. 리본을 모두 몇 번 잘라야 하는지 자른 횟수와 도막의 수 사이의 대응 관계를 이용하여 구하려고 합니다. 풀이 과정을 쓰고 답을 구하세요.

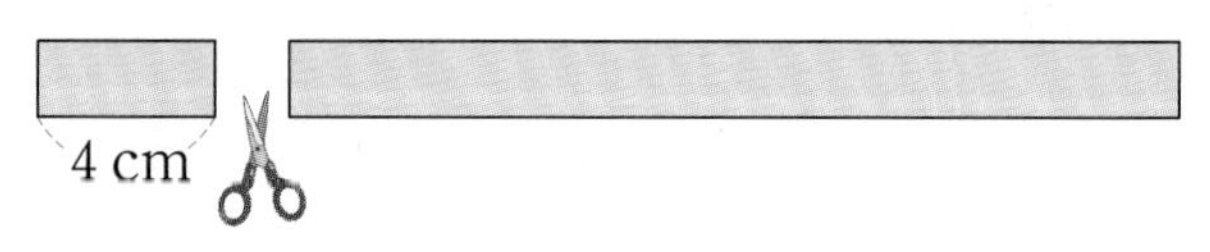

풀이

❶

❷

❸

답 ____________

▶ 정답과 해설 43쪽

나를 따라 해

연습 4 오른쪽 지도는 실제 거리를 일정하게 축소하여 그린 것입니다. 지도에서의 거리가 9 cm일 때 실제 거리는 몇 km인지 지도에서의 거리와 실제 거리 사이의 대응 관계를 찾아 구하려고 합니다. 풀이 과정을 쓰고 답을 구하세요.

이 지도에서 4 cm는 실제 거리 8 km와 같아.

서아

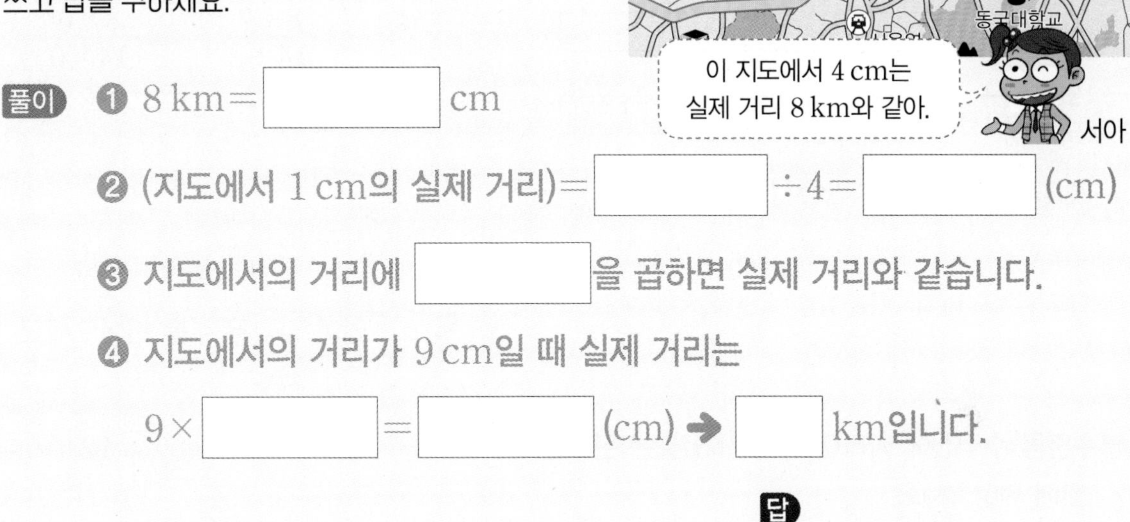

풀이 ❶ 8 km=☐ cm

❷ (지도에서 1 cm의 실제 거리)=☐÷4=☐ (cm)

❸ 지도에서의 거리에 ☐을 곱하면 실제 거리와 같습니다.

❹ 지도에서의 거리가 9 cm일 때 실제 거리는

9×☐=☐ (cm) ➜ ☐ km입니다.

답 ______________

내가 써 볼게

가이드 | 문제에서 핵심이 되는 말에 표시하고, 위의 풀이를 따라 풀어 보자.

실전 4-1 다음 지도는 실제 거리를 일정하게 축소하여 그린 것입니다. 지도에서의 거리가 6 cm일 때 실제 거리는 몇 m인지 지도에서의 거리와 실제 거리 사이의 대응 관계를 찾아 구하려고 합니다. 풀이 과정을 쓰고 답을 구하세요.

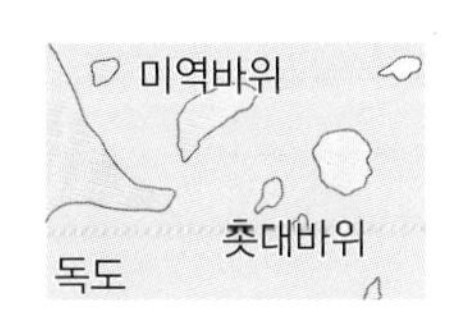

이 지도에서 5 cm는 실제 거리 90 m와 같아.

유찬

풀이

❶

❷

❸

❹

답 ______________

실전 4-2 다음 지도는 실제 거리를 일정하게 축소하여 그린 것입니다. 지도에서의 거리가 5 cm일 때 실제 거리는 몇 m인지 지도에서의 거리와 실제 거리 사이의 대응 관계를 찾아 구하려고 합니다. 풀이 과정을 쓰고 답을 구하세요.

이 지도에서 2 cm는 실제 거리 600 m와 같아.

민재

풀이

❶

❷

❸

❹

답 ______________

4단원 · 익힘책 다시 풀기

개념 확인: BOOK❶ 72쪽

① 크기가 같은 분수 알아보기

1 분수만큼 색칠하고, 알맞은 말에 ○표 하세요.

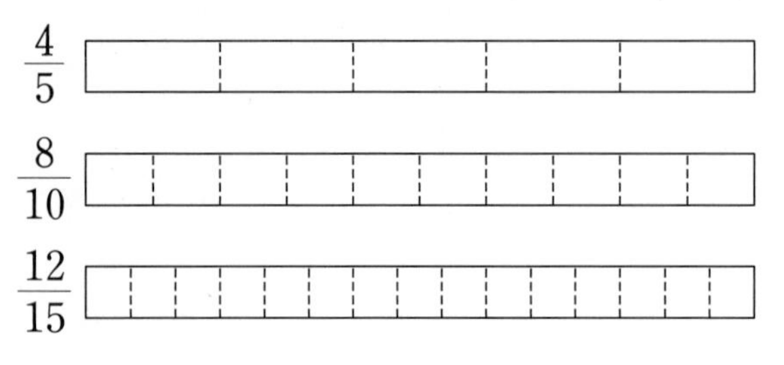

세 분수의 크기는 (같습니다 , 다릅니다).

2 분수만큼 수직선에 나타내고, 크기가 같은 분수를 □ 안에 써넣으세요.

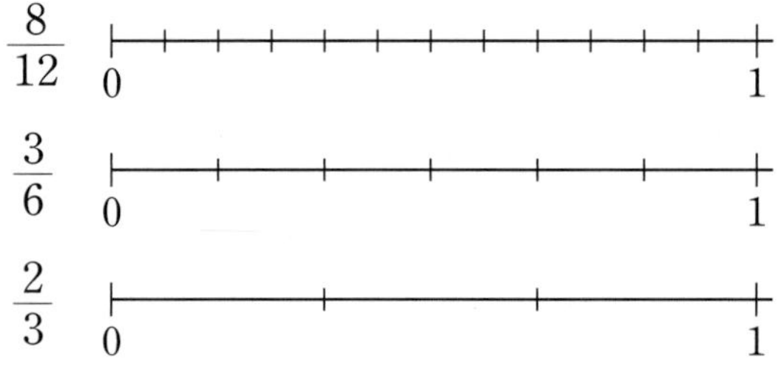

크기가 같은 분수는 □ 와/과 □ 입니다.

3 그림을 보고 □ 안에 알맞은 분수를 써넣으세요.

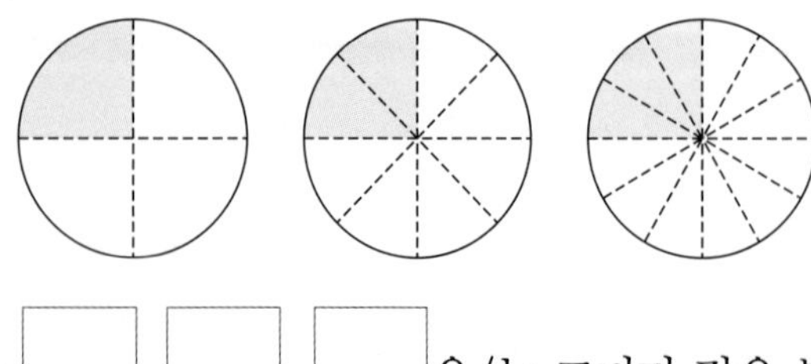

➜ □, □, □ 은/는 크기가 같은 분수입니다.

개념 확인: BOOK❶ 74쪽

② 크기가 같은 분수 만들기

4 $\frac{8}{14}$과 크기가 같은 분수를 만들려고 합니다. 잘못 만든 것을 찾아 기호를 쓰세요.

㉠ $\frac{8\div2}{14\div2}$　㉡ $\frac{8\times0}{14\times0}$　㉢ $\frac{8\times3}{14\times3}$

(　　　　)

5 □ 안에 알맞은 수를 써넣으세요.

(1) $\frac{1}{3}=\frac{\square}{6}=\frac{3}{\square}=\frac{\square}{12}$

(2) $\frac{12}{24}=\frac{6}{\square}=\frac{\square}{8}=\frac{3}{\square}$

6 왼쪽 분수와 크기가 같은 분수를 모두 찾아 쓰세요.

$\frac{3}{8}$ ➜ $\frac{6}{16}$　$\frac{12}{32}$　$\frac{10}{24}$

(　　　　)

7 왼쪽 분수와 크기가 같은 분수를 분모가 작은 것부터 순서대로 2개 더 쓰세요.

(1) $\frac{9}{13}$ ➜ ($\frac{18}{26}$,　　,　　)

(2) $\frac{30}{48}$ ➜ ($\frac{5}{8}$,　　,　　)

8 크기가 같은 분수끼리 짝 지어지지 않은 것을 찾아 기호를 쓰세요.

㉠ $\left(\frac{13}{52}, \frac{1}{4}\right)$ ㉡ $\left(\frac{2}{5}, \frac{6}{15}\right)$ ㉢ $\left(\frac{6}{11}, \frac{20}{44}\right)$

( )

9 크기가 같은 피자를 찬수는 6조각으로 똑같이 나누어 1조각을 먹었고, 소정이는 12조각으로 똑같이 나누었습니다. 소정이가 찬수와 같은 양을 먹으려면 몇 조각을 먹어야 하나요?

( )

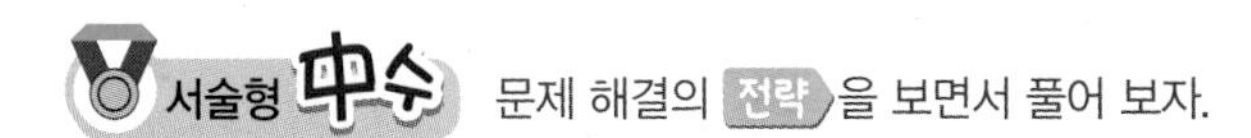

문제 해결의 전략을 보면서 풀어 보자.

10 $\frac{5}{9}$와 크기가 같은 분수 중에서 분모가 30보다 크고 40보다 작은 분수를 쓰세요.

전략 분모와 분자에 0이 아닌 같은 수를 곱하자.

❶ $\frac{5}{9}$와 크기가 같은 분수:

$\frac{5}{9}=\frac{10}{\square}=\frac{15}{\square}=\frac{20}{\square}=\frac{25}{\square}$

$=\cdots$입니다.

❷ 분모가 30보다 크고 40보다 작은 분수:

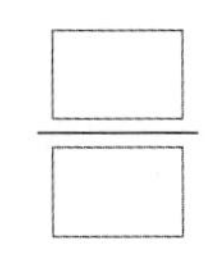

답 ______

개념 확인: BOOK❶ 78쪽

3 약분

11 약분한 분수를 3개 쓰세요.

$\frac{16}{24}$ ➔ $\left(\frac{\square}{12}, \frac{4}{\square}, \frac{\square}{3}\right)$

12 기약분수로 나타내 보세요.

(1) 
$\frac{42}{72}$ ➔ ( )

(2) 
$\frac{24}{32}$ ➔ ( )

13 기약분수를 모두 찾아 ○표 하세요.

$\frac{3}{9}$ $\frac{7}{10}$ $\frac{12}{15}$ $\frac{4}{13}$ $\frac{9}{10}$

14 보기와 같이 분모와 분자를 최대공약수로 나누어 기약분수를 구하세요.

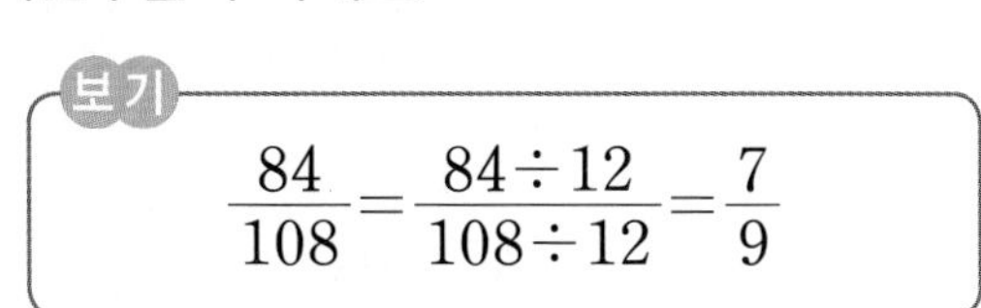
보기

$\frac{84}{108}=\frac{84\div12}{108\div12}=\frac{7}{9}$

$\frac{72}{120}$ ______

4 약분과 통분

15 오른쪽 분수를 약분하려고 합니다. 1을 제외하고 분모와 분자를 나눌 수 있는 수를 모두 쓰세요.

$\frac{36}{48}$

( )

16 $\frac{12}{48}$를 약분한 분수가 아닌 것을 찾아 기호를 쓰세요.

㉠ $\frac{4}{15}$ ㉡ $\frac{3}{12}$ ㉢ $\frac{2}{8}$

( )

17 기약분수로 나타냈을 때 $\frac{3}{7}$이 되는 진분수를 모두 찾아 ○표 하세요.

$\frac{4}{14}$ $\frac{9}{21}$ $\frac{20}{35}$ $\frac{21}{49}$

18 분모가 12인 진분수 중에서 기약분수는 모두 몇 개인가요?

( )

19 인경이의 모자의 무게는 $\frac{12}{52}$ kg입니다. 인경이의 모자의 무게는 몇 kg인지 기약분수로 나타내 보세요.

( )

20 $\frac{48}{84}$을 약분하여 나타낼 수 있는 분수 중에서 분자가 4인 분수의 분모를 쓰세요.

( )

서술형 中수 문제 해결의 전략을 보면서 풀어 보자.

21 분모와 분자의 차가 16이고, 약분하여 기약분수로 나타내면 $\frac{3}{7}$이 되는 분수를 구하세요.

전략 $\frac{3}{7}$과 크기가 같은 분수를 구하자.

❶ $\frac{3}{7}$과 크기가 같은 분수:

$\frac{3}{7}=\frac{6}{\square}=\frac{9}{\square}=\frac{12}{\square}=\frac{15}{\square}$ $=\cdots$입니다.

전략 (분모)−(분자)=16인 분수를 찾자.

❷ 분모와 분자의 차가 16인 분수: $\frac{\square}{\square}$

답 ______

개념 확인: BOOK❶ 80쪽

4 통분

22 두 분모의 곱을 공통분모로 하여 통분해 보세요.

$\left(\frac{1}{2}, \frac{5}{14}\right)$ ➔ (　　,　　)

23 $\frac{3}{8}$과 $\frac{5}{6}$를 통분하려고 합니다. 공통분모가 될 수 있는 수를 모두 찾아 쓰세요.

16　24　32　48　60

(　　　　　　)

24 두 분수 $\frac{3}{4}$과 $\frac{1}{6}$을 잘못 통분한 것을 찾아 기호를 쓰세요.

㉠ $\left(\frac{9}{12}, \frac{2}{12}\right)$ ㉡ $\left(\frac{18}{24}, \frac{4}{24}\right)$ ㉢ $\left(\frac{28}{36}, \frac{6}{36}\right)$

(　　　　　　)

25 두 분수를 통분하려고 합니다. 공통분모가 될 수 있는 수를 가장 작은 수부터 순서대로 3개 쓰세요.

$\left(\frac{1}{2}, \frac{4}{13}\right)$

(　　　　　　)

26 $\frac{1}{6}$과 $\frac{9}{14}$를 2가지 방법으로 통분해 보세요.

방법 1 두 분모의 곱을 공통분모로 하여 통분하기

(　　,　　)

방법 2 두 분모의 최소공배수를 공통분모로 하여 통분하기

(　　,　　)

서술형

27 연우의 시험지입니다. 연우가 문제를 틀린 까닭을 쓰고, 문제에 맞게 답을 구하세요.

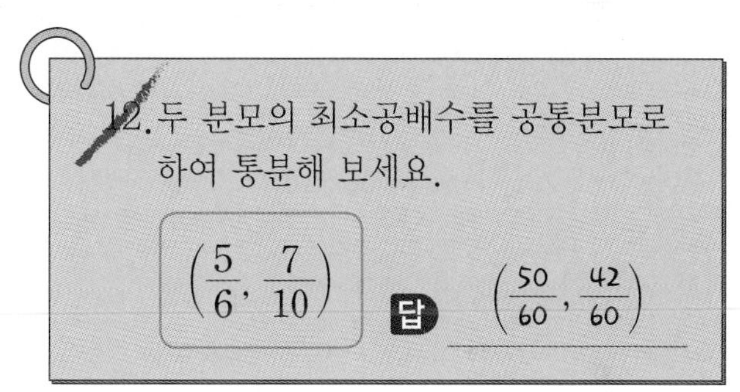
12. 두 분모의 최소공배수를 공통분모로 하여 통분해 보세요.

$\left(\frac{5}{6}, \frac{7}{10}\right)$ 답 $\left(\frac{50}{60}, \frac{42}{60}\right)$

까닭 ______________________

____

답 (　　,　　)

28 분모의 최소공배수를 공통분모로 하여 각각 통분하려고 합니다. 공통분모가 다른 하나를 찾아 기호를 쓰세요.

㉠ $\left(\frac{5}{14}, \frac{3}{4}\right)$ ㉡ $\left(\frac{1}{2}, \frac{11}{14}\right)$ ㉢ $\left(\frac{6}{7}, \frac{1}{4}\right)$

(　　　　　　)

개념 확인: BOOK❶ 84, 86쪽

5 분수의 크기 비교

[1~2] $\frac{1}{4}$과 $\frac{3}{8}$의 크기를 두 가지 방법으로 비교하려고 합니다. 물음에 답하세요.

1 두 분모의 곱을 공통분모로 하여 크기를 비교해 보세요.

$$\left(\frac{1}{4}, \frac{3}{8}\right) \rightarrow \left(\frac{\square}{32}, \frac{\square}{32}\right) \rightarrow \frac{1}{4} \bigcirc \frac{3}{8}$$

2 두 분모의 최소공배수를 공통분모로 하여 크기를 비교해 보세요.

$$\left(\frac{1}{4}, \frac{3}{8}\right) \rightarrow \left(\frac{\square}{\square}, \frac{\square}{\square}\right) \rightarrow \frac{1}{4} \bigcirc \frac{3}{8}$$

3 분수의 크기를 비교하여 ○ 안에 >, =, <를 알맞게 써넣으세요.

(1) $\frac{2}{3} \bigcirc \frac{5}{8}$

(2) $1\frac{5}{6} \bigcirc 1\frac{4}{7}$

4 분수의 크기를 바르게 비교한 것에 색칠해 보세요.

$\frac{3}{4} < \frac{2}{3}$	$\frac{3}{10} < \frac{5}{12}$

5 세 분수의 크기를 비교하여 가장 큰 분수에 ○표 하세요.

$\frac{5}{6}$ $\frac{5}{8}$ $\frac{3}{4}$

6 ㉠ 물병과 ㉡ 물병의 들이입니다. 담을 수 있는 양이 더 많은 것의 기호를 쓰세요.

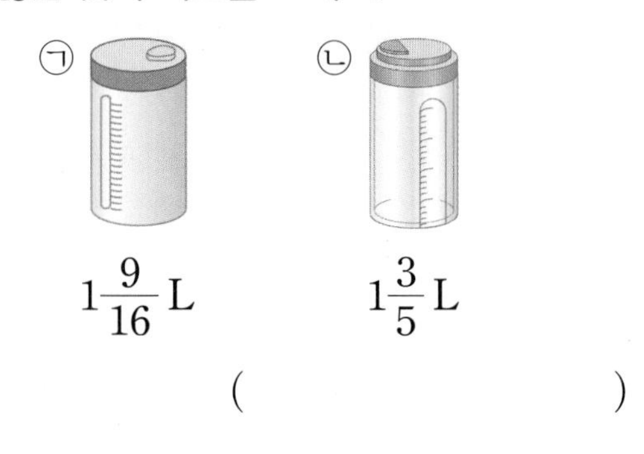

(　　　　　　)

7 장수풍뎅이의 무게는 $\frac{2}{15}$ kg이고 사슴벌레의 무게는 $\frac{1}{6}$ kg입니다. 장수풍뎅이와 사슴벌레 중 더 무거운 것은 무엇인가요?

(　　　　　　)

8 $\frac{1}{2}$보다 작은 분수를 모두 찾아 ○표 하세요.

$\frac{5}{12}$ $\frac{6}{11}$ $\frac{3}{5}$ $\frac{9}{20}$

개념 확인: BOOK❶ 88쪽

6 분수와 소수의 크기 비교

9 분수는 소수로, 소수는 기약분수로 나타내 보세요.

(1) $\frac{7}{25}$ ➜ (　　　　　　　　)

(2) 0.36 ➜ (　　　　　　　　)

10 $\frac{3}{5}$과 0.8의 크기를 비교하려고 합니다. 물음에 답하세요.

(1) 분수를 소수로 나타내 크기를 비교해 보세요.

$\frac{3}{5}=\frac{\square}{10}=\square$　　$\frac{3}{5}$ ○ 0.8

(2) 소수를 분수로 나타내 크기를 비교해 보세요.

$\frac{3}{5}$ ○ 0.8　　$0.8=\frac{\square}{10}=\frac{\square}{5}$

11 분수와 소수의 크기를 비교하여 ○ 안에 >, =, <를 알맞게 써넣으세요.

(1) $\frac{31}{50}$ ○ 0.58　　(2) 2.19 ○ $2\frac{1}{4}$

12 빈칸에 더 큰 수를 써넣으세요.

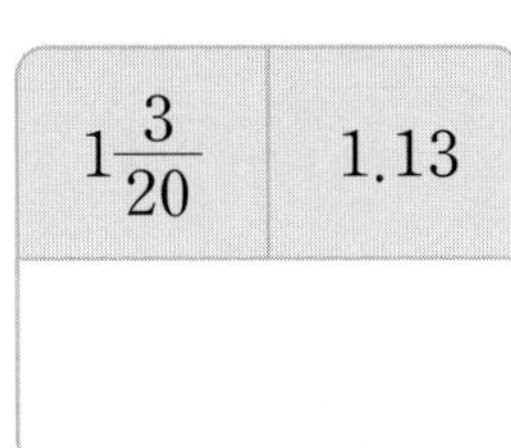

$1\frac{3}{20}$	1.13

13 분수와 소수의 크기를 바르게 비교한 사람은 누구인가요?

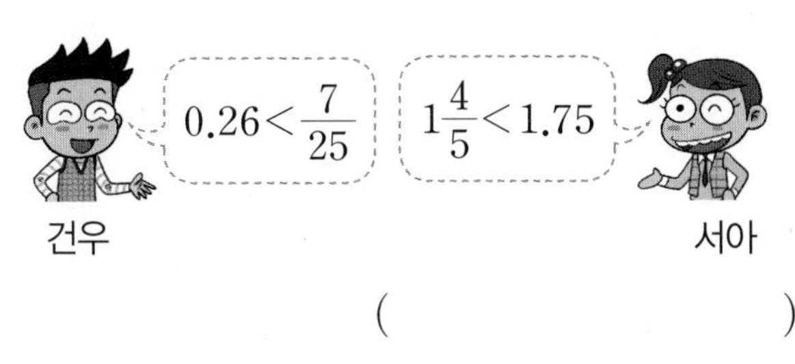

(　　　　　　　　)

14 박물관과 공원 중에서 전철역에서 더 가까운 곳은 어디인가요?

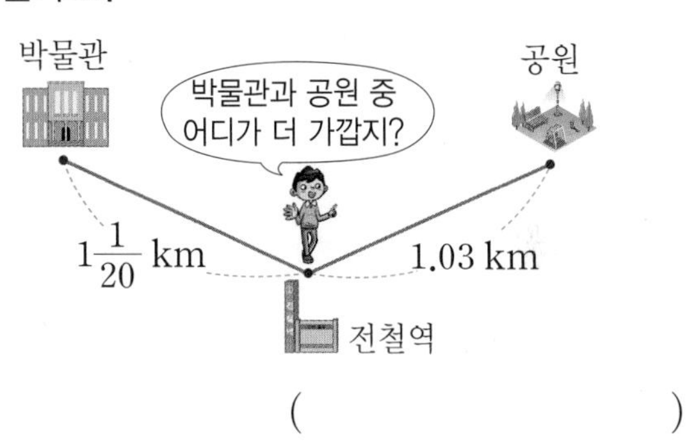

(　　　　　　　　)

서술형 中수 문제 해결의 전략을 보면서 풀어 보자.

15 종이비행기를 경호는 $1\frac{18}{25}$ m, 진우는 1.81 m, 유리는 $1\frac{4}{5}$ m 날렸습니다. 가장 멀리 날린 사람은 누구인가요?

전략 분수를 소수로 나타내자.

❶ 소수로 나타내 크기를 비교하기

경호: $1\frac{18}{25}=1\frac{\square}{100}=\square$

유리: $1\frac{4}{5}=1\frac{\square}{10}=\square$

➜ $\square>\square>\square$

❷ 가장 멀리 날린 사람은 $\square$입니다.

답 ______________

4 단원 서술형 바로 쓰기

나를 따라 해

연습 1 크기가 같은 초콜릿을 재희는 3조각으로 똑같이 나누어 2조각을 먹었고 우주는 9조각으로 똑같이 나누었습니다. 우주가 재희와 같은 양을 먹으려면 몇 조각을 먹어야 하는지 풀이 과정을 쓰고 답을 구하세요.

풀이 ① 재희는 초콜릿의 $\frac{\square}{3}$만큼을 먹었습니다.

② 우주는 $\frac{2}{3}$와 같은 크기인 $\frac{2}{3}=\frac{2\times\square}{3\times\square}=\frac{\square}{9}$만큼 먹어야 합니다.

③ 우주는 9조각 중에서 $\square$조각을 먹어야 합니다.

답 ______

내가 써 볼게

가이드 | 문제에서 핵심이 되는 말에 표시하고, 위의 풀이를 따라 풀어 보자.

실전 1-1 크기가 같은 샌드위치를 준우는 4조각으로 똑같이 나누어 한 조각을 먹었고 영표는 16조각으로 똑같이 나누었습니다. 영표가 준우와 같은 양을 먹으려면 몇 조각을 먹어야 하는지 풀이 과정을 쓰고 답을 구하세요.

풀이

①

②

③

답 ______

실전 1-2 길이가 같은 철사를 태희는 5도막으로 똑같이 나누어 3도막을 사용했고 상선이는 20도막으로 똑같이 나누었습니다. 상선이가 태희와 같은 양을 사용하려면 몇 도막을 사용해야 하는지 풀이 과정을 쓰고 답을 구하세요.

풀이

①

②

③

답 ______

나를 따라 해

연습 2 어떤 두 기약분수를 통분한 것입니다. 통분하기 전의 두 분수는 무엇인지 풀이 과정을 쓰고 답을 구하세요.

$$\left(\frac{45}{\square}, \frac{49}{63}\right)$$

풀이 ❶ 분모가 다른 두 분수를 통분하면 □가 같아집니다.

❷ 통분한 두 분수는 $\left(\frac{45}{\square}, \frac{49}{63}\right)$입니다.

❸ $\left(\frac{45}{\square}, \frac{49}{63}\right) \rightarrow \left(\frac{45 \div \square}{\square \div \square}, \frac{49 \div \square}{63 \div \square}\right) \rightarrow (\square, \square)$

답 (,)

내가 써 볼게

가이드 | 문제에서 핵심이 되는 말에 표시하고, 위의 풀이를 따라 풀어 보자.

실전 2-1 어떤 두 기약분수를 통분한 것입니다. 통분하기 전의 두 분수는 무엇인지 풀이 과정을 쓰고 답을 구하세요.

$$\left(\frac{24}{\square}, \frac{66}{72}\right)$$

풀이

❶

❷

❸

답 (,)

실전 2-2 어떤 두 기약분수를 통분한 것입니다. 통분하기 전의 두 분수는 무엇인지 풀이 과정을 쓰고 답을 구하세요.

$$\left(\frac{28}{96}, \frac{40}{\square}\right)$$

풀이

❶

❷

❸

답 (,)

나를 따라 해

연습 3 $\frac{5}{8}$의 분모에 48을 더했을 때 분자에 얼마를 더해야 분수의 크기가 변하지 않는지 풀이 과정을 쓰고 답을 구하세요.

풀이 ❶ $\frac{5}{8}$의 분모에 48을 더하면 분모는 □이 됩니다.

❷ $\frac{5}{8}$와 크기가 같은 분수 중에서 분모가 □인 분수는 □입니다.

❸ $\frac{5}{8}$의 분모에 48을 더했을 때 분자에 □을 더해야 크기가 같은 분수

인 $\frac{\square}{56}$가 됩니다.

답 ____________

내가 써 볼게

가이드 | 문제에서 핵심이 되는 말에 표시하고, 위의 풀이를 따라 풀어 보자.

실전 3-1 $\frac{4}{9}$의 분모에 36을 더했을 때 분자에 얼마를 더해야 분수의 크기가 변하지 않는지 풀이 과정을 쓰고 답을 구하세요.

풀이

❶

❷

❸

답 ____________

실전 3-2 $\frac{3}{7}$의 분모에 49를 더했을 때 분자에 얼마를 더해야 분수의 크기가 변하지 않는지 풀이 과정을 쓰고 답을 구하세요.

풀이

❶

❷

❸

답 ____________

나를 따라 해

연습 4 3장의 수 카드 중에서 2장을 골라 한 번씩만 사용하여 진분수를 만들려고 합니다. 만들 수 있는 가장 작은 진분수는 무엇인지 풀이 과정을 쓰고 답을 구하세요.

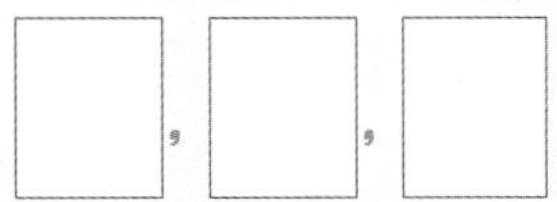

풀이 ❶ 만들 수 있는 진분수: □, □, □

❷ 세 진분수의 크기를 비교해 보면

□$\left(=\frac{12}{20}\right) <$ □$\left(=\frac{15}{20}\right) < \frac{4}{5}\left(=\frac{16}{20}\right)$입니다.

❸ 가장 작은 진분수는 □입니다.

답 ________________

내가 써 볼게 가이드 | 문제에서 핵심이 되는 말에 표시하고, 위의 풀이를 따라 풀어 보자.

실전 4-1 3장의 수 카드 중에서 2장을 골라 한 번씩만 사용하여 진분수를 만들려고 합니다. 만들 수 있는 가장 작은 진분수는 무엇인지 풀이 과정을 쓰고 답을 구하세요.

1 4 9

풀이

❶

❷

❸

답 ________________

실전 4-2 3장의 수 카드 중에서 2장을 골라 한 번씩만 사용하여 진분수를 만들려고 합니다. 만들 수 있는 가장 작은 진분수는 무엇인지 풀이 과정을 쓰고 답을 구하세요.

2 5 7

풀이

❶

❷

❸

답 ________________

5 단원 · 익힘책 다시 풀기

개념 확인: BOOK❶ 98쪽

1 받아올림이 없는 진분수의 덧셈

1 $\frac{5}{12}+\frac{7}{16}$의 계산에서 공통분모가 될 수 있는 수를 모두 찾아 쓰세요.

24 32 48 72 96 108

( )

2 보기와 같은 방법으로 계산해 보세요.

보기

$$\frac{4}{9}+\frac{1}{6}=\frac{4\times6}{9\times6}+\frac{1\times9}{6\times9}=\frac{24}{54}+\frac{9}{54}$$
$$=\frac{33}{54}=\frac{11}{18}$$

(1) $\frac{1}{2}+\frac{3}{8}$

(2) $\frac{2}{5}+\frac{3}{10}$

3 서아가 말한 수를 구하세요.

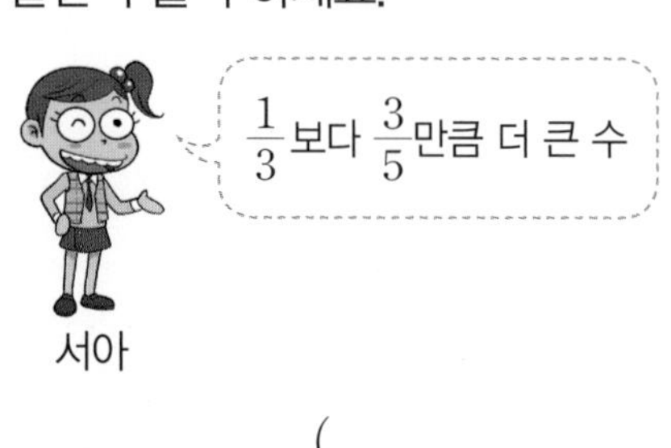

( )

4 두 분수의 합을 빈칸에 써넣으세요.

$\frac{3}{7}$	$\frac{1}{6}$

5 크기를 비교하여 ○ 안에 >, =, <를 알맞게 써넣으세요.

$$\frac{1}{4}+\frac{3}{8} \bigcirc \frac{7}{8}$$

6 유빈이가 주스를 어제는 $\frac{1}{5}$ L 마셨고, 오늘은 $\frac{7}{15}$ L 마셨습니다. 유빈이가 어제와 오늘 마신 주스는 모두 몇 L인가요?

식

답

7 다음과 같은 삼각형 모양의 꽃밭이 있습니다. 이 꽃밭의 세 변의 길이의 합은 몇 m인가요?

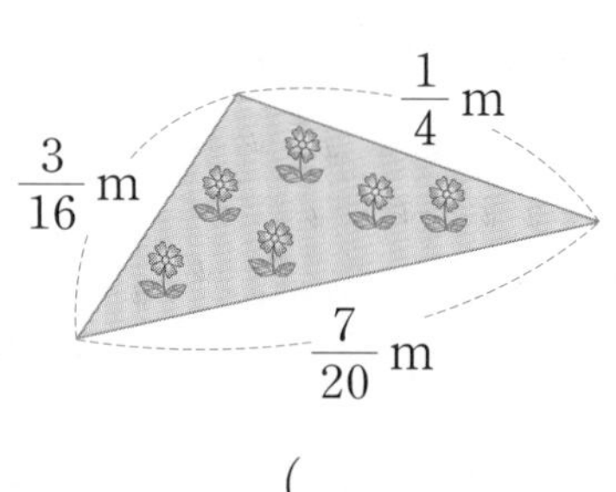

( )

▶ 정답과 해설 47쪽

개념 확인: BOOK❶ 100쪽

❷ 받아올림이 있는 진분수의 덧셈

8 계산해 보세요.

(1) $\frac{5}{9}+\frac{7}{12}$

(2) $\frac{9}{16}+\frac{13}{24}$

9 계산 결과를 찾아 이어 보세요.

$\frac{3}{5}+\frac{2}{3}$ •	• $1\frac{8}{15}$
$\frac{5}{6}+\frac{7}{10}$ •	• $1\frac{1}{30}$
$\frac{3}{10}+\frac{11}{15}$ •	• $1\frac{4}{15}$

10 □ 안에 알맞은 분수를 구하세요.

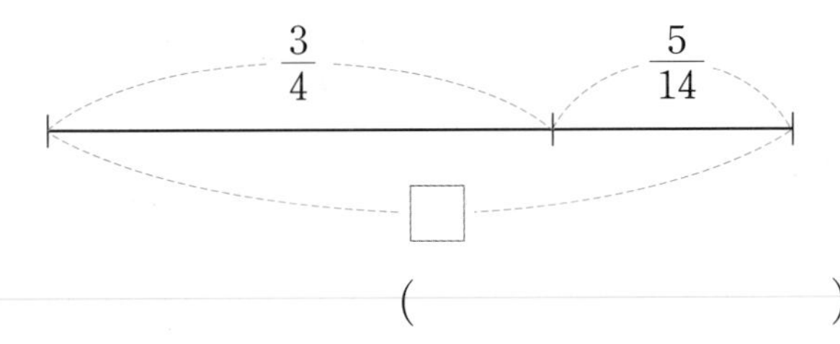

(　　　　　　　　)

11 계산 결과가 1보다 큰 것의 기호를 쓰세요.

㉠ $\frac{2}{9}+\frac{1}{6}$　　㉡ $\frac{3}{8}+\frac{4}{5}$

(　　　　　　　　)

12 계산 결과를 비교하여 ○ 안에 >, =, <를 알맞게 써넣으세요.

$\frac{3}{4}+\frac{7}{18}$ ○ $\frac{5}{9}+\frac{5}{8}$

13 바구니에 복숭아 $\frac{3}{5}$ kg, 자두 $\frac{1}{2}$ kg이 들어 있습니다. 바구니에 들어 있는 복숭아와 자두는 모두 몇 kg인가요?

식 ________________

답 ________________

서술형 中수 문제 해결의 전략을 보면서 풀어 보자.

14 어떤 수보다 $\frac{3}{4}$만큼 더 작은 수는 $\frac{9}{10}$입니다. 어떤 수는 얼마인가요?

❶ 어떤 수를 ■라 하고 식 세우기:

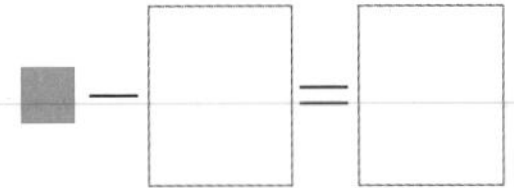

전략 ❶의 식을 덧셈식으로 나타내 ■의 값을 구하자.

❷ ■$=\frac{9}{10}+$□$=$□

➔ 어떤 수: □

답 ________________

5 분수의 덧셈과 뺄셈

개념 확인: BOOK❶ 102쪽

③ 대분수의 덧셈

1 대분수를 가분수로 나타내 계산해 보세요.

$1\frac{2}{5}+1\frac{1}{2}$ __________

2 두 분수의 합을 구하세요.

$2\frac{2}{3}$　　$1\frac{1}{5}$

(　　　　　　)

3 다음이 나타내는 수를 구하세요.

$2\frac{1}{4}$보다 $1\frac{7}{9}$만큼 더 큰 수

(　　　　　　)

4 바르게 계산한 것의 기호를 쓰세요.

㉠ $1\frac{3}{7}+1\frac{5}{8}=2\frac{53}{56}$

㉡ $2\frac{11}{12}+2\frac{1}{6}=5\frac{1}{12}$

(　　　　　　)

5 빈칸에 알맞은 분수를 써넣으세요.

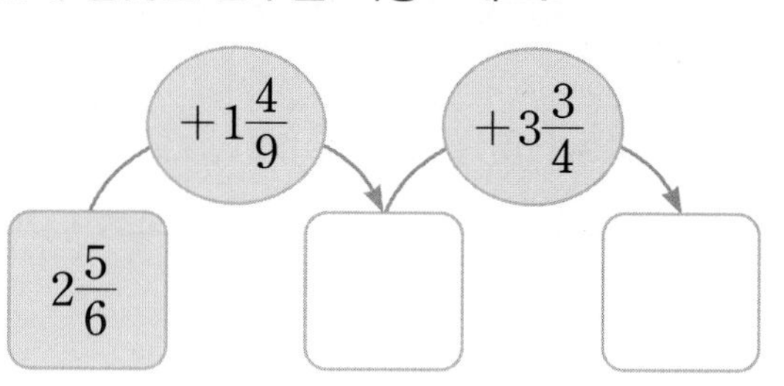

6 혜리는 쿠키를 만드는 데 우유를 $1\frac{3}{4}$컵, 식빵을 만드는 데 우유를 $3\frac{1}{3}$컵 사용했습니다. 혜리가 사용한 우유는 모두 몇 컵인가요?

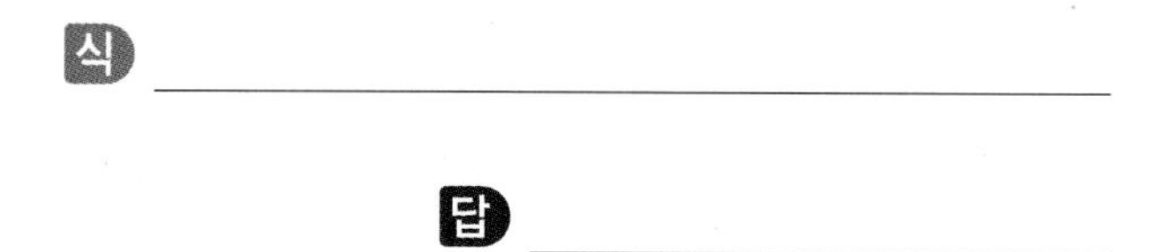

식 __________

답 __________

7 집에서 문구점을 거쳐 학교까지 가는 거리는 몇 km인가요?

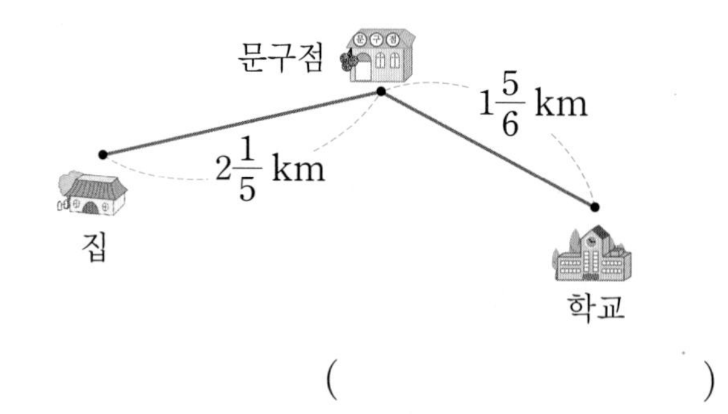

(　　　　　　)

8 □ 안에 들어갈 수 있는 자연수는 모두 몇 개인가요?

$3\frac{2}{9}+1\frac{7}{15}<\square<7\frac{37}{45}$

(　　　　　　)

개념 확인: BOOK❶ 108쪽

4 진분수의 뺄셈

9 계산해 보세요.

(1) $\frac{2}{3}-\frac{2}{5}$

(2) $\frac{7}{10}-\frac{1}{6}$

10 계산 결과를 찾아 이어 보세요.

$\frac{3}{4}-\frac{1}{6}$ $\frac{7}{12}-\frac{1}{3}$

$\frac{1}{4}$ $\frac{5}{8}$ $\frac{7}{12}$

11 빈칸에 알맞은 분수를 써넣으세요.

$\frac{11}{18}$	$-$	$\frac{5}{12}$	$=$	

12 계산 결과가 더 큰 것에 ○표 하세요.

$\frac{9}{40}-\frac{3}{20}$ $\frac{3}{8}-\frac{1}{5}$

(　　)   (　　)

13 직사각형의 가로는 세로보다 몇 m 더 긴가요?

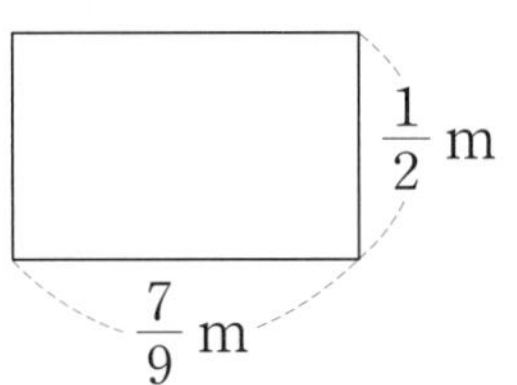

식 ______________________

답 ______________________

14 음식에 간장을 $\frac{5}{6}$ 큰 술, 식초를 $\frac{3}{8}$ 큰 술 넣었습니다. 간장과 식초 중 어느 것을 몇 큰 술 더 많이 넣었나요?

(　　　　　　), (　　　　　　)

서술형 中수 문제 해결의 전략을 보면서 풀어 보자.

15 페인트가 $\frac{13}{15}$ L 있습니다. 벽면을 칠하는 데 오전에 $\frac{3}{5}$ L를 사용하고, 오후에 $\frac{2}{9}$ L를 사용했습니다. 사용하고 남은 페인트는 몇 L인가요?

전략 전체 페인트의 양에서 오전에 사용한 페인트의 양을 빼자.

❶ (오전에 사용하고 남은 페인트의 양)

$=\frac{13}{15}-\square=\square$ (L)

전략 ❶에서 구한 수에서 오후에 사용한 페인트의 양을 빼자.

❷ (오후에 사용하고 남은 페인트의 양)

$=\square-\frac{2}{9}=\square$ (L)

답 ______________________

개념 확인: BOOK① 110쪽

5 받아내림이 없는 대분수의 뺄셈

1 그림에 $3\frac{3}{4}$만큼 색칠한 다음 $2\frac{1}{3}$만큼 ×로 지우고, $3\frac{3}{4}-2\frac{1}{3}$을 계산해 보세요.

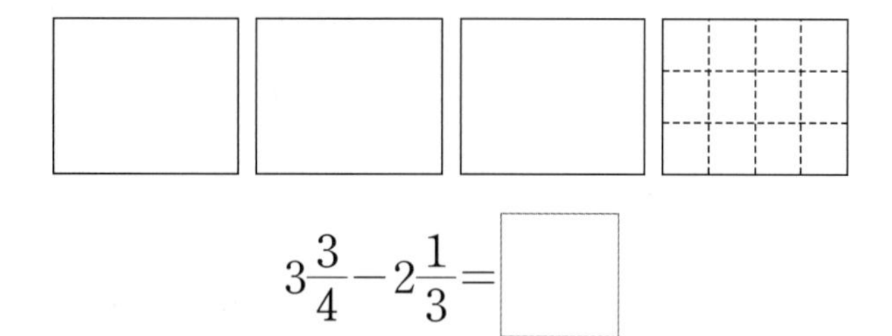

$3\frac{3}{4}-2\frac{1}{3}=$ □

2 보기와 같은 방법으로 계산해 보세요.

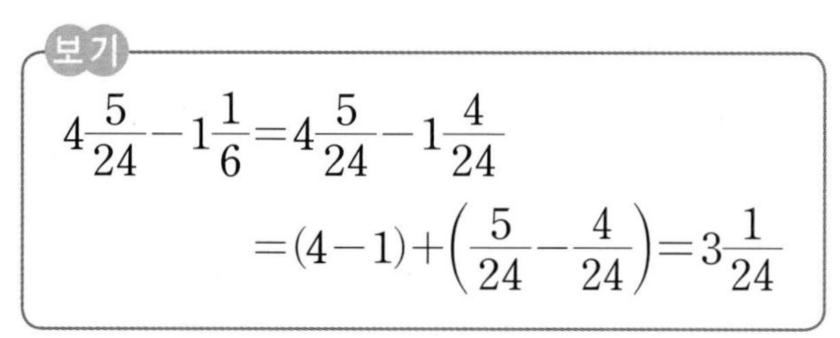

$5\frac{7}{8}-2\frac{3}{10}$ ______

______

3 빈칸에 알맞은 분수를 써넣으세요.

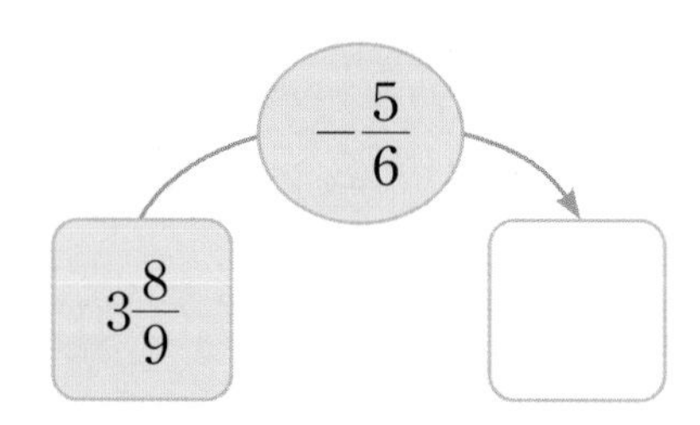

4 계산 결과가 더 큰 것의 기호를 쓰세요.

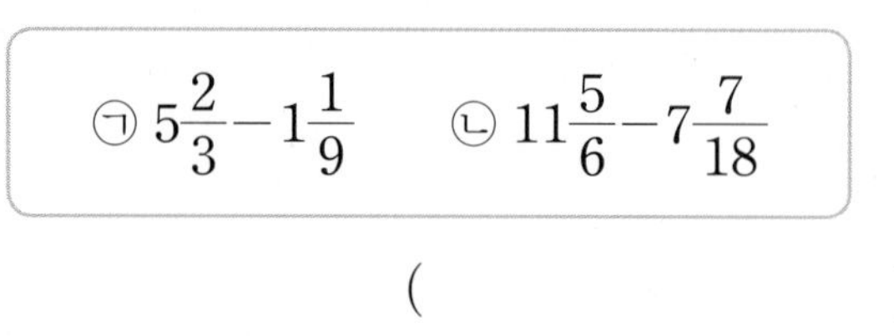

(　　　　)

5 두 철사의 길이의 차는 몇 cm인지 구하세요.

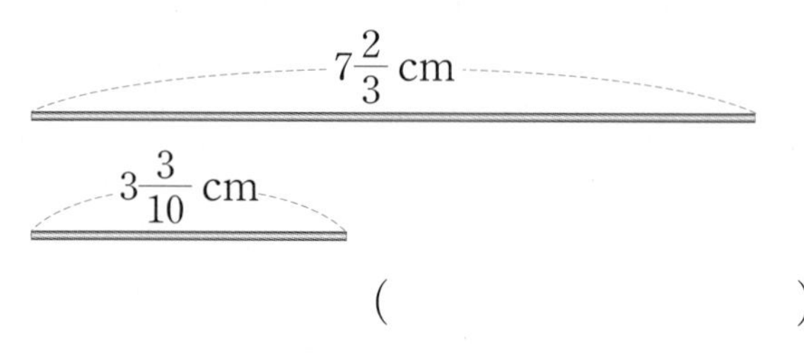

(　　　　)

6 □ 안에 알맞은 분수를 구하세요.

$1\frac{7}{16}+\square=4\frac{5}{6}$

(　　　　)

7 현우네 가족은 레몬청 $3\frac{3}{4}$ kg을 만든 후 이웃에 $1\frac{5}{18}$ kg을 나누어 주었습니다. 나누어 주고 남은 레몬청은 몇 kg인가요?

식 ______

답 ______

8 3장의 수 카드를 한 번씩만 사용하여 만들 수 있는 가장 큰 대분수에서 $2\frac{1}{10}$을 뺀 값을 구하세요.

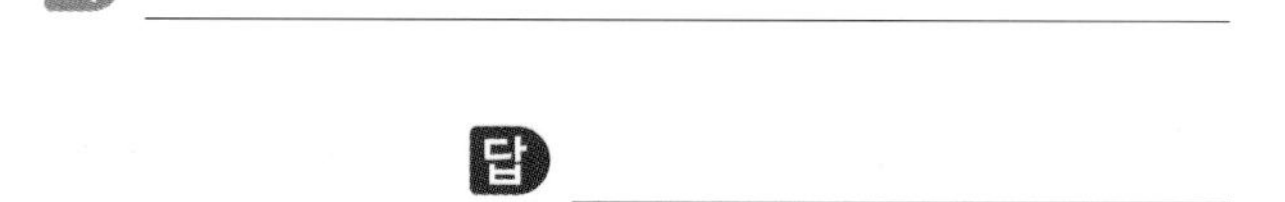

(　　　　)

개념 확인: BOOK❶ 112쪽

6 받아내림이 있는 대분수의 뺄셈

9 보기 와 같은 방법으로 계산해 보세요.

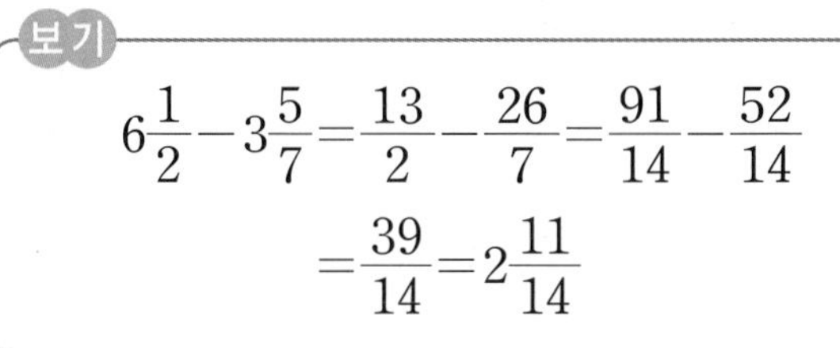
보기

$6\frac{1}{2}-3\frac{5}{7}=\frac{13}{2}-\frac{26}{7}=\frac{91}{14}-\frac{52}{14}$
$=\frac{39}{14}=2\frac{11}{14}$

$5\frac{1}{4}-1\frac{2}{3}$ ______________________

____

10 은우와 유찬이가 가지고 있는 두 분수의 차를 구하세요.

(　　　　　　　　)

11 □ 안에 알맞은 분수를 써넣으세요.

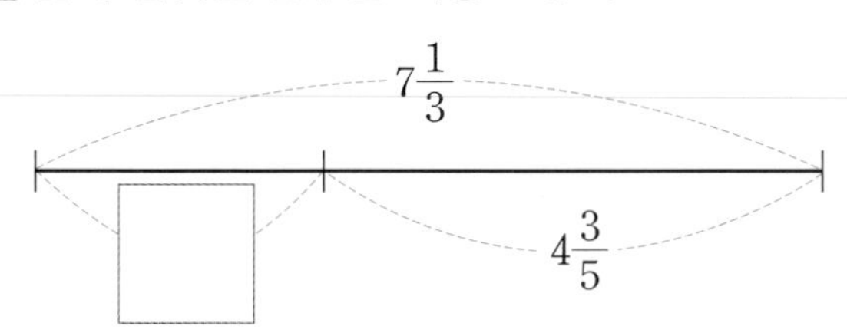

12 크기를 비교하여 ○ 안에 >, =, <를 알맞게 써넣으세요.

$2\frac{31}{48}$ ○ $8\frac{1}{6}-5\frac{5}{16}$

13 승희는 리본 $3\frac{1}{6}$ m를 사서 생일 선물을 포장하는 데 $1\frac{3}{8}$ m를 사용했습니다. 남은 리본의 길이는 몇 m인가요?

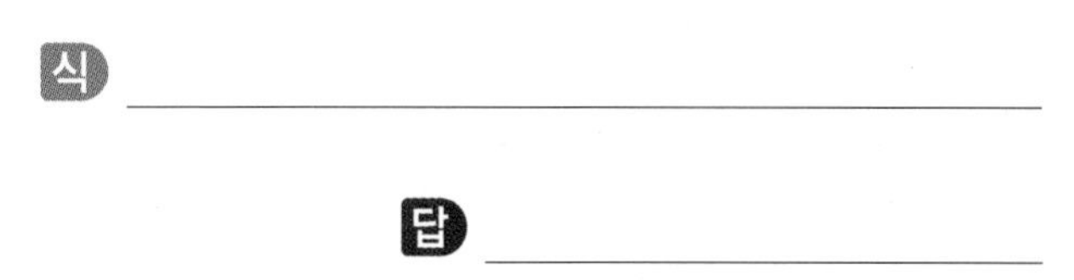
식 ______________________

답 ______________________

14 빈칸에 알맞은 분수를 써넣으세요.

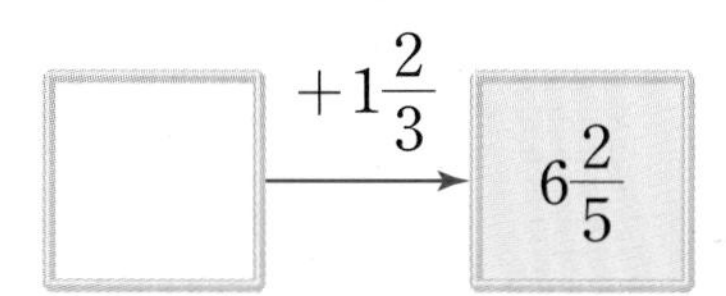

서술형 中수 문제 해결의 전략 을 보면서 풀어 보자.

15 두 분수를 골라 차를 구하려고 합니다. 차가 가장 클 때의 값을 구하세요.

$5\frac{4}{9}$　　$1\frac{5}{6}$　　$3\frac{8}{15}$

전략 차가 가장 크려면 어떻게 해야 하는지 생각해 보자.

❶ 차가 가장 크려면 가장 (큰 , 작은) 수에서 가장 (큰 , 작은) 수를 빼야 합니다.

전략 세 분수의 크기를 비교하여 차가 가장 큰 식을 만들고 계산해 보자.

❷ 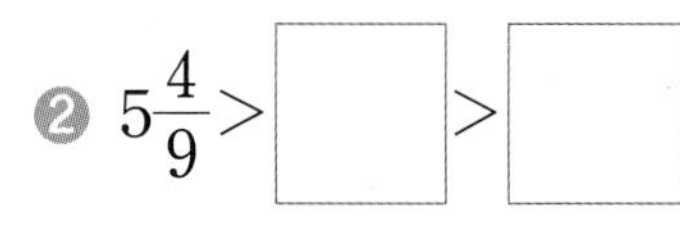

➜ 차가 가장 큰 식:

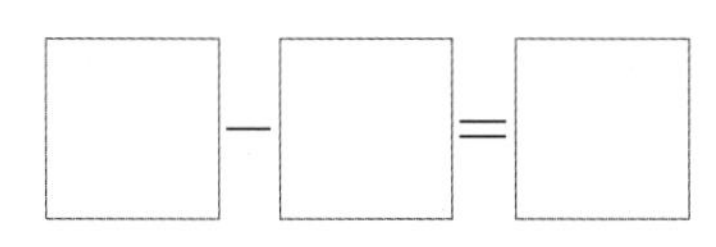

답 ______________________

5 단원 서술형 바로 쓰기

나를 따라 해

연습 1 ■에 들어갈 수 있는 자연수 중 가장 큰 수는 얼마인지 풀이 과정을 쓰고 답을 구하세요.

$$\frac{11}{14}-\frac{8}{21}>\frac{■}{42}$$

풀이 ① $\frac{11}{14}-\frac{8}{21}=\frac{\square}{42}-\frac{\square}{42}=\square$

② $\frac{\square}{42}>\frac{■}{42}$이므로 $\square>$■입니다.

③ ■에 들어갈 수 있는 자연수 중 가장 큰 수는 $\square$입니다.

답 ________________

내가 써 볼게

가이드 | 문제에서 핵심이 되는 말에 표시하고, 위의 풀이를 따라 풀어 보자.

실전 1-1 □ 안에 들어갈 수 있는 자연수 중 가장 큰 수는 얼마인지 풀이 과정을 쓰고 답을 구하세요.

$$4\frac{7}{15}-1\frac{2}{3}>2\frac{\square}{5}$$

풀이

①

②

③

답 ________________

실전 1-2 □ 안에 들어갈 수 있는 자연수 중 가장 작은 수는 얼마인지 풀이 과정을 쓰고 답을 구하세요.

$$5\frac{3}{4}-2\frac{1}{6}<3\frac{\square}{12}$$

풀이

①

②

③

답 ________________

▶ 정답과 해설 50쪽

나를 따라 해

연습 **2** 3장의 수 카드 중에서 2장을 골라 진분수를 만들려고 합니다. 만들 수 있는 가장 큰 진분수와 가장 작은 진분수의 차를 구하는 풀이 과정을 쓰고 답을 구하세요.

2 3 5

풀이 ❶ 만들 수 있는 진분수: $\frac{2}{3}$, $\frac{2}{5}$, □

❷ 가장 큰 진분수: □, 가장 작은 진분수: $\frac{2}{5}$

➔ $\square - \frac{2}{5} = \frac{\square}{15} - \frac{\square}{15} = \square$

답 ______________

내가 써 볼게

가이드 | 문제에서 핵심이 되는 말에 표시하고, 위의 풀이를 따라 풀어 보자.

실전 **2-1** 3장의 수 카드 중에서 2장을 골라 진분수를 만들려고 합니다. 만들 수 있는 가장 큰 진분수와 가장 작은 진분수의 차를 구하는 풀이 과정을 쓰고 답을 구하세요.

5 6 8

풀이

❶

❷

답 ______________

실전 **2-2** 3장의 수 카드 중에서 2장을 골라 진분수를 만들려고 합니다. 만들 수 있는 가장 큰 진분수와 가장 작은 진분수의 합을 구하는 풀이 과정을 쓰고 답을 구하세요.

4 5 7

풀이

❶

❷

답 ______________

나를 따라 해

연습 3 길이가 서로 다른 색 테이프 2장을 오른쪽과 같이 겹치게 이어 붙였습니다. 이어 붙인 색 테이프의 전체 길이는 몇 m인지 풀이 과정을 쓰고 답을 구하세요.

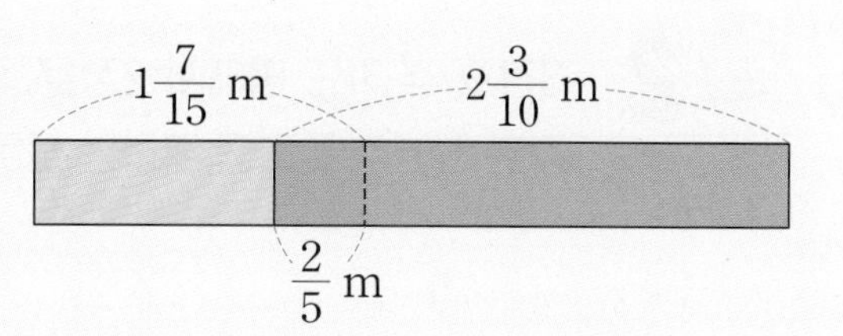

풀이 ❶ (색 테이프 2장의 길이의 합)

$$=1\frac{7}{15}+2\frac{3}{10}=1\frac{\square}{30}+2\frac{\square}{30}=\square\text{(m)}$$

❷ (이어 붙인 색 테이프의 전체 길이)

$$=3\frac{23}{30}-\frac{2}{5}=3\frac{\square}{30}-\frac{\square}{30}=\square\text{(m)}$$

답 ______________

내가 써 볼게

가이드 | 문제에서 핵심이 되는 말에 표시하고, 위의 풀이를 따라 풀어 보자.

실전 3-1 길이가 서로 다른 색 테이프 2장을 그림과 같이 겹치게 이어 붙였습니다. 이어 붙인 색 테이프의 전체 길이는 몇 m인지 풀이 과정을 쓰고 답을 구하세요.

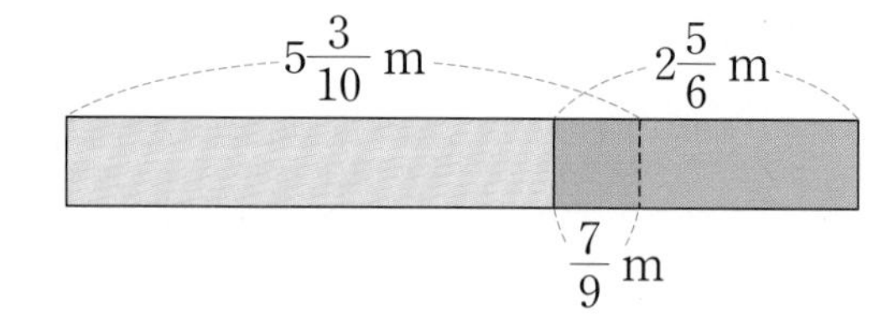

풀이

❶

❷

답 ______________

실전 3-2 길이가 서로 다른 색 테이프 2장을 그림과 같이 겹치게 이어 붙였습니다. 이어 붙인 색 테이프의 전체 길이는 몇 m인지 풀이 과정을 쓰고 답을 구하세요.

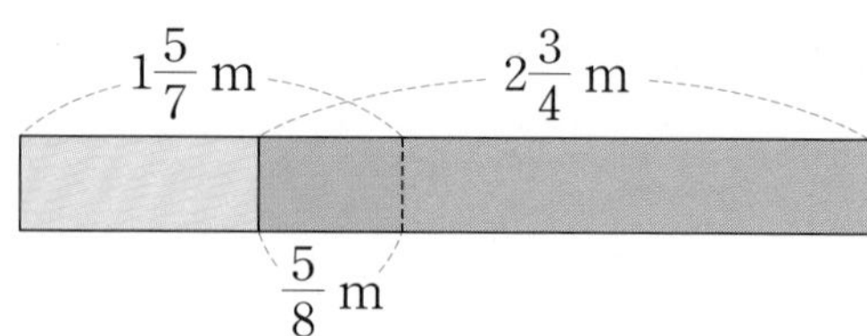

풀이

❶

❷

답 ______________

나를 따라 해

연습 4

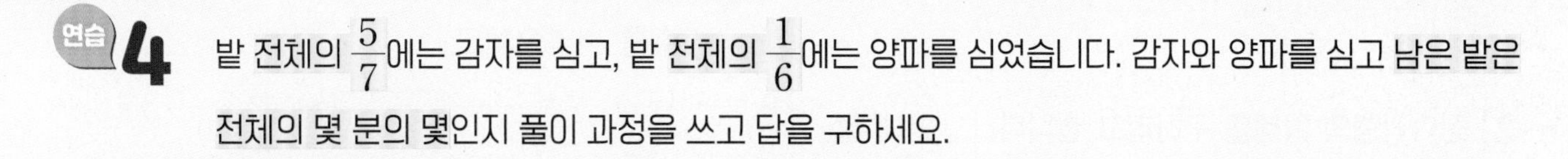

밭 전체의 $\frac{5}{7}$에는 감자를 심고, 밭 전체의 $\frac{1}{6}$에는 양파를 심었습니다. 감자와 양파를 심고 남은 밭은 전체의 몇 분의 몇인지 풀이 과정을 쓰고 답을 구하세요.

풀이 ❶ 감자와 양파를 심은 부분은 전체의

$\frac{5}{7}+\frac{1}{6}=\frac{\square}{42}+\frac{\square}{42}=\square$입니다.

❷ 전체를 1로 보면 남은 밭은 전체의

$1-\frac{37}{42}=\frac{\square}{42}-\frac{37}{42}=\frac{\square}{42}$입니다.

답 ____________

내가 써 볼게

가이드 | 문제에서 핵심이 되는 말에 표시하고, 위의 풀이를 따라 풀어 보자.

실전 4-1 피자가 한 판 있습니다. 민지는 전체의 $\frac{11}{24}$을 먹고 주호는 전체의 $\frac{3}{8}$을 먹었습니다. 민지와 주호가 먹고 남은 피자는 전체의 몇 분의 몇인지 풀이 과정을 쓰고 답을 구하세요.

풀이

❶

답 ____________

실전 4-2 동화책이 한 권 있습니다. 지수가 어제는 전체의 $\frac{2}{5}$를 읽고 오늘은 전체의 $\frac{4}{9}$를 읽었습니다. 지수가 아직 읽지 않은 부분은 전체의 몇 분의 몇인지 풀이 과정을 쓰고 답을 구하세요.

풀이

❶

답 ____________

개념 확인: BOOK❶ 124쪽

1 정다각형의 둘레

[1~2] 정다각형의 둘레를 구하려고 합니다. □ 안에 알맞은 수를 써넣으세요.

1

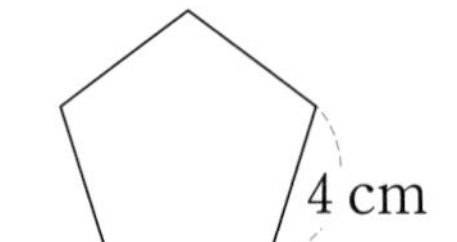

$4+\square+\square+\square+\square$
$=\square$ (cm)

2

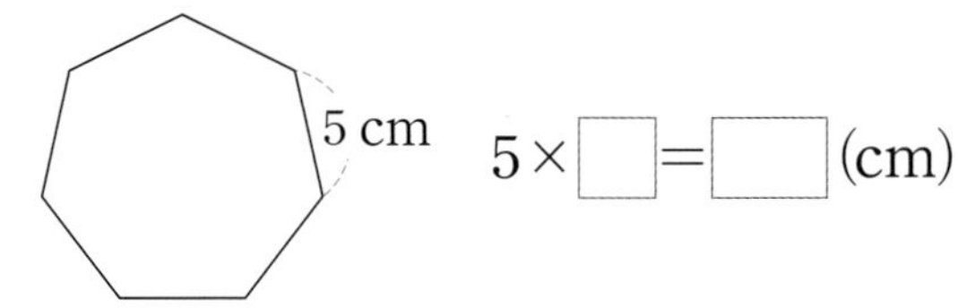

$5\times\square=\square$ (cm)

3 정다각형을 보고 빈칸에 알맞은 수를 써넣으세요.

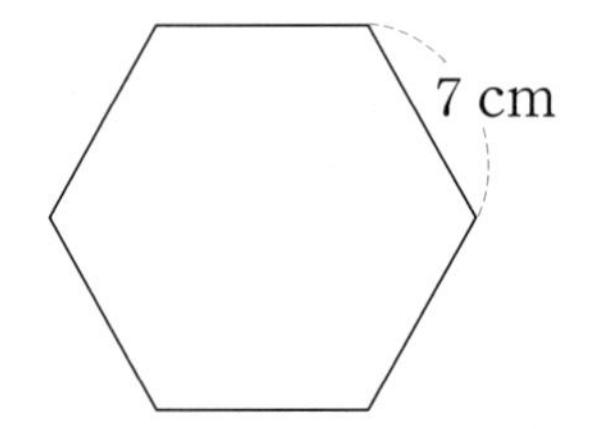

	한 변의 길이(cm)	변의 수(개)	둘레(cm)
정삼각형	7		
정육각형		6	

4 한 변의 길이가 12 m인 정사각형의 둘레는 몇 m인가요?

( )

5 정다각형의 둘레가 45 cm일 때 □ 안에 알맞은 수를 써넣으세요.

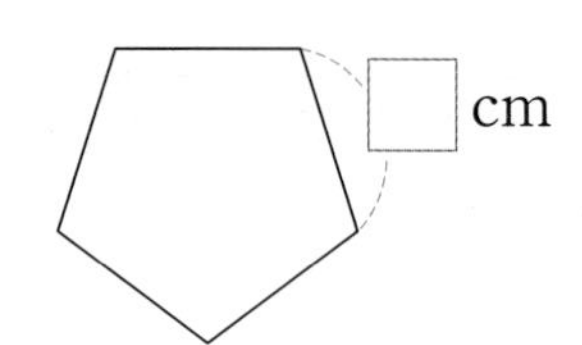

6 둘레가 20 cm인 정사각형을 1개 그려 보세요.

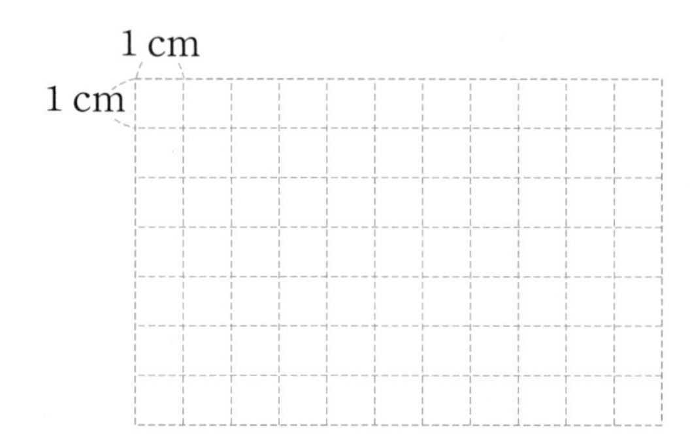

서술형 中수 문제 해결의 전략을 보면서 풀어 보자.

7 정다각형 가와 나의 둘레는 같습니다. 정다각형 나의 한 변의 길이는 몇 cm인지 구하세요.

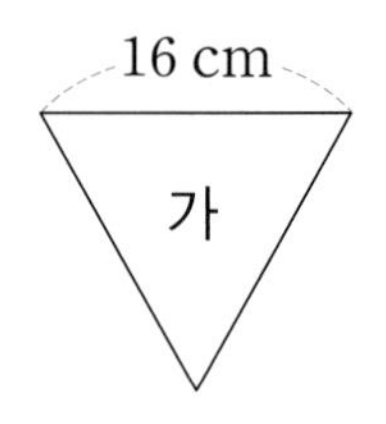

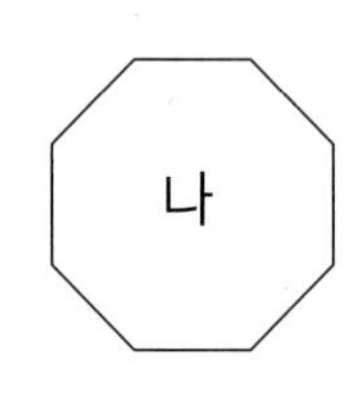

전략 (한 변의 길이)×(변의 수)

❶ (정다각형 가의 둘레)
$=16\times\square=\square$ (cm)

전략 (정다각형 나의 둘레)=(정다각형 가의 둘레)

❷ (정다각형 나의 둘레)$=\square$ cm

전략 (둘레)÷(변의 수)

❸ (정다각형 나의 한 변의 길이)
$=\square\div\square=\square$ (cm)

답 ____________

개념 확인: BOOK❶ 126쪽

2 사각형의 둘레

8 민재가 직사각형의 둘레를 구하고 있습니다. □ 안에 알맞은 수를 써넣으세요.

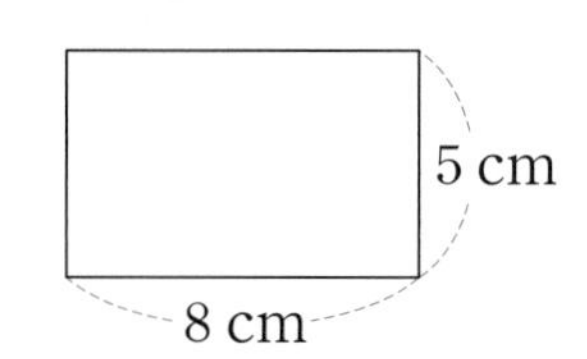

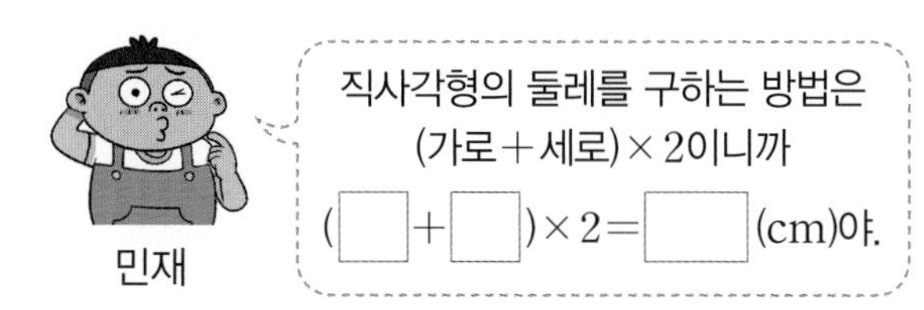

[9~10] 평행사변형과 마름모의 둘레를 구하려고 합니다. □ 안에 알맞은 수를 써넣으세요.

9

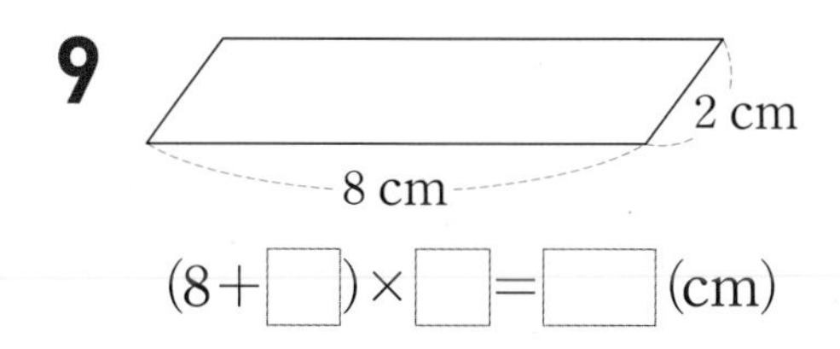

(8+□)×□=□(cm)

10

6 cm

6×□=□(cm)

11 직사각형의 둘레는 몇 cm인가요?

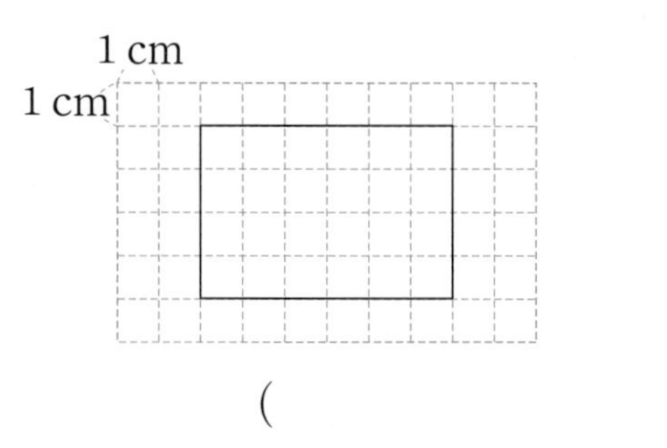

(　　　　　　　　)

12 평행사변형의 둘레는 몇 cm인가요?

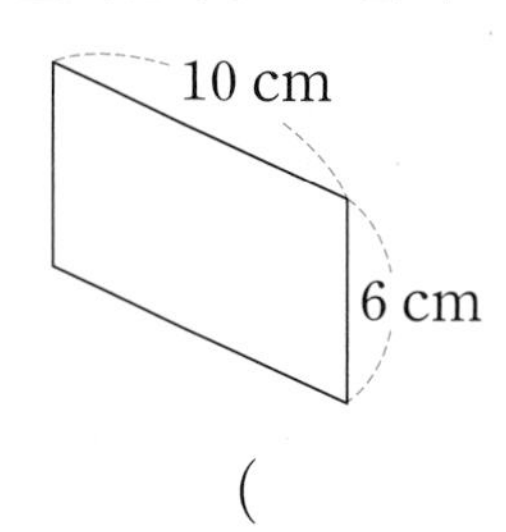

(　　　　　　　　)

13 마름모의 둘레는 몇 cm인가요?

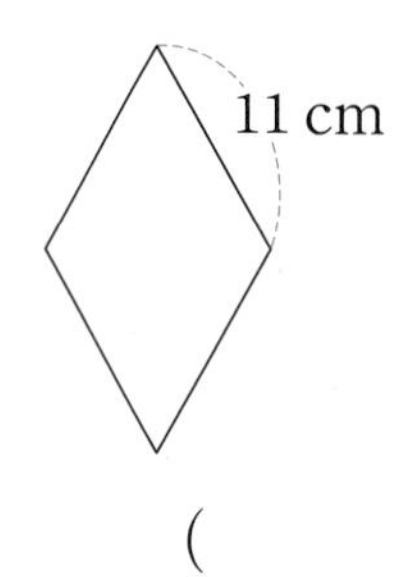

(　　　　　　　　)

14 희영이네 꽃밭은 가로가 10 m, 세로가 5 m인 직사각형 모양입니다. 꽃밭의 둘레는 몇 m인가요?

식 ______________________

답 ______________

15 평행사변형의 둘레가 28 cm일 때 □ 안에 알맞은 수를 구하세요.

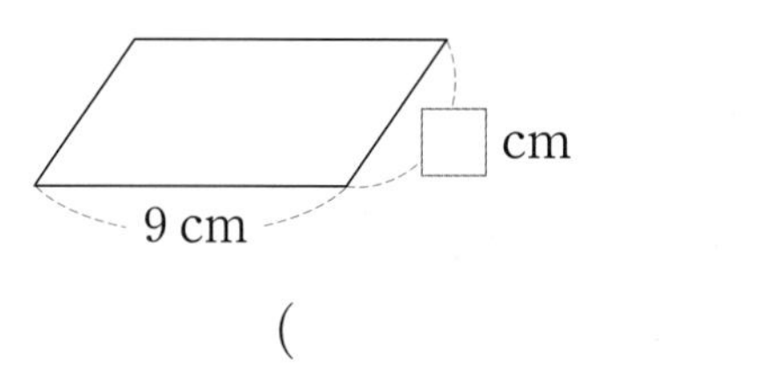

(　　　　　　　　)

개념 확인: BOOK❶ 130쪽

③ $1\ cm^2$

1 주어진 넓이를 쓰고 읽어 보세요.

$9\ cm^2$

쓰기

읽기 (　　　　　　　　　　)

2 도형의 넓이를 구하세요.

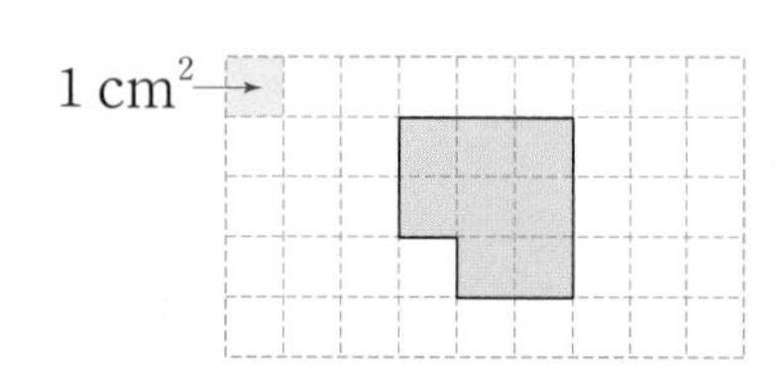

1cm²의 개수: □개

도형의 넓이: □ cm^2

[3~4] 도형 가와 도형 나의 넓이를 비교하려고 합니다. 물음에 답하세요.

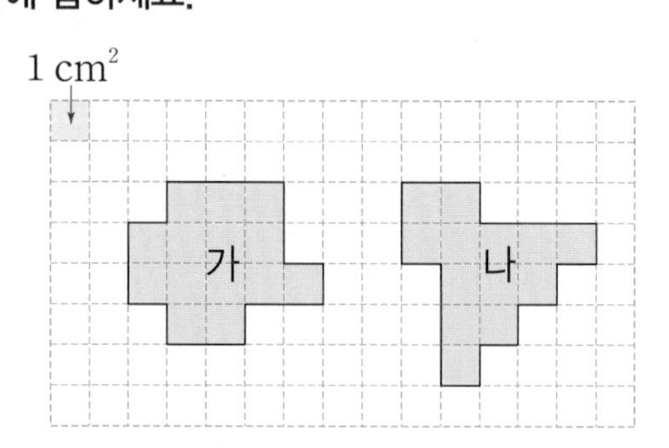

3 도형 가와 도형 나의 넓이는 각각 몇 cm^2인가요?

도형 가 (　　　　　　　　　　)

도형 나 (　　　　　　　　　　)

4 넓이가 더 넓은 것의 기호를 쓰세요.

(　　　　　　　　　　)

5 넓이가 $7\ cm^2$인 도형을 모두 찾아 ○표 하세요.

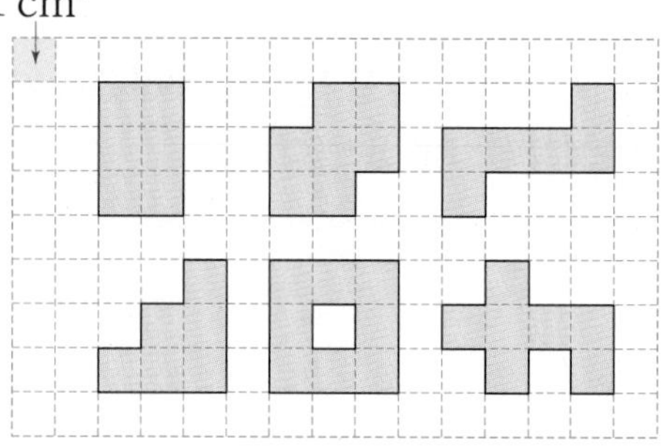

6 색칠한 도형과 넓이가 같은 도형을 모두 찾아 색칠해 보세요.

1 cm²

7 넓이가 가장 넓은 것을 찾아 기호를 쓰세요.

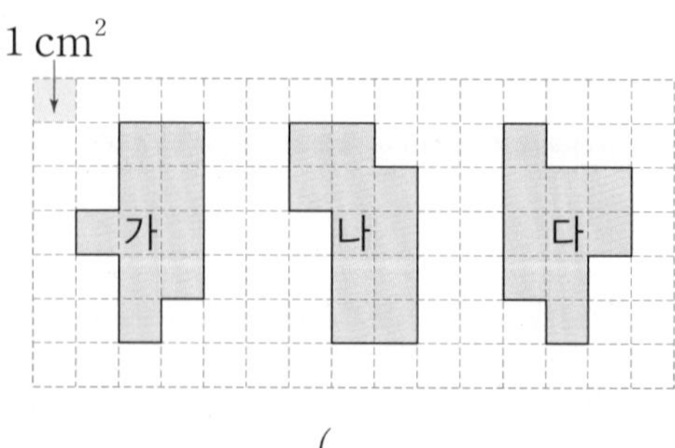

(　　　　　　　　　　)

▶ 정답과 해설 51쪽

개념 확인: BOOK❶ 132쪽

4 직사각형의 넓이

8 직사각형의 넓이를 구하려고 합니다. □ 안에 알맞은 수를 써넣으세요.

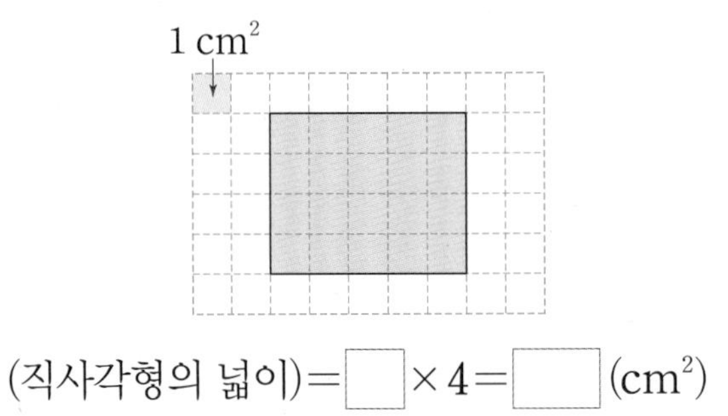

(직사각형의 넓이)=□×4=□(cm²)

9 직사각형의 넓이는 몇 cm²인가요?

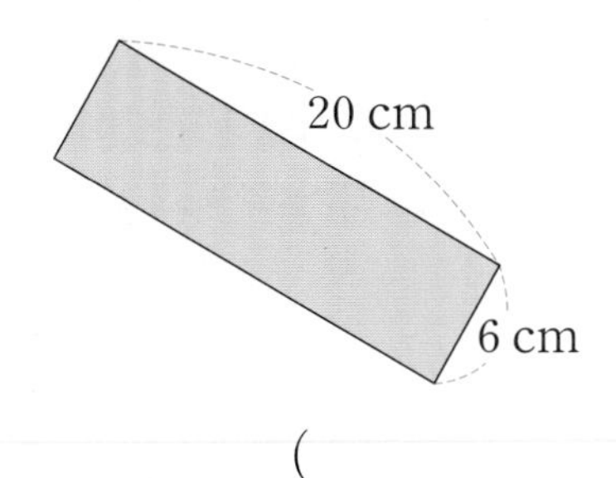

(　　　　　)

10 정사각형의 넓이는 몇 cm²인가요?

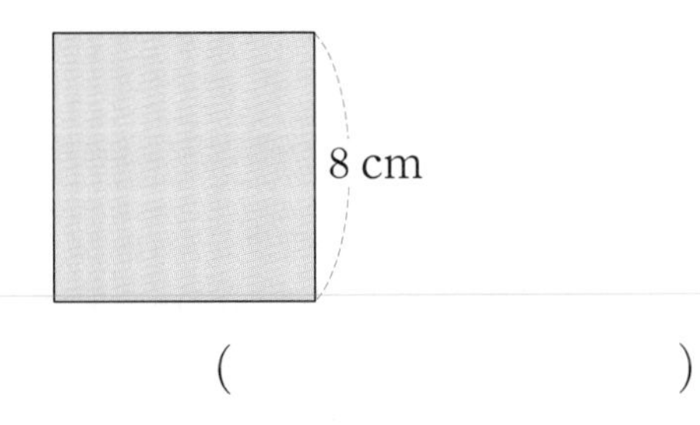

(　　　　　)

11 가로가 12 cm, 세로가 4 cm인 직사각형의 넓이는 몇 cm²인가요?

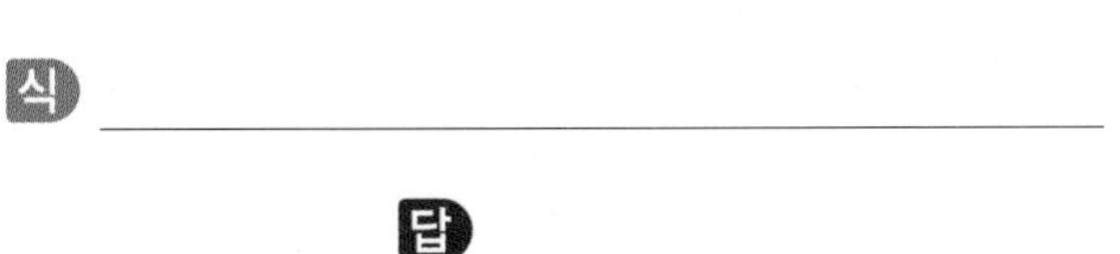

식 ____________

답 ____________

12 정사각형 가와 직사각형 나 중 넓이가 더 넓은 것의 기호를 쓰세요.

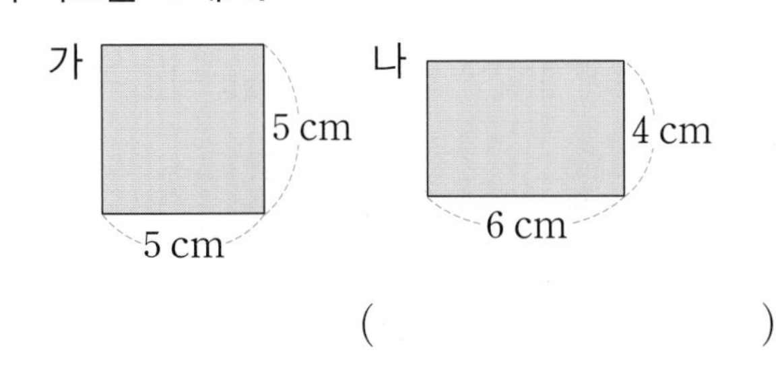

(　　　　　)

13 가로가 12 cm인 직사각형의 넓이가 60 cm²일 때 세로는 몇 cm인가요?

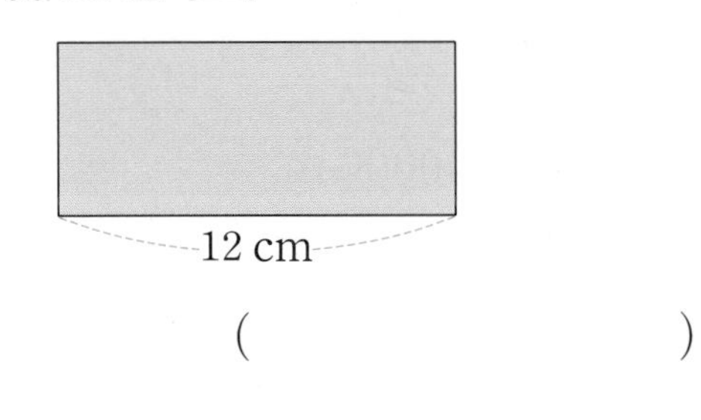

(　　　　　)

서술형 中수 문제 해결의 전략을 보면서 풀어 보자.

14 둘레가 40 cm인 정사각형의 넓이는 몇 cm²인지 구하세요.

전략 (정사각형의 둘레)=(한 변의 길이)×4

❶ (정사각형의 둘레)=□ cm

(정사각형의 한 변의 길이)

=□÷4=□(cm)

전략 (한 변의 길이)×(한 변의 길이)

❷ (정사각형의 넓이)

=□×□=□(cm²)

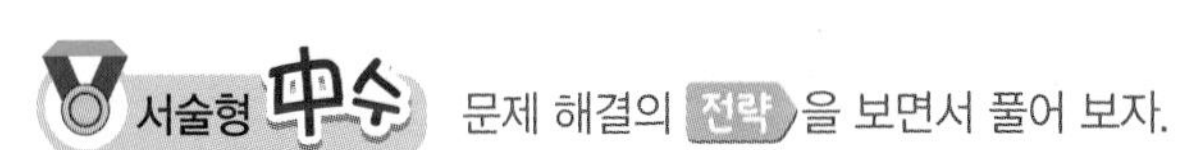

답 ____________

개념 확인: BOOK❶ 134쪽

5 $1\ cm^2$보다 더 큰 넓이의 단위

1 □ 안에 알맞은 넓이의 단위를 써넣으세요.

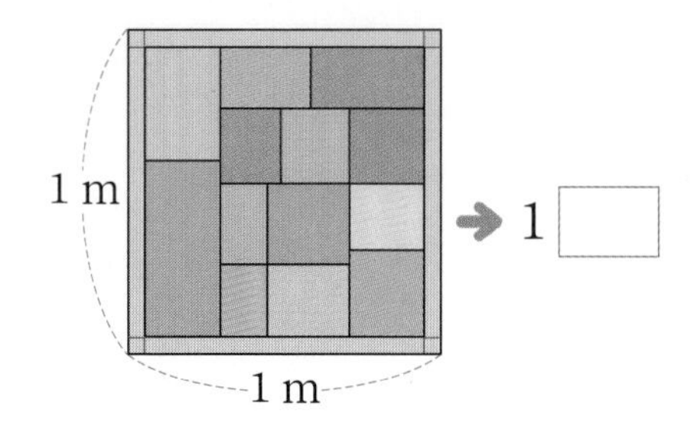

2 □ 안에 알맞은 수를 써넣으세요.

(1) $7\ m^2 =$ □ cm^2

(2) $20000000\ m^2 =$ □ km^2

3 직사각형 안에 $1\ m^2$가 몇 개 들어가는지 □ 안에 알맞은 수를 써넣으세요.

600 cm, 200 cm — $1\ m^2$가 □개

6 m, 2 m — $1\ m^2$가 □개

4 정사각형의 넓이는 몇 m^2인가요?

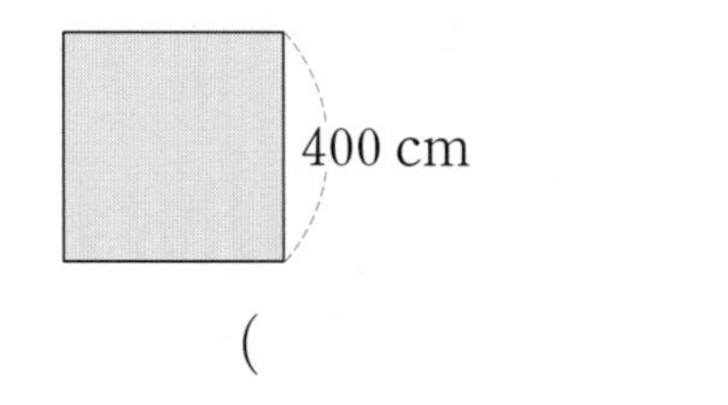

(　　　　　　　　)

5 직사각형의 넓이는 몇 km^2인가요?

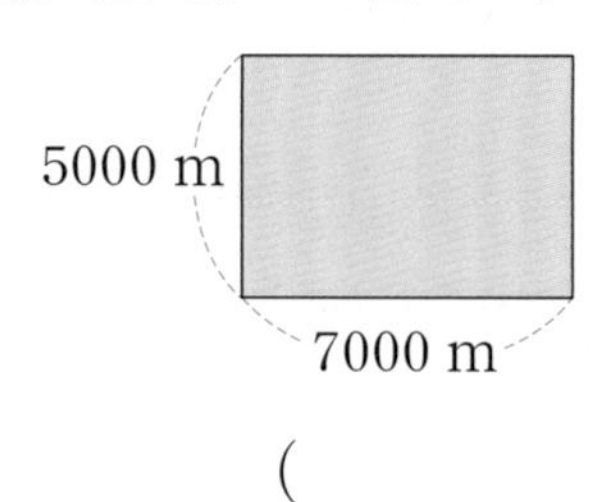

(　　　　　　　　)

6 보기에서 알맞은 단위를 골라 □ 안에 써넣으세요.

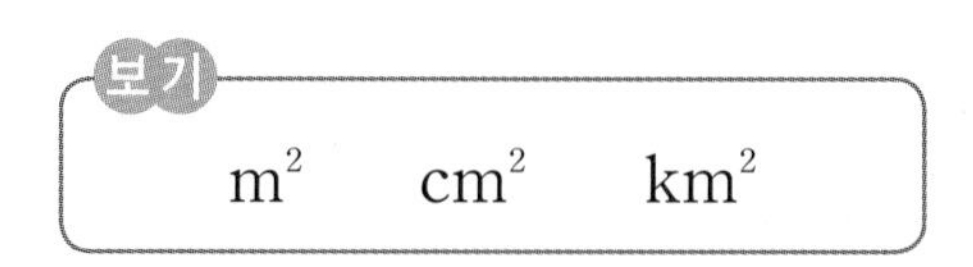

(1) 제주도의 넓이는 1849 □입니다.

(2) 축구 경기장의 넓이는 8250 □입니다.

서술형 中수 문제 해결의 전략을 보면서 풀어 보자.

7 사물함을 다음과 같이 10개씩 6줄로 설치했습니다. 사물함 1개의 크기가 다음과 같을 때 사물함이 설치된 전체 넓이는 몇 m^2인지 구하세요.

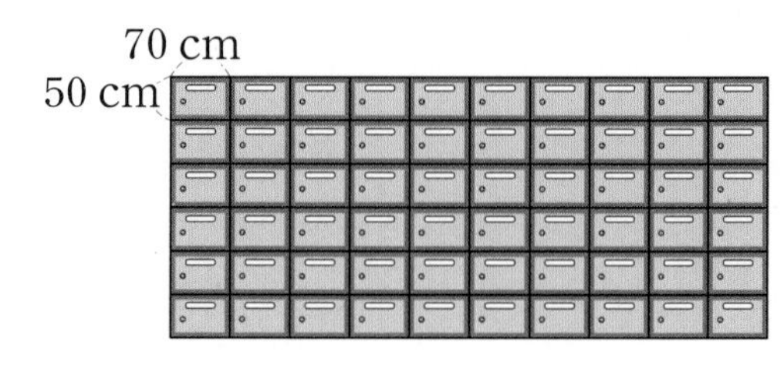

전략 70 cm짜리가 10개이다.

❶ (사물함이 설치된 전체 가로)
$= 70 \times$ □ $=$ □ (cm)

전략 50 cm짜리가 6개이다.

❷ (사물함이 설치된 전체 세로)
$= 50 \times$ □ $=$ □ (cm)

전략 $10000\ cm^2 = 1\ m^2$

❸ (사물함이 설치된 전체 넓이)
$=$ □ $\times$ □

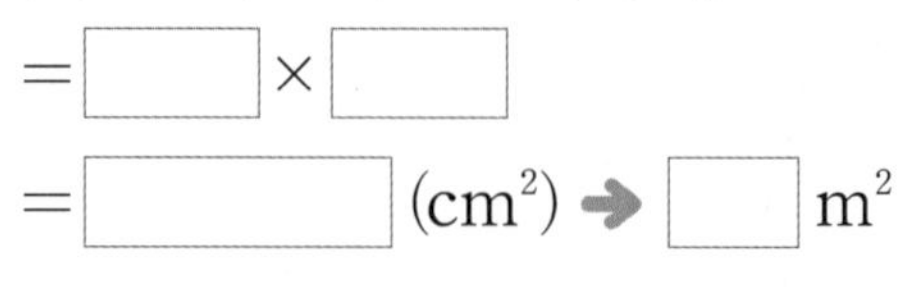

답 ____________

개념 확인: BOOK❶ 138쪽

6 평행사변형의 넓이

8 보기와 같이 평행사변형의 높이를 표시해 보세요.

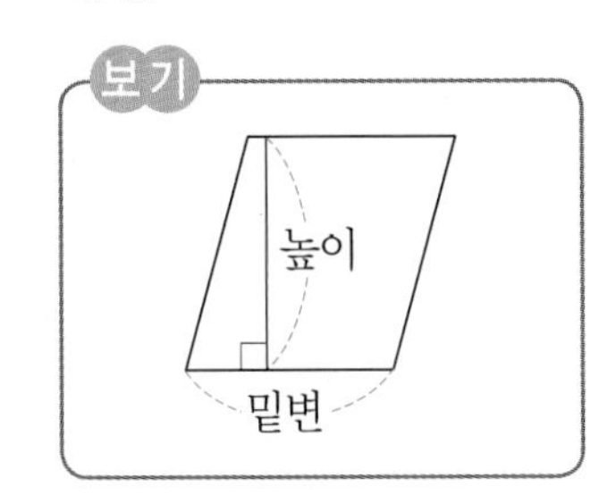

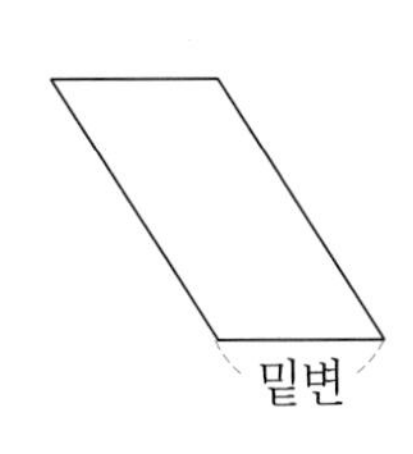

9 평행사변형의 넓이는 몇 cm^2인가요?

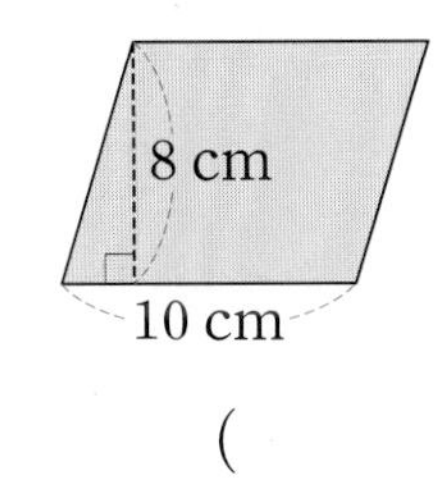

(　　　　　　　　)

10 평행사변형의 넓이를 구하는 데 필요한 길이에 모두 ○표 하고, 넓이를 구하세요.

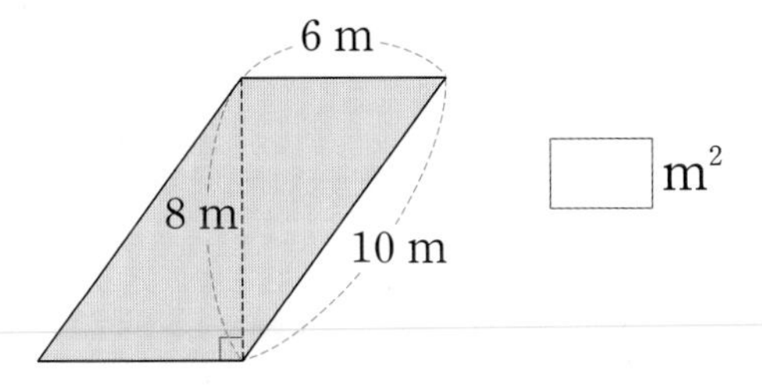

□ m^2

11 밑변의 길이가 6 cm, 높이가 7 cm인 평행사변형의 넓이는 몇 cm^2인가요?

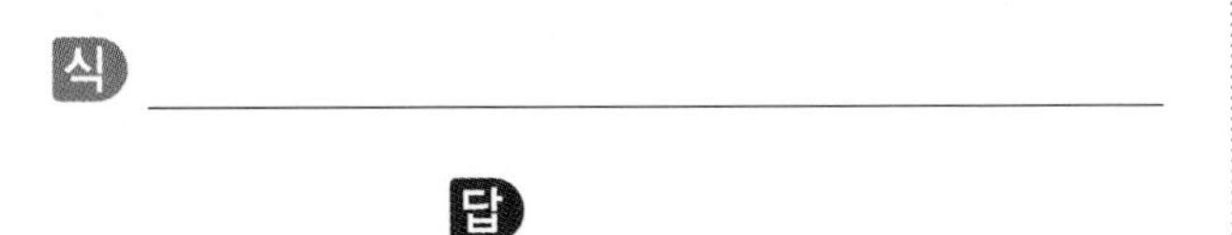

12 알맞은 말에 ○표 하고, 문장을 완성해 보세요.

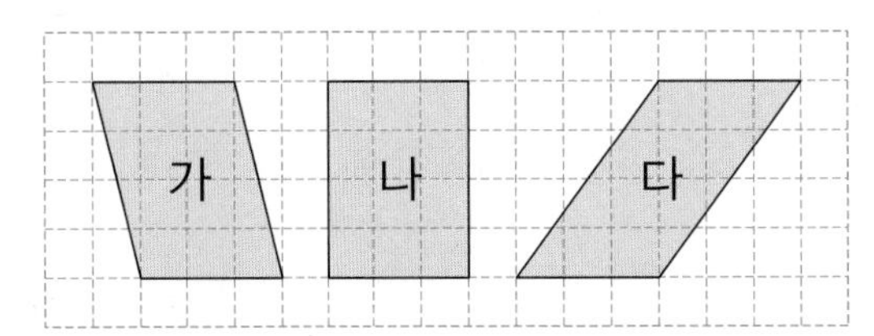

평행사변형 가, 나, 다의 넓이는 모두 (같습니다 , 다릅니다). 왜냐하면 ________________

____

[13~14] 평행사변형의 넓이가 72 m^2일 때 □ 안에 알맞은 수를 써넣으세요.

13

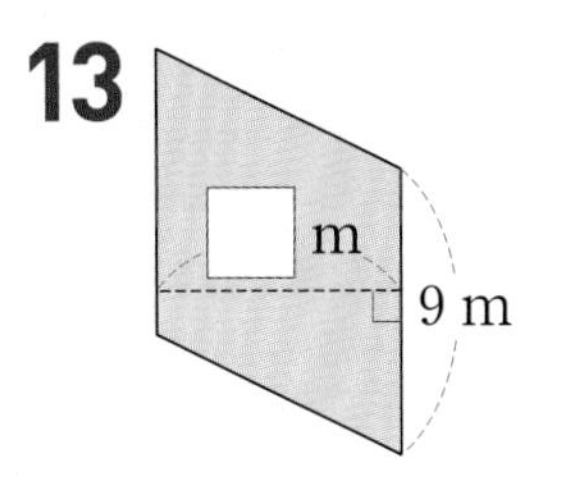

14

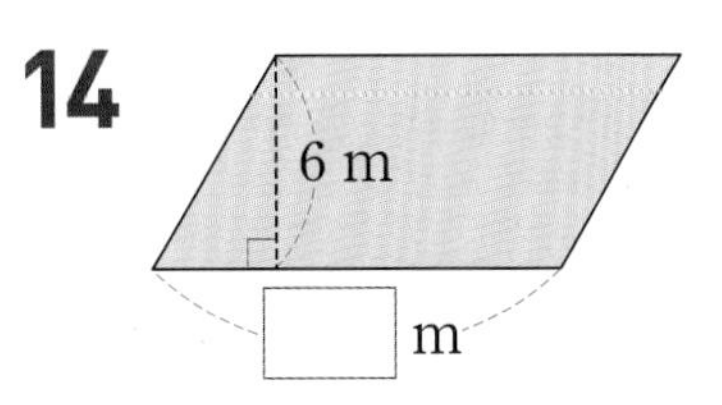

15 모눈종이에 주어진 평행사변형과 넓이가 같은 평행사변형을 서로 다른 모양으로 2개 그려 보세요.

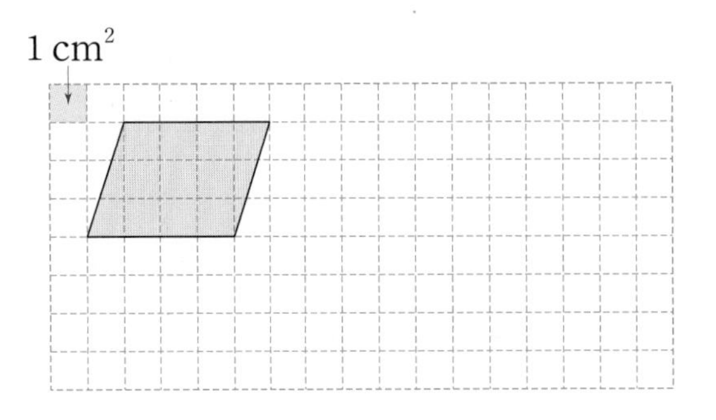

개념 확인: BOOK❶ 140쪽

7 삼각형의 넓이

1 보기와 같이 삼각형의 높이를 표시해 보세요.

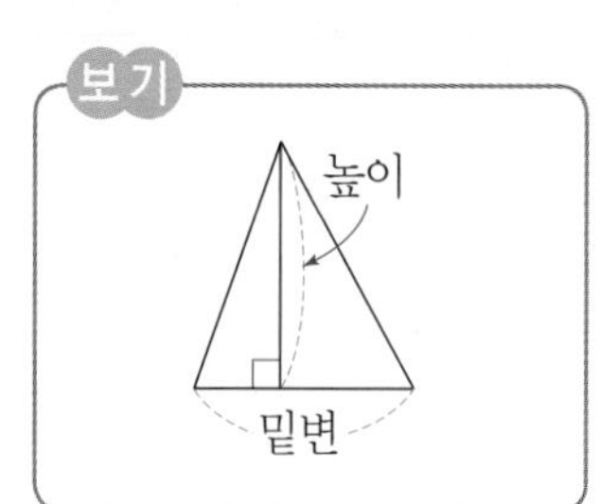

[2~3] 삼각형을 보고 물음에 답하세요.

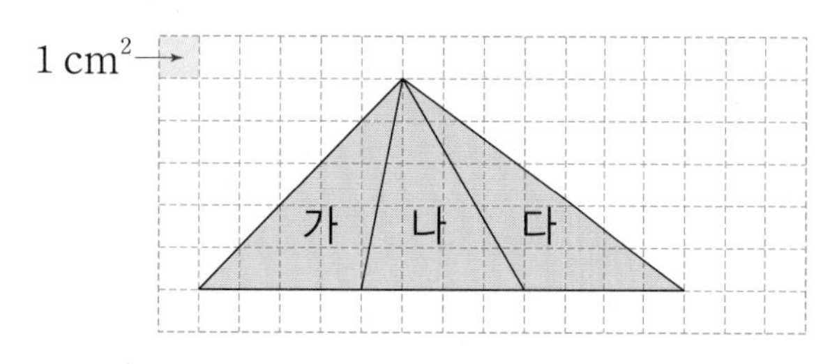

2 각각의 삼각형의 넓이가 얼마인지 표를 완성해 보세요.

삼각형	가	나	다
밑변의 길이 (cm)	4		4
높이 (cm)	5	5	
넓이 (cm²)			

3 위 **2**의 결과를 통해 알 수 있는 사실을 □ 안에 알맞은 말을 써넣어 완성해 보세요.

삼각형 가, 나, 다의 밑변의 길이와 □ 이/가 각각 모두 같으므로 □ 이/가 모두 같습니다.

4 삼각형의 넓이는 몇 cm²인가요?

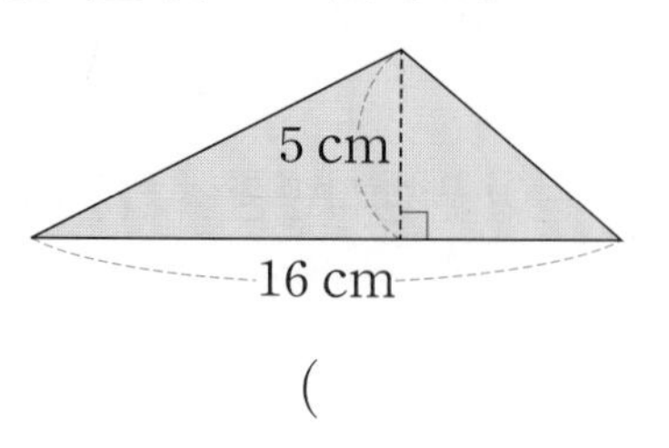

( )

5 삼각형의 넓이는 몇 m²인가요?

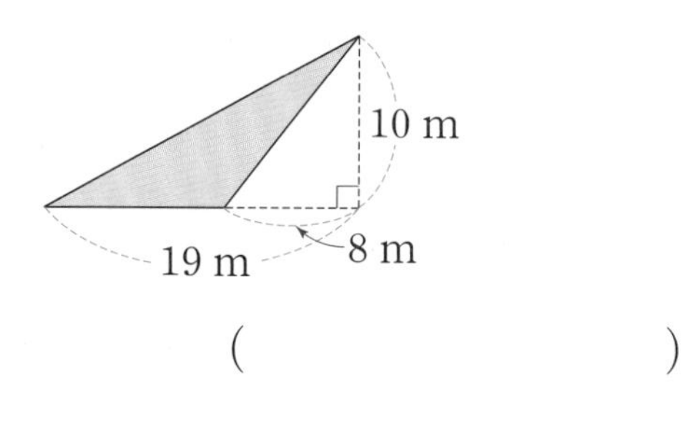

( )

6 삼각형의 넓이가 49 m²일 때 □ 안에 알맞은 수를 구하세요.

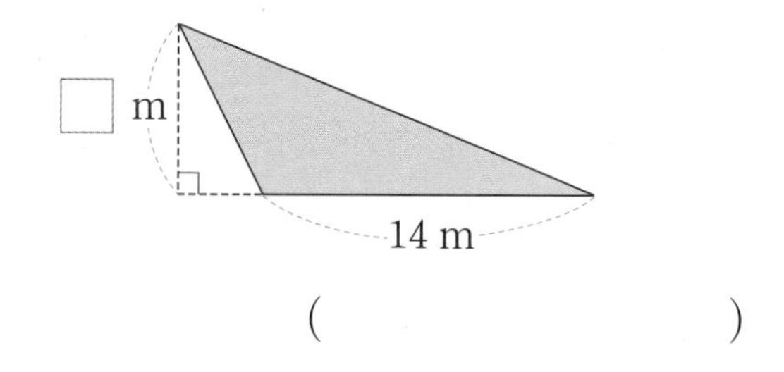

( )

7 평행사변형 가와 삼각형 나 중 넓이가 더 넓은 것의 기호를 쓰세요.

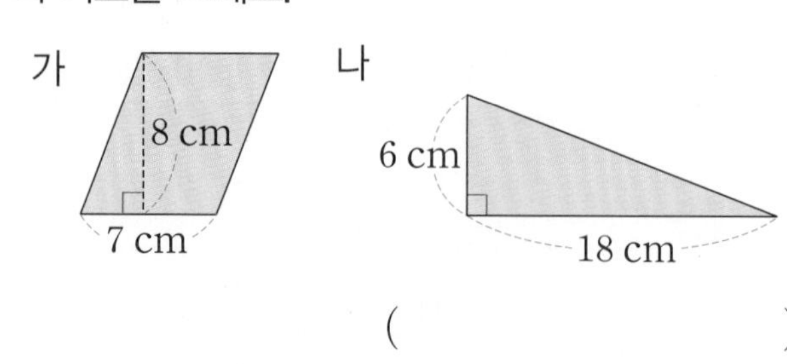

( )

개념 확인: BOOK❶ 144쪽

8 마름모의 넓이

8 마름모의 넓이를 구하는 과정입니다. 보기에서 알맞은 말을 골라 □ 안에 써넣으세요.

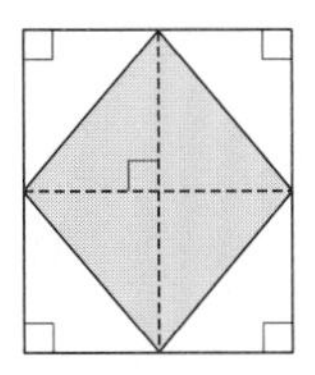

보기
높이, 한 대각선의 길이, 직사각형, 삼각형

(마름모의 넓이)
=(□의 넓이)÷2
=(가로)×(세로)÷2
=(□)
×(다른 대각선의 길이)÷2

9 마름모의 넓이는 몇 cm^2인가요?

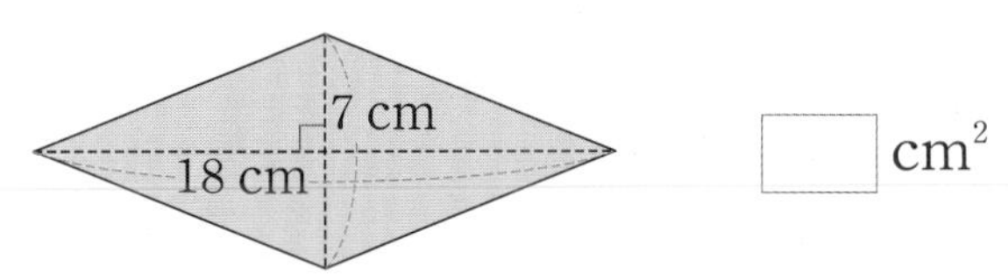

□ cm^2

10 마름모의 넓이는 몇 m^2인가요?

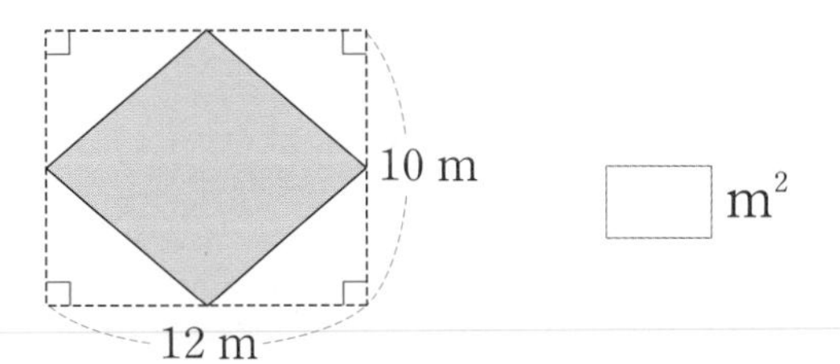

□ m^2

11 마름모의 넓이가 20 cm^2일 때 □ 안에 알맞은 수를 써넣으세요.

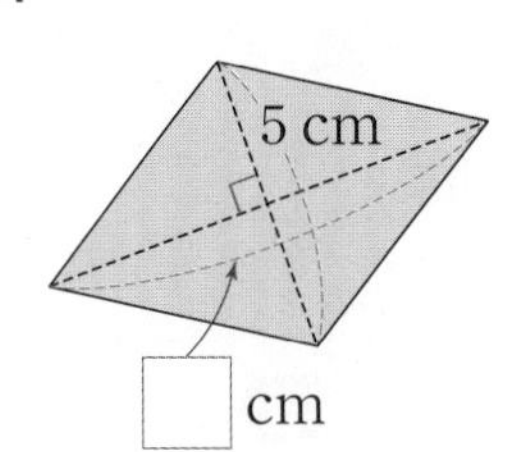

12 마름모입니다. □ 안에 알맞은 수를 써넣으세요.

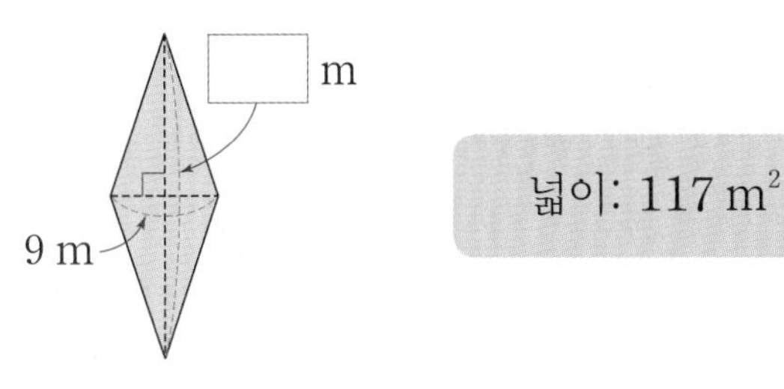

13 모눈종이에 주어진 마름모와 넓이가 같고 모양이 다른 마름모를 1개 그려 보세요.

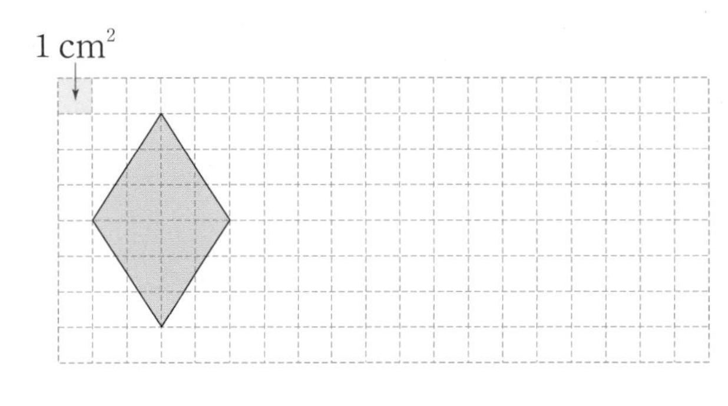

서술형 中수 문제 해결의 전략을 보면서 풀어 보자.

14 한 변의 길이가 8 cm인 정사각형 안에 각 변의 가운데 점을 이어 그린 마름모의 넓이는 몇 cm^2인지 구하세요.

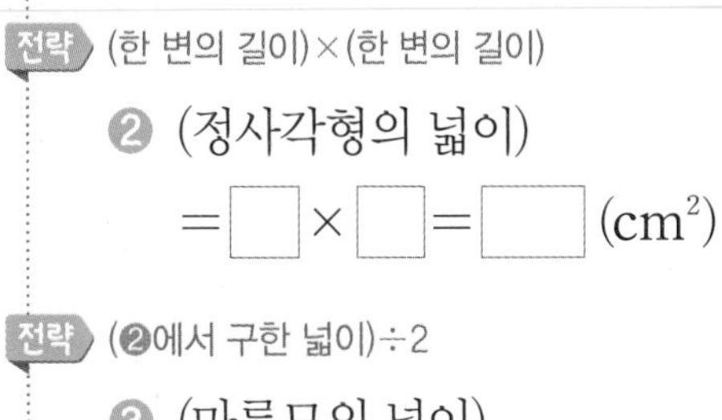

❶ 정사각형의 넓이는 마름모의 넓이의 □배입니다.

전략 (한 변의 길이)×(한 변의 길이)

❷ (정사각형의 넓이)
=□×□=□ (cm^2)

전략 (❷에서 구한 넓이)÷2

❸ (마름모의 넓이)
=□÷2=□ (cm^2)

답 ______

6 다각형의 둘레와 넓이

개념 확인: BOOK❶ 146쪽

9 사다리꼴의 넓이

1 사다리꼴의 윗변의 길이는 5 cm입니다. 아랫변의 길이와 높이는 각각 몇 cm인가요?

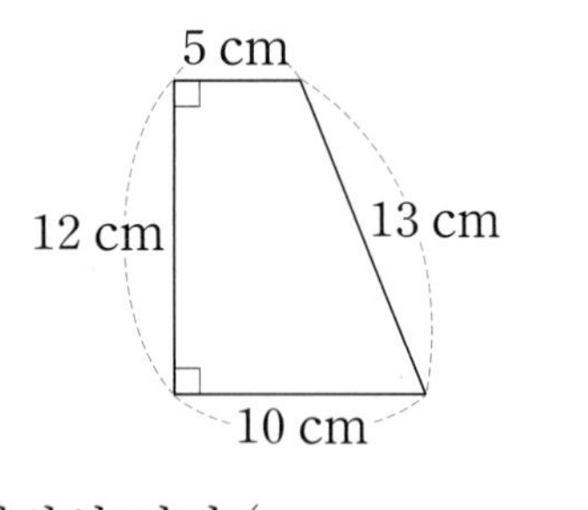

아랫변의 길이 (   )

높이 (   )

2 사다리꼴의 넓이는 몇 cm^2인가요?

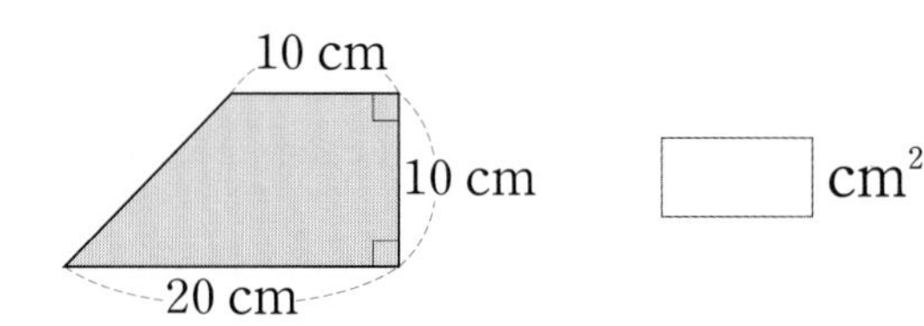

□ cm^2

3 사다리꼴의 넓이는 몇 m^2인가요?

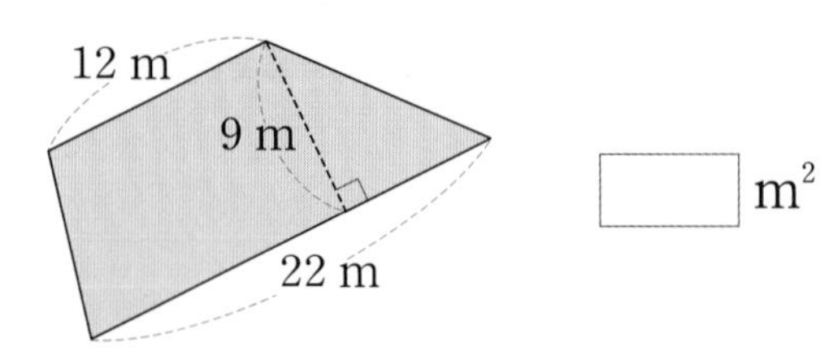

□ m^2

4 윗변의 길이와 아랫변의 길이의 합이 16 cm, 높이가 7 cm인 사다리꼴이 있습니다. 이 사다리꼴의 넓이는 몇 cm^2인가요?

(   )

5 사다리꼴의 넓이가 다른 하나를 찾아 기호를 쓰세요.

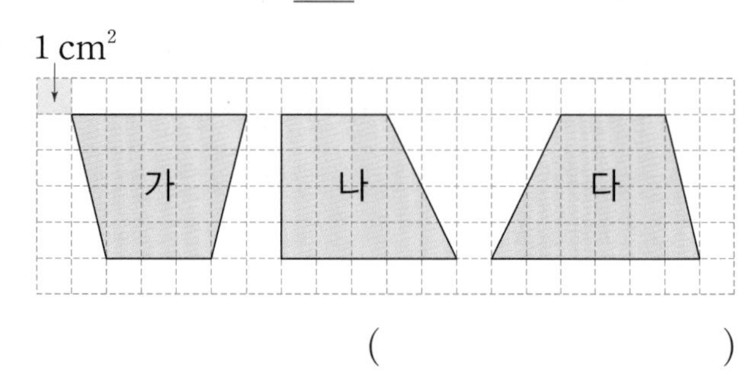

(   )

6 □ 안에 알맞은 수를 써넣으세요.

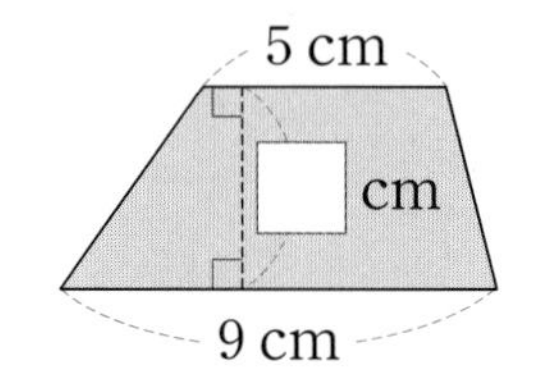

넓이: 28 cm^2

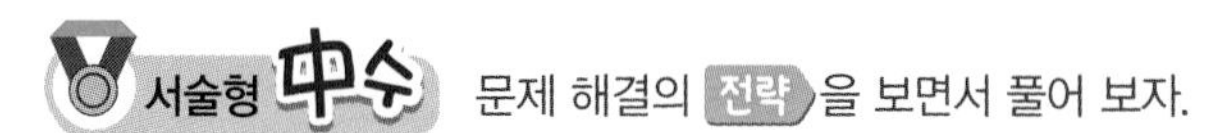

7 평행사변형과 사다리꼴의 넓이가 같을 때 ■에 알맞은 수를 구하세요.

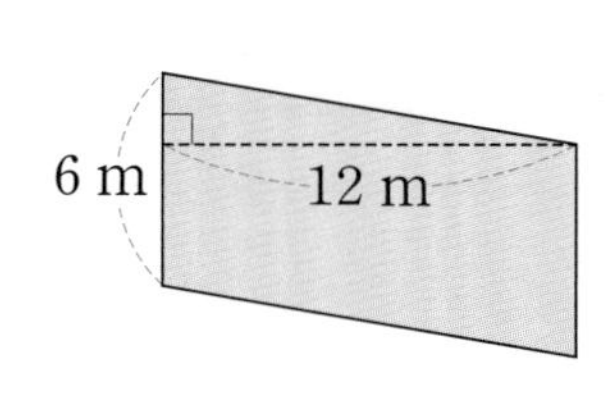

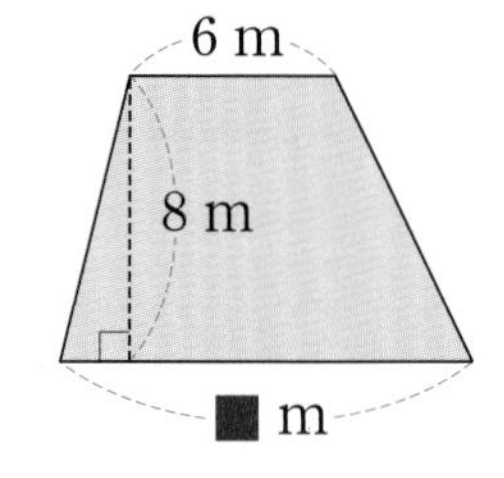

전략 (밑변의 길이)×(높이)

❶ (평행사변형의 넓이)

$=6\times$ □ $=$ □ (m^2)

전략 (사다리꼴의 넓이)=(평행사변형의 넓이)

❷ (사다리꼴의 넓이)= □ m^2

❸ (윗변의 길이 6 m, 아랫변의 길이 ■ m, 높이 8 m인 사다리꼴의 넓이)

$=(6+$■$)\times$ □ $\div 2=$ □

➔ ■= □

답 ________

개념 확인: BOOK❶ 148쪽

10 여러 가지 도형의 둘레와 넓이

8 도형의 둘레는 몇 cm인가요?

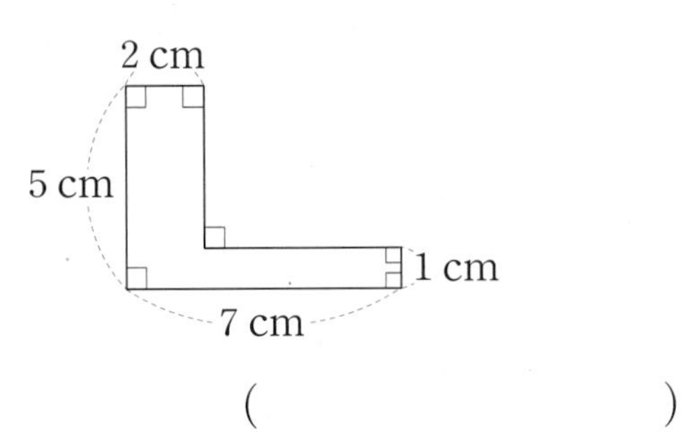

( )

9 도형의 둘레는 몇 cm인가요?

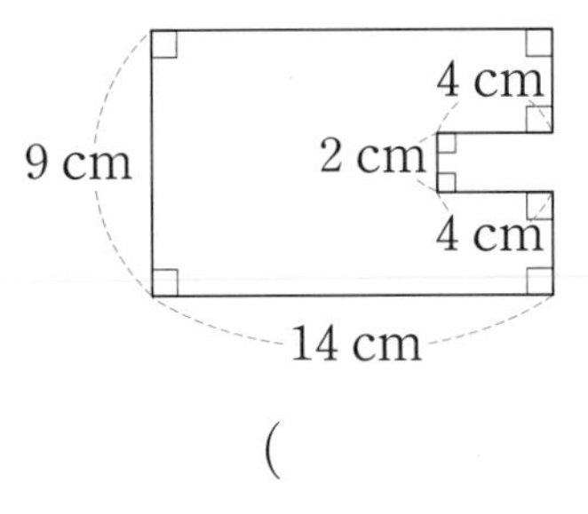

( )

10 도형의 둘레는 몇 cm인가요?

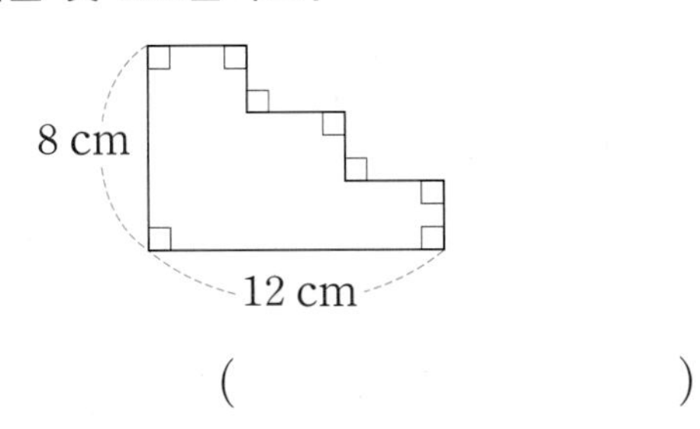

( )

11 도형의 넓이는 몇 cm^2인가요?

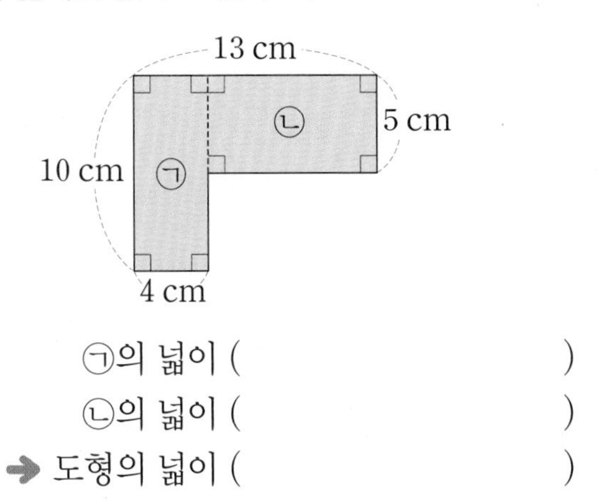

㉠의 넓이 ( )

㉡의 넓이 ( )

➔ 도형의 넓이 ( )

12 나무판의 넓이는 몇 cm^2인가요?

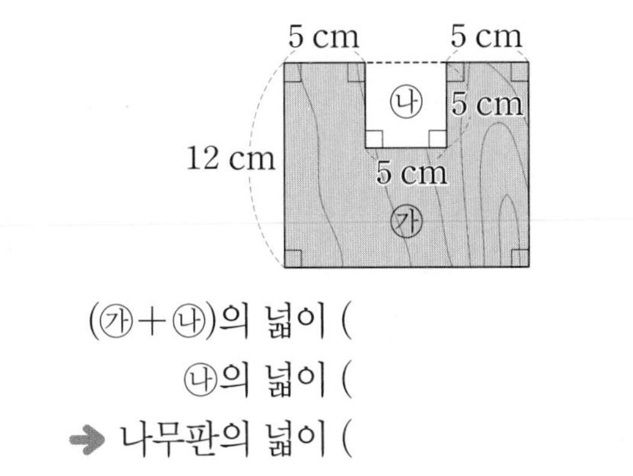

(㉮+㉯)의 넓이 ( )

㉯의 넓이 ( )

➔ 나무판의 넓이 ( )

13 색칠한 부분의 넓이는 몇 cm^2인가요?

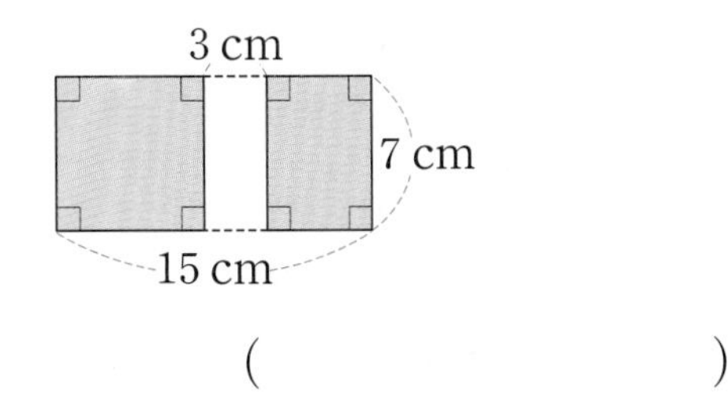

( )

서술형 바로 쓰기

나를 따라 해

연습 1 직사각형 가와 정사각형 나의 넓이가 같을 때 직사각형 가의 가로는 몇 cm인지 풀이 과정을 쓰고 답을 구하세요.

가 4 cm

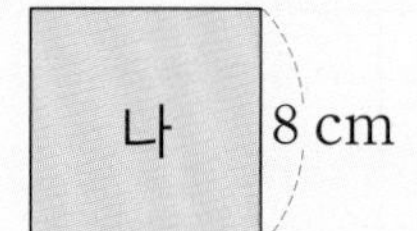

풀이 ❶ (정사각형 나의 넓이)$=8\times8=\square$ (cm^2)

❷ 직사각형 가의 가로를 ■ cm라고 하면 ■$\times4=64$입니다.

➔ ■$=64\div\square$ 이므로 ■$=\square$ 입니다.

답 ____________

내가 써 볼게

가이드 | 문제에서 핵심이 되는 말에 표시하고, 위의 풀이를 따라 풀어 보자.

실전 1-1 직사각형 가와 정사각형 나의 넓이가 같을 때 직사각형 가의 가로는 몇 cm인지 풀이 과정을 쓰고 답을 구하세요.

가 2 cm

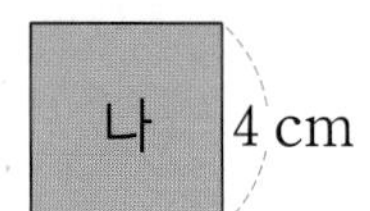

❶

❷

답 ____________

실전 1-2 직사각형 가와 정사각형 나의 넓이가 같을 때 직사각형 가의 세로는 몇 cm인지 풀이 과정을 쓰고 답을 구하세요.

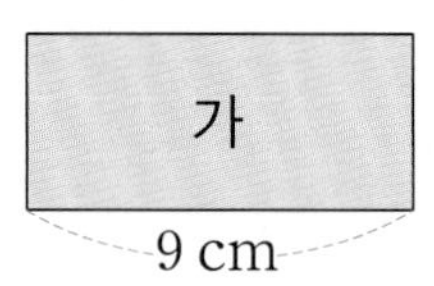

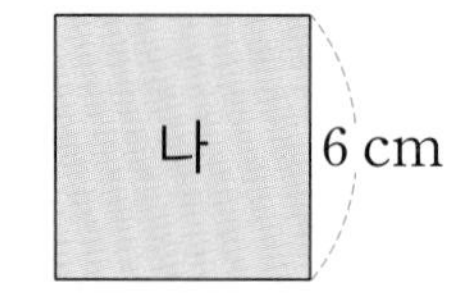

❶

❷

답 ____________

나를 따라 해

연습 2 오른쪽 도형의 둘레는 몇 cm인지 정사각형의 둘레 구하는 방법을 이용하여 구하려고 합니다. 풀이 과정을 쓰고 답을 구하세요.

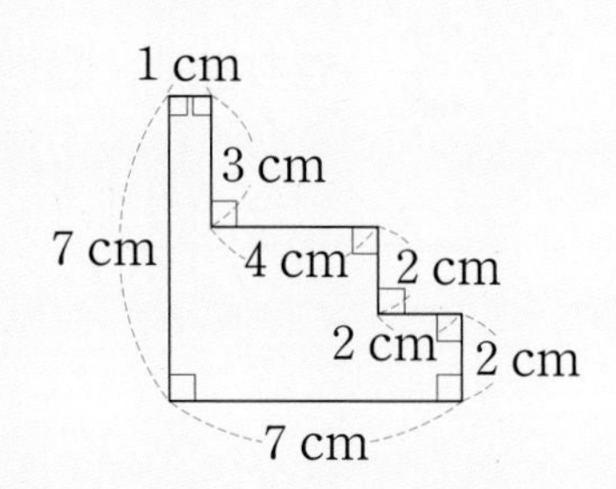

풀이 ❶ 7 cm, 7 cm 왼쪽 그림과 같이 변을 평행하게 이동하면 한 변의 길이가 ☐ cm인 ☐ 이 됩니다.

❷ (도형의 둘레)=(정사각형의 둘레)$=7\times$☐$=$☐(cm)

답 ____________

내가 써 볼게

가이드 | 문제에서 핵심이 되는 말에 표시하고, 위의 풀이를 따라 풀어 보자.

실전 2-1 도형의 둘레는 몇 cm인지 정사각형의 둘레 구하는 방법을 이용하여 구하려고 합니다. 풀이 과정을 쓰고 답을 구하세요.

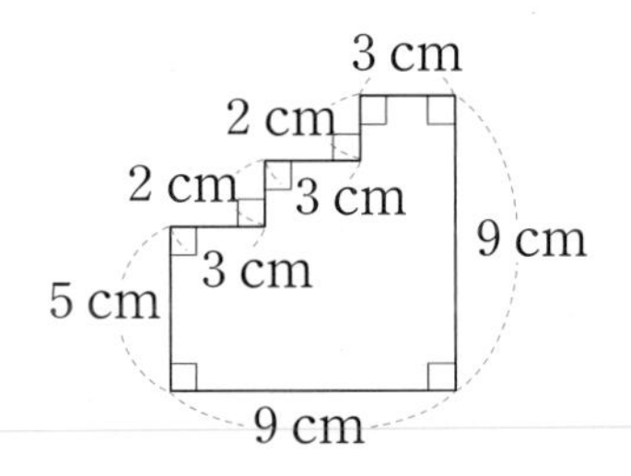

풀이

❶

❷

답 ____________

실전 2-2 도형의 둘레는 몇 cm인지 정사각형의 둘레 구하는 방법을 이용하여 구하려고 합니다. 풀이 과정을 쓰고 답을 구하세요.

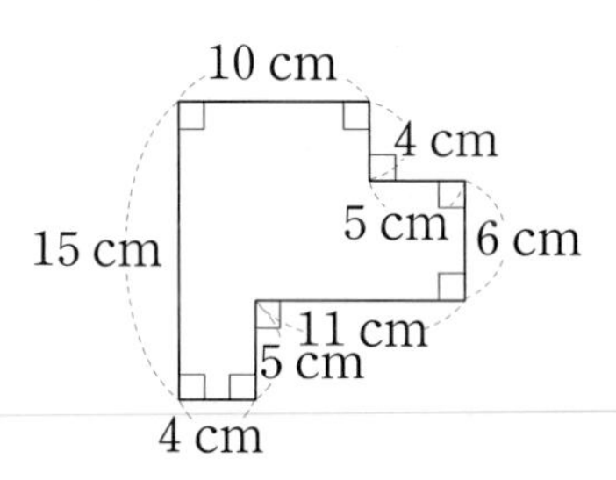

풀이

❶

❷

답 ____________

6 단원 · 서술형 바로 쓰기

나를 따라 해

연습 **3** 삼각형에서 ■에 알맞은 수를 구하려고 합니다. 풀이 과정을 쓰고 답을 구하세요.

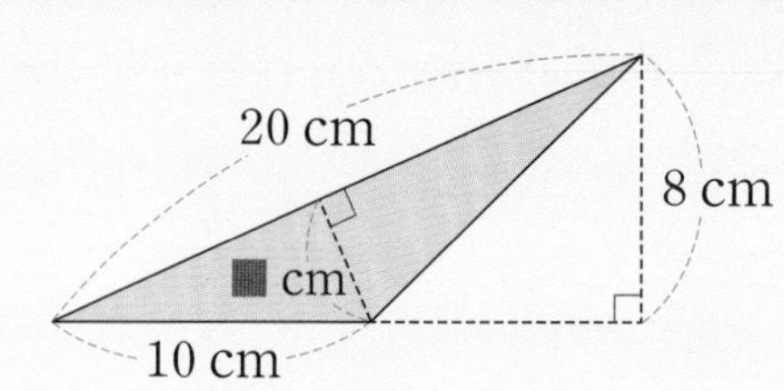

풀이 ❶ 10 cm를 밑변의 길이, 8 cm를 높이로 하는 삼각형의 넓이를 구하면
$10\times8\div2=$ □ (cm²)입니다.

❷ 20 cm를 밑변의 길이, ■ cm를 높이로 하는 삼각형의 넓이도
□ cm²이므로 $20\times$■$\div2=$ □, ■ = □입니다.

답 ______________

내가 써 볼게

가이드 | 문제에서 핵심이 되는 말에 표시하고, 위의 풀이를 따라 풀어 보자.

실전 **3-1** 삼각형에서 □ 안에 알맞은 수를 구하려고 합니다. 풀이 과정을 쓰고 답을 구하세요.

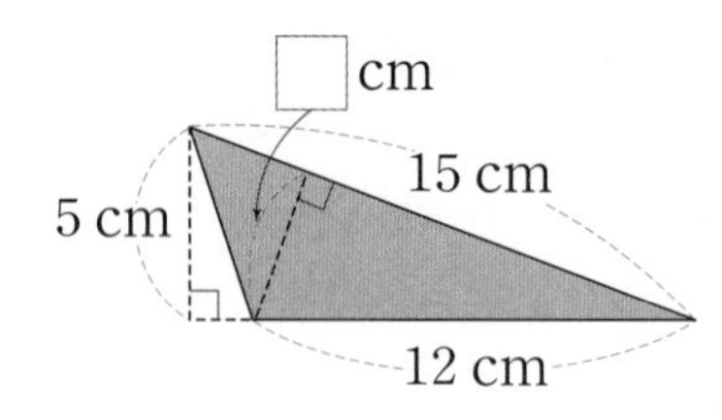

풀이

❶

❷

답 ______________

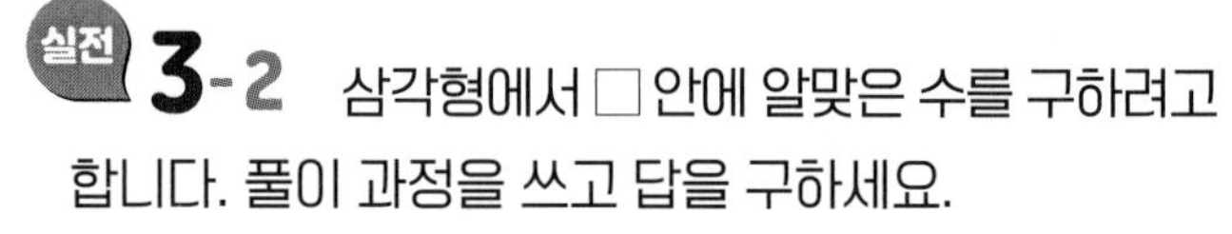

실전 **3-2** 삼각형에서 □ 안에 알맞은 수를 구하려고 합니다. 풀이 과정을 쓰고 답을 구하세요.

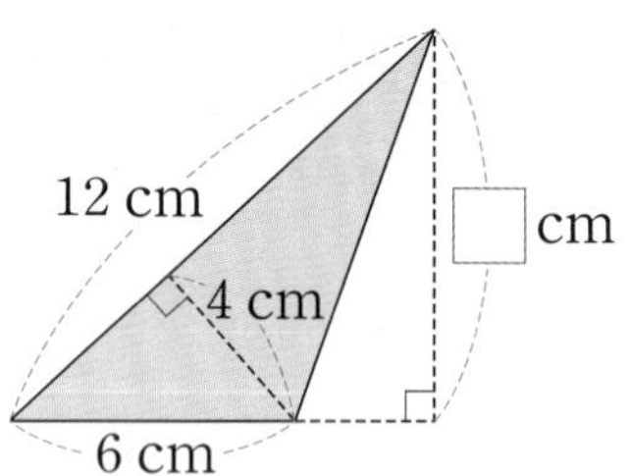

풀이

❶

❷

답 ______________

나를 따라 해

연습 4 밑변의 길이가 5 cm, 높이가 1 cm인 평행사변형에서 밑변의 길이는 변하지 않고 높이가 2배, 3배가 되면 넓이는 각각 몇 배가 되는지 풀이 과정을 쓰고 답을 차례로 구하세요.

1 cm
5 cm

풀이 ❶ 밑변의 길이 5 cm, 높이 1 cm인 평행사변형의 넓이: $5\times1=5\,(\text{cm}^2)$

밑변의 길이 5 cm, 높이 2 cm인 평행사변형의 넓이:

$5\times2=\square\,(\text{cm}^2)$

밑변의 길이 5 cm, 높이 3 cm인 평행사변형의 넓이:

$5\times3=\square\,(\text{cm}^2)$

❷ 평행사변형에서 밑변의 길이는 변하지 않고 높이가 2배, 3배가 되면

넓이도 각각 □배, □배가 됩니다.

답 ______________, ______________

내가 써 볼게

가이드 | 문제에서 핵심이 되는 말에 표시하고, 위의 풀이를 따라 풀어 보자.

실전 4-1 밑변의 길이가 4 cm, 높이가 1 cm인 평행사변형에서 밑변의 길이는 변하지 않고 높이가 2배, 3배가 되면 넓이는 각각 몇 배가 되는지 풀이 과정을 쓰고 답을 차례로 구하세요.

풀이

❶

❷

답 ______________, ______________

실전 4-2 가로가 6 cm, 세로가 1 cm인 직사각형에서 가로는 변하지 않고 세로가 3배, 4배가 되면 넓이는 각각 몇 배가 되는지 풀이 과정을 쓰고 답을 차례로 구하세요.

풀이

❶

❷

답 ______________, ______________

점선대로 잘라서 파이널 테스트지로 활용하세요.

날짜 . . 점수

5학년 이름:

1 계산 순서를 바르게 나타낸 것에 ○표 하세요.

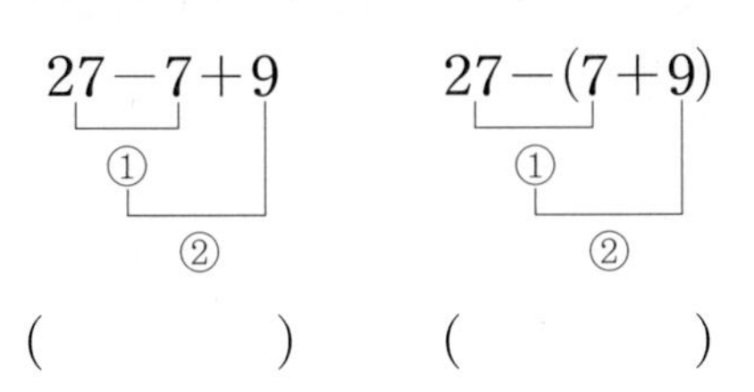

( ) ( )

2 가장 먼저 계산해야 하는 부분에 ○표 하세요.

$50-72\div8\times3+19$

3 □ 안에 알맞은 수를 써넣으세요.

$24\div(3\times4)=\square$

4 보기 와 같이 계산 순서를 나타내어 보세요.

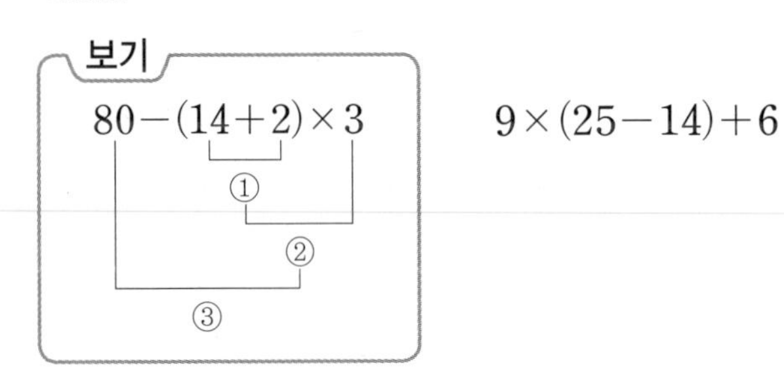

$9\times(25-14)+6$

5 계산해 보세요.

$63-45\div(3\times5)+26$

( )

[6~7] 계산 순서를 나타내고 계산해 보세요.

6 $27+48\div(15-3)$

7 $31+8\times7-53$

8 $12+8\times(9-4)\div2$의 계산 결과를 들고 있는 사람은 누구일까요?

( )

9 계산에서 잘못된 곳을 찾아 바르게 고쳐 계산해 보세요.

$72-7\times5+3=34$

35

38

34

$72-7\times5+3$

10 크기를 비교하여 ○ 안에 >, =, <를 알맞게 써넣으세요.

$42+81\div3-25$ 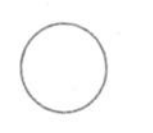 40

[11～12] 연필로 삼각형 모양을 만들고 있습니다. 물음에 답하세요.

삼각형 수(개)	1	2	3	……
연필 수(자루)	3	$3+2$	$3+2\times2$	……

11 삼각형을 3개 만들려면 연필은 모두 몇 자루 필요할까요?

(　　　　　　)

12 다음은 삼각형 15개를 만드는 데 필요한 연필의 수를 구하는 식입니다. 필요한 연필은 몇 자루일까요?

$3+2\times14$

(　　　　　　)

13 잘못 계산한 사람은 누구일까요?

현석: $24\div4+8\times3=30$
경민: $(66+30)\div(13-7)=71$

(　　　　　　)

14 ㉠과 ㉡의 차를 구해 보세요.

㉠ $53-44+8\times7$　　㉡ 70

(　　　　　　)

15 버스에 20명이 타고 출발하여 첫 번째 정류장에서 11명이 내리고 7명이 탔습니다. 지금 버스에 타고 있는 사람은 모두 몇 명일까요?

$20-\square+\square=\square$(명)

16 식이 성립하도록 두 수를 (　)로 묶어 보세요.

$15-9\div3+6=14$

17 연필 6타를 8명에게 똑같이 나누어 주려고 합니다. 한 사람에게 몇 자루씩 나누어 줄 수 있을까요?
(단, 연필 1타는 12자루입니다.)

$\square\times6\div\square=\square$(자루)

18 □ 안에 알맞은 수를 구해 보세요.

$64\div4+7\times3-\square=18$

(　　　　　　)

19 영민이는 한 개에 400원인 지우개 6개와 한 개에 600원인 자 한 개를 사고 5000원을 냈습니다. 거스름돈은 얼마를 받아야 할까요?

(　　　　　　)

20 초콜릿이 30개 있습니다. 여학생 4명과 남학생 3명에게 한 사람당 3개씩 주었습니다. 남은 초콜릿은 몇 개일까요?

(　　　　　　)

날짜 . . 점수

5학년 이름:

1 □ 안에 알맞은 수를 써넣으세요.

$48-37+12=\square+12=\square$

2 문제 에 알맞은 식을 바르게 쓴 것을 모두 찾아 기호를 써 보세요.

문제
연웅이는 3000원으로 1500원짜리 빵 1개와 700원짜리 우유 1개를 사 먹었습니다. 연웅이에게 남은 돈은 얼마일까요?

㉠ $3000-1500-700$
㉡ $3000-(1500+700)$
㉢ $3000-(1500-700)$

( )

[3~4] 윤서와 지민이가 혼합 계산의 계산 순서를 나타내었습니다. 물음에 답하세요.

윤서

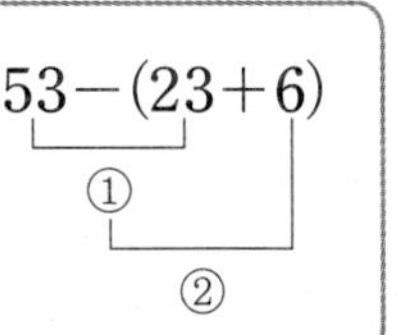

$120\div(5\times6)$ ① ②

지민

3 계산 순서를 잘못 나타낸 사람은 누구일까요?

( )

4 위에서 계산 순서를 잘못 나타낸 식의 계산 순서를 바르게 나타내고 계산해 보세요.

5 한 묶음에 20권인 공책 9묶음을 15명의 학생에게 똑같이 나누어 주려고 합니다. 한 명에게 몇 권씩 나누어 주어야 할까요?

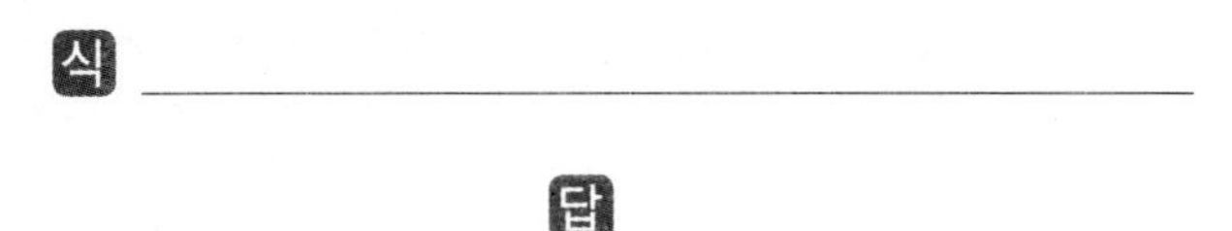

6 식 $30\div5\times3$을 이용하는 문제 를 완성하고 답을 구해 보세요.

문제
사과 30개를 5상자에 똑같이 나누어 담았습니다.

답

7 □ 안에 알맞은 수를 써넣으세요.

$43+6\times3-22=43+\square-22$
$=\square-22=\square$

8 두 식의 계산 결과가 같으면 ○표, 다르면 ×표 하세요.

$19-6\times3$ | $(19-6)\times3$

( )

9 계산 결과를 비교하여 ○ 안에 >, =, <를 알맞게 써넣으세요.

$7\times(12-8)$ ○ $14\div2\times9\div3$

[10~11] 패스트푸드점의 메뉴입니다. 물음에 답하세요.

10 새우버거 3개와 감자튀김 1개를 사고 10000원을 냈습니다. 거스름돈은 얼마일까요?

식 ____________________

답 ____________

11 준하는 새우버거 1개와 콜라 1개를 사고 명수는 불고기버거 1개와 비스킷 2개를 샀습니다. 명수가 준하보다 얼마 더 내야 할까요?

( )

12 계산해 보세요.

$72+26-108\div9$

13 다음 중 ( )를 생략하고 계산해도 계산 결과가 같은 것은 어느 것일까요? ( )

① $48-(26-9)$ ② $55-(4+9)$

③ $81\div(9+18)$ ④ $8\times(6\div3)$

⑤ $4\times(15+15)$

14 예은이의 나이를 구해 보세요.

내 나이는 14에서 8을 4로 나눈 몫을 뺀 수야.

식 ____________________

답 ____________

15 ㉠♥㉡=㉠+㉡÷(㉠−㉡)이라고 약속할 때, 10♥8을 계산해 보세요.

( )

16 똑같은 구슬 12개가 들어 있는 상자의 무게를 재어 보니 386 g이었습니다. 상자만의 무게가 50 g이라면 구슬 한 개의 무게는 몇 g일까요?

( )

17 계산해 보세요.

$4\times6-35\div7+8$

18 계산 순서에 맞게 ○ 안에 번호를 써넣고, 계산해 보세요.

$144\div12\times(4+5)-16=\square$

↑ ↑ ↑ ↑

○ ○ ○ ○

19 식이 성립하도록 ○ 안에 +, −, ×, ÷ 중 하나를 써넣으세요.

3×8 ○ $2-3=9$

20 1부터 9까지의 자연수 중에서 □ 안에 들어갈 수 있는 수를 모두 구해 보세요.

$10-18\times(6-2)\div12>\square$

( )

단원평가 A

2. 약수와 배수

날짜 . . 점수

5학년 이름:

1 □ 안에 알맞은 말을 써넣으세요.

어떤 수를 나누어떨어지게 하는 수를 그 수의 □(이)라고 합니다.

2 4의 배수를 가장 작은 수부터 차례로 써 보세요.

4, 8, □, □, □, ...

3 □ 안에 '약수' 또는 '배수'를 알맞게 써넣으세요.

$3\times5=15$

- 15는 3과 5의 □입니다.
- 3과 5는 15의 □입니다.

4 20과 24의 최소공배수를 구하려고 합니다. □ 안에 알맞은 수를 써넣으세요.

$$\begin{array}{r|rr} 2 & 20 & 24 \\ \hline 2 & 10 & 12 \\ \hline & 5 & 6 \end{array}$$

최소공배수: $2\times\square\times\square\times\square=\square$

5 12와 15의 공약수와 최대공약수를 모두 구해 보세요.

12의 약수: 1, 2, 3, 4, 6, 12
15의 약수: 1, 3, 5, 15

공약수 ( )

최대공약수 ( )

6 18의 약수를 모두 구해 보세요.

( )

7 6의 배수는 모두 몇 개일까요?

10 12 25 40 36

( )

8 두 수의 최소공배수를 구해 보세요.

16, 24

( )

9 수 배열표를 보고 8의 배수에 모두 /표, 9의 배수에 모두 ○표 하세요.

51	52	53	54	55	56	57	58	59	60
61	62	63	64	65	66	67	68	69	70
71	72	73	74	75	76	77	78	79	80
81	82	83	84	85	86	87	88	89	90

10 6과 8의 공배수가 아닌 것은 어느 것일까요? ( )

① 24 ② 48 ③ 62
④ 96 ⑤ 120

11 다음은 어떤 수의 배수를 가장 작은 수부터 차례로 쓴 것입니다. 어떤 수의 배수일까요?

11, 22, 33, 44, …

( )

12 36의 약수 중 가장 큰 수와 가장 작은 수를 써 보세요.

가장 큰 수 ( )

가장 작은 수 ( )

13 두 수가 약수와 배수의 관계가 아닌 것을 찾아 기호를 써 보세요.

㉠ (4, 72)	㉡ (16, 48)
㉢ (98, 13)	㉣ (48, 12)

( )

14 약수와 배수에 대한 설명으로 틀린 것을 모두 고르세요. ( )

① 약수에는 반드시 1이 포함됩니다.
② 어떤 자연수든지 그 수의 배수는 무수히 많습니다.
③ 0은 모든 자연수의 약수입니다.
④ 5의 배수 중 가장 작은 수는 5입니다.
⑤ 6의 약수는 모두 6보다 작습니다.

15 어느 공항에서 미국행 비행기는 4시간마다, 영국행 비행기는 10시간마다 이륙합니다. 오늘 오전 9시에 동시에 이륙하였다면 다음번에 동시에 이륙할 때는 몇 시간 뒤일까요?

( )

16 약수의 수가 가장 적은 것을 찾아 써 보세요.

16	28	35

( )

17 당근 36개와 오이 54개를 최대한 많은 바구니에 남김없이 똑같이 나누어 담으려고 합니다. 최대 몇 개의 바구니에 담을 수 있을까요?

( )

18 두 수의 최대공약수가 더 큰 것의 기호를 써 보세요.

㉠ 18, 45	㉡ 24, 18

( )

19 6과 21의 공배수를 가장 작은 수부터 차례로 쓸 때 세 번째에 오는 수는 얼마인지 구해 보세요.

( )

20 7의 배수인 어떤 수가 있습니다. 이 수의 약수들을 모두 더하였더니 32가 되었다면 어떤 수는 얼마인지 구해 보세요.

( )

단원평가 B

2. 약수와 배수

날짜 . . 점수

5학년 이름:

1 나눗셈을 보고 4의 약수를 모두 구해 보세요.

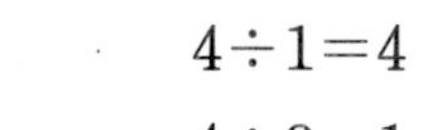

$4 \div 1 = 4$	$4 \div 2 = 2$
$4 \div 3 = 1 \cdots 1$	$4 \div 4 = 1$

4의 약수 ➔ □, □, □

2 왼쪽 수가 오른쪽 수의 약수인 것에 ○표 하세요.

24	8

( )

15	30

( )

3 약수의 수가 3개인 수에 ○표 하세요.

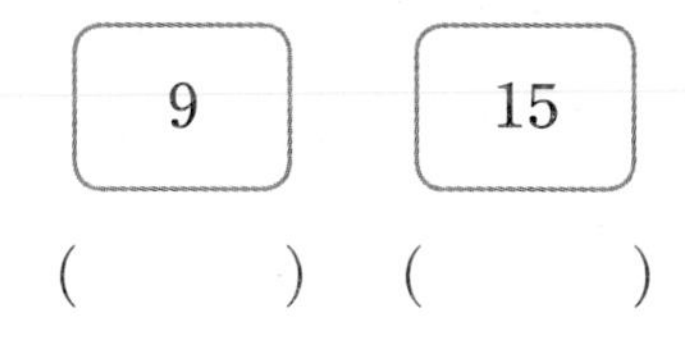

9 ( ) 15 ( )

4 사탕 18개를 남김없이 똑같이 봉지에 나누어 담으려고 합니다. 나누어 담을 수 있는 봉지의 수가 될 수 없는 것을 모두 고르세요. ( )

① 3개 ② 4개 ③ 5개

④ 6개 ⑤ 9개

5 □ 안에 알맞은 수를 써넣으세요.

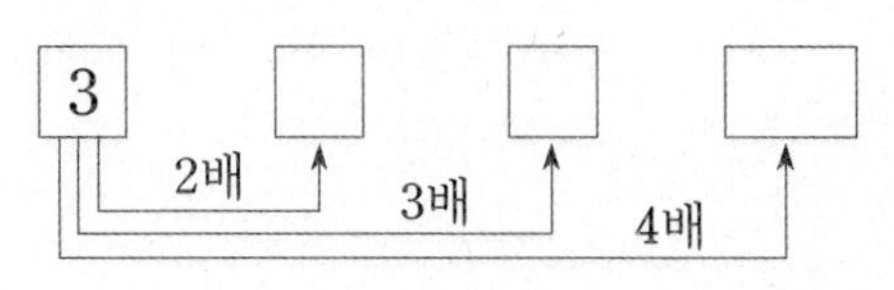

6 배수를 가장 작은 수부터 차례로 5개 써 보세요.

8의 배수

( )

7 10보다 크고 20보다 작은 수 중에서 7의 배수를 구해 보세요.

( )

8 식을 보고 □ 안에 알맞은 수를 써넣으세요.

$1 \times 12 = 12$ $2 \times 6 = 12$ $3 \times 4 = 12$

12는 □, □, □, □, □, □의 배수이고 □, □, □, □, □, □은/는 12의 약수입니다.

9 두 수가 약수와 배수의 관계가 되도록 빈 곳에 1이 아닌 알맞은 수를 써넣으세요.

10	

10 두 수가 약수와 배수의 관계인 것의 기호를 써 보세요.

㉠ (4, 65) ㉡ (12, 60)

( )

11 두 수가 약수와 배수의 관계인 것을 모두 찾아 선으로 이어 보세요.

12 왼쪽 수는 오른쪽 수의 배수입니다. □ 안에 들어갈 수 있는 자연수는 모두 몇 개일까요?

(36, □)

(　　　　　　)

13 두 수의 최대공약수를 구한 후 두 수의 공약수를 모두 구해 보세요.

40, 32

최대공약수 (　　　　　　)

공약수 (　　　　　　)

14 어떤 두 수의 최대공약수가 27일 때 이 두 수의 모든 공약수들의 합을 구해 보세요.

(　　　　　　)

15 20과 24의 최대공약수를 구하려고 합니다. □ 안에 알맞은 수를 써넣으세요.

$20=2\times2\times5$　　$24=2\times2\times2\times3$

➜ 최대공약수: □×□=□

16 사과 48개와 포도 60송이를 최대한 많은 바구니에 남김없이 똑같이 나누어 담으려고 합니다. 최대 몇 개의 바구니에 담을 수 있을까요?

(　　　　　　)

17 두 수의 공배수를 가장 작은 수부터 차례로 3개 구해 보세요.

6　　9

(　　　　　　)

18 어떤 두 수의 최소공배수가 24일 때 이 두 수의 공배수를 가장 작은 수부터 차례로 3개 써 보세요.

(　　　　　　)

19 ○ 안에 >, =, <를 알맞게 써넣으세요.

㉮ 35와 56의 최소공배수
㉯ 32와 72의 최소공배수

㉮ ○ ㉯

20 다음을 모두 만족하는 수를 모두 구해 보세요.

- 30과 35의 공배수입니다.
- 300과 800 사이의 수입니다.

(　　　　　　)

단원평가 A

3. 규칙과 대응

날짜 . . 점수

5학년 이름:

[1～4] 1개에 1000원 하는 계란빵이 있습니다. 물음에 답하세요.

계란빵의 수(개)	1	2	3	4	⋯
가격(원)	1000		3000		⋯

1 위 표를 완성해 보세요.

2 서로 관계가 있는 두 양을 써 보세요.

	가격

3 알맞은 카드를 골라 **2**에서 쓴 두 양 사이의 대응 관계를 식으로 나타내어 보세요.

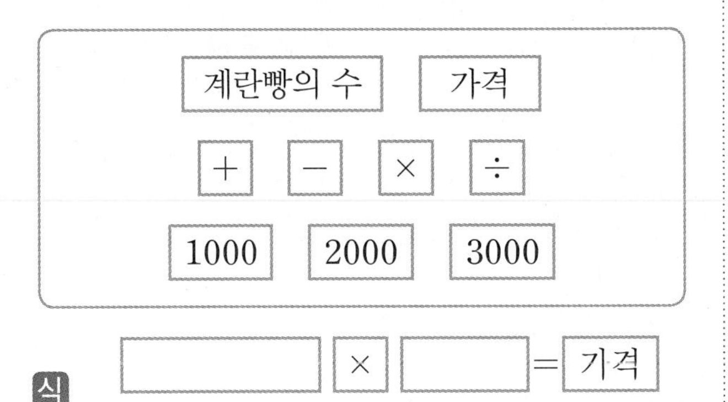

식 □ × □ = 가격

4 **2**에서 쓴 두 양 사이의 대응 관계를 기호를 사용하여 식으로 나타내어 보세요.

□ 을/를 △, 가격을 ○라고 하면 대응 관계는 □ 입니다.

5 만화 영화가 1초 상영되려면 그림이 30장 필요합니다. 영화 상영 시간을 □, 필요한 그림의 수를 ▽라고 할 때, □와 ▽ 사이의 대응 관계를 식으로 나타내어 보세요.

식 ▽ =

[6～10] 수 카드와 바둑돌로 규칙적인 배열을 만들고 있습니다. 물음에 답하세요.

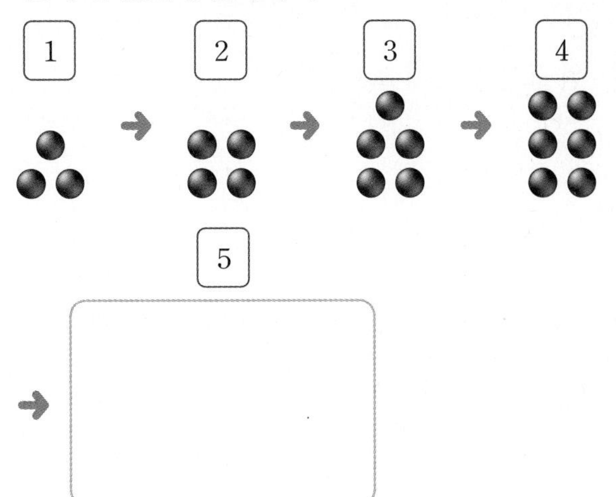

6 위의 빈 곳에 다음에 이어질 알맞은 모양을 그려 보세요.

7 수 카드의 수와 바둑돌의 수는 어떤 규칙으로 변하는지 써 보세요.

바둑돌의 수는 수 카드의 수보다 ____________

8 수 카드의 수와 바둑돌의 수 사이의 관계를 생각하며 □ 안에 알맞은 수를 써넣으세요.

수 카드의 수가 10일 때 필요한 바둑돌의 수는 □개입니다.

9 바둑돌의 수가 100개일 때 수 카드의 수는 얼마일까요?

( )

10 수 카드의 수와 바둑돌의 수 사이의 대응 관계를 식으로 나타내어 보세요.

식

[11~12] ◎와 △ 사이의 대응 관계를 나타낸 표입니다. 물음에 답하세요.

◎	5	4	3	2	1	…
△	21	20	19			…

11 위 표를 완성해 보세요.

12 ◎와 △ 사이의 대응 관계를 식으로 나타내어 보세요.

식 ____________________

[13~14] 어느 박물관의 어린이 입장료와 어린이 입장객 수 사이의 대응 관계를 나타낸 표입니다. 물음에 답하세요.

어린이 입장료(원)	1500	3000	4500	…
어린이 입장객 수(명)	1	2	3	…

13 어린이 입장료를 ▣, 어린이 입장객 수를 △라 할 때, ▣와 △ 사이의 대응 관계를 식으로 나타내어 보세요.

식 ____________________

14 어린이 입장료가 60000원일 때 어린이 입장객은 모두 몇 명일까요?

(   )

15 □와 ◎ 사이의 대응 관계가 □=◎×2인 두 양을 주변에서 찾아 써 보세요.

□	
◎	

16 연도와 수진이의 나이 사이의 대응 관계를 나타낸 표입니다. 연도를 □, 수진이의 나이를 ☆이라고 할 때, □와 ☆ 사이의 대응 관계를 2개의 식으로 나타내어 보세요.

연도(년)	2019	2020	2021	2022	…
수진이의 나이(살)	12	13	14	15	…

식1 ____________________

식2 ____________________

[17~18] 바둑돌로 규칙적인 배열을 만들고 있습니다. 배열 순서를 ◎, 바둑돌의 수를 ◇라고 할 때, 물음에 답하세요.

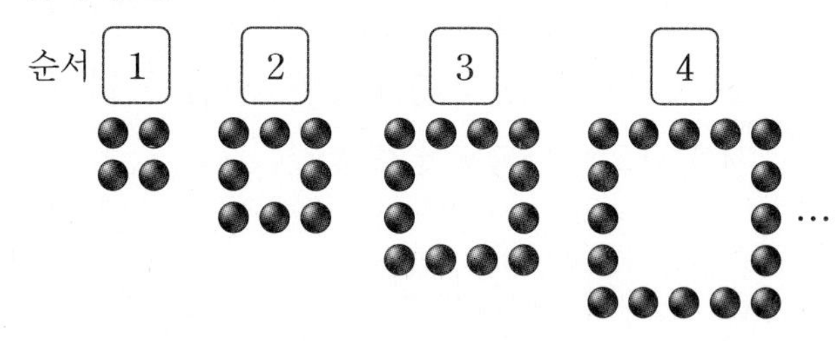

17 ◎와 ◇ 사이의 대응 관계를 식으로 나타내어 보세요.

식 ____________________

18 순서가 10일 때 필요한 바둑돌은 모두 몇 개일까요?

(   )

[19~20] 태풍이 1시간에 11 km씩 이동하고 있습니다. 물음에 답하세요.

19 □ 안에 알맞게 써넣으세요.

> 태풍이 이동하는 데 걸린 시간을 기호로 □, 이동한 거리를 기호로 □(이)라고 할 때, 두 양 사이의 대응 관계를 식으로 나타내면 □입니다.

20 태풍이 같은 빠르기로 55 km 이동했다면 이동하는 데 걸린 시간은 몇 시간일까요?

(   )

단원평가 B 3. 규칙과 대응

날짜 . . 점수

5학년 이름:

[1～5] 수 카드와 사각판으로 규칙적인 배열을 만들고 있습니다. 물음에 답하세요.

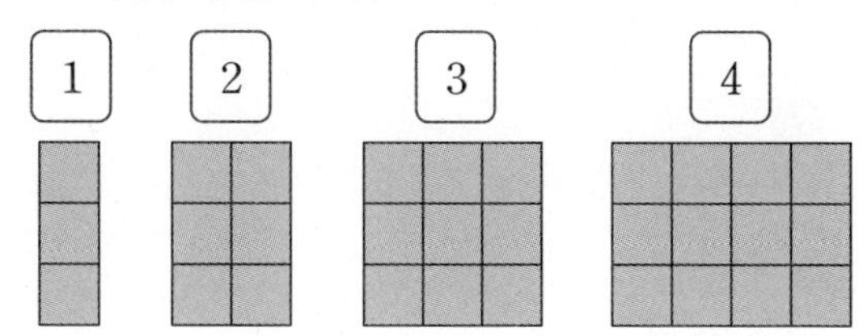

1 수 카드의 수가 1씩 늘어날 때, 사각판의 수는 몇 개씩 늘어날까요?

( )

2 수 카드의 수가 5일 때 사각판은 몇 개일까요?

( )

3 수 카드의 수가 5일 때의 모양을 그려 보세요.

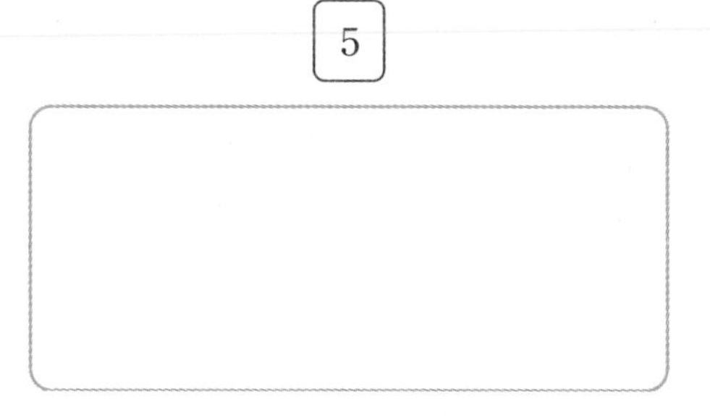

4 수 카드의 수가 10일 때 사각판은 몇 개 필요할까요?

( )

5 수 카드의 수와 사각판의 수 사이의 대응 관계입니다. 알맞은 말에 ○표 하세요.

수 카드의 수를 (3배 하면 , 3으로 나누면) 사각판의 수와 같습니다.

[6～10] 사각형과 원으로 규칙적인 배열을 만들고 있습니다. 물음에 답하세요.

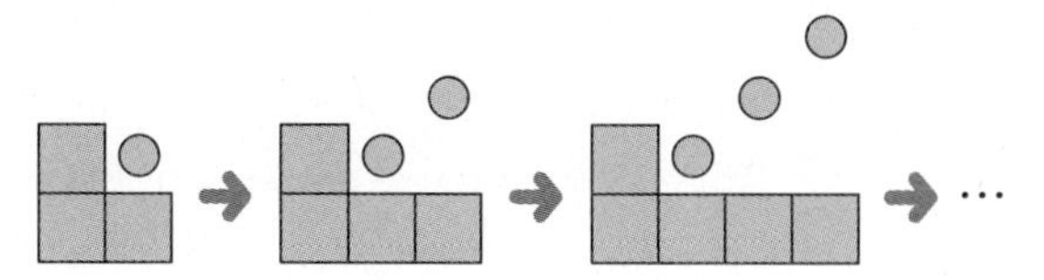

6 위 모양에서 변하지 않는 부분을 찾아 써 보세요.

7 위 모양에서 변하는 부분을 찾아 써 보세요.

8 표를 완성해 보세요.

원의 수(개)	1	2	3	4	…
사각형의 수(개)					…

9 원이 20개일 때 사각형은 몇 개 필요할까요?

( )

10 사각형의 수와 원의 수 사이의 대응 관계를 써 보세요.

3 단원평가 B

11 표를 보고 ◎와 ◇ 사이의 대응 관계를 식으로 바르게 나타낸 것의 기호를 써 보세요.

◎	18	21	24	27	30	⋯
◇	6	7	8	9	10	⋯

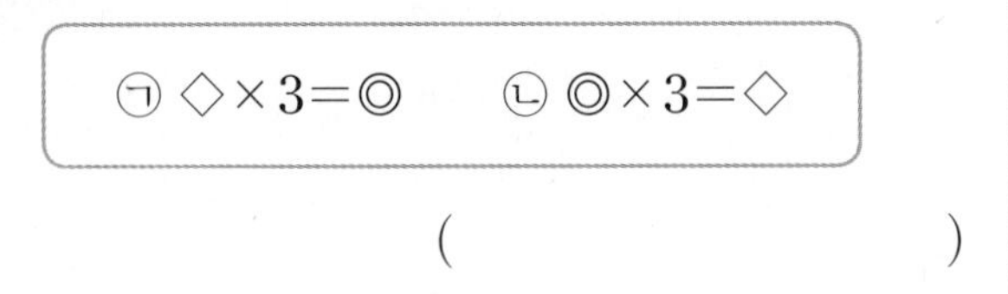

( )

[12～13] 표를 보고 ☆과 ▽ 사이의 대응 관계를 식으로 나타내어 보세요.

12

☆	4	5	6	7	8	⋯
▽	1	2	3	4	5	⋯

식 ______________________

13

☆	14	16	18	20	22	⋯
▽	7	8	9	10	11	⋯

식 ______________________

14 주희의 이야기를 읽고 초콜릿의 수와 열량 사이의 대응 관계를 식으로 나타내어 보세요.

초콜릿 1개의 열량은 75 kcal나 되네. 초콜릿을 2개 먹으면 150 kcal야.

주희

식 ______________________

15 색 테이프를 자른 횟수를 □, 색 테이프 도막의 수를 △라고 할 때, □와 △ 사이의 대응 관계를 식으로 나타내어 보세요.

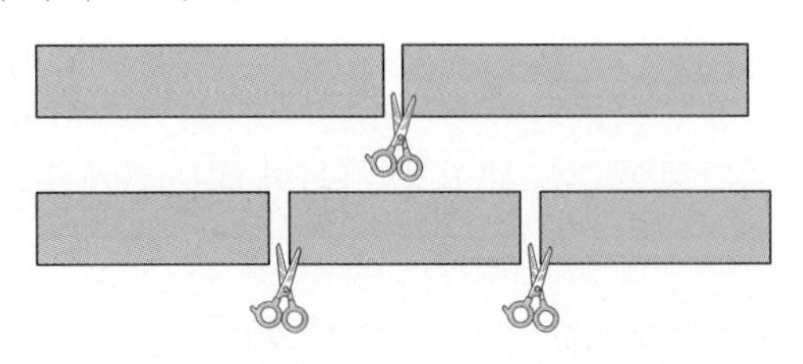

식 ______________________

[16～17] 컵 1개에 빨대가 2개씩 꽂혀 있습니다. 컵의 수를 ○, 빨대의 수를 ▽라고 할 때 물음에 답하세요.

16 컵의 수와 빨대의 수 사이의 대응 관계를 식으로 나타내어 보세요.

식 ______________________

17 위 **16**의 대응 관계를 나타낸 식에 대한 설명입니다. 설명이 옳은지 틀린지 판단해 보세요.

컵의 수를 ☆, 빨대의 수를 ◎로 바꿔서 나타낼 수 있습니다.

(옳음 , 틀림)

18 학생 한 명에게 빨간색 색연필 2자루와 파란색 색연필 3자루씩을 나누어 주고 있습니다. 학생 수를 □, 나누어 준 색연필 수를 ○라고 할 때, □와 ○ 사이의 대응 관계를 식으로 나타내어 보세요.

식 ______________________

[19～20] 직사각형의 가로와 세로 사이의 대응 관계를 나타낸 표입니다. 물음에 답하세요.

가로(cm)	6	30	10		9	⋯
세로(cm)	18	90		36		⋯

19 위 표를 완성해 보세요.

20 가로와 세로 사이의 대응 관계를 기호를 정해 식으로 나타내어 보세요.

가로: □, 세로: □

식 ______________________

단원평가 Ⓐ 4. 약분과 통분

날짜 　. 　. 　점수

5학년 　이름:

1 그림을 보고 크기가 같은 분수가 되도록 □ 안에 알맞은 수를 써넣으세요.

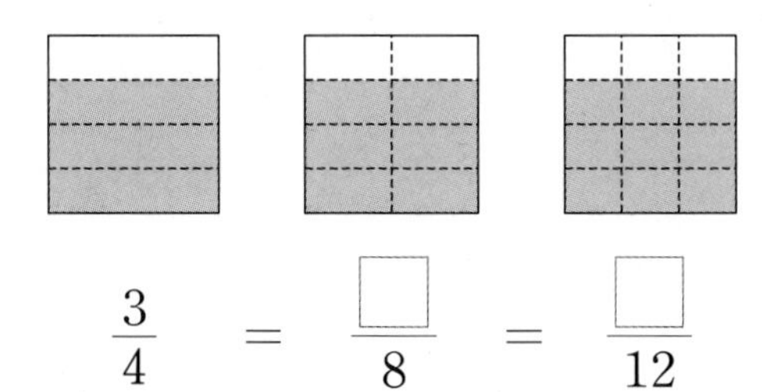

$\frac{3}{4} = \frac{\square}{8} = \frac{\square}{12}$

2 주어진 분수를 약분하였습니다. □ 안에 알맞은 수를 써넣으세요.

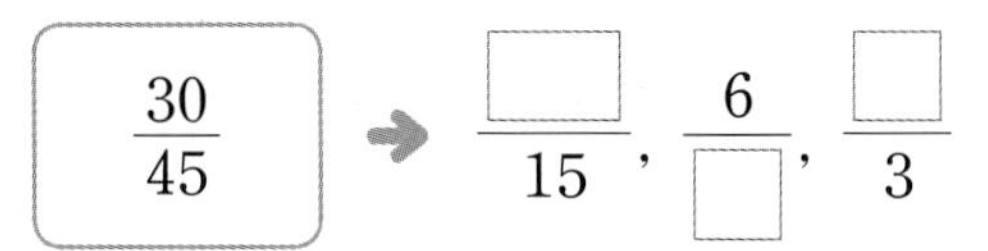

$\frac{30}{45}$ ➔ $\frac{\square}{15}$, $\frac{6}{\square}$, $\frac{\square}{3}$

3 주어진 분수를 기약분수로 나타내어 보세요.

$\frac{14}{49}$ ➔ (　　　　　　　)

4 두 분모의 곱을 공통분모로 하여 통분해 보세요.

$\left(\frac{3}{4}, \frac{5}{14}\right)$ ➔ (　　　　,　　　　)

5 $\frac{7}{8}$과 $\frac{9}{10}$를 통분할 때 공통분모가 될 수 <u>없는</u> 수는 어느 것일까요? .... (　　　)

① 40 　② 60 　③ 80

④ 120 　⑤ 160

6 두 분모의 최소공배수를 공통분모로 하여 통분해 보세요.

$\left(\frac{5}{12}, \frac{1}{16}\right)$ ➔ (　　　　,　　　　)

7 보기 와 같이 약분하여 기약분수로 나타내어 보세요.

보기

$\frac{20}{24} = \frac{20 \div 4}{24 \div 4} = \frac{5}{6}$

$\frac{42}{60}$

8 두 수의 크기를 비교하여 ○ 안에 >, =, <를 알맞게 써넣으세요.

$\frac{8}{27}$ ○ $\frac{23}{45}$

9 $\frac{42}{72}$를 약분하여 나타낼 수 있는 분수 중에서 분모가 12인 분수를 써 보세요.

(　　　　　　　)

10 두 수 중 더 큰 수를 말한 사람은 누구일까요?

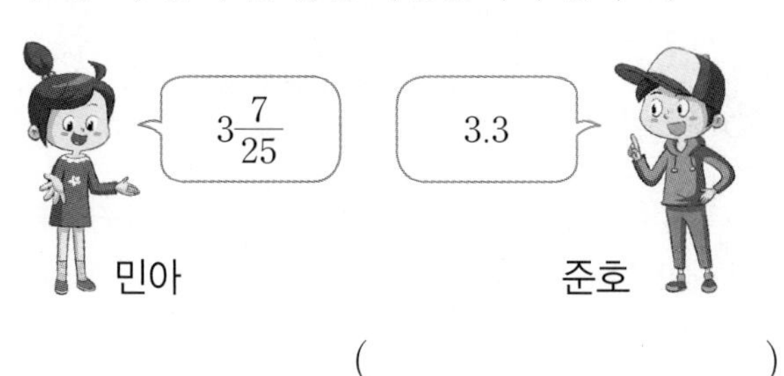

(　　　　　　　)

11 $\frac{5}{13}$와 크기가 다른 것을 찾아 기호를 써 보세요.

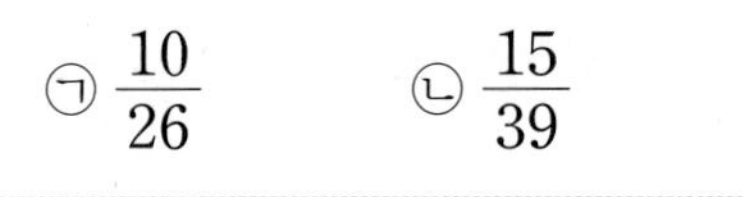
㉠ $\frac{10}{26}$　　㉡ $\frac{15}{39}$　　㉢ $\frac{20}{42}$

(　　　　　　　)

12 기약분수가 아닌 것을 찾아 기약분수로 나타내어 보세요.

$\frac{2}{15}$　　$\frac{21}{48}$　　$\frac{7}{12}$

(　　　　　　　)

13 분수와 소수의 크기를 비교하여 큰 수부터 차례로 써 보세요.

$2\frac{4}{5}$　　2.83　　$2\frac{17}{20}$　　2.69

(　　　　　　　)

14 어머니가 사 오신 배 1개의 무게는 $\frac{56}{96}$ kg입니다. 배 1개의 무게는 몇 kg인지 기약분수로 나타내어 보세요.

(　　　　　　　)

15 $\frac{4}{9}$와 $\frac{7}{15}$을 두 분모의 최소공배수를 공통분모로 하여 통분했을 때 통분한 두 분수의 분자의 합은 얼마인지 구해 보세요.

(　　　　　　　)

16 밭의 $\frac{3}{7}$에는 배추를 심고 $\frac{2}{5}$에는 무를 심었습니다. 배추와 무 중에서 어떤 채소를 심은 밭이 더 넓을까요?

(　　　　　　　)

17 $\frac{3}{10}$보다 크고 $\frac{13}{15}$보다 작은 분수를 모두 찾아 ○표 해 보세요.

$\frac{8}{30}$　　$\frac{11}{30}$　　$\frac{20}{30}$　　$\frac{22}{30}$　　$\frac{29}{30}$

18 오른쪽 분수는 진분수이면서 기약분수입니다. ■가 될 수 있는 자연수를 모두 구해 보세요.

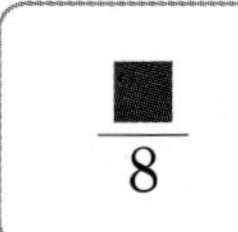
$\frac{■}{8}$

(　　　　　　　)

19 콜라가 $\frac{3}{4}$ L, 주스가 $\frac{2}{3}$ L, 물이 $\frac{4}{5}$ L 있습니다. 콜라, 주스, 물 중에서 양이 가장 많은 것은 어느 것일까요?

(　　　　　　　)

20 $\frac{18}{30}$의 분모와 분자에서 각각 같은 수를 빼고 약분하면 $\frac{4}{7}$가 됩니다. 분모와 분자에서 뺀 수는 얼마일까요?

(　　　　　　　)

날짜 . . 점수

5학년 이름:

1 $\frac{3}{7}$과 크기가 같은 분수를 모두 찾아 써 보세요.

$\frac{4}{7}$ $\frac{6}{14}$ $\frac{8}{15}$ $\frac{12}{28}$

( )

2 크기가 같은 분수끼리 짝 지어 있지 않은 것을 찾아 기호를 써 보세요.

㉠ $\left(\frac{3}{5}, \frac{12}{20}\right)$ ㉡ $\left(\frac{4}{7}, \frac{8}{14}\right)$ ㉢ $\left(\frac{5}{8}, \frac{7}{10}\right)$

( )

3 $\frac{5}{6}$와 크기가 같은 분수 중에서 분모가 40보다 작은 분수는 모두 몇 개일까요? (단, $\frac{5}{6}$는 제외합니다.)

( )

4 $\frac{24}{36}$를 약분하는 과정입니다. □ 안에 공통으로 들어가는 수는 무엇인지 구해 보세요.

$$\frac{24}{36}=\frac{24\div\square}{36\div\square}=\frac{4}{6}$$

( )

5 $\frac{12}{36}$를 약분하려고 합니다. 1을 제외하고 분모와 분자를 나눌 수 있는 수를 모두 써 보세요.

( )

6 주어진 분수를 분모와 분자의 최대공약수를 이용하여 약분해 보세요.

(1) $\frac{20}{28}$ (2) $\frac{21}{56}$

7 주어진 분수를 기약분수로 나타내려고 합니다. □ 안에 알맞은 수를 써넣으세요.

$\frac{30}{54}$ → $\frac{\square}{\square}$

8 정연이네 반 반장 선거는 모두 27명이 투표하였고, 그중에서 정연이가 18표를 얻어 반장으로 당선되었습니다. 정연이가 얻은 표는 전체의 몇 분의 몇인지 기약분수로 나타내어 보세요.

( )

9 수 카드가 4장 있습니다. 이 중 2장을 뽑아 한 번씩 사용하여 진분수를 만들려고 합니다. 만들 수 있는 진분수 중 기약분수는 모두 몇 개일까요?

2 3 6 9

( )

10 어떤 두 기약분수를 통분하였더니 $\frac{21}{45}$과 $\frac{36}{45}$이 되었습니다. 통분하기 전의 두 분수를 구해 보세요.

(,)

11 두 분수를 통분하려고 합니다. 공통분모가 될 수 없는 것을 보기 에서 모두 찾아 써 보세요.

$\left(\frac{5}{6}, \frac{3}{4}\right)$

보기
12 18 24 36 40

( )

12 두 분모의 공배수 중에서 가장 큰 두 자리 수를 공통분모로 하여 두 분수를 통분해 보세요.

$\left(\frac{4}{5}, \frac{6}{7}\right)$ ➔ (,)

13 두 분모의 최소공배수를 공통분모로 하여 통분해 보세요.

$\left(\frac{7}{22}, \frac{1}{4}\right)$ ➔ (,)

14 두 분수의 크기를 비교하여 ○ 안에 >, =, <를 알맞게 써넣으세요.

$\frac{3}{7}$ ○ $\frac{4}{9}$

15 냉장고 안에 사과주스는 $\frac{8}{15}$ L, 감귤주스는 $\frac{4}{9}$ L 있습니다. 사과주스와 감귤주스 중 양이 더 적은 주스는 어느 것일까요?

( )

16 □ 안에 들어갈 수 있는 가장 큰 자연수를 구해 보세요.

$\frac{\square}{12} < \frac{41}{60}$

( )

17 세 분수를 큰 수부터 차례로 써 보세요.

$\frac{2}{5}$ $\frac{3}{10}$ $\frac{5}{12}$

( )

18 무게가 각각 $\frac{1}{4}$ kg, $\frac{5}{12}$ kg, $\frac{5}{6}$ kg인 선물 상자가 3개 있습니다. 이 중에서 가장 무거운 것이 호영이의 선물 상자이고, 가장 가벼운 것이 주희의 선물 상자입니다. 두 사람의 선물 상자의 무게를 각각 써 보세요.

호영 ( )
주희 ( )

19 더 큰 수의 기호를 써 보세요.

㉠ $5\frac{1}{4}$ ㉡ 5.32

( )

20 찬영이와 경민이가 제자리 멀리뛰기를 하였습니다. 찬영이는 $1\frac{14}{25}$ m, 경민이는 1.59 m를 뛰었다면 누가 더 멀리 뛴 것일까요?

( )

단원평가 A　5. 분수의 덧셈과 뺄셈

날짜 . . 점수

5학년 이름:

1 그림을 보고 □ 안에 알맞은 수를 써넣으세요.

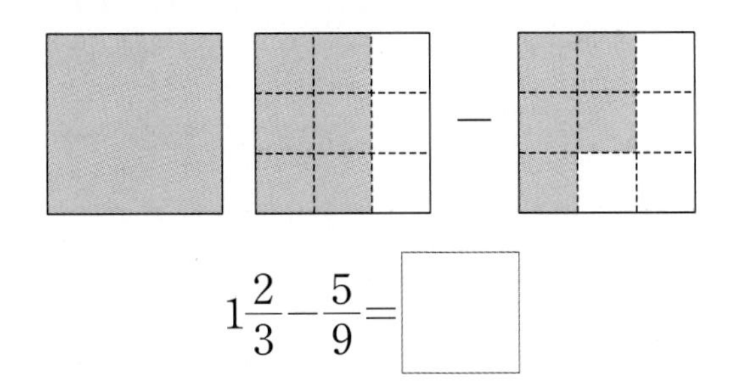

$1\frac{2}{3}-\frac{5}{9}=\square$

2 두 분모의 곱을 공통분모로 하여 통분한 다음 분수의 덧셈을 해 보세요.

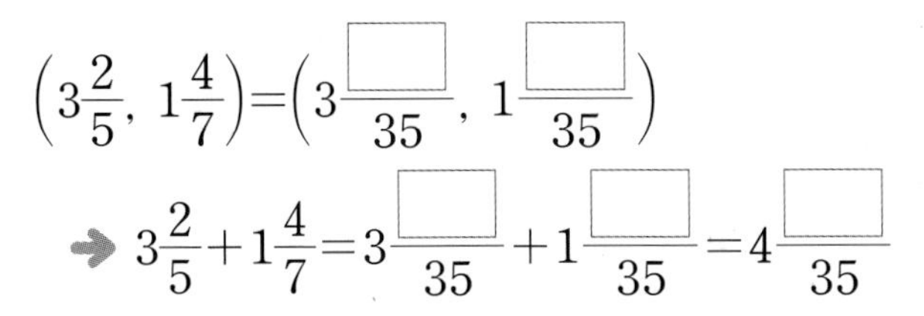

$\left(3\frac{2}{5},\ 1\frac{4}{7}\right)=\left(3\frac{\square}{35},\ 1\frac{\square}{35}\right)$

$\Rightarrow 3\frac{2}{5}+1\frac{4}{7}=3\frac{\square}{35}+1\frac{\square}{35}=4\frac{\square}{35}$

3 보기 와 같은 방법으로 계산해 보세요.

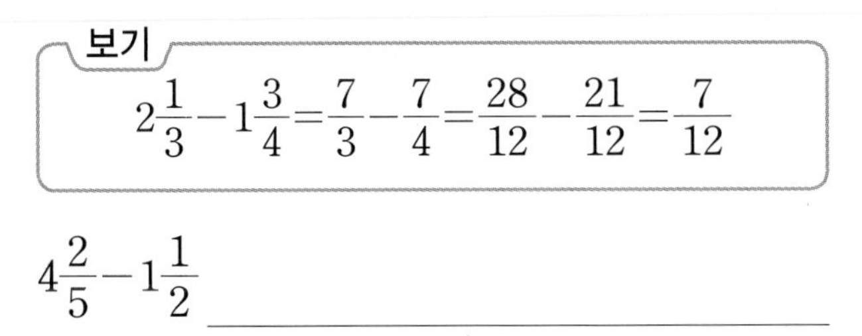

보기

$2\frac{1}{3}-1\frac{3}{4}=\frac{7}{3}-\frac{7}{4}=\frac{28}{12}-\frac{21}{12}=\frac{7}{12}$

$4\frac{2}{5}-1\frac{1}{2}$ ________________

4 계산해 보세요.

$1\frac{5}{12}+1\frac{3}{14}$

5 빈칸에 알맞은 분수를 써넣으세요.

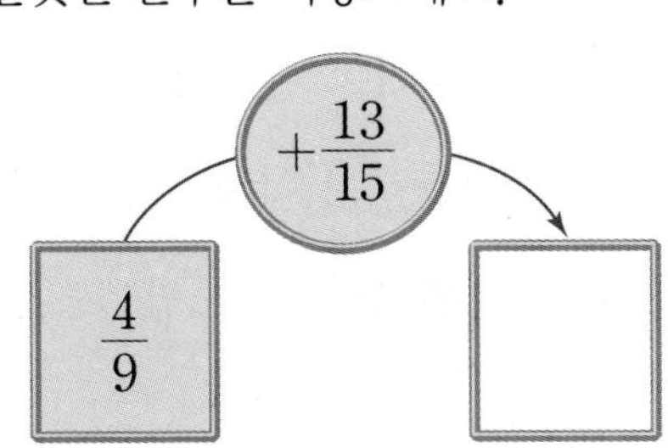

6 두 분수의 차를 구해 보세요.

$5\frac{5}{8}$　　$3\frac{2}{5}$

(　　　　　　　　)

7 계산 결과가 더 큰 것의 기호를 써 보세요.

㉠ $\frac{8}{15}+\frac{1}{2}$　　㉡ $\frac{5}{6}+\frac{1}{9}$

(　　　　　　　　)

8 두 색 테이프의 길이의 합은 몇 cm일까요?

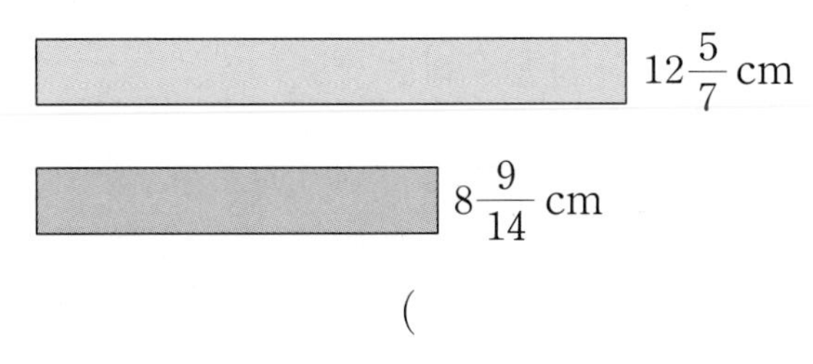

(　　　　　　　　)

9 다음이 나타내는 수를 구해 보세요.

$4\frac{9}{10}$보다 $1\frac{5}{6}$만큼 더 작은 수

(　　　　　　　　)

10 크기를 비교하여 ○ 안에 >, =, <를 알맞게 써넣으세요.

$1\frac{3}{5}+3\frac{2}{3}$ ○ $4\frac{1}{2}$

[11～12] 준기의 시험지를 보고 물음에 답하세요.

1. 계산해 보세요.

$\frac{7}{8}+\frac{3}{4}=\frac{7}{8}+\frac{3}{8}=\frac{10}{8}=1\frac{2}{8}=1\frac{1}{4}$

서술형

11 계산이 틀린 이유를 써 보세요.

이유 ______________________________

____

12 바르게 고쳐 계산해 보세요.

$\frac{7}{8}+\frac{3}{4}$ ______________________________

13 ㉠과 ㉡의 차를 구해 보세요.

㉠ $2\frac{2}{3}+2\frac{1}{8}$ ㉡ $\frac{3}{4}+\frac{5}{6}$

( )

14 빵을 만드는 데 밀가루 $\frac{17}{25}$ kg과 설탕 $\frac{1}{5}$ kg을 사용했습니다. 빵을 만드는 데 사용한 밀가루와 설탕은 모두 몇 kg일까요?

( )

15 소라는 냉장고에 있는 식혜 $2\frac{5}{14}$ L 중에서 $\frac{9}{10}$ L를 마셨습니다. 남은 식혜는 몇 L일까요?

( )

16 가장 큰 수에서 가장 작은 수를 뺀 값을 구해 보세요.

$\frac{1}{9}$ $\frac{1}{15}$ $\frac{1}{5}$ $\frac{1}{10}$

( )

17 두 분수의 차가 가장 크게 되도록 □ 안에 알맞은 분수를 써넣고 계산해 보세요.

$7\frac{5}{6}$ $6\frac{3}{8}$ $1\frac{5}{7}$

□ − □ = □

18 어떤 수에서 $\frac{1}{9}$을 빼야 할 것을 잘못하여 더했더니 $\frac{25}{27}$가 되었습니다. 어떤 수를 구해 보세요.

( )

19 3장의 수 카드를 한 번씩 사용하여 분자가 3인 대분수를 만들려고 합니다. 만들 수 있는 모든 대분수의 합을 구해 보세요.

8 3 5

( )

20 길이가 각각 $6\frac{7}{9}$ cm, $3\frac{8}{21}$ cm인 색 테이프 2장을 $1\frac{6}{7}$ cm가 겹치도록 이어 붙였습니다. 이어 붙인 색 테이프 전체의 길이는 몇 cm일까요?

( )

5. 분수의 덧셈과 뺄셈

날짜 . . 점수

5학년 이름:

1 보기 와 같은 방법으로 계산해 보세요.

보기

$$\frac{2}{5}+\frac{3}{10}=\frac{2\times10}{5\times10}+\frac{3\times5}{10\times5}=\frac{20}{50}+\frac{15}{50}$$
$$=\frac{35}{50}=\frac{7}{10}$$

$\frac{3}{8}+\frac{1}{6}$ ____________________

2 두 분수의 합을 구해 보세요.

$\frac{7}{12}$ $\frac{1}{9}$

( )

3 □ 안에 들어갈 수 있는 자연수를 모두 구해 보세요.

$\frac{11}{18}+\frac{1}{12}>\frac{\square}{9}$

( )

4 성현이는 어제는 전체 동화책의 $\frac{1}{4}$을 읽었고, 오늘은 전체 동화책의 $\frac{1}{5}$을 읽었습니다. 이틀 동안 읽은 동화책은 전체의 몇 분의 몇일까요?

( )

5 계산해 보세요.

$\frac{5}{8}+\frac{3}{4}$

6 계산 결과를 비교하여 ○ 안에 >, =, <를 알맞게 써넣으세요.

$\frac{3}{8}+\frac{3}{4}$ ○ $\frac{13}{16}+\frac{7}{12}$

7 $1\frac{3}{4}+2\frac{5}{6}$를 가분수로 나타내어 계산하려고 합니다. □ 안에 알맞은 수를 써넣으세요.

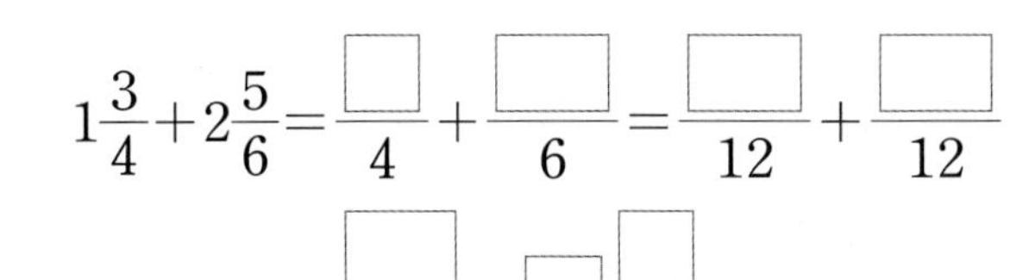

8 □ 안에 알맞은 분수를 써넣으세요.

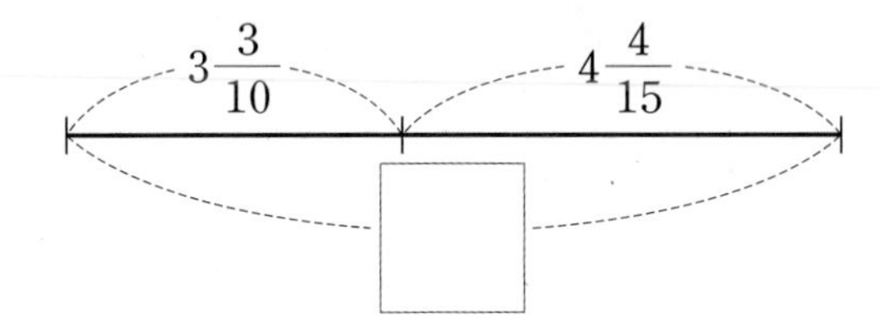

9 병에 꿀이 $3\frac{17}{20}$ kg 들어 있습니다. 이 병에 꿀을 $1\frac{5}{12}$ kg 더 넣었다면 꿀은 모두 몇 kg이 될까요?

( )

10 빈 곳에 알맞은 분수를 써넣으세요.

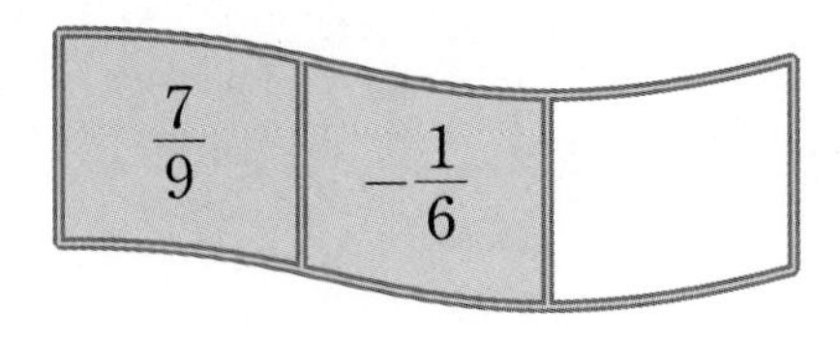

11 빈칸에 알맞은 분수를 써넣으세요.

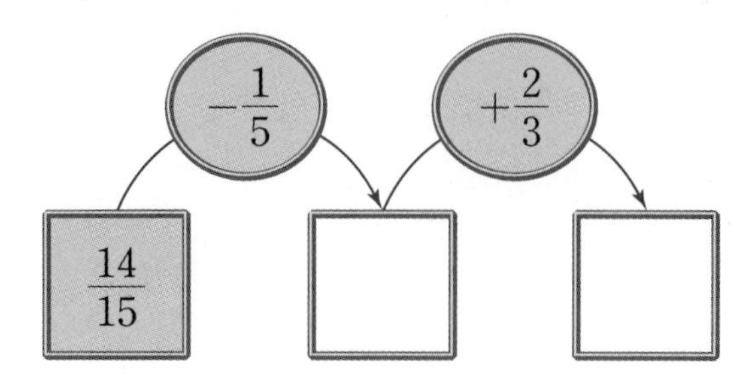

12 다음이 나타내는 수를 구해 보세요.

$2\frac{2}{3}$보다 $1\frac{1}{4}$만큼 더 작은 수

( )

13 두 과일의 무게의 차는 몇 kg인지 구해 보세요.

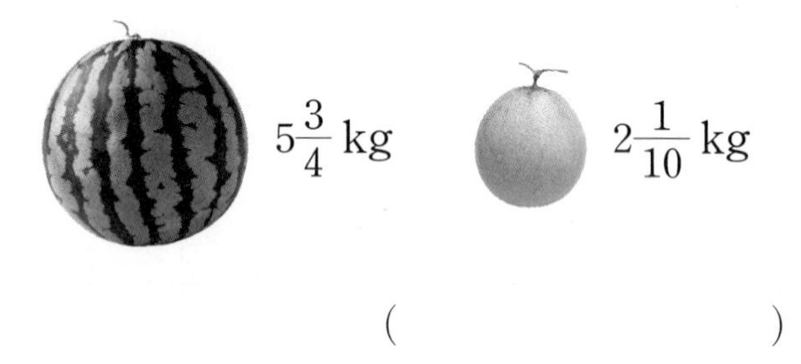

( )

14 참기름 $1\frac{5}{8}$ L와 $1\frac{1}{4}$ L를 같은 병에 담은 후 그중 $\frac{2}{3}$ L를 사용하였습니다. 남은 참기름은 몇 L일까요?

( )

15 그림에 $4\frac{1}{8}$만큼 색칠되어 있습니다. $1\frac{3}{4}$만큼 ×로 지우고 $4\frac{1}{8}-1\frac{3}{4}$을 계산해 보세요.

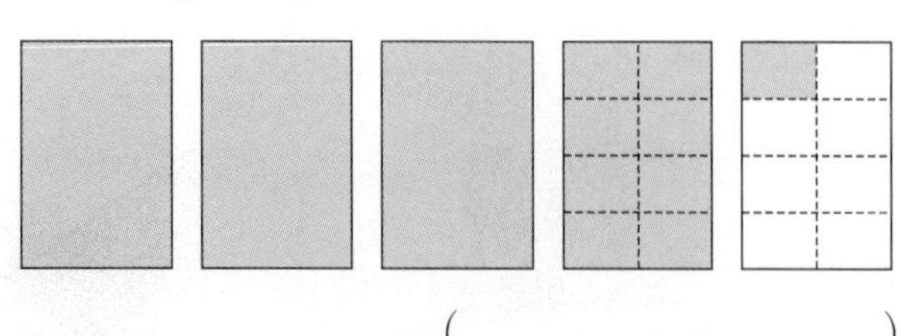

( )

16 윤재가 틀린 문제입니다. 바르게 고쳐서 계산해 보세요.

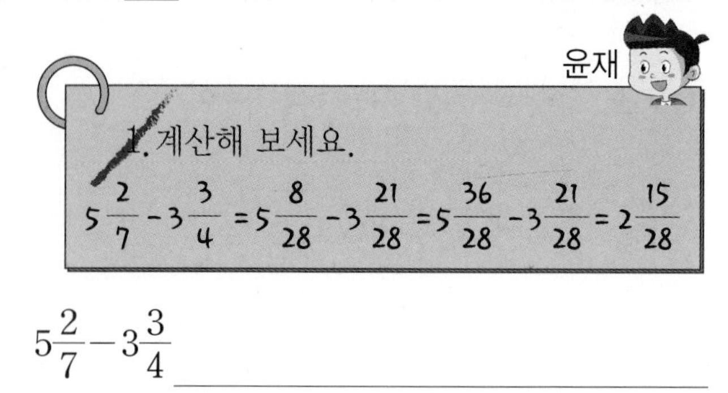

$5\frac{2}{7}-3\frac{3}{4}$ ________________

17 빈칸에 알맞은 분수를 써넣으세요.

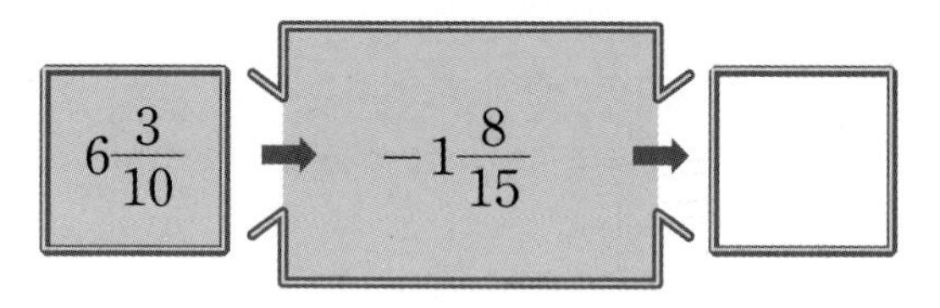

18 □ 안에 알맞은 분수를 써넣으세요.

$5\frac{1}{6}-\square=2\frac{5}{8}$

19 산 입구에서 정상까지의 거리가 $4\frac{3}{10}$ km인 등산로가 있습니다. 은성이는 산 입구에서 출발하여 $1\frac{5}{8}$ km까지 올라갔습니다. 정상에 도착하려면 몇 km를 더 올라가야 할까요?

( )

20 혜수는 수학을 $3\frac{2}{15}$시간, 영어를 $1\frac{1}{6}$시간 동안 공부했습니다. 혜수는 수학을 영어보다 몇 시간 몇 분 더 오래 공부했을까요?

( )

6. 다각형의 둘레와 넓이

날짜 . . 점수

5학년 이름:

1 □ 안에 알맞게 써넣으세요.

한 변의 길이가 1 m인 정사각형의 넓이를 1 □라 쓰고 1 □라고 읽습니다.

2 평행사변형의 높이를 표시해 보세요.

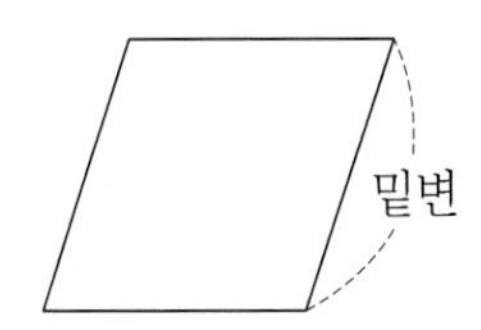

3 □ 안에 알맞은 수를 써넣으세요.

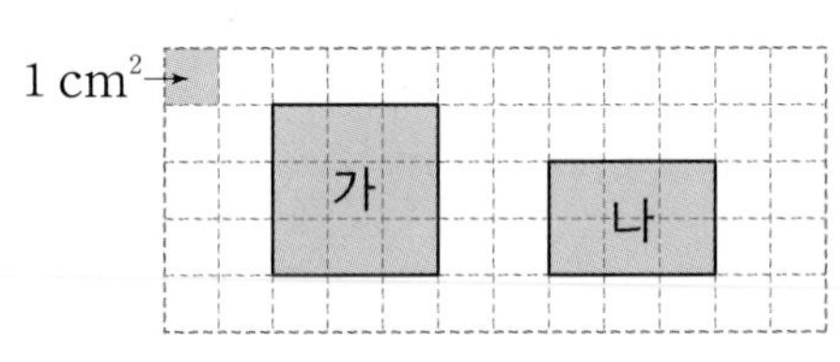

도형 가는 도형 나보다 넓이가 □ cm^2 더 넓습니다.

4 오른쪽 직사각형의 넓이를 구하려고 합니다. □ 안에 알맞은 수를 써넣으세요.

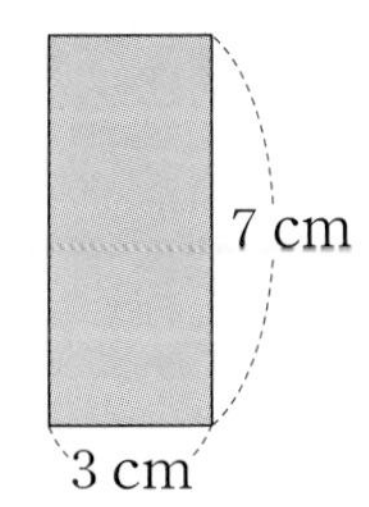

$3\times$ □ $=$ □ (cm^2)

5 오른쪽 삼각형의 넓이를 구하려고 합니다. □ 안에 알맞은 수를 써넣으세요.

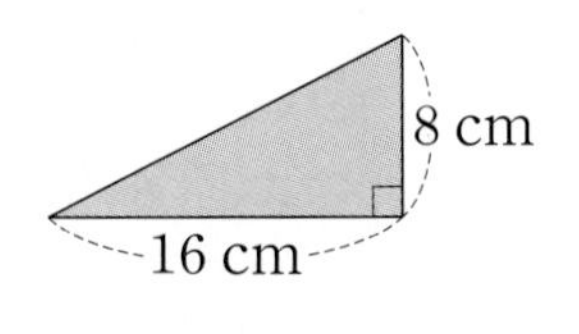

$16\times$ □ $\div$ □ $=$ □ (cm^2)

6 직사각형의 둘레를 구하려고 합니다. □ 안에 알맞은 수를 써넣으세요.

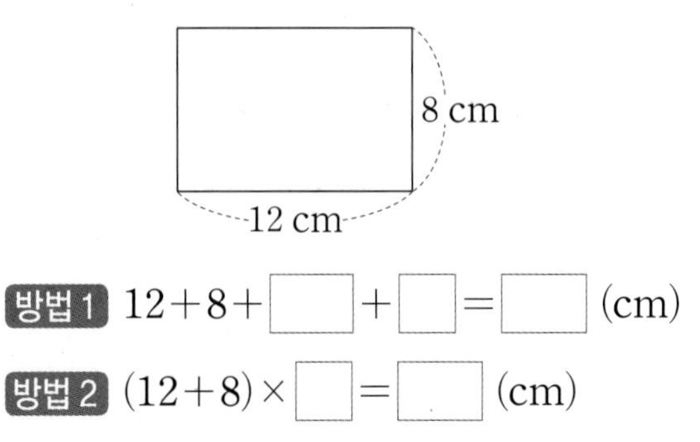

방법 1 $12+8+$ □ $+$ □ $=$ □ (cm)

방법 2 $(12+8)\times$ □ $=$ □ (cm)

7 직사각형의 넓이는 몇 m^2일까요?

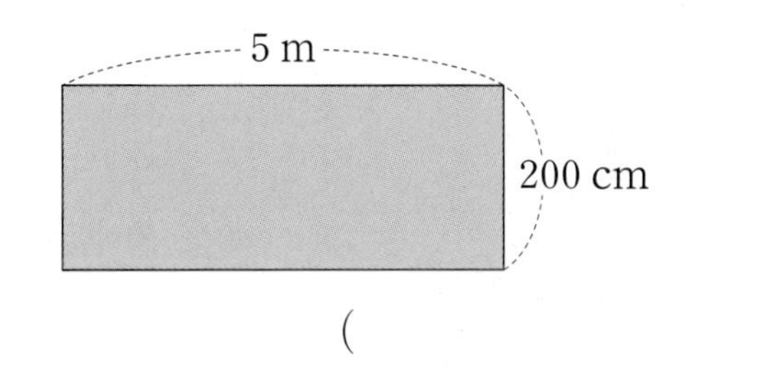

( )

8 마름모의 넓이는 몇 cm^2일까요?

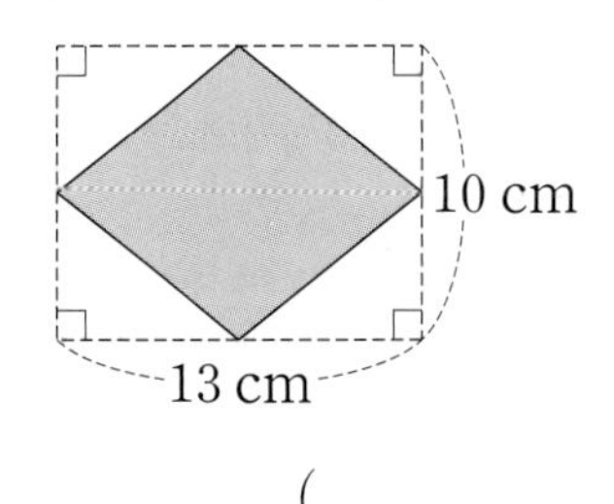

( )

9 오른쪽 평행사변형의 넓이는 몇 cm^2일까요?

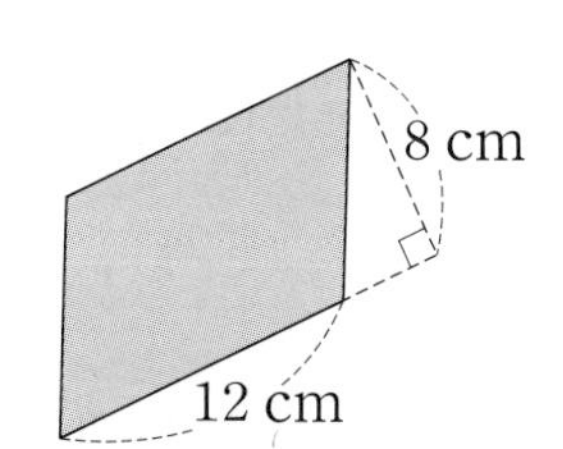

( )

10 오른쪽 삼각형의 넓이는 몇 cm^2 일까요?

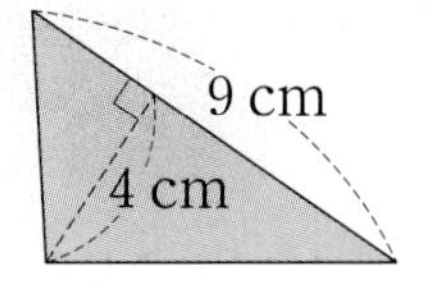

( )

11 마름모의 넓이는 몇 cm^2일까요?

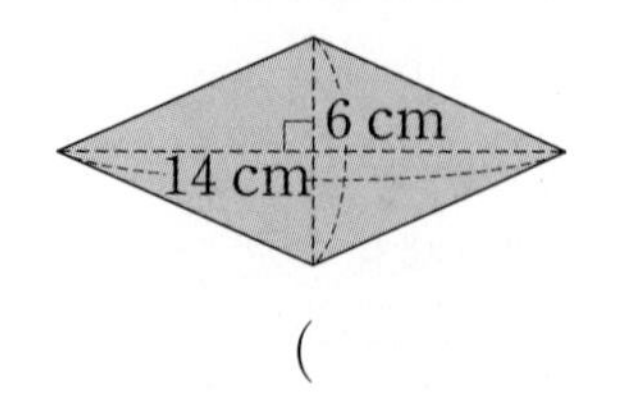

( )

12 사다리꼴의 넓이는 몇 cm^2일까요?

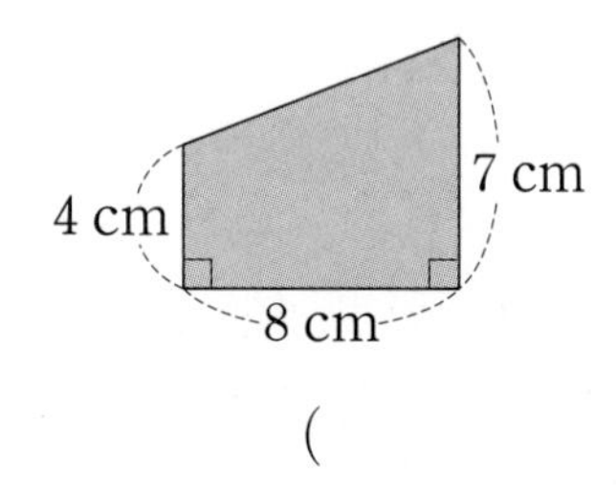

( )

13 넓이가 다른 하나를 찾아 기호를 써 보세요.

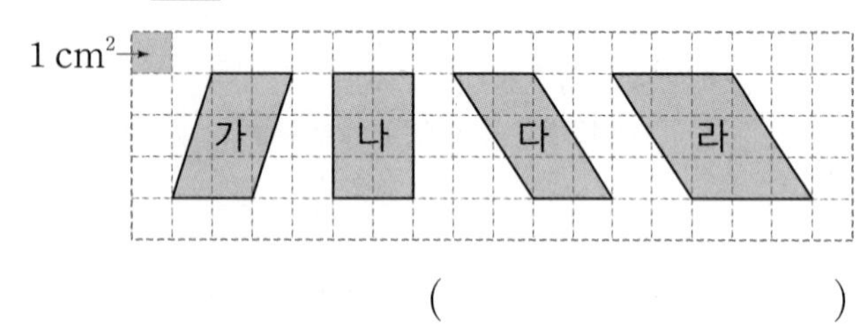

( )

14 넓이가 8 cm^2인 서로 다른 모양의 직사각형을 2개 그려 보세요.

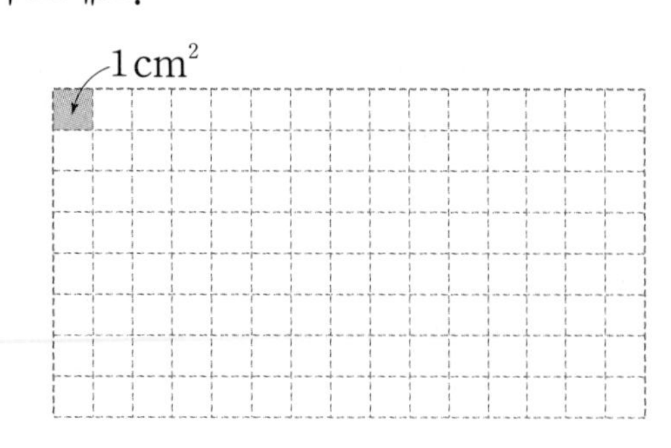

15 한 변의 길이가 6 cm인 정사각형의 둘레는 몇 cm 일까요?

( )

16 도형의 둘레는 몇 cm일까요?

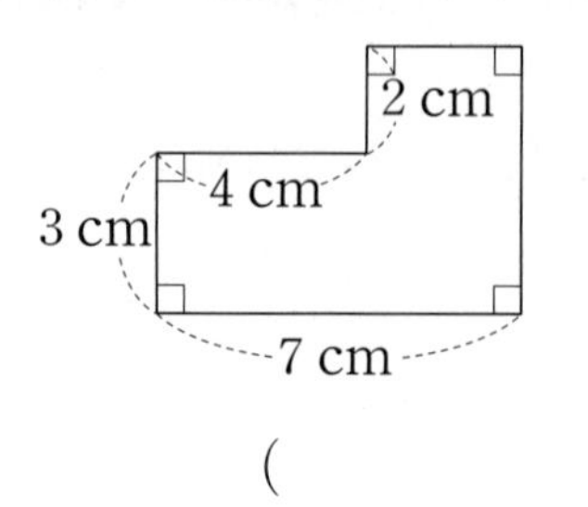

( )

17 색칠한 부분의 넓이는 몇 cm^2일까요?

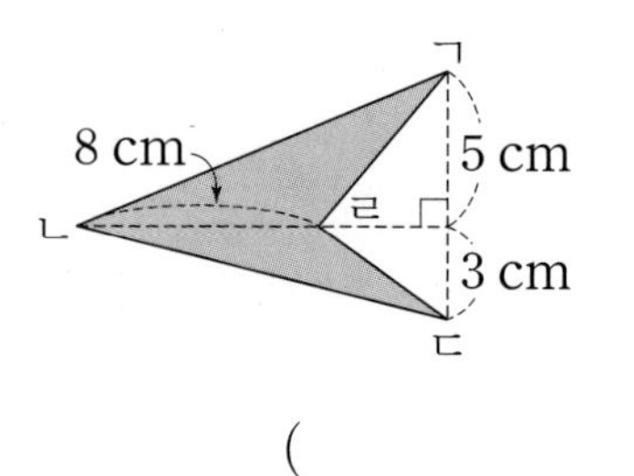

( )

18 가로가 7 cm인 직사각형이 있습니다. 이 직사각형의 둘레가 30 cm일 때 세로는 몇 cm일까요?

( )

19 넓이가 60 cm^2인 사다리꼴입니다. □ 안에 알맞은 수를 구해 보세요.

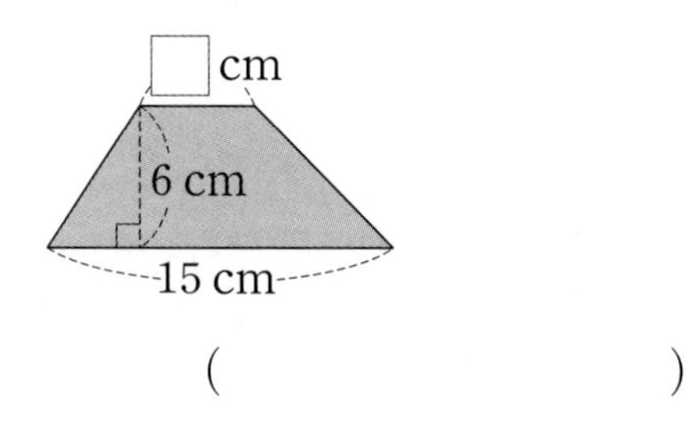

( )

20 철사를 겹치는 부분 없이 모두 사용하여 만든 평행사변형입니다. 이 철사를 다시 편 다음 만들 수 있는 가장 큰 마름모의 한 변의 길이는 몇 cm일까요?

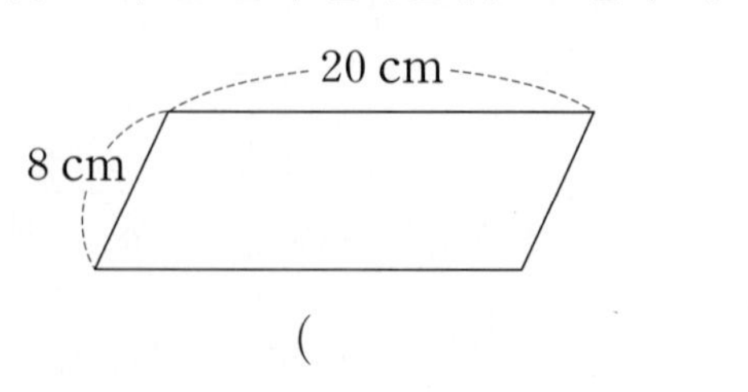

( )

날짜 . . 점수

5학년 이름:

1 정다각형의 둘레는 몇 cm일까요?

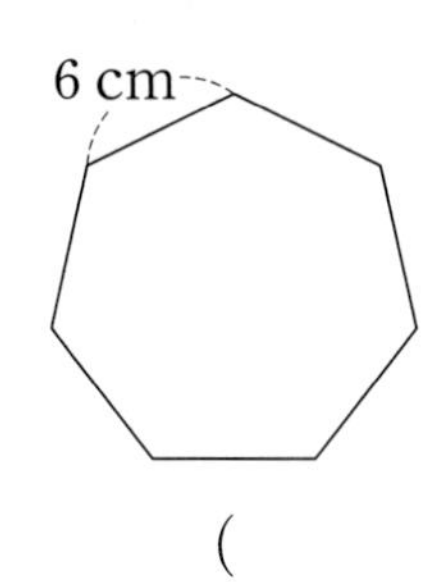

( )

2 한 변의 길이가 20 cm인 정사각형 모양의 손수건이 있습니다. 이 손수건의 둘레는 몇 cm일까요?

( )

3 직사각형의 둘레는 몇 cm일까요?

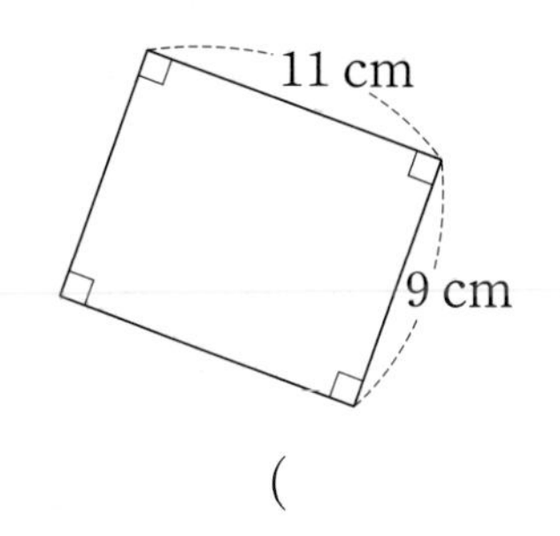

( )

4 평행사변형의 둘레는 몇 cm일까요?

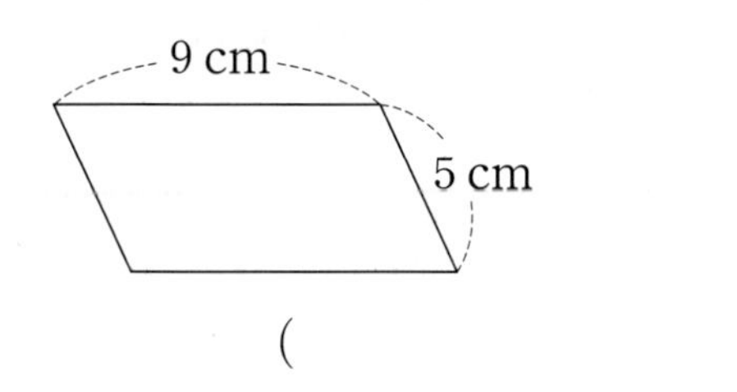

( )

5 마름모의 둘레는 몇 cm일까요?

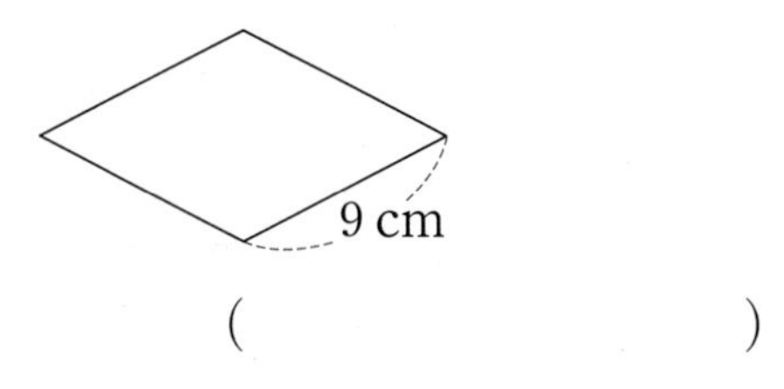

( )

6 넓이가 다른 하나를 찾아 기호를 써 보세요.

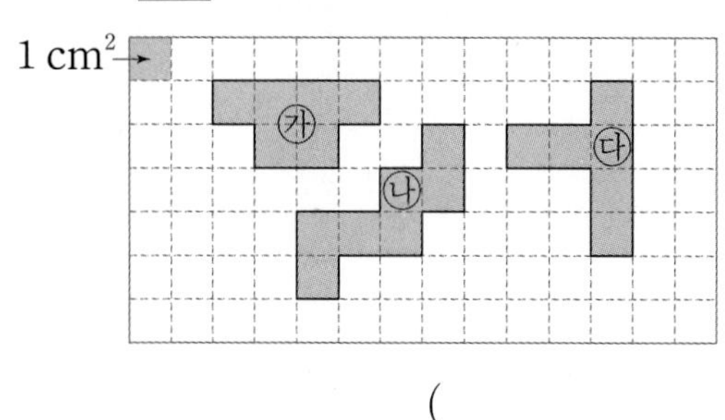

( )

7 직사각형의 넓이는 몇 cm^2일까요?

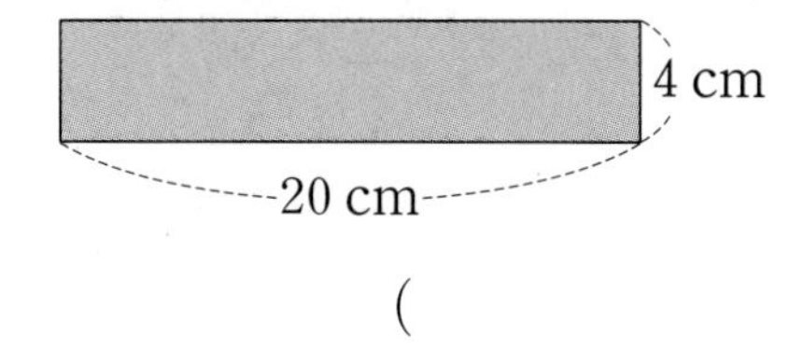

( )

8 둘레가 36 cm인 정사각형의 넓이는 몇 cm^2일까요?

( )

9 도형의 넓이는 몇 cm^2일까요?

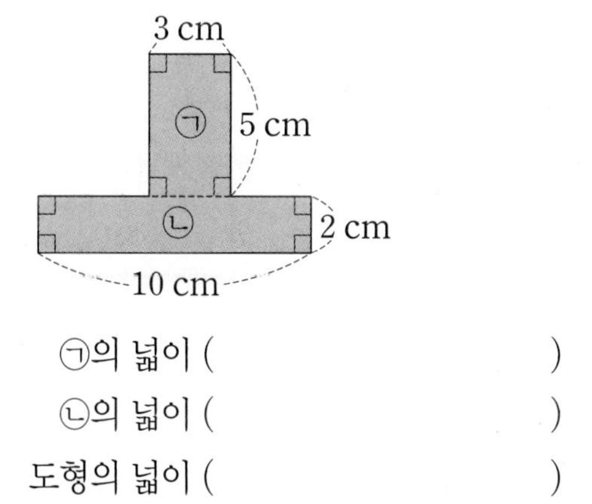

㉠의 넓이 ( )

㉡의 넓이 ( )

도형의 넓이 ( )

10 □ 안에 알맞은 수를 써넣으세요.

(1) $2\ km^2 =$ □ m^2

(2) $50000000\ m^2 =$ □ km^2

11 정사각형의 넓이는 몇 m^2일까요?

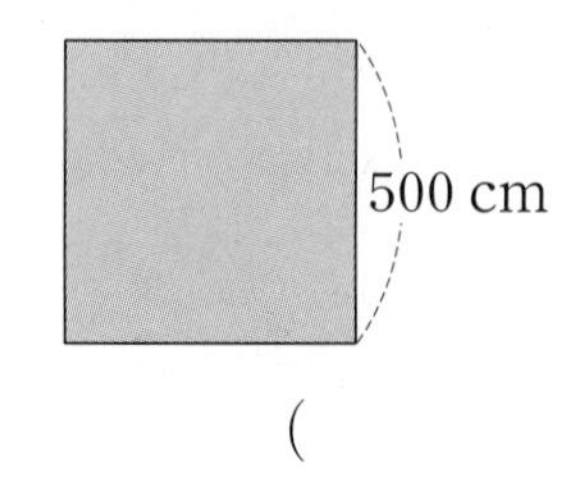

( )

12 평행사변형의 넓이는 몇 cm^2일까요?

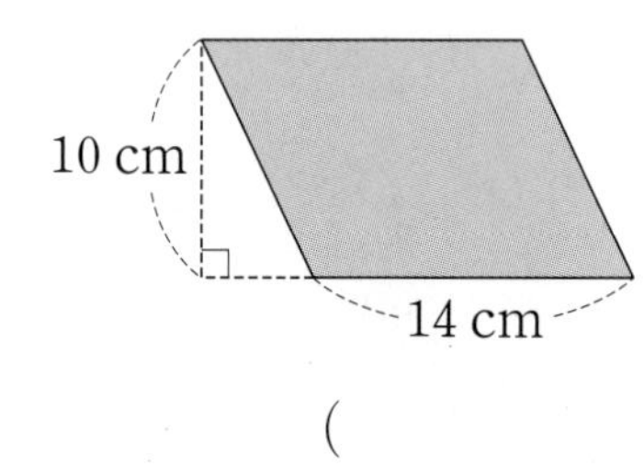

( )

13 평행사변형의 넓이는 80 m^2입니다. □ 안에 알맞은 수를 써넣으세요.

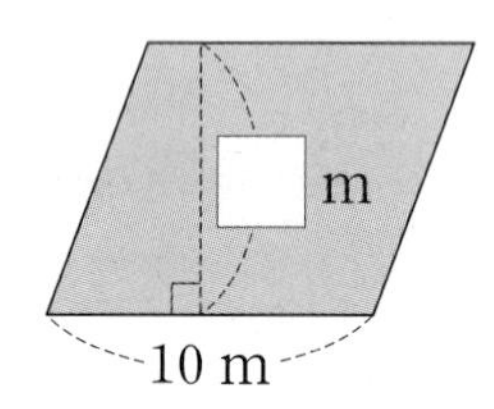

14 삼각형의 넓이는 몇 cm^2일까요?

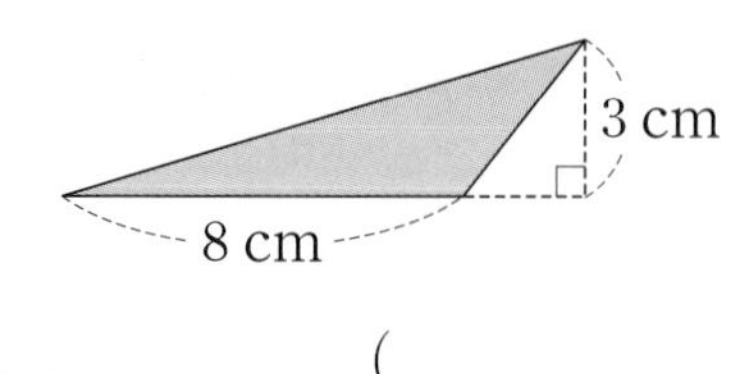

( )

15 수민이는 밑변의 길이가 6 cm, 높이가 11 cm인 삼각형 모양으로 한지를 잘랐습니다. 자른 한지의 넓이는 몇 cm^2일까요?

( )

16 사각형 ㄱㄴㄷㄹ은 평행사변형입니다. 색칠한 부분의 넓이는 몇 cm^2일까요?

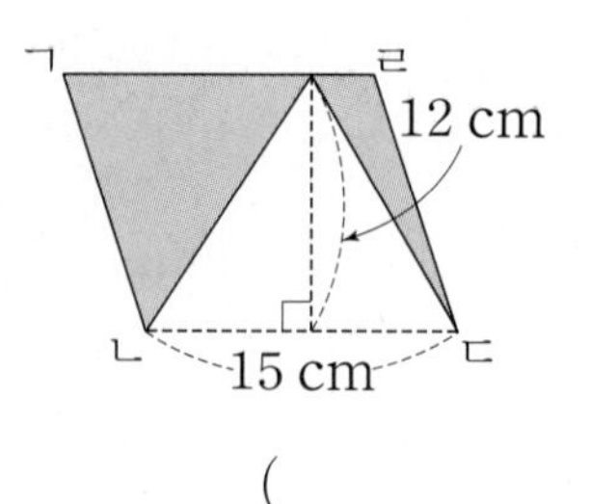

( )

17 마름모의 넓이는 몇 m^2일까요?

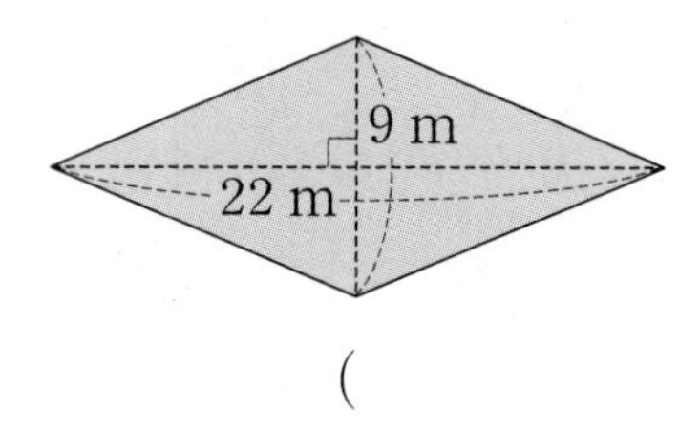

( )

18 마름모의 넓이는 40 cm^2입니다. □ 안에 알맞은 수를 써넣으세요.

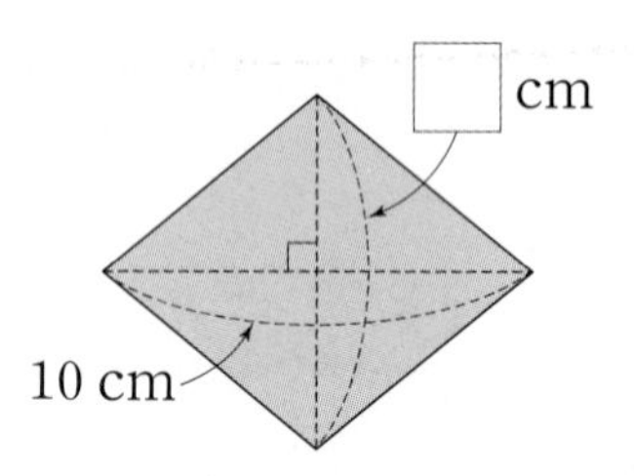

19 사다리꼴의 넓이는 몇 cm^2일까요?

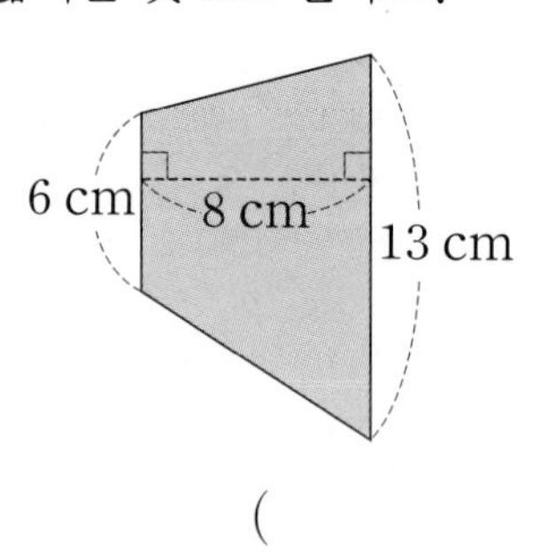

( )

20 넓이가 12 cm^2인 사다리꼴을 1개 그려 보세요.

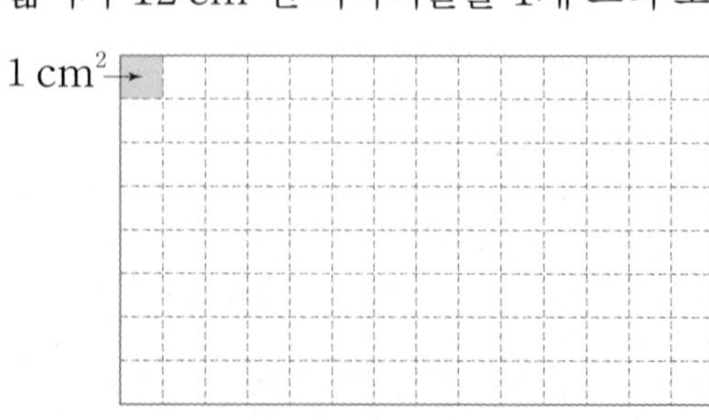

5학년 1학기 과정을 모두 끝내셨나요?

한 학기 성취도를 확인해 볼 수 있도록 25문항으로 구성된 평가지입니다.
1학기 내용을 얼마나 이해했는지 평가해 보세요.

차세대 리더

반 .... 이름 ....

총정리 수학 성취도 평가

1단원~6단원

점수

1 그림을 보고 알맞은 말에 ○표 하세요.

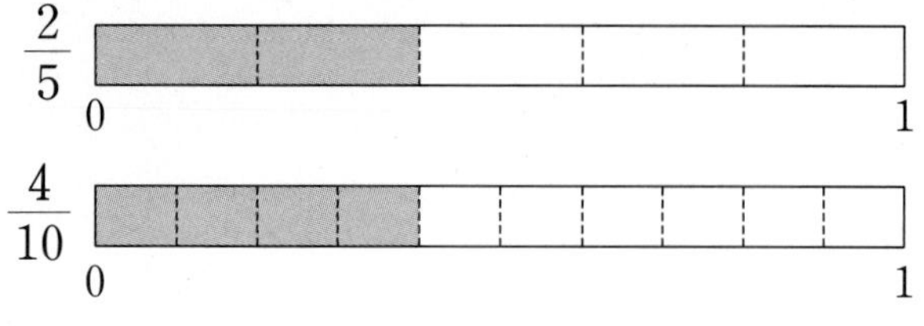

$\frac{2}{5}$와 $\frac{4}{10}$는 크기가 (같은 , 다른) 분수입니다.

2 계산 순서에 맞게 기호를 차례대로 써 보세요.

$$63-(25+17)\times 3\div 7+38$$

(㉠ : $-$, ㉡ : $+$, ㉢ : $\times$, ㉣ : $\div$, ㉤ : $+$)

(　　　　　　　　)

3 ㉠과 ㉡에 알맞은 수를 각각 구해 보세요.

$$\frac{7}{12}=\frac{7\times ㉠}{12\times \square}=\frac{28}{㉡}$$

㉠ (　　　　　　　　)

㉡ (　　　　　　　　)

4 계산해 보세요.

(1) $\frac{2}{5}+\frac{1}{4}$

(2) $\frac{4}{9}-\frac{5}{12}$

5 정다각형의 둘레는 몇 cm일까요?

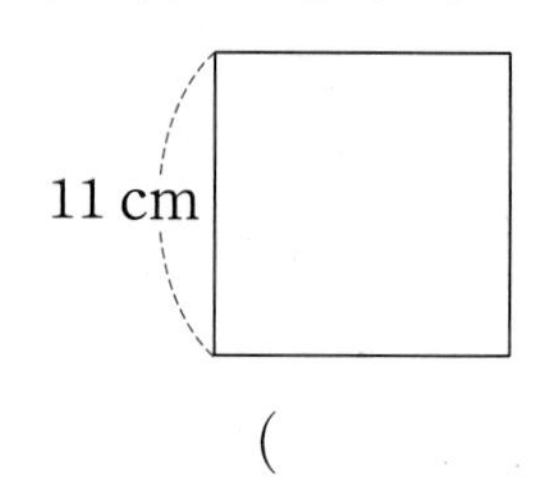

(　　　　　　　　)

6 보기 와 같이 계산해 보세요.

보기

$$2\frac{1}{4}+1\frac{5}{6}=\frac{9}{4}+\frac{11}{6}=\frac{27}{12}+\frac{22}{12}=\frac{49}{12}=4\frac{1}{12}$$

$2\frac{3}{5}+1\frac{2}{3}=$ ________________

7 미술 작품을 게시판에 전시하기 위해 도화지에 누름 못을 꽂아서 벽에 붙이고 있습니다. 도화지의 수와 누름 못의 수 사이의 대응 관계를 써 보세요.

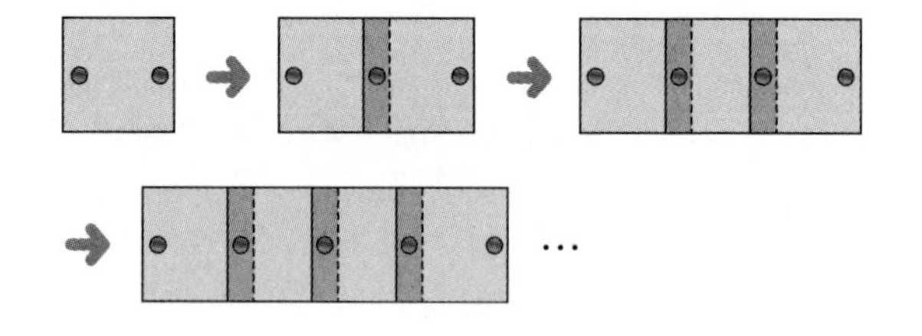

누름 못의 수는 ________________

8 계산 결과를 비교하여 ○ 안에 $>$, $=$, $<$를 알맞게 써넣으세요.

$(75-54)\div 3+8$ ○ $75-54\div 3+8$

9 □ 안에 알맞은 수를 구해 보세요.

$$\square-\frac{7}{10}=\frac{13}{15}$$

( )

10 6과 9의 공배수 중 60보다 크고 80보다 작은 수를 구해 보세요.

( )

11 넓이가 96 cm^2인 평행사변형입니다. ㉠에 알맞은 수를 구해 보세요.

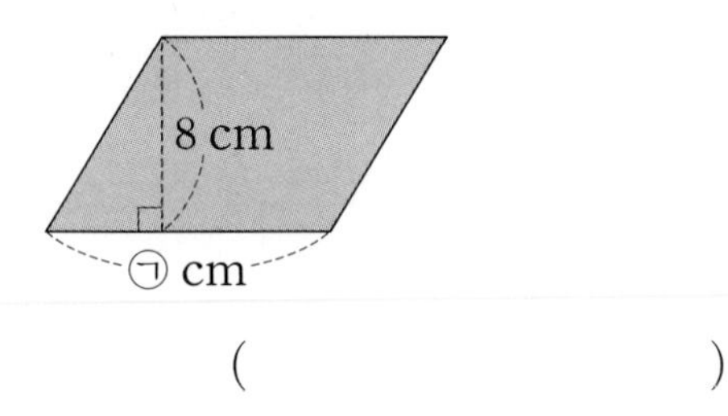

( )

12 한 모둠에 학생이 6명씩 앉아 있습니다. 모둠의 수를 □, 학생의 수를 ☆이라고 할 때, 두 양 사이의 대응 관계를 식으로 나타내어 보세요.

식 ______________________

13 세아의 장난감의 무게는 $\frac{21}{35}$ kg입니다. 세아의 장난감의 무게는 몇 kg인지 기약분수로 나타내어 보세요.

( )

14 마름모의 넓이는 몇 cm^2일까요?

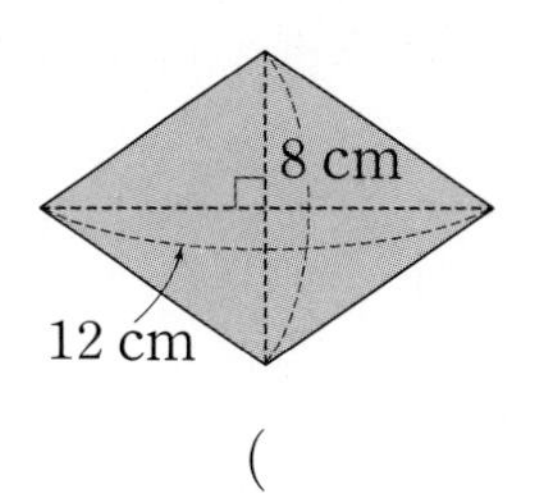

( )

15 윤서와 준호는 같은 크기의 와플을 각각 먹고 있습니다. 윤서는 와플의 0.67만큼을 먹었고, 준호는 와플의 $\frac{3}{5}$만큼을 먹었습니다. 와플을 더 많이 먹은 사람은 누구일까요?

( )

16 철사를 주완이는 $3\frac{5}{6}$ m 가지고 있고, 윤주는 $1\frac{7}{9}$ m 가지고 있습니다. 주완이는 윤주보다 철사를 몇 m 더 많이 가지고 있을까요?

 ______________________

답 ______________________

17 지영이는 4일마다 수영장에 가고, 희민이는 6일마다 수영장에 갑니다. 오늘 두 사람이 수영장에 함께 갔다면 다음에 두 사람이 수영장에 동시에 가는 날은 오늘부터 며칠 뒤일까요?

( )

18 도넛 가게에서 도넛을 한 판에 14개씩 6판 구워 남는 것 없이 7상자에 똑같이 나누어 담았습니다. 한 상자에 들어 있는 도넛은 몇 개일까요?

( )

19 미술 시간에 교실 환경판을 꾸미는 데 윗변의 길이가 14 cm, 아랫변의 길이가 10 cm, 높이가 6 cm인 사다리꼴 모양 조각이 필요합니다. 사다리꼴 모양 조각의 넓이는 몇 cm^2일까요?

( )

서술형

20 삼각형에서 □ 안에 알맞은 수를 구하려고 합니다. 풀이 과정을 쓰고 답을 구해 보세요.

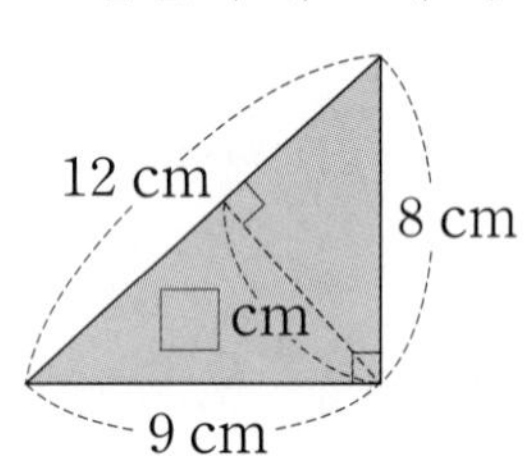

풀이

답

21 집에서 도서관과 문구점을 지나 놀이터까지의 거리는 몇 km일까요?

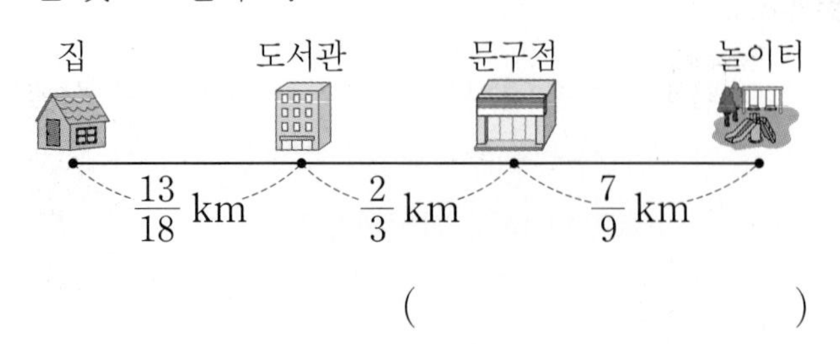

( )

22 둘레가 20 cm인 직사각형입니다. 이 직사각형의 세로는 몇 cm일까요?

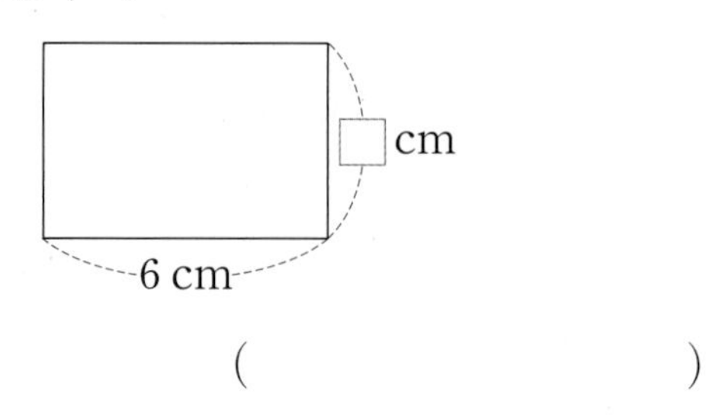

( )

23 다음 두 조건을 만족하는 수를 모두 구해 보세요.

- 6과 15의 공배수입니다.
- 100보다 작습니다.

( )

서술형

24 물 $6\frac{1}{2}$ L가 들어 있는 물통에서 $3\frac{5}{8}$ L를 덜어 낸 후 물 $2\frac{3}{4}$ L를 물통에 다시 부었습니다. 지금 물통에 들어 있는 물은 몇 L인지 풀이 과정을 쓰고 답을 구해 보세요.

풀이

답

25 쿠키 40개와 젤리 56개를 최대한 많은 접시에 남김없이 똑같이 나누어 담으려고 합니다. 접시 한 개에 쿠키와 젤리를 각각 몇 개씩 담을 수 있을까요?

쿠키 ( )

젤리 ( )

배움으로 행복한 내일을 꿈꾸는

천재교육 커뮤니티 안내

교재 안내부터 구매까지 한 번에!

천재교육 홈페이지

자사가 발행하는 참고서, 교과서에 대한 소개는 물론
도서 구매도 할 수 있습니다. 회원에게 지급되는 별을 모아
다양한 상품 응모에도 도전해 보세요!

다양한 교육 꿀팁에 깜짝 이벤트는 덤!

천재교육 인스타그램

천재교육의 새롭고 중요한 소식을 가장 먼저 접하고 싶다면?
천재교육 인스타그램 팔로우가 필수!
깜짝 이벤트도 수시로 진행되니 놓치지 마세요!

수업이 편리해지는

천재교육 ACA 사이트

오직 선생님만을 위한, 천재교육 모든 교재에 대한 정보가 담긴
아카 사이트에서는 다양한 수업자료 및 부가 자료는 물론
시험 출제에 필요한 문제도 다운로드하실 수 있습니다.

https://aca.chunjae.co.kr

천재교육을 사랑하는 샘들의 모임

천사샘

학원 강사, 공부방 선생님이시라면 누구나 가입할 수 있는 천사샘!
교재 개발 및 평가를 통해 교재 검토진으로 참여할 수 있는 기회는 물론
다양한 교사용 교재 증정 이벤트가 선생님을 기다립니다.

아이와 함께 성장하는 학부모들의 모임공간

튠맘 학습연구소

튠맘 학습연구소는 초·중등 학부모를 대상으로 다양한 이벤트와 함께
교재 리뷰 및 학습 정보를 제공하는 네이버 카페입니다.
초등학생, 중학생 자녀를 둔 학부모님이라면 튠맘 학습연구소로 오세요!

book.chunjae.co.kr

교재 내용 문의 ·························· 교재 홈페이지 ▸ 초등 ▸ 교재상담
교재 내용 외 문의 ························ 교재 홈페이지 ▸ 고객센터 ▸ 1:1문의
발간 후 발견되는 오류 ···················· 교재 홈페이지 ▸ 초등 ▸ 학습지원 ▸ 학습자료실

수학의 자신감을 키워 주는 **초등 수학 교재**

난이도 한눈에 보기!

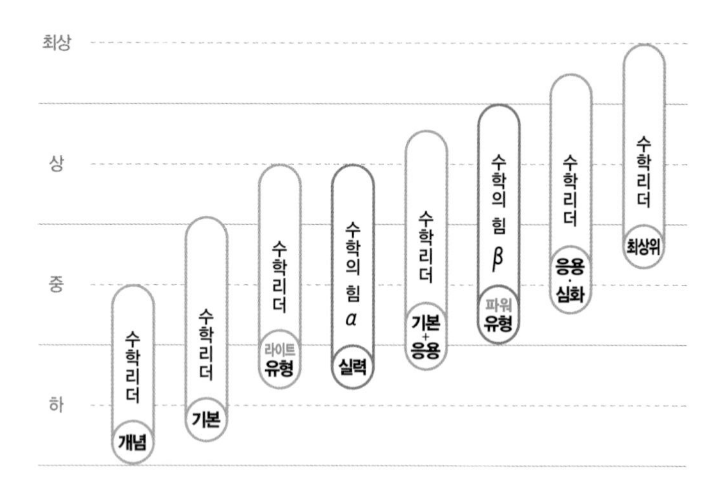

- **수학리더 연산** 계산 연습
  연산 드릴과 문장 읽고 식 세우기 연습이 필요할 때
- **수학리더 유형** 라이트 유형서
  응용·심화 단계로 가기 전
  다양한 유형 문제로 실력을 탄탄히 다지고 싶을 때
- **수학리더 기본+응용** 실력서
  기본 단계를 끝낸 후
  기본부터 응용까지 한 권으로 끝내고 싶을 때
- **수학리더 최상위** 고난도
  응용·심화 단계를 끝낸 후
  고난도 문제로 최상위권으로 도약하고 싶을 때

※ 주의
책 모서리에 다칠 수 있으니 주의하시기 바랍니다.
부주의로 인한 사고의 경우 책임지지 않습니다.
8세 미만의 어린이는 부모님의 관리가 필요합니다.
※ KC 마크는 이 제품이 공통안전기준에 적합하였음을 의미합니다.

차세대 리더

검정 교과서 완벽 반영

수학리더 기본

해법 전략

BOOK 3

5-1

BOOK 1
지피지기
교과서 개념
+서술형 학습 시스템

BOOK 2
백전백승
익힘책 유형
+서술형+단원평가

리더가 되기 위한
공부 비법

천재교육

해법전략
포인트 3가지

- 혼자서도 이해할 수 있는 친절한 문제 풀이
- 참고, 주의 등 자세한 풀이 제시
- 다른 풀이를 제시하여 다양한 방법으로 문제 풀이 가능

1 자연수의 혼합 계산

4~5쪽 1단계 교과서 바로 알기

확인 문제

1 42 − 14에 ○표
2 (계산 순서대로) 28, 19, 19
3 68+12−49=80−49 =31 (① 68+12, ② −49)
4 24
5 ×
6 (1) 15, 27, 7 (2) 7명

한번 더! 확인

7 (　)(○)
8 44, 28
9 51−(27+8)=51−35 =16 (① 27+8, ② 51−)
10 43
11 22, 10 / ×
12 식 26+9−17=18 답 18대

1 덧셈과 뺄셈이 섞여 있고 (　)가 없으면 앞에서부터 차례대로 계산합니다.

3 앞에서부터 차례대로 계산합니다.

4 75−(32+19)=75−51 =24 (① 32+19, ② 75−)

5 • 15−10+4=5+4=9
• 15−(10+4)=15−14=1

6 (남학생 수)+(여학생 수)−(안경을 쓰지 않은 학생 수)
=19+15−27
=34−27=7(명)

7 (　)가 있는 식은 (　) 안을 먼저 계산합니다.

10 25−13+31=12+31 =43 (① 25−13, ② +31)

11 • 25−9+6=16+6=22
• 25−(9+6)=25−15=10

12 (두발자전거의 수)+(세발자전거의 수) −(대여해 간 자전거의 수)
=26+9−17
=35−17=18(대)

6~7쪽 1단계 교과서 바로 알기

확인 문제

1 ○
2 (계산 순서대로) 20, 4, 4
3 24÷3×7=8×7 =56 (① 24÷3, ② ×7)
4 (1) 7 (2) 3
5 >
6 (1) 3, 15, 5 (2) 5개

한번 더! 확인

7 6×3에 ○표
8 6, 30
9 72÷(3×4)=72÷12 =6 (① 3×4, ② 72÷)
10 (선 잇기)
11 서아
12 식 30×2÷10=6 답 6개

1 곱셈과 나눗셈이 섞여 있고 (　)가 없으면 앞에서부터 차례대로 계산합니다.

4 (1) 28×3÷12=84÷12=7
(2) 105÷(5×7)=105÷35=3

5 18×2÷3=36÷3=12 ➜ 12>10

6 (한 판의 모종의 수)×(모종 판 수)÷(나누어 심을 곳의 수)
=25×3÷15
=75÷15=5(개)

7 (　)가 있는 식은 (　) 안을 먼저 계산합니다.

9 주의
보기의 계산식만 보고 (　)가 있는 식을 앞에서부터 차례대로 계산하지 않도록 주의합니다.

10 • 12×6÷3=72÷3=24
• 42÷(7×2)=42÷14=3

11 5×16÷8=80÷8=10
➜ 10<16이므로 더 큰 수를 말한 사람은 서아입니다.

12 (달걀 1판의 달걀 수)×(달걀 판 수)÷(나누어 줄 사람 수)
=30×2÷10=60÷10=6(개)

참고
(한 사람에게 줄 달걀 수)
=(전체 달걀 수)÷(나누어 줄 사람 수)
└→(달걀 1판의 달걀 수)×(달걀 판 수)

8~9쪽 1단계 교과서 바로 알기

확인 문제

1 2, 1, 3
2 (계산 순서대로) 8, 24, 3, 3
3 (1) 29 (2) 21
4 ×
5 다릅니다.
6 (○) ( )

한번 더! 확인

7 ㉡, ㉢, ㉠
8 6, 21, 6, 15
9 예 $28-9\times2+6=16$ (① 9×2, ② $28-9\times2$, ③ $28-9\times2+6$)
10 ○
11 ㉡
12 2, 5, 13 답 13개

3 (1) $67-14\times3+4=67-42+4=25+4=29$
(2) $17+(5-3)\times2=17+2\times2=17+4=21$

5 • $48-2\times19+2=48-38+2=10+2=12$
• $48-2\times(19+2)=48-2\times21=48-42=6$
➡ 두 식의 계산 결과가 다릅니다.

6 (빨간색 색종이 수)+(노란색 색종이 수) (33, 19)
−(9일 동안 사용한 색종이 수) (5×9)
$=33+19-5\times9=33+19-45$
$=52-45=7$(장)

7 ( ) 안을 먼저 계산하고 곱셈, 덧셈의 순서로 계산합니다.

9 $28-9\times2+6=28-18+6=10+6=16$

10 ( ) 안을 먼저 계산하고 곱셈, 덧셈의 순서로 계산합니다.

11 ㉠ $3\times(25-17)+16=3\times8+16=24+16=40$
㉡ $3\times25-17+16=75-17+16=58+16=74$
➡ $40<74$이므로 ㉡의 계산 결과가 더 큽니다.

12 (처음에 산 바나나 수)−(친구 6명에게 준 바나나 수) (20, 2×6)
+(더 산 바나나 수) (5)
$=20-2\times6+5=20-12+5$
$=8+5=13$(개)

10~13쪽 2단계 익힘책 바로 풀기

1 ( ) (○)
2 (1) 예 $56+37-63=30$ (① $56+37$, ② $56+37-63$)
(2) 예 $16+(58-42)=32$ (① $58-42$, ② $16+(58-42)$) (3) 예 $84\div(7\times4)=3$ (① 7×4, ② $84\div(7\times4)$)
3 ㉢, ㉡, ㉠
4 (1) 105 (2) 22 (3) 229
5 유찬, 3
6 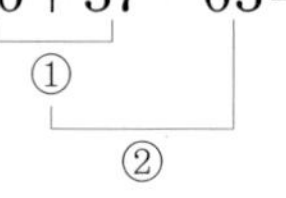
7 ㉡
8 5000, 3000, 6800 답 6800원
9 예 ( ) 안, 곱셈, 뺄셈의 순서로 계산해야 하는데 ( ) 안, 뺄셈, 곱셈의 순서로 계산했습니다. /
예 $60-(5+3)\times7=60-8\times7$
$=60-56$
$=4$
10 ( ) (○)
11 40, 7, 200 답 200번
12 ❶ 18, 38, 41 ❷ 41, 42 답 42
13 식 $12\times4\div8=6$
14 (1) 식 $50-(14+6)=30$ (2) 식 $81\div(3\times9)=3$
15 (1) ÷ (2) ×
16 700원
17 35, 9 / 예 ( )가 있느냐 없느냐에 따라 계산 순서가 달라지므로 계산 결과가 다릅니다.
18 −, ×, +, 18 답 18명
19 10
20 예 동생에게 19자루를 주고 언니에게 8자루를 받았다면 지금 서연이가 가지고 있는 연필은 모두 몇 자루인가요? 답 예 43자루
21 예 빵 75개를 구우려면 몇 판 구워야 하나요? 답 예 5판
22 (1) 6 (2) 4
23 식 $600\div(50\times4)=3$ 답 3일
24 ❶ 14, 9 ❷ 5 ❸ 14, 9, 5, 3 답 3명

5 유찬: $72\div(8\times3)=72\div24=3$

6 • $16\times6\div12=96\div12=8$
• $54-34+24=20+24=44$

7 덧셈, 뺄셈이 섞여 있는 식은 앞에서부터 차례대로 계산합니다. ➡ ㉠ $23-11+6=12+6=18$

8 (가지고 있던 용돈)−(산 과자의 값)
+(할머니께 받은 용돈)
$=5000-1200+3000$
$=3800+3000=6800$(원)

9 평가 기준
( ) 안, 곱셈, 뺄셈의 순서로 계산해야 한다는 말을 넣어 까닭을 쓰고 바르게 계산했으면 정답으로 합니다.

10 $63\div(7\times3)=63\div21=3$
$73-(26+43)=73-69=4$ ➔ $3<4$

11 줄넘기를 한 날수: $7-2$(일)
➔ $40\times(7-2)=40\times5=200$(번)

13 두 식에 48이 공통으로 들어 있으므로 $48\div8=6$에서 48 대신 12×4를 넣어 하나의 식으로 나타냅니다.

14 (1) 50에서 14와 6의 합을 뺀 값 $(14+6)$
➔ $50-(14+6)=50-20=30$
(2) 81을 3과 9의 곱으로 나눈 몫 (3×9)
➔ $81\div(3\times9)=81\div27=3$

15 (1) • $16\times4\times5=64\times5=320$ (×)
• $16\div4\times5=4\times5=20$ (○)
(2) • $80\div(4\times2)=80\div8=10$ (○)
• $80\div(4\div2)=80\div2=40$ (×)

16 $5000-(2800+1500)=5000-4300=700$(원)

17 • $41-19+13=22+13=35$
• $41-(19+13)=41-32=9$

평가 기준
두 식을 바르게 계산하고, 계산 순서가 다르므로 계산 결과가 다르다는 내용을 바르게 썼으면 정답으로 합니다.

18 (응원을 한 학생 수)
=(서진이네 반 학생 수)−(축구를 한 학생 수)
+(응원을 한 다른 반 학생 수)
$=32-11\times2+8=32-22+8$
$=10+8=18$(명)

19 • $20-14+11=6+11=17$
• $11+14-18=25-18=7$
➔ $17-7=10$

20 $54-19+8=35+8=43$

평가 기준
주어진 상황에서 19자루를 빼고 8자루를 더하는 상황으로 문제를 완성하고 답을 바르게 구했으면 정답으로 합니다.

21 $75\div(5\times3)=75\div15=5$

평가 기준
75개를 한 판에 굽는 빵의 수로 나누는 문제를 완성하고 답을 바르게 구했으면 정답으로 합니다.

22 (1) $12+\square\times7=54$ ($\square\times7$ → 42)
➔ $\square\times7=42$이므로 $\square=6$입니다.
(2) $40\div(5\times\square)=2$ ($5\times\square$ → 20)
➔ $5\times\square=20$이므로 $\square=4$입니다.

23 (전체 편지 수)
÷(한 대가 하루에 배달하는 편지 수×로봇 수)
$=600\div(50\times4)=600\div200=3$(일)

14~15쪽 1단계 교과서 바로 알기

확인 문제
1 ( )(○)
2 (계산 순서대로) 21, 31, 31
3 ( )( )(○)
4 >
5 (1) 10, 6
(2) 10, 2, 4 답 4개

한번 더! 확인
6 ㉡
7 39, 13, 5
8 (1) 19 (2) 2
9 (○)( )
10 800, 300, 128 답 128 g

1 ( )가 있는 식은 ( ) 안을 먼저 계산합니다.

3 $54-(48+33)\div3=54-81\div3=54-27=27$

4 $36-28\div4+2=36-7+2$
$=29+2=31$
➔ $31>4$

5 (전체 풍선 수)÷(나누어 가진 사람 수)−(터진 풍선 수)
$=(14+10)\div4-2=24\div4-2$
$=6-2=4$(개)

8 (1) $21+72\div3-26=21+24-26$
$=45-26=19$
(2) $42\div(6+8)-1=42\div14-1$
$=3-1=2$

9 • $12+48-36\div6=12+48-6=60-6=54$
• $12+(48-36)\div6=12+12\div6=12+2=14$
➔ $54>14$이므로 계산 결과가 더 큰 식은 왼쪽 식입니다.

10 (칫솔 1개의 무게)+(비누 1개의 무게)
−(치약 1개의 무게)
$=28+800\div2-300$
$=28+400-300$
$=428-300=128$ (g)

16~17쪽 1단계 교과서 바로 알기

확인 문제
1 ×
2 풀이 참고
3 (선 잇기)
4 (○)
( )

한번 더! 확인
5 ㉡, ㉢, ㉣, ㉠
6 (1) 3 (2) 65
7 (○)
( )
8 2500, 3, 3000 답 3000원

2 예 $12+5\times(43-31)\div3=32$

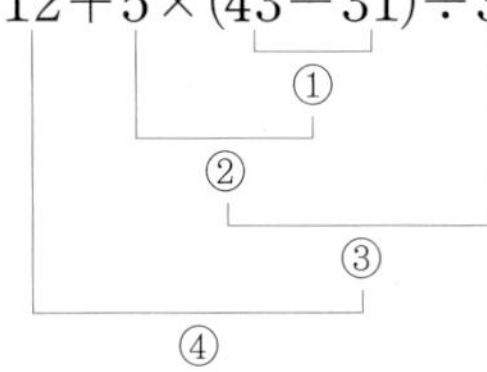

3 • $61+32\div4-7\times9=61+8-7\times9$
$=61+8-63$
$=69-63=6$
• $56-(6+8)\div2\times7=56-14\div2\times7$
$=56-7\times7$
$=56-49=7$

4 (공책 1권의 값)×2+(지우개 10개의 값)÷10
−(지폐로 낸 금액)
$=450\times2+3000\div10-1000=200$(원)

5 ( ) 안을 먼저 계산하고 나눗셈, 곱셈, 덧셈의 순서로 계산합니다.

6 (1) $10+2\times3\div6-8=10+6\div6-8$
$=10+1-8$
$=11-8=3$
(2) $14+27\div9\times(32-15)=14+27\div9\times17$
$=14+3\times17$
$=14+51=65$

7 • $43+5\times(25-9)\div8=43+5\times16\div8$
$=43+80\div8$
$=43+10=53$
• $12\times3-48\div8+31=36-48\div8+31$
$=36-6+31$
$=30+31=61$
➔ $53<61$

8 (가지고 있는 돈)−(커피 2잔의 값+쿠키 1개의 값)
$=10000-(2500\times2+6000\div3)=3000$(원)

18~19쪽 2단계 익힘책 바로 풀기

1 ②
2 (1) $50-18+21\div7=50-18+3$
$=32+3=35$
(2) $45\div3-4\times2+7=15-4\times2+7$
$=15-8+7$
$=7+7=14$
(3) $24\div(3+9)\times4-6=24\div12\times4-6$
$=2\times4-6$
$=8-6=2$
3 서준
4 16, 0 / ×
5 ③ / 37
6 (선 잇기)
7 예 곱셈부터 계산해야 하는데 앞에서부터 차례대로 계산했습니다.
8 10, 3, 5 답 5 L
9 식 예 $20\div4+7-2=10$ 답 10 cm
10 ㉡
11 ÷
12 ❶ 800 ❷ 40, 2 ❸ 800, 40, 2, 54 답 54개

4 • $30\div15+15-1=2+15-1$
$=17-1=16$
• $30\div(15+15)-1=30\div30-1$
$=1-1=0$
➔ 다릅니다.

5 ③ 뺄셈과 나눗셈이 섞여 있는 식은 나눗셈을 먼저 계산해야 합니다.

$40-3\times(5+3)\div8=40-3\times8\div8$
$=40-24\div8$
$=40-3=37$

6 • $(35-17)\div6+9=18\div6+9$
$=3+9=12$

• $12-26\div(4+9)=12-26\div13$
$=12-2=10$

7 평가 기준

곱셈부터 계산해야 한다는 말을 넣어 까닭을 바르게 썼으면 정답으로 합니다.

8 (덜어 내고 남은 물의 양)
÷(나눠 부은 작은 통의 수)
+(작은 통 한 개에 더 부은 물의 양)
$=(20-10)\div5+3=10\div5+3$
$=2+3=5$ (L)

참고

덜어 내고 남은 물의 양을 구하는 식을 먼저 계산해야 하므로 ( )를 사용하여 나타냅니다.

9 (이어 붙이는 두 리본의 길이의 합)
−(겹쳐지는 부분의 길이)
$=20\div4+7-2=5+7-2$
$=12-2=10$ (cm)

10 ㉠ $11+4\times2-16\div8=11+8-16\div8$
$=11+8-2$
$=19-2=17$

㉡ $30\div(8-2)\times2=30\div6\times2$
$=5\times2=10$

➜ $17>10$이므로 ㉠>㉡입니다.

11 • $13+28\times4-15=13+112-15$
$=125-15=110$ (×)

• $13+28\div4-15=13+7-15$
$=20-15=5$ (○)

12 ❸ (하루에 나누어 줄 수 있는 기념품 수)
−(첫날 오전에 나누어 준 기념품 수)
$=800\div4-(33+40)\times2$
$=54$(개)

20~21쪽 2단계 **실력 바로 쌓기**

1-1 ❶ 500 ❷ 2500, 500 ❸ 2500, 500, 1500 답 1500원
1-2 답 4600원
2-1 ❶ 83 ❷ 37 ❸ 16 답 $46-6\times(2+3)=16$
2-2 답 $24+72\div(8\times3)=27$
3-1 ❶ 48, 4, 25 ❷ 25, 11 답 11
3-2 답 60
4-1 ❶ 14 ❷ 14, 2 ❸ 14, 2, 3, 30 답 30개
4-2 답 4장

1-2 ❶ 공책 6권의 값: 700×6(원)
❷ 공책 6권 값과 가위 1개 값의 합: $700\times6+1200$(원)
❸ 남은 돈을 하나의 식으로 나타내 구하기:
$10000-(700\times6+1200)$
$=10000-(4200+1200)$
$=10000-5400$
$=4600$(원)

2-1 ❶ $(46-6)\times2+3=40\times2+3=80+3=83$
❷ $46-(6\times2)+3=46-12+3=34+3=37$
❸ $46-6\times(2+3)=46-6\times5=46-30=16$

2-2 ❶ $(24+72)\div8\times3=96\div8\times3=12\times3=36$
❷ $24+(72\div8)\times3=24+9\times3=24+27=51$
❸ $24+72\div(8\times3)=24+72\div24=24+3=27$

3-2 ❶ $\square-(27\div9+4)\times5=\square-(3+4)\times5$
$=\square-7\times5$
$=\square-35$
❷ $\square-35=25$이므로 $\square=60$

4-1 ❸ $5\times14\div2-8+3=70\div2-8+3$
$=35-8+3$
$=27+3=30$(개)

4-2 ❶ 전체 색종이 수: $18+24$(장)
❷ 슬기가 가진 색종이 수: $(18+24)\div6$(장)
❸ 슬기가 지금 가지고 있는 색종이 수를 하나의 식으로 나타내 구하기:
$(18+24)\div6-5+2=42\div6-5+2$
$=7-5+2$
$=2+2=4$(장)

22~24쪽 TEST 단원 마무리 하기

1 6×3에 ○표
2 ㉡, ㉢, ㉠
3 $119-(36+27)=119-63=56$ (① $36+27$, ② $119-63$)
4 $192\div(4\times2)=192\div8=24$ (① 4×2, ② $192\div8$)
5 43
6 64
7 (○)( )
8 53, 13 / 다릅니다
9 (선 잇기)
10 예 $35+29-25\times2$
$=35+29-50$
$=64-50=14$
11 $70\div(5\times7)$에 색칠 / 2시간
12 <
13 17, 9, 19 답 19명
14 예 $(90-18)\div6+5\times2=22$
15 $(42-14)\div7\times2=8$
16 11달러
17 ÷
18 59
19 예 ❶ $25-9\times8\div6+\square$
$=25-72\div6+\square$
$=25-12+\square$
$=13+\square$
❷ $13+\square=20$이므로 $\square=7$
답 7
20 예 ❶ 형의 나이: $12+3$(살)
❷ 형의 나이의 3배: $(12+3)\times3$(살)
❸ 아버지의 나이는 몇 살인지 하나의 식으로 나타내 구하기: $(12+3)\times3+1=46$(살)
답 46살

5 $42+35\div7-4=42+5-4=47-4=43$

6 $75\div(42-17)+61=75\div25+61=3+61=64$

7 ( )가 있는 식은 ( ) 안을 먼저 계산합니다.

8 ㉠ $52-19+20=33+20=53$
㉡ $52-(19+20)=52-39=13$
➔ 다릅니다.

9 • $16+(14-6)\times3=16+8\times3=16+24=40$
• $6+64\div(4-2)=6+64\div2=6+32=38$

11 (만들려고 하는 종이꽃 수)
÷(7명이 한 시간에 만드는 종이꽃 수)
$=70\div(5\times7)=70\div35=2$(시간)

12 $100-9\times(5+4)=100-9\times9=100-81=19$
➔ $19<20$

13 (남학생 수)+(여학생 수)−(빵을 좋아하는 학생 수)
$=17+11-9=28-9=19$(명)

14 90과 18의 차를 6으로 나눈 몫에 5와 2의 곱을 더한 수
(90과 18의 차: $(90-18)$, 6으로 나눈 몫: $\div6$, 5와 2의 곱: 5×2)
➔ $(90-18)\div6+5\times2$
$=72\div6+5\times2=12+5\times2=12+10=22$

15 앞에서부터 두 수씩 ( )로 묶어 계산해 봅니다.
➔ $(42-14)\div7\times2=28\div7\times2$
$=4\times2=8$ (○)
$42-(14\div7)\times2=42-2\times2$
$=42-4=38$ (×)
$42-14\div(7\times2)=42-14\div14$
$=42-1=41$ (×)

16 엽서 1장 값과 연필 4자루 값의 합:
$5\div5+2\times4$(달러)
➔ (거스름돈)$=20-(5\div5+2\times4)$
$=20-(1+2\times4)=20-(1+8)$
$=20-9=11$(달러)

17 • $38-26+12+4=12+12+4$
$=24+4=28$ (×)
• $38-26+12-4=12+12-4$
$=24-4=20$ (×)
• $38-26+12\times4=38-26+48$
$=12+48=60$ (×)
• $38-26+12\div4=38-26+3$
$=12+3=15$ (○)

18 계산 결과가 가장 크려면 가장 큰 수인 8 과 두 번째로 큰 수인 7 사이에 ×를 넣고, 가장 작은 수인 1 앞에는 −를 넣어야 합니다.
➔ 계산 결과가 가장 큰 식: $7\times8-1+4=59$

19

채점 기준		
❶ $25-9\times8\div6+\square$의 식을 간단히 나타냄.	3점	5점
❷ □ 안에 알맞은 수를 구함.	2점	

20

채점 기준		
❶ 형의 나이를 식으로 나타냄.	1점	5점
❷ 형의 나이의 3배를 식으로 나타냄.	1점	
❸ 하나의 식으로 나타내 아버지의 나이를 구함.	3점	

2 약수와 배수

26~27쪽 단계 교과서 바로 알기

확인 문제

1 1명, 2명, 4명에 ○표
2 1, 2, 4, 8
3 1, 2, 5, 10에 ○표
4 (1) 1, 3, 5, 15
(2) 1, 2, 4, 8, 16
5 (○)( )
6 (1) 1, 2, 4, 5, 10, 20
(2) 6개

한번 더! 확인

7 1명, 3명, 9명에 ○표
8 1, 2 / 1, 1 / 1 / 1, 5
9 1, 2, 3, 4, 6, 12에 ○표
10 (1) 1, 7
(2) 1, 2, 4, 7, 14, 28
11 ( )(○)
12 1, 5, 7, 35, 4
답 4개

3 10의 약수: 1, 2, 5, 10

4 (1) $15\div1=15$, $15\div3=5$, $15\div5=3$, $15\div15=1$
➔ 15의 약수: 1, 3, 5, 15
(2) $16\div1=16$, $16\div2=8$, $16\div4=4$, $16\div8=2$, $16\div16=1$ ➔ 16의 약수: 1, 2, 4, 8, 16

5 $30\div5=6$ ➔ 5는 30의 약수입니다.

6 20의 약수: 1, 2, 4, 5, 10, 20 ➔ 6개

9 12의 약수: 1, 2, 3, 4, 6, 12

11 $15\div1=15$ ➔ 1은 15의 약수입니다.

12 35의 약수: 1, 5, 7, 35 ➔ 4개

28~29쪽  교과서 바로 알기

확인 문제

1 배수
2 12, 16 / 8, 12, 16
3 7, 14, 21, 28
4 2, 4, 6, 8
5 20, 25, 30, 35, 40에 ○표
6 (1) 18, 27에 ○표
(2) 2개

한번 더! 확인

7 배수에 ○표
8 27, 36 / 18, 27, 36
9 10, 20, 30, 40
10 6, 12, 18, 24, 30
11 56, 63, 70에 ○표
12 16, 24, 40, 3
답 3개

3 $7\times1=7$, $7\times2=14$, $7\times3=21$, $7\times4=28$

5 5의 배수는 5, 10, 15, 20, 25, 30, 35, 40입니다.

6 (1) $3\times6=18$, $3\times9=27$
(2) 3의 배수는 18, 27로 모두 2개입니다.

9 $10\times1=10$, $10\times2=20$, $10\times3=30$, $10\times4=40$

10 $6\times1=6$, $6\times2=12$, $6\times3=18$, $6\times4=24$, $6\times5=30$

11 7의 배수는 35, 42, 49, 56, 63, 70입니다.

12 $8\times2=16$, $8\times3=24$, $8\times5=40$
➔ 현서가 뽑은 공은 16, 24, 40으로 모두 3개입니다.

30~31쪽  교과서 바로 알기

확인 문제

1 (1) 1, 3, 9
(2) 1, 3, 9
2 9, 3
(1) 1, 2, 3, 6, 9, 18
(2) 1, 2, 3, 6, 9, 18
3 (1) 배수 (2) 약수
4 ×
5 5에 ○표
6 (1) 1, 10 / 2, 5
(2) 1, 2, 5, 10 / 1, 2, 5, 10

한번 더! 확인

7 (1) 1, 2, 4, 8
(2) 1, 2, 4, 8
8 4, 2
(1) 1, 2, 4, 5, 10, 20
(2) 1, 2, 4, 5, 10, 20
9 (1) 배수 (2) 약수
10 ○
11 32에 ○표
12 예 1×21 / 예 3×7 / 1, 3, 7, 21 / 1, 3, 7, 21

2 (1) 18은 1, 2, 3, 6, 9, 18의 배수입니다.
(2) 1, 2, 3, 6, 9, 18은 18의 약수입니다.

3 (1) $28=4\times7$ (4의 배수, 7의 배수)
(2) $28=4\times7$ (28의 약수, 28의 약수)

4 $34=5\times$■인 자연수 ■가 없으므로 5와 34는 약수와 배수의 관계가 아닙니다.

5 $15=5\times3$이므로 5가 들어갈 수 있습니다.

8 (1) 20은 1, 2, 4, 5, 10, 20의 배수입니다.
(2) 1, 2, 4, 5, 10, 20은 20의 약수입니다.

10 $45=9\times5$이므로 9와 45는 약수와 배수의 관계입니다.

11 $32=8\times4$이므로 32가 들어갈 수 있습니다.

32~35쪽 2단계 익힘책 바로 풀기

1 1, 2, 3, 6, 9, 18 / 1, 2, 3, 6, 9, 18
2 (1) 1, 5, 25 (2) 1, 2, 3, 6, 7, 14, 21, 42
3 (1) 3, 6, 9, 12, 15 (2) 5, 10, 15, 20, 25
4 28 / 35
5 56, 64, 72, 80, 88에 ○표
6 (1) 1, 2, 4, 5, 10, 20 (2) 1, 2, 4, 5, 10, 20
7 ②, ④
8 (1) 4개 (2) 6개
9 7에 ○표, 10에 ○표
10 ㉡
11 예 2
12 3개
13 ❶ 17, 34, 4 / 1, 19, 2 / 2, 8, 16, 5 ❷ 16 답 16
14 9
15 ③
16 (수직선: 10부터 30까지, 14, 21, 28에 화살표)
17 1
18 건우
19 ㉡, ㉣
20 예 4는 280을 나누어떨어지게 하므로 4는 280의 약수입니다.
21 12, 36 / 9, 36
22 11
23 18
24 28, 32, 36
25 4개
26 10시 18분
27 ❶ 9, 9 ❷ 9, 108 답 108

4 7을 1배, 2배, ... 한 수이므로 7의 배수입니다.
7의 배수를 작은 수부터 순서대로 쓰면
7, 14, 21, 28, 35, 42, ...입니다.

6 (1) 1, 2, $2\times2=4$, 5, $2\times5=10$, $2\times2\times5=20$은 20의 약수입니다.
(2) 20은 1, 2, 4, 5, 10, 20의 배수입니다.

8 (1) 10의 약수: 1, 2, 5, 10 ➔ 4개
(2) 18의 약수: 1, 2, 3, 6, 9, 18 ➔ 6개

9 $28\div7=4$ ➔ 7은 28의 약수입니다.
$20\div10=2$ ➔ 10은 20의 약수입니다.

10 ㉠ 15의 약수: 1, 3, 5, 15

11 54의 약수 또는 배수를 써넣습니다.

12 $6\times6=36$, $6\times7=42$, $6\times14=84$
➔ 6의 배수: 36, 42, 84 → 3개

14 18의 약수: 1, 2, 3, 6, 9, 18

15 ③ $35=7\times5$ ➔ 7과 35는 약수와 배수의 관계

16 $7\times3=21$, $7\times4=28$이므로 21, 28을 수직선에 나타냅니다.

17 1은 모든 자연수의 약수입니다.

19 ㉠ 5는 15의 약수입니다.
㉢ 15는 3의 배수입니다.

20 평가 기준
4는 280을 나누어떨어지게 한다는 말을 넣어 이유를 바르게 썼으면 정답으로 합니다.

21 $12\times3=36$, $9\times4=36$

22 어떤 수의 배수 중에서 가장 작은 수는 어떤 수를 1배 한 어떤 수 자신입니다. ➔ 11

23 18의 약수: 1, 2, 3, 6, 9, 18

참고
어떤 수의 약수 중에서 가장 큰 수는 어떤 수 자신입니다.

24 $4\times6=24$, $4\times7=28$, $4\times8=32$, $4\times9=36$, $4\times10=40$
➔ 25보다 크고 40보다 작은 4의 배수: 28, 32, 36

25 46을 나누어떨어지게 하는 수는 46의 약수입니다.
46의 약수: 1, 2, 23, 46 ➔ 4개

26 9분 간격으로 출발하므로 9의 배수가 출발 시각이 됩니다. ➔ 10시, 10시 9분, 10시 18분

36~37쪽 1단계 교과서 바로 알기

확인 문제

1 1, 2, 7, 14 / 14
2 5
3 (1) 1, 2, 3, 6 (2) 같습니다.
4 1, 2, 10에 ○표
5 9
6 (1) 1, 3, 7, 21 (2) 1, 3, 7, 21

한번 더! 확인

7 1, 3, 5, 15 / 1, 2, 3, 6, 9, 18 / 1, 3 / 3
8 9
9 (1) 1, 2, 4, 8 (2) 같습니다에 ○표
10 1, 2, 4
11 4
12 약수에 ○표 / 11, 22 / 1, 2, 11, 22 답 1, 2, 11, 22

3 (1) 최대공약수 6의 약수는 1, 2, 3, 6입니다.

참고
두 수의 공약수는 두 수의 최대공약수의 약수와 같습니다.

4 10의 약수: 1, 2, 5, 10
20의 약수: 1, 2, 4, 5, 10, 20
➔ 10과 20의 공약수: 1, 2, 5, 10

5 27의 약수: 1, 3, 9, 27
45의 약수: 1, 3, 5, 9, 15, 45
➔ 27과 45의 공약수: 1, 3, 9
➔ 27과 45의 최대공약수: 9

6 두 수의 공약수는 최대공약수인 21의 약수와 같습니다.
➔ 21의 약수: 1, 3, 7, 21

10 8의 약수: 1, 2, 4, 8
12의 약수: 1, 2, 3, 4, 6, 12
➔ 8과 12의 공약수: 1, 2, 4

11 32의 약수: 1, 2, 4, 8, 16, 32
36의 약수: 1, 2, 3, 4, 6, 9, 12, 18, 36
➔ 32와 36의 공약수: 1, 2, 4
➔ 32와 36의 최대공약수: 4

2 27과 45를 공통으로 나누는 수 9가 두 수의 곱으로 나타낸 곱셈식에 들어 있는 수 중 가장 큰 수이므로 두 수의 최대공약수입니다. ➔ 최대공약수: 9

3 두 수의 곱셈식에서 공통으로 들어 있는 수 중에서 가장 큰 수를 찾습니다.
➔ 12와 18의 최대공약수: $2\times3=6$

4 15와 45를 나눈 공약수들의 곱을 구합니다.
➔ 최대공약수: $3\times5=15$

6 곱셈식에서 공통으로 들어 있는 수 중에서 가장 큰 수는 4입니다.

8 ㉮$=2\times3\times5$, ㉯$=2\times2\times5\times7$
➔ ㉮와 ㉯의 최대공약수: $2\times5=10$

9 12와 30을 공통으로 나눌 수 있는 수 중 가장 큰 수를 구합니다.
➔ 12와 30의 최대공약수: $2\times3=6$

10 24와 42의 최대공약수: $2\times3=6$

38~39쪽 1단계 교과서 바로 알기

확인 문제

1 9
2 ×
3 2, 3, 6
4 예 3) 15 45 / 5) 5 15 / 1 3
/ 예 $3\times5=15$
5 방법 1 예 5×7
/ 예 5×11
/ 5

방법 2 예 5) 35 55 / 7 11
/ 5

한번 더! 확인

6 8, 4 / 4
7 7 / 7
8 2, 5, 10
9 예 2) 12 30 / 3) 6 15 / 2 5
/ 6
10 방법 1
예 $2\times2\times2\times3$
/ 예 $2\times3\times7$
/ 6
방법 2 예 2) 24 42 / 3) 12 21 / 4 7
/ 6

40~41쪽 2단계 익힘책 바로 풀기

1 1, 3, 7, 21 / 1, 5, 7, 35 / 1, 7 / 7
2 5 / 5, 5 / 5
3 2) 60 70 / 5) 30 35 / 6 7 / 5, 10
4 예 3) 45 60 / 5) 15 20 / 3 4 / 15
5 (1) 1, 2, 4 (2) 4 / 1, 2, 4
(3) 예 16과 20의 공약수는 16과 20의 최대공약수의 약수와 같습니다.
6 방법 1 예 $2\times2\times7$ / 예 $2\times3\times7$ / 14
방법 2 예 2) 28 42 / 7) 14 21 / 2 3 / 14
7 6 / 1, 2, 3, 6
8 1, 2, 5, 10
9 서준
10 ㉠
11 28
12 12
13 ❶ 2) 40 50 / 5) 20 25 / 4 5 / 5, 10 ❷ 10 답 10명

5 (1) • 16의 약수: 1, 2, 4, 8, 16
• 20의 약수: 1, 2, 4, 5, 10, 20
➜ 16과 20의 공약수: 1, 2, 4
(2) • 16과 20의 공약수 중에서 가장 큰 수는 4입니다.
• 최대공약수인 4의 약수: 1, 2, 4
(3) 평가 기준
16과 20의 공약수는 16과 20의 최대공약수의 약수와 같다는 말을 썼으면 정답으로 합니다.

7
2) 42 66
3) 21 33
7 11
➜ 42와 66의 최대공약수: $2\times3=6$
42와 66의 공약수: 6의 약수인 1, 2, 3, 6

8 어떤 두 수의 공약수는 두 수의 최대공약수인 10의 약수와 같으므로 1, 2, 5, 10입니다.

9 24의 약수: 1, 2, 3, 4, 6, 8, 12, 24
28의 약수: 1, 2, 4, 7, 14, 28
➜ 두 수의 공약수: 1, 2, 4
➜ 두 수의 최대공약수: 4

10 ㉠ 7) 14 21
2 3
➜ 최대공약수: 7

㉡ 2) 12 32
2) 6 16
3 8
➜ 최대공약수: $2\times2=4$

11 공약수 중에서 가장 큰 수가 최대공약수입니다.

12 어떤 수 중에서 가장 큰 수는 24와 36의 최대공약수입니다. ➜ 24와 36의 최대공약수: 12

42~43쪽  단계 교과서 바로 알기

확인 문제

1 12, 24 / 12
2 ④
3 (1) 60, 90
(2) 같습니다.
4 108
5 (1) 20, 36, 40 / 20
(2) 20, 40

한번 더! 확인

6 36, 72 / 36
7 ③
8 (1) 42, 84, 126
(2) 같습니다에 ○표
9 84
10 32, 40, 48
/ 24, 36, 48
/ 24, 48
답 24, 48

2 9의 배수: 9, 18, 27, 36, 45, 54, 63, 72, 81, 90, ...
15의 배수: 15, 30, 45, 60, 75, 90, ...
➜ 9와 15의 공배수: 45, 90, ...

3 (2) 두 수의 공배수는 두 수의 최소공배수의 배수와 같습니다.

4 36의 배수: 36, 72, 108, 144, 180, 216, ...
54의 배수: 54, 108, 162, 216, ...
➜ 36과 54의 공배수: 108, 216, ...
➜ 36과 54의 최소공배수: 108

5 (2) 10부터 50까지의 수 중에서 4와 5의 공배수는 20, 40입니다.

7 8의 배수: 8, 16, 24, 32, 40, 48, 56, 64, 72, 80, ...
10의 배수: 10, 20, 30, 40, 50, 60, 70, 80, ...
➜ 8과 10의 공배수: 40, 80, ...

9 28의 배수: 28, 56, 84, 112, 140, 168, ...
42의 배수: 42, 84, 126, 168, ...
➜ 28과 42의 공배수: 84, 168, ...
➜ 28과 42의 최소공배수: 84

44~45쪽 단계 교과서 바로 알기

확인 문제

1 4, 5, 80
2 3, 8, 144
3 2, 5, 40
4 예 2) 54 18 / 54
3) 27 9
3) 9 3
3 1
5 방법 1 예 2×5
/ 예 5×7 / 70
방법 2 예 5) 10 35
2 7
/ 70

한번 더! 확인

6 6, 6 / 6, 60
7 11, 3, 66
8 5, 7 / 210
9 예 3) 27 63 / 189
3) 9 21
3 7
10 방법 1 예 $2\times2\times3$
/ 예 $2\times2\times5$ / 60
방법 2 예 2) 12 20
2) 6 10
3 5
/ 60

2 18과 48의 최소공배수는 두 수를 공통으로 나눌 수 있는 수 중 가장 큰 수인 2×3을 한 번만 곱하고 남은 수인 3과 8을 곱합니다.
➜ 최소공배수: $2\times3\times3\times8=144$

3 8과 20의 최소공배수: $2\times2\times2\times5=40$

4 54와 18을 공통으로 나눌 수 있는 수 중 가장 큰 수와 남은 수를 곱합니다.
➡ 최소공배수: $2\times3\times3\times3\times1=54$

8 $30=2\times3\times5$, $42=2\times3\times7$
➡ 30과 42의 최소공배수: $2\times3\times5\times7=210$

9 27과 63을 공통으로 나눌 수 있는 수 중 가장 큰 수와 남은 수를 곱합니다.
➡ 최소공배수: $3\times3\times3\times7=189$

46~47쪽 2단계 익힘책 바로 풀기

1 24
2 같습니다에 ○표
3 15
4 15, 30, 45 / 15
5 예 $5\times2\times7=70$
6 예 2) 18 24 / 3) 9 12 / 3 4 / 72
7 ②
8 10 / 140
9 4 / 112
10 45 / 45, 90, 135
11 ㉡
12 28, 56
13 12일
14 ❶ 5) 15 20 / 3 4 / 5, 3, 4, 60 ❷ 60 ❸ 6, 50
답 오전 6시 50분

3 공배수 중에서 가장 작은 수가 최소공배수입니다.

4 3의 배수: 3, 6, 9, 12, 15, 18, 21, 24, 27, 30, 33, 36, 39, 42, 45, ...
5의 배수: 5, 10, 15, 20, 25, 30, 35, 40, 45, ...
➡ 3과 5의 공배수: 15, 30, 45, ...
3과 5의 최소공배수: 15

5 $㉠=2\times5$, $㉡=5\times7$
➡ ㉠과 ㉡의 최소공배수: $5\times2\times7=70$

7 두 수의 공배수는 두 수의 최소공배수인 28의 배수와 같으므로 28, 56, 84, 112, 140, 168, ...입니다.

8 $㉮=2\times2\times5$, $㉯=2\times5\times7$
➡ ㉮와 ㉯의 최대공약수: $2\times5=10$
㉮와 ㉯의 최소공배수: $2\times5\times2\times7=140$

9 2) 16 28
2) 8 14
4 7
➡ 16과 28의 최대공약수: $2\times2=4$
16과 28의 최소공배수: $2\times2\times4\times7=112$

다른 풀이
$16=2\times2\times2\times2$, $28=2\times2\times7$
➡ 16과 28의 최대공약수: $2\times2=4$
16과 28의 최소공배수: $2\times2\times2\times2\times7=112$

10 3) 9 15
3 5
➡ 9와 15의 최소공배수: $3\times3\times5=45$
9와 15의 공배수: 45의 배수인 45, 90, 135, ...

11 ㉠ 5) 25 30
5 6 ➡ 최소공배수: $5\times5\times6=150$
㉡ 2) 12 32
2) 6 16
3 8 ➡ 최소공배수: $2\times2\times3\times8=96$

12 4와 7의 공배수는 두 수의 최소공배수인 28의 배수와 같으므로 28, 56, 84, ...입니다.
➡ 60보다 작은 공배수: 28, 56

13 2) 4 6
2 3 ➡ 4와 6의 최소공배수: $2\times2\times3=12$
두 사람은 12일마다 함께 축구를 하게 됩니다.

48~49쪽 3단계 실력 바로 쌓기

1-1 ❶ 공약수에 ○표 ❷ 1, 2, 4, 8 답 1, 2, 4, 8
1-2 답 1, 2, 3, 4, 6, 12
2-1 ❶ 48 ❷ 56 ❸ 48 답 48
2-2 답 96
3-1 ❶ 최소공배수에 ○표 ❷ 36 답 36 cm
3-2 답 72 cm
4-1 ❶ 최대공약수에 ○표 ❷ 6 ❸ 6, 7 / 6, 9
답 7자루, 9자루
4-2 답 5개, 8개

1-1 8) 56 80
7 10 ➡ 56과 80의 최대공약수: 8
따라서 어떤 수가 될 수 있는 자연수는 8의 약수인 1, 2, 4, 8입니다.

1-2 ❶ 어떤 수는 36과 84의 공약수입니다.
❷ 2) 36 84
2) 18 42
3) 9 21
3 7
➔ 36과 84의 최대공약수: $2\times2\times3=12$
따라서 어떤 수가 될 수 있는 자연수는 12의 약수인 1, 2, 3, 4, 6, 12입니다.

2-1 ❶ ❷ 8의 배수: 8, 16, 24, 32, 40, 48, 56, ...
50보다 작으면서 50에 가장 가까운 수 (48)
50보다 크면서 50에 가장 가까운 수 (56)
❸ 48과 56 중에서 50에 더 가까운 수는 48입니다.

2-2 ❶ 12의 배수: 12, 24, 36, 48, 60, 72, 84, 96, 108, ...
100보다 작으면서 100에 가장 가까운 수는 96입니다.
❷ 100보다 크면서 100에 가장 가까운 수는 108입니다.
❸ 96과 108 중에서 100에 더 가까운 수는 96입니다.

3-1 3) 12 9
4 3
➔ 12와 9의 최소공배수: $3\times4\times3=36$
정사각형의 한 변의 길이는 36 cm가 됩니다.

3-2 ❶ 만들 수 있는 가장 작은 정사각형의 한 변의 길이를 구해야 하므로 18과 8의 최소공배수를 구해야 합니다.
❷ 2) 18 8
9 4
➔ 18과 8의 최소공배수: $2\times9\times4=72$
정사각형의 한 변의 길이는 72 cm가 됩니다.

4-1 ❷ 42와 54의 최대공약수: 6
❸ (한 학생이 받을 수 있는 연필의 수)
$=42\div6=7$(자루)
(한 학생이 받을 수 있는 볼펜의 수)
$=54\div6=9$(자루)

4-2 ❶ 나누어 담을 최대 바구니의 수를 구해야 하므로 45와 72의 최대공약수를 구해야 합니다.
❷ 45와 72의 최대공약수: 9
오렌지와 키위를 9개의 바구니에 나누어 담아야 합니다.
❸ (바구니 1개에 담을 수 있는 오렌지의 수)
$=45\div9=5$(개)
(바구니 1개에 담을 수 있는 키위의 수)
$=72\div9=8$(개)

50~52쪽 TEST 단원 마무리 하기

1 1, 2, 11, 22 / 1, 2, 11, 22
2 4, 8, 12, 16, 20
3 1, 3, 9
4 2, 2, 3, 84
5

1	2	3	4	(5)	6	7	8	△9	(10)
11	12	13	14	(15)	16	17	△18	19	(20)
21	22	23	24	(25)	26	△27	28	29	(30)
31	32	33	34	(35)	△36	37	38	39	(40)
41	42	43	44	(45)△	46	47	48	49	(50)

6 예 9) 36 45 / 9
4 5
7 2명, 7명에 ○표
8 ②, ④
9 16, 24에 ○표
10 1 / 56
11 4 / 96
12 (선 잇기)
13 ㉢
14 18, 36, 54
15 1, 2, 4, 5, 10, 20
16 24, 8개
17 18개월 뒤
18 3번
19 예 ❶ 최대한 많은 사람에게 남김없이 똑같이 나누어 주어야 하므로 56과 72의 최대공약수를 구합니다.
❷ 56과 72의 최대공약수는 8이므로 8명에게 나누어 주어야 합니다.
❸ (전체 귤 수)÷(나누어 줄 사람 수)
$=72\div8=9$(개)
답 9개
20 예 ❶ 8의 배수도 되고 12의 배수도 되는 수는 8과 12의 공배수입니다.
❷ 8과 12의 최소공배수: 24
➔ 8과 12의 공배수: 24, 48, 72, 96, 120, ...
❸ 위 ❷에서 구한 수 중에서 가장 큰 두 자리 수: 96
답 96

7 공책 14권을 남김없이 똑같이 나누어 가질 수 있는 사람 수는 14의 약수입니다.
➔ 14의 약수: 1, 2, 7, 14

8 ② $36=9\times4$
➔ 36은 9의 배수이고 9는 36의 약수입니다.
④ $48=12\times4$
➔ 48은 12의 배수이고 12는 48의 약수입니다.

9 8의 배수: 8, 16, 24, 32, 40, ...
└15보다 크고 40보다 작은 8의 배수

10 어떤 수의 약수 중에서 가장 작은 수는 1이고 가장 큰 수는 어떤 수 자신입니다.

11 2) 12 32
2) 6 16
3 8
➔ 12와 32의 최대공약수: $2\times2=4$
12와 32의 최소공배수: $2\times2\times3\times8=96$

12 • $6\times5=30$, $6\times9=54$ ➔ 6과 30, 6과 54
• $9\times6=54$ ➔ 9와 54
• $5\times6=30$, $5\times8=40$ ➔ 5와 30, 5와 40

13 ㉠ 8의 약수는 1, 2, 4, 8입니다.
㉡ 10과 16의 공약수 중에서 가장 큰 수는 2입니다.

14 두 수의 공배수는 두 수의 최소공배수인 18의 배수와 같습니다. ➔ 18의 배수: 18, 36, 54, ...

15 20이 □의 배수이므로 □는 20의 약수가 됩니다.
➔ 20의 약수: 1, 2, 4, 5, 10, 20

16 9의 약수: 1, 3, 9 ➔ 3개
24의 약수: 1, 2, 3, 4, 6, 8, 12, 24 ➔ 8개
32의 약수: 1, 2, 4, 8, 16, 32 ➔ 6개
따라서 $8>6>3$이므로 약수의 수가 가장 많은 수는 24입니다.

17 두 기계를 같은 달에 검사하는 때를 구해야 하므로 6과 9의 최소공배수를 구합니다.
3) 6 9
2 3 ➔ 6과 9의 최소공배수: $3\times2\times3=18$
➔ 18개월 뒤 두 기계를 같은 달에 검사합니다.

18 흰 바둑돌을 가 줄에는 2개마다, 나 줄에는 3개마다 놓았으므로 2와 3의 공배수인 자리에 흰 바둑돌이 나란히 놓입니다. 1부터 20까지의 수 중에서 2와 3의 공배수는 6, 12, 18이므로 모두 3번 있습니다.

19

채점 기준		
❶ 56과 72의 최대공약수를 구해야 함을 알기.	1점	5점
❷ 나누어 줄 사람 수를 구함.	2점	
❸ 한 사람이 받는 귤의 수를 구함.	2점	

20

채점 기준		
❶ 8과 12의 공배수를 구해야 함을 알기.	1점	5점
❷ 8과 12의 최소공배수와 공배수를 구함.	2점	
❸ 위 ❷에서 구한 수 중 가장 큰 두 자리 수를 구함.	2점	

3 규칙과 대응

54~55쪽 1단계 교과서 바로 알기

확인 문제

1 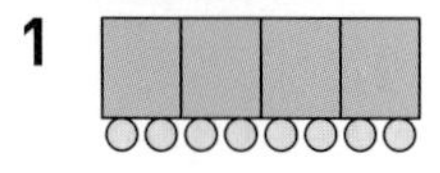

2 16, 20

3 ㉠

4 (1) 6씩 (2) 6

한번 더! 확인

5 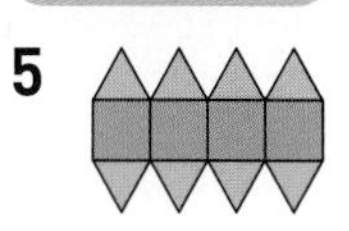

6 9, 12, 15

7 (○)
( )

8 예 문어 다리의 수는 문어의 수의 8배입니다.

2 삼각형의 수가 1개씩 늘어날 때, 사각형의 수는 4개씩 늘어납니다.

3 ㉡ '사각형의 수를 4로 나누면 삼각형의 수와 같습니다.'와 같이 써야 합니다.

6 빨간색 원의 수가 1개씩 늘어날 때, 보라색 삼각형의 수는 3개씩 늘어납니다.

7 '빨간색 원의 수는 보라색 삼각형의 수를 3으로 나눈 수와 같습니다.'와 같이 써야 합니다.

8 문어의 수가 1씩 늘어날 때마다 문어 다리의 수는 8씩 늘어납니다.

56~57쪽 1단계 교과서 바로 알기

확인 문제

1 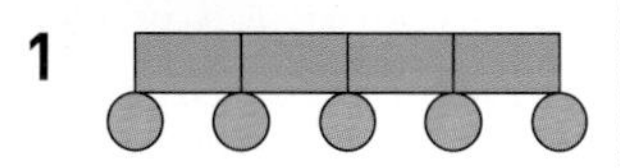

2 4, 5

3 (1) 팔걸이, 의자
(2) 의자, 팔걸이

4 (1) 2시간 (2) 2

한번 더! 확인

5 

6 4, 5

7 (1) 자른 횟수, 도막의 수
(2) 도막의 수, 자른 횟수

8 3 / 예 3살 적습니다.

3 주의
변하는 두 수 '팔걸이의 수'와 '의자의 수'를 모두 말해야 함에 주의합니다.

5 초록색 사각형의 수에서 1을 빼면 분홍색 사각형의 수와 같으므로 넷째에 올 모양은 초록색 사각형 5개와 분홍색 사각형 4개입니다.

정답과 해설

58~59쪽 2단계 익힘책 바로 풀기

1 (그림)
2 16
3 서아
4 3, 4, 5
5 예 누름 못의 수는 색종이의 수보다 1만큼 더 큽니다.
6 ㉡
7 6, 9, 12
8 예 세발자전거의 바퀴의 수는 세발자전거 수의 3배입니다.
9 2, 3, 4, 5
10 예 철봉 대의 수는 철봉 기둥의 수보다 1만큼 더 작습니다.
11 ㉠, ㉢
12 ❶ 10, 15, 20 ❷ 상자, 5 ❸ 5, 40 답 40개

2 노란색 사각형 1개에 파란색 사각형이 2개씩 필요하므로 노란색 사각형이 8개이면 파란색 사각형은 16개 필요합니다.

3 파란색 사각형 2개에 노란색 사각형이 1개 필요하므로 노란색 사각형의 수는 파란색 사각형의 수의 반입니다.

5 '색종이의 수에 1을 더하면 누름 못의 수와 같습니다.'라고 쓸 수도 있습니다.

평가 기준
누름 못의 수가 색종이의 수보다 1만큼 더 크다는 대응 관계를 썼으면 정답으로 합니다. 대응 관계는 여러 가지로 쓸 수 있습니다.

6 ㉠ 시작 시각에 40분을 더하면 종료 시각입니다.

8 '세발자전거의 수는 세발자전거의 바퀴의 수를 3으로 나눈 수입니다.'라고 쓸 수도 있습니다.

평가 기준
바퀴의 수가 세발자전거 수의 3배라는 대응 관계를 썼으면 정답으로 합니다. 대응 관계는 여러 가지로 쓸 수 있습니다.

10 '철봉 기둥의 수는 철봉 대의 수보다 1만큼 더 큽니다.'라고 쓸 수도 있습니다.

평가 기준
철봉 대의 수는 철봉 기둥의 수보다 1만큼 더 작다는 대응 관계를 썼으면 정답으로 합니다. 대응 관계는 여러 가지로 쓸 수 있습니다.

11 ㉡ 탁자 다리의 수는 탁자의 수의 ■배입니다.

60~61쪽 1단계 교과서 바로 알기

확인 문제

1 10, 25, 50
2 시간 × 5 = 물방울의 수
3 예 ○, 예 △, 예 ○×4=△
4 8, 12, 16
5 (1) 4배 (2) △, 4

한번 더! 확인

6 (위에서부터) 4, 40, 200
7 달린 거리 ÷ 20 = 달린 시간
8 예 ☆, 예 ♡, 예 ☆+1=♡
9 13, 14, 15
10 12, 2011 식 예 ○−2011=☆

4 단추의 수가 1씩 커지면 구멍의 수는 4씩 커집니다.

9 연도가 1씩 커지면 주희의 나이도 1씩 커집니다.

10 이 외에도 ☆+2011=○, 2011+☆=○로도 나타낼 수 있습니다.

62~63쪽 1단계 교과서 바로 알기

확인 문제

1 (　)(○)
2 식1 (어린이의 입장료) 식2 (어린이의 수)
3 예 피자 조각의 수, 예 □
4 식 예 △×6=□ (또는 □÷6=△)
5 (1) 10, 15, 20 (2) 예 ○, 예 ☆, 예 ☆×20=○ (또는 ○÷20=☆)

한번 더! 확인

6 (○) (　)
7 식1 (코끼리 귀의 수) 식2 (코끼리의 수)
8 예 달걀의 수, 예 ○
9 식 예 ○÷30=□ (또는 □×30=○)
10 3000, 4000 예 ◇, 예 △, 예 ◇−1000=△ (또는 △+1000=◇) 식 예 ◇−1000=△ (또는 △+1000=◇)

4 피자의 수가 1판씩 늘어날 때마다 피자 조각의 수는 6조각씩 늘어납니다.

9 달걀이 한 판에 30개씩 있습니다.

64~65쪽 2단계 익힘책 바로 풀기

1 예 크레파스의 수
2 예 크레파스 통의 수에 12배 한 만큼 크레파스가 있습니다.
3 예 크레파스의 수, 예 □×12=△
4 식 예 (넣은 수)+4=(나오는 수)
5 18, 19, 21
6 식 예 (은우가 말한 수)+12=(유찬이가 답한 수)
7 ㉡, ㉣
8 식 예 50×○=◇ (또는 ◇÷50=○)
9 (위에서부터) 15, 84, 96 / 예 ○, 예 △,
예 ○×12=△ (또는 △÷12=○)
10 예 사각형의 변의 수를 □, 사각형의 수를 △라고 할 때, 사각형의 변의 수는 사각형의 수의 4배입니다.
11 식 예 ○−9=☆ (또는 ☆+9=○)
12 오전 10시
13 ❶ ♡, □ ❷ 10, 21 답 21 cm

2 평가 기준
크레파스 통의 수에 12배 한 만큼 크레파스가 있다는 대응 관계를 썼으면 정답으로 합니다. 대응 관계는 여러 가지로 쓸 수 있습니다.

3 △=□×12, △÷12=□ 등으로 나타낼 수 있습니다.

4 3+4=7, 9+4=13이므로
(넣은 수)+4=(나오는 수)입니다.

5 유찬이가 답하는 수는 은우가 말한 수보다 12만큼 더 큽니다.

6 기호를 사용하여 나타낼 수도 있습니다.
➔ ♡+12=▽
(▽: 유찬이가 답한 수, ♡: 은우가 말한 수)

7 정육각형의 변의 수는 정육각형의 수의 6배입니다.

8 50×(걸린 시간)=(이동한 거리)

9 (사용한 시간)×12=(나온 물의 양)
또는 (나온 물의 양)÷12=(사용한 시간)이므로 식에 맞게 기호를 사용하여 나타냅니다.

10 평가 기준
△×4=□가 되는 상황을 바르게 썼으면 정답으로 합니다.

11 런던의 시각은 서울의 시각보다
오전 11시−오전 2시=9시간 느립니다.

12 서울의 시각이 오후 7시일 때
오후 7시−9시간=19시−9시간=오전 10시

13 ❶ (추의 무게)÷10=(늘어난 용수철의 길이)
❷ ♡÷10=□에서 210÷10=21입니다.

66~67쪽 3단계 실력 바로 쌓기

1-1 ❶ 4, 6, 8 ❷ 2, 삼각형 조각의 수
식 (수 카드의 수)×2=(삼각형 조각의 수)
1-2 식 예 (수 카드의 수)+2=(사각형 조각의 수)
2-1 ❶ 3, 케이크의 수 ❷ 3, 10 답 10개
2-2 답 10개
3-1 ❶ 2011, 현우의 나이 ❷ 29 답 29살
3-2 답 6명
4-1 ❶ 1, 자른 횟수 ❷ 5 ❸ 5, 35 답 35초
4-2 답 24분

1-1 ❶ 삼각형 조각의 수는 항상 수 카드의 수의 2배입니다.

1-2 ❶

수 카드의 수	1	2	3	4	…
사각형 조각의 수(개)	3	4	5	6	…

❷ 수 카드의 수와 사각형 조각의 수 사이의 대응 관계를 식으로 나타내면
(수 카드의 수)+2=(사각형 조각의 수)입니다.

2-2 ❶ 딸기의 수를 5로 나누면 만들 수 있는 머핀의 수와 같으므로 딸기의 수와 머핀의 수 사이의 대응 관계를 식으로 나타내면 (딸기의 수)÷5=(머핀의 수)입니다.
❷ 딸기가 50개 있을 때 만들 수 있는 머핀은
50÷5=10(개)입니다.

3-1 ❶ 2023−12=2011이므로 연도에서 2011을 빼면 현우의 나이와 같습니다.
❷ 2040−2011=29

3-2 ❶ 입장료를 900으로 나누면 입장객 수와 같으므로 두 양 사이의 대응 관계를 식으로 나타내면
(입장료)÷900=(입장객 수)입니다.
❷ 입장료가 5400원일 때 입장객 수는
5400÷900=6(명)입니다.

4-1 ② $6-1=5$(번)

4-2 ① 철근을 자른 횟수와 도막의 수 사이의 대응 관계를 식으로 나타내면 (도막의 수)$-1=$(자른 횟수)입니다.
② 철근을 9도막으로 자르려면 $9-1=8$(번) 잘라야 합니다.
③ (철근을 9도막으로 자르는 데 걸리는 시간) $=8\times3=24$(분)

68~70쪽 **TEST 단원 마무리 하기**

1 4, 6, 8
2 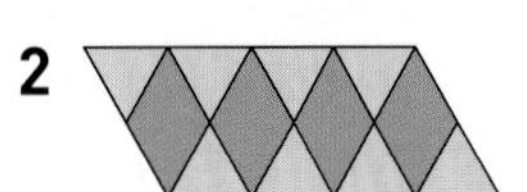
3 20개
4 (○)
( )
5 2
6 (○) ( )
7 식 예 선풍기의 수 × 4 = 날개의 수
8 식 예 ○×4=☆ (또는 ☆÷4=○)
9 ㉡
10 식 예 ○×8=☆ (또는 ☆÷8=○)
11 식 예 ◇+10=⊙
12 10, 2750
13 예 ☆ / 식 예 ◇×55=☆ (또는 ☆÷55=◇)
14 예 꼬치의 수 / 예 ◇ / 예 고기의 수 / 예 △
15 식 예 ◇×2=△ (또는 △÷2=◇)
16 (1) 12장
(2) 식 예 □×12=♡ (또는 ♡÷12=□)
17 35, 8 / 식 예 ☆×7=○(또는 ○÷7=☆)
18 주희
19 예 ① 입장객 수에 2000을 곱하면 입장료가 됩니다. ➔ (입장객 수)×2000=(입장료)
② 따라서 입장객이 15명일 때 입장료는 $15\times2000=30000$(원)입니다.
답 30000원
20 예 ① 서울이 오후 3시일 때 하노이는 오후 1시이므로 하노이의 시각은 서울의 시각보다 오후 3시−오후 1시=2시간 느립니다.
➔ (하노이의 시각)=(서울의 시각)−2
② 따라서 서울이 오후 11시일 때 하노이는 오후 11시−2시간=오후 9시입니다.
답 오후 9시

2 마름모가 4개일 때 삼각형은 8개입니다.

3 마름모 1개에 삼각형이 2개씩 필요하므로 마름모가 10개이면 삼각형은 20개 필요합니다.

6 (윤희의 나이)+2=(성주의 나이) ➔ △+2=◇
(윤희의 나이: △, 성주의 나이: ◇)

8 (선풍기의 수)×4=(날개의 수) ➔ ○×4=☆
(선풍기의 수: ○, 날개의 수: ☆)

9 ㉡ □=13이면 △=13+9=22입니다.

10 팔각형은 변이 8개인 다각형이므로 (팔각형의 수)×8=(팔각형의 변의 수)입니다.

11 ⊙와 ◇ 사이의 대응 관계를 알아보면 ⊙에서 10을 빼면 ◇가 되므로 ◇에 10을 더하면 ⊙가 됩니다.
➔ ◇+10=⊙

12 열량은 초콜릿의 수의 55배이기 때문에 초콜릿의 수에 55를 곱하면 열량이 됩니다.

13 (초콜릿의 수)×55=(열량)

14 대응 관계를 찾고 각각 기호로 나타내 봅니다.

15 (꼬치의 수)×2=(고기의 수)

16 (1) $5+7=12$(장)

17 (종이꽃의 수)×7=(색종이의 수) 또는 (색종이의 수)÷7=(종이꽃의 수)이므로 식에 맞게 기호를 사용하여 나타냅니다.

참고
• 두 양 사이의 대응 관계를 표로 나타내기

색종이의 수(장)	70	35	56	28	…
종이꽃의 수(개)	10	5	8	4	…

18 대응 관계를 나타내는 식 ○×3=△에서 ○는 세발자전거의 수, △는 바퀴의 수를 나타냅니다.

19 채점 기준

① 입장객 수와 입장료 사이의 대응 관계를 식으로 나타냄.	3점	5점
② 입장객이 15명일 때 입장료를 구함.	2점	

20 채점 기준

① 서울의 시각과 하노이의 시각 사이의 대응 관계를 식으로 나타냄.	3점	5점
② 서울이 오후 11시일 때 하노이의 시각을 구함.	2점	

4 약분과 통분

72~73쪽 1단계 교과서 바로 알기

확인 문제

1 같습니다에 ○표

2 2

3 (1) 0 1 / 0 1 / 0 1

(2) 같습니다.

4 예 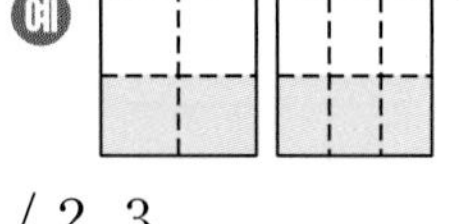

/ 2, 3

5 (1) 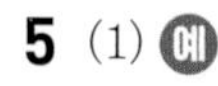

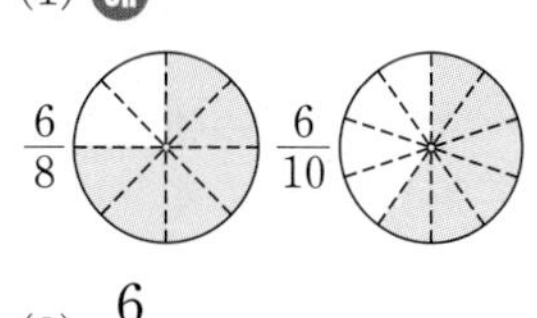

$\frac{6}{8}$ $\frac{6}{10}$

(2) $\frac{6}{10}$

한번 더! 확인

6 예 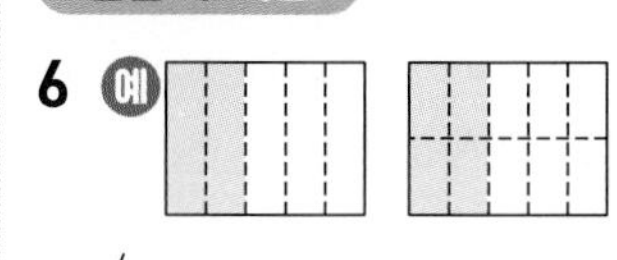

/ =

7 2

8 (1)

(2) 같습니다에 ○표

9 예 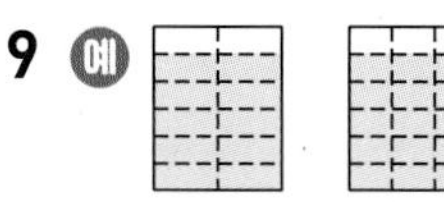

/ 10, 15

10 $\frac{4}{8}$ 답 $\frac{4}{8}$

3 주어진 분수만큼 수직선에 나타내면 크기가 모두 같으므로 $\frac{1}{3}$, $\frac{2}{6}$, $\frac{4}{12}$의 크기는 같습니다.

4 크기가 같은 분수는 전체를 똑같이 4로 나눈 것 중의 2이므로 $\frac{2}{4}$이고, 전체를 똑같이 6으로 나눈 것 중의 3이므로 $\frac{3}{6}$입니다.

5 색칠한 부분의 크기를 비교해 보면 $\frac{3}{5}$과 $\frac{6}{10}$의 크기가 같습니다.

8 색칠한 부분의 크기가 모두 같으므로 $\frac{1}{5}$, $\frac{2}{10}$, $\frac{3}{15}$의 크기는 같습니다.

9 크기가 같은 분수는 전체를 똑같이 12로 나눈 것 중의 10이므로 $\frac{10}{12}$이고, 전체를 똑같이 18로 나눈 것 중의 15이므로 $\frac{15}{18}$입니다.

74~75쪽 1단계 교과서 바로 알기

확인 문제

1 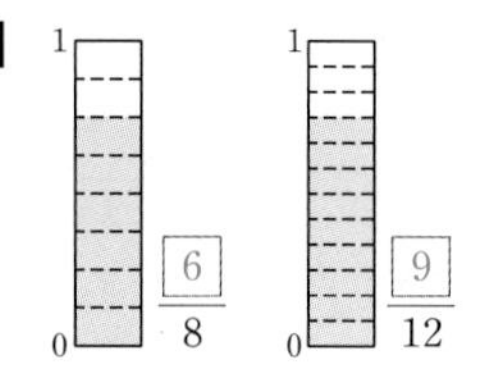

$\frac{6}{8}$ $\frac{9}{12}$

2 2, 6, 3, 9

3 2, 4

4 ㉡

5 (왼쪽에서부터) 8, 21, 16

6 (1) 예 $\frac{1\times2}{3\times2}$, $\frac{2}{6}$ / $\frac{1\times3}{3\times3}$, $\frac{3}{9}$

(2) 예 $\frac{2}{6}$, $\frac{3}{9}$

한번 더! 확인

7 예 $\frac{8}{10}$ $\frac{12}{15}$

8 2, 8, 3, 12

9 2, 3, 6

10 ( ) (×)

11 (왼쪽에서부터) 9, 8, 3

12 $\frac{12\div2}{20\div2}$, $\frac{6}{10}$ / $\frac{12\div4}{20\div4}$, $\frac{3}{5}$ / $\frac{6}{10}$, $\frac{3}{5}$

답 $\frac{6}{10}$, $\frac{3}{5}$

2 $\frac{3}{4}$의 분모와 분자에 각각 2, 3을 곱하면 크기가 같은 분수가 됩니다.

3 분모와 분자를 각각 2, 4로 나누면 크기가 같은 분수가 됩니다.

4 ㉡ 분모와 분자에 각각 0이 아닌 같은 수를 곱하면 크기가 같은 분수가 됩니다.

5 $\frac{4}{7}=\frac{4\times2}{7\times2}=\frac{8}{14}$, $\frac{4}{7}=\frac{4\times3}{7\times3}=\frac{12}{21}$, $\frac{4}{7}=\frac{4\times4}{7\times4}=\frac{16}{28}$

7 • 전체 10칸 중에서 8칸을 색칠합니다. ➔ $\frac{8}{10}$

• 전체 15칸 중에서 12칸을 색칠합니다. ➔ $\frac{12}{15}$

8 $\frac{4}{5}$의 분모와 분자에 각각 2, 3을 곱하면 크기가 같은 분수가 됩니다.

9 분모와 분자를 각각 2, 3, 6으로 나누면 크기가 같은 분수가 됩니다.

10 분모와 분자에 각각 0이 아닌 같은 수를 곱해야 크기가 같은 분수가 됩니다.

11 $\frac{18}{24}=\frac{18\div2}{24\div2}=\frac{9}{12}$, $\frac{18}{24}=\frac{18\div3}{24\div3}=\frac{6}{8}$, $\frac{18}{24}=\frac{18\div6}{24\div6}=\frac{3}{4}$

76~77쪽 2단계 익힘책 바로 풀기

1 5

2 $\frac{2}{12}$, $\frac{3}{18}$, $\frac{4}{24}$

3 / $\frac{6}{9}$, $\frac{2}{3}$

4 ㉢

5 (1) 40 (2) 5

6 (1) 예 $\frac{6}{14}$, $\frac{9}{21}$, $\frac{12}{28}$ (2) 예 $\frac{12}{18}$, $\frac{8}{12}$, $\frac{6}{9}$

7 예 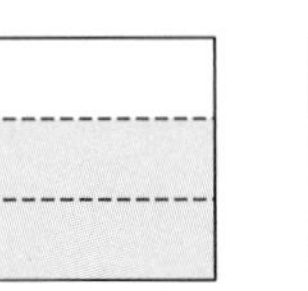 / ㉡

8 균성

9 오렌지주스, 식혜

10 예 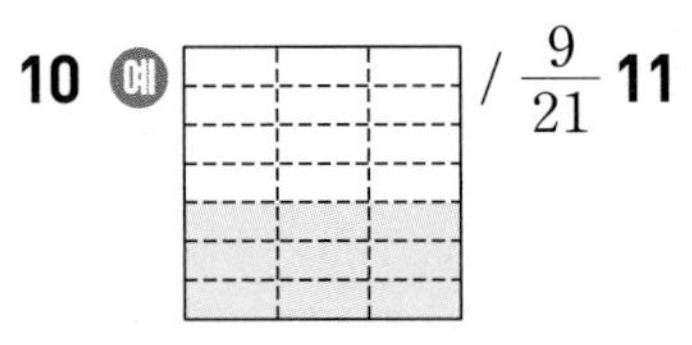 / $\frac{9}{21}$

11 (선 잇기)

12 $\frac{2}{3}$, $\frac{4}{6}$, $\frac{8}{12}$

13 $\frac{6}{15}$, $\frac{8}{20}$

14 ❶ $\frac{1\times3}{4\times3}$, $\frac{3}{12}$ ❷ $\frac{3}{12}$, 12, 3 답 3조각

8 참고
분모와 분자에 각각 0이 아닌 같은 수를 곱하면 크기가 같은 분수가 됩니다.

9 오렌지주스는 $\frac{1}{3}$, 딸기우유는 $\frac{3}{5}$, 식혜는 $\frac{2}{6}$, 키위주스는 $\frac{1}{2}$만큼 담겨 있습니다.
따라서 같은 양이 담긴 음료를 찾으면 오렌지주스와 식혜입니다.

10 $\frac{3}{7}$, $\frac{6}{14}$과 크기가 같은 분수는 전체를 똑같이 21로 나눈 것 중의 9입니다.

11 • $\frac{2}{7}=\frac{2\times2}{7\times2}=\frac{4}{14}$ • $\frac{12}{36}=\frac{12\div6}{36\div6}=\frac{2}{6}$

12 색칠된 부분의 크기가 같으므로 $\frac{2}{3}=\frac{4}{6}=\frac{8}{12}$입니다.

13 $\frac{2}{5}$와 크기가 같은 분수는 $\frac{4}{10}$, $\frac{6}{15}$, $\frac{8}{20}$, $\frac{10}{25}$, …이고, 이 중 분모와 분자의 합이 20보다 크고 30보다 작은 분수는 $\frac{6}{15}$, $\frac{8}{20}$입니다.

78~79쪽 1단계 교과서 바로 알기

확인 문제

1 2, $\frac{8}{12}$ / 4, $\frac{4}{6}$ / 8, $\frac{2}{3}$ / $\frac{2}{3}$에 ○표

2 기약분수

3 (1) 5 (2) 4

4 (1) $\frac{21\div7}{49\div7}$, $\frac{3}{7}$ (2) $\frac{27\div3}{30\div3}$, $\frac{9}{10}$

5 ㉡

6 (1) 공약수에 ○표 (2) 5

한번 더! 확인

7 2, $\frac{6}{15}$ / 3, $\frac{4}{10}$ / 6, $\frac{2}{5}$ / $\frac{2}{5}$에 ○표

8 (1) ○ (2) ×

9 4, 14, 7

10 (위에서부터) $\frac{3}{5}$, $\frac{3}{4}$

11 $\frac{2}{6}$

12 1, 2, 4, 8 / 8 답 8

1 16과 24의 공약수가 1, 2, 4, 8이므로 분모와 분자를 각각 2, 4, 8로 나누면 가장 간단한 분수는 $\frac{2}{3}$입니다.

3 (1) $\frac{10}{25}=\frac{10\div5}{25\div5}=\frac{2}{5}$ (2) $\frac{16}{64}=\frac{16\div4}{64\div4}=\frac{4}{16}$

4 (1) 21과 49의 최대공약수: 7
(2) 27과 30의 최대공약수: 3

5 ㉠ $\frac{6}{8}=\frac{3}{4}$ ㉢ $\frac{10}{15}=\frac{2}{3}$

6 20과 30의 공약수: 1, 2, 5, 10
약분할 때에는 분모와 분자를 1을 제외한 공약수로 각각 나눕니다.

7 12와 30의 공약수가 1, 2, 3, 6이므로 분모와 분자를 각각 2, 3, 6으로 나누면 가장 간단한 분수는 $\frac{2}{5}$입니다.

8 (2) 2와 8의 공약수는 1, 2이므로 $\frac{2}{8}$는 기약분수가 아닙니다.

9 $\frac{8}{56}=\frac{8\div2}{56\div2}=\frac{4}{28}$, $\frac{8}{56}=\frac{8\div4}{56\div4}=\frac{2}{14}$, $\frac{8}{56}=\frac{8\div8}{56\div8}=\frac{1}{7}$

10 • $\frac{15}{20}=\frac{15\div5}{20\div5}=\frac{3}{4}$ • $\frac{24}{40}=\frac{24\div8}{40\div8}=\frac{3}{5}$

11 기약분수는 분모와 분자의 공약수가 1뿐인 분수입니다.
$\frac{2}{6}$는 분모와 분자의 공약수가 1, 2이므로 기약분수가 아닙니다.

80~81쪽 1단계 교과서 바로 알기

확인 문제

1 18 / 4, 20 / 18, 20
2 5, 5 / 2, 14 / 5, 14
3 45
4 ( ) (○)
5 $\frac{25}{80}$, $\frac{18}{80}$
6 (1) 15
(2) $\frac{6}{15}$ kg, $\frac{7}{15}$ kg

한번 더! 확인

7 60 / 8, 56 / 60, 56
8 3, 15 / 2, 36 / 15, 36
9 20
10 $\frac{48}{84}$, $\frac{49}{84}$
11 $\frac{28}{63}$, $\frac{33}{63}$
12 48 / $\frac{3\times6}{8\times6}$, $\frac{18}{48}$ / $\frac{5\times8}{6\times8}$, $\frac{40}{48}$
답 $\frac{18}{48}$, $\frac{40}{48}$

3 공통분모 중에서 가장 작은 수는 두 분모의 최소공배수입니다.
3) 9 15 / 3 5 ➔ 9와 15의 최소공배수: $3\times3\times5=45$

4 두 분모의 곱: 40
➔ $\frac{3}{4}=\frac{3\times10}{4\times10}=\frac{30}{40}$, $\frac{7}{10}=\frac{7\times4}{10\times4}=\frac{28}{40}$

5 16과 40의 최소공배수: 80
➔ $\frac{5}{16}=\frac{5\times5}{16\times5}=\frac{25}{80}$, $\frac{9}{40}=\frac{9\times2}{40\times2}=\frac{18}{80}$

6 (1) 5와 15의 최소공배수: 15
(2) 티셔츠: $\frac{2}{5}=\frac{2\times3}{5\times3}=\frac{6}{15}$ (kg)

8 $\frac{5}{12}=\frac{5\times3}{12\times3}=\frac{15}{36}$, $\frac{5}{18}=\frac{5\times2}{18\times2}=\frac{10}{36}$

9 공통분모 중에서 가장 작은 수는 두 분모의 최소공배수입니다.
2) 10 20 / 5) 5 10 / 1 2 ➔ 10과 20의 최소공배수: $2\times5\times1\times2=20$

10 두 분모의 곱: 84
➔ $\frac{4}{7}=\frac{4\times12}{7\times12}=\frac{48}{84}$, $\frac{7}{12}=\frac{7\times7}{12\times7}=\frac{49}{84}$

11 9와 21의 최소공배수: 63
➔ $\frac{4}{9}=\frac{4\times7}{9\times7}=\frac{28}{63}$, $\frac{11}{21}=\frac{11\times3}{21\times3}=\frac{33}{63}$

82~83쪽 2단계 익힘책 바로 풀기

1 $\frac{27\div9}{36\div9}$, $\frac{3}{4}$
2 21, $\frac{2}{24}$ / 42, $\frac{4}{48}$ / 63, $\frac{6}{72}$ / 48, 72
3 3, 5, 15
4 (1) $\frac{10}{25}$, $\frac{4}{10}$, $\frac{2}{5}$ (2) 예 $\frac{8}{24}$, $\frac{4}{12}$, $\frac{2}{6}$
5 $\frac{4}{9}$, $\frac{17}{25}$에 ○표
6 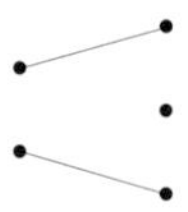
7 $\frac{100}{160}$, $\frac{88}{160}$ / $\frac{25}{40}$, $\frac{22}{40}$
8 예 $\frac{8}{10}$, $\frac{12}{15}$, $\frac{16}{20}$
9 $\frac{3}{4}$ L
10 9
11 1, 3, 5, 7
12 18, 36, 54, 72, 90
13 ㉢
14 ❶ 30, 35 ❷ $\frac{31}{42}$, $\frac{32}{42}$, $\frac{33}{42}$, $\frac{34}{42}$
답 $\frac{31}{42}$, $\frac{32}{42}$, $\frac{33}{42}$, $\frac{34}{42}$

8 기약분수로 나타냈을 때 $\frac{4}{5}$가 되는 분수는 $\frac{8}{10}$, $\frac{12}{15}$, $\frac{16}{20}$, ...입니다.

9 $\frac{15}{20}=\frac{15\div5}{20\div5}=\frac{3}{4}$ (L)

10 $\left(\frac{2}{\square}, \frac{4}{15}\right)$ ➔ $\left(\frac{10}{45}, \frac{12}{45}\right)$이므로 $\frac{2}{\square}$와 $\frac{10}{45}$은 크기가 같습니다. $2\times5=10$이므로 $\square\times5=45$, $\square=9$입니다.

11 $\frac{\square}{8}$가 진분수가 되기 위해서는 □ 안에는 1부터 7까지의 수가 들어갈 수 있는데, 기약분수라고 했으므로 2, 4, 6은 될 수 없습니다.

12 두 분수의 분모인 6과 9의 공배수를 찾으면 공배수는 18, 36, 54, 72, 90, 108, ...이고 이 중에서 100보다 작은 수를 모두 찾으면 18, 36, 54, 72, 90입니다.

13 ㉠ $\left(\frac{1}{4}, \frac{7}{10}\right)$ ➔ $\left(\frac{10}{40}, \frac{28}{40}\right)$
㉡ $\left(\frac{4}{8}, \frac{3}{4}\right)$ ➔ $\left(\frac{20}{40}, \frac{30}{40}\right)$
㉢ $\left(\frac{1}{2}, \frac{14}{20}\right)$ ➔ $\left(\frac{20}{40}, \frac{28}{40}\right)$

정답과 해설

84~85쪽 단계 교과서 바로 알기

확인 문제

1 6, 5, >

2 $\frac{3}{18}$, $\frac{4}{18}$, <

3 (1) <
(2) <

4 (위에서부터)
$\frac{9}{10}$ / $\frac{3}{4}$, $\frac{9}{10}$

5 (1) 예 $\frac{25}{35}$, $\frac{28}{35}$
(2) 포도주스

한번 더! 확인

6 / 8, 9, <

7 $\frac{25}{40}$, $\frac{32}{40}$, <

8 (1) (○) (　)
(2) (　) (○)

9 (위에서부터)
$\frac{4}{15}$ / $\frac{4}{15}$, $\frac{5}{9}$

10 $\frac{4}{6}$ / $\frac{4}{6}$, 오늘
답 오늘

1 $\frac{6}{10}>\frac{5}{10}$ ➔ $\frac{3}{5}>\frac{1}{2}$

2 $\left(\frac{1}{6}, \frac{2}{9}\right)$ ➔ $\left(\frac{3}{18}, \frac{4}{18}\right)$ ➔ $\frac{3}{18}<\frac{4}{18}$이므로 $\frac{1}{6}<\frac{2}{9}$입니다.

3 (1) $\left(\frac{3}{11}, \frac{4}{9}\right)$ ➔ $\left(\frac{27}{99}, \frac{44}{99}\right)$ ➔ $\frac{3}{11}<\frac{4}{9}$
(2) $\left(\frac{5}{8}, \frac{11}{12}\right)$ ➔ $\left(\frac{15}{24}, \frac{22}{24}\right)$ ➔ $\frac{5}{8}<\frac{11}{12}$

4 $\left(\frac{5}{7}, \frac{3}{4}\right)$ ➔ $\left(\frac{20}{28}, \frac{21}{28}\right)$ ➔ $\frac{5}{7}<\frac{3}{4}$
$\left(\frac{9}{10}, \frac{5}{6}\right)$ ➔ $\left(\frac{27}{30}, \frac{25}{30}\right)$ ➔ $\frac{9}{10}>\frac{5}{6}$
$\left(\frac{3}{4}, \frac{9}{10}\right)$ ➔ $\left(\frac{15}{20}, \frac{18}{20}\right)$ ➔ $\frac{3}{4}<\frac{9}{10}$

5 (1) 두 분모를 공통분모로 통분합니다.
(2) $\frac{5}{7}<\frac{4}{5}$ ➔ 포도주스가 더 많습니다.

6 $\frac{8}{12}<\frac{9}{12}$ ➔ $\frac{2}{3}<\frac{3}{4}$

7 $\left(\frac{5}{8}, \frac{4}{5}\right)$ ➔ $\left(\frac{25}{40}, \frac{32}{40}\right)$ ➔ $\frac{25}{40}<\frac{32}{40}$이므로 $\frac{5}{8}<\frac{4}{5}$입니다.

8 (1) $\left(\frac{4}{5}, \frac{7}{9}\right)$ ➔ $\left(\frac{36}{45}, \frac{35}{45}\right)$ ➔ $\frac{4}{5}>\frac{7}{9}$
(2) $\left(\frac{3}{4}, \frac{11}{14}\right)$ ➔ $\left(\frac{21}{28}, \frac{22}{28}\right)$ ➔ $\frac{3}{4}<\frac{11}{14}$

9 $\left(\frac{3}{10}, \frac{4}{15}\right)$ ➔ $\left(\frac{9}{30}, \frac{8}{30}\right)$ ➔ $\frac{3}{10}>\frac{4}{15}$
$\left(\frac{7}{12}, \frac{5}{9}\right)$ ➔ $\left(\frac{21}{36}, \frac{20}{36}\right)$ ➔ $\frac{7}{12}>\frac{5}{9}$
$\left(\frac{4}{15}, \frac{5}{9}\right)$ ➔ $\left(\frac{12}{45}, \frac{25}{45}\right)$ ➔ $\frac{4}{15}<\frac{5}{9}$

86~87쪽 단계 교과서 바로 알기

확인 문제

1 6, 8, 9 / $\frac{2}{3}$, $\frac{3}{4}$

2 $\frac{4}{9}$에 ○표

3 6, > / 16, 21, <
/ 8, 9, < / $\frac{2}{3}$

4 $\frac{7}{18}$, $\frac{1}{2}$, $\frac{5}{9}$

5 (1) 3, < / 28, 27, >
/ 7, 9, <
(2) 동화책

한번 더! 확인

6 예
/ 15, 16, 14 / $\frac{3}{4}$, $\frac{7}{10}$

7 $\frac{3}{5}$에 ○표

8 3, 2, > / 7, 12, <
/ 7, 8, < / $\frac{4}{7}$

9 $\frac{5}{7}$, $\frac{7}{10}$, $\frac{3}{5}$

10 $1\frac{3}{12}$, > / $1\frac{2}{8}$, <
/ $1\frac{9}{24}$, > / 민지
답 민지

4 $\left(\frac{1}{2}, \frac{5}{9}\right) \rightarrow \left(\frac{9}{18}, \frac{10}{18}\right) \rightarrow \frac{1}{2}<\frac{5}{9}$
$\left(\frac{5}{9}, \frac{7}{18}\right) \rightarrow \left(\frac{10}{18}, \frac{7}{18}\right) \rightarrow \frac{5}{9}>\frac{7}{18}$
$\left(\frac{1}{2}, \frac{7}{18}\right) \rightarrow \left(\frac{9}{18}, \frac{7}{18}\right) \rightarrow \frac{1}{2}>\frac{7}{18}$
➔ $\frac{7}{18}<\frac{1}{2}<\frac{5}{9}$

5 (2) $\frac{1}{3}<\frac{3}{7}<\frac{4}{9}$이므로 가장 가벼운 것은 동화책입니다.

8 $\frac{4}{7}<\frac{1}{2}<\frac{1}{3}$이므로 가장 큰 분수는 $\frac{4}{7}$입니다.

9 $\left(\frac{3}{5}, \frac{5}{7}\right) \rightarrow \left(\frac{21}{35}, \frac{25}{35}\right) \rightarrow \frac{3}{5}<\frac{5}{7}$
$\left(\frac{5}{7}, \frac{7}{10}\right) \rightarrow \left(\frac{50}{70}, \frac{49}{70}\right) \rightarrow \frac{5}{7}>\frac{7}{10}$
$\left(\frac{3}{5}, \frac{7}{10}\right) \rightarrow \left(\frac{6}{10}, \frac{7}{10}\right) \rightarrow \frac{3}{5}<\frac{7}{10}$
➔ $\frac{5}{7}>\frac{7}{10}>\frac{3}{5}$

88~89쪽 1단계 교과서 바로 알기

확인 문제

1 (왼쪽에서부터) $\frac{3}{10}$, 0.4, $\frac{6}{10}$, 0.7, $\frac{9}{10}$

2 $\frac{1\times5}{2\times5}$, $\frac{5}{10}$, 0.5

3 (1) 1, $>$, 1, $>$
(2) 2, $>$, 0.2, $>$

4 25, 75, 0.75, $<$

5 (1) $<$ (2) $<$

6 (1) 3, 0.3, $<$
(2) 현주

한번 더! 확인

7 (왼쪽에서부터) 0.2, $\frac{4}{10}$, 0.5, $\frac{8}{10}$, 0.9

8 $\frac{2\times2}{5\times2}$, $\frac{4}{10}$, 0.4

9 (1) 2, 2, $<$, $<$
(2) 4, 0.4, $<$, $<$

10 39, 40, $<$

11 ㉡

12 2, 0.2, $<$ / 원주
답 원주

1 0과 1 사이를 10칸으로 나누었으므로 한 칸은 $\frac{1}{10}$ 또는 0.1을 나타냅니다.

2 $\frac{1}{2}=\frac{1\times5}{2\times5}=\frac{5}{10}=0.5$

3 (2) 소수로 나타내기 위해 분모가 10인 분수로 약분합니다.

4 분수를 소수로 나타내 크기를 비교합니다.

5 (1) $\frac{1}{4}=\frac{1\times25}{4\times25}=\frac{25}{100}=0.25 \rightarrow 0.25<0.3$
$\rightarrow \frac{1}{4}<0.3$
(2) $0.8=\frac{8}{10}$, $\frac{18}{20}=\frac{9}{10} \rightarrow \frac{8}{10}<\frac{9}{10} \rightarrow 0.8<\frac{18}{20}$

6 $\frac{12}{40}=\frac{3}{10}=0.3 \rightarrow 0.3<0.4 \rightarrow \frac{12}{40}<0.4$

8 $\frac{2}{5}=\frac{2\times2}{5\times2}=\frac{4}{10}=0.4$

9 (2) 소수로 나타내기 위해 분모가 10인 분수로 약분합니다.

10 소수를 분수로 나타내 크기를 비교합니다.

11 ㉠ $\frac{7}{20}=\frac{35}{100}=0.35 \rightarrow 0.35<0.7 \rightarrow \frac{7}{20}<0.7$
㉡ $0.53=\frac{53}{100}$, $\frac{14}{25}=\frac{56}{100} \rightarrow \frac{53}{100}<\frac{56}{100}$
$\rightarrow 0.53<\frac{14}{25}$

90~91쪽 2단계 익힘책 바로 풀기

1 32, $<$, 32, $<$

2 45, 0.45, $<$ / $<$, 55, 11

3 (1) 0.75 (2) $\frac{7}{25}$

4 $\frac{4}{5}$ 0 1 / $\frac{5}{6}$ 0 1 / $\frac{6}{7}$ 0 1 / 큽니다에 ○표

5 $\frac{6}{7}$, $\frac{5}{6}$, $\frac{4}{5}$

6 (1) $>$ (2) $>$

7 $<$, $>$, $>$ / $\frac{2}{3}$, $\frac{1}{2}$, $\frac{7}{15}$

8 ㉡

9 의자

10 서점

11 ㉡

12 ㉠, ㉡, ㉢

13 $\frac{29}{36}$, $\frac{30}{36}$, $\frac{31}{36}$, $\frac{32}{36}$

14 ❶ $\frac{2}{3}$, $\frac{1}{5}$, $\frac{2}{5}$, $\frac{3}{5}$ ❷ $\frac{1}{5}$ ❸ $\frac{1}{5}$, 0.2 답 0.2

9 $4\frac{1}{4}=4\frac{25}{100}$, $4.2=4\frac{20}{100} \rightarrow 4\frac{25}{100}>4\frac{20}{100}$
따라서 $4\frac{1}{4}>4.2$이므로 의자가 더 가볍습니다.

10 $\left(\frac{5}{12}, \frac{11}{16}\right) \rightarrow \left(\frac{20}{48}, \frac{33}{48}\right) \rightarrow \frac{5}{12}<\frac{11}{16}$
$\left(\frac{11}{16}, \frac{13}{20}\right) \rightarrow \left(\frac{55}{80}, \frac{52}{80}\right) \rightarrow \frac{11}{16}>\frac{13}{20}$
$\frac{11}{16}$이 가장 큰 수이므로 집에서 가장 먼 곳은 서점입니다.

11 ㉠ $\left(\frac{5}{9}, \frac{2}{3}\right) \rightarrow \left(\frac{5}{9}, \frac{6}{9}\right) \rightarrow \frac{5}{9}<\frac{2}{3}$
㉡ $\left(\frac{5}{9}, \frac{7}{15}\right) \rightarrow \left(\frac{25}{45}, \frac{21}{45}\right) \rightarrow \frac{5}{9}>\frac{7}{15}$
㉢ $\frac{5}{9}=\frac{50}{90}$, $0.6=\frac{6}{10}=\frac{54}{90} \rightarrow \frac{5}{9}<0.6$

12 ㉡ $1\frac{4}{5}=1\frac{8}{10}=1.8$
$\rightarrow$ ㉠ 1.85 $>$ ㉡ 1.8 $>$ ㉢ 1.1

13 $\left(\frac{7}{9}, \frac{11}{12}\right) \rightarrow \left(\frac{28}{36}, \frac{33}{36}\right)$이므로 $\frac{28}{36}$보다 크고 $\frac{33}{36}$보다 작은 분수 중 분모가 36인 분수는 $\frac{29}{36}$, $\frac{30}{36}$, $\frac{31}{36}$, $\frac{32}{36}$입니다.

92~93쪽 5단계 실력 바로 쌓기

1-1 ❶ 9 / $\frac{■\times9}{54\times9}$, 45 ❷ $\frac{45}{54}$ 답 $\frac{45}{54}$

1-2 답 $\frac{45}{60}$

2-1 ❶ 3 ❷ 3, 3 / 1, 2 답 1, 2

2-2 답 1, 2, 3

3-1 ❶ 15, 20, 25 ❷ $\frac{15}{25}$ 답 $\frac{15}{25}$

3-2 답 $\frac{20}{32}$

4-1 ❶ 7 ❷ 2 / 2, 3, 5 ❸ 2, 2, 3, 5
답 $\frac{2}{3}$, $\frac{2}{7}$, $\frac{3}{7}$, $\frac{5}{7}$

4-2 답 $\frac{4}{5}$, $\frac{4}{7}$, $\frac{5}{7}$

1-2 ❶ 분모가 60에서 4가 되려면 15로 나누어야 합니다.
➔ $\frac{\square}{60}=\frac{\square\div15}{60\div15}=\frac{3}{4}$
➔ $\square\div15=3$, $\square=45$
❷ $\frac{\square}{60}=\frac{45}{60}$

2-2 ❶ $\left(\frac{\square}{40}, \frac{1}{10}\right)$ ➔ $\left(\frac{\square}{40}, \frac{4}{40}\right)$
❷ $\frac{\square}{40}<\frac{4}{40}$이므로 $\square<4$입니다.
➔ □ 안에 들어갈 수 있는 자연수는 1, 2, 3입니다.

3-2 ❶ $\frac{5}{8}$와 크기가 같은 분수를 구하면
$\frac{5}{8}=\frac{10}{16}=\frac{15}{24}=\frac{20}{32}=\frac{25}{40}=\cdots$입니다.
❷ $\frac{20}{32}$에서 (분자)+(분모)=32+20=52이므로 분모와 분자의 합이 52인 분수는 $\frac{20}{32}$입니다.

4-2 ❶ 4, 5, 7, 8 중에서 배수가 35인 수는 5와 7이므로 분모는 5 또는 7이어야 합니다.
❷ ┌분모가 5인 진분수: $\frac{4}{5}$
└분모가 7인 진분수: $\frac{4}{7}$, $\frac{5}{7}$
❸ 35를 공통분모로 하여 통분할 수 있는 진분수는 $\frac{4}{5}$, $\frac{4}{7}$, $\frac{5}{7}$입니다.

94~96쪽 TEST 단원 마무리 하기

1 28, 45

2 $\frac{3}{8}$, $\frac{1}{2}$

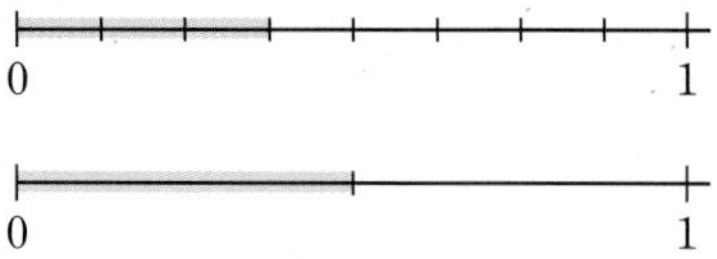

/ <

3 >, 4, 2

4 (1) $\frac{2}{3}$ (2) $\frac{5}{9}$

5 예

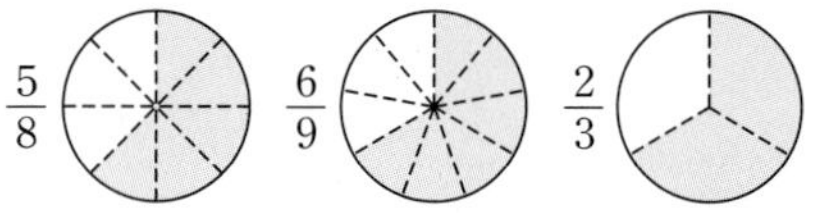

/ $\frac{6}{9}$, $\frac{2}{3}$

6 (1) > (2) <

7 $\frac{10}{14}$, $\frac{30}{42}$에 ○표

8

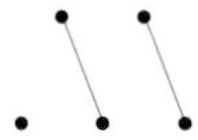

9 $\frac{20}{72}$

10 $\frac{10}{24}$, $\frac{21}{24}$

11 $\frac{4}{9}$

12 사과

13 학교

14 곰에 ○표

15 윤정

16 $\frac{23}{60}$, $\frac{24}{60}$

17 4개

18 $\frac{21}{30}$, $\frac{28}{40}$, $\frac{35}{50}$

19 예 ❶ $\frac{30}{60}$과 크기가 같은 분수를 구하면
$\frac{30}{60}=\frac{15}{30}=\frac{10}{20}=\frac{6}{12}=\frac{5}{10}=\cdots$입니다.
❷ $\frac{5}{10}$에서 10−5=5이므로 분모와 분자의 차가 5인 분수는 $\frac{5}{10}$입니다. 답 $\frac{5}{10}$

20 예 ❶ $0.15=\frac{15}{100}=\frac{3}{20}$
❷ $\left(\frac{\square}{40}, \frac{3}{20}\right)$ ➔ $\left(\frac{\square}{40}, \frac{6}{40}\right)$
❸ $\frac{\square}{40}<\frac{6}{40}$이므로 $\square<6$입니다.
➔ □ 안에 들어갈 수 있는 자연수는 1, 2, 3, 4, 5이므로 모두 5개입니다. 답 5개

8 $\frac{12}{32}=\frac{12\div4}{32\div4}=\frac{3}{8}$, $\frac{28}{49}=\frac{28\div7}{49\div7}=\frac{4}{7}$

9 $\frac{\square}{72}=\frac{\square\div4}{72\div4}=\frac{5}{18}$ ➔ $\square\div4=5$이므로 $\square=20$
따라서 구하는 분수는 $\frac{20}{72}$입니다.

10 두 분모의 최소공배수를 공통분모로 하여 통분했습니다.

11 $\left(\frac{5}{12}, \frac{2}{5}\right) \rightarrow \left(\frac{25}{60}, \frac{24}{60}\right) \rightarrow \frac{5}{12} > \frac{2}{5}$

$\left(\frac{2}{5}, \frac{4}{9}\right) \rightarrow \left(\frac{18}{45}, \frac{20}{45}\right) \rightarrow \frac{2}{5} < \frac{4}{9}$

$\left(\frac{5}{12}, \frac{4}{9}\right) \rightarrow \left(\frac{15}{36}, \frac{16}{36}\right) \rightarrow \frac{5}{12} < \frac{4}{9}$

➔ $\frac{4}{9} > \frac{5}{12} > \frac{2}{5}$

12 $\frac{3}{15} = \frac{1}{5} = \frac{10}{50}$, $0.18 = \frac{18}{100} = \frac{9}{50}$ ➔ $\frac{3}{15} > 0.18$

13 $\left(\frac{3}{8}, \frac{11}{20}\right)$ ➔ $\left(\frac{15}{40}, \frac{22}{40}\right)$ ➔ $\frac{3}{8} < \frac{11}{20}$

$\left(\frac{11}{20}, \frac{13}{24}\right)$ ➔ $\left(\frac{66}{120}, \frac{65}{120}\right)$ ➔ $\frac{11}{20} > \frac{13}{24}$

따라서 $\frac{11}{20}$이 가장 큰 수이므로 거리가 가장 먼 곳은 학교입니다.

14 $\left(\frac{7}{12}, \frac{3}{5}\right)$ ➔ $\left(\frac{35}{60}, \frac{36}{60}\right)$ ➔ $\frac{7}{12} < \frac{3}{5}$

$\left(\frac{13}{20}, \frac{5}{8}\right)$ ➔ $\left(\frac{26}{40}, \frac{25}{40}\right)$ ➔ $\frac{13}{20} > \frac{5}{8}$

따라서 만나는 동물은 곰입니다.

15 윤정: $2.7 = 2\frac{7}{10}$이므로

$\left(2\frac{3}{16}, 2\frac{7}{10}\right)$ ➔ $\left(2\frac{15}{80}, 2\frac{56}{80}\right)$ ➔ $2\frac{3}{16} < 2.7$입니다.

16 $\left(\frac{11}{30}, \frac{5}{12}\right)$ ➔ $\left(\frac{22}{60}, \frac{25}{60}\right)$이므로 $\frac{22}{60}$보다 크고 $\frac{25}{60}$보다 작은 분수 중에서 분모가 60인 분수는 $\frac{23}{60}$, $\frac{24}{60}$입니다.

17 9와 15의 공배수는 45, 90, 135, 180, 225, ...이고 이 중에서 200보다 작은 수를 모두 찾으면 45, 90, 135, 180으로 모두 4개입니다.

18 $\frac{7}{10} = \frac{14}{20} = \frac{21}{30} = \frac{28}{40} = \frac{35}{50} = \frac{42}{60} = \cdots$

└ 분모와 분자의 합이 50보다 크고 100보다 작은 분수

19

채점 기준		
❶ 크기가 같은 분수를 구함.	3점	5점
❷ 분모와 분자의 차가 5인 분수를 구함.	2점	

20

채점 기준		
❶ 0.15를 분수로 나타냄.	1점	5점
❷ 분모가 40인 분수로 통분함.	2점	
❸ □ 안에 들어갈 수 있는 자연수의 수를 구함.	2점	

5 분수의 덧셈과 뺄셈

98~99쪽 **1단계 교과서 바로 알기**

확인 문제

1 예

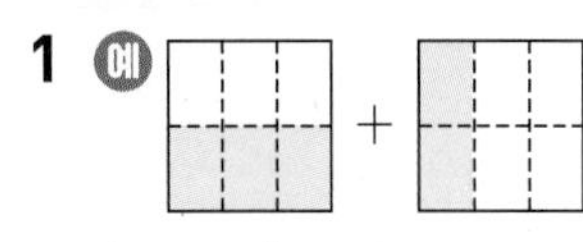

/ 3, 2 / 3, 2, 5

2 9, 45, 57, 19

3 $\frac{3}{4} + \frac{1}{8}$
$= \frac{3 \times 2}{4 \times 2} + \frac{1}{8}$
$= \frac{6}{8} + \frac{1}{8} = \frac{7}{8}$

4 $\frac{17}{20}$

5 $\frac{19}{24}$

6 (1) $\frac{1}{6}$, $\frac{11}{18}$

(2) $\frac{11}{18}$컵

한번 더! 확인

7 예

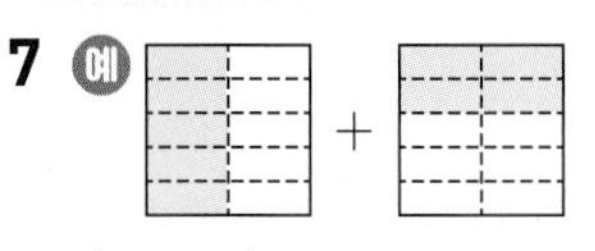

/ 5, 4 / 5, 4, 9

8 3, 12, 27, 3

9 $\frac{5}{12} + \frac{5}{18}$
$= \frac{5 \times 3}{12 \times 3} + \frac{5 \times 2}{18 \times 2}$
$= \frac{15}{36} + \frac{10}{36} = \frac{25}{36}$

10 $\frac{11}{15}$

11 $\frac{13}{24}$

12 식 $\frac{2}{3} + \frac{1}{9} = \frac{7}{9}$

답 $\frac{7}{9}$ kg

2 두 분모의 곱인 108을 공통분모로 하여 통분한 뒤 계산합니다.

3 두 분모의 최소공배수를 공통분모로 하여 통분한 뒤 계산하는 방법입니다.

4 $\frac{3}{4} + \frac{1}{10} = \frac{15}{20} + \frac{2}{20} = \frac{17}{20}$

5 $\frac{5}{8} + \frac{1}{6} = \frac{15}{24} + \frac{4}{24} = \frac{19}{24}$

6 $\frac{4}{9} + \frac{1}{6} = \frac{8}{18} + \frac{3}{18} = \frac{11}{18}$(컵)

8 두 분모의 곱인 45를 공통분모로 하여 통분한 뒤 계산합니다.

10 $\frac{2}{5} + \frac{1}{3} = \frac{6}{15} + \frac{5}{15} = \frac{11}{15}$

11 $\frac{1}{8} + \frac{5}{12} = \frac{3}{24} + \frac{10}{24} = \frac{13}{24}$

12 $\frac{2}{3} + \frac{1}{9} = \frac{6}{9} + \frac{1}{9} = \frac{7}{9}$(kg)

100~101쪽 1단계 교과서 바로 알기

확인 문제

1 예 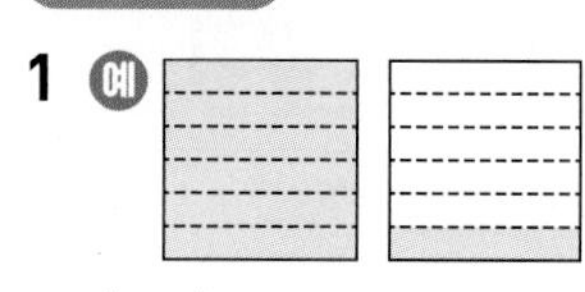

/ 3 / 3, 7, 1

2 7, 14, 32, $1\frac{11}{21}$

3 $\frac{5}{8}+\frac{1}{2}$

$=\frac{5}{8}+\frac{1\times4}{2\times4}$

$=\frac{5}{8}+\frac{4}{8}$

$=\frac{9}{8}=1\frac{1}{8}$

4 $1\frac{1}{45}$

5 $1\frac{5}{8}$

6 (1) $\frac{4}{9}$, $1\frac{5}{18}$

(2) $1\frac{5}{18}$ kg

한번 더! 확인

7 예 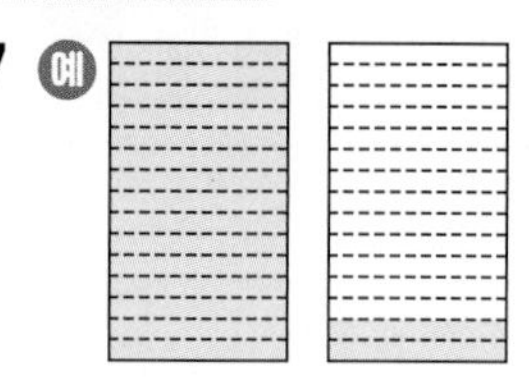

/ 12, 17, 2

8 2, 18, 31, $1\frac{5}{26}$

9 $\frac{5}{7}+\frac{9}{14}$

$=\frac{5\times2}{7\times2}+\frac{9}{14}$

$=\frac{10}{14}+\frac{9}{14}$

$=\frac{19}{14}=1\frac{5}{14}$

10 $1\frac{11}{24}$

11 $1\frac{29}{63}$

12 식 $\frac{11}{12}+\frac{3}{8}=1\frac{7}{24}$

답 $1\frac{7}{24}$ L

2 두 분모의 곱을 공통분모로 하여 통분한 뒤 계산합니다.

3 두 분모의 최소공배수를 공통분모로 하여 통분한 뒤 계산하는 방법입니다.

4 $\frac{5}{9}+\frac{7}{15}=\frac{25}{45}+\frac{21}{45}=\frac{46}{45}=1\frac{1}{45}$

5 $\frac{7}{8}+\frac{3}{4}=\frac{7}{8}+\frac{6}{8}=\frac{13}{8}=1\frac{5}{8}$

6 $\frac{5}{6}+\frac{4}{9}=\frac{15}{18}+\frac{8}{18}=\frac{23}{18}=1\frac{5}{18}$ (kg)

9 두 분모의 최소공배수를 공통분모로 하여 통분한 뒤 계산하는 방법입니다.

10 $\frac{5}{6}+\frac{5}{8}=\frac{20}{24}+\frac{15}{24}=\frac{35}{24}=1\frac{11}{24}$

11 $\frac{4}{7}+\frac{8}{9}=\frac{36}{63}+\frac{56}{63}=\frac{92}{63}=1\frac{29}{63}$

12 $\frac{11}{12}+\frac{3}{8}=\frac{22}{24}+\frac{9}{24}=\frac{31}{24}=1\frac{7}{24}$ (L)

102~103쪽 1단계 교과서 바로 알기

확인 문제

1 예 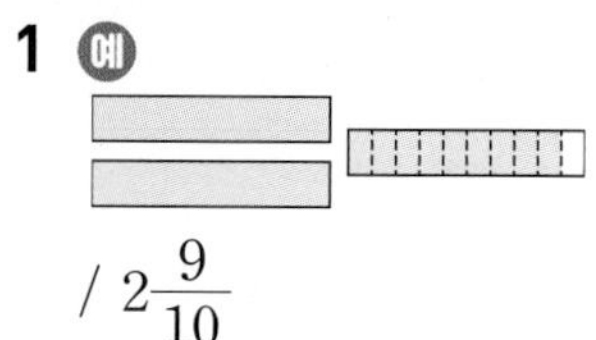

/ $2\frac{9}{10}$

2 $4\frac{11}{12}$

3 $1\frac{2}{9}+2\frac{5}{6}$

$=\frac{11}{9}+\frac{17}{6}$

$=\frac{22}{18}+\frac{51}{18}$

$=\frac{73}{18}=4\frac{1}{18}$

4 $4\frac{2}{45}$

5 $3\frac{19}{20}$

6 (1) $3\frac{1}{4}$, $5\frac{1}{8}$

(2) $5\frac{1}{8}$ kg

한번 더! 확인

7 예 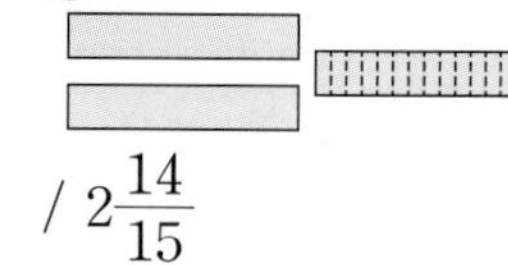

/ $2\frac{14}{15}$

8 $4\frac{1}{30}$

9 예 $3\frac{1}{3}+1\frac{2}{7}$

$=\frac{10}{3}+\frac{9}{7}$

$=\frac{70}{21}+\frac{27}{21}$

$=\frac{97}{21}=4\frac{13}{21}$

10 $4\frac{1}{24}$

11 $5\frac{3}{28}$

12 식 $1\frac{4}{5}+1\frac{3}{4}=3\frac{11}{20}$

답 $3\frac{11}{20}$ m

2 $2\frac{2}{3}+2\frac{1}{4}=2\frac{8}{12}+2\frac{3}{12}=4\frac{11}{12}$

4 $1\frac{3}{5}+2\frac{4}{9}=1\frac{27}{45}+2\frac{20}{45}=3\frac{47}{45}=4\frac{2}{45}$

5 $2\frac{1}{4}+1\frac{7}{10}=2\frac{5}{20}+1\frac{14}{20}=3\frac{19}{20}$ (m)

6 $1\frac{7}{8}+3\frac{1}{4}=1\frac{7}{8}+3\frac{2}{8}=4\frac{9}{8}=5\frac{1}{8}$ (kg)

8 $2\frac{2}{15}+1\frac{9}{10}=2\frac{4}{30}+1\frac{27}{30}=3\frac{31}{30}=4\frac{1}{30}$

주의
진분수끼리의 합이 가분수이면 대분수로 고쳐 나타내야 합니다.

10 $1\frac{7}{8}+2\frac{1}{6}=1\frac{21}{24}+2\frac{4}{24}=3\frac{25}{24}=4\frac{1}{24}$

11 $2\frac{1}{4}+2\frac{6}{7}=2\frac{7}{28}+2\frac{24}{28}=4\frac{31}{28}=5\frac{3}{28}$ (m)

12 $1\frac{4}{5}+1\frac{3}{4}=1\frac{16}{20}+1\frac{15}{20}=2\frac{31}{20}=3\frac{11}{20}$ (m)

104~107쪽 2단계 익힘책 바로 풀기

1 $\frac{9}{16}$

2 (1) $\frac{29}{35}$ (2) $1\frac{1}{30}$

3 $\frac{1}{10}+\frac{5}{6}=\frac{3}{30}+\frac{25}{30}=\frac{28}{30}=\frac{14}{15}$

4 $\frac{20}{21}$

5 $1\frac{19}{40}$

6 $1\frac{7}{40}$

7 방법 1 예 $1\frac{3}{5}+1\frac{1}{4}=1\frac{12}{20}+1\frac{5}{20}$
$=(1+1)+(\frac{12}{20}+\frac{5}{20})$
$=2+\frac{17}{20}=2\frac{17}{20}$

방법 2 예 $1\frac{3}{5}+1\frac{1}{4}=\frac{8}{5}+\frac{5}{4}=\frac{32}{20}+\frac{25}{20}$
$=\frac{57}{20}=2\frac{17}{20}$

8 $\frac{5}{8}+\frac{5}{12}=\frac{15}{24}+\frac{10}{24}=\frac{25}{24}=1\frac{1}{24}$

9 $1\frac{5}{9}$

10

11 ㉡

12 ( )(○)

13 $5\frac{3}{10}$ m

14 ❶ $\frac{11}{14}$ ❷ $\frac{11}{14}$, $1\frac{3}{14}$ 답 $1\frac{3}{14}$ L

15 현서

16 식 $\frac{1}{3}+\frac{4}{9}=\frac{7}{9}$ 답 $\frac{7}{9}$ kg

17 $1\frac{7}{15}$ km

18 $\frac{4}{5}$, $1\frac{11}{20}$

19 식 $2\frac{5}{8}+1\frac{7}{12}=4\frac{5}{24}$ 답 $4\frac{5}{24}$컵

20 $1\frac{7}{12}$

21 $5\frac{5}{36}$

22 <

23 식 $1\frac{3}{8}+1\frac{9}{20}=2\frac{33}{40}$ 답 $2\frac{33}{40}$ m

24 ㉢, ㉠, ㉡

25 $2\frac{25}{72}$ kg

26 4

27 ❶ $1\frac{5}{6}$, $3\frac{7}{8}$ ❷ $1\frac{5}{6}$, $3\frac{7}{8}$, $5\frac{17}{24}$ 답 $5\frac{17}{24}$

12 • $\frac{2}{3}+\frac{2}{9}=\frac{6}{9}+\frac{2}{9}=\frac{8}{9}$
• $\frac{1}{3}+\frac{13}{18}=\frac{6}{18}+\frac{13}{18}=\frac{19}{18}=1\frac{1}{18}$

13 $3\frac{2}{15}+2\frac{1}{6}=3\frac{4}{30}+2\frac{5}{30}=5\frac{9}{30}=5\frac{3}{10}$ (m)

14 ❶ $\frac{3}{7}+\frac{5}{14}=\frac{6}{14}+\frac{5}{14}=\frac{11}{14}$ (L)
❷ $\frac{3}{7}+\frac{11}{14}=\frac{6}{14}+\frac{11}{14}=\frac{17}{14}=1\frac{3}{14}$ (L)

15 현서: $\frac{3}{7}+\frac{3}{4}=\frac{12}{28}+\frac{21}{28}=\frac{33}{28}=1\frac{5}{28}$
➜ $1\frac{5}{28}>1\frac{1}{28}$

16 $\frac{1}{3}+\frac{4}{9}=\frac{3}{9}+\frac{4}{9}=\frac{7}{9}$ (kg)

17 (민주네 집~약국)+(약국~우체국)
$=\frac{4}{5}+\frac{2}{3}=\frac{12}{15}+\frac{10}{15}=\frac{22}{15}=1\frac{7}{15}$ (km)

18 $\frac{3}{10}+\frac{1}{2}=\frac{3}{10}+\frac{5}{10}=\frac{8}{10}=\frac{4}{5}$
$\frac{4}{5}+\frac{3}{4}=\frac{16}{20}+\frac{15}{20}=\frac{31}{20}=1\frac{11}{20}$

19 $2\frac{5}{8}+1\frac{7}{12}=2\frac{15}{24}+1\frac{14}{24}=3\frac{29}{24}=4\frac{5}{24}$(컵)

20 $\square-\frac{5}{6}=\frac{3}{4}$
➜ $\square=\frac{3}{4}+\frac{5}{6}=\frac{9}{12}+\frac{10}{12}=\frac{19}{12}=1\frac{7}{12}$

21 $3\frac{1}{4}>2\frac{3}{7}>1\frac{8}{9}$
➜ $3\frac{1}{4}+1\frac{8}{9}=3\frac{9}{36}+1\frac{32}{36}=4\frac{41}{36}=5\frac{5}{36}$

22 $1\frac{1}{6}+3\frac{5}{8}=1\frac{4}{24}+3\frac{15}{24}=4\frac{19}{24}$
$2\frac{4}{5}+2\frac{3}{10}=2\frac{8}{10}+2\frac{3}{10}=4\frac{11}{10}=5\frac{1}{10}$
➜ $4\frac{19}{24}<5\frac{1}{10}$

23 $1\frac{3}{8}+1\frac{9}{20}=1\frac{15}{40}+1\frac{18}{40}=2\frac{33}{40}$ (m)

24 ㉠ $\frac{2}{3}+\frac{1}{4}=\frac{8}{12}+\frac{3}{12}=\frac{11}{12}$
㉡ $\frac{1}{6}+\frac{5}{12}=\frac{2}{12}+\frac{5}{12}=\frac{7}{12}$
㉢ $\frac{1}{2}+\frac{3}{5}=\frac{5}{10}+\frac{6}{10}=\frac{11}{10}=1\frac{1}{10}$ ➜ ㉢>㉠>㉡

25 $\frac{8}{9}+\frac{5}{8}+\frac{5}{6}=\frac{64}{72}+\frac{45}{72}+\frac{5}{6}=1\frac{37}{72}+\frac{5}{6}$
$=1\frac{37}{72}+\frac{60}{72}=1\frac{97}{72}=2\frac{25}{72}$ (kg)

26 $\frac{1}{2}+\frac{1}{3}=\frac{3}{6}+\frac{2}{6}=\frac{5}{6}$ ➜ $\frac{5}{6}>\frac{\square}{6}$이므로 □ 안에 들어 갈 수 있는 가장 큰 자연수는 4입니다.

27 ❷ $1\frac{5}{6}+3\frac{7}{8}=1\frac{20}{24}+3\frac{21}{24}=4\frac{41}{24}=5\frac{17}{24}$

108~109쪽  단계 교과서 바로 알기

확인 문제

1 예

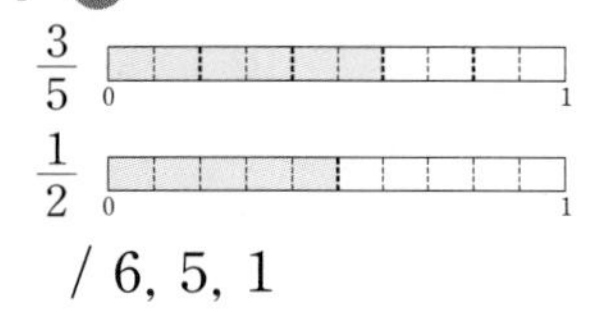

/ 6, 5, 1

2 10, 56, 30, 26, 13

3 (1) $\frac{11}{35}$ (2) $\frac{13}{21}$

4 $\frac{9}{20}$

5 <

6 (1) $\frac{1}{5}$, $\frac{3}{10}$

(2) $\frac{3}{10}$ L

한번 더! 확인

7 8 / 8, 3, 5

8 5, 28, 15, 13

9 (1) $\frac{13}{44}$ (2) $\frac{1}{10}$

10 $\frac{7}{18}$

11 >

12 식 $\frac{3}{7}-\frac{2}{9}=\frac{13}{63}$

답 $\frac{13}{63}$ m

3 (1) $\frac{3}{5}-\frac{2}{7}=\frac{21}{35}-\frac{10}{35}=\frac{11}{35}$

(2) $\frac{5}{6}-\frac{3}{14}=\frac{35}{42}-\frac{9}{42}=\frac{26}{42}=\frac{13}{21}$

4 $\frac{7}{12}-\frac{2}{15}=\frac{35}{60}-\frac{8}{60}=\frac{27}{60}=\frac{9}{20}$

5 $\frac{5}{12}-\frac{1}{9}=\frac{15}{36}-\frac{4}{36}=\frac{11}{36}$ ➜ $\frac{11}{36}<\frac{13}{36}$

6 $\frac{1}{2}-\frac{1}{5}=\frac{5}{10}-\frac{2}{10}=\frac{3}{10}$ (L)

9 (1) $\frac{3}{4}-\frac{5}{11}=\frac{33}{44}-\frac{20}{44}=\frac{13}{44}$

(2) $\frac{4}{15}-\frac{1}{6}=\frac{8}{30}-\frac{5}{30}=\frac{3}{30}=\frac{1}{10}$

10 $\frac{5}{6}-\frac{4}{9}=\frac{15}{18}-\frac{8}{18}=\frac{7}{18}$

11 $\frac{2}{5}-\frac{1}{6}=\frac{12}{30}-\frac{5}{30}=\frac{7}{30}$ ➜ $\frac{7}{30}>\frac{1}{30}$

12 $\frac{3}{7}-\frac{2}{9}=\frac{27}{63}-\frac{14}{63}=\frac{13}{63}$ (m)

110~111쪽 단계 교과서 바로 알기

확인 문제

1 예

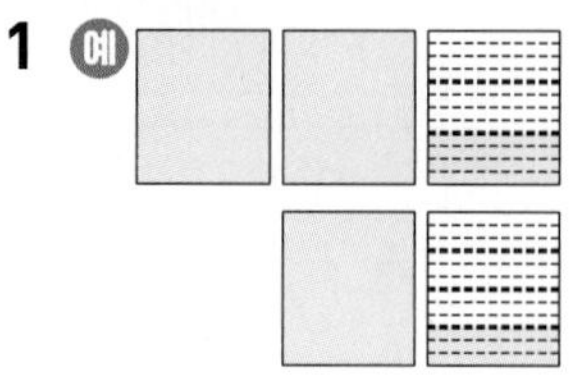

/ 4, 3 / $1\frac{1}{12}$

2 $2\frac{3}{10}$

3 37, 37, 10, 27, $3\frac{3}{8}$

4 $2\frac{7}{20}$

5 $3\frac{4}{5}-1\frac{1}{3}=\frac{19}{5}-\frac{4}{3}$

$=\frac{57}{15}-\frac{20}{15}$

$=\frac{37}{15}=2\frac{7}{15}$

6 (1) $1\frac{1}{5}$, $1\frac{1}{2}$

(2) $1\frac{1}{2}$ L

한번 더! 확인

7 예

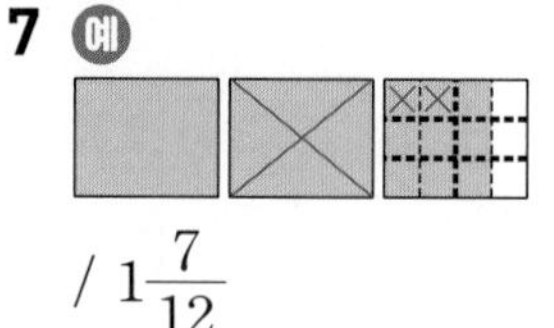

/ $1\frac{7}{12}$

8 $1\frac{11}{18}$

9 $3\frac{7}{15}-1\frac{1}{5}=\frac{52}{15}-\frac{6}{5}$

$=\frac{52}{15}-\frac{18}{15}=\frac{34}{15}$

$=2\frac{4}{15}$

10 $1\frac{11}{50}$

11 $4\frac{5}{6}-2\frac{3}{4}=\frac{29}{6}-\frac{11}{4}$

$=\frac{58}{12}-\frac{33}{12}$

$=\frac{25}{12}=2\frac{1}{12}$

12 식 $3\frac{5}{12}-2\frac{3}{8}=1\frac{1}{24}$

답 $1\frac{1}{24}$ kg

2 $4\frac{7}{10}-2\frac{2}{5}=4\frac{7}{10}-2\frac{4}{10}=2\frac{3}{10}$

4 $3\frac{3}{4}-1\frac{2}{5}=3\frac{15}{20}-1\frac{8}{20}=2\frac{7}{20}$

5 답을 가분수에서 대분수로 나타내는 과정에서 잘못 나타냈습니다.

6 $2\frac{7}{10}-1\frac{1}{5}=2\frac{7}{10}-1\frac{2}{10}=1\frac{5}{10}=1\frac{1}{2}$ (L)

8 $4\frac{5}{6}-3\frac{2}{9}=4\frac{15}{18}-3\frac{4}{18}=1\frac{11}{18}$

9 대분수를 가분수로 나타내 계산합니다.

10 $2\frac{13}{25}-1\frac{3}{10}=2\frac{26}{50}-1\frac{15}{50}=1\frac{11}{50}$

12 $3\frac{5}{12}-2\frac{3}{8}=3\frac{10}{24}-2\frac{9}{24}=1\frac{1}{24}$ (kg)

112~113쪽 1단계 교과서 바로 알기

확인 문제

1 예

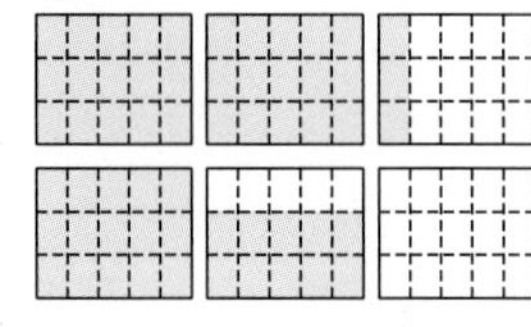

/ 11, 33, 25, $\frac{8}{15}$

2 (1) $1\frac{31}{42}$ (2) $1\frac{3}{10}$

3 2, 15, 20, 15, $1\frac{5}{18}$

4 ㉡

5 (1) $1\frac{5}{6}$, $\frac{5}{12}$

(2) $\frac{5}{12}$ kg

한번 더! 확인

6 예

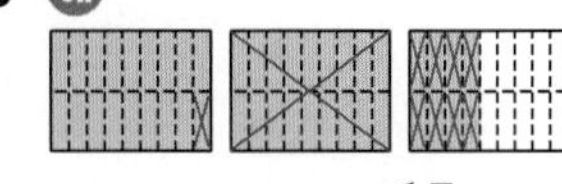

/ 9, 9, 26, 9, $\frac{17}{18}$

7 (1) $4\frac{17}{20}$ (2) $\frac{23}{24}$

8 $5\frac{1}{6}-1\frac{1}{4}$

$=5\frac{2}{12}-1\frac{3}{12}$

$=4\frac{14}{12}-1\frac{3}{12}=3\frac{11}{12}$

9 진주

10 식 $3\frac{2}{7}-1\frac{2}{5}=1\frac{31}{35}$

답 $1\frac{31}{35}$ L

2 (1) $6\frac{4}{7}-4\frac{5}{6}=6\frac{24}{42}-4\frac{35}{42}=5\frac{66}{42}-4\frac{35}{42}=1\frac{31}{42}$

(2) $3\frac{1}{5}-1\frac{9}{10}=3\frac{2}{10}-1\frac{9}{10}=2\frac{12}{10}-1\frac{9}{10}=1\frac{3}{10}$

3 두 분모의 최소공배수를 공통분모로 하여 통분한 뒤 계산합니다.

4 $7\frac{1}{6}-4\frac{3}{8}=7\frac{4}{24}-4\frac{9}{24}=6\frac{28}{24}-4\frac{9}{24}=2\frac{19}{24}$

5 $2\frac{1}{4}-1\frac{5}{6}=2\frac{3}{12}-1\frac{10}{12}=1\frac{15}{12}-1\frac{10}{12}=\frac{5}{12}$ (kg)

6 자연수는 자연수끼리, 분수는 분수끼리 뺍니다.

7 (1) $5\frac{3}{4}-\frac{9}{10}=5\frac{15}{20}-\frac{18}{20}=4\frac{35}{20}-\frac{18}{20}=4\frac{17}{20}$

(2) $3\frac{3}{8}-2\frac{5}{12}=3\frac{9}{24}-2\frac{10}{24}=2\frac{33}{24}-2\frac{10}{24}=\frac{23}{24}$

8 두 분모의 최소공배수를 공통분모로 하여 통분한 뒤 계산합니다.

9 경원: $2\frac{1}{4}-1\frac{5}{8}=2\frac{2}{8}-1\frac{5}{8}=1\frac{10}{8}-1\frac{5}{8}=\frac{5}{8}$

10 $3\frac{2}{7}-1\frac{2}{5}=3\frac{10}{35}-1\frac{14}{35}=2\frac{45}{35}-1\frac{14}{35}=1\frac{31}{35}$ (L)

114~117쪽 2단계 익힘책 바로 풀기

1 예 / $\frac{5}{12}$

2 (1) $\frac{13}{30}$ (2) $\frac{5}{24}$ **3** $\frac{23}{56}$

4 예 $3\frac{1}{2}-1\frac{4}{7}=\frac{7}{2}-\frac{11}{7}=\frac{49}{14}-\frac{22}{14}=\frac{27}{14}=1\frac{13}{14}$

5 $1\frac{7}{20}$ **6** $\frac{15}{16}$

7 방법 1 예 자연수는 자연수끼리, 분수는 분수끼리 빼서 계산했습니다.

방법 2 예 대분수를 가분수로 나타내 계산했습니다.

8

9 $3\frac{5}{8}-1\frac{1}{6}=\frac{29}{8}-\frac{7}{6}=\frac{87}{24}-\frac{28}{24}=\frac{59}{24}=2\frac{11}{24}$

10 서준 **11** $3\frac{8}{15}$ **12** $1\frac{8}{9}$ m

13 ❶ $1\frac{4}{9}$, $3\frac{2}{9}$ ❷ $3\frac{2}{9}$, $1\frac{7}{18}$ 답 $1\frac{7}{18}$ kg

14 (○)( )

15 식 $\frac{5}{6}-\frac{4}{15}=\frac{17}{30}$ 답 $\frac{17}{30}$ kg

16 $<$ **17** $3\frac{18}{35}$

18 식 $\frac{7}{12}-\frac{2}{5}=\frac{11}{60}$ 답 $\frac{11}{60}$ 컵

19 $\frac{3}{10}$ **20** ㉢

21 $2\frac{11}{36}$ L **22** 예은, $2\frac{5}{24}$장

23 $1\frac{7}{10}$, $\frac{33}{40}$ **24** 3 **25** $1\frac{31}{36}$

26 ❶ $2\frac{7}{18}$ ❷ $2\frac{7}{18}$, $\frac{11}{36}$ 답 $\frac{11}{36}$ km

7 평가 기준

방법1 은 자연수끼리, 분수끼리 계산했고, 방법2 는 대분수를 가분수로 나타내 계산했다고 썼으면 정답으로 합니다.

12 $4\frac{2}{9}-2\frac{1}{3}=4\frac{2}{9}-2\frac{3}{9}=3\frac{11}{9}-2\frac{3}{9}=1\frac{8}{9}$ (m)

13 ❶ $4\frac{2}{3}-1\frac{4}{9}=4\frac{6}{9}-1\frac{4}{9}=3\frac{2}{9}$ (kg)

❷ $3\frac{2}{9}-1\frac{5}{6}=3\frac{4}{18}-1\frac{15}{18}=1\frac{7}{18}$ (kg)

14 • $4\frac{7}{12}-3\frac{3}{10}=4\frac{35}{60}-3\frac{18}{60}=1\frac{17}{60}$

• $3\frac{1}{8}-2\frac{2}{3}=3\frac{3}{24}-2\frac{16}{24}=2\frac{27}{24}-2\frac{16}{24}=\frac{11}{24}$

15 $\frac{5}{6}-\frac{4}{15}=\frac{25}{30}-\frac{8}{30}=\frac{17}{30}$ (kg)

16 $5\frac{5}{12}-2\frac{11}{18}=5\frac{15}{36}-2\frac{22}{36}=4\frac{51}{36}-2\frac{22}{36}=2\frac{29}{36}$

➜ $2\frac{29}{36}<2\frac{31}{36}$

17 $\square=6\frac{4}{5}-3\frac{2}{7}=6\frac{28}{35}-3\frac{10}{35}=3\frac{18}{35}$

18 $\frac{7}{12}-\frac{2}{5}=\frac{35}{60}-\frac{24}{60}=\frac{11}{60}$ (컵)

19 $\frac{1}{3}>\frac{1}{5}>\frac{1}{30}$ ➜ $\frac{1}{3}-\frac{1}{30}=\frac{10}{30}-\frac{1}{30}=\frac{9}{30}=\frac{3}{10}$

참고
분자가 1인 분수는 분모가 작을수록 큽니다.

20 ㉠ $\frac{9}{10}-\frac{1}{6}=\frac{27}{30}-\frac{5}{30}=\frac{22}{30}=\frac{11}{15}$

㉡ $2\frac{1}{5}-1\frac{1}{3}=2\frac{3}{15}-1\frac{5}{15}=1\frac{18}{15}-1\frac{5}{15}=\frac{13}{15}$

➜ ㉠ $\frac{11}{15}<$ ㉡ $\frac{13}{15}$

21 $4\frac{5}{9}-2\frac{1}{4}=4\frac{20}{36}-2\frac{9}{36}=2\frac{11}{36}$ (L)

22 $6\frac{5}{8}-4\frac{5}{12}=6\frac{15}{24}-4\frac{10}{24}=2\frac{5}{24}$(장)

23 • $3\frac{1}{2}-1\frac{4}{5}=3\frac{5}{10}-1\frac{8}{10}=2\frac{15}{10}-1\frac{8}{10}=1\frac{7}{10}$

• $1\frac{7}{10}-\frac{7}{8}=1\frac{28}{40}-\frac{35}{40}=\frac{68}{40}-\frac{35}{40}=\frac{33}{40}$

24 $5\frac{1}{5}-2\frac{2}{7}=5\frac{7}{35}-2\frac{10}{35}=4\frac{42}{35}-2\frac{10}{35}=2\frac{32}{35}$

$2\frac{32}{35}<\square$이므로 $\square$ 안에 들어갈 수 있는 가장 작은 자연수는 3입니다.

25 $7\frac{4}{9}-2\frac{5}{6}=7\frac{8}{18}-2\frac{15}{18}=6\frac{26}{18}-2\frac{15}{18}=4\frac{11}{18}$

➜ ㉠$=4\frac{11}{18}-2\frac{3}{4}=4\frac{22}{36}-2\frac{27}{36}=1\frac{31}{36}$

26 ❶ $1\frac{2}{9}+1\frac{1}{6}=1\frac{4}{18}+1\frac{3}{18}=2\frac{7}{18}$ (km)

❷ $2\frac{7}{18}-2\frac{1}{12}=2\frac{14}{36}-2\frac{3}{36}=\frac{11}{36}$ (km)

118~119쪽 3단계 실력 바로 쌓기

1-1 ❶ 큰에 ○표, 큰에 ○표

❷ $4\frac{5}{12}$, $3\frac{3}{10}$, $2\frac{7}{8}$ / $4\frac{5}{12}$, $3\frac{3}{10}$, $7\frac{43}{60}$

답 $7\frac{43}{60}$

1-2 답 $1\frac{19}{24}$

2-1 ❶ $9\frac{7}{8}$ ❷ $7\frac{8}{9}$ ❸ $9\frac{7}{8}$, $7\frac{8}{9}$, $1\frac{71}{72}$ 답 $1\frac{71}{72}$

2-2 답 $11\frac{11}{35}$

3-1 ❶ $\frac{7}{10}$ ❷ 42, 42 답 42분

3-2 답 1시간 54분

4-1 ❶ $\frac{1}{7}$, $\frac{4}{5}$ ❷ $\frac{4}{5}$, $\frac{1}{7}$, $\frac{23}{35}$ ❸ $\frac{23}{35}$, $\frac{18}{35}$ 답 $\frac{18}{35}$

4-2 답 $\frac{20}{21}$

1-2 ❶ 합이 가장 작으려면 가장 작은 수와 두 번째로 작은 수를 더해야 합니다.

❷ $\frac{7}{8}<\frac{11}{12}<1\frac{1}{2}$

➜ 합이 가장 작은 식:

$\frac{7}{8}+\frac{11}{12}=\frac{21}{24}+\frac{22}{24}=\frac{43}{24}=1\frac{19}{24}$

2-1 ❸ $9\frac{7}{8}-7\frac{8}{9}=9\frac{63}{72}-7\frac{64}{72}=8\frac{135}{72}-7\frac{64}{72}=1\frac{71}{72}$

2-2 ❶ 가장 큰 대분수: $7\frac{3}{5}$ ❷ 가장 작은 대분수: $3\frac{5}{7}$

❸ $7\frac{3}{5}+3\frac{5}{7}=7\frac{21}{35}+3\frac{25}{35}=10\frac{46}{35}=11\frac{11}{35}$

3-2 ❶ (수학과 영어 공부를 한 시간)

$=\frac{11}{15}+1\frac{1}{6}=\frac{22}{30}+1\frac{5}{30}=1\frac{27}{30}$(시간)

❷ $1\frac{27}{30}$시간$=1\frac{54}{60}$시간이므로 지수가 수학과 영어 공부를 한 시간은 모두 1시간 54분입니다.

4-2 ❶ 어떤 수를 $\square$라 하고 잘못 계산한 식 세우기:

$\square-\frac{2}{7}=\frac{8}{21}$

❷ $\square=\frac{8}{21}+\frac{2}{7}=\frac{8}{21}+\frac{6}{21}=\frac{14}{21}=\frac{2}{3}$

❸ 바르게 계산한 값: $\frac{2}{3}+\frac{2}{7}=\frac{14}{21}+\frac{6}{21}=\frac{20}{21}$

120~122쪽 TEST 단원 마무리 하기

1 (1) 10, 4, 30, 4, 34, 17 (2) 5, 2, 15, 2, 17

2 예 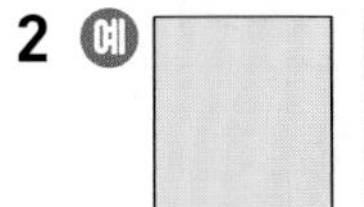 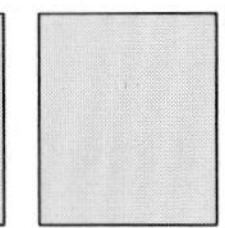 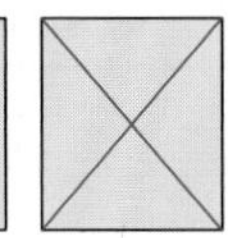 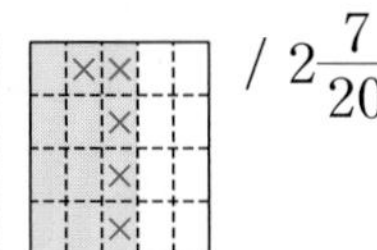 / $2\frac{7}{20}$

3 (1) $1\frac{7}{30}$ (2) $3\frac{2}{35}$

4 $2\frac{5}{14}+1\frac{2}{7}=\frac{33}{14}+\frac{9}{7}=\frac{33}{14}+\frac{18}{14}=\frac{51}{14}=3\frac{9}{14}$

5 $2\frac{11}{15}$ **6** $1\frac{4}{21}$

7 $2\frac{1}{4}-1\frac{4}{5}=\frac{9}{4}-\frac{9}{5}=\frac{45}{20}-\frac{36}{20}=\frac{9}{20}$

8 $5\frac{11}{18}$ **9** ㉡

10 $4\frac{23}{24}$ cm

11 식 $\frac{10}{21}+\frac{5}{14}=\frac{5}{6}$ 답 $\frac{5}{6}$ kg

12 $2\frac{5}{12}$ cm **13** $2\frac{11}{12}$ km

14 상추, $\frac{3}{20}$ L **15** <

16 $\frac{9}{10}$ **17** $5\frac{2}{3}$, $1\frac{11}{12}$, $3\frac{3}{4}$

18 $10\frac{1}{30}$ cm

19 예 ❶ (수진이가 하루 동안 마신 우유의 양)

$=2\frac{3}{4}+2\frac{1}{3}=2\frac{9}{12}+2\frac{4}{12}=4\frac{13}{12}$

$=5\frac{1}{12}$(컵)

❷ $5\frac{1}{12}>4\frac{5}{12}$이므로 수진이가 하루 동안 우유를 더 많이 마셨습니다. 답 수진

20 예 ❶ (흑설탕 절반의 무게)

$=4\frac{3}{8}-2\frac{5}{12}=4\frac{9}{24}-2\frac{10}{24}$

$=3\frac{33}{24}-2\frac{10}{24}=1\frac{23}{24}$ (kg)

❷ (빈 통의 무게)$=2\frac{5}{12}-1\frac{23}{24}=2\frac{10}{24}-1\frac{23}{24}$

$=1\frac{34}{24}-1\frac{23}{24}=\frac{11}{24}$ (kg)

답 $\frac{11}{24}$ kg

1 (2) 분모 4와 10의 최소공배수는 20입니다.

2 $1\frac{1}{4}\left(=1\frac{5}{20}\right)$만큼 ×로 지우면 남는 부분은 $2\frac{7}{20}$입니다.

3 (1) $4\frac{5}{6}-3\frac{3}{5}=4\frac{25}{30}-3\frac{18}{30}=1\frac{7}{30}$

(2) $1\frac{7}{10}+1\frac{5}{14}=1\frac{49}{70}+1\frac{25}{70}=2\frac{74}{70}=3\frac{4}{70}=3\frac{2}{35}$

4 대분수를 가분수로 나타내 계산합니다.

5 $5\frac{2}{15}-2\frac{2}{5}=5\frac{2}{15}-2\frac{6}{15}=4\frac{17}{15}-2\frac{6}{15}=2\frac{11}{15}$

6 $\frac{5}{14}+\frac{5}{6}=\frac{15}{42}+\frac{35}{42}=\frac{50}{42}=1\frac{8}{42}=1\frac{4}{21}$

7 분수를 통분할 때에는 분모와 분자에 각각 같은 수를 곱해야 하는데 $\frac{9}{5}$를 $\frac{9}{20}$로 고쳤으므로 잘못되었습니다.

8 $6\frac{7}{9}>5\frac{7}{8}>1\frac{1}{6}$

➔ $6\frac{7}{9}-1\frac{1}{6}=6\frac{14}{18}-1\frac{3}{18}=5\frac{11}{18}$

다른 풀이

대분수를 가분수로 나타내 계산합니다.

$6\frac{7}{9}-1\frac{1}{6}=\frac{61}{9}-\frac{7}{6}=\frac{122}{18}-\frac{21}{18}$

$=\frac{101}{18}=5\frac{11}{18}$

9 ㉠ $\frac{1}{2}+\frac{9}{16}=\frac{8}{16}+\frac{9}{16}=\frac{17}{16}=1\frac{1}{16}$

㉡ $\frac{5}{7}+\frac{1}{6}=\frac{30}{42}+\frac{7}{42}=\frac{37}{42}$

➔ 계산 결과가 1보다 작은 것은 ㉡입니다.

10 $11\frac{3}{8}-6\frac{5}{12}=11\frac{9}{24}-6\frac{10}{24}$

$=10\frac{33}{24}-6\frac{10}{24}=4\frac{23}{24}$ (cm)

11 $\frac{10}{21}+\frac{5}{14}=\frac{20}{42}+\frac{15}{42}=\frac{35}{42}=\frac{5}{6}$ (kg)

12 (세로)=(직사각형의 가로와 세로의 합)−(가로)

$=7\frac{1}{6}-4\frac{3}{4}=7\frac{2}{12}-4\frac{9}{12}$

$=6\frac{14}{12}-4\frac{9}{12}=2\frac{5}{12}$ (cm)

13 (집 ~ 우체국)+(우체국 ~ 은행)

$=1\frac{2}{3}+1\frac{1}{4}=1\frac{8}{12}+1\frac{3}{12}=2\frac{11}{12}$ (km)

14 $\frac{11}{15}>\frac{7}{12}$

(상추에 준 물의 양)−(깻잎에 준 물의 양)

$=\frac{11}{15}-\frac{7}{12}=\frac{44}{60}-\frac{35}{60}$

$=\frac{9}{60}=\frac{3}{20}$ (L)

따라서 상추에 물을 $\frac{3}{20}$ L 더 많이 주었습니다.

15 $6\frac{3}{8}-3\frac{7}{12}=6\frac{9}{24}-3\frac{14}{24}=5\frac{33}{24}-3\frac{14}{24}=2\frac{19}{24}$

$1\frac{1}{2}+1\frac{5}{6}=1\frac{3}{6}+1\frac{5}{6}=2\frac{8}{6}=3\frac{2}{6}=3\frac{1}{3}$

➜ $2\frac{19}{24}<3\frac{1}{3}$

16 앞에서부터 두 분수씩 차례로 계산합니다.

$\frac{4}{5}+\frac{5}{6}-\frac{11}{15}=\frac{24}{30}+\frac{25}{30}-\frac{11}{15}=\frac{49}{30}-\frac{22}{30}$

$=\frac{27}{30}=\frac{9}{10}$

17 $5\frac{2}{3}>3\frac{5}{6}>1\frac{11}{12}$이므로 $5\frac{2}{3}-1\frac{11}{12}$을 계산합니다.

➜ $5\frac{2}{3}-1\frac{11}{12}=5\frac{8}{12}-1\frac{11}{12}=4\frac{20}{12}-1\frac{11}{12}$

$=3\frac{9}{12}=3\frac{3}{4}$

참고

두 분수의 차가 가장 크려면 가장 큰 분수에서 가장 작은 분수를 빼야 합니다.

18 $3\frac{1}{5}+2\frac{2}{3}+4\frac{1}{6}=3\frac{3}{15}+2\frac{10}{15}+4\frac{1}{6}$

$=5\frac{13}{15}+4\frac{1}{6}$

$=5\frac{26}{30}+4\frac{5}{30}$

$=9\frac{31}{30}=10\frac{1}{30}$ (cm)

19

채점 기준		
❶ 수진이가 하루 동안 마신 우유의 양을 구함.	3점	5점
❷ 누가 우유를 더 많이 마셨는지 구함.	2점	

20 빈 통의 무게는 흑설탕 절반이 담긴 통의 무게에서 흑설탕 절반의 무게를 빼서 구합니다.

채점 기준		
❶ 흑설탕 절반의 무게를 구함.	2점	5점
❷ 빈 통의 무게를 구함.	3점	

6 다각형의 둘레와 넓이

124~125쪽 1단계 교과서 바로 알기

확인 문제

1 12 / 3, 12
2 15 / 5, 15
3 44 cm
4 60 cm
5 (1) 7개 (2) 5 cm

한번 더! 확인

6 18 / 6, 18
7 35 / 7, 35
8 52 m
9 식 $12\times6=72$ 답 72 cm
10 8, 8, 7 답 7 m

3 (정사각형의 둘레)$=11\times4=44$ (cm)

4 (정육각형의 둘레)$=10\times6=60$ (cm)

5 (2) (정칠각형의 둘레)=(한 변의 길이)$\times7$

➜ (한 변의 길이)$=35\div7=5$ (cm)

8 (정사각형의 둘레)$=13\times4=52$ (m)

9 (정육각형의 둘레)=(한 변의 길이)$\times6$

10 (정팔각형의 둘레)=(한 변의 길이)$\times8$

➜ (한 변의 길이)$=56\div8=7$ (m)

126~127쪽 1단계 교과서 바로 알기

확인 문제

1 2, 24
2 2, 26
3 28 cm
4 34 cm
5 (1) 5 cm (2) 16 cm

한번 더! 확인

6 2, 16
7 2, 20
8 36 m
9 식 $(13+6)\times2=38$ 답 38 cm
10 3, 3, 3, 18 답 18 cm

3 (마름모의 둘레)$=7\times4=28$ (cm)

4 $(12+5)\times2=17\times2=34$ (cm)

5 (1) (긴 변의 길이)$=3+2=5$ (cm)

(2) $(3+5)\times2=16$ (cm)

8 (마름모의 둘레)$=9\times4=36$ (m)

9 $(13+6)\times2=19\times2=38$ (cm)

128~129쪽 2단계 익힘책 바로 풀기

1 3, 3, 3, 3, 18
2 6, 18
3 21 cm
4 35 m
5 5, 13, 5, 30
6 10, 2, 68
7 64 cm
8 32 cm
9 22 cm
10 48 cm
11 식 $(11+5)\times2=32$ 답 32 cm
12 9
13 8
14 나
15 ❶ 2, 11 ❷ 11, 4 답 4 cm

1 정육각형은 변 6개의 길이가 모두 같으므로 3 cm를 6번 더하여 둘레를 구하면 18 cm입니다.

2 (정육각형의 둘레)=(한 변의 길이)$\times$6
$=3\times6=18$ (cm)

3 (정삼각형의 둘레)=(한 변의 길이)$\times$3
$=7\times3=21$ (cm)

4 (정칠각형의 둘레)=(한 변의 길이)$\times$7
$=5\times7=35$ (m)

5 각 변의 길이를 모두 더합니다.

6 (직사각형의 둘레)=(가로+세로)$\times$2
$=(24+10)\times2=34\times2=68$ (cm)

7 (만든 정사각형의 둘레)$=16\times4=64$ (cm)

8 (마름모의 둘레)=(한 변의 길이)$\times$4
$=8\times4=32$ (cm)

9 (평행사변형의 둘레)
=(한 변의 길이+다른 한 변의 길이)$\times$2
$=(3+8)\times2=22$ (cm)

10 (마름모의 둘레)=(한 변의 길이)$\times$4
$=12\times4=48$ (cm)

11 (직사각형의 둘레)=(가로+세로)$\times$2

12 (정사각형의 한 변의 길이)=(둘레)$\div$4
$=36\div4=9$ (cm)

13 변의 수를 세어 보면 5개이므로 정다각형의 한 변의 길이는 $40\div5=8$ (cm)입니다.

14 (가의 둘레)$=10\times4=40$ (cm)
(나의 둘레)$=(12+9)\times2=42$ (cm)

130~131쪽 1단계 교과서 바로 알기

확인 문제

1 ○
2 3 cm^2 / 3 제곱센티미터
3 10 cm^2
4 나
5 (1) 6cm^2, 8cm^2, 7cm^2 (2) 나, 다, 가

한번 더! 확인

6 ×
7 5 cm^2 / 5 제곱센티미터
8 9 cm^2
9 가
10 7, 8, 9, 나, 가 답 다, 나, 가

3 도형의 넓이는 1cm^2가 10개이므로 10 cm^2입니다.

4 가의 넓이: 1cm^2가 7개이므로 7 cm^2입니다.
나의 넓이: 1cm^2가 8개이므로 8 cm^2입니다.

5 (1) 1cm^2의 개수를 세어 보면 가는 6개이므로 6 cm^2, 나는 8개이므로 8 cm^2, 다는 7개이므로 7 cm^2입니다.
(2) 나(8 cm^2)>다(7 cm^2)>가(6 cm^2)

8 도형의 넓이는 1cm^2가 9개이므로 9 cm^2입니다.

9 가의 넓이: 1cm^2가 9개이므로 9 cm^2입니다.
나의 넓이: 1cm^2가 10개이므로 10 cm^2입니다.

132~133쪽 1단계 교과서 바로 알기

확인 문제

1 4, 4, 8
2 6, 42
3 4, 16
4 (1) 80cm^2 (2) 99cm^2
5 (1) 6, 42 (2) 7 cm

한번 더! 확인

6 3, 3, 9
7 5, 40
8 5, 25
9 104 cm^2
10 9, 81, 81, 9 답 9cm

2 1cm^2가 가로에 7개, 세로에 6개 있으므로 직사각형의 넓이는 $7\times6=42$ (cm^2)입니다.

3 (정사각형의 넓이)=(한 변의 길이)$\times$(한 변의 길이)
$=4\times4=16$ (cm^2)

4 (1) (직사각형의 넓이)=(가로)$\times$(세로)
$=16\times5=80$ (cm^2)
(2) (직사각형의 넓이)=(가로)$\times$(세로)
$=9\times11=99$ (cm^2)

5 $6\times$(세로)$=42$, (세로)$=42\div6=7$ (cm)

7 1cm²가 가로에 8개, 세로에 5개 있으므로 직사각형의 넓이는 $8 \times 5 = 40$ (cm²)입니다.

8 (정사각형의 넓이)=(한 변의 길이)×(한 변의 길이)
$= 5 \times 5 = 25$ (cm²)

9 (직사각형의 넓이)=(가로)×(세로)
$= 13 \times 8 = 104$ (cm²)

134~135쪽 1단계 교과서 바로 알기

확인 문제

1 1 m² / 1 제곱미터
2 m²에 ○표
3 (1) 10000 (2) 50000
4 (1) 1000000
(2) 8000000
5 8 m²
6 (1) 15000000 m²
(2) 15 km²

한번 더! 확인

7 1 km² / 1 제곱킬로미터
8 km²에 ○표
9 (1) 2 (2) 9
10 (1) 3
(2) 7
11 식 $5 \times 5 = 25$
답 25 m²
12 6000, 36000000, 36 답 36 km²

3 ■ m²=■0000 cm²

4 ■ km²=■000000 m²

5 (직사각형의 넓이)=(가로)×(세로)
$= 4 \times 2 = 8$ (m²)

6 (1) (직사각형의 넓이)$= 5000 \times 3000$
$= 15000000$ (m²)
(2) 1 km²=1000000 m²이므로
15000000 m²=15 km²입니다.

7 한 변의 길이가 1 km인 정사각형의 넓이를 1 km²라 쓰고, 1 제곱킬로미터라고 읽습니다.

9 ■0000 cm²=■ m²

10 ■000000 m²=■ km²

11 (정사각형의 넓이)=(한 변의 길이)×(한 변의 길이)
$= 5 \times 5 = 25$ (m²)

12 1000000 m²=1 km²이므로
36000000 m²=36 km²입니다.

136~137쪽 2단계 익힘책 바로 풀기

1 15, 15
2 2
3 km²
4 (1) 4 (2) 200000
5 다
6 150 cm²
7 144 cm²
8 >
9 식 $12 \times 9 = 108$ 답 108 cm²
10 24, 24
11 7
12 ㉡, ㉠, ㉢
13 4, 40000
14 21, 21000000
15 ❶ 20, 10, 4, 4 ❷ 4, 24 답 24 cm²

2 가의 넓이: 9 cm², 나의 넓이: 7 cm²
➜ $9 - 7 = 2$ (cm²)

4 1 m²=10000 cm²

5 가의 넓이: 7 cm², 나의 넓이: 10 cm²
다의 넓이: 8 cm², 라의 넓이: 6 cm²

6 (직사각형의 넓이)=(가로)×(세로)
$= 10 \times 15 = 150$ (cm²)

7 (정사각형의 넓이)=(한 변의 길이)×(한 변의 길이)
$= 12 \times 12 = 144$ (cm²)

8 10000000 m²=10 km² ➜ 10 km²>9 km²

9 (직사각형의 넓이)=(가로)×(세로)
$= 12 \times 9 = 108$ (cm²)

10 왼쪽: $6000 \times 4000 = 24000000$ (m²) ➜ 24 km²
오른쪽: $6 \times 4 = 24$ (km²)

11 (직사각형의 넓이)=(가로)×(세로)
➜ 11×□=77, □=7

12 ㉠ 5 km²=5000000 m²
㉡ 7000000 m²
㉢ 8000000 cm²=800 m²
➜ ㉡ 7000000 m²>㉠ 5000000 m²>㉢ 800 m²

13 200 cm=2 m
(정사각형의 넓이)$= 2 \times 2 = 4$ (m²)
➜ 40000 cm²

14 7000 m=7 km
(직사각형의 넓이)$= 3 \times 7 = 21$ (km²)
➜ 21000000 m²

138~139쪽 1단계 교과서 바로 알기

확인 문제

1 ㉢, ㉡

2 1 cm² / 16

3 7, 35

4 56 cm²

5 (1) 11, 44
(2) 4 m

한번 더! 확인

6
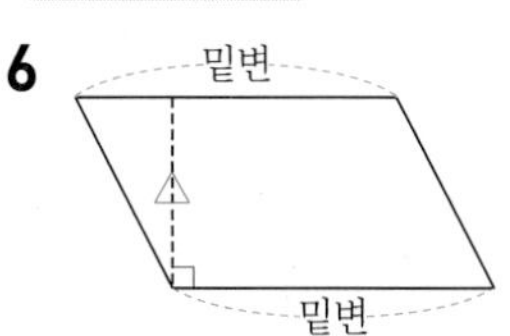

7 1 cm² / 24

8 32 cm²

9 식 $5 \times 4=20$
답 20 cm²

10 5, 30, 30, 5, 6
답 6 m

2 1cm²: 12개, (4개)=(1cm² 4개) ➜ 16 cm²

4 (평행사변형의 넓이)$=8 \times 7=56$ (cm²)

5 $11 \times$(높이)$=44$, (높이)$=44 \div 11=4$ (m)

7 1cm²: 20개, (2개)=(1cm² 4개) ➜ 24 cm²

8 (평행사변형의 넓이)$=8 \times 4=32$ (cm²)

10 $5 \times$(높이)$=30$, (높이)$=30 \div 5=6$ (m)

140~141쪽 1단계 교과서 바로 알기

확인 문제

1 8, 2, 44

2 예
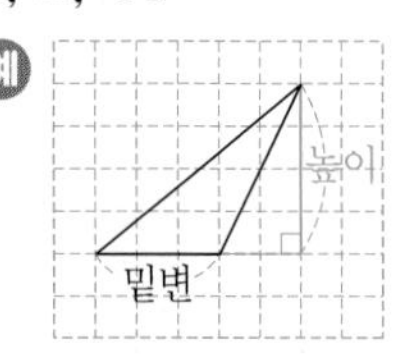

3 (1) 30 cm²
(2) 45 cm²

4 (1) 4 cm, 2 cm
(2) 4 cm²

한번 더! 확인

5 8, 48

6 예
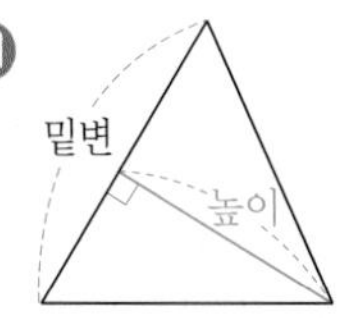

7 식 $5 \times 4 \div 2=10$
답 10 m²

8 2, 3, 2, 3, 3
답 3 cm²

3 (1) (삼각형의 넓이)$=10 \times 6 \div 2=30$ (cm²)
(2) (삼각형의 넓이)$=10 \times 9 \div 2=45$ (cm²)

4 (2) (삼각형의 넓이)$=4 \times 2 \div 2=4$ (cm²)

142~143쪽 2단계 익힘책 바로 풀기

1 ×

2 ㉡

3 14

4 16

5 24 cm²

6 12 cm²

7 (1) 35 cm² (2) 32 cm²

8 (1) 78 cm² (2) 30 cm²

9 가

10 50 cm²

11 식 $9 \times 7=63$ 답 63 m²

12 8

13 예 1 cm²

14 예 1 cm²
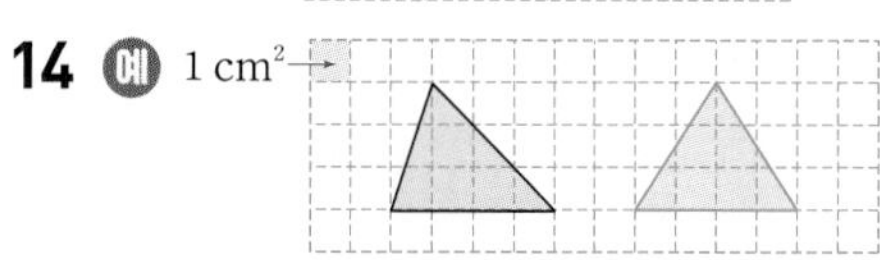

15 ❶ 6 ❷ 6, 72, 12, 12 답 12 cm

1 밑변과 높이를 바꾸어 표시했습니다.
밑변: 삼각형의 어느 한 변
높이: 밑변과 마주 보는 꼭짓점에서 밑변에 수직으로 그은 선분의 길이

2 평행한 두 변(밑변) 사이에 수직인 선분을 찾습니다.

3 평행사변형의 넓이는 1cm²가 $12+2=14$(개)이므로 14 cm²입니다.

4 삼각형의 넓이는 1cm²가 $12+4=16$(개)이므로 16 cm²입니다.

5 평행사변형의 넓이는 직사각형의 넓이와 같습니다.
➜ $6 \times 4=24$ (cm²)

6 삼각형의 넓이는 평행사변형의 넓이와 같습니다.
➜ $6 \times 2=12$ (cm²)

7 (1) $7 \times 5=35$ (cm²) (2) $4 \times 8=32$ (cm²)

8 (1) $12 \times 13 \div 2=78$ (cm²)
(2) $6 \times 10 \div 2=30$ (cm²)

9 평행사변형은 밑변의 길이와 높이가 같으면 넓이가 같습니다. ➔ 높이는 모두 같으므로 밑변의 길이가 다른 가의 넓이가 다릅니다.

다른 풀이

가: $12\,cm^2$, 나: $8\,cm^2$, 다: $8\,cm^2$

➔ 넓이가 다른 평행사변형은 가입니다.

10 $10\times10\div2=50\,(cm^2)$

11 (평행사변형의 넓이)=(밑변의 길이)×(높이)

12 (평행사변형의 넓이)=(밑변의 길이)×(높이)

➔ □×9=72, □=72÷9, □=8

13 (평행사변형의 넓이)=(밑변의 길이)×(높이)이므로 (밑변의 길이)×(높이)=$12\,cm^2$가 되도록 밑변의 길이와 높이를 정하여 평행사변형을 그릴 수 있습니다.

14 밑변의 길이(4 cm)와 높이(3 cm)를 같게 그리면 삼각형의 넓이는 같습니다. 또는 삼각형의 넓이가 $6\,cm^2$이면서 모양이 다른 삼각형을 그릴 수도 있습니다.

144~145쪽 단계 교과서 바로 알기

확인 문제

1

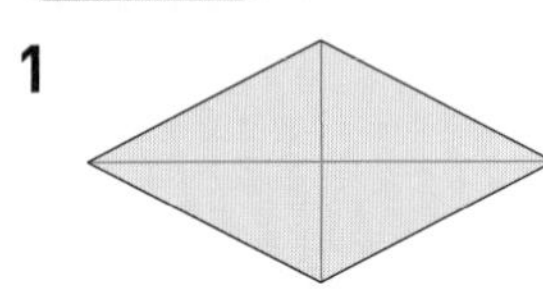

2 8, 2, 16

3 2, 8, 2, 52

4 (1) 63 (2) 42

5 (1) 2배 (2) $80\,m^2$

한번 더! 확인

6 3, 3

7 6, 2, 24

8 2, 10, 2, 85

9 식 $10\times10\div2=50$ 답 $50\,cm^2$

10 2, 2, 36 답 $36\,m^2$

2 마름모의 넓이는 직사각형의 넓이와 같습니다.

3 (마름모의 넓이)=(직사각형의 넓이)÷2

4 (1) (마름모의 넓이)=$14\times9\div2=63\,(cm^2)$

(2) (마름모의 넓이)=$7\times12\div2=42\,(m^2)$

5 (2) $40\times2=80\,(m^2)$

7 마름모의 넓이는 평행사변형의 넓이와 같습니다.

8 (마름모의 넓이)=(직사각형의 넓이)÷2

9 (연의 넓이)=$10\times10\div2=50\,(cm^2)$

146~147쪽 단계 교과서 바로 알기

확인 문제

1 6, 3, 15

2 $20\,cm^2$, $15\,cm^2$, $35\,cm^2$

3 9, 6, 42

4 (1) 8 m

(2) 식 $(5+8)\times4\div2=26$ 답 $26\,m^2$

한번 더! 확인

5 2, 20

6 $10\,cm^2$, $16\,cm^2$, $26\,cm^2$

7 7, 2, 50

8 26, 20, 20, 14, 322 답 $322\,cm^2$

2 ㉮ $8\times5\div2=20\,(cm^2)$, ㉯ $6\times5\div2=15\,(cm^2)$

➔ (사다리꼴의 넓이)=(㉮의 넓이)+(㉯의 넓이)
=$20+15=35\,(cm^2)$

4 (1) (아랫변의 길이)
=(윗변의 길이)+3=5+3=8 (m)

(2) (사다리꼴의 넓이)
=(윗변의 길이+아랫변의 길이)×(높이)÷2

6 ㉠ $5\times4\div2=10\,(cm^2)$, ㉡ $8\times4\div2=16\,(cm^2)$

➔ (사다리꼴의 넓이)=(㉠의 넓이)+(㉡의 넓이)
=$10+16=26\,(cm^2)$

7 (사다리꼴의 넓이)=$(7+13)\times5\div2$
=$20\times5\div2=50\,(cm^2)$

8 (사다리꼴의 넓이)=$(20+26)\times14\div2$
=$46\times14\div2=322\,(cm^2)$

148~149쪽 단계 교과서 바로 알기

확인 문제

1 8, 2, 28

2 ① 5, 55
② 5, 120
③ 55, 120, 175

3 32 m

4 (1) $225\,cm^2$
(2) $40\,cm^2$
(3) $185\,cm^2$

한번 더! 확인

5 4, 20

6 ① 11, 32
② 11, 143
③ 32, 143, 175

7 26 m

8 8, 96, 4, 24, 96, 24, 72 답 $72\,cm^2$

3

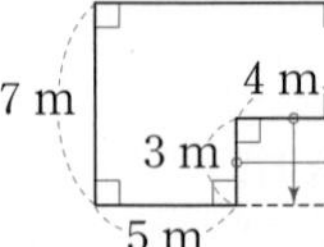

(도형의 둘레)
=(직사각형의 둘레)
=$(9+7)\times2=32\,(m)$

4 (1) $15\times15=225\,(cm^2)$
(2) $5\times8=40\,(cm^2)$
(3) $225-40=185\,(cm^2)$

7 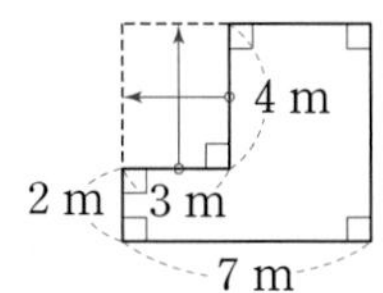

(도형의 둘레)
=(직사각형의 둘레)
$=(7+6)\times2=26\,(m)$

150~151쪽 2단계 익힘책 바로 풀기

1 예 (높이)

2 2, 6, 2, 30

3 5, 4, 24

4 3, 4, 18

5 45 cm^2

6 49 cm^2

7 예 가, 나, 다 모두 윗변의 길이와 아랫변의 길이의 합, 높이가 각각 같으므로 넓이가 모두 같습니다.

8 512 cm^2

9 식 $20\times8\div2=80$ 답 80 cm^2

10 식 $14\times10\div2=70$ 답 70 cm^2

11 22 m

12 4

13 150 cm^2

14 ❶ 9, 52 ❷ 9, 52, 104, 8 답 8

2 (마름모의 넓이)$=10\times6\div2=30\,(cm^2)$

3 (색칠한 사다리꼴의 넓이)$=(5+7)\times4\div2$
$=12\times4\div2=24\,(cm^2)$

5 (마름모의 넓이)
=(한 대각선의 길이)×(다른 대각선의 길이)÷2
$=15\times6\div2=45\,(cm^2)$

6 (사다리꼴의 넓이)
=(윗변의 길이+아랫변의 길이)×(높이)÷2
$=(5+9)\times7\div2=49\,(cm^2)$

7 평가 기준
윗변의 길이와 아랫변의 길이의 합, 높이가 각각 같다고 썼으면 정답으로 합니다.

8 (방패의 넓이)$=32\times32\div2=512\,(cm^2)$

9 (마름모의 넓이)
=(한 대각선의 길이)×(다른 대각선의 길이)÷2

10 (사다리꼴의 넓이)
=(윗변의 길이+아랫변의 길이)×(높이)÷2

11 (2 m, 3 m, 3 m, 6 m)
(도형의 둘레)
=(직사각형의 둘레)
$=(6+5)\times2=22\,(m)$

12 $12\times\square\div2=24$, $12\times\square=48$,
$\square=48\div12$, $\square=4$

13 (21 cm, 5 cm, ㉠, 8 cm, ㉡, 9 cm, 5 cm)
(㉠의 넓이)$=21\times5$
$=105\,(cm^2)$
(㉡의 넓이)$=5\times9$
$=45\,(cm^2)$
➔ (㉠의 넓이)+(㉡의 넓이)$=105+45$
$=150\,(cm^2)$

152~153쪽 3단계 실력 바로 쌓기

1-1 ❶ 2, 24 ❷ 2, 24, 12, 3, 3 답 3 cm

1-2 답 9 cm

2-1 ❶, ❷ 예 (1 cm^2)

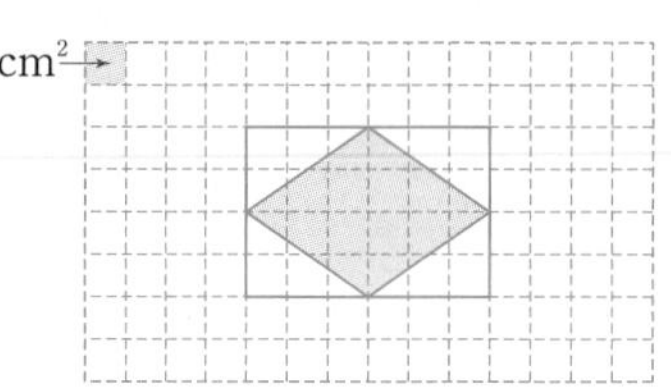

2-2 답 예 (1 cm^2)

3-1 ❶ 9, 36 ❷ 36 ❸ 6, 36, 6, 72, 12, 7 답 7

3-2 답 6

4-1 ❶ 9, 54, 5, 20 ❷ 54, 20, 74 답 74 cm^2

4-2 답 89 cm^2

1-2 ❶ 직사각형의 둘레 구하는 식을 쓰면
$(6+\square)\times2=30$입니다.
❷ $(6+\square)\times2=30$, $6+\square=15$, $\square=9$이므로
세로는 9 cm입니다.

2-2 ❶ 마름모 넓이의 2배가 되는 직사각형을 그립니다.
$20\times2=40\,(cm^2)$
❷ 그린 직사각형의 네 변의 가운데 점을 이으면 마름모가 완성됩니다.

3-2 ❶ (직사각형의 넓이)$=9\times6=54$ (cm²)
❷ (삼각형의 넓이)$=54$ cm²
❸ 삼각형의 넓이 구하는 식을 쓰면
$18\times■\div2=54$, $18\times■=108$, $■=6$

4-2 ❶ 다각형을 오른쪽 그림과 같이 삼각형 2개로 나눕니다.

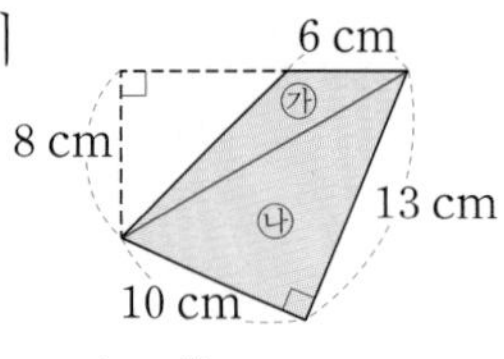

(㉮의 넓이)$=6\times8\div2$
$=24$ (cm²)
(㉯의 넓이)$=10\times13\div2=65$ (cm²)
❷ ㉮+㉯$=24+65=89$ (cm²)

154~156쪽 TEST 단원 마무리 하기

1 (위에서부터) 높이, 밑변
2 4, 24
3 15 cm², 10 cm²
4 4 cm
5 m²
6 예

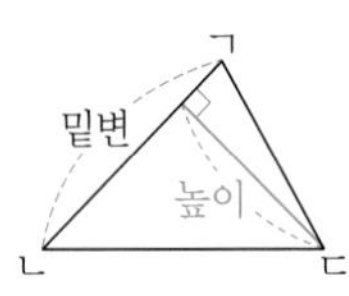

7 24 cm²
8 35 m²
9 30 cm²
10 식 $12\times9\div2=54$ 답 54 cm²
11 76 cm²
12 28 cm
13 12 m²
14 9 km²
15 다 / 예 삼각형 가, 나, 다의 높이는 모두 같지만 밑변의 길이가 다른 삼각형 다의 넓이가 다릅니다.
16 13
17 6
18 60 cm²
19 예 ❶ 직사각형의 세로를 □cm라 하면
$(5+□)\times2=16$, $5+□=8$, $□=3$입니다.
❷ (직사각형의 넓이)=(가로)×(세로)
$=5\times3=15$ (cm²)
답 15 cm²
20 예 ❶ (직사각형 ㄱㄴㄷㄹ의 넓이)
$=12\times6=72$ (cm²)
❷ (삼각형 ㅂㅁㄹ의 넓이)$=8\times4\div2=16$ (cm²)
❸ (색칠한 부분의 넓이)$=72-16=56$ (cm²)
답 56 cm²

1 평행사변형에서 평행한 두 변을 밑변이라 하고, 두 밑변 사이의 거리를 높이라고 합니다.

2 (정사각형의 둘레)=(한 변의 길이)×4

3 가의 넓이: 1cm²가 15개이므로 15 cm²입니다.
나의 넓이: 1cm²가 10개이므로 10 cm²입니다.

5 한 변의 길이가 1 m(=100 cm)인 정사각형의 넓이를 1 m²라 씁니다.

6 꼭짓점 ㄷ에서 밑변 ㄱㄴ에 수직인 선분을 긋습니다.

참고
밑변과 마주 보는 꼭짓점에서 밑변에 수직으로 그은 선분의 길이를 높이라고 합니다.

7 (직사각형의 넓이)$=8\times3=24$ (cm²)

8 (평행사변형의 넓이)$=7\times5=35$ (m²)

9 (삼각형의 넓이)$=12\times5\div2=30$ (cm²)

10 (마름모의 넓이)
=(한 대각선의 길이)×(다른 대각선의 길이)÷2

11 $(7+12)\times8\div2=19\times8\div2=76$ (cm²)

12 (직사각형의 둘레)$=(6+8)\times2=28$ (cm)

13 (텃밭의 넓이)$=600\times200=120000$ (cm²) ➔ 12 m²

14 (정사각형의 넓이)=(한 변의 길이)×(한 변의 길이)
$=3000\times3000$
$=9000000$ (m²) ➔ 9 km²

15 평가 기준
넓이가 다른 삼각형 다를 찾고 밑변의 길이가 다르기 때문에 넓이가 다르다고 썼으면 정답으로 합니다.

16 평행사변형의 밑변의 길이를 □cm라고 하면
$□\times7=91$입니다. ➔ $□=91\div7=13$

17 (평행사변형의 둘레)$=(8+4)\times2=24$ (cm)
➔ 마름모의 둘레는 평행사변형의 둘레와 같으므로
$□\times4=24$, $□=24\div4$, $□=6$입니다.

18 (가로)$=4+6=10$ (cm), (세로)$=3+3=6$ (cm)
➔ (색칠한 부분의 넓이)$=10\times6=60$ (cm²)

19

채점 기준		
❶ 직사각형의 세로의 길이를 구함.	2점	5점
❷ 직사각형의 넓이를 구함.	3점	

20

채점 기준		
❶ 직사각형 ㄱㄴㄷㄹ의 넓이를 구함.	2점	5점
❷ 삼각형 ㅂㅁㄹ의 넓이를 구함.	2점	
❸ 색칠한 부분의 넓이를 구함.	1점	

1 자연수의 혼합 계산

2~3쪽 1단원 익힘책 다시 풀기

1 $56+41-68=97-68$
① ②
$=29$

2 $69-(33+15)=69-48$
① ②
$=21$

3 ( )
(○)

4 $<$

5 식 $21+19-17=23$ 답 23대

6 $-$

7 식 $4500-1600+2700=5600$ 답 5600원

8 12

9 예 $54\div2\times9=27\times9=243$
① ②

10 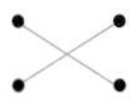

11 식 $84\div(7\times2)=6$

12 (○)
( )

13 식 $48\div2\times3=72$ 답 72 cm

14 ❶ 2 ❷ 128, 2, 8 답 8개

3 $32-17+11=15+11=26$
① ②

4 $54-(28+12)=54-40=14$ → $14<35$

5 (지선 버스 수)+(간선 버스 수)−(나간 버스 수)
$=21+19-17$
$=40-17=23$(대)

6 $33-25=8$이므로 27 ○ $8+11=30$이 됩니다.
$27+8+11=46$, $27-8+11=30$이므로 ○ 안에 '−'를 써넣어야 합니다.

7 (3월 20일에 남은 돈)
$=4500-1600+2700$
$=2900+2700=5600$(원)

8 $21\times4\div7=84\div7=12$

10 $72\div3\times4=24\times4=96$
$72\div(3\times4)=72\div12=6$

11 84를 7과 2의 곱으로 나눈 몫
(7×2)
→ $84\div(7\times2)=84\div14=6$

12 $48\div8\times6=6\times6=36$
$64\div(8\times2)=64\div16=4$
→ $36>4$

13 (세로)$\div2\times3=48\div2\times3=24\times3=72$ (cm)

14 (전체 마카롱 수)÷(한 줄에 놓는 마카롱 수×줄 수)
$=128\div(8\times2)=128\div16=8$(개)

4~7쪽 1단원 익힘책 다시 풀기

1 ㉡, ㉠, ㉢

2 38

3 148

4 ( )
(○)
( )

5 41

6 식 $3\times(9+6)-8=37$

7 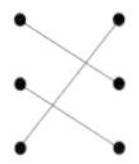

8 식 $14\times6-18+9=75$
답 75대

9 예 용돈 500원을 받았습니다. 영호가 지금 가지고 있는 돈은 얼마인가요? 답 1300원

10 82

11 ❶ 25 ❷ 25, 2 ❸ 25, 2, 16, 64 답 64개

12 3+2에 ○표 / 29

13 $7+60\div(12-8)=7+60\div4$
① ② ③
$=7+15$
$=22$

14 건우

15 예 $180-72\div(24+12)=180-72\div36$
$=180-2=178$

16 ㉠

17 500, 5, 300, 350 답 350원

18 49

19 식 $(1400+400)\div6-200=100$ 답 100 mL

20 (1) +, 22 / −, 28 / ×, 20 / ÷, 32 (2) ÷

21 ②

22 32

23 5

24 37 / 30 / 다릅니다에 ○표

25 1950 m

26 ❶ 2, 5 ❷ 3000, 2, 5
❸ 3000, 2, 5, 500, 1500 답 1500원

1 덧셈, 뺄셈, 곱셈이 섞여 있고 ( )가 없으면 곱셈을 먼저 계산하고, 앞에서부터 차례대로 계산합니다.

2 $35+6\times4-21=35+24-21$
$=59-21=38$

3 $100+(21-15)\times8=100+6\times8$
$=100+48=148$

4 $101-15\times6$에서 15×6을 먼저 계산해야 합니다.
➔ $101-15\times(2+4)=101-15\times6$
$=101-90=11$

5 ㉡ $18+3\times7-30=18+21-30=39-30=9$
➔ ㉠－㉡$=50-9=41$

6 두 식에 15가 공통으로 들어 있으므로 $3\times15-8=37$에서 15 대신 $(9+6)$을 넣어 하나의 식으로 나타냅니다.

7 • $8+21-6\times3=8+21-18=29-18=11$
• $4+(15-11)\times2=4+4\times2=4+8=12$
• $55-(12+5)\times3=55-17\times3=55-51=4$

8 (주차장에 주차되어 있던 자동차 수)
－(나간 자동차 수)＋(들어온 자동차 수)
$=14\times6-18+9=84-18+9=66+9=75$(대)

9 $2000-400\times3+500=2000-1200+500$
$=800+500=1300$(원)

평가 기준
주어진 상황에 500원을 더하는 상황으로 문제를 완성하고 답을 바르게 구했으면 정답으로 합니다.

10 □$-(4+19)\times3=$□$-23\times3=$□-69
➔ □$-69=13$, □$=82$

11 ❸ $(15+25)\times2-16=40\times2-16$
$=80-16=64$(개)

12 ( )가 있는 식은 ( ) 안을 먼저 계산합니다.
$34-25\div(3+2)=34-25\div5$
$=34-5=29$

14 $85-(60+72)\div12=85-132\div12=85-11=74$

16 ㉠ $54+27\div9-2=54+3-2=57-2=55$
㉡ $30+55\div(11-6)=30+55\div5$
$=30+11=41$
➔ $55>41$이므로 ㉠이 더 큽니다.

17 (초콜릿 1개의 값)＋(젤리 1개의 값)－(사탕 1개의 값)
$=500+750\div5-300$
$=500+150-300$
$=650-300=350$(원)

18 $90\div2-8+13=45-8+13=37+13=50$
➔ $50>$□에서 □ 안에 들어갈 수 있는 자연수 중 가장 큰 수는 49입니다.

19 만든 전체 주스의 양: $1400+400$ (mL)
예준이가 받은 주스의 양: $(1400+400)\div6$ (mL)
➔ 예준이에게 남은 주스의 양:
$(1400+400)\div6-200$
$=1800\div6-200$
$=300-200=100$ (mL)

20 (1) $48\div(6+2)+16=48\div8+16=6+16=22$
$48\div(6-2)+16=48\div4+16=12+16=28$
$48\div(6\times2)+16=48\div12+16=4+16=20$
$48\div(6\div2)+16=48\div3+16=16+16=32$

21 ②에서 35×3을 먼저 계산해야 합니다.

22 $84-39\div3\times4=84-13\times4$
$=84-52=32$

23 $75\div(3+12)\times6-25=75\div15\times6-25$
$=5\times6-25$
$=30-25=5$

24 $29+14-12\times2\div4=29+14-24\div4$
$=29+14-6$
$=43-6=$㊲

$29+(14-12)\times2\div4=29+2\times2\div4$
$=29+4\div4$
$=29+1=$㉚

25 $(640+110)\div3\times8-50$
$=750\div3\times8-50$
$=250\times8-50$
$=2000-50$
$=1950$ (m)

26 ❸ (용돈)－(산 연필의 가격)＋(부족한 돈)
$=3000-800\div2\times5+500$
$=3000-400\times5+500$
$=3000-2000+500$
$=1000+500=1500$(원)

8~11쪽 1단원 서술형 바로 쓰기

연습 **1** ❶ 24 ❷ 24, 3 답 3시간

실전 **1-1** 예 ❶ 24명이 한 시간에 조립할 수 있는 선풍기 수: 5×24(대)
❷ 걸리는 시간을 하나의 식으로 나타내 구하기: $720\div(5\times24)=6$(시간) 답 6시간

실전 **1-2** 예 ❶ 5명이 한 시간에 만들 수 있는 피자 수: 17×5(판)
❷ 걸리는 시간을 하나의 식으로 나타내 구하기: $340\div(17\times5)=4$(시간) 답 4시간

연습 **2** ❶ 86, 38 ❷ 15 ❸ 86, 38, 15, 19 답 19 kg

실전 **2-1** 예 ❶ 통 두 개에 있던 간장의 양: $35+18$ (L)
❷ 21병에 담은 간장의 양: 2×21 (L)
❸ 통에 남은 간장의 양을 하나의 식으로 나타내 구하기: $35+18-2\times21=11$ (L) 답 11 L

실전 **2-2** 예 ❶ 포대 두 개에 있던 쌀의 무게: $80+70$ (kg)
❷ 8봉지에 담은 쌀의 무게: 15×8 (kg)
❸ 포대에 남은 쌀의 무게를 하나의 식으로 나타내 구하기: $80+70-15\times8=30$ (kg)
답 30 kg

연습 **3** ❶ 550 ❷ 5 ❸ 550, 5, 5900 답 5900원

실전 **3-1** 예 ❶ 참외 4개의 무게: 650×4 (g)
❷ 사과 5개의 무게: $1920\div4\times5$ (g)
❸ 참외 4개와 사과 5개의 무게의 합을 하나의 식으로 나타내 구하기:
$650\times4+1920\div4\times5=5000$ (g) 답 5000 g

실전 **3-2** 예 ❶ 달걀 3개의 무게: 65×3 (g)
❷ 메추리알 12개의 무게: $360\div30\times12$ (g)
❸ 달걀 3개의 무게는 메추리알 12개의 무게보다 몇 g 더 무거운지 하나의 식으로 나타내 구하기:
$65\times3-360\div30\times12=51$ (g) 답 51 g

연습 **4** ❶ 작을수록에 ○표 / 3 ❷ 6 / 1, 3, 6, 18 답 18

실전 **4-1** 예 ❶ 72를 나누는 수 ㉠×㉡이 작을수록 계산 결과가 커지므로 ㉠과 ㉡은 2와 3입니다.
❷ ㉢=8이므로 계산 결과가 가장 클 때의 값을 구하면 $72\div(2\times3)+8=20$입니다. 답 20

실전 **4-2** 예 ❶ 60을 나누는 수 ㉠−㉡이 클수록 계산 결과가 작아지므로 ㉠=7, ㉡=3입니다.
❷ ㉢=4이므로 계산 결과가 가장 작을 때의 값을 구하면 $60\div(7-3)+4=19$입니다. 답 19

2 약수와 배수

12~13쪽 2단원 익힘책 다시 풀기

1 1, 2, 4, 5, 8, 10, 20, 40
2 ④
3 4개
4 9
5 15, 30, 45, 60, 75
6 ㉣, ㉥
7 ❶ 3 ❷ 3, 10, 30 답 30
8 배수, 약수
9 ④
10 서아
11 1, 16, 48에 ○표
12 4, 24 / 4, 8 / 6, 24 / 8, 24
13 1, 45 / 3, 15 / 5, 9 / 1, 3, 5, 9, 15, 45 / 1, 3, 5, 9, 15, 45
14 1, 2, 4, 8, 16, 32

2 36을 나누어떨어지게 하는 수는 1, 2, 3, 4, 6, 9, 12, 18, 36입니다.

3 55의 약수: 1, 5, 11, 55 ➔ 4개

4 5의 약수: 1, 5 ➔ 2개, 9의 약수: 1, 3, 9 ➔ 3개
11의 약수: 1, 11 ➔ 2개

6 ㉠ $13\times1=13$ ㉡ $13\times2=26$
㉢ $13\times4=52$ ㉤ $13\times3=39$

8 18은 6과 3의 배수이고, 6과 3은 18의 약수입니다.

9 ① 72는 8의 배수입니다.
② 72는 9의 배수입니다.
③ 9는 72의 약수입니다.
⑤ 8과 72, 9와 72는 서로 약수와 배수의 관계입니다.

10 건우: $27=4\times$■인 자연수 ■가 없습니다.
서아: $81=9\times9$

11 1과 ■는 항상 ■의 약수입니다.
$16\times3=48$이므로 16과 48은 서로 약수와 배수의 관계입니다.

12 $4\times6=24$, $4\times2=8$, $6\times4=24$, $8\times3=24$

13 곱셈식에서 곱은 곱하는 두 수의 배수이고, 곱하는 두 수는 곱의 약수입니다.

14 32는 □의 배수이므로 □는 32의 약수입니다.
따라서 □는 1, 2, 4, 8, 16, 32입니다.

14~15쪽 2단원 익힘책 다시 풀기

1 1, 2, 4 / 4

2 1, 5, 7, 35 / 1, 2, 4, 7, 8, 14, 28, 56 / 1, 7

3 ④ **4** 1, 2, 4, 8

5 1, 2, 3, 6, 9, 18, 27, 54

6 ㉡, ㉣ **7** 1, 7

8 2명, 5명, 10명 **9** 3 / 3 / 18

10 3) 60 75 / 15
5) 20 25
4 5

11 방법 1 예 2×2×2×3 / 예 2×3×5 / 6
방법 2 예 2) 24 30 / 6
3) 12 15
4 5

12 4 / 1, 2, 4 **13** 60

14 ❶ 최대공약수에 ○표 ❷ 12 답 12 m

2 두 수의 공통된 약수를 두 수의 공약수라고 합니다.

3 12의 약수: 1, 2, 3, 4, 6, 12
18의 약수: 1, 2, 3, 6, 9, 18
➔ 12와 18의 공약수: 1, 2, 3, 6

4 16의 약수이면서 24의 약수인 수는 16과 24의 공약수입니다.
16의 약수: 1, 2, 4, 8, 16
24의 약수: 1, 2, 3, 4, 6, 8, 12, 24
➔ 16과 24의 공약수: 1, 2, 4, 8

5 두 수의 공약수는 두 수의 최대공약수인 54의 약수와 같습니다.
➔ 54의 약수: 1, 2, 3, 6, 9, 18, 27, 54

6 ㉡ 두 수의 공약수는 최대공약수의 약수로 그 수를 셀 수 있습니다.
㉣ 최대공약수는 공약수 중에서 가장 큰 수입니다.

7 21의 약수: 1, 3, 7, 21
35의 약수: 1, 5, 7, 35
➔ 21과 35의 공약수: 1, 7

8 20의 약수: 1, 2, 4, 5, 10, 20
30의 약수: 1, 2, 3, 5, 6, 10, 15, 30
➔ 20과 30의 공약수: 1, 2, 5, 10
1명일 경우는 제외하므로 2명, 5명, 10명에게 나누어 줄 때 똑같이 나누어 줄 수 있습니다.

9 54=2×3×3×3, 36=2×2×3×3
➔ 54와 36의 최대공약수: 2×3×3=18

10 60과 75를 공통으로 나눌 수 있는 수 중 가장 큰 수를 구합니다.
➔ 최대공약수: 3×5=15

11 24와 30의 최대공약수는 2×3=6입니다.

12 4) 8 20
2 5 ➔ 8과 20의 최대공약수: 4
두 수의 공약수는 두 수의 최대공약수의 약수와 같으므로 4의 약수인 1, 2, 4입니다.

13 최대공약수 6으로 나누고 남은 수가 10이므로 □=6×10, □=60입니다.

14 ❷ 6) 84 72
2) 14 12
7 6 ➔ 84와 72의 최대공약수: 6×2=12
말뚝 사이의 간격을 12 m로 해야 합니다.

16~17쪽 2단원 익힘책 다시 풀기

1 16, 48 / 24 / 24, 48 / 24

2 48, 96, 144 / 48

3 예 14, 28, 42, ... / 설명 예 2와 7의 공배수는 2와 7의 최소공배수의 배수와 같습니다.

4 ㉡ **5** 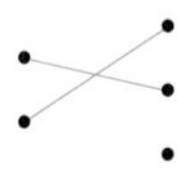

6 64 **7** 6개

8 70

9 3) 30 15 / 5, 2, 1, 30
5) 10 5
2 1

10 방법 1 예 2) 18 36 / 36
3) 9 18
3) 3 6
1 2
방법 2 예 18=2×3×3
36=2×2×3×3
/ 36

11 420 **12** 48

13 ❶ 최소공배수에 ○표 ❷ 24 ❸ 24, 4, 25
답 4월 25일

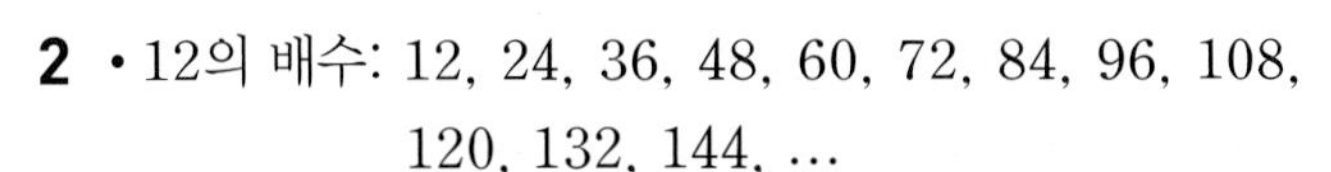

2 • 12의 배수: 12, 24, 36, 48, 60, 72, 84, 96, 108, 120, 132, 144, …
• 16의 배수: 16, 32, 48, 64, 80, 96, 112, 128, 144, …
➔ 12와 16의 공배수: 48, 96, 144, …
➔ 12와 16의 최소공배수: 48

3 평가 기준
두 수의 공배수는 두 수의 최소공배수의 배수와 같다는 내용을 썼으면 정답으로 합니다.

4 ㉠ 8과 16의 최소공배수는 16입니다.

5 6과 9의 공배수: 18, 36, 54, …
10과 15의 공배수: 30, 60, …

6 64는 24의 배수가 아니므로 공배수가 아닙니다.

7 15, 30, 45, 60, 75, 90 ➔ 6개

8 14와 35의 최소공배수: $2 \times 5 \times 7 = 70$

10 다른 풀이
18의 배수: 18, 36, 54, … 36의 배수: 36, 72, …
➔ 18과 36의 최소공배수: 36

11 ㉡ 6의 배수: 6, 12, 18, 24, 30, 36, 42, …
➔ 40에 가장 가까운 6의 배수는 42입니다.
$2\,)\underline{20\quad 42}$
$\quad 10\quad 21$ ➔ 최소공배수: $2 \times 10 \times 21 = 420$

12 $6 \times 3 \times ● = 144$, $18 \times ● = 144$, $● = 144 \div 18$, $● = 8$ ➔ $☆ = 6 \times 8 = 48$

13 $2\,)\underline{6\quad 8}$
$\quad 3\quad 4$ ➔ 6과 8의 최소공배수: $2 \times 3 \times 4 = 24$
24일마다 같은 날 수영장에 가게 됩니다. 오늘이 4월 1일이므로 24일 후는 4월 25일입니다.

18~21쪽 2단원 서술형 바로 쓰기

연습 **1** ❶ 1, 2, 4, 8, 16 / 5 ❷ 1, 3, 7, 21 / 4
❸ 1, 16 답 16

실전 **1-1** 예 ❶ 10의 약수를 모두 쓰면 1, 2, 5, 10이므로 4개입니다.
❷ 18의 약수를 모두 쓰면 1, 2, 3, 6, 9, 18이므로 6개입니다.
❸ 18의 약수가 10의 약수보다 2개 더 많으므로 약수의 수가 더 많은 수는 18입니다. 답 18

실전 **1-2** 예 ❶ 12의 약수를 모두 쓰면 1, 2, 3, 4, 6, 12이므로 6개입니다.
❷ 22의 약수를 모두 쓰면 1, 2, 11, 22이므로 4개입니다.
❸ 12의 약수가 22의 약수보다 2개 더 많으므로 약수의 수가 더 많은 수는 12입니다. 답 12

연습 **2** ❶ 9, 18, 27 ❷ 30, 9, 18, 27 / 3 답 3일

실전 **2-1** 예 ❶ 6의 배수를 작은 수부터 순서대로 쓰면 6, 12, 18, 24, 30, 36, …입니다.
❷ 7월은 31일까지 있으므로 줄넘기를 하는 날을 모두 쓰면 6일, 12일, 18일, 24일, 30일입니다. ➔ 5일 답 5일

실전 **2-2** 예 ❶ 11의 배수를 작은 수부터 순서대로 쓰면 11, 22, 33, 44, 55, …입니다.
❷ 4월은 30일까지 있으므로 봉사활동을 하는 날을 모두 쓰면 11일, 22일입니다. ➔ 2일 답 2일

연습 **3** ❶ 50 ❷ 50 ❸ 50, 10, 20
답 오전 10시 20분

실전 **3-1** 예 ❶ 6과 15의 최소공배수: 30
❷ 속초행 버스와 강릉행 버스는 30분마다 동시에 출발합니다.
❸ 다음번에 동시에 출발하는 시각은
오전 10시 45분+30분=오전 11시 15분입니다. 답 오전 11시 15분

실전 **3-2** 예 ❶ 8과 10의 최소공배수: 40
❷ 청룡열차와 회전목마는 40분마다 동시에 운행합니다.
❸ 다음번에 동시에 운행하는 시각은
오후 1시 50분+40분=오후 2시 30분입니다. 답 오후 2시 30분

연습 **4** ❶ 9 ❷ 9 ❸ 9, 5 / 9, 4 / $5 \times 4 = 20$ 답 20개

실전 **4-1** 예 ❶ 48과 30의 최대공약수: 6
❷ 바닥에 붙일 타일의 한 변의 길이는 6 cm입니다.
❸ 타일을 가로에 $48 \div 6 = 8$(개), 세로에 $30 \div 6 = 5$(개) 붙일 수 있으므로 붙일 타일은 모두 $8 \times 5 = 40$(개)입니다. 답 40개

실전 **4-2** 예 ❶ 96과 56의 최대공약수: 8
❷ 바닥에 붙일 타일의 한 변의 길이는 8 cm입니다.
❸ 타일을 가로에 $96 \div 8 = 12$(개), 세로에 $56 \div 8 = 7$(개) 붙일 수 있으므로 붙일 타일은 모두 $12 \times 7 = 84$(개)입니다. 답 84개

3 규칙과 대응

22~23쪽 3 단원 익힘책 다시 풀기

1 6, 9, 12
2 18개
3 예 탁자의 수에 3을 곱하면 의자의 수와 같습니다.
4 4, 6, 8
5 예 순가락의 수에 2를 곱하면 젓가락의 수와 같습니다.
6 ❶ 7 ❷ 14 답 14개
7 3, 4
8 9개
9 건우
10 5, 6
11 예 사각형의 수에 2를 더하면 원의 수와 같습니다.
12 6
13 27

3 평가 기준
탁자의 수에 3을 곱하면 의자의 수와 같다는 대응 관계를 썼으면 정답으로 합니다. 대응 관계는 여러 가지로 쓸 수 있습니다.

5 평가 기준
순가락의 수에 2를 곱하면 젓가락의 수와 같다는 대응 관계를 썼으면 정답으로 합니다. 대응 관계는 여러 가지로 쓸 수 있습니다.

6 순가락의 수에 2를 곱하면 젓가락의 수와 같으므로 서아가 준비한 젓가락은 모두 $7 \times 2=14$(개)입니다.

9 고리의 수는 이음새의 수보다 1만큼 더 큽니다.
이음새의 수는 고리의 수보다 1만큼 더 작습니다.

11 평가 기준
사각형의 수에 2를 더하면 원의 수와 같다는 대응 관계를 썼으면 정답으로 합니다. 대응 관계는 여러 가지로 쓸 수 있습니다.

13 $33-6=27$

24~25쪽 3 단원 익힘책 다시 풀기

1 3
2 식 예 □×2=△
3 식1 예 △−4=◎ / 식2 예 ◎+4=△
4 4, 11 / 식 예 □+6=△ (또는 △−6=□)
5 ❶ 1 ❷ 1, 4 ❸ 4, 20 답 20초
6 ① 예 접시의 수, 예 김밥 조각의 수를 6으로 나누면 접시의 수와 같습니다.
② 예 젓가락의 수, 예 접시의 수에 2를 곱하면 젓가락의 수와 같습니다.
7 ① 예 접시의 수, 예 ○÷6=△
② 예 젓가락의 수, 예 ♡×2=◇
8 10, 16
9 예 □, 예 ▽, 예 □×2=▽
10 (1) 700원
(2) 식 예 △×700=○ (또는 ○÷700=△)

2 비둘기 한 마리의 다리는 2개이므로 비둘기의 수에 2배를 하면 비둘기 다리의 수가 됩니다.

3 ◎는 △보다 4만큼 더 작습니다. ➔ △−4=◎
△는 ◎보다 4만큼 더 큽니다. ➔ ◎+4=△

4 △는 □보다 6만큼 더 큽니다. ➔ □+6=△
□는 △보다 6만큼 더 작습니다. ➔ △−6=□

7 ① 또는 △×6=○ ② 또는 ◇÷2=♡

9 반지의 수에 2를 곱하면 판매 금액과 같습니다.

26~29쪽 3 단원 서술형 바로 쓰기

연습 1 ❶ 2 ❷ 2 ❸ 2, 12 답 12개

실전 1-1 예 ❶ 탑의 층수에 4를 곱하면 통나무의 수와 같습니다.
❷ 두 양 사이의 대응 관계를 식으로 나타내면 (탑의 층수)×4=(통나무의 수)입니다.
❸ 6층 높이의 탑을 만들려면 $6 \times 4=24$(개)의 통나무가 필요합니다. 답 24개

실전 1-2 예 ❶ 쌓은 층수에 3을 곱하면 젠가 조각의 수와 같습니다.
❷ 두 양 사이의 대응 관계를 식으로 나타내면 (쌓은 층수)×3=(젠가 조각의 수)입니다.
❸ 8층 높이까지 쌓으려면 $8 \times 3=24$(개)의 젠가 조각이 필요합니다. 답 24개

연습 2 ❶ 2, 8 ❷ 8 ❸ 예 ♡, 예 ♡×8=△
답 예 ♡×8=△

실전 2-1 예 ❶ (한 경기에 참여하는 선수의 수)
$=11 \times 2=22$(명)
❷ (경기의 수)×22=(선수의 수)
❸ 선수의 수를 △, 경기의 수를 □라고 할 때, 두 양 사이의 대응 관계를 식으로 나타내면 □×22=△입니다. 답 예 □×22=△

실전 2-2 예 ❶ (한 경기에 참여하는 선수의 수)
$=5\times2=10$(명)
❷ (경기의 수)×10=(선수의 수)
❸ 선수의 수를 ○, 경기의 수를 ☆이라고 할 때, 두 양 사이의 대응 관계를 식으로 나타내면 ☆×10=○입니다. 답 예 ☆×10=○

연습 3 ❶ 도막, 1 ❷ 5 ❸ 5, 4 답 4번

실전 3-1 예 ❶ 자른 횟수와 도막의 수 사이의 대응 관계를 식으로 나타내면
(자른 횟수)=(도막의 수)−1입니다.
❷ (도막의 수)
=(전체 리본의 길이)÷(리본 한 도막의 길이)
$=40\div5=8$(도막)
❸ 모두 $8-1=7$(번) 잘라야 합니다.
답 7번

실전 3-2 예 ❶ 자른 횟수와 도막의 수 사이의 대응 관계를 식으로 나타내면
(자른 횟수)=(도막의 수)−1입니다.
❷ (도막의 수)
=(전체 리본의 길이)÷(리본 한 도막의 길이)
$=24\div4=6$(도막)
❸ 모두 $6-1=5$(번) 잘라야 합니다.
답 5번

연습 4 ❶ 800000 ❷ 800000, 200000
❸ 200000 ❹ 200000, 1800000, 18
답 18 km

실전 4-1 예 ❶ 90 m=9000 cm
❷ (지도에서 1 cm의 실제 거리)
$=9000\div5=1800$ (cm)
❸ 지도에서의 거리에 1800을 곱하면 실제 거리와 같습니다.
❹ 지도에서의 거리가 6 cm일 때 실제 거리는 $6\times1800=10800$ (cm) → 108 m입니다.
답 108 m

실전 4-2 예 ❶ 600 m=60000 cm
❷ (지도에서 1 cm의 실제 거리)
$=60000\div2=30000$ (cm)
❸ 지도에서의 거리에 30000을 곱하면 실제 거리와 같습니다.
❹ 지도에서의 거리가 5 cm일 때 실제 거리는 $5\times30000=150000$ (cm) → 1500 m입니다.
답 1500 m

4 약분과 통분

30~33쪽 4단원 익힘책 다시 풀기

1 예

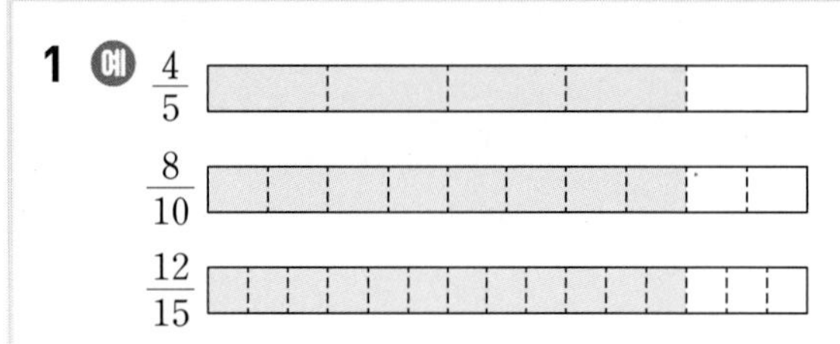

/ 같습니다에 ○표

2

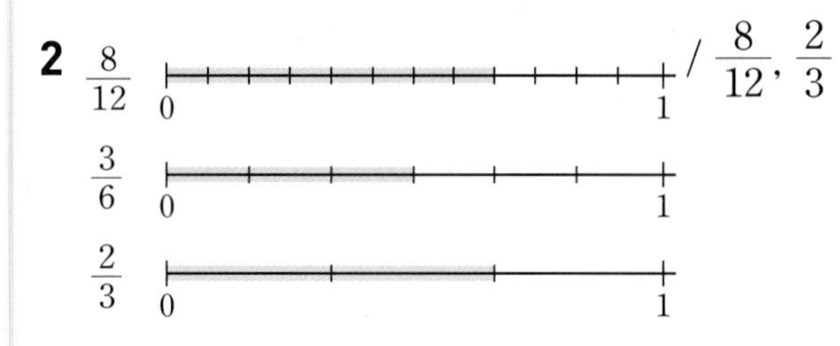

/ $\frac{8}{12}$, $\frac{2}{3}$

3 $\frac{1}{4}$, $\frac{2}{8}$, $\frac{3}{12}$

4 ㉡

5 (1) (왼쪽부터) 2, 9, 4 (2) (왼쪽부터) 12, 4, 6

6 $\frac{6}{16}$, $\frac{12}{32}$

7 (1) $\frac{27}{39}$, $\frac{36}{52}$ (2) $\frac{10}{16}$, $\frac{15}{24}$

8 ㉢

9 2조각

10 ❶ 18, 27, 36, 45 ❷ $\frac{20}{36}$ 답 $\frac{20}{36}$

11 (왼쪽부터) 8, 6, 2

12 (1) $\frac{7}{12}$ (2) $\frac{3}{4}$

13 $\frac{7}{10}$, $\frac{4}{13}$, $\frac{9}{10}$에 ○표

14 $\frac{72}{120}=\frac{72\div24}{120\div24}=\frac{3}{5}$

15 2, 3, 4, 6, 12

16 ㉠

17 $\frac{9}{21}$, $\frac{21}{49}$에 ○표

18 4개

19 $\frac{3}{13}$ kg

20 7

21 ❶ 14, 21, 28, 35 ❷ $\frac{12}{28}$ 답 $\frac{12}{28}$

22 $\frac{14}{28}$, $\frac{10}{28}$

23 24, 48

24 ㉢

25 26, 52, 78

26 $\frac{14}{84}$, $\frac{54}{84}$ / $\frac{7}{42}$, $\frac{27}{42}$

27 예 두 분모의 곱을 공통분모로 하여 통분하였습니다.
답 $\frac{25}{30}$, $\frac{21}{30}$

28 ㉡

1 세 막대의 색칠한 부분의 크기가 같으므로 세 분수의 크기는 같습니다.

2 주어진 분수만큼 수직선에 나타내면 $\frac{8}{12}$과 $\frac{2}{3}$가 크기가 같은 분수입니다.

4 ㉡ 크기가 같은 분수를 만들려면 분모와 분자에 각각 0이 아닌 같은 수를 곱해야 합니다.

참고
크기가 같은 분수를 만들려면 분모와 분자를 각각 0이 아닌 같은 수로 나누어야 합니다.

5 (1) $\frac{1}{3}=\frac{1\times 2}{3\times 2}=\frac{2}{6}$, $\frac{1}{3}=\frac{1\times 3}{3\times 3}=\frac{3}{9}$,
$\frac{1}{3}=\frac{1\times 4}{3\times 4}=\frac{4}{12}$

(2) $\frac{12}{24}=\frac{12\div 2}{24\div 2}=\frac{6}{12}$, $\frac{12}{24}=\frac{12\div 3}{24\div 3}=\frac{4}{8}$,
$\frac{12}{24}=\frac{12\div 4}{24\div 4}=\frac{3}{6}$

6 $\frac{3}{8}=\frac{3\times 2}{8\times 2}=\frac{6}{16}$, $\frac{3}{8}=\frac{3\times 3}{8\times 3}=\frac{9}{24}$,
$\frac{3}{8}=\frac{3\times 4}{8\times 4}=\frac{12}{32}$

7 (1) $\frac{9}{13}=\frac{9\times 2}{13\times 2}=\frac{18}{26}$, $\frac{9}{13}=\frac{9\times 2}{13\times 3}=\frac{27}{39}$,
$\frac{9}{13}=\frac{9\times 4}{13\times 4}=\frac{36}{52}$

(2) $\frac{30}{48}=\frac{30\div 6}{48\div 6}=\frac{5}{8}$, $\frac{30}{48}=\frac{30\div 3}{48\div 3}=\frac{10}{16}$,
$\frac{30}{48}=\frac{30\div 2}{48\div 2}=\frac{15}{24}$

8 ㉠ $\frac{13}{52}=\frac{13\div 13}{52\div 13}=\frac{1}{4}$
㉡ $\frac{2}{5}=\frac{2\times 3}{5\times 3}=\frac{6}{15}$
㉢ $\frac{6}{11}=\frac{6\times 4}{11\times 4}=\frac{24}{44}$

9 (찬수는 전체의 $\frac{1}{6}$을 먹었으므로 소정이는 $\frac{1}{6}$과 같은 크기인 $\frac{2}{12}$를 먹어야 합니다. 따라서 소정이는 2조각을 먹어야 합니다.

10 ❶ $\frac{5}{9}$의 분모와 분자에 2, 3, 4, 5를 각각 곱해 $\frac{5}{9}$와 크기가 같은 분수를 만듭니다.

11 16과 24의 공약수는 1, 2, 4, 8이므로 분모와 분자를 각각 2, 4, 8로 나눕니다.
$\frac{16\div 2}{24\div 2}=\frac{8}{12}$, $\frac{16\div 4}{24\div 4}=\frac{4}{6}$, $\frac{16\div 8}{24\div 8}=\frac{2}{3}$

12 (1) 분모와 분자를 42와 72의 최대공약수인 6으로 나눕니다.
➔ $\frac{42}{72}=\frac{42\div 6}{72\div 6}=\frac{7}{12}$

(2) 분모와 분자를 24와 32의 최대공약수인 8로 나눕니다.
➔ $\frac{24}{32}=\frac{24\div 8}{32\div 8}=\frac{3}{4}$

참고
분모와 분자의 공약수가 1뿐인 분수를 기약분수라고 합니다. 분모와 분자를 그들의 최대공약수로 나누면 기약분수로 나타낼 수 있습니다.

13 $\frac{3}{9}=\frac{3\div 3}{9\div 3}=\frac{1}{3}$, $\frac{12}{15}=\frac{12\div 3}{15\div 3}=\frac{4}{5}$

14 72와 120의 최대공약수는 24입니다.
➔ $\frac{72}{120}=\frac{72\div 24}{120\div 24}=\frac{3}{5}$

15 약분을 할 때에는 36과 48의 공약수인 1, 2, 3, 4, 6, 12로 나눌 수 있습니다. 1을 제외하므로 분모와 분자를 나눌 수 있는 수는 2, 3, 4, 6, 12입니다.

16 ㉠ $\frac{12}{48}=\frac{12\div 3}{48\div 3}=\frac{4}{16}$
㉡ $\frac{12}{48}=\frac{12\div 4}{48\div 4}=\frac{3}{12}$
㉢ $\frac{12}{48}=\frac{12\div 6}{48\div 6}=\frac{2}{8}$

17 $\frac{4}{14}=\frac{4\div 2}{14\div 2}=\frac{2}{7}$, $\frac{9}{21}=\frac{9\div 3}{21\div 3}=\frac{3}{7}$,
$\frac{20}{35}=\frac{20\div 5}{35\div 5}=\frac{4}{7}$, $\frac{21}{49}=\frac{21\div 7}{49\div 7}=\frac{3}{7}$

18 분모가 12인 진분수는 $\frac{1}{12}$, $\frac{2}{12}$, $\frac{3}{12}$, $\frac{4}{12}$, $\frac{5}{12}$, $\frac{6}{12}$, $\frac{7}{12}$, $\frac{8}{12}$, $\frac{9}{12}$, $\frac{10}{12}$, $\frac{11}{12}$입니다.
따라서 이 중에서 기약분수는 $\frac{1}{12}$, $\frac{5}{12}$, $\frac{7}{12}$, $\frac{11}{12}$로 모두 4개입니다.

19 12와 52의 최대공약수는 4입니다.
➔ $\frac{12}{52}=\frac{12\div 4}{52\div 4}=\frac{3}{13}$ (kg)

20 구하려는 분수를 $\frac{4}{\square}$라 하면 $\frac{48}{84}=\frac{48\div\triangle}{84\div\triangle}=\frac{4}{\square}$에서 $48\div\triangle=4$, $\triangle=12$입니다.
➔ $\frac{48\div12}{84\div12}=\frac{4}{7}$

21 ❶ $\frac{3}{7}$의 분모와 분자에 2, 3, 4, 5를 각각 곱해 $\frac{3}{7}$과 크기가 같은 분수를 만듭니다.

주의
크기가 같은 분수를 만들기 위해 분모와 분자에 같은 수를 곱하지만 0은 곱할 수 없습니다.

❷ $\frac{12}{28}$에서 (분모)−(분자)$=28-12=16$입니다.

22 $\left(\frac{1}{2}, \frac{5}{14}\right)$ ➔ $\left(\frac{1\times14}{2\times14}, \frac{5\times2}{14\times2}\right)$ ➔ $\left(\frac{14}{28}, \frac{10}{28}\right)$

23 공통분모가 될 수 있는 수는 8과 6의 공배수인 24, 48, 72, ...입니다.

24 ㉢ $\left(\frac{3}{4}, \frac{1}{6}\right)$ ➔ $\left(\frac{3\times9}{4\times9}, \frac{1\times6}{6\times6}\right)$ ➔ $\left(\frac{27}{36}, \frac{6}{36}\right)$

참고
㉠ 두 분모의 최소공배수를 공통분모로 하여 통분하기
$\left(\frac{3}{4}, \frac{1}{6}\right)$ ➔ $\left(\frac{3\times3}{4\times3}, \frac{1\times2}{6\times2}\right)$ ➔ $\left(\frac{9}{12}, \frac{2}{12}\right)$
㉡ 두 분모의 곱을 공통분모로 하여 통분하기
$\left(\frac{3}{4}, \frac{1}{6}\right)$ ➔ $\left(\frac{3\times6}{4\times6}, \frac{1\times4}{6\times4}\right)$ ➔ $\left(\frac{18}{24}, \frac{4}{24}\right)$

25 공통분모가 될 수 있는 수는 두 분모의 공배수입니다.
➔ 2와 13의 공배수: 26, 52, 78, ...

26 방법 1 $\left(\frac{1}{6}, \frac{9}{14}\right)$ ➔ $\left(\frac{1\times14}{6\times14}, \frac{9\times6}{14\times6}\right)$ ➔ $\left(\frac{14}{84}, \frac{54}{84}\right)$
방법 2 6과 14의 최소공배수: 42
$\left(\frac{1}{6}, \frac{9}{14}\right)$ ➔ $\left(\frac{1\times7}{6\times7}, \frac{9\times3}{14\times3}\right)$ ➔ $\left(\frac{7}{42}, \frac{27}{42}\right)$

27 6과 10의 최소공배수: 30
$\left(\frac{5}{6}, \frac{7}{10}\right)$ ➔ $\left(\frac{5\times5}{6\times5}, \frac{7\times3}{10\times3}\right)$ ➔ $\left(\frac{25}{30}, \frac{21}{30}\right)$

평가 기준
두 분모의 곱을 공통분모로 하여 통분하였다고 썼으면 정답으로 합니다.

28 ㉠ 14와 4의 최소공배수: 28
㉡ 2와 14의 최소공배수: 14
㉢ 7과 4의 최소공배수: 28
➔ 공통분모가 다른 하나는 ㉡입니다.

34~35쪽 4단원 익힘책 다시 풀기

1 8, 12, < **2** $\frac{2}{8}$, $\frac{3}{8}$, <
3 (1) > (2) > **4** $\frac{3}{10}<\frac{5}{12}$에 색칠
5 $\frac{5}{6}$에 ○표 **6** ㉡
7 사슴벌레 **8** $\frac{5}{12}$, $\frac{9}{20}$에 ○표
9 (1) 0.28 (2) $\frac{9}{25}$
10 (1) 6, 0.6, < (2) <, 8, 4
11 (1) > (2) < **12** $1\frac{3}{20}$
13 건우 **14** 공원
15 ❶ 72, 1.72 / 8, 1.8 / 1.81, 1.8, 1.72
❷ 진우 답 진우

2 두 분모 4와 8의 최소공배수는 8입니다.

3 (1) $\frac{2}{3}=\frac{16}{24}$, $\frac{5}{8}=\frac{15}{24}$
➔ $\frac{16}{24}>\frac{15}{24}$
(2) $1\frac{5}{6}=1\frac{35}{42}$, $1\frac{4}{7}=1\frac{24}{42}$
➔ $1\frac{35}{42}>1\frac{24}{42}$

참고
두 분수의 크기를 비교할 때에는 분모의 곱을 공통분모로 했을 때 분자의 크기를 비교하면 됩니다. 즉, 한 분수의 분모와 다른 분수의 분자를 곱하여 비교하면 편리합니다.
(1) $\frac{2}{3}\times\frac{5}{8}$ ➔ $8\times2>3\times5$ ➔ $\frac{2}{3}>\frac{5}{8}$

4 $\left(\frac{3}{4}, \frac{2}{3}\right)$ ➔ $\left(\frac{9}{12}, \frac{8}{12}\right)$ ➔ $\frac{9}{12}>\frac{8}{12}$ ➔ $\frac{3}{4}>\frac{2}{3}$
$\left(\frac{3}{10}, \frac{5}{12}\right)$ ➔ $\left(\frac{18}{60}, \frac{25}{60}\right)$ ➔ $\frac{18}{60}<\frac{25}{60}$ ➔ $\frac{3}{10}<\frac{5}{12}$

5 • $\left(\frac{5}{6}, \frac{5}{8}\right)$ ➔ $\left(\frac{20}{24}, \frac{15}{24}\right)$ ➔ $\frac{5}{6}>\frac{5}{8}$
• $\left(\frac{5}{8}, \frac{3}{4}\right)$ ➔ $\left(\frac{5}{8}, \frac{6}{8}\right)$ ➔ $\frac{5}{8}<\frac{3}{4}$
• $\left(\frac{5}{6}, \frac{3}{4}\right)$ ➔ $\left(\frac{10}{12}, \frac{9}{12}\right)$ ➔ $\frac{5}{6}>\frac{3}{4}$
세 분수의 크기를 비교하면 $\frac{5}{6}>\frac{3}{4}>\frac{5}{8}$이므로 가장 큰 수는 $\frac{5}{6}$입니다.

6 $\left(1\frac{9}{16}, 1\frac{3}{5}\right) \rightarrow \left(1\frac{45}{80}, 1\frac{48}{80}\right) \rightarrow 1\frac{45}{80}<1\frac{48}{80}$

$1\frac{9}{16}<1\frac{3}{5}$이므로 ㉡ 물병에 담을 수 있는 양이 더 많습니다.

7 $\left(\frac{2}{15}, \frac{1}{6}\right) \rightarrow \left(\frac{4}{30}, \frac{5}{30}\right) \rightarrow \frac{4}{30}<\frac{5}{30}$이므로 사슴벌레가 더 무겁습니다.

8 $\left(\frac{1}{2}, \frac{5}{12}\right) \rightarrow \left(\frac{6}{12}, \frac{5}{12}\right) \rightarrow \frac{1}{2}>\frac{5}{12}$ (○)

$\left(\frac{1}{2}, \frac{6}{11}\right) \rightarrow \left(\frac{11}{22}, \frac{12}{22}\right) \rightarrow \frac{1}{2}<\frac{6}{11}$ (×)

$\left(\frac{1}{2}, \frac{3}{5}\right) \rightarrow \left(\frac{5}{10}, \frac{6}{10}\right) \rightarrow \frac{1}{2}<\frac{3}{5}$ (×)

$\left(\frac{1}{2}, \frac{9}{20}\right) \rightarrow \left(\frac{10}{20}, \frac{9}{20}\right) \rightarrow \frac{1}{2}>\frac{9}{20}$ (○)

따라서 $\frac{1}{2}$보다 작은 분수는 $\frac{5}{12}$, $\frac{9}{20}$입니다.

9 (1) $\frac{7}{25}=\frac{28}{100}=0.28$

(2) $0.36=\frac{36}{100}=\frac{9}{25}$

10 (1) $\frac{3}{5}$을 소수로 나타내기 위해 분모가 10인 분수로 만듭니다.

(2) 0.8은 소수 한 자리 수이므로 분모가 10인 분수로 만듭니다.

11 (1) $\frac{31}{50}=\frac{62}{100}=0.62 \rightarrow 0.62>0.58$

(2) $2\frac{1}{4}=2\frac{25}{100}=2.25 \rightarrow 2.19<2.25$

12 분수를 소수로 나타내 크기를 비교합니다.

$1\frac{3}{20}=1\frac{15}{100}=1.15$

$\rightarrow 1.15>1.13$

다른 풀이

소수를 분수로 나타내 크기를 비교합니다.

$1\frac{3}{20}=1\frac{15}{100}$, $1.13=1\frac{13}{100}$

$\rightarrow 1\frac{15}{100}>1\frac{13}{100} \rightarrow 1\frac{3}{20}>1.13$

13 건우: $\frac{7}{25}=\frac{28}{100}=0.28 \rightarrow 0.26<0.28$

서아: $1\frac{4}{5}=1\frac{8}{10}=1.8 \rightarrow 1.8>1.75$

따라서 바르게 비교한 사람은 건우입니다.

14 $1\frac{1}{20}=1\frac{5}{100}=1.05$

$\rightarrow 1\frac{1}{20}>1.03$이므로 전철역에서 더 가까운 곳은 공원입니다.

15 ❶ 소수로 나타내기 위해 $1\frac{18}{25}$은 분모가 100인 분수로, $1\frac{4}{5}$는 분모가 10인 분수로 만듭니다.

36~39쪽 4단원 서술형 바로 쓰기

연습 **1** ❶ 2 ❷ $\frac{2\times3}{3\times3}$, 6 ❸ 6 답 6조각

실전 **1-1** 예 ❶ 준우는 샌드위치의 $\frac{1}{4}$만큼을 먹었습니다.

❷ 영표는 $\frac{1}{4}$과 같은 크기인 $\frac{1}{4}=\frac{1\times4}{4\times4}=\frac{4}{16}$만큼 먹어야 합니다.

❸ 영표는 16조각 중에서 4조각을 먹어야 합니다.

답 4조각

실전 **1-2** 예 ❶ 태희는 철사의 $\frac{3}{5}$만큼을 사용했습니다.

❷ 상선이는 $\frac{3}{5}$과 같은 크기인 $\frac{3}{5}=\frac{3\times4}{5\times4}=\frac{12}{20}$만큼 사용해야 합니다.

❸ 상선이는 20도막 중에서 12도막을 사용해야 합니다.

답 12도막

연습 **2** ❶ 분모 ❷ 63

❸ 63 / $\left(\frac{45\div9}{63\div9}, \frac{49\div7}{63\div7}\right)$ / $\frac{5}{7}$, $\frac{7}{9}$

답 $\frac{5}{7}$, $\frac{7}{9}$

실전 **2-1** 예 ❶ 분모가 다른 두 분수를 통분하면 분모가 같아집니다.

❷ 통분한 두 분수는 $\left(\frac{24}{72}, \frac{66}{72}\right)$입니다.

❸ $\left(\frac{24}{72}, \frac{66}{72}\right) \rightarrow \left(\frac{24\div24}{72\div24}, \frac{66\div6}{72\div6}\right)$

$\rightarrow \left(\frac{1}{3}, \frac{11}{12}\right)$

답 $\frac{1}{3}$, $\frac{11}{12}$

실전 **2-2** 예 ❶ 분모가 다른 두 분수를 통분하면 분모가 같아집니다.

❷ 통분한 두 분수는 $\left(\frac{28}{96}, \frac{40}{96}\right)$입니다.

❸ $\left(\frac{28}{96}, \frac{40}{96}\right) \to \left(\frac{28\div4}{96\div4}, \frac{40\div8}{96\div8}\right)$
$\to \left(\frac{7}{24}, \frac{5}{12}\right)$

답 $\frac{7}{24}$, $\frac{5}{12}$

연습 **3** ❶ 56 ❷ 56, $\frac{35}{56}$ ❸ 30, 35 답 30

실전 **3-1** 예 ❶ $\frac{4}{9}$의 분모에 36을 더하면 분모는 45가 됩니다.

❷ $\frac{4}{9}$와 크기가 같은 분수 중에서 분모가 45인 분수는 $\frac{20}{45}$입니다.

❸ $\frac{4}{9}$의 분모에 36을 더했을 때 분자에 16을 더해야 크기가 같은 분수인 $\frac{20}{45}$이 됩니다. 답 16

실전 **3-2** 예 ❶ $\frac{3}{7}$의 분모에 49를 더하면 분모는 56이 됩니다.

❷ $\frac{3}{7}$과 크기가 같은 분수 중에서 분모가 56인 분수는 $\frac{24}{56}$입니다.

❸ $\frac{3}{7}$의 분모에 49를 더했을 때 분자에 21을 더해야 크기가 같은 분수인 $\frac{24}{56}$가 됩니다. 답 21

연습 **4** ❶ $\frac{3}{4}$, $\frac{3}{5}$, $\frac{4}{5}$ ❷ $\frac{3}{5}$, $\frac{3}{4}$ ❸ $\frac{3}{5}$ 답 $\frac{3}{5}$

실전 **4-1** 예 ❶ 만들 수 있는 진분수: $\frac{1}{4}$, $\frac{1}{9}$, $\frac{4}{9}$

❷ 세 진분수의 크기를 비교해 보면
$\frac{1}{9}\left(=\frac{4}{36}\right)<\frac{1}{4}\left(=\frac{9}{36}\right)<\frac{4}{9}\left(=\frac{16}{36}\right)$입니다.

❸ 가장 작은 진분수는 $\frac{1}{9}$입니다. 답 $\frac{1}{9}$

실전 **4-2** 예 ❶ 만들 수 있는 진분수: $\frac{2}{5}$, $\frac{2}{7}$, $\frac{5}{7}$

❷ 세 진분수의 크기를 비교해 보면
$\frac{2}{7}\left(=\frac{10}{35}\right)<\frac{2}{5}\left(=\frac{14}{35}\right)<\frac{5}{7}\left(=\frac{25}{35}\right)$입니다.

❸ 가장 작은 진분수는 $\frac{2}{7}$입니다. 답 $\frac{2}{7}$

5 분수의 덧셈과 뺄셈

40~41쪽 5단원 익힘책 다시 풀기

1 48, 96

2 (1) $\frac{1}{2}+\frac{3}{8}=\frac{1\times8}{2\times8}+\frac{3\times2}{8\times2}=\frac{8}{16}+\frac{6}{16}=\frac{14}{16}=\frac{7}{8}$

(2) $\frac{2}{5}+\frac{3}{10}=\frac{2\times10}{5\times10}+\frac{3\times5}{10\times5}$
$=\frac{20}{50}+\frac{15}{50}=\frac{35}{50}=\frac{7}{10}$

3 $\frac{14}{15}$ **4** $\frac{25}{42}$ **5** <

6 식 $\frac{1}{5}+\frac{7}{15}=\frac{2}{3}$ 답 $\frac{2}{3}$ L

7 $\frac{63}{80}$ m

8 (1) $1\frac{5}{36}$ (2) $1\frac{5}{48}$ **9** (선 잇기)

10 $1\frac{3}{28}$ **11** ㉡

12 <

13 식 $\frac{3}{5}+\frac{1}{2}=1\frac{1}{10}$ 답 $1\frac{1}{10}$ kg

14 ❶ $\frac{3}{4}$, $\frac{9}{10}$ ❷ $\frac{3}{4}$, $1\frac{13}{20}$, $1\frac{13}{20}$ 답 $1\frac{13}{20}$

1 공통분모가 될 수 있는 수는 두 분모의 공배수입니다. 따라서 12와 16의 공배수는 48, 96, 144, ...이므로 두 분수의 공통분모가 될 수 있는 수를 찾으면 48, 96입니다.

2 두 분모의 곱을 공통분모로 하여 통분한 뒤 계산합니다.

3 $\frac{1}{3}+\frac{3}{5}=\frac{5}{15}+\frac{9}{15}=\frac{14}{15}$

4 $\frac{3}{7}+\frac{1}{6}=\frac{18}{42}+\frac{7}{42}=\frac{25}{42}$

5 $\frac{1}{4}+\frac{3}{8}=\frac{2}{8}+\frac{3}{8}=\frac{5}{8} \to \frac{5}{8}<\frac{7}{8}$

6 $\frac{1}{5}+\frac{7}{15}=\frac{3}{15}+\frac{7}{15}=\frac{10}{15}=\frac{2}{3}$ (L)

7 $\frac{3}{16}+\frac{7}{20}+\frac{1}{4}=\frac{15}{80}+\frac{28}{80}+\frac{1}{4}=\frac{43}{80}+\frac{1}{4}$
$=\frac{43}{80}+\frac{20}{80}=\frac{63}{80}$ (m)

8 (2) $\frac{9}{16}+\frac{13}{24}=\frac{27}{48}+\frac{26}{48}=\frac{53}{48}=1\frac{5}{48}$

9 $\frac{3}{5}+\frac{2}{3}=\frac{9}{15}+\frac{10}{15}=\frac{19}{15}=1\frac{4}{15}$

$\frac{5}{6}+\frac{7}{10}=\frac{25}{30}+\frac{21}{30}=\frac{46}{30}=1\frac{16}{30}=1\frac{8}{15}$

$\frac{3}{10}+\frac{11}{15}=\frac{9}{30}+\frac{22}{30}=\frac{31}{30}=1\frac{1}{30}$

10 $\frac{3}{4}+\frac{5}{14}=\frac{21}{28}+\frac{10}{28}=\frac{31}{28}=1\frac{3}{28}$

11 ㉠ $\frac{2}{9}+\frac{1}{6}=\frac{4}{18}+\frac{3}{18}=\frac{7}{18}$

㉡ $\frac{3}{8}+\frac{4}{5}=\frac{15}{40}+\frac{32}{40}=\frac{47}{40}=1\frac{7}{40}$

12 $\frac{3}{4}+\frac{7}{18}=\frac{27}{36}+\frac{14}{36}=\frac{41}{36}=1\frac{5}{36}=1\frac{10}{72}$

$\frac{5}{9}+\frac{5}{8}=\frac{40}{72}+\frac{45}{72}=\frac{85}{72}=1\frac{13}{72}$

13 $\frac{3}{5}+\frac{1}{2}=\frac{6}{10}+\frac{5}{10}=\frac{11}{10}=1\frac{1}{10}$ (kg)

14 ❷ ■$=\frac{9}{10}+\frac{3}{4}=\frac{18}{20}+\frac{15}{20}=\frac{33}{20}=1\frac{13}{20}$

42~43쪽 5 단원 익힘책 다시 풀기

1 예 $1\frac{2}{5}+1\frac{1}{2}=\frac{7}{5}+\frac{3}{2}=\frac{14}{10}+\frac{15}{10}=\frac{29}{10}=2\frac{9}{10}$

2 $3\frac{13}{15}$

3 $4\frac{1}{36}$

4 ㉡

5 $4\frac{5}{18}$, $8\frac{1}{36}$

6 식 $1\frac{3}{4}+3\frac{1}{3}=5\frac{1}{12}$ 답 $5\frac{1}{12}$컵

7 $4\frac{1}{30}$ km

8 3개

9 (1) $\frac{4}{15}$ (2) $\frac{8}{15}$

10

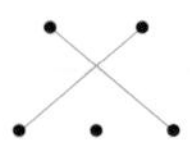

11 $\frac{7}{36}$

12 ( )(○)

13 식 $\frac{7}{9}-\frac{1}{2}=\frac{5}{18}$ 답 $\frac{5}{18}$ m

14 간장, $\frac{11}{24}$ 큰 술

15 ❶ $\frac{3}{5}$, $\frac{4}{15}$ ❷ $\frac{4}{15}$, $\frac{2}{45}$ 답 $\frac{2}{45}$ L

1 대분수를 가분수로 나타내 계산한 다음 계산 결과는 대분수로 나타냅니다.

2 $2\frac{2}{3}+1\frac{1}{5}=2\frac{10}{15}+1\frac{3}{15}=3\frac{13}{15}$

다른 풀이

대분수를 가분수로 나타내 계산합니다.

$2\frac{2}{3}+1\frac{1}{5}=\frac{8}{3}+\frac{6}{5}=\frac{40}{15}+\frac{18}{15}=\frac{58}{15}=3\frac{13}{15}$

3 $2\frac{1}{4}+1\frac{7}{9}=2\frac{9}{36}+1\frac{28}{36}=3\frac{37}{36}=4\frac{1}{36}$

4 ㉠ $1\frac{3}{7}+1\frac{5}{8}=1\frac{24}{56}+1\frac{35}{56}=2\frac{59}{56}=3\frac{3}{56}$

㉡ $2\frac{11}{12}+2\frac{1}{6}=2\frac{11}{12}+2\frac{2}{12}=4\frac{13}{12}=5\frac{1}{12}$

5 $2\frac{5}{6}+1\frac{4}{9}=2\frac{15}{18}+1\frac{8}{18}=3\frac{23}{18}=4\frac{5}{18}$

$4\frac{5}{18}+3\frac{3}{4}=4\frac{10}{36}+3\frac{27}{36}=7\frac{37}{36}=8\frac{1}{36}$

6 $1\frac{3}{4}+3\frac{1}{3}=1\frac{9}{12}+3\frac{4}{12}=4\frac{13}{12}=5\frac{1}{12}$(컵)

7 (집~문구점~학교)

=(집~문구점)+(문구점~학교)

$=2\frac{1}{5}+1\frac{5}{6}=2\frac{6}{30}+1\frac{25}{30}=3\frac{31}{30}=4\frac{1}{30}$ (km)

8 $3\frac{2}{9}+1\frac{7}{15}=3\frac{10}{45}+1\frac{21}{45}=4\frac{31}{45}$

➜ $4\frac{31}{45}<□<7\frac{37}{45}$에서 □ 안에 들어갈 수 있는 자연수는 5, 6, 7로 모두 3개입니다.

9 (1) $\frac{2}{3}-\frac{2}{5}=\frac{10}{15}-\frac{6}{15}=\frac{4}{15}$

(2) $\frac{7}{10}-\frac{1}{6}=\frac{21}{30}-\frac{5}{30}=\frac{16}{30}=\frac{8}{15}$

10 • $\frac{3}{4}-\frac{1}{6}=\frac{9}{12}-\frac{2}{12}=\frac{7}{12}$

• $\frac{7}{12}-\frac{1}{3}=\frac{7}{12}-\frac{4}{12}=\frac{3}{12}=\frac{1}{4}$

11 $\frac{11}{18}-\frac{5}{12}=\frac{22}{36}-\frac{15}{36}=\frac{7}{36}$

12 $\frac{9}{40}-\frac{3}{20}=\frac{9}{40}-\frac{6}{40}=\frac{3}{40}$

$\frac{3}{8}-\frac{1}{5}=\frac{15}{40}-\frac{8}{40}=\frac{7}{40}$

➜ $\frac{3}{40}<\frac{7}{40}$

13 (가로)−(세로)
$=\frac{7}{9}-\frac{1}{2}=\frac{14}{18}-\frac{9}{18}=\frac{5}{18}$ (m)

14 $\frac{5}{6}>\frac{3}{8}$이고 $\frac{5}{6}-\frac{3}{8}=\frac{20}{24}-\frac{9}{24}=\frac{11}{24}$ (큰 술)이므로 간장을 $\frac{11}{24}$ 큰 술 더 많이 넣었습니다.

15 ❶ $\frac{13}{15}-\frac{3}{5}=\frac{13}{15}-\frac{9}{15}=\frac{4}{15}$ (L)
❷ $\frac{4}{15}-\frac{2}{9}=\frac{12}{45}-\frac{10}{45}=\frac{2}{45}$ (L)

44~45쪽 5 단원 익힘책 다시 풀기

1 예
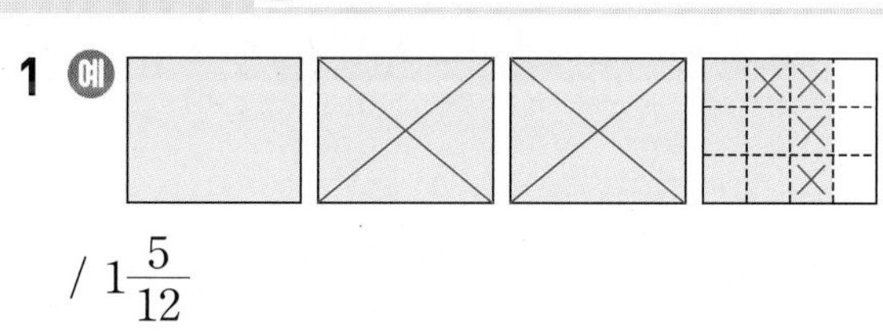
/ $1\frac{5}{12}$

2 $5\frac{7}{8}-2\frac{3}{10}=5\frac{35}{40}-2\frac{12}{40}$
$=(5-2)+\left(\frac{35}{40}-\frac{12}{40}\right)=3\frac{23}{40}$

3 $3\frac{1}{18}$ **4** ㉠

5 $4\frac{11}{30}$ cm **6** $3\frac{19}{48}$

7 식 $3\frac{3}{4}-1\frac{5}{18}=2\frac{17}{36}$ 답 $2\frac{17}{36}$ kg

8 $5\frac{3}{10}$

9 $5\frac{1}{4}-1\frac{2}{3}=\frac{21}{4}-\frac{5}{3}=\frac{63}{12}-\frac{20}{12}=\frac{43}{12}=3\frac{7}{12}$

10 $\frac{7}{8}$ **11** $2\frac{11}{15}$

12 <

13 식 $3\frac{1}{6}-1\frac{3}{8}=1\frac{19}{24}$ 답 $1\frac{19}{24}$ m

14 $4\frac{11}{15}$

15 ❶ 큰에 ○표 / 작은에 ○표
❷ $3\frac{8}{15}$, $1\frac{5}{6}$ / $5\frac{4}{9}$, $1\frac{5}{6}$, $3\frac{11}{18}$ 답 $3\frac{11}{18}$

1 $2\frac{1}{3}\left(=2\frac{4}{12}\right)$만큼 ×로 지우면 남는 부분은 $1\frac{5}{12}$입니다.

참고
두 분모의 곱을 공통분모로 하여 통분한 뒤 계산합니다.
$3\frac{3}{4}-2\frac{1}{3}=3\frac{9}{12}-2\frac{4}{12}=1\frac{5}{12}$

2 자연수는 자연수끼리, 분수는 분수끼리 빼서 계산합니다.

3 $3\frac{8}{9}-\frac{5}{6}=3\frac{16}{18}-\frac{15}{18}=3\frac{1}{18}$

4 ㉠ $5\frac{2}{3}-1\frac{1}{9}=5\frac{6}{9}-1\frac{1}{9}=4\frac{5}{9}$
㉡ $11\frac{5}{6}-7\frac{7}{18}=11\frac{15}{18}-7\frac{7}{18}=4\frac{8}{18}=4\frac{4}{9}$
➜ ㉠>㉡

5 $7\frac{2}{3}-3\frac{3}{10}=7\frac{20}{30}-3\frac{9}{30}=4\frac{11}{30}$ (cm)

6 $\square=4\frac{5}{6}-1\frac{7}{16}=4\frac{40}{48}-1\frac{21}{48}=3\frac{19}{48}$

7 (만든 레몬청의 양)−(이웃에 나누어 준 레몬청의 양)
$=3\frac{3}{4}-1\frac{5}{18}=3\frac{27}{36}-1\frac{10}{36}=2\frac{17}{36}$ (kg)

8 수 카드로 만들 수 있는 가장 큰 대분수: $7\frac{2}{5}$
$7\frac{2}{5}-2\frac{1}{10}=7\frac{4}{10}-2\frac{1}{10}=5\frac{3}{10}$

참고
수 카드로 가장 큰 대분수를 만들려면 가장 큰 수를 자연수 부분에 놓고 나머지 두 수로 진분수를 만들어야 합니다.

9 대분수를 가분수로 나타내 계산합니다.

주의
대분수를 가분수로 나타내 계산해도 계산 결과는 대분수로 나타내야 합니다.

10 $2\frac{1}{2}-1\frac{5}{8}=2\frac{4}{8}-1\frac{5}{8}=1\frac{12}{8}-1\frac{5}{8}=\frac{7}{8}$

11 $\square=7\frac{1}{3}-4\frac{3}{5}=7\frac{5}{15}-4\frac{9}{15}$
$=6\frac{20}{15}-4\frac{9}{15}=2\frac{11}{15}$

12 $8\frac{1}{6}-5\frac{5}{16}=8\frac{8}{48}-5\frac{15}{48}=7\frac{56}{48}-5\frac{15}{48}=2\frac{41}{48}$
➜ $2\frac{31}{48}<2\frac{41}{48}$

13 (전체 리본의 길이)−(포장하는 데 사용한 리본의 길이)
$=3\frac{1}{6}-1\frac{3}{8}=3\frac{4}{24}-1\frac{9}{24}=2\frac{28}{24}-1\frac{9}{24}=1\frac{19}{24}$ (m)

14 $\square+1\frac{2}{3}=6\frac{2}{5}$
➔ $\square=6\frac{2}{5}-1\frac{2}{3}=6\frac{6}{15}-1\frac{10}{15}$
$=5\frac{21}{15}-1\frac{10}{15}=4\frac{11}{15}$

15 ❶ 차가 가장 크려면 가장 큰 수에서 가장 작은 수를 빼야 합니다.
❷ $5\frac{4}{9}-1\frac{5}{6}=5\frac{8}{18}-1\frac{15}{18}=4\frac{26}{18}-1\frac{15}{18}=3\frac{11}{18}$

46~49쪽 5 단원 서술형 바로 쓰기

연습 **1** ❶ 33, 16, $\frac{17}{42}$ ❷ 17, 17 ❸ 16 답 16

실전 **1-1** 예 ❶ $4\frac{7}{15}-1\frac{2}{3}=4\frac{7}{15}-1\frac{10}{15}$
$=3\frac{22}{15}-1\frac{10}{15}=2\frac{12}{15}=2\frac{4}{5}$
❷ $2\frac{4}{5}>2\frac{\square}{5}$이므로 $4>\square$입니다.
❸ □ 안에 들어갈 수 있는 자연수 중 가장 큰 수는 3입니다. 답 3

실전 **1-2** 예 ❶ $5\frac{3}{4}-2\frac{1}{6}=5\frac{9}{12}-2\frac{2}{12}=3\frac{7}{12}$
❷ $3\frac{7}{12}<3\frac{\square}{12}$이므로 $7<\square$입니다.
❸ □ 안에 들어갈 수 있는 자연수 중 가장 작은 수는 8입니다. 답 8

연습 **2** ❶ $\frac{3}{5}$ ❷ $\frac{2}{3}$ / $\frac{2}{3}$, 10, 6, $\frac{4}{15}$ 답 $\frac{4}{15}$

실전 **2-1** 예 ❶ 만들 수 있는 진분수: $\frac{5}{6}$, $\frac{5}{8}$, $\frac{6}{8}$
❷ 가장 큰 진분수: $\frac{5}{6}$, 가장 작은 진분수: $\frac{5}{8}$
➔ $\frac{5}{6}-\frac{5}{8}=\frac{20}{24}-\frac{15}{24}=\frac{5}{24}$ 답 $\frac{5}{24}$

실전 **2-2** 예 ❶ 만들 수 있는 진분수: $\frac{4}{5}$, $\frac{4}{7}$, $\frac{5}{7}$
❷ 가장 큰 진분수: $\frac{4}{5}$, 가장 작은 진분수: $\frac{4}{7}$
➔ $\frac{4}{5}+\frac{4}{7}=\frac{28}{35}+\frac{20}{35}=\frac{48}{35}=1\frac{13}{35}$ 답 $1\frac{13}{35}$

연습 **3** ❶ 14, 9, $3\frac{23}{30}$ ❷ 23, 12, $3\frac{11}{30}$ 답 $3\frac{11}{30}$ m

실전 **3-1** 예 ❶ (색 테이프 2장의 길이의 합)
$=5\frac{3}{10}+2\frac{5}{6}=5\frac{9}{30}+2\frac{25}{30}$
$=7\frac{34}{30}=8\frac{4}{30}=8\frac{2}{15}$ (m)
❷ (이어 붙인 색 테이프의 전체 길이)
$=8\frac{2}{15}-\frac{7}{9}=8\frac{6}{45}-\frac{35}{45}$
$=7\frac{51}{45}-\frac{35}{45}=7\frac{16}{45}$ (m) 답 $7\frac{16}{45}$ m

실전 **3-2** 예 ❶ (색 테이프 2장의 길이의 합)
$=1\frac{5}{7}+2\frac{3}{4}=1\frac{20}{28}+2\frac{21}{28}$
$=3\frac{41}{28}=4\frac{13}{28}$ (m)
❷ (이어 붙인 색 테이프의 전체 길이)
$=4\frac{13}{28}-\frac{5}{8}=4\frac{26}{56}-\frac{35}{56}$
$=3\frac{82}{56}-\frac{35}{56}=3\frac{47}{56}$ (m) 답 $3\frac{47}{56}$ m

연습 **4** ❶ 30, 7, $\frac{37}{42}$ ❷ 42, 5 답 $\frac{5}{42}$

실전 **4-1** 예 ❶ 민지와 주호가 먹은 부분은 전체의
$\frac{11}{24}+\frac{3}{8}=\frac{11}{24}+\frac{9}{24}=\frac{20}{24}=\frac{5}{6}$입니다.
❷ 전체를 1로 보면 남은 피자는 전체의
$1-\frac{5}{6}=\frac{6}{6}-\frac{5}{6}=\frac{1}{6}$입니다. 답 $\frac{1}{6}$

실전 **4-2** 예 ❶ 지수가 어제와 오늘 읽은 부분은 전체의
$\frac{2}{5}+\frac{4}{9}=\frac{18}{45}+\frac{20}{45}=\frac{38}{45}$입니다.
❷ 전체를 1로 보면 지수가 아직 읽지 않은 부분은 전체의 $1-\frac{38}{45}=\frac{45}{45}-\frac{38}{45}=\frac{7}{45}$입니다.
답 $\frac{7}{45}$

연습 **3** 이어 붙인 색 테이프의 전체 길이는 색 테이프 2장의 길이의 합에서 겹친 부분의 길이를 빼서 구합니다.

실전 **4-1** 다른 풀이 전체를 1로 보면 남은 피자는 전체의
$1-\frac{11}{24}-\frac{3}{8}=\frac{24}{24}-\frac{11}{24}-\frac{9}{24}=\frac{4}{24}=\frac{1}{6}$입니다.

실전 **4-2** 다른 풀이 전체를 1로 보면 아직 읽지 않은 부분은 전체의
$1-\frac{2}{5}-\frac{4}{9}=\frac{45}{45}-\frac{18}{45}-\frac{20}{45}=\frac{7}{45}$입니다.

6 다각형의 둘레와 넓이

50~51쪽 6단원 익힘책 다시 풀기

1 4, 4, 4, 4, 20 **2** 7, 35
3 (위에서부터) 3, 21 / 7, 42
4 48 m **5** 9
6 예 1 cm, 1 cm
7 ❶ 3, 48 ❷ 48 ❸ 48, 8, 6 답 6 cm
8 8, 5, 26 **9** 2, 2, 20
10 4, 24 **11** 20 cm
12 32 cm **13** 44 cm
14 식 $(10+5)\times2=30$ 답 30 m
15 5

1 정오각형의 각 변의 길이는 모두 같으므로 둘레는 $4+4+4+4+4=20$ (cm)입니다.

2 (정칠각형의 둘레)=(한 변의 길이)$\times7$
$=5\times7=35$ (cm)

3 (정삼각형의 둘레)$=7\times3=21$ (cm)
(정육각형의 둘레)$=7\times6=42$ (cm)

4 (정사각형의 둘레)$=12\times4=48$ (m)

5 변의 수를 세어 보면 5개이므로 정다각형의 한 변의 길이는 $45\div5=9$ (cm)입니다.

6 (정사각형의 둘레)=(한 변의 길이)$\times4$
➔ (한 변의 길이)=(정사각형의 둘레)$\div4$
$=20\div4=5$ (cm)

8 (직사각형의 둘레)$=(8+5)\times2$
$=13\times2=26$ (cm)

9 (평행사변형의 둘레)
=(한 변의 길이+다른 한 변의 길이)$\times2$
$=(8+2)\times2$
$=10\times2=20$ (cm)

10 (마름모의 둘레)=(한 변의 길이)$\times4$
$=6\times4=24$ (cm)

11 가로가 6칸, 세로가 4칸이므로 직사각형의 둘레는 $(6+4)\times2=20$ (cm)입니다.

12 (평행사변형의 둘레)$=(10+6)\times2$
$=16\times2=32$ (cm)

13 (마름모의 둘레)$=11\times4=44$ (cm)

14 (꽃밭의 둘레)$=(10+5)\times2$
$=15\times2=30$ (m)

15 $(9+\square)\times2=28$, $9+\square=14$, $\square=5$

52~53쪽 6단원 익힘책 다시 풀기

1 9 cm^2 / 9 제곱센티미터
2 8, 8 **3** 14 cm^2, 13 cm^2
4 가
5 1 cm^2

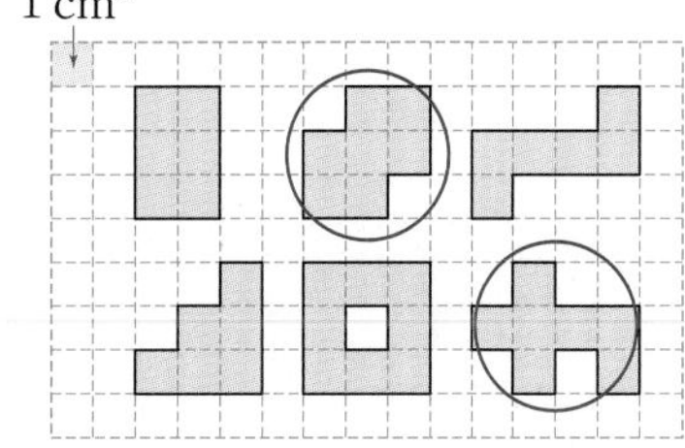

6 1 cm^2

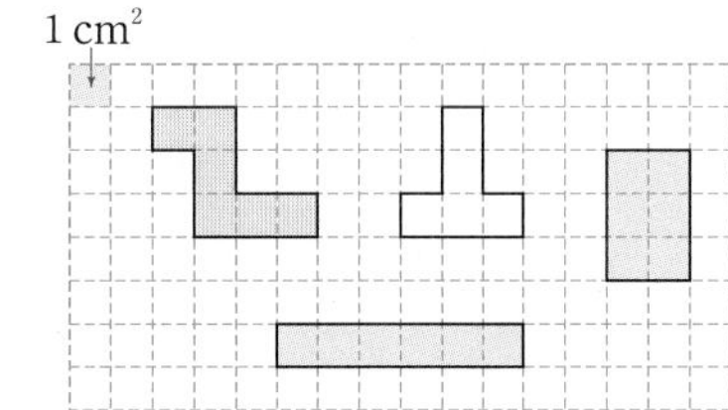

7 나 **8** 5, 20
9 120 cm^2 **10** 64 cm^2
11 식 $12\times4=48$ 답 48 cm^2
12 가 **13** 5 cm
14 ❶ 40, 40, 10 ❷ 10, 10, 100 답 100 cm^2

2 1 cm^2가 8개이므로 도형의 넓이는 8 cm^2입니다.

3 가: 1 cm^2가 14개이므로 도형의 넓이는 14 cm^2입니다.
나: 1 cm^2가 13개이므로 도형의 넓이는 13 cm^2입니다.

4 $14>13$이므로 넓이가 더 넓은 것은 가입니다.

5 1 cm^2가 7개인 도형을 찾아 ○표 합니다.

6 1 cm^2가 6개인 도형을 모두 찾아 색칠합니다.

7 도형 가의 넓이: $10\,cm^2$
도형 나의 넓이: $11\,cm^2$
도형 다의 넓이: $10\,cm^2$
➔ 넓이가 가장 넓은 것은 나입니다.

8 $1\,cm^2$가 직사각형의 가로에 5개, 세로에 4개 있습니다.
➔ (직사각형의 넓이)$=5\times4=20\,(cm^2)$

9 (직사각형의 넓이)$=$(가로)$\times$(세로)
$=20\times6=120\,(cm^2)$

10 (정사각형의 넓이)
$=$(한 변의 길이)$\times$(한 변의 길이)
$=8\times8=64\,(cm^2)$

11 (직사각형의 넓이)$=12\times4=48\,(cm^2)$

12 (가의 넓이)$=5\times5=25\,(cm^2)$
(나의 넓이)$=6\times4=24\,(cm^2)$
➔ (가의 넓이)$>$(나의 넓이)

13 직사각형의 세로를 □cm라 하면 $12\times□=60$입니다.
➔ $□=60\div12=5$

54~55쪽 6 단원 익힘책 다시 풀기

1 m^2
2 (1) 70000 (2) 20
3 12, 12
4 $16\,m^2$
5 $35\,km^2$
6 (1) km^2 (2) m^2
7 ❶ 10, 700 ❷ 6, 300
❸ 700, 300, 210000, 21 답 $21\,m^2$
8 예

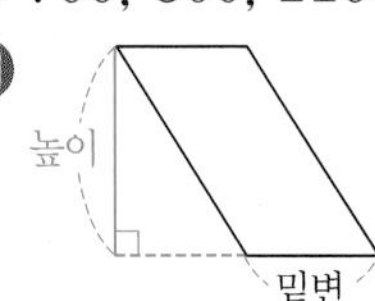

9 $80\,cm^2$
10 6 m와 8 m에 ○표, 48
11 식 $6\times7=42$ 답 $42\,cm^2$
12 같습니다에 ○표 / 예 평행사변형의 밑변의 길이와 높이가 각각 모두 같기 때문입니다.
13 8
14 12
15 예

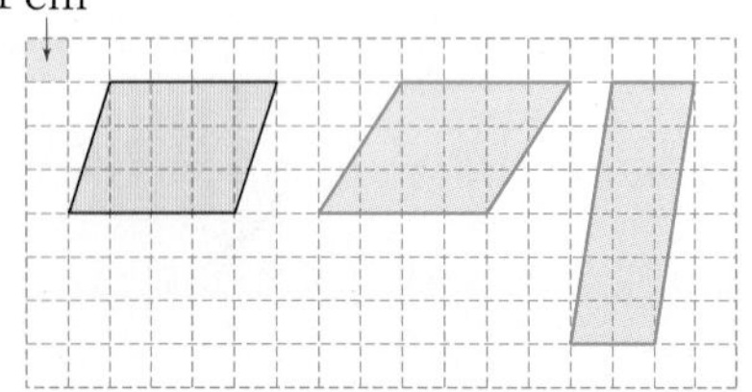

1 한 변의 길이가 1 m인 정사각형의 넓이를 $1\,m^2$라 씁니다.

2 (1) $1\,m^2=10000\,cm^2$이므로
$7\,m^2=70000\,cm^2$입니다.
(2) $1000000\,m^2=1\,km^2$이므로
$20000000\,m^2=20\,km^2$입니다.

3 위쪽 직사각형: $600\times200=120000\,(cm^2)$
➔ $12\,m^2$
아래쪽 직사각형: $6\times2=12\,(m^2)$

4 (정사각형의 넓이)$=400\times400$
$=160000\,(cm^2)$
➔ $16\,m^2$

5 (직사각형의 넓이)$=5000\times7000$
$=35000000\,(m^2)$
➔ $35\,km^2$

7 ❸ (사물함이 설치된 전체 넓이)
$=$(사물함이 설치된 전체 가로)
$\times$(사물함이 설치된 전체 세로)

8 평행사변형에서 두 밑변 사이의 거리를 높이라고 합니다.

참고
평행사변형에서 높이는 밑변에 따라 정해지고 다양하게 표시할 수 있습니다.

9 (평행사변형의 넓이)
$=$(밑변의 길이)$\times$(높이)
$=10\times8=80\,(cm^2)$

10 평행사변형의 밑변의 길이 6 m와 높이 8 m에 ○표 합니다.
➔ (평행사변형의 넓이)$=6\times8=48\,(m^2)$

11 $6\times7=42\,(cm^2)$

12 평가 기준
밑변의 길이와 높이가 각각 같은 평행사변형은 넓이가 같다고 썼으면 정답으로 합니다.

13 $9\times□=72$, $□=72\div9=8$

14 $□\times6=72$, $□=72\div6=12$

15 (주어진 평행사변형의 넓이)$=4\times3=12\,(cm^2)$
➔ 밑변의 길이와 높이를 곱해서 $12\,cm^2$가 되는 평행사변형을 그려 봅니다.

56~57쪽 6 단원 익힘책 다시 풀기

1 예

2 (위에서부터) 4 / 5 / 10, 10, 10

3 높이, 넓이

4 40 cm^2

5 55 m^2

6 7

7 가

8 직사각형, 한 대각선의 길이

9 63

10 60

11 8

12 26

13 예 1 cm^2

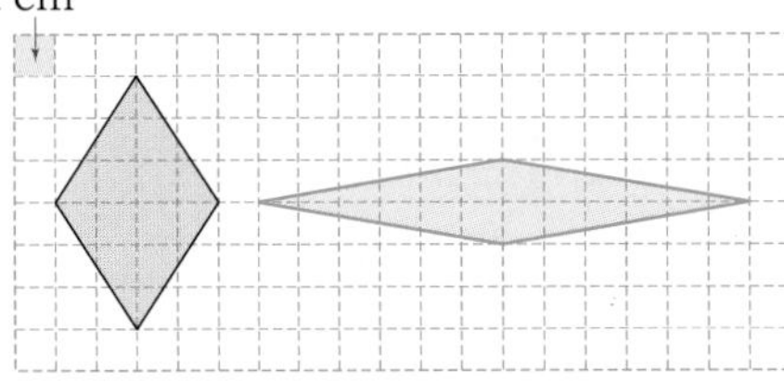

14 ❶ 2 ❷ 8, 8, 64 ❸ 64, 32 답 32 cm^2

1 삼각형의 밑변과 마주 보는 꼭짓점에서 밑변에 수직으로 그은 선분의 길이를 높이라고 합니다.

2 (삼각형의 넓이)$=4\times5\div2=10$ (cm^2)

4 (삼각형의 넓이)=(밑변의 길이)×(높이)÷2
$=16\times5\div2$
$=40$ (cm^2)

5 (밑변의 길이)$=19-8=11$ (m)
➔ (삼각형의 넓이)$=11\times10\div2=55$ (m^2)

6 $14\times\square\div2=49$,
$14\times\square=98$, $\square=7$

7 (평행사변형 가의 넓이)$=7\times8=56$ (cm^2)
(삼각형 나의 넓이)$=18\times6\div2=54$ (cm^2)
➔ $56>54$이므로 넓이가 더 넓은 것은 가입니다.

9 (마름모의 넓이)
=(한 대각선의 길이)×(다른 대각선의 길이)÷2
$=18\times7\div2=63$ (cm^2)

10 $12\times10\div2=60$ (m^2)

11 $\square\times5\div2=20$, $\square\times5=40$, $\square=8$

12 $9\times\square\div2=117$, $9\times\square=234$, $\square=26$

13 (마름모의 넓이)$=4\times6\div2=12$ (cm^2)

58~59쪽 6 단원 익힘책 다시 풀기

1 10 cm, 12 cm

2 150

3 153

4 56 cm^2

5 다

6 4

7 ❶ 12, 72 ❷ 72 ❸ 8, 72, 12 답 12

8 24 cm

9 54 cm

10 40 cm

11 40 cm^2 / 45 cm^2 / 85 cm^2

12 180 cm^2 / 25 cm^2 / 155 cm^2

13 84 cm^2

1 길이가 5 cm인 변과 평행한 변이 아랫변이므로 아랫변의 길이는 10 cm이고, 높이는 두 밑변 사이의 거리이므로 12 cm입니다.

2 (사다리꼴의 넓이)$=(10+20)\times10\div2=150$ (cm^2)

3 $(12+22)\times9\div2=153$ (m^2)

4 $16\times7\div2=56$ (cm^2)

5 높이는 4 cm로 모두 같으므로 윗변의 길이와 아랫변의 길이의 합을 알아봅니다.
➔ 가: $5+3=8$ (cm), 나: $3+5=8$ (cm),
다: $3+6=9$ (cm)

6 $(5+9)\times\square\div2=28$, $14\times\square\div2=28$,
$14\times\square=56$, $\square=4$

8

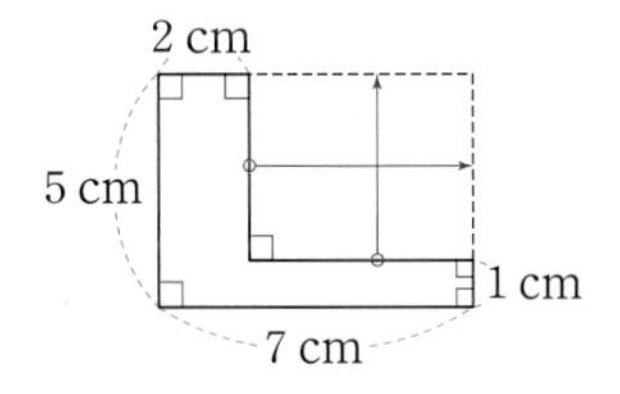

(도형의 둘레)
=(가로가 7 cm, 세로가 5 cm인 직사각형의 둘레)
$=(7+5)\times2=24$ (cm)

9

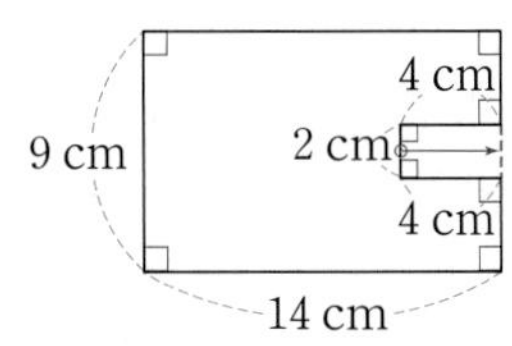

(도형의 둘레)
=(가로가 14 cm, 세로가 9 cm인 직사각형의 둘레)
+(4 cm인 변 2개의 길이의 합)
$=(14+9)\times2+4\times2$
$=46+8=54$ (cm)

10

8 cm

12 cm

(도형의 둘레)
=(가로가 12 cm, 세로가 8 cm인 직사각형의 둘레)
$=(12+8)\times2=40$ (cm)

11 (㉠의 넓이)$=4\times10=40$ (cm^2)
(㉡의 넓이)$=(13-4)\times5=45$ (cm^2)
➔ (도형의 넓이)=(㉠의 넓이)+(㉡의 넓이)
$=40+45=85$ (cm^2)

12 (㉮+㉯의 넓이)$=(5+5+5)\times12$
$=15\times12=180$ (cm^2)
(㉯의 넓이)$=5\times5=25$ (cm^2)
➔ (나무판의 넓이)
=(㉮+㉯의 넓이)−(㉯의 넓이)
$=180-25=155$ (cm^2)

13 색칠한 부분을 겹치지 않게 이어 붙이면 가로가 $15-3=12$ (cm), 세로가 7 cm인 직사각형이 됩니다.
➔ (색칠한 부분의 넓이)$=12\times7=84$ (cm^2)

60~63쪽 6 단원 서술형 바로 쓰기

연습 **1** ❶ 64 ❷ 4, 16 답 16 cm

실전 **1-1** 예 ❶ (정사각형 나의 넓이)$=4\times4=16$ (cm^2)
❷ 직사각형 가의 가로를 □cm라고 하면
□$\times2=16$입니다.
➔ □$=16\div2$이므로 □$=8$입니다. 답 8 cm

실전 **1-2** 예 ❶ (정사각형 나의 넓이)$=6\times6=36$ (cm^2)
❷ 직사각형 가의 세로를 □cm라고 하면
$9\times$□$=36$입니다.
➔ □$=36\div9$이므로 □$=4$입니다. 답 4 cm

연습 **2** ❶ 7, 정사각형 ❷ 4, 28 답 28 cm

실전 **2-1** 예 ❶

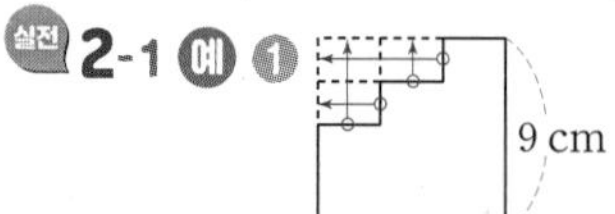

그림과 같이 변을 평행하게 이동하면 한 변의 길이가 9 cm인 정사각형이 됩니다.
❷ (도형의 둘레)=(정사각형의 둘레)
$=9\times4=36$ (cm) 답 36 cm

실전 **2-2** 예 ❶

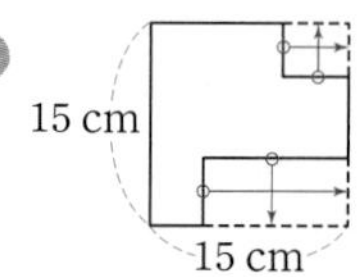

그림과 같이 변을 평행하게 이동하면 한 변의 길이가 15 cm인 정사각형이 됩니다.
❷ (도형의 둘레)=(정사각형의 둘레)
$=15\times4$
$=60$ (cm) 답 60 cm

연습 **3** ❶ 40 ❷ 40, 40, 4 답 4

실전 **3-1** 예 ❶ 12 cm를 밑변의 길이, 5 cm를 높이로 하는 삼각형의 넓이를 구하면
$12\times5\div2=30$ (cm^2)입니다.
❷ 15 cm를 밑변의 길이, □cm를 높이로 하는 삼각형의 넓이도 30 cm^{2}이므로
$15\times$□$\div2=30$, $15\times$□$=60$, □$=4$입니다.
답 4

실전 **3-2** 예 ❶ 12 cm를 밑변의 길이, 4 cm를 높이로 하는 삼각형의 넓이를 구하면
$12\times4\div2=24$ (cm^2)입니다.
❷ 6 cm를 밑변의 길이, □cm를 높이로 하는 삼각형의 넓이도 24 cm^{2}이므로
$6\times$□$\div2=24$, $6\times$□$=48$, □$=8$입니다.
답 8

연습 **4** ❶ 10, 15 ❷ 2, 3 답 2배, 3배

실전 **4-1** 예 ❶ 밑변의 길이 4 cm, 높이 1 cm인 평행사변형의 넓이: $4\times1=4$ (cm^2)
밑변의 길이 4 cm, 높이 2 cm인 평행사변형의 넓이: $4\times2=8$ (cm^2)
밑변의 길이 4 cm, 높이 3 cm인 평행사변형의 넓이: $4\times3=12$ (cm^2)
❷ 평행사변형에서 밑변의 길이는 변하지 않고 높이가 2배, 3배가 되면 넓이도 각각 2배, 3배가 됩니다. 답 2배, 3배

실전 **4-2** 예 ❶ 가로 6 cm, 세로 1 cm인 직사각형의 넓이: $6\times1=6$ (cm^2)
가로 6 cm, 세로 3 cm인 직사각형의 넓이:
$6\times3=18$ (cm^2)
가로 6 cm, 세로 4 cm인 직사각형의 넓이:
$6\times4=24$ (cm^2)
❷ 직사각형에서 가로는 변하지 않고 세로가 3배, 4배가 되면 넓이도 각각 3배, 4배가 됩니다.
답 3배, 4배

단원평가

65~66쪽 A 1. 자연수의 혼합 계산

1 (○)(   )
2 $72\div8$에 ○표
3 (위에서부터) 2, 12, 2
4 $9\times(25-14)+6$

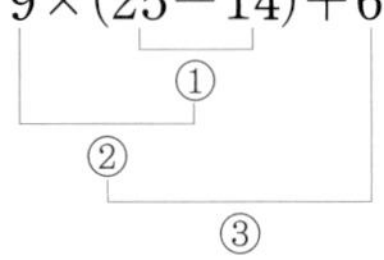

5 86
6 예 $27+48\div(15-3)=31$
7 예 $31+8\times7-53=34$
8 서현
9 $72-7\times5+3=40$
10 >
11 7자루
12 31자루
13 경민
14 5
15 11, 7, 16
16 $15-9\div(3+6)=14$
17 12, 8, 9
18 19
19 2000원
20 9개

5 $63-45\div(3\times5)+26=63-45\div15+26$
$=63-3+26=60+26=86$

6 $27+48\div(15-3)=27+48\div12=27+4=31$

7 $31+8\times7-53=31+56-53=87-53=34$

8 $12+8\times(9-4)\div2=12+8\times5\div2$
$=12+40\div2=12+20=32$

9 곱셈을 먼저 계산한 후 앞에서부터 차례로 계산합니다.

10 $42+81\div3-25=42+27-25=69-25=44$
➜ $44>40$

11 $3+2\times2=3+4=7$(자루)

13 • 현석: $24\div4+8\times3=6+8\times3=6+24=30$
• 경민: $(66+30)\div(13-7)=96\div(13-7)$
$=96\div6=16$
따라서 잘못 계산한 사람은 경민입니다.

14 ㉠ $53-44+8\times7=53-44+56=9+56=65$
➜ ㉡−㉠$=70-65=5$

15 $20-11+7=9+7=16$(명)

16 $(15-9)\div3+6=6\div3+6=2+6=8$ (×)
$15-(9\div3)+6=15-3+6=12+6=18$ (×)
$15-9\div(3+6)=15-9\div9=15-1=14$ (○)

17 $12\times6\div8=72\div8=9$(자루)

18 $64\div4+7\times3-\square=18$
➜ $16+7\times3-\square=18$, $16+21-\square=18$,
$37-\square=18$, $\square=37-18$, $\square=19$

19 $5000-400\times6-600=5000-2400-600$
$=2600-600$
$=2000$(원)

20 여학생 4명과 남학생 3명에게 한 사람당 3개씩 줬으므로 식으로 나타내면 $(4+3)\times3$입니다.
➜ $30-(4+3)\times3=30-7\times3=30-21=9$(개)

67~68쪽 B 1. 자연수의 혼합 계산

1 11, 23
2 ㉠, ㉡
3 윤서
4 예 $53-(23+6)=53-29=24$
5 $20\times9\div15=12$, 12권
6 예 3상자에 담은 사과는 몇 개일까요? / 18개
7 18, 61, 39
8 ×
9 >
10 예 $10000-2100\times3-1100=2600$, 2600원
11 600원
12 86
13 ④
14 $14-8\div4=12$, 12살
15 14
16 28 g
17 27
18 (왼쪽부터) 2, 3, 1, 4 / 92
19 ÷
20 1, 2, 3

2 가지고 있던 돈에서 빵과 우유 값을 차례로 빼거나(㉠) 빵과 우유 값의 합을 한 번에 빼는(㉡) 방법이 있습니다.

3 ( )가 있는 식은 ( ) 안을 먼저 계산합니다.

5 $20\times9\div15=180\div15=12$(권)

6 평가 기준

주어진 문제 상황에 3을 곱하는 문제를 완성하고 답을 바르게 구했으면 정답입니다.

8 $19-6\times3=19-18=1$

$(19-6)\times3=13\times3=39$

9 $7\times(12-8)=7\times4=28$

$14\div2\times9\div3=7\times9\div3=63\div3=21$

➜ $28>21$

10 $10000-2100\times3-1100$

$=10000-6300-1100$

$=3700-1100=2600$(원)

11 준하: $2100+1000$(원)

명수: $1900+900\times2$(원)

➜ $1900+900\times2-(2100+1000)$

$=1900+900\times2-3100$

$=1900+1800-3100$

$=3700-3100=600$(원)

12 $72+26-108\div9=72+26-12=98-12=86$

13 계산 순서에 따라 계산하면

① 31 ② 42 ③ 3 ④ 16 ⑤ 120

(　)를 생략하고 계산하면

① 13 ② 60 ③ 27 ④ 16 ⑤ 75

14 $14-8\div4=14-2=12$(살)

15 $10♥8=10+8\div(10-8)=10+8\div2=10+4=14$

16 상자의 무게를 뺀 구슬 12개만의 무게: $386-50$ (g)

➜ $(386-50)\div12=336\div12=28$ (g)

17 $4\times6-35\div7+8=24-35\div7+8$

$=24-5+8=19+8=27$

18 $144\div12\times(4+5)-16=144\div12\times9-16$

$=12\times9-16=108-16$

$=92$

19
- $3\times8+2-3=24+2-3=26-3=23$ (×)
- $3\times8-2-3=24-2-3=22-3=19$ (×)
- $3\times8\times2-3=24\times2-3=48-3=45$ (×)
- $3\times8\div2-3=24\div2-3=12-3=9$ (○)

20 $10-18\times(6-2)\div12=10-18\times4\div12$

$=10-72\div12$

$=10-6=4$

$4>\square$이므로 $\square$는 4보다 작은 수입니다.

➜ $\square=1, 2, 3$

69~70쪽 A 2. 약수와 배수

1 약수 **2** 12, 16, 20

3 배수, 약수 **4** 2, 5, 6, 120

5 1, 3 / 3 **6** 1, 2, 3, 6, 9, 18

7 2개 **8** 48

9

51	52	53	(54)	55	~~56~~	57	58	59	60
61	62	(63)	~~64~~	65	66	67	68	69	70
71	(~~72~~)	73	74	75	76	77	78	79	~~80~~
(81)	82	83	84	85	86	87	~~88~~	89	(90)

10 ③ **11** 11 **12** 36, 1

13 ㉢ **14** ③, ⑤ **15** 20시간 뒤

16 35 **17** 18개 **18** ㉠

19 126 **20** 21

4 2) 20 24
2) 10 12
　5 6 ➜ 최소공배수: $2\times2\times5\times6=120$

6 18을 나누어떨어지게 하는 수는 1, 2, 3, 6, 9, 18입니다.

7 6의 배수: 6, 12, 18, 24, 30, 36, 42, ...

따라서 주어진 수 중 6의 배수는 12, 36으로 모두 2개입니다.

8 8) 16 24
　2 3 ➜ 최소공배수: $8\times2\times3=48$

10 6과 8의 공배수는 6과 8의 최소공배수의 배수와 같습니다.

2) 6 8
　3 4 ➜ 6과 8의 최소공배수: $2\times3\times4=24$

따라서 6과 8의 공배수는 24, 48, 72, 96, 120, ...입니다.

11 $11\times1=11$, $11\times2=22$, $11\times3=33$, $11\times4=44$, ...이므로 11의 배수입니다.

12 약수 중 가장 큰 수는 자기 자신이고, 가장 작은 수는 1입니다.

13 ㉠ $72=4\times18$ ㉡ $48=16\times3$ ㉣ $48=12\times4$

14 ③ 약수는 어떤 수를 나누어떨어지게 하는 수이므로 0은 될 수 없습니다.

⑤ 6의 약수 중 가장 큰 수는 6이므로 6의 약수는 6과 같거나 작습니다.

15 2) 4 10
　2 5 ➜ 4와 10의 최소공배수: $2\times2\times5=20$

따라서 두 비행기는 20시간 뒤에 동시에 이륙합니다.

16 16의 약수: 1, 2, 4, 8, 16 ➔ 5개
28의 약수: 1, 2, 4, 7, 14, 28 ➔ 6개
35의 약수: 1, 5, 7, 35 ➔ 4개
따라서 약수의 수가 가장 적은 것은 35입니다.

17 36과 54의 최대공약수를 구합니다.

$$\begin{array}{r|rr} 2 & 36 & 54 \\ 9 & 18 & 27 \\ & 2 & 3 \end{array}$$

➔ 36과 54의 최대공약수: $2\times9=18$
따라서 최대 18개의 바구니에 담을 수 있습니다.

18 ㉠

$$\begin{array}{r|rr} 3 & 18 & 45 \\ 3 & 6 & 15 \\ & 2 & 5 \end{array}$$

➔ 18과 45의 최대공약수: $3\times3=9$

㉡

$$\begin{array}{r|rr} 2 & 24 & 18 \\ 3 & 12 & 9 \\ & 4 & 3 \end{array}$$

➔ 24와 18의 최대공약수: $2\times3=6$

19

$$\begin{array}{r|rr} 3 & 6 & 21 \\ & 2 & 7 \end{array}$$

➔ 6과 21의 최소공배수: $3\times2\times7=42$
따라서 세 번째에 오는 수는 $42\times3=126$입니다.

20 약수들의 합이 32이므로 어떤 수는 32보다 작은 7의 배수입니다.
7, 14, 21, 28 중에서 약수들의 합이 32인 수를 찾습니다.
21의 약수: 1, 3, 7, 21 ➔ $1+3+7+21=32$

71~72쪽 B 2. 약수와 배수

1 1, 2, 4
2 (　)(○)
3 (○)(　)
4 ②, ③
5 6, 9, 12
6 8, 16, 24, 32, 40
7 14
8 1, 2, 3, 4, 6, 12 / 1, 2, 3, 4, 6, 12
9 예 2
10 ㉡
11 (선 잇기)
12 9개
13 8 / 1, 2, 4, 8
14 40
15 2, 2, 4
16 12개
17 18, 36, 54
18 24, 48, 72
19 <
20 420, 630

2 24는 8의 배수입니다.
15는 30의 약수입니다.

3 9의 약수: 1, 3, 9 ➔ 3개
15의 약수: 1, 3, 5, 15 ➔ 4개

4 나누어 담을 수 있는 봉지의 수는 18의 약수입니다.
18의 약수: 1, 2, 3, 6, 9, 18

7 7의 배수: 7, 14, 21, 28, ...
➔ 10보다 크고 20보다 작은 7의 배수: 14

9 큰 수가 작은 수와 어떤 자연수의 곱으로 나타낼 수 있으면 두 수는 약수와 배수의 관계입니다.

10 큰 수가 작은 수와 어떤 자연수의 곱으로 나타낼 수 있으면 두 수는 약수와 배수의 관계입니다.
㉡ $60=12\times5$

11 곱으로 나타내면 약수와 배수의 관계를 쉽게 알 수 있습니다.
$\underline{2}\times6=\underline{12}$, $\underline{2}\times10=\underline{20}$, $\underline{3}\times3=\underline{9}$, $\underline{3}\times4=\underline{12}$

12 36이 □의 배수이므로 □는 36의 약수입니다.
36의 약수: 1, 2, 3, 4, 6, 9, 12, 18, 36 ➔ 9개

13 40의 약수: 1, 2, 4, 5, 8, 10, 20, 40
32의 약수: 1, 2, 4, 8, 16, 32
➔ 최대공약수: 8
공약수: 최대공약수 8의 약수인 1, 2, 4, 8

14 두 수의 공약수는 두 수의 최대공약수의 약수와 같으므로 27의 약수인 1, 3, 9, 27입니다.
➔ $1+3+9+27=40$

15 $20=2\times2\times5$, $24=2\times2\times2\times3$
➔ 20과 24의 최대공약수: $2\times2=4$

16

$$\begin{array}{r|rr} 2 & 48 & 60 \\ 2 & 24 & 30 \\ 3 & 12 & 15 \\ & 4 & 5 \end{array}$$

➔ 48과 60의 최대공약수: $2\times2\times3=12$
따라서 최대 12개의 바구니에 담을 수 있습니다.

18 두 수의 공배수는 두 수의 최소공배수인 24의 배수와 같으므로 24, 48, 72, ...입니다.

19 ㉮

$$\begin{array}{r|rr} 7 & 35 & 56 \\ & 5 & 8 \end{array}$$

➔ 최소공배수: $7\times5\times8=280$

㉯

$$\begin{array}{r|rr} 2 & 32 & 72 \\ 2 & 16 & 36 \\ 2 & 8 & 18 \\ & 4 & 9 \end{array}$$

➔ 최소공배수: $2\times2\times2\times4\times9=288$

20

$$\begin{array}{r|rr} 5 & 30 & 35 \\ & 6 & 7 \end{array}$$

➔ 30과 35의 최소공배수: $5\times6\times7=210$
30과 35의 공배수:
210의 배수인 210, $\underline{420, 630}$, 840, ...
300과 800 사이의 수

73~74쪽 **A** 3. 규칙과 대응

1 2000, 4000 **2** 계란빵의 수
3 계란빵의 수, 1000
4 계란빵의 수, 예 △×1000=○
5 예 □×30
6

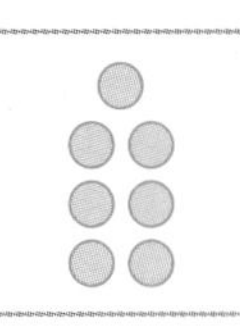

7 예 항상 2 큽니다.
8 12 **9** 98
10 예 (수 카드의 수)+2 =(바둑돌의 수)
11 18, 17 **12** 예 ◎+16=△(또는 △−16=◎)
13 예 ▣÷1500=△(또는 △×1500=▣)
14 40명 **15** 예 안경알의 수 / 예 안경의 수
16 예 □−2007=☆ / 예 ☆+2007=□
17 예 ◎×4=◇(또는 ◇÷4=◎) **18** 40개
19 예 ☆ / ○ / ☆×11=○ **20** 5시간

10 '(바둑돌의 수)−2=(수 카드의 수)'라고 써도 됩니다.
11 △는 ◎보다 16 큰 수입니다.
14 60000÷1500=40(명)
17

◎	1	2	3	4	…
◇	4	8	12	16	…

18 10×4=40(개)
20 55 km를 이동하는 데 걸린 시간은 55÷11=5(시간)입니다.

75~76쪽 **B** 3. 규칙과 대응

1 3개씩 **2** 15개 **3**

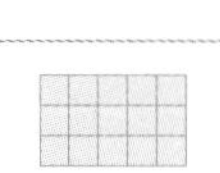

4 30개 **5** 3배 하면에 ○표
6 예 왼쪽 사각형 2개는 변하지 않습니다.
7 예 사각형의 수와 원의 수가 각각 1개씩 늘어납니다.
8 3, 4, 5, 6 **9** 22개
10 예 사각형의 수는 원의 수보다 2개 많습니다.
11 ㉠ **12** 예 ▽+3=☆ (또는 ☆−3=▽)
13 ☆÷2=▽(또는 ▽×2=☆)
14 예 (초콜릿의 수)×75=(열량) (또는 (초콜릿의 수)=(열량)÷75)
15 예 □+1=△ (또는 □=△−1)
16 예 ○×2=▽ (또는 ▽÷2=○) **17** 옳음에 ○표
18 예 □×5=○ (또는 ○÷5=□)
19 (왼쪽에서부터) 30, 12, 27
20 예 △ / 예 ○ / 예 △×3=○ (또는 ○÷3=△)

1 수 카드의 수가 1일 때 사각판은 3개, 수 카드의 수가 2일 때 사각판은 3+3=6(개), …이므로 3개씩 늘어납니다.
2 3개씩 늘어나므로 12+3=15(개)입니다.
3 수 카드의 수가 4일 때의 모양 오른쪽에 사각판 3개를 더 그립니다.
4 수 카드의 수가 1씩 늘어날 때, 사각판 조각은 3개씩 늘어나므로 수 카드의 수가 10일 때 필요한 사각판은 30개입니다.
10 '원의 수는 사각형의 수보다 2개 적습니다.'라고 써도 됩니다.
11 ◎는 ◇의 3배입니다.
18 학생 한 명에게 나누어 주는 색연필은 2+3=5(자루)입니다.
19 6×3=18, 30×3=90이므로 세로가 가로의 3배입니다.

77~78쪽 **A** 4. 약분과 통분

1 6, 9 **2** (왼쪽에서부터) 10, 9, 2
3 $\frac{2}{7}$ **4** $\frac{42}{56}$, $\frac{20}{56}$ **5** ②
6 $\frac{20}{48}$, $\frac{3}{48}$ **7** $\frac{42}{60}=\frac{42\div6}{60\div6}=\frac{7}{10}$
8 < **9** $\frac{7}{12}$ **10** 준호
11 ㉢ **12** $\frac{7}{16}$
13 $2\frac{17}{20}$, 2.83, $2\frac{4}{5}$, 2.69 **14** $\frac{7}{12}$ kg
15 41 **16** 배추
17 $\frac{11}{30}$, $\frac{20}{30}$, $\frac{22}{30}$에 ○표 **18** 1, 3, 5, 7
19 물 **20** 2

1 색칠된 부분의 크기가 같으므로 $\frac{3}{4}=\frac{6}{8}=\frac{9}{12}$입니다.
2 $\frac{30}{45}=\frac{30\div3}{45\div3}=\frac{10}{15}$, $\frac{30}{45}=\frac{30\div5}{45\div5}=\frac{6}{9}$, $\frac{30}{45}=\frac{30\div15}{45\div15}=\frac{2}{3}$

3 14와 49의 최대공약수인 7로 분모와 분자를 각각 나눕니다.

➜ $\frac{14}{49}=\frac{14\div7}{49\div7}=\frac{2}{7}$

4 $\left(\frac{3}{4}, \frac{5}{14}\right)$ ➜ $\left(\frac{3\times14}{4\times14}, \frac{5\times4}{14\times4}\right)$ ➜ $\left(\frac{42}{56}, \frac{20}{56}\right)$

5 두 분수의 분모인 8과 10의 공배수 40, 80, 120, 160, ...이 공통분모가 될 수 있습니다.

6 12와 16의 최소공배수: 48

$\left(\frac{5}{12}, \frac{1}{16}\right)$ ➜ $\left(\frac{5\times4}{12\times4}, \frac{1\times3}{16\times3}\right)$ ➜ $\left(\frac{20}{48}, \frac{3}{48}\right)$

7 42와 60의 최대공약수인 6으로 분모와 분자를 각각 나눕니다.

8 $\frac{8}{27}=\frac{8\times5}{27\times5}=\frac{40}{135}$, $\frac{23}{45}=\frac{23\times3}{45\times3}=\frac{69}{135}$이고

$\frac{40}{135}<\frac{69}{135}$이므로 $\frac{8}{27}<\frac{23}{45}$입니다.

9 $\frac{42}{72}=\frac{42\div6}{72\div6}=\frac{7}{12}$

10 $3\frac{7}{25}=3\frac{28}{100}$, $3.3=3\frac{30}{100}$이고 $3\frac{28}{100}<3\frac{30}{100}$이므로

$3\frac{7}{25}<3.3$입니다.

➜ 더 큰 수를 말한 사람은 준호입니다.

11 $\frac{5}{13}=\frac{10}{26}=\frac{15}{39}=\frac{20}{52}=\cdots$

12 기약분수가 아닌 것은 $\frac{21}{48}$입니다.

➜ $\frac{21}{48}=\frac{21\div3}{48\div3}=\frac{7}{16}$

13 소수로 나타내어 크기를 비교합니다.

$2\frac{4}{5}=2\frac{8}{10}=2.8$, $2\frac{17}{20}=2\frac{85}{100}=2.85$

➜ $2\frac{17}{20}>2.83>2\frac{4}{5}>2.69$

14 $\frac{56}{96}=\frac{56\div8}{96\div8}=\frac{7}{12}$ (kg)

15 9와 15의 최소공배수: 45

$\left(\frac{4}{9}, \frac{7}{15}\right)$ ➜ $\left(\frac{4\times5}{9\times5}, \frac{7\times3}{15\times3}\right)$ ➜ $\left(\frac{20}{45}, \frac{21}{45}\right)$이므로

통분한 두 분수의 분자의 합은 20+21=41입니다.

16 $\left(\frac{3}{7}, \frac{2}{5}\right)$ ➜ $\left(\frac{3\times5}{7\times5}, \frac{2\times7}{5\times7}\right)$ ➜ $\left(\frac{15}{35}, \frac{14}{35}\right)$

➜ $\frac{15}{35}>\frac{14}{35}$

17 $\frac{3}{10}=\frac{3\times3}{10\times3}=\frac{9}{30}$, $\frac{13}{15}=\frac{13\times2}{15\times2}=\frac{26}{30}$

➜ $\frac{9}{30}$보다 크고 $\frac{26}{30}$보다 작은 분수는 $\frac{11}{30}$, $\frac{20}{30}$, $\frac{22}{30}$입니다.

18 분모가 8인 진분수 $\frac{1}{8}$, $\frac{2}{8}$, $\frac{3}{8}$, $\frac{4}{8}$, $\frac{5}{8}$, $\frac{6}{8}$, $\frac{7}{8}$ 중에서

기약분수는 $\frac{1}{8}$, $\frac{3}{8}$, $\frac{5}{8}$, $\frac{7}{8}$입니다.

19 $\frac{3}{4}=\frac{3\times15}{4\times15}=\frac{45}{60}$, $\frac{2}{3}=\frac{2\times20}{3\times20}=\frac{40}{60}$,

$\frac{4}{5}=\frac{4\times12}{5\times12}=\frac{48}{60}$

➜ $\frac{4}{5}>\frac{3}{4}>\frac{2}{3}$이므로 물의 양이 가장 많습니다.

20 $\frac{4}{7}=\frac{8}{14}=\frac{12}{21}=\frac{16}{28}=\cdots$에서 $\frac{16}{28}=\frac{18-2}{30-2}$이므로

분모와 분자에서 각각 뺀 수는 2입니다.

79~80쪽 B 4. 약분과 통분

1 $\frac{6}{14}$, $\frac{12}{28}$	**2** ㉢	**3** 5개
4 6	**5** 2, 3, 4, 6, 12	
6 (1) $\frac{5}{7}$ (2) $\frac{3}{8}$	**7** $\frac{5}{9}$	
8 $\frac{2}{3}$	**9** 2개	
10 $\frac{7}{15}$, $\frac{4}{5}$	**11** 18, 40	
12 $\frac{56}{70}$, $\frac{60}{70}$	**13** $\frac{14}{44}$, $\frac{11}{44}$	
14 <	**15** 감귤주스	
16 8	**17** $\frac{5}{12}$, $\frac{2}{5}$, $\frac{3}{10}$	
18 $\frac{5}{6}$ kg, $\frac{1}{4}$ kg	**19** ㉡	
20 경민		

1 $\frac{3}{7}=\frac{3\times2}{7\times2}=\frac{6}{14}$, $\frac{3}{7}=\frac{3\times4}{7\times4}=\frac{12}{28}$

2 ㉢ $\left(\frac{5}{8}, \frac{7}{10}\right)$ ➜ $\left(\frac{5\times5}{8\times5}, \frac{7\times4}{10\times4}\right)$ ➜ $\left(\frac{25}{40}, \frac{28}{40}\right)$

3 $\frac{5\times2}{6\times2}=\frac{10}{12}$, $\frac{5\times3}{6\times3}=\frac{15}{18}$, $\frac{5\times4}{6\times4}=\frac{20}{24}$,

$\frac{5\times5}{6\times5}=\frac{25}{30}$, $\frac{5\times6}{6\times6}=\frac{30}{36}$ ➜ 5개

4 분모와 분자를 공약수로 나누어 간단한 분수로 만드는 것을 약분이라 합니다.

5 분자인 12와 분모인 36의 공약수를 구합니다.
➜ 1, 2, 3, 4, 6, 12

6 (1) 20과 28의 최대공약수: 4
$\frac{20}{28}=\frac{20\div4}{28\div4}=\frac{5}{7}$
(2) 21과 56의 최대공약수: 7
$\frac{21}{56}=\frac{21\div7}{56\div7}=\frac{3}{8}$

7 $\frac{30}{54}=\frac{30\div6}{54\div6}=\frac{5}{9}$

8 정연이가 얻은 표는 전체의 $\frac{18}{27}$로 나타낼 수 있습니다.
따라서 $\frac{18}{27}=\frac{18\div9}{27\div9}=\frac{2}{3}$이므로 전체의 $\frac{2}{3}$입니다.

9 만들 수 있는 진분수는 $\frac{2}{3}$, $\frac{2}{6}$, $\frac{3}{6}$, $\frac{2}{9}$, $\frac{3}{9}$, $\frac{6}{9}$입니다.
이 중에서 기약분수는 $\frac{2}{3}$, $\frac{2}{9}$입니다. ➜ 2개

10 두 분수를 약분하여 기약분수로 나타냅니다.
➜ $\frac{21}{45}=\frac{21\div3}{45\div3}=\frac{7}{15}$, $\frac{36}{45}=\frac{36\div9}{45\div9}=\frac{4}{5}$

11 두 분수의 분모인 6과 4의 공배수 12, 24, 36, 48, …이 공통분모가 될 수 있습니다.

12 5와 7의 공배수 35, 70, 105, … 중에서 가장 큰 두 자리 수는 70입니다.
$\frac{4}{5}=\frac{4\times14}{5\times14}=\frac{56}{70}$, $\frac{6}{7}=\frac{6\times10}{7\times10}=\frac{60}{70}$

13 22와 4의 최소공배수: 44
$\frac{7}{22}=\frac{7\times2}{22\times2}=\frac{14}{44}$, $\frac{1}{4}=\frac{1\times11}{4\times11}=\frac{11}{44}$

14 $\frac{3}{7}=\frac{3\times9}{7\times9}=\frac{27}{63}$, $\frac{4}{9}=\frac{4\times7}{9\times7}=\frac{28}{63}$
➜ $\frac{27}{63}<\frac{28}{63}$이므로 $\frac{3}{7}<\frac{4}{9}$입니다.

15 $\frac{8}{15}=\frac{8\times3}{15\times3}=\frac{24}{45}$, $\frac{4}{9}=\frac{4\times5}{9\times5}=\frac{20}{45}$
➜ $\frac{24}{45}>\frac{20}{45}$이고 $\frac{8}{15}>\frac{4}{9}$이므로 감귤주스의 양이 더 적습니다.

16 $\frac{\square}{12}=\frac{\square\times5}{12\times5}=\frac{\square\times5}{60}$이고,
$\frac{\square\times5}{60}<\frac{41}{60}$이므로 $\square\times5<41$에서 □ 안에 들어갈 수 있는 가장 큰 자연수는 8입니다.

17 $\left(\frac{2}{5}, \frac{3}{10}\right)$ ➜ $\left(\frac{4}{10}, \frac{3}{10}\right)$ ➜ $\frac{2}{5}>\frac{3}{10}$
$\left(\frac{3}{10}, \frac{5}{12}\right)$ ➜ $\left(\frac{18}{60}, \frac{25}{60}\right)$ ➜ $\frac{3}{10}<\frac{5}{12}$
$\left(\frac{2}{5}, \frac{5}{12}\right)$ ➜ $\left(\frac{24}{60}, \frac{25}{60}\right)$ ➜ $\frac{2}{5}<\frac{5}{12}$
따라서 큰 수부터 차례로 쓰면 $\frac{5}{12}$, $\frac{2}{5}$, $\frac{3}{10}$입니다.

18 $\frac{1}{4}=\frac{1\times3}{4\times3}=\frac{3}{12}$, $\frac{5}{12}$, $\frac{5}{6}=\frac{5\times2}{6\times2}=\frac{10}{12}$이고
$\frac{10}{12}(=\frac{5}{6})>\frac{5}{12}>\frac{3}{12}(=\frac{1}{4})$입니다.
➜ 호영: $\frac{5}{6}$ kg, 주희: $\frac{1}{4}$ kg

19 $5\frac{1}{4}=5\frac{25}{100}=5.25$ ➜ $5.25<5.32$이므로 ㉠<㉡입니다.

20 $1\frac{14}{25}=1\frac{56}{100}=1.56$
➜ $1\frac{14}{25}<1.59$이므로 경민이가 더 멀리 뛰었습니다.

81~82쪽 A 5. 분수의 덧셈과 뺄셈

1 $1\frac{1}{9}$ **2** 14, 20 / 14, 20, 34

3 $4\frac{2}{5}-1\frac{1}{2}=\frac{22}{5}-\frac{3}{2}=\frac{44}{10}-\frac{15}{10}=\frac{29}{10}=2\frac{9}{10}$

4 $2\frac{53}{84}$ **5** $1\frac{14}{45}$ **6** $2\frac{9}{40}$

7 ㉠ **8** $21\frac{5}{14}$ cm **9** $3\frac{1}{15}$

10 >

11 모범 답안 분수를 통분할 때 분모와 분자에 각각 같은 수를 곱해야 하는데 $\frac{3}{4}$의 분모에만 곱해서 틀렸습니다.

12 $\frac{7}{8}+\frac{3}{4}=\frac{7}{8}+\frac{6}{8}=\frac{13}{8}=1\frac{5}{8}$ **13** $3\frac{5}{24}$

14 $\frac{22}{25}$ kg **15** $1\frac{16}{35}$ L **16** $\frac{2}{15}$

17 $7\frac{5}{6}-1\frac{5}{7}=6\frac{5}{42}$ **18** $\frac{22}{27}$

19 $13\frac{39}{40}$ **20** $8\frac{19}{63}$ cm

1 $1\frac{2}{3}-\frac{5}{9}=1\frac{6}{9}-\frac{5}{9}=1\frac{1}{9}$

2 두 분모의 곱 35를 공통분모로 하여 통분한 다음 계산합니다.

3 대분수를 가분수로 나타내어 계산하는 방법입니다.

4 $1\frac{5}{12}+1\frac{3}{14}=1\frac{35}{84}+1\frac{18}{84}=2\frac{53}{84}$

5 $\frac{4}{9}+\frac{13}{15}=\frac{20}{45}+\frac{39}{45}=\frac{59}{45}=1\frac{14}{45}$

6 $5\frac{5}{8}-3\frac{2}{5}=5\frac{25}{40}-3\frac{16}{40}=2\frac{9}{40}$

7 ㉠ $\frac{8}{15}+\frac{1}{2}=\frac{16}{30}+\frac{15}{30}=\frac{31}{30}=1\frac{1}{30}$
㉡ $\frac{5}{6}+\frac{1}{9}=\frac{15}{18}+\frac{2}{18}=\frac{17}{18}$
➜ ㉠>㉡

8 $12\frac{5}{7}+8\frac{9}{14}=12\frac{10}{14}+8\frac{9}{14}=20\frac{19}{14}=21\frac{5}{14}$ (cm)

9 $4\frac{9}{10}-1\frac{5}{6}=4\frac{27}{30}-1\frac{25}{30}=3\frac{2}{30}=3\frac{1}{15}$

10 $1\frac{3}{5}+3\frac{2}{3}=1\frac{9}{15}+3\frac{10}{15}=4\frac{19}{15}=5\frac{4}{15}$ ➜ $5\frac{4}{15}>4\frac{1}{2}$

11 분수를 통분할 때 분모와 분자에 각각 같은 수를 곱해야 합니다.

평가 기준
분수를 통분할 때 분모와 분자에 각각 같은 수를 곱해야 한다는 내용을 썼으면 정답입니다.

13 ㉠ $2\frac{2}{3}+2\frac{1}{8}=2\frac{16}{24}+2\frac{3}{24}=4\frac{19}{24}$
㉡ $\frac{3}{4}+\frac{5}{6}=\frac{9}{12}+\frac{10}{12}=\frac{19}{12}=1\frac{7}{12}$
➜ $4\frac{19}{24}-1\frac{7}{12}=4\frac{19}{24}-1\frac{14}{24}=3\frac{5}{24}$

14 $\frac{17}{25}+\frac{1}{5}=\frac{17}{25}+\frac{5}{25}=\frac{22}{25}$ (kg)

15 $2\frac{5}{14}-\frac{9}{10}=2\frac{25}{70}-\frac{63}{70}=1\frac{95}{70}-\frac{63}{70}$
$=1\frac{32}{70}=1\frac{16}{35}$ (L)

16 $\frac{1}{5}>\frac{1}{9}>\frac{1}{10}>\frac{1}{15}$ ➜ $\frac{1}{5}-\frac{1}{15}=\frac{3}{15}-\frac{1}{15}=\frac{2}{15}$

17 두 분수의 차가 가장 크게 되려면 가장 큰 분수에서 가장 작은 분수를 뺍니다.
➜ $7\frac{5}{6}-1\frac{5}{7}=7\frac{35}{42}-1\frac{30}{42}=6\frac{5}{42}$

18 어떤 수를 □라 하면 $□+\frac{1}{9}=\frac{25}{27}$입니다.
➜ $□=\frac{25}{27}-\frac{1}{9}=\frac{25}{27}-\frac{3}{27}=\frac{22}{27}$

19 만들 수 있는 대분수: $8\frac{3}{5}$, $5\frac{3}{8}$
➜ 합: $8\frac{3}{5}+5\frac{3}{8}=8\frac{24}{40}+5\frac{15}{40}=13\frac{39}{40}$

20 (색 테이프 2장의 길이의 합)
$=6\frac{7}{9}+3\frac{8}{21}=6\frac{49}{63}+3\frac{24}{63}=9\frac{73}{63}=10\frac{10}{63}$ (cm)
(이어 붙인 색 테이프 전체의 길이)
$=10\frac{10}{63}-1\frac{6}{7}=9\frac{73}{63}-1\frac{54}{63}=8\frac{19}{63}$ (cm)

83~84쪽 B 5. 분수의 덧셈과 뺄셈

1 $\frac{3}{8}+\frac{1}{6}=\frac{3\times6}{8\times6}+\frac{1\times8}{6\times8}=\frac{18}{48}+\frac{8}{48}=\frac{26}{48}=\frac{13}{24}$

2 $\frac{25}{36}$ **3** 1, 2, 3, 4, 5, 6

4 $\frac{9}{20}$ **5** $1\frac{3}{8}$ **6** <

7 7, 17, 21, 34 / 55, 4, 7 **8** $7\frac{17}{30}$

9 $5\frac{4}{15}$ kg **10** $\frac{11}{18}$ **11** $\frac{11}{15}$, $1\frac{2}{5}$

12 $1\frac{5}{12}$ **13** $3\frac{13}{20}$ kg **14** $2\frac{5}{24}$ L

15 예 / $2\frac{3}{8}$

16 $5\frac{2}{7}-3\frac{3}{4}=5\frac{8}{28}-3\frac{21}{28}=4\frac{36}{28}-3\frac{21}{28}=1\frac{15}{28}$

17 $4\frac{23}{30}$ **18** $2\frac{13}{24}$

19 $2\frac{27}{40}$ km **20** 1시간 58분

2 $\frac{7}{12}+\frac{1}{9}=\frac{21}{36}+\frac{4}{36}=\frac{25}{36}$

3 $\frac{11}{18}+\frac{1}{12}=\frac{22}{36}+\frac{3}{36}=\frac{25}{36}$이므로
$\frac{□}{9}=\frac{□\times4}{9\times4}=\frac{□\times4}{36}$로 나타냅니다.
$\frac{25}{36}>\frac{□\times4}{36}$에서 $25>□\times4$이므로 □ 안에 들어갈 수 있는 자연수는 1, 2, 3, 4, 5, 6입니다.

4 $\frac{1}{4}+\frac{1}{5}=\frac{5}{20}+\frac{4}{20}=\frac{9}{20}$

5 $\frac{5}{8}+\frac{3}{4}=\frac{5}{8}+\frac{6}{8}=\frac{11}{8}=1\frac{3}{8}$

6 $\frac{3}{8}+\frac{3}{4}=\frac{3}{8}+\frac{6}{8}=\frac{9}{8}=1\frac{1}{8}$

$\frac{13}{16}+\frac{7}{12}=\frac{39}{48}+\frac{28}{48}=\frac{67}{48}=1\frac{19}{48}$

➔ $1\frac{1}{8}=1\frac{6}{48}$이므로 $1\frac{6}{48}<1\frac{19}{48}$입니다.

8 $3\frac{3}{10}+4\frac{4}{15}=3\frac{9}{30}+4\frac{8}{30}=7\frac{17}{30}$

9 $3\frac{17}{20}+1\frac{5}{12}=3\frac{51}{60}+1\frac{25}{60}=4\frac{76}{60}=5\frac{16}{60}=5\frac{4}{15}$ (kg)

10 $\frac{7}{9}-\frac{1}{6}=\frac{14}{18}-\frac{3}{18}=\frac{11}{18}$

12 $2\frac{2}{3}-1\frac{1}{4}=2\frac{8}{12}-1\frac{3}{12}=1\frac{5}{12}$

13 $5\frac{3}{4}-2\frac{1}{10}=5\frac{15}{20}-2\frac{2}{20}=3\frac{13}{20}$ (kg)

14 (병에 담은 참기름의 양)

$=1\frac{5}{8}+1\frac{1}{4}=1\frac{5}{8}+1\frac{2}{8}=2\frac{7}{8}$ (L)

➔ (남은 참기름의 양)

$=2\frac{7}{8}-\frac{2}{3}=2\frac{21}{24}-\frac{16}{24}=2\frac{5}{24}$ (L)

16 자연수에서 1을 받아내림하지 않아 틀렸습니다.

17 $6\frac{3}{10}-1\frac{8}{15}=6\frac{9}{30}-1\frac{16}{30}=5\frac{39}{30}-1\frac{16}{30}=4\frac{23}{30}$

18 $5\frac{1}{6}-\square=2\frac{5}{8}$ ➔ $\square=5\frac{1}{6}-2\frac{5}{8}$,

$\square=5\frac{1}{6}-2\frac{5}{8}=5\frac{4}{24}-2\frac{15}{24}=4\frac{28}{24}-2\frac{15}{24}=2\frac{13}{24}$

19 $4\frac{3}{10}-1\frac{5}{8}=4\frac{12}{40}-1\frac{25}{40}=3\frac{52}{40}-1\frac{25}{40}=2\frac{27}{40}$ (km)

20 $3\frac{2}{15}-1\frac{1}{6}=3\frac{4}{30}-1\frac{5}{30}=2\frac{34}{30}-1\frac{5}{30}=1\frac{29}{30}$(시간)

➔ $1\frac{29}{30}$시간$=1\frac{58}{60}$시간$=1$시간 58분

85~86쪽 A 6. 다각형의 둘레와 넓이

1 m^2, 제곱미터

2 예
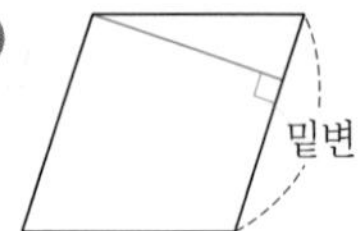

3 3

4 7, 21

5 8, 2, 64

6 12, 8, 40 / 2, 40

7 10 m^2

8 65 cm^2

9 96 cm^2

10 18 cm^2

11 42 cm^2

12 44 cm^2

13 라

14 예
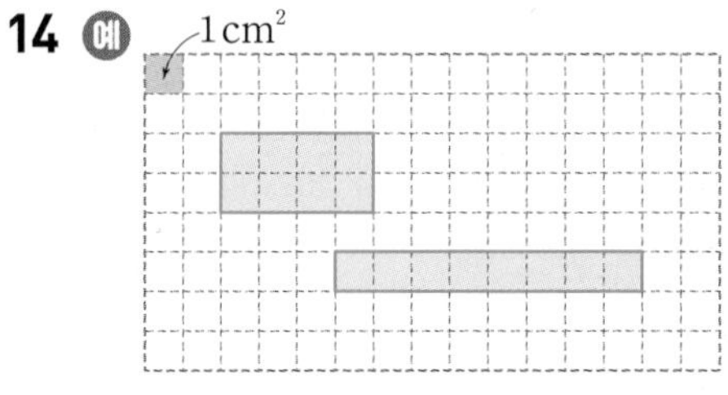

15 24 cm

16 24 cm

17 32 cm^2

18 8 cm

19 5

20 14 cm

2 밑변에 수직인 선분을 긋습니다.

6 직사각형의 둘레는

(가로)+(세로)+(가로)+(세로)

또는 (가로+세로)×2입니다.

7 200 cm=2 m

➔ (직사각형의 넓이)$=5\times2=10$ (m^2)

8 (마름모의 넓이)=(직사각형의 넓이)÷2

$=13\times10\div2=65$ (cm^2)

9 (평행사변형의 넓이)=(밑변의 길이)×(높이)

$=12\times8=96$ (cm^2)

10 (삼각형의 넓이)=(밑변의 길이)×(높이)÷2

$=9\times4\div2=18$ (cm^2)

11 (마름모의 넓이)

=(한 대각선의 길이)×(다른 대각선의 길이)÷2

$=14\times6\div2=42$ (cm^2)

12 (사다리꼴의 넓이)

=(윗변의 길이+아랫변의 길이)×(높이)÷2

$=(4+7)\times8\div2=44$ (cm^2)

13 모두 평행사변형으로 밑변의 길이와 높이가 같으면 넓이가 같습니다. 따라서 라는 높이는 같지만 밑변의 길이가 다르므로 넓이는 다릅니다.

15 (정사각형의 둘레)$=6\times4=24$ (cm)

16 도형의 둘레는 가로가 7 cm, 세로가 $3+2=5$ (cm)인 직사각형의 둘레와 같습니다.
➡ (도형의 둘레)$=(7+5)\times2=24$ (cm)

17 (색칠한 부분의 넓이)
$=$(삼각형 ㄱㄴㄹ의 넓이)$+$(삼각형 ㄴㄷㄹ의 넓이)
$=(8\times5\div2)+(8\times3\div2)$
$=20+12=32$ (cm^2)

18 세로를 □cm라 하면 $(7+□)\times2=30$, $7+□=15$, $□=8$입니다.

19 $(□+15)\times6\div2=60$, $(□+15)\times6=120$, $□+15=20$, $□=5$

20 (철사의 길이)
$=$(평행사변형의 둘레)$=(20+8)\times2=56$ (cm)
➡ (마름모의 한 변의 길이)$=56\div4=14$ (cm)

87~88쪽 **B** 6. 다각형의 둘레와 넓이

1 42 cm	**2** 80 cm
3 40 cm	**4** 28 cm
5 36 cm	**6** ㉯
7 80 cm^2	**8** 81 cm^2
9 15 cm^2, 20 cm^2, 35 cm^2	
10 (1) 2000000 (2) 50	**11** 25 m^2
12 140 cm^2	**13** 8
14 12 cm^2	**15** 33 cm^2
16 90 cm^2	**17** 99 m^2
18 8	**19** 76 cm^2

20 예 1 cm^2
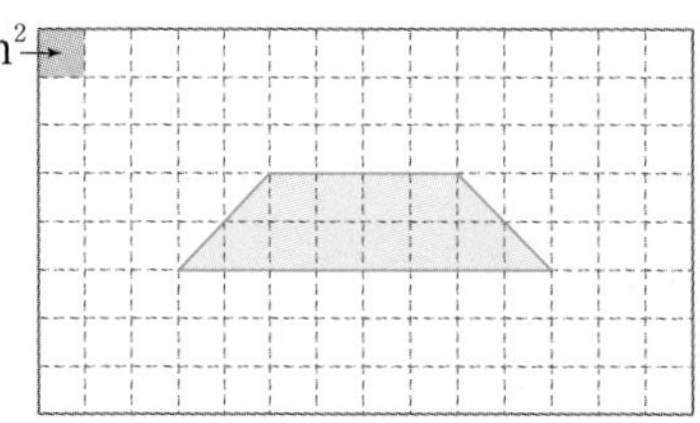

2 (손수건의 둘레)$=20\times4=80$ (cm)

3 (직사각형의 둘레)$=$(가로$+$세로)$\times2$
$=(11+9)\times2=40$ (cm)

4 (평행사변형의 둘레)
$=$(한 변의 길이$+$다른 한 변의 길이)$\times2$
$=(9+5)\times2=28$ (cm)

5 (마름모의 둘레)$=$(한 변의 길이)$\times4$
$=9\times4=36$ (cm)

6 ㉮: 6 cm^2 ㉯: 7 cm^2 ㉰: 6 cm^2
➡ 넓이가 다른 하나는 ㉯입니다.

7 (직사각형의 넓이)$=20\times4=80$ (cm^2)

8 정사각형의 한 변의 길이를 □cm라고 하면 $□\times4=36$, $□=9$입니다.
➡ (정사각형의 넓이)$=9\times9=81$ (cm^2)

9 작은 직사각형으로 나누어 도형의 넓이를 구합니다.
➡ (㉠의 넓이)$+$(㉡의 넓이)
$=3\times5+10\times2$
$=15+20=35$ (cm^2)

11 (정사각형의 넓이)$=500\times500=250000$ (cm^2)
➡ 10000 cm^2$=$1 m^{2}이므로 250000 cm^2$=$25 m^{2}입니다.

12 (평행사변형의 넓이)$=$(밑변의 길이)$\times$(높이)
$=14\times10=140$ (cm^2)

13 $10\times□=80$, $□=80\div10$, $□=8$

14 (삼각형의 넓이)$=$(밑변의 길이)$\times$(높이)$\div2$
$=8\times3\div2=12$ (cm^2)

15 (자른 한지의 넓이)$=6\times11\div2=33$ (cm^2)

16 (평행사변형의 넓이)$=15\times12=180$ (cm^2)
(삼각형의 넓이)$=15\times12\div2=90$ (cm^2)
➡ (색칠한 부분의 넓이)$=180-90=90$ (cm^2)

17 (마름모의 넓이)
$=$(한 대각선의 길이)$\times$(다른 대각선의 길이)$\div2$
$=22\times9\div2=99$ (m^2)

18 $10\times□\div2=40$, $10\times□=80$, $□=8$

19 (사다리꼴의 넓이)$=(6+13)\times8\div2=76$ (cm^2)

20 (윗변의 길이$+$아랫변의 길이)$\times$(높이)$\div2=12$
➡ (윗변의 길이$+$아랫변의 길이)$\times$(높이)$=24$

참고
사다리꼴의 윗변의 길이와 아랫변의 길이의 합과 높이를 서로 곱하여 24가 되는 여러 가지 모양의 사다리꼴을 그릴 수 있습니다.

수학 성취도 평가

90~92쪽 총정리 수학 성취도 평가

1 같은에 ○표
2 ㉡, ㉢, ㉣, ㉠, ㉤
3 4, 48
4 (1) $\frac{13}{20}$ (2) $\frac{1}{36}$
5 44 cm
6 $2\frac{3}{5}+1\frac{2}{3}=\frac{13}{5}+\frac{5}{3}=\frac{39}{15}+\frac{25}{15}=\frac{64}{15}=4\frac{4}{15}$
7 예 도화지의 수보다 1개 더 많습니다.
8 <
9 $1\frac{17}{30}$
10 72
11 12
12 예 ☆÷6=□(또는 □×6=☆)
13 $\frac{3}{5}$ kg
14 48 cm^2
15 윤서
16 $3\frac{5}{6}-1\frac{7}{9}=2\frac{1}{18}$, $2\frac{1}{18}$ m
17 12일 뒤
18 12개
19 72 cm^2
20 모범 답안
① 9 cm를 밑변의 길이, 8 cm를 높이로 하는 삼각형의 넓이를 구하면 9×8÷2=36 (cm^2)입니다.」+1점
② 12 cm를 밑변의 길이, □cm를 높이로 하는 삼각형의 넓이가 36 cm^2이므로
12×□÷2=36, □=6입니다.」+2점
답 6」+1점
21 $2\frac{1}{6}$ km
22 4 cm
23 30, 60, 90
24 모범 답안 ① (덜어 내고 남은 물의 양)
$=6\frac{1}{2}-3\frac{5}{8}=6\frac{4}{8}-3\frac{5}{8}$
$=5\frac{12}{8}-3\frac{5}{8}=2\frac{7}{8}$ (L)」+1점
② (지금 물통에 들어 있는 물의 양)
$=2\frac{7}{8}+2\frac{3}{4}=2\frac{7}{8}+2\frac{6}{8}$
$=4\frac{13}{8}=5\frac{5}{8}$ (L)」+2점
답 $5\frac{5}{8}$ L」+1점
25 5개, 7개

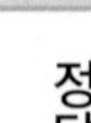

8 (75−54)÷3+8=21÷3+8=7+8=15,
75−54÷3+8=75−18+8=57+8=65
➜ (75−54)÷3+8<75−54÷3+8

9 $\square-\frac{7}{10}=\frac{13}{15}$
➜ $\square=\frac{13}{15}+\frac{7}{10}=\frac{26}{30}+\frac{21}{30}=\frac{47}{30}=1\frac{17}{30}$

10 6과 9의 공배수는 18, 36, 54, 72, 90, …입니다.
그중 60보다 크고 80보다 작은 수는 72입니다.

11 ㉠×8=96 ➜ ㉠=96÷8=12

13 분모와 분자를 21과 35의 최대공약수인 7로 나눕니다.
$\frac{21}{35}=\frac{21\div7}{35\div7}=\frac{3}{5}$ ➜ $\frac{3}{5}$ kg

14 (마름모의 넓이)=12×8÷2=48 (cm^2)

15 $\frac{3}{5}=\frac{6}{10}=0.6$이고 $0.67>\frac{3}{5}$이므로 와플을 더 많이 먹은 사람은 윤서입니다.

17 4와 6의 최소공배수: 12
두 사람이 수영장에 동시에 가는 날은 오늘부터 12일 뒤입니다.

18 14×6÷7=84÷7=12(개)

19 (14+10)×6÷2=24×6÷2
=144÷2=72 (cm^2)

21 (집~놀이터)
=(집~도서관)+(도서관~문구점)+(문구점~놀이터)
$=\frac{13}{18}+\frac{2}{3}+\frac{7}{9}=\frac{13}{18}+\frac{12}{18}+\frac{7}{9}=\frac{25}{18}+\frac{7}{9}$
$=\frac{25}{18}+\frac{14}{18}=\frac{39}{18}=2\frac{3}{18}=2\frac{1}{6}$ (km)

22 (6+□)×2=20, 6+□=10, □=4이므로 직사각형의 세로는 4 cm입니다.

23 6과 15의 최소공배수: 30
6과 15의 공배수는 두 수의 최소공배수인 30의 배수와 같으므로 30, 60, 90, 120, …입니다. 따라서 100보다 작은 6과 15의 공배수는 30, 60, 90입니다.

25 40과 56의 최대공약수: 8
쿠키와 젤리를 각각 접시 8개에 똑같이 나누어 담아야 합니다.
➜ (접시 한 개에 담을 수 있는 쿠키의 수)
=40÷8=5(개)
(접시 한 개에 담을 수 있는 젤리의 수)
=56÷8=7(개)